Stierlin, Gusta

Coleoptera helvetiae

Stierlin, Gustav

Coleoptera helvetiae

Inktank publishing, 2018

www.inktank-publishing.com

ISBN/EAN: 9783747762783

COLEOPTERA

HELVETIAE

bearbeitet von Dr. **Gustav Stierlin**

in Schaffhausen.

Schaffhausen.

Druck und Verlag von Fr. Rothermel & Cie.

1886.

Fauna insectorum Helvetiae.

Coleoptera Helvetiae.

Bearbeitet von Dr. Gustav Stierlin in Schaffhausen.

Zweiter Band.*)

Familie Buprestidae.

Kopf vertikal stehend, der Mund nach unten gerichtet, Fühler fadenförmig, gesägt oder schwach kammförmig, Vorderthorax fest und unbeweglich mit dem Mesothorax verbunden, Vorderbrust mit einem Fortsatz, der in eine Aushöhlung der Mittelbrust passt und unweglich ist; die Schnellkraft fehlt desshalb. Der Bauch besteht aus 5 Ringen, von denen die 2 ersten verwachsen sind; Vorder- und Mittelhüften kugelig, Hinterhüften quer, Schenkelringe klein. Tarsen mit 5 Gliedern, die meist mit häutigen Anhängseln versehen sind. Die meist mit schön metallischen Farben versehenen Käfer leben auf Pflanzen, Blüthen; die Larven leben im Holz, wo sie oft zerstörend wirken und daher als schädlich bezeichnet werden müssen.

---

*) Wenn ich die Bearbeitung der schweizerischen Käfer nach der analytischen Methode mit dem 2. Bande beginne, statt mit dem ersten, so hat dies seinen Grund darin, dass die Käfer des ersten Bandes d. h. von den Carnivoren bis zu den Lamellicornen seiner Zeit von Herrn Prof. Heer bearbeitet worden sind.

Geschah dies auch nicht nach der analytischen Methode und ist auch seither viel neues beobachtet, sind auch die Anschauungen in mancher Beziehung andere geworden, so ist aber doch über jene Abtheilung ein Werk über schweizerische Käfer vorhanden mit gründlichen Beschreibungen, während über die Abtheilungen des 2. Bandes noch nichts derartiges besteht.

Wenn ich mit dem 2. Bande zu Ende bin, werde ich nicht ermangeln, auch den 1. Band nach derselben Methode zu bearbeiten.

Die *Fauna coleopterorum helvetiae*, die ich in den Denkschriften der schweizerischen naturforschenden Gesellschaft publizirt habe, enthält nur die Namen der Käfer, Citate, nebst Angabe der Frequenz und der horizontalen und vertikalen Verbreitung, nicht aber die Beschreibungen.

Uebersicht der Gattungen.

1\. Die Poren an den Fühlern sind auf beiden Seiten der Fühlerglieder vertheilt 2
— Die Poren befinden sich in einer Rinne der Fühlerglieder 3
2\. 1. Glied der Hintertarsen länger als das 2.
Fühler stumpf gesägt, Schildchen deutlich, Halsschild am Grunde am breitesten, nach vorn verengt, Fortsatz der Vorderbrust gegen die Mittelbrust stumpfspitzig, vor der Spitze erweitert, flach mit 2 Furchen. **Chalcophora** Sol.
— 1. Glied der Hintertarsen nicht länger als das 2. Schwarz, matt, Halsschild mit glänzenden Erhabenheiten, breiter als die Flügeldecken, Hinterecken spitzig, der Seitenrand vor denselben gebuchtet, Flügeldecken nach hinten verlängert (caudati). **Capnodis** Esch.
3\. Schildchen nicht sichtbar.
Fühler vom 5. Glied an erweitert, schwach gesägt, Halsschild breit, Flügeldecken cylindrisch, ihr Seitenrand hinten gesägt, Vorderhüften weit von einander entfernt, Fortsatz der Vorderbrust breit, vor der Spitze nicht erweitert. **Acmaeodera** Esch.
— Schildchen sichtbar 4
4\. Schildchen klein, punktförmig oder quer 5
— Schildchen grösser, dreieckig oder quer und hinten zugespitzt 10
5\. Mittelbrust mit einer Grube oder Rinne, die sich auf die Hinterbrust fortsetzt 6
— Mittelbrust mit einer Grube oder Rinne, die sich nicht auf die Mittelbrust fortsetzt, Körper walzenförmig, Halsschild viereckig, stark gewölbt, Flügeldecken an der Spitze einzeln abgerundet und gesägt **Ptosima** Sol.
6\. Letztes Glied der Kiefertaster dreieckig, 1. Glied der Hintertarsen kaum länger als das 2. 7
— Letztes Kiefertasterglied cylindrisch oder oval, 1. Glied der Hintertarsen doppelt so lang als das 2. . . . 8
7\. Flügeldecken hinten in eine Spitze ausgezogen und gezähnelt, Schildchen punktförmig, Prosternum mit einer tiefen, grob punktirten Grube und glatten Rändern, letztes Bauchsegment beim ♂ dreizähnig. **Dicerca** Esch.
— Flügeldecken hinten nicht ausgezogen, Schildchen

quer, Prosternum zwar auch grob punktirt,aber eben, letztes Bauchsegment bei ♂ und ♀ ausgerandet.
Poecilonota Esch.

8. Der Fortsatz des Prosternums erweitert sich am Ende in 3 Zacken, einen mittleren und 2 seitliche. Fühler stumpf gesägt, Halsschild viel breiter als lang, hinten 2 mal gebuchtet, Flügeldecken breiter als das Halsschild, hinten zugespitzt, etwas flach.
Melanophila Esch.

— Dieser Fortsatz hinten nicht erweitert, einfach zugespitzt, etwas stumpf, Halsschild hinten viel breiter als vorn, seitlich etwas gerundet 9

9. Schildchen klein, rund. 2. und 3. Fühlerglied gleich lang, Flügeldecken nicht oder wenig breiter als das Halsschild am Hinterrand, hinten abgerundet oder abgestutzt, nicht gezähnelt, Vorderschienen beim ♂ in einen gekrümmten Hacken endigend.
Ancylocheira Esch.

— Schildchen quer. 2. Fühlerglied länger als das 3., Flügeldecken kaum breiter als das Halsschild, zugespitzt, der Nathwinkel scharf, Vorderschienen beim ♂ und ♀ unbewehrt. **Eurythyrea** Sol.

10. Halsschild am Grunde gerade abgestutzt oder nur ganz schwach gebuchtet; Fühler stumpf gesägt, Körper ziemlich flach, Halsschild breiter als lang, seitlich erweitert, Flügeldecken hinten einzeln abgerundet, schwach gesägt. **Anthaxia** Esch.

— Halsschild am Grunde stark zweimal gebuchtet, der Mittellappen gegen das Schildchen vortretend . . 11

11. Kopf bis zu den Augen in das Halsschild eingezogen 12

— Augen weit vom Vorderrand des Halsschildes enfernt 15

12. Fortsatz der Vorderbrust breit, hinter den Vorderhüften beiderseits stark eckig erweitert und wieder scharf zugespitzt.
Körper flach, Halsschild beinahe doppelt so breit als lang, der Seitenrand und die abgerundete Spitze der Flügeldecken fein gezähnelt, Tarsen schmal, das 1. Glied so lang als die 3 folgenden zusammen.
Chrysobothris Esch.

— Dieser Fortsatz hinter den Vorderhüften nicht erweitert, stumpfspitzig oder abgerundet 13

13. Körper langgestreckt, Vorder- und Mittelhüften

ziemlich gleich weit von einander entfernt . . . 14
— Körper kurz eiförmig, Mittelhüften viel weiter von einander abstehend, als die Vorderhüften; die 2 ersten Fühlerglieder verdickt, die 4 folgenden dünn, die 5 letzten innen stumpf sägeförmig erweitert. **Trachys** Fab.
14. Erstes Glied der Hintertarsen kaum länger als das 2., Halsschild ohne Kiel in den Hinterecken und das Schildchen ohne Querleiste. **Coraebus** Cast.
— Erstes Glied der Hintertarsen so lang als die 2 folgenden zusammen, Halsschild meist in den Hinterecken mit einem Kiel und das Schildchen meist mit einer Querleiste. **Agrilus** Cast.
15. Kopf so breit oder breiter als das Halsschild, und neben der Mundöffnung mit einer Rinne versehen zur Aufnahme der Fühler, diese unter dem Kopfrande inserirt. **Cylindromorphus** Kiesw.
— Kopf schmaler als das Halsschild, ohne Fühlerrinne, die Fühler sehr nahe beisammen auf der Stirn inserirt. **Aphanisticus** Latr.

Tabelle zur Bestimmung der Arten

Gattung Chalcophora Sol.

Braun, erzfärbig, das Halsschild mit erhabener, glatter Mittellinie und einer Erhabenheit von unregelmässiger Gestalt jederseits, die Flügeldecken mit 4 glatten, erhabenen Längsstreifen, von denen der 2. und 3. unterbrochen sind. Die vertieften Stellen sind kupferglänzend, dicht runzlig punktirt; auf jeder Flügeldecke treten 2 solcher kupferglänzenden Stellen deutlich in die Augen. Lg. 24—30 mm. Chur, Wallis, Tessin. **Mariana** L.

Var. b. Oberseite etwas gewölbter, von schön kupfergoldener Farbe; die Flügeldecken sind nach hinten etwas mehr verengt, mit weniger erhöhten Erhabenheiten. Selten im Kt. Waadt. var. **florentina** Dahl.

Gattung Capnodis Esch.

Schwarz matt; Halsschild seitlich stark gerundet erweitert, an der Basis stark verschmälert, vor dem Schildchen mit einer ziemlich tiefen Grube, dicht und fein punktirt, weisslich bestäubt,

mit glänzenden erhabenen Flecken und Punkten, Flügeldecken gestreift punktirt. Lg. 20—24 mm. Selten. Wallis.
Tenebrionis L.

Gattung Acmaeodera Eschscholz.

Schwarz, mit etwas violettem Schimmer, Unterseite fein grau behaart, Flügeldecken mit 9—10 gelben Flecken, die theils der Naht, theils dem Aussenrande entlang gestellt sind. Lg. 8—10 mm. Sehr selten. Val Formazza.
18 guttata Herbst.

Schwarz, Unterseite dicht weiss beschuppt, Flügeldecken punktirt gestreift mit Reihen kleiner Börstchen und gelber Querbinde hinter der Mitte. Lg. 7 mm. Tessin.
Taeniata F.

Gattung Ptosima Solier.

Schwarz mit bläulichem Schimmer, punktirt, fein grau behaart, mit gelben Flecken, wovon 1 auf dem Kopf, 2 auf dem Halsschild und 3 auf den Flügeldecken sich befinden. Lg. 4—5 mm. Genf, Wallis, Lugano. **Flavoguttata** Ill.

Var. b. Kopf und Halsschild ohne Flecken.
sexmaculata Herbst.

Var. c. Halsschild mit 4 Flecken, Flügeldecken mit 4 Flecken an denselben Orten. **11 maculata** Herbst.

Gattung Dicerca Esch.

Flügeldecken fein gestreift mit schwarzen, glänzenden Erhabenheiten auf den Flügeldecken, broncefärbig, mit feinerer Punktirung, Halsschild an der Basis stark 2 mal gebuchtet. Lg. 20—24 mm. Wallis, Genf, Locarno. Selten.
Berolinensis Fab.

Flügeldecken stark punktirt gestreift, ohne schwarze Erhabenheiten oder nur mit Spuren derselben, erzfärbig, grob runzlig punktirt, Halsschild an der Basis schwach 2 mal gebuchtet. Lg. 19—23 mm. Sehr selten. Am Genfersee, Jura bei Genf. **Aenea** Linn.

Gattung Poecilonota Eschscholz.

1. Oberseite erzfärbig, schwarz marmorirt, Flügeldecken hinten in 2 kurze Spitzen endigend, Unterseite kupferig. Lg. 13—18 mm. Br. 5—7 mm. Selten. Vallorbe, Bremgarten. **Conspersa** Gyll.

— Oberseite goldgrün 2
2. Flügeldecken mit breitem, rothem Seitenrand, mit kleinen schwarzen Flecken 3
— Flügeldecken ohne rothen Seitenrand, mit grossen, runden, dunkelblauen Flecken 4
3. Halsschild goldgrün, ohne schwarze Flecken oder nur mit Spuren derselben, Flügeldecken spärlich mit kleinen schwarzen Flecken bestreut, Halsschild länger, nach vorn allmähliger verengt. Lg. 12—15 mm. Br. 5—6 mm. Lebt in Linden.
♂ letztes Bauchsegment am Ende flach ausgerandet.
♀ letztes Bauchsegment am Ende etwas ausgezogen, mit einem kleinen dreieckigen Ausschnitt. Genf, Wallis, Waadt, Zürich, Basel, Schaffhausen, Rheinthal, St. Gallen. **Rutilans** Fab.
— Halsschild mit schwarzer Mittellinie und mehreren schwarzen Flecken, kürzer, nach vorn plötzlicher verschmälert, Flügeldecken mit vielen schwarzen, glänzenden Flecken. Lg. 11—14 mm. Br. 4—5 mm.
♂ letztes Bauchsegment ausgerandet und jederseits der Ausrandung in eine Spitze ausgezogen.
♀ letztes Bauchsegment einfach ausgerandet. Sehr selten. Weissbad, Ragatz. **Decipiens** Mannh.
4. Schmaler und kleiner als die vorigen, das Halsschild mit 2, jede Flügeldecke mit 5 grossen, schwarzblauen Flecken. Lg. 7—11 mm. Br. 2½—3½ mm. Auf Wachholder. Selten. Bei Genf und im Wallis. **Festiva** L.

Gattung Melanophila Esch. (Phaenops Lac.)

1. Flügeldecken mit abgerundeter Spitze 2
— Flügeldecken hinten zugespitzt 3
2. Flügeldecken einfärbig blaugrün, dicht punktirt, Halsschild breiter als lang mit einem schwachen Grübchen vor dem Schildchen, dieses klein, rundlich. Lg. 9—11 mm. Br. 3½—4½ mm. Selten, auf Fichten. Wallis, Susten, Chur, Domleschg. (tarda Redt.) **Cyanea** F.
— Flügeldecken mit gelben Flecken, gewöhnlich 7 auf jeder Seite, und mit 3 Längsrippen jederseits, dicht punktirt, breit und ziemlich flach, Halsschild breiter als lang, mit rechtwinkligen Hinterecken, dicht punktirt. Lg. 10—14 mm. Br. 4—5 mm. Leuk und Visp im Wallis. **Decostigma** F.

3. Schwarz, flach, granulirt-punktirt, Halsschild vorn etwas verbreitert, Flügeldecken breiter als das Halsschild, hinten zugespitzt und gezähnelt, öfter mit Spuren von Längsrippen. Lg. 10 mm. Br. 4 mm. Wallis. **Appendiculata** F.

Gattung Ancylocheira Eschscholz.

1. Oberseite blaugrün oder grünerzfärbig, ohne gelbe Flecken 2
— Oberseite erzfärbig oder blau mit orangegelben Flecken 3
2. Oberseite grünlich, ungefleckt, ziemlich dicht punktirt, Halsschild nach vorn verschmälert, Flügeldecken breit, punktirt gestreift, hinten schief abgestutzt mit 2 wenig entwickelten Zähnchen. Lg. 12—19 mm. Br. 4—7 mm. Ueber die ganze Schweiz verbreitet bis zu 4000′ ü. M.
♂ letzter Bauchring ausgerandet. **Rustica** L.
— Oberseite erzfärbig oder grün, Vorderecken des Halsschildes und das letzte Bauchsegment gelb gefleckt. Lg. 14—19 mm. Br. 4—8 mm.
♂ letzter Bauchring abgestutzt. **Punctata** F.
3. Schwarz erzfärbig, der Kopf, die Seiten des Halsschildes, die Flügeldecken und die Unterseite gelb gefleckt, die Flügeldecken in der Gegend der Hinterhüften geschweift, in den Zwischenräumen mit einer gedrängten Reihe ziemlich kräftiger Punkte, hinten abgestutzt. Die Flecken sind veränderlich, manchmal zusammenfliessend, oder einzelne klein oder ganz fehlend. Lg. 14—20 mm. Br. 6—8 mm. Auf Fichten. Wallis, Susten, Chur, Domleschg.
♂ Afterglied gerade abgestutzt.
Flavomaculata F.
— Blau oder schwarzblau, der Kopf, die Seiten des Halsschildes, Fügeldecken und Unterseite gelb gefleckt, die Flecken der Flügeldecken sehr konstant, 4 von gerundet viereckiger Gestalt auf jeder Flügeldecke und einer an der Schulter, Flügeldecken seitlich kaum geschweift, hinten abgestutzt, mit 2 kurzen Zähnen, Zwischenräume mit einer Reihe kleiner Punkte. Lg. 9—15 mm. Br. $3\frac{1}{2}$—$5\frac{1}{2}$ mm. Auf Fichten. Wallis, Chur, Finstermünz, Ragatz.
♂ Aftersegment abgestutzt. **Octoguttata** L.

Gattung Eurythyrea Sol.

Schildchen quer, 3 mal so breit als lang, kupferig; Grün erzfärbig, Flügeldecken mit kupferigem oder röthlichem breitem Rand, Scheitel gewölbt, Kopf ziemlich dicht und stark punktirt, Flügeldecken hinten abgestutzt, mit stumpfen Zähnen. Lg. 15—22 mm. Br. 5—9 mm. Selten. Zürich. **Austriaca** Fab.

Schildchen wenig breiter als lang, kupferig; grün erzfärbig oder goldgrün, glänzend, Flügeldecken mit rothgoldenem, breitem Seitenrand, Kopf fein zerstreut punktirt, Scheitel mit Längsfurche, Flügeldecken hinten abgestutzt mit stumpfen Zähnen. Lg. 16—44 mm. Br. 6—9 mm. Genf. **Micans** Fab.

Gattung Anthaxia Eschscholz.

1. Halsschild und Flügeldecken oder wenigstens eines von beiden goldgrün oder grünerzfärbig oder mit schönen bunten Farben geziert 2
— Oberseite einfärbig schwarz oder braunschwarz . . 10
2. Kopf und Halsschild abstehend behaart; bräunlich erzfärbig, Unterseite und Halsschild goldgrün, letzteres mit 2 breiten schwarzen Längsstrichen. Lg. 8-9 mm. Genf. **Manca** F.
— Oberseite unbehaart. 3
3. Halsschild flach gewölbt, weder mit einer Mittelfurche, noch mit sonstigen Eindrücken, höchstens mit ganz leichten Vertiefungen in den Hinterecken, Flügeldecken an den Schultern am breitesten, nach hinten verschmälert 4
— Halsschild mit Mittelfurche oder sonstigen Eindrücken 7
4. Flügeldecken kupferroth, die Umgebung des Schildchens grün, Halsschild blau mit 2 schiefen, dunkelblauen Binden, Kopf behaart. Lg. 5 mm. Genf selten. (Viminalis Lap. fulgidipennis Luc.) **Croesus** Villers.
— Flügeldecken einfärbig grün oder erzfärbig, (dunkel erzfärbig bei A. millefolii var.), oder blass kupferig, letztes Bauchsegment mit tiefen Eindrücken . . . 5
5. Letztes Bauchsegment mit 2 schrägen tiefen Eindrücken. Grün, fein runzelig gekörnelt, Halsschild

quer, ohne Eindrücke, Flügeldecken fast 3 mal so lang als das Halsschild. Lg. 4—5 mm. (umbellatarum Fab.) Selten. Wallis, Genf.

Millefolii Fab.

var. b. Dunkelgrün.

var. c. Erzfärbig.

— Letztes Bauchsegment seitlich schwach ausgerandet mit einem Grübchen vor der Spitze 6

6. Die Spitze des letzten Bauchsegmentes ist nicht ausgerandet; grün, die Flügeldecken blass kupferig, das Halsschild quer, öfter mit einem schwachen, flachen Eindruck in den Hinterecken, Lg. 4—5 mm. Tessin, Genf, Schaffhausen auf Achillea millefolium.

Cichorei Boisd. et Lac.

var. b. Oberseite einfärbig grün v. *Chamomillae* Mannh. Diese var. ist oft nur durch die Bildung des letzten Bauchsegmentes von Millefolii zu unterscheiden.

var. c. Halsschild dunkel.

— Spitze des letzten Bauchsegmentes ausgerandet. Kleiner als die vorigen, dunkler erzfärbig, Halsschild quer, meist mit flachem Eindruck in den Hinterecken, Flügeldecken 2 mal so lang als das Halsschild, hinter den Schultern seitlich ziemlich stark ausgerandet und vor der Spitze mit einem ziemlich tiefen Eindruck neben der Nath, Unterseite kupferig. Lg. 4—5 mm. Nyon.

Inculta Boisd. et Lac.

7. Halsschild mit deutlicher Mittelfurche, Oberseite mit lebhaften, schönen Farben 8

— Halsschild ohne deutliche Mittelfurche, mit deutlichen oder starken seitlichen Eindrücken, letztes Bauchsegment abgerundet, mit breiter Vertiefung, Flügeldecken fast parallel bis hinter die Mitte . . 9

8. Halsschild blau mit schwarzblauen Flecken, Flügeldecken rothgolden mit einem dunkelblauen Streifen auf der Nath, der sich hinter der Mitte rundlich erweitert, und innen mit einem grünen Flecken, der die Schildchengegend einnimmt und sich längs der Nath bis zur Mitte der Flügeldecken hinzieht. Lg. 8 mm. Basel auf Kirschbäumen, Schaffhausen auf Orchideen. **Candens** Panz.

Halsschild blau mit dunkelblauen Flecken, Flügeldecken kupferroth, an der Wurzel grün, Körper breit und ziemlich flach. Lg. 5—6 mm. Dübendorf auf Eichenholz, Schaffhausen, St. Gallen, Basel, Genf, Wallis, Waadt. **Salicis** Fab.

9. Grün, dicht runzlig punktirt, Halsschild quer, vorn 2buchtig, oft mit undeutlicher Mittelfurche und mit 2 flachen Gruben in den Hinterecken, nach hinten etwas verschmälert. Lg. 4—5 mm. Nicht selten in der ebeneren Schweiz. **Nitidula** Boisd. et Lac.
♂ ganz grün.
♀ Halsschild und Kopf rothgolden, Flügeldecken grün oder blau. **laeta** F.
var. Eindrücke des Halsschildes undeutlich.
Von kurzer Gestalt, grün, glänzend, Halsschild quer, netzförmig gerunzelt, mit 2 dunkeln Flecken und einer tiefen Grube in jeder Hinterecke, Flügeldecken gegen die Spitze grob punktirt. Lg. 4—5 mm. Selten. Genf, Wallis. **Nitida** Rossi.
♂ Flügeldecken grüngolden.
♀ Flügeldecken purpurroth, die Schildchengegend und die Naht bis über die Mitte herab grün.

10. Kopf unbehaart 11
— Kopf fein behaart 12

11. Dunkel erzfärbig oder braunschwarz, Halsschild quer, vor der Mitte gerundet erweitert, mit ganz schwacher Mittelfurche und flachen Gruben in den Hinterecken, Flügeldecken narbig gerunzelt, hinten grob punktirt. Lg. 3—4 mm. Genf, Wallis, Generoso (Chevrieri Gory.). **Funerula** Boisd. et Lac.

— Schwarz oder braunschwarz, wenig glänzend, narbig gerunzelt und punktirt, Halsschild quer, hinter der Mitte am breitesten, mit 4 in einer Querreihe stehenden Grübchen vor der Mitte, letztes Bauchsegment flach eingedrückt und erhaben umrandet. Lg. $3\frac{1}{2}$—5 mm. Ziemlich häufig durch die ganze Schweiz bis 3500′ ü. M. **Quadripunctata** Lap. Gor.
var. b. Halsschild seitlich hinter der Mitte winklig erweitert. Wallis, Schaffhausen.
angulicollis Küst.
var. c. Metallisch schwarz, Halsschild platter. Engadin.
granulata Küster.
var. d. Kleiner, Halsschild seitlich weniger verbreitert, mit schwächern Grübchen. Lg. $3\frac{1}{2}$ mm. Schaffhausen. **Godeti** Lap. Gor.

12. Kopf weisslich behaart, Unterseite grünlich, weiss pubescent, Halsschild quer, im hintern Drittheil winklig erweitert, unregelmässig gerunzelt, gegen

den Seitenrand mit nabelpunktigen Maschen, Flügeldecken dicht gekörnt, letztes Bauchsegment etwas zugespitzt und etwas gröber punktirt, als die übrigen Segmente. Lg. 6—8 mm. Zürich, Schaffhausen, Basel, Rheinthal, Siders. **Morio** Mannerh.

— Kopf bräunlich behaart, Unterseite dunkel erzfärbig 13

13. Halsschild flach gewölbt, ohne Eindrücke oder nur mit einem schwachen Grübchen am Seitenrand, doppelt so breit als lang, seitlich gerundet, im hintern Drittheil etwas winklig, Oberseite netzförmig gerunzelt, Flügeldecken flach, $1^1/_3$ mal so lang als breit, fein gekörnt, letztes Bauchsegment gerundet mit aufgebogenem Rande. Lg. 5—6 mm. Schaffhausen, Basel, Ormontthal, Rheinthal, Genf. **Sepulchralis** Boisd. et Lac.

var. b. Halsschild mit 4 Grübchen und undeutlicher Mittelfurche, Gestalt noch kürzer und breiter, Halsschild mehr als doppelt so breit als lang, Flügeldecken kaum $1^1/_2$ mal so lang als breit. Lg. 6-$6^1/_2$ mm. Br. $2^1/_2$ mm. Engadin, Simplon, St. Bernhard. (Schweiz. Mitth. II. p. 345.) v. **helvetica** Stierl.

Anmerkung. So abweichend manche Stücke dieser var. erscheinen von der typischen Sepulchralis, so halte ich diese Form doch für eine alpine var. derselben, da mir Uebergangsformen vorgekommen sind.

Gattung Chrysobothris Eschscholz.

1. Oberseite grob runzlig punktirt, Flügeldecken mit stark vortretenden Rippen, röthlich erzfärbig, der Seitenrand, ein rundlicher Eindruck neben dem Schildchen und 2 solche auf der Scheibe jeder Flügeldecke rothgolden; fein gerunzelt, Bauch röthlich und grün, letztes Segment beim ♂ halbkreisförmig ausgeschnitten, beim ♀ gerade abgestutzt. Lg. 11—12 mm. In der nördlichen Schweiz selten, häufiger im Süden. **Chrysostigma** Boisd. et Lac.

— Oberseite dicht und fein punktirt, Flügeldecken mit schwach vortretenden, oft sogar undeutlichen Rippen, nur die erste Rippe neben der Nath gewöhnlich etwas stärker 2

2. Dunkel kupferfärbig, mit 3 röthlich goldenen vertieften Flecken, wovon 1 neben dem Schildchen, Halsschild fast 3 mal so breit als lang, vorn breiter als hinten, dicht punktirt, etwas querrunzlig, öfter mit breiter schwacher Mittelfurche und schwachen

Eindrücken am Seitenrand, Flügeldecken seitlich gegen die Spitze schwach gezähnelt. Lg. 10—12 mm. ♂ letztes Bauchsegment halbzirkelförmig ausgerandet. ♀ letztes Bauchsegment etwas abgestutzt. Auf Eichen und Buchen. Genf, Waadt, Wallis, Neuenburg, Basel, Zürich. **Affinis** Boisd. et Lac.

— Dem vorigen sehr ähnlich, kleiner und schmaler, besonders das Halsschild nur 1½ mal so breit als in der Mitte lang, die Mitte des Vorder- und des Hinterrandes stärker vortretend, mit flacher Mittelfurche und einem gebogenen Eindruck jederseits, Flügeldecken mit grössern Goldflecken und meist etwas deutlichern Rippen, seitlich viel stärker gezähnelt als beim vorigen. Lg. 9—11 mm. Schaffhausen, Stätzerhorn, Susten, Siders.
♂ letztes Bauchsegment halbzirkelförmig ausgerandet und jederseits scharf zugespitzt.
♀ letztes Bauchsegment abgestutzt und jederseits in einen Dorn auslaufend. **Solieri** Lap. Gor.
var. b. Kopf grüngolden. Mit der Stammform.

Gattung Coraebus Laporte et Gory.

1. Flügeldecken mit behaarten Zackenbinden. . . . 2
— Flügeldecken ohne solche Binden 4
2. Halsschild gleichmässig gewölbt mit einem kleinen Grübchen vor dem Schildchen und jederseits an der Basis mit einem schwachen Grübchen, ziemlich grob, nicht sehr dicht punktirt, grün erzfärbig, Flügeldecken hinten dunkel mit 2 breiten aus weissen Börstchen gebildeten, wellenförmigen Binden. Lg. 10—12 mm. Sehr selten, auf Eichen. Genf. **Bifasciatus** Lap. Gor.
— Halsschild stark gewölbt mit einer grossen, tiefen Grube in den Hinterecken 3
3. Grün erzfärbig, Flügeldecken hinten dunkler erzfärbig, auf der vordern Hälfte mit einigen Flecken, hinten mit 3 schmalen, zackigen Binden aus weisslichen, schuppenartigen Börstchen, nicht sehr dicht punktirt. Lg. 9—11 mm. Selten. Genf, Wallis. **Undatus** Lap. Gor.
— Schwarz, Halsschild erzfärbig mit einigen aus weisslichen Schüppchen gebildeten Flecken, Flügeldecken mit 5 schmalen, zackigen, aus ähnlichen Häärchen gebildeten Querbinden. Lg. 8—10 mm. Wallis, Tessin. **Rubi** Lap. Gor.

4. Halsschild mit einem in der Mitte etwas seichtern Quereindrucke vor dem Hinterrande; erzfärbig, die Flügeldecken ziemlich dicht punktirt, mit reif-ähnlichen, weissen Schüppchen gleichmässig übersäet. Lg. 4—6 mm. Selten. Genf, Tessin.
Elatus F.
— Halsschild mit einem schrägen Eindruck, der sich vom vordern Drittheil des Seitenrandes gegen die Schildchengegend hinzieht 5
5. Blau oder grünblau, dicht punktirt, Halsschild mit stumpfem Mittelkiel, an den Seiten ziemlich gerade. Lg. 5—6 mm. Selten. Dübendorf, Basel, auf Weiden.
Amethystinus Lap. Gor.
— Schwarz, Kopf und Halsschild grün oder goldgelb, glänzend, letzteres hoch gewölbt, dicht, etwas runzlig punktirt und gekörnelt, Flügeldecken schwach bereift. Lg. $3^1/_2$—4 mm. Genf, auf Eichen.
Aeneicollis Lap. Gor.

Gattung Agrilus Sol.

1. Flügeldecken hinten einzeln zugespitzt, dunkel metallgrün mit 6 kleinen weissen Flecken, auch der Unterleib weiss gefleckt. Lg. 9—10 mm. Basel.
♂ Kinnplatte der Vorderbrust im Bogen ausgeschnitten, Klauen gespalten.
♀ Kinnplatte der Vorderbrust dreieckig ausgeschnitten, Klauen in der Mitte gezähnt.
Sexguttatus Herbst.
— Flügeldecken hinten einzeln abgerundet 2
2. Letztes Bauchsegment hinten abgerundet 3
— Letztes Bauchsegment ausgerandet 14
3. Flügeldecken mit 2 weisslichen Haarflecken hinten neben der Nath, mit eben solchen am Seitenrand des Hinterleibes und der Bauchsegmente, Hinterecken des Halsschildes ohne ein erhabenes Leistchen, Kinnplatte ausgerandet. Lg. 9—12 mm. Genf, Waadt, Wallis, Misox, Basel, Schaffhausen, auf Eichen. (pannonicus Piller.) **Biguttatus** F.
— Flügeldecken ohne weisse Haarflecken 4
4. Flügeldecken ohne reifartige Behaarung 5
— Flügeldecken mit reifartiger Behaarung 13
5. Schildchen eben, ohne Querleiste und ohne Furche,

Kinnplatte schwach ausgerandet, Körper grün, Flügeldecken kupferig. Lg. 8—9 mm. Salève bei Genf. **Subauratus** Gebl.

— Schildchen mit erhabener Querleiste, an deren Hinterseite eine in der Mitte unterbrochene Furche . . . 6

6. Hinterecken des Halsschildes ohne erhabenes Leistchen, dieses vorn stärker gewölbt, mit deutlicher Mittelfurche, Scheitel gefurcht, Kinnplatte gerundet, Körper erzfärbig oder grünlich erzfärbig, selten ins kupferige übergehend. Lg. 6—$7\frac{1}{2}$ mm. Dübendorf, Lausanne, Schaffhausen. Auf Daphne mezereum. **Integerrimus.**

— Hinterecken des Halsschildes mit erhabener Leiste, Bauch reifartig pubescent 7

7. Kinnplatte der Vorderbrust stark ausgerandet . . . 8

— Kinnplatte der Vorderbrust nicht oder schwach ausgerandet 11

8. Grösse 9—11 mm. Oberseite kupferig 9

— Grösse nicht über 7 mm. Oberseite grünlich, Halsschild und Flügeldecken meist kupferig 10

9. Flügeldecken nur hinten flach niedergedrückt, an der Spitze einzeln abgerundet, gegen die Spitze mit einem (oft undeutlichen) Fleck hellerer Häärchen neben der Nath. Lg. 8—11 mm. Kanton St. Gallen, Thurgau, Zürich, Schaffhausen, Waadt, Genf. Auf Weissdorn. **Sinuatus** Ol.

— Flügeldecken mit einer flachen Furche, die sich von der Wurzel bis zur Spitze zieht, neben der Nath und deren Aussenrand als schwacher über die Mitte der Flügeldecken verlaufenden Längskiel erscheint, an der Spitze schief abgestutzt, ohne Fleck. Lg. 10—12 mm. Genf. **Mendax** Mannh.

10. Scheitel stark gewölbt, Halsschild vorn stark verbreitert, fast herzförmig, jederseits am Seitenrand und in der Mittellinie am Vorder- und Hinterrand eine tiefe Grube. Lg. 7 mm. Dübendorf, Nürensdorf, Schaffhausen, Genf. In Eichenrinde. **Pratensis** Ratz.

11. Flügeldecken an der Spitze nicht gezähnelt, Halsschild seitlich winklig erweitert, mit flach abgesetztem Seitenrand und tiefem Eindruck längs demselben, Augen mit geradem Innenrand, Flügeldecken kaum so breit als das Halsschild. Lg. 5 mm. Wallis, Schaffhausen. Auf jungen Birken. **Betuleti** Ratz.

— Flügeldecken hinten gezähnelt 12
12. Scheitel mässig gewölbt, ungefurcht, Halsschild seitlich mässig gerundet, mit schwach gebogenem Leistchen in den Hinterecken, diese ziemlich rechtwinklig, Augen mit flach ausgebuchtetem Innenrand, Flügeldecken hinter der Mitte verbreitert, hinten meist divergirend, breiter als das Halsschild, Fühler kurz. Lg. 5—10 mm.
♂ Kinnplatte gerade abgestutzt oder selbst gerundet
♀ Kinnplatte schwach ausgerandet.
Ueberall in der ebenern Schweiz auf Weiden und Buchen. **Viridis** L.
Varietäten:
var. a. Grünlichblau oder blau. (bicolor Redt.) **v. nocivus** Redt.
var. b. Grün, Halsschild kupferig. **v. linearis** Panz.
var. c. Erzfärbig. (quercinus, fagi Redt.). **v. fagi** Ratz.
var. d. Schwarz. **v. atra** F.
— Scheitel gefurcht, Halsschild fein quer gestreift, Flügeldecken schuppenartig punktirt, nicht pubescent, Färbung grünlich erzfärbig, olivengrün oder kupferig. Lg. 5—6 mm. Zürich, Thurgau, Schaffhausen, Graubünden. **Aurichalceus** Redt.
13. Halsschild in den Hinterecken ohne Leistchen, Kinnplatte nicht ausgerandet. Kopf stark punktirt, nicht gerunzelt, Halsschild querrunzlig, mit breiter Mittelfurche, Stirn und Scheitel gewölbt, mit schwacher Furche. Lg. 5 mm. Auf Hypericum perforatum. Basel, Schaffhausen, Neuenburg, Genf. **Hyperici** Creutz.
14. Flügeldecken ohne reifartige Behaarung. 15
— Flügeldecken mit reifartiger Behaarung 19
15. Fühler beim ♂ vom 4. Glied an stark verbreitert; schmal, olivengrün, die Vorderhälfte des Halsschildes gewöhnlich dunkler, Stirn eben, Scheitel gewölbt, schwach gefurcht, Halsschild kurz und breit, querrunzlig, gegen die Wurzel schwach verschmälert. Lg. 5 mm. Genf, Lausanne, Schaffhausen. **Laticornis** Ill.
— Fühler nicht auffallend verbreitert 16
16. ♂ hat am Hinterrande des 1. Bauchringes 2 erhabene, nahe beisammen stehende Körnchen . . . 17
— beide Geschlechter ohne solche Körnchen 18
17. Kinnplatte gross, schwach und undeutlich ausgerandet,

mit sehr schwach gesägten Fühlern, Halsschild nach hinten schwach verschmälert, querrunzlig, mit Mittelfurche. Lg. 6—7 mm. Waadt, Wallis (viridis Lap.). **Tenuis** Ratz.

Varietäten:

var. a. Olivengrün.

var. b. Erzgrün.

var. c. Bläulich — cyanea Rossi.

var. d. Bräunlich erzfärbig.

— Kinnplatte klein, stark ausgerandet, Fühler ziemlich stark gesägt, Halsschild stark querrunzlig, nach hinten etwas verschmälert, Stirn mit breiter Furche, Flügeldecken ziemlich grob gekörnt. Lg. 4—5 mm. Im Kanton Basel, Schaffhausen, Zürich, Bündten, Wallis, Tessin. **Augustulus** Ill.

var. Stirn flacher, feiner gefurcht **rugicollis** Ratz.

18. Körper breit, dick, blau, unten schwarz, Stirn und Scheitel tief gefurcht, Fühler dünn, Halsschild punktirt, nicht regelmässig querstreifig, nach hinten wenig verschmälert. Lg. 5—6 mm. Genf, Jorat in Eichenstöcken häufig, Wallis, Bündten, Gadmenthal, Basel, Schaffhausen, St. Gallen. **Coeruleus** Rossi.

— Körper kräftig, doch schmäler als der vorige, dunkel erzfärbig, Scheitel mit zarter Furche, Fühler kräftig, Halsschild stark querrunzlig, Flügeldecken grob schuppenförmig punktirt, sehr schwach pubescent, Kinnplatte tief ausgerandet. Lg. 6 mm. Genf. **Scaberrimus** Ratz.

19. Flügeldecken gleichmässig pubescent, erster Bauchring beim ♂ mit 2 Körnchen, olivenfärbig, Scheitel gewölbt, gefurcht, Halsschild nach hinten kaum verschmälert, sehr fein querrunzlig, Flügeldecken gekörnelt. Lg. 4—5 mm. Genf, Wallis. In Hainbuchen. (olivaceus Redt.) **Olivicolor** Ksw.

— Flügeldecken hinter der Mitte mit einer querverlaufenden, kahlen Stelle 20

20. Erster Bauchring ohne Körnchen, grünlich, glänzend, Stirn weisslich behaart, Fühler beim ♂ stark gesägt, nach innen und aussen, Halsschild stark querrunzlig, Augen gross, Flügeldecken fein schuppenartig gerunzelt, mit einer pubescenten, schmalen Stelle hinten neben der Nath, Kinnplatte schwach gebuchtet, letztes Bauchsegment stark ausgerandet und gerinnt, Hinterschenkel etwas verdickt. Lg. 6 mm. Genf. **Graminis** Lap.

— Fühler mässig verdickt, auch beim ♂, Farbe olivengrün, bräunlich 21

21\. Erster Bauchring mit 2 Körnchen, bräunlich, matt, Augen sehr gross, Halsschild dicht querstreifig, mit tiefer Furche, die aber den Vorderrand nicht erreicht, Fühler gesägt mit 3 eckigen Gliedern, Kinnplatte schwach gebuchtet, Flügeldecken pubescent mit einer nackten Querbinde hinter der Mitte. Lg. 5—6 mm. Genf. **Hastulifer** Ratz.

— Erster Bauchring ohne Körnchen, olivenfärbig, Augen kleiner, Halsschild fein querrunzlig, mit einer feinern Mittelfurche, die aber den Vorderrand erreicht, die Pubescenz besteht in einem breiten Streifen neben der Nath, der aber die Spitze nicht erreicht, letztes Bauchsegment sehr schwach der Länge nach eingedrückt, tief ausgerandet. Lg. 5 mm. Genf, Waadt, Wallis. **Derasofasciatus** Lac.

Gattung Cylindromorphus Motsch.

Langgestreckt, schmal, matt, grün-erzfärbig, dicht und stark punktirt, Kopf gross, die Stirn und der untere Theil des Scheitels gefurcht. Halsschild etwas länger als breit, cylindrisch, an den Seiten gerandet, Flügeldecken schmal, hinter der Mitte schwach erweitert, gereiht punktirt. Lg. $2^1/_2$—3 mm. Pfäffiker-See, Uetliberg. **Filum** Gyll.

Gattung Aphanisticus Latreille.

1\. Langgestreckt, fadenförmig, Stirnfurche tief, aber nicht ganz über den Scheitel hinweg reichend, Halsschild schmaler oder wenig breiter als lang, mit 3 deutlichen Querfurchen, eine innerhalb des Vorderrandes, eine etwas hinter der Mitte und eine an der Basis, wovon die mittlere breit und tief ist, die 2 hintern durch eine Längsfurche verbunden. . . . 2

— Kürzer und breiter, Halsschild breiter als lang 3

2\. Halsschild etwas breiter als lang, schwarz mit Erzschimmer, Kopf punktirt, Flügeldecken schmal, gestreift punktirt, den Hinterleib kaum überragend. Lg. $2^1/_2$—3 mm. Basel, Zürich, Schaffhausen, Wallis, Genf. **Emarginatus** F.

— Halsschild länger als breit, dunkel erzgrün, Kopf mit grossen, seichten Punkten, Flügeldecken den Hinterleib beträchtlich überragend. Lg. 3½ — 4 mm. Br. 0,5—0,8 mm. Zürich. **Elongatus** Villa.

3. Von viel kürzerer und breiterer Gestalt als die 2 andern Arten; Halsschild viel breiter als lang, seitlich gerundet, die mittlere Querfurche ist sehr schwach oder fehlt ganz, die Stirnfurche reicht bis zum Vorderrand des Halsschildes; dunkel erzfärbig, Kopf zerstreut, flach punktirt, Flügeldecken hinter der Mitte erweitert, etwas unregelmässig punktstreifig. Lg. 3 mm. Br. 1 mm. Dübendorf im Kanton Zürich, Waadt, Genf. Auf sumpfigen Wiesen. **Pusillus** Ol.

Gattung Trachys F.

1. Flügeldecken mit wellenförmigen, zackigen, aus kleinen Häärchen gebildeten Binden 2

— Flügeldecken ohne Binden 3

2. Schwarz metallisch glänzend, die Flügeldecken mit stark vortretendem Schulterhöcker und 4 deutlichen Querbinden, weitläufig punktirt, Kopf erzfärbig, glatt, zwischen den Augen tief dreieckig eingedrückt. Lg. 2½ mm. Häufig auf Eichen durch die ganze Schweiz bis 4000′ ü. M. **Minuta** L.

— Dunkel metallisch, Flügeldecken ohne die stark vortretende Schulterbeule, mit viel undeutlichern, unregelmässigern Binden, mit grossen, hie und da gereihten Punkten, Stirn zwischen den Augen tief eingedrückt, mit einer bis zum Scheitel fortgesetzten Stirnfurche. Lg. 2—3 mm. Basel, Zürich, Waadt, Genf, auf Marrubium vulgare. **Pumila** Ill.

var. b. Kleiner, länglicher, Flügeldecken gröber punktirt. Schaffhausen. **v. scrobiculata** Meg.

3. Flügeldecken ohne eine erhabene Längslinie neben dem Seitenrande 4

— Flügeldecken mit einer feinen Längslinie neben dem Seitenrande. Dunkel erzfärbig, zwischen den Augen tief eingedrückt, ohne nach rückwärts verlängerte Stirnfurche, Halsschild kurz, glatt, nicht punktirt, mit einer tiefen Grube in den Vorderecken und einem gekrümmten Eindruck an den Seiten, Flügeldecken dreieckig, mit starken, hie und da gereihten Punkten. Lg. 1¾ mm. Auf Geranium sanguineum. Basel, Brugg, Schaffhausen, Lägern, Rheinthal, Lugano, Genf. **Nana** Herbst.

4. Vorderbrustbein schmal, an der Wurzel verbreitert, Kopf und Halsschild schön goldgelb, oder gelbroth, sehr fein zerstreut punktirt, Flügeldecken blau oder grünlich blau, mit grossen, etwas gereihten Punkten, Scheitel schwach gewölbt. Lg. 2½ mm. Basel, Kt. Zürich, Genf. **Pygmaea** F.

— Vorderbrustbein breit und nach vorn verbreitert; schmaler als die vorige Art, Kopf und Halsschild dunkel kupferig oder erzfärbig, fein zerstreut punktirt, Flügeldecken blau, unbehaart, stark gereiht punktirt, Stirn tief eingedrückt. Lg. 1¾ mm. Aarau, Kt. Zürich, Schaffhausen, Rheinthal, Lausanne, Genf, Lugano. **Troglodytes** Schh.

Familie Eucnemidae.

Körper länglich, oder walzenförmig, Kopf senkrecht stehend, Halsschild fast unbeweglich mit der Mittelbrust verbunden, kein Schnellvermögen; Fühler vor den Augen eingefügt, fadenförmig oder gesägt oder gekämmt, Hinterleib aus 5 Ringen bestehend, Vorderhüften kugelig ohne Anhang, die Hinterhüften reichen nach aussen bis an den Rand der Flügeldecken, Tarsen 5gliedrig, fadenförmig mit lappenförmigen Erweiterungen.

Oberlippe deutlich, Fühler an den Seiten des Kopfes vor den Augen eingefügt. **Trixagini.**

Oberlippe fehlt, Fühler zwischen den Augen in zwei Gruben eingefügt, einander etwas genähert. **Cerophytini.**

Trixagini (s. Throscini).

Oberlippe halbkreisförmig, Fühler mit dreigliedriger Keule, in tiefe, gebogene Fühlergruben auf der Unterseite des Halsschildes einlegbar, ihr erstes Glied gross, Prosternum vorn gerade abgestutzt. Kleine grau behaarte Käferchen mit etwas dickem Körper. **Trixacus** Kugel.

Oberlippe quer, Fühler gesägt, in abgekürzte Fühlerfurchen an der Unterseite des Halsschildes einlegbar, Prosternum mit einer Kinnplatte. Körper ziemlich flach, glänzend. **Drapetes** Redt.

Gattung Trixacus Kugelan.

1. Augen mit einem Eindruck, der vom Vorderrand bis zur Mitte des Auges reicht, Stirn mit 2 erhabenen Längslinien, die hinten abgekürzt sind, Flügeldecken fein gestreift, bräunlich mit grauer, anliegender, seidenglänzender Behaarung. Lg. 3—4 mm. Häufig überall bis 3200′ ü. M. **Dermestoides** L.
— Augen mit einem Eindruck, der ihre ganze Breite durchsetzt 2
2. Stirn zwischen den Augen mit 2 erhabenen Längslinien 3
— Stirn ohne solche Längslinien, Körper kurz eiförmig und verhältnissmässig breit, die Streifen der Flügeldecken nach innen feiner werdend und deren Zwischenräume deutlich punktirt. Lg. 1¼—2,2 mm. (pusillus Heer.). Pomy, Genf, Basel. **Obtusus** Curt.
3. Die 2 Längslinien der Stirn sind stark entwickelt und reichen bis zum Vorderrand des Halsschildes; dieses ist nach vorn nicht geradlinig, sondern etwas buchtig oder geschweift verschmälert Lg. 2,5—3 mm. Schaffhausen nicht selten. **Carinifrons** Bonv.
— Die 2 Längslinien sind schwach und nach hinten abgekürzt, so dass sie den Vorderrand des Halsschildes nicht erreichen, manchmal nur ganz kurz auf der Stirn angedeutet, Halsschild nach vorn geradlinig verschmälert, Flügeldecken nach hinten keilförmig verengt. Lg. 1,8—2,8 mm. (gracilis Woll, obtusus Ksw.) Selten. Biel, Genf. **Elateroides** Heer.

Gattung Drapetes Redt.

Fühler 11gliedrig, die 3 ersten Glieder klein, die folgenden gross, dreieckig, nach innen erweitert, Halsschild nach vorn allmählig verengt, seine Hinterecken die Flügeldecken umfassend.

Schwarz glänzend, ziemlich dicht punktirt, schwarz behaart, Flügeldecken neben dem Seitenrand mit einer erhabenen Linie, schwarz mit einer breiten, rothen Querbinde vor der Mitte. Lg. 3½—5 mm. Wallis. **Equestris** Fabr.

Cerophytini.

Uebersicht der Gattungen.

1. Prosternum vorn mit einem Kinnfortsatz, ohne Fühlerfurchen, Fühler nahe beisammen auf der Stirn eingefügt, diese zwischen ihnen gewölbt, Fühler beim ♂ kammförmig, beim ♀ gesägt. **Cerophytum** Latr.
— Prosternum vorn gerade abgestutzt, Stirn nicht gewölbt, Kopfschild jederseits mit einer Fühlergrube, Hinterhüften blattartig erweitert, wodurch sich eine Rinne zur Aufnahme der Schenkel bildet 2
2. Prosternalnäthe bis vorn weit vom Seitenrand entfernt, Unterseite des Halsschildes ohne Fühlerfurchen, Körper lang cylindrisch (Melasini). 3
— Prosternalnäthe mit dem Seitenrand nach vorn convergirend oder furchenartig vertieft, Körper schwach keilförmig oder kurz cylindrisch (Eucnemini). . . 4
3. Schienen flach und so breit als die Schenkel, Tarsen breit zusammengedrückt, kein Glied gelappt, Fühler beim ♂ kammförmig, beim ♀ gesägt, nach der Spitze dicker. . **Melasis** Ol.
— Schienen und Tarsen schlank und rund, das letzte Glied schwach lappenförmig, Fühler beim ♂ wedelförmig, beim ♀ kammförmig. **Tharops** Lap.
4. Halsschild auf der Unterseite dicht neben dem Seitenrand mit einer tiefen, scharf begränzten Fühlerfurche; Fühler gesägt, Stirn zwischen den wenig genäherten Fühlern mit einem feinen Längskiel, Tarsen cylindrisch, Oberseite glänzend. **Eucnemis** Ahr.
— Halsschild neben dem Seitenrand nicht gefurcht . 5
5. Hinterhüften nach aussen verschmälert, nach innen erweitert. 6
— Hinterhüften nach aussen nicht verschmälert, nach innen nicht, oder wenig erweitert, Prosternalnäthe schmal und einfach, 4. Tarsenglied kurz, unten schwach zweilappig, Halsschild ohne Mittelfurche, mit lang nach hinten ausgezogenen Hinterecken, Fühler dick, viel länger als Kopf und Halsschild, schnurförmig, 2. und 3. Glied klein, gleich lang, Tarsen schlank und kurz. **Xylobius** Latr.
6. Halsschild mit unregelmässigem, zum Theil unterbrochenem, zum Theil doppeltem Seitenrand, Prosternalnäthe breit, flach furchenartig vertieft, Fühler

beim ♂ kammförmig, beim ♀ spitzig gesägt, Halsschild breiter als lang. (Dirrhagus Latr.)
Microrhagus Esch.

— Halsschild mit einfachem von den Hinterecken bis zu den Vorderecken verlaufendem Seitenrand; Prosternalnäthe schmal und einfach, mit dem Seitenrand nach vorn konvergirend, Fühler schnurförmig oder sehr stumpf gesägt, Halsschild länger als breit.
Nematodes Latr.

Gattung Cerophytum Latr.

Halsschild stark gewölbt mit vorspringenden Hinterecken, Flügeldecken nach hinten etwas breiter, tief punktirt gestreift, Oberseite schwarz, wenig glänzend, grob punktirt, dicht behaart. Lg. 6—7½ mm. Zürich, Pomy, Genf, Basel. Auf Pappelbäumen und alten Eichen. **Elateroides** Latr.

Gattung Melasis Ol.

Halsschild nach vorn breiter werdend mit geraden Seiten und vertiefter Mittellinie. Flügeldecken schmaler als das Halsschild, tief gestreift, Oberfläche gekörnt, matt, schwarz, fein braun behaart. Lg. 6—8½ mm. Selten. Basel, Zürich, Genf, St. Gallen.
Buprestoides L.

Gattung Tharops Cost.

Halsschild nach vorn etwas verengt, mit einer tiefen Mittelfurche auf der hintern Hälfte, punktirt, Flügeldecken fein gestreift, schwach gekörnt. Oberseite mit sehr schwachem Glanz, schwarz, braun behaart. Lg. 8½—11 mm. Selten. Jura bei Genf.
Melasioides Lap.

Gattung Eucnemis Ahr.

Schwarz, ziemlich glänzend, Halsschild nach vorn verengt mit weit nach hinten reichenden, anliegenden Hinterecken, Flügeldecken nach hinten verengt, dicht punktirt, kaum gestreift. Lg. 5—6½ mm. Im Rhonethal nicht selten. Sitten.
Capucina Ahr.

Gattung Microrhagus Esch. (Dirrhagus Latr.).

Stirn vertieft, Schildchen stumpf zugespitzt, vor der Spitze mit einem ziemlich spitzigen Höcker, Fortsätze der Fühler beim ♂ doppelt so lang als das Glied, Fühler des ♀ von halber Körperlänge, sehr tief gesägt; Halsschild jederseits vor der Mitte mit einem starken Grübchen, Flügeldecken deutlich gestreift. Lg. 5 mm. Sehr selten. An Buchen. Savoyen. **Lepidus** Rosh.

Stirn nicht vertieft, nur zwischen den Fühlern flach gefurcht, Schildchen stumpf gerundet, flach gehöckert. Fortsätze der Fühler des ♂ nur wenig länger als das Glied, Fühler beim ♀ nur ⅓ der Körperlänge, ziemlich stark gesägt, Vertiefungen des Halsschildes schwach, Flügeldecken grob punktirt, ungestreift. Lg. 4—5 mm. Selten. Aarau. **Pygmaeus** F.

Gattung Nematodes Latr.

Körper langgestreckt, cylindrisch, schwarz, wenig glänzend, dicht feinkörnig punktirt, mit seidenschimmernder Behaarung, Halsschild cylindrisch, länger als breit mit seichter Mittelrinne und 2 kleinen Grübchen auf der Scheibe, Fühler kaum länger als Kopf und Halsschild, Flügeldecken fein gestreift. Lg. 6½ mm. Sehr selten. In abgestorbenen Buchenstämmen. Genfer Alpen, Toggenburg. **Filum** F.

Gattung Xylobius Latr.

Körper walzenförmig, gleichbreit, heller oder dunkler pechbraun, der Vorder- und Hinterrand des Halsschildes und die Basis der Flügeldecken, bisweilen die ganzen Flügeldecken gelb, Kopf und Halsschild ziemlich dicht punktirt, Schildchen hinten gerundet, Flügeldecken grob punktirt gestreift. Oefter ist das Halsschild ganz dunkel. Lg. 6½ mm. Selten, Bündten. **Alni** F.

Familie Elateridae.

Kopf ohne Fühlergruben, Fühler neben oder vor den Augen eingelenkt, fadenförmig, gekämmt, gesägt oder gewedelt. Einsenkung zwischen Halsschild und Flügeldecken stark, Vorderbrust mit einem in der Aushöhlung der Mittelbrust versenkbaren Fortsatz zwischen den kugeligen Vorderhüften, Halsschild in senkrechter Richtung daher sehr beweglich; es entsteht dadurch ein ausgebildetes Springvermögen, indem der Fortsatz des Prosternums gewaltsam in die Aushöhlung der Mittelbrust schnappt. Hüften der Hinterbeine bis zum Seitenrand reichend, gross, verschieden gestaltet, Füsse 5gliedrig. Die Larven leben im Holz, die Käfer auf Pflanzen, unter Steinen oder im Spühlicht.

Uebersicht der Gattungen.

1. Drittes Tarsenglied unten mit einem lappenförmigen Anhängsel 2
— Tarsenglieder ohne solche Anhängsel 3
2. Fussklauen einfach, Fühler scharf gesägt. **Anchastus** Le Conte.
— Fussklauen kammförmig, Fühler fadenförmig. **Synaptus** Esch.
3. Halsschild unten mit einer Rinne zur Aufnahme der Fühler 4
— Halsschild unten ohne Fühlerrinnen 5
4. Das 2. und 3. Fühlerglied klein kugelig, Halsschild breiter als lang. **Lacon** Cost.
— Nur das 2. Glied klein, die andern dreieckig, Halsschild länger als breit. **Adelocera** Latr.
5. Vorderbrust vorn mit einem abgerundeten, das Kinn bedeckenden Vorsprung 6
— Vorderbrust ohne diesen Vorsprung, vorn abgestutzt, Endglied der Kiefertaster beilförmig, umgeschlagener Seitenrand der Flügeldecken bis zur Spitze fast gleich breit, Stirn mit Querleiste. **Campylus** Fischer.
6. Klauen sägeförmig gezähnt 7
— Klauen einfach oder nur mit einem Zähnchen an der Wurzel. 8
7. Stirn vorn durch eine scharfe Kante begränzt, Endglied der Kiefertaster beilförmig, Grösse über 10 mm. **Melanotus** Esch.
— Stirn senkrecht, vorn nicht durch eine scharfe Kante begränzt, Endglied der Kiefertaster zugespitzt, Grösse unter 7 mm. **Adrastus** Esch.

8. Stirn vorn durch einen scharfen, aufstehenden Rand begränzt. 9
— Stirn vorn ohne scharfen Rand 18
9. Hüften der Hinterbeine lanzettförmig, nach innen allmählig erweitert 10
— Hüften der Hinterbeine nach innen rasch erweitert 12
10. Stirnkante vorn gerundet, Stirn tief eingedrückt, Körper linear, Hinterecken des Halsschildes in lange Dornen ausgezogen. **Campylomorphus** Duv.
— Stirnkante vorn gerade abgestutzt oder nur schwach gerundet, Hinterecken des Halsschildes nicht oder nur kurz zugespitzt 11
11. Erstes Tarsenglied kaum länger als das 2., Vorderbrust vorn mit einer ganz kurzen Fühlerfurche. **Limonius** Esch.
— Das 1. Tarsenglied ist so lang oder länger als die 2 folgenden zusammen, Vorderbrust ohne Spur von Fühlerrinne. **Athous** Esch.
12. Schildchen herzförmig, hinten zugespitzt, der Fortsatz der Vorderbrust bildet eine kurze, breite, hinten senkrecht abgestutzte Lamelle. **Cardiophorus** Esch.
— Schildchen eiförmig, Fortsatz der Vorderbrust von der gewöhnlichen Bildung 13
13. Hüften der Hinterbeine eckig und ausgerandet . . 14
— Hüften der Hinterbeine gerundet 16
14. Fühler vom 3. Glied an tief gesägt. **Ischnodes** Germ.
— Fühler vom 4. Glied an schwach gesägt. 15
15. Die Prosternalnäthe bilden vorn kurze Fühlerrinnen. **Elater** L.
— Die Prosternalnäthe ohne Spur von Fühlerrinnen. **Megapenthes** Kiesw.
16. Die Prosternalnäthe bilden vorn kurze Fühlerrinnen. **Betarmon** Kiesw.
— Die Prosternalnäthe ohne Spur von Fühlerrinnen . 17
17. Seitenrandlinie des Halsschildes auf dessen Unterseite herabgebogen, Endglied der Kiefertaster schief abgestutzt, so dass selbiges zugespitzt erscheint. **Drasterius** Esch.
— Seitenrandlinie des Halsschildes nicht herabgebogen, Kiefertaster gerade abgestutzt. **Cryptorhypnus** Esch.
18. Hüften der Hinterbeine nach innen allmählig erweitert 19

— Hüften der Hinterbeine nach innen jäh erweitert. **Ludius** Latr.

19. Zweites Fühlerglied länger als das 3. **Corymbites** Latr.

— Zweites und 3. Fühlerglied kaum an Grösse verschieden 20

20. Fühler fadenförmig oder stumpf gesägt, das 2. und 3. Glied von den folgenden wenig verschieden . . 21

— Fühler gesägt, 2. und 3. Fühlerglied klein, die folgenden dreieckig. **Sericosomus** Redt.

21. Halsschild vor der Mitte etwas verbreitert, sein Seitenrand herabgebogen. **Agriotes** Esch.

— Halsschild vor der Mitte nicht verbreitert, der Seitenrand scharf und nach der Mitte der Augen gerichtet. **Dolopius** Esch.

Gattung Adelocera Latreille.

Leben unter Baumrinde, in faulem Holz und unter Steinen.

1. Fühler scheinbar 12gliedrig, Oberseite matt, schwarz beschuppt mit eingestreuten schneeweissen Schüppchen. Lg. 16—19 mm. Br. 4½—5½ mm. Leuk im Wallis, Colico, Lugano. **Carbonaria** Schrk.

— Fühler 11gliedrig 2

2. Heller oder dunkler braun, punktirt mit goldglänzenden Schüppchen überstreut, Fühler und Beine braun. Lg. 14 mm. Br. 4 mm. Sehr selten. Chamouny, Leuk, Salève bei Genf, Gadmenthal, Domleschg. **Lepidoptera** Gyll.

Schwarz, mit blassgelben, etwas goldglänzenden Schuppen geziert; dieselben bedecken grösstentheils das Halsschild und bilden hinter der Mitte eine wellenförmige Querbinde. Lg. 16 mm. Br. 5 mm. Nicht sehr selten in den Alpenthälern von Genf, Waadt, Wallis, Bern, Unterwalden, Glarus. **Fasciata** L.

Gattung Lacon Castelnau.

Leben auf Pflanzen, am Holz, unter Rinden.

Schwarz, mit braunem und weissem Toment fein marmorirt, Halsschild breiter als lang, hinten mit 3 parallelen vertieften Linien, Flügeldecken in der

Mitte schwach verbreitert, fein punktirt gestreift. Lg. 16 mm. Br. 5 mm. In den flachern Gegenden gemein, in den Bergen seltener, doch bis 5500′ ansteigend (Davos). **Murinus** L.

Anchastus Leconte (Ischnodes Redt.).

Leben in allen Baumstämmen.

Schwarz, glänzend, fein grau behaart, Kopf und Halsschild blutroth, ziemlich fein und nicht dicht punktirt, Flügeldecken punktirt gestreift mit fein runzlig punktirten Zwischenräumen, Beine pechbraun mit helleren Tarsen. Lg. 9 mm. Sehr selten. Basel. **Acuticornis** Germ.

Gattung Drasterius Esch.

Schwarz, grau behaart, Fühler und Beine gelbbraun, die vordere Hälfte der Flügeldecken roth, die hintere schwarz mit einem ovalen, weisslichgelben Fleck vor der Spitze; Kopf und Halsschild fein und dicht punktirt, Flügeldecken tief punktirt gestreift. Lg. 5 mm. Ziemlich selten. Schaffhausen, Tessin. **Bimaculatus** F.

var. b. Beine gelb mit schwarzen Schenkeln. Tessin. v. **variegatus** Küster.

var. c. Kleiner, Flügeldecken schwarz mit einem gelblichen Fleck vor der Spitze. Tessin. v. **binotatus** Rossi.

Gattung Elater L. (Ampedus Germ.).

Leben im alten Holz, unter Rinden, auf Blüthen.

1. Halsschild ganz schwarz 2
— Halsschild ganz oder theilweise hell gefärbt . . . 12
2. Flügeldecken ganz oder theilweise roth oder gelb . 3
— Flügeldecken ganz schwarz 14
3. Halsschild längs des ganzen Seitenrandes bis zu den Hinterecken mit flachen, grossen Nabelpunkten besetzt 4
— Halsschild neben dem Seitenrand nur vorn mit kleinen Nabelpunkten, hinten mit einfachen Punkten, auf der Scheibe fein und sparsam punktirt . . . 9
— Halsschild fein und zerstreut punktirt 11
4. Oberseite gelb behaart, Flügeldecken roth. Lg. 10-12 mm.

(Lythropterus Redt.). Auf Eichen und Buchen nicht selten in der ebenen Schweiz; Rheinthal, Schaffhausen, Basel, Genf, Burgdorf, aber auch in Berggegenden (Gadmenthal). **Cinnabarinus** Esch.

— Halsschild schwarz behaart 5

5. Halsschild an der Basis mit angedeuteter Mittelfurche, Unterseite sehr fein schwarz behaart . . . 6

— Halsschild ohne angedeutete Mittelfurche 7

6. Die Mittelfurche des Halsschildes ist bis gegen die Mitte deutlich, Flügeldecken dunkel behaart, von der Mitte an verengt, 2½ mal so lang als das Halsschild, hellroth. Lg. 12—17 mm. Ziemlich häufig bis 3000′ ü. M. unter Rinden.
Sanguineus L.

— Die Mittelfurche ist nur an der Basis deutlich, Halsschild auch in der Mitte dicht und grob punktirt, matt glänzend, schwarz oder braun behaart; Flügeldecken wenig mehr als 2 mal so lang als das Halsschild, hell braunroth, an der äussersten Spitze schwarz. Lg. 8½—11 mm In faulem Holz und unter Rinden stellenweise häufig, in den Kantonen Genf, Waadt, Tessin, Bündten, Aargau, Zürich, Schaffhausen, im Rheinthal, häufig im Bünzen-Moos.
Praeustus F.

7. Die Nabelpunkte neben dem Seitenrand des Halsschildes stehen weniger dicht, so dass glänzende Zwischenräume von der Breite der Punkte bleiben; Halsschild braun behaart, Flügeldecken roth, die Nath in grösserer oder kleinerer Ausdehnung schwarz. Lg. 9—11½ mm. (ephippium Redt.). Stellenweise nicht selten auf Kiefern. Genf, Aigle, Wallis, Zürich, Schaffhausen, St. Gallen, Basel.
Sanguinolentus Schrank.

— Die Nabelpunkte neben dem Seitenrand des Halsschildes stehen so dicht, dass nur ganz schmale Runzeln zwischen ihnen bleiben und diese Stelle matt erscheint, Flügeldecken heller oder dunkler roth, die äusserste Spitze mitunter schwarz. Lg. 9—11½ mm. (Dubius civis.) Soll in der Schweiz gefunden worden sein. **Pomonae** Steph.

8. Flügeldecken dunkel behaart 9

— Flügeldecken gelb behaart, Halsschild schwarz behaart, Flügeldecken rothgelb, die äusserste Spitze bisweilen schwarz. Lg. 9—11 mm. Ziemlich selten.

Genf, Vevey, Gadmenthal, an der Glatt, Schaffhausen, Basel, St. Gallen. **Crocatus** Geoffroy.

9. Spitze der Flügeldecken bis $^1/_3$ und fast zur Hälfte schwarz, Behaarung fein und dicht. Lg. $7^1/_3$—9 mm. Unter der Rinde von Laub und Nadelholz durch die ganze ebenere Schweiz nicht selten. **Balteatus** L.

— Spitze der Flügeldecken höchstens bis zu $^1/_8$ der Länge schwarz, Behaarung grob und undicht . . 10

10. Flügeldecken ziemlich dunkel braunroth, gleichfarbig, die äusserste Spitze bisweilen schwärzlich, Halsschild schwarz oder braun behaart. Lg. $7^1/_2$-$10^1/_2$ mm. Unter der Rinde von Laubhölzern nicht selten in der ebeneren Schweiz, noch im Gadmenthal. **Pomorum** Geoffroy.

— Flügeldecken heller gelblichroth mit ausgedehnterer schwarzer Färbung an der Spitze, Halsschild länglich und an den Seiten etwas dichter punktirt als der vorige. Lg. 7—9 mm. Selten. Genf, Vallorbes, Dübendorf, Schaffhausen, am Katzensee, Rheinthal. **Elongatulus** Fabr.

11. Flügeldecken hellgelb mit breit schwarz gefärbter Spitze und schmalem, schwarzem Basalrand, und oft noch mit einem kleinen dunklen Fleck in der Nähe der Basis, der Spitzenfleck erreicht $^1/_4$ der Länge. Lg. 8—9 mm. Selten. Auf Eichen. Sitten, Gadmenthal, Schaffhausen. **Elegantulus** Fabr.

12. Oberseite ganz gelb und ziemlich lang gelblich behaart, Halsschild quer, gewölbt, die Hinterecken undeutlich gekielt, Flügeldecken fein punktirt gestreift, mitunter etwas bräunlich gefärbt. Lg. 5-6 mm. Sehr selten. Genf. **Ruficeps** Muls.

— Oberseite des Halsschildes nur theilweise hell gefärbt, die Flügeldecken schwarz 13

13. Halsschild roth mit einem grossen schwarzen Fleck auf dem vordern Theil der Scheibe, seitlich stark gerundet, vorn dicht punktirt, Flügeldecken fein punktirt gestreift mit ebenen Zwischenräumen, Tarsen gelbroth. Lg. 9 mm. Sehr selten. Am Albis, Schaffhausen. **Sinuatus** Germ.

— Nur die Hinterecken des Halsschildes roth, schwarz, röthlich grau behaart, Beine gelbroth, Halsschild fein punktirt, seitlich gerundet, Flügeldecken punktirtgestreift mit etwas gewölbten Zwischenräumen.

Lg. 6—7 mm. Selten, in faulem Fichtenholz. Montreux, Morges, Zürich, Schaffhausen, St. Gallen.

Erythrogonus Müller.

14. Fühler und Beine gelbroth oder braun 15
— Körper ganz schwarz oder nur die Tarsen roth . . 17
15. Schwarz behaart, 4. Fühlerglied länger als das 2. und 3. zusammen, manchmal ist die ganze Unterseite roth. Lg. 11—12 mm. Jura, Vevey.

Megerlei Lac.

— Gelb oder gelb-braun behaart, Halsschild fein und zerstreut punktirt, 4. Fühlerglied kürzer als das 2. und 3. zusammen 16
16. Halsschild seitlich gerundet, vor den Hinterecken geschweift, Pubescenz bräunlich gelb, Flügeldecken gewölbt, Fühler und Beine gelb. Lg. 6—7 mm. Burgdorf, Schaffhausen. Sehr selten.

Concolor Stierlin.

Anm. Diese Art ist in Grösse und Gestalt dem E. erythrogonus sehr ähnlich, ausser der Färbung des Halsschildes weicht sie ab durch etwas längeres Halsschild und etwas bräunlichere Pubescenz.

— Halsschild seitlich nicht gerundet, vor den Hinterecken nicht geschweift, Körper flacher, Fühler und Beine braun. Lg. 6—7½ mm. Dübendorf, Schaffhausen, St. Gallen, Matt, Panix, Rigi, Gadmenthal.

Nigrinus Herbst.

17. Halsschild fast bis zur Basis dicht mit Nabelpunkten besetzt, ziemlich matt, hinten mit deutlicher Rinne. Lg. 9½—11½ mm. Selten. Monte-Rosa, St. Bernhard, Ormontthal, Basel, Zürich, Schaffhausen.

Aethiops Lac.

var. b. Tarsen roth. **v. scrofa** Germ.
Orsières, Monte-Cenere, Gadmenthal, Domleschg, Engadin, Simplon, Engelberg, Schaffhausen.

Gattung Ischnodes Germar.

Die einzige bekannte Art dieser Gattung ist schwarz, fein grau behaart, Halsschild lebhaft roth, Beine braun mit helleren Tarsen, Kopf und Halsschild fein zerstreut punktirt, Fühler länger als bei der vorigen Gattung, ihre Glieder vom 3. an dreieckig erweitert, nach innen gesägt, das 2. Glied sehr klein, Flügeldecken fein punktirt gestreift mit fein gerunzelten Zwischenräumen. Lg. 9 mm. Sehr selten, in alten Fichtenstöcken. Sitten, Matt, Schaffhausen.

Sanguinicollis Panz.

Gattung Megapenthes Kiesenwetter.

1. Schwarz, Halsschild matt, fein gerunzelt, mit Nabelpunkten, fast um die Hälfte länger als breit, bis nahe zur Spitze parallel, das 2. und 3. Fühlerglied klein von gleicher Grösse, Beine dunkel. Lg. 8—11 mm. Sehr selten. Chur, Genf. **Lugens** Redt.
— Halsschild glänzend, grob, aber nicht dicht punktirt, wenig länger als breit, nach vorn allmählig schmaler, das 3. Fühlerglied grösser als das 2., Schienen und Tarsen roth. Lg. 7 mm. Sehr selten. Genf, Pontresina, Nürenstorf im Kant. Zürich, Schaffhausen. **Tibialis** Lacord.

Gattung Betarmon Kiesenwetter.

Fühler schwach gesägt, 2. und 3. Glied kurz; röthlich gelbbraun, der Kopf, die Scheibe des Halsschildes, die Wurzel und Spitze der Flügeldecken, ihre Nath und eine breite Querbinde in ihrer Mitte dunkel. Lg. 5 mm. Selten. Genf, Lausanne, Freiburg. **Bisbimaculatus** Schönh.

Gattung Cryptorhypnus Esch.

1. Erstes Fühlerglied länger als dick, die Episternen der Mittelbrust reichen nach innen bis zu den Mittelhüften, leztes Glied der Kiefertaster breit beilförmig, Halsschild einfach punktirt (Hypolithus Steph.) 2
— Erstes Fühlerglied so lang als dick, die Episternen der Mittelbrust reichen nicht bis zu den Mittelhüften (Negastrius Thoms.). 10
2. Körper flach, Flügeldecken hinter der Mitte am breitesten 3
— Körper oder wenigstens das Halsschild gewölbt, Flügeldecken vor oder in der Mitte am breitesten . 4
3. Körper braun, Flügeldecken weniger als 2 mal so lang als Kopf und Halsschild zusammen, stark gestreift, Halsschild gerinnt, hinten stark verengt mit lang ausgezogenen, nach aussen gerichteten Hinterecken. Lg. $6^1/_2$—8 mm. Menouve-Thal am St. Bernhard, Saasthal. **Hyperboreus** Gyll.
— Körper schwarz, Flügeldecken doppelt so lang als Kopf und Halsschild zusammen, Halsschild nicht ge-

rinnt, fein zerstreut punktirt, Flügeldecken fein gestreift. Lg. 5 mm. Genf. **Scotus** Chaud.

4. Oberseite schwarz, ohne Metallglanz, Halsschild kaum breiter als lang, vorn und hinten verschmälert, seitlich gerundet, fein punktirt mit glatter Mittellinie auf der vordern Hälfte, Hinterecken nach aussen gerichtet, Flügeldecken breiter als das Halsschild, seitlich gerundet, punktirt gestreift. Beine dunkel. Lg. 5 mm. Engadin, Sanetsch, Kt. Glarus. **Gracilis** Muls.

— Oberseite mit Erzglanz, Beine ganz oder theilweise hell gefärbt 5

5. Halsschild breiter als lang, nach vorn und hinten verschmälert, auf der Scheibe zerstreut punktirt, Hinterecken kräftig gekielt 6

— Halsschild so lang oder länger als breit, nach hinten kaum verschmälert, auf der Scheibe ziemlich dicht punktirt 9

6. Von breiterer Gestalt, Unterseite dunkel, sehr fein pubescent 7

— Von der schmalen Gestalt des tenuicornis, Unterseite weiss beschuppt 8

7. Halsschild viel breiter als lang, vorn viel schmaler als an der schmalsten Stelle hinter der Mitte, Flügeldecken gestreift, die Zwischenräume kaum punktirt. Lg. 5,5—7 mm. Nicht selten in allen Schweizer Alpen, seltener im Jura. **Riparius** F.

— Halsschild wenig breiter als lang, nach hinten fast eben so stark verschmälert als nach vorn, so dass dasselbe an der Spitze kaum schmaler ist, als an der schmalsten Stelle hinter der Mitte, fein und nicht dicht punktirt, die Hinterecken nach aussen gerichtet, Flügeldecken seitlich gerundet, mässig stark gestreift, in den Streifen nicht sehr deutlich punktirt. Lg. 4 mm. Burgdorf. **Meyeri** Stierlin.
Var. Halsschild nach hinten etwas schwächer verschmälert. Macugnaga.

8. Dunkel erzfärbig, mit gelblichgrauen, anliegenden Haarren nicht dicht besetzt, Fühler und Beine gelbroth, Halsschild wenig breiter als lang, etwas gröber zerstreut punktirt, vorn und hinten wenig verschmälert, aber ziemlich stark gewölbt, mit flacher Mittelrinne, die nach vorn undeutlicher wird; Flügeldecken nicht breiter als das Halsschild, in der Mitte am breitesten, sehr tief gestreift, und die Streifen punktirt,

Zwischenräume gewölbt, im hintern Drittheil am Seitenrand ein weiss beschuppter Fleck. Lg. 4 mm. Entremont-Thal, Simplon. **Valesiacus** Stierl.

9. Hinterecken des Halsschildes deutlich gekielt, Basis der Fühler und der umgeschlagene Rand der Flügeldecken gelb. Halsschild so lang als breit nach vorn ziemlich stark verschmälert. Lg. 5 mm. Anzeindaz im Canton Waadt, St. Bernhard, St. Gervais, ziemlich häufig bei Macugnaga. **Rivularius** Gyll.

— Hinterecken des Halsschildes undeutlich gekielt, Basis der Fühler rothbraun, Halsschild länger als breit, nach vorn sehr wenig verschmälert. Lg. 5 mm. Oberalp, Zinal, auf dem Gotthard nicht selten. **Frigidus** Kiesenw.

10. Näthe des Prosternums einfach 11

— Näthe des Prosternums vertieft und vorn zu einer kleinen Fühlerfurche geöffnet, in welche die Wurzelglieder der Fühler eingelegt werden können . 14

11. Halsschild einfach punktirt, Flügeldecken fein gestreift 12

Halsschild runzlig punktirt mit glatter Mittellinie, Flügeldecken an der Wurzel gefurcht 13

12. Flügeldecken fein gestreift, die äussern Streifen fast verschwindend und nicht punktirt, 2. und 3. Fühlerglied ziemlich gleich, Fühler so lang als das Halsschild, dieses fein, aber dicht, nicht runzlig punktirt, Oberseite dunkel erzfärbig, ziemlich dicht, anliegend, fein behaart, Beine gelb mit dunkeln Schenkeln. Lg. 4½ mm. Sehr selten. Genf, Schaffhausen. **Tenuicornis** Germ.

— Alle Streifen der Flügeldecken deutlich punktirt, Körper länglich, oben schwarz, die Hinterecken des Halsschildes, ein Schulterfleck und ein länglicher (oft fehlender) Fleck vor der Spitze jeder Flügeldecke gelb, Halsschild nicht dicht punktirt, glänzend. Lg. 3—3½ mm. Selten, auf Wiesen, Neuchâtel, Lugano, Basel, Matt. **Quadripustulatus** Fabr.

13. Der Kiel der Hinterecken des Halsschildes reicht bis zu dessen Mitte, Flügeldecken auf dem hintern Drittheil ziemlich fein gestreift, schwarz, ein Schulterfleck, der sich schräg zur Nath zieht, ein rundlicher Fleck hinter der Mitte und ein Punkt vor der Spitze jeder Flügeldecke gelb, oft fehlen einzelne Flecken oder auch alle. Lg. 3—4 mm. Genf, Lausanne, Payerne, Agno und bei Mendrisio in Tessin, in der

Wutach bei Schleitheim im Kanton Schaffhausen.
Pulchellus L.

14. Flügeldecken deutlich gestreift, Halsschild runzlig punktirt, der Kiel des Halsschildes reicht nicht bis zum Vorderrand 15

— Flügeldecken ungestreift, Halsschild fein punktirt, der Kiel der Hinterecken reicht bis zum Vorderrand, Oberseite schwarz. Lg. 2 mm. Aigle, Tessin, Genf, am Katzensee, Basel, Schaffhausen, Rheinthal.
Minutissimus Germ.

15. Der Kiel des Halsschildes reicht fast bis zum Vorderrand 16

— Der Kiel des Halsschildes reicht nicht bis zur Mitte, Oberseite schwarz, Beine fast ganz schwarz. Lg. 2 mm. (lapidicola Kiesw.), Genf, Vevey, Jura, Matt, Basel, Schaffhausen. **Meridionalis** Cast.

16. Flügeldecken nicht ganz doppelt so lang als das Halsschild, mit 4 gelben Flecken, die selten ganz verschwinden. Lg. 2½—3½ mm. Häufig durch die ganze Schweiz bis 5500′ ü. M., noch im Engadin (tetragraphus Germ.). **Quadriguttatus** Cast.

— Flügeldecken doppelt so lang als das Halsschild, schwarz, selten mit schwachem Schulter- und Spitzenfleck, Fühlerwurzel und Beine gelb. Lg. 2—3 mm. Verbreitung wie beim vorigen, dessen Var. er wahrscheinlich ist. **Dermestoides** Herbst.

Gattung Cardiophorus Eschscholz.

1. Klauen einfach 2

— Klauen in der Mitte mit einem Zahn 13

2. Halsschild ganz oder theilweise roth gefärbt . . . 3

— Halsschild ganz schwarz 5

3. Halsschild ganz roth, gewölbt, sehr fein und dicht punktirt, Flügeldecken schwarz, sehr fein grau behaart, die Spitze der Schienen und der einzelnen Tarsenglieder, so wie die Klauen gelb. Lg. 7½—9 mm. Häufig in der ebenern Schweiz, besonders auf Eichen und Kirschbäumen. **Thoracicus** L.

— Halsschild roth mit schwarzen Flecken 4

4. Der Hinterrand und der vordere Drittheil des Halsschildes schwarz, dieses gewölbt, fein und dicht punktirt, Beine schwarz, die Tarsen heller. Lg. 6—7½ mm. Sehr selten, in Kieferwäldern. Vallorbe, Val

Entremont und Val Ferret, im Rheinthal und bei Bünzen im Kanton Aargau auf Rhamnus frangula. **Ruficollis** L.

— Halsschild roth, sein Hinterrand und ein dreieckiger, von der Spitze bis gegen die Basis reichender Fleck schwarz, Halsschild wenigstens so lang als breit, auf der hintern Hälfte mit doppelter Punktirung. Lg. 4—6 mm. Sehr selten. Schaffhausen. **Discicollis** Er.

5. Jede Flügeldecke mit einem rundlichen rothen Fleck in der Mitte und der erste Zwischenraum neben der Nath ist dichter behaart, als der übrige Theil der Flügeldecken, Beine schwarz, Kinn und Tarsen roth. Lg. 7—8 mm. Sehr selten. Bei Basel im Winter unter Moos. **Biguttatus** F.

— Flügeldecken einfärbig schwarz, öfter mit Bleischimmer 6

6. Die Seitenrandlinie des Halsschildes verläuft auf der ziemlich scharfen Seitenkante selbst und reicht fast bis zum Vorderrand, Halsschild mit gerundeten Seiten und eingezogenen Hinterecken, Flügeldecken nicht ganz doppelt so lang als das Halsschild, fein grau behaart, Beine schwarz. Lg. 5½—6 mm. Genf, Wallis, Chur, Engadin, Puschlav. **Musculus** Er.

— Diese Seitenrandlinie ist auf die Unterseite des Halsschildes herabgebogen 7

7. Beine roth oder gelbbraun 8

— Beine schwarz und höchstens an den Gelenken heller gefärbt 10

8. Halsschild gleichmässig fein und dicht punktirt, Oberseite dünn dunkelbraun behaart, die Tarsen schwarz, Flügeldecken bis zur Mitte parallel, punktirt gestreift, die Zwischenräume gewölbt, dicht und fein punktirt. Lg. 7½—9 mm. Genf, Wallis, Basel. **Rufipes** Fourcr.

— Halsschild runzlich mässig punktirt 9

9. Halsschild sehr fein und dicht punktirt und ausserdem mit zerstreuten, etwas grössern Punkten, Oberseite ziemlich dicht mit anliegender, aschgrauer, seidenglänzender Behaarung, Tarsen meist nur an der Spitze schwarz, Flügeldecken öfter mit Bronceschimmer, die Zwischenräume fast ganz flach. Lg. 7—8 mm. Martigny, Siders. **Vestigialis** Er.

— Halsschild gröber punktirt, hinten stark verengt, Flügeldecken tief punktirt gestreift mit kielförmigen Zwischenräumen, braun, Beine gelbbraun, Wurzel der Schenkel schwarz. Lg. 5—6 mm. Schweiz (Candez). **Exaratus** Er.

10. Halsschild sehr gross, halb so lang als die Flügeldecken, nach hinten stark verengt, mit stark gerundeten Seiten, Hinterecken eingezogen und unter den Schultern ganz versteckt, Zwischenräume der Flügeldecken eben, Beine schwarz, Halsschild ungleich punktirt. Lg. 6 mm. Bei Siders häufig, Genf, Schaffhausen. **Ebeninus** Germ.

— Halsschild nach hinten kaum oder schwach verengt, die Hinterecken nicht eingezogen, neben der Schulter sichtbar 11

11. Halsschild nach hinten gar nicht, nach vorn stark verengt, oben etwas ungleich, feiner und gröber punktirt, Fühler stark gesägt, schwarz, glänzend, mit dunkler, sehr feiner, spärlicher Pubescenz; Zwischenräume fast eben. Lg. $8^1/_2$—$9^1/_2$ mm. Genf, Wallis, Schaffhausen. **Nigerrimus** Er.

— Halsschild hinten etwas verengt 12

12. Halsschild vollkommen gleichmässig und dicht punktirt, gewölbt, so lang als breit, hinten gerinnt, Flügeldecken etwas breiter als das Halsschild, flach, punktirt gestreift mit schwach gewölbten Zwischenräumen, grau pubescent; die Seiteneindrücke an der Halsschildbasis sind ziemlich lang. Lg. 6—$7^1/_2$ mm. Selten. Wallis. **Atramentarius** Er.

— Halsschild etwas ungleichmässig punktirt, die Seiteneindrücke sehr kurz, die Hinterecken gerade nach hinten gerichtet. Flügeldecken nicht breiter als das Halsschild, ihre Zwischenräume flach, die Pubescenz sehr fein, aschgrau. Lg. 6 mm. Genf. **Melampus** Ill.

13. Flügeldecken nicht ganz doppelt so lang als Kopf und Halsschild zusammen, Kopf und Halsschild wie bei cinereus, Oberseite etwas glänzend, dicht grau behaart, schwarz, Beine roth, die Schenkel meist in der Mitte dunkler. Lg. 5—6 mm. Selten. Genf, Schaffhausen. **Rubripes** Germ.

— Flügeldecken etwas mehr als doppelt so lang als Kopf und Halsschild zusammen 14

14. Flügeldecken von der Schulter bis zur Mitte etwas erweitert, von da an nach hinten zugespitzt, die Schultern wenig breiter als die Basis des Halsschildes, der Längseindruck auf letzterer jederseits sehr lang, von der Mitte $1^1/_2$ mal so weit entfernt, als von den Hinterecken, Oberseite ziemlich glänzend,

schwarz, dünn behaart. Lg. 8—10½ mm. Genf, Bündten. **Cinereus** Herbst.
Var. Flügeldecken braun. **v. testaceus** F.
— Flügeldecken von der Schulter bis über die Mitte fast parallel, Schultern viel breiter als die Basis des Halsschildes, Längseindruck derselben kürzer, von der Mitte doppelt so weit entfernt als von den Hinterecken. Oberseite schwarz, dicht grau behaart, matt. Lg. 6½—9 mm. Auf Sumpfwiesen, Genf, Basel. **Equiseti** Herbst.

Gattung Melanotus Eschscholz (Cratonychus Lac.)

1. Letztes Bauchsegment mit einem erhabenen Wulst, der an der Spitze abgestutzt und lang behaart ist (beim ♂ etwas stärker entwickelt, als beim ♀); Halsschild glänzend, vorn ziemlich dicht grob, nach der Basis feiner punktirt, Schildchen länger als breit. Lg. 13—15½ mm. Genf, Waadt, Wallis, Basel, Lägern, bei Schaffhausen nicht selten. **Brunipes** Germ.
— Leztes Bauchsegment einfach 2
2. Körper mässig gestreckt, seine Breite übertrifft selbst beim ♂ den ⅓ der Länge 3
— Körper gestreckter, höchstens ¼ so breit als lang . 4
3. Halsschild auch beim ♂ breiter als lang, an der Wurzel am breitesten und von da an bis zur Spitze verschmälert, mit groben, genabelten Punkten dicht, auch an der Basis noch besetzt, mit fein erhabener Mittellinie, Beine ganz schwarz. Lg. 13—15 mm. Genf, Wallis, Tessin, Basel, Schaffhausen, St. Gallen **Niger** F.
— Halsschild so lang als breit, bis zum ersten ⅓ der Länge gleich breit, dann erst verschmälert, etwas feiner punktirt, die Punkte nach der Basis hin etwas feiner werdend, ohne erhabene Mittellinie, Beine braunroth. Lg. 12 mm. Genf, Simplon. **Tenebrosus** Er.
— Halsschild kaum breiter als lang, im vordern Drittheil so breit oder breiter als hinten und erst an der Spitze verschmälert, feiner punktirt als bei den beiden vorigen, Flügeldecken nicht breiter als das Halsschild, ziemlich fein punktirt gestreift, Beine roth. Lg. 14 mm. Sehr selten. Genfer Jura. **Amplithorax** Muls.

4. Flügeldecken wenigstens $3\frac{1}{2}$ mal so lang als das Halsschild, dieses an den Seiten etwas winklig . 5
— Flügeldecken höchstens 3 mal so lang als das Halsschild, an den Seiten regelmässig gerundet . . . 6
5. Halsschild fast doppelt so breit als lang, beim ♂ fast geradlinig, von den Hinterecken bis zur Spitze verschmälert, beim ♀ seitlich etwas gerundet, grob punktirt, an der Basis fein und zerstreut punktirt, mit kurzer Mittelfurche, auf dem vordern Drittheil ist jederseits unweit der Mittellinie eine eingedrückte Grube, Flügeldecken fast 4 mal so lang als Kopf und Halsschild zusammen, punktirt gefurcht bis zur Spitze, Beine heller oder dunkler rothbraun. Lg. 15—16 mm. Br. $3\frac{1}{2}$ mm. (Schweiz. Mitth. V. p. 439.) Simplon, St. Bernhard. **Bernhardinus** Stierl.
— Halsschild nur um $\frac{1}{3}$ breiter als lang, ziemlich grob punktirt, von der Mitte an stark nach vorn verschmälert, die Punktirung in der Mittellinie und besonders am Grunde feiner und zerstreuter, Flügeldecken punktirt gestreift, die Zwischenräume gewölbt bis zur Spitze. Beine rothbraun. Lg. 16—18 mm. Br. 4—$4\frac{1}{2}$ mm. Durch die ganze ebene Schweiz, stellenweise nicht selten. **Castanipes** Payk.
Var. Halsschild dichter punktirt — Var. aspericollis Muls. Simplon.
6. Halsschild nicht breiter als die Flügeldecken, nur um $\frac{1}{3}$ breiter als lang, vorn und seitlich ziemlich dicht und grob, hinten in der Mitte viel feiner und spärlicher punktirt, die Flügeldecken punktirt gestreift, die Zwischenräume nur vorn gewölbt, gegen die Spitze hin ganz flach, spärlich punktirt. Beine roth. Lg. 15—18 mm. Br. $3\frac{3}{4}$—$4\frac{1}{2}$. Nicht selten in der ebenen Schweiz, seltener in den Bergen, selbst noch im Engadin. **Rufipes** Herbst.
— Halsschild etwas breiter als die Flügeldecken, auf der hintern Hälfte stärker gefurcht als beim vorigen, sonst von demselben nicht verschieden. Lg. 15—16 mm. Br. $3\frac{3}{4}$—4 mm. im Wallis nicht selten. **Crassicollis** Er.

Gattung Limonius Eschscholz.

1. Die Prosternalnäthe vorn mit deutlichen, nach aussen hoch begrenzten Ansätzen zu Fühlerfurchen (Limonius in sp.) 2

— Die Prosternalnäthe ohne Ansatz zu Fühlergruben. (Pheletes Kiesw.) 6
2. Klauen einfach oder nur am Grunde mit stumpfer Erweiterung 3
— Klauen der 4 hintern Tarsen mit einem bis zur Mitte reichenden scharfen Zahn, Halsschild länger als breit, glänzend, fein zerstreut punktirt, Oberseite schwarz erzglänzend. Stirn vertieft. Lg. 6½ bis 7½ mm. (forticornis Bach). Nicht selten durch die ganze ebenere Schweiz, bis 3000' ü. M. noch bei Matt und im Puschlav. **Minutus** L.
3. Der Seitenrand des Halsschildes bildet nur eine feine erhabene Linie, die vorn fast verschwindet, die Seiten konvergiren von der Mitte bis zum Vorderrand ganz allmählig und fast geradlinig, Halsschild so lang als breit, stark und ziemlich dicht punktirt, Oberseite schwarz oder dunkelbraun mit Erzschimmer, greis behaart, Prosternum hinten gefurcht. Lg. 9—12 mm. Auf Kiefern. Im Wallis häufig, Genf, Neuenburg, Aarau, Schaffhausen, St. Gallen. **Cylindricus** Gyll.
— Der Seitenrand des Halsschildes ist scharf, im vordern Drittheil stark gerundet 4
4. Fühler und Beine schwarz, erstere viel länger als Kopf und Halsschild, die Glieder vom 4. an breit dreieckig, Oberseite erzfärbig, Halsschild breiter als lang, stark und dicht punktirt, Flügeldecken etwas flach, stark punktirt gestreift, die Zwischenräume fein punktirt. Lg. 8—10 mm. Häufig durch die ganze Schweiz bis 3000' ü. M. **Nigripes** Gyll.
Var. die Schienen röthlich.
— Wurzel der Fühler und Beine gelbroth, die Schenkel meist dunkel. Fühler dünn, wenig länger als Kopf und Halsschild; Körper dunkel erzfärbig 5
5. Halsschild länger als breit mit kaum gerundeten Seiten, wenig gewölbt, ziemlich zerstreut punktirt, ziemlich dicht gelblich grau behaart. Lg. 6½—7½ mm. Nicht selten in der ganzen Schweiz. **Parvulus** Panz.
— Halsschild kaum so lang als breit, stark gewölbt, die Seiten parallel bis zum vordern Drittheil, stark und dicht punktirt, die Vorderecken an der Unterseite, so wie die Hinterecken gelb; Behaarung ziemlich dünn. Lg. 5 mm. Sehr gemein in der nördlichen Schweiz, selten im Süden; Tessin, Puschlav. **Lythrodes** Germ.

Var. die Hinterecken des Halsschildes mit der Oberseite gleichfärbig.

6. Dunkel erzfärbig, gewölbt, sehr schwach behaart, sehr fein und zerstreut punktirt, Flügeldecken punktirt gestreift mit ebenen, fein punktirten Zwischenräumen, Beine dunkel. Lg. 5—6 mm. Nicht selten; in den Bergen häufiger und bis 6000′ ü. M. ansteigend, etwas seltener in der ebenern Schweiz.
Bructeri Panz.

Gattung Athous Eschscholz.

1. 2. und 3. Tarsenglied an der Unterseite mit einem breiten Lappen, das 4. Glied auffallend kürzer und schmaler als das 3 2
— 2. und 3. Tarsenglied einfach, die Glieder vom 1. bis 4. allmählig an Länge abnehmend 10
2. Fühler vom 3. Glied an gesägt, dreieckig mit scharfer Innenecke, Hinterecken des Halsschildes gekielt . 3
— Fühler dünn, und entweder gar nicht oder schwach und erst vom 4. Glied an gesägt 7
3. Hinterecken des Halsschildes spitzig nach hinten vorspringend und bis zur Spitze gekielt, Stirn gewölbt 4
— Hinterecken des Halsschildes stumpf, der Längskiel hinten abgekürzt, Stirn mit tiefer Grube; schwarz, Halsschild dicht punktirt, matt, Flügeldecken auf den Zwischenräumen grob runzlig punktirt oder granulirt. Lg. 13 mm. Sehr selten, in alten Kastanien und Lindenbäumen; Schaffhausen im Schilfe.
Mutilatus Rosh.
4. Körper braun, Halsschild dicht und grob punktirt 5
— Körper schwarz, Halsschild fein und zerstreut punktirt 6
5. Hinterecken des Halsschildes stark gekielt, divergirend, Pubescenz der Flügeldecken gleichförmig, fein. Lg. 22—25 mm. Wallis, Genf. **Rufus** De Geer.
— Hinterecken des Halsschildes undeutlich gekielt, gerade nach hinten gerichtet, Pubescenz dichter und 2 schiefe Binden bildend. Lg. 18—22 mm. Genf, Pomy, Domleschg. **Rhombeus** Ol.
6. Der nach hinten gerichtete Prosternalfortsatz ist gerade und wagrecht nach hinten gerichtet; schwarz, Halsschild vor den Hinterecken deutlich ausgebuchtet, mit ziemlich langen, grauen Haaren. Lg. 10—14 mm. Häufig in der ebenern Schweiz. **Niger** L.
— Der Prosternalfortsatz ist nach innen gekrümmt;

schwarz, Halsschild vor den Hinterecken kaum gebuchtet, schwarz behaart. Lg. 8—11 mm. (deflexus Thoms). In den Walliser Gebirgen häufig, Randen bei Schaffhausen, selten. **Alpinus** Redt.
Var. Flügeldecken braun. **v. scrutator** Herbst.

7. 3. Fühlerglied doppelt so lang als das 2., Halsschild matt, beim ♂ sehr schmal und lang mit fast parallelen Seiten, beim ♀ breiter mit etwas gerundeten Seiten, Flügeldecken gelb, die Nath und der Seitenrand gewöhnlich dunkel (beim ♀ breiter). Lg. 8—10 mm. Ueber die ganze Schweiz verbreitet bis 3500′ ü. M. und einzeln noch höher, so auf der Spitze des Mt. Generoso. **Longicollis** Kiesw.

— 3. Fühlerglied höchstens $1\frac{1}{2}$ mal so lang als das 2. 8

8. Halsschild fein zerstreut punktirt, glänzend, Flügeldecken gelb mit schwarzer Nath und schwarzem Seitenrand. Lg. 9—12 mm. Ueberall häufig bis 3000′ ü. M. **Vittatus** F.

Varietäten:

a. Flügeldecken einfärbig braun, die Ecken des Hals-Halsschildes gelb. **v. angularis** Steph.
b. Flügeldecken und Halsschild ganz pechbraun.
c. Flügeldecken braun, an der Wurzel und Spitze gelb.
d. Flügeldecken braun, hinten gelb.
A. semipallens Muls.
e. kleiner, Flügeldecken tiefer gestreift, mit etwas gewölbten, gerunzelten Zwischenräumen, braun mit röthlicher Nath. Engelberg, Simplon, Schaffhausen. **v. Oskayi** Friv.

— Halsschild dicht punktirt, Flügeldecken ohne Binden. 9

9. Schwarz, Flügeldecken heller oder dunkler braun, Halsschild länger als breit, nach vorn wenig verschmälert und seitlich fast gerade, sehr wenig gewölbt und sehr dicht punktirt, die Hinterecken schwach divergirend, Epipleuren, der Umkreis des Bauches und der Hinterrand der einzelnen Bauchsegmente gelblich roth. Lg. 12—14, Br. $2\frac{3}{4}$—$3\frac{1}{4}$ mm. Sehr gemein durch die ganze Schweiz bis 4000′ ü. M. (leucophaeus Lac.) **Haemorrhoidalis** F.

— Heller braun, Halsschild etwas gewölbter, seine Hinterecken kürzer, die Behaarung spärlicher und feiner und nur 7—8 mm. lang. Sehr selten. Genf. **Puncticollis** Ksw.

10. Fühler vom 3. Gliede an gesägt, breit, Kopf und Halsschild dicht punktirt, die Flügeldecken braun

oder schwärzlich, dicht grau behaart mit 3 gezackten kahlen Querbinden. Lg. 12—18 mm. Sehr selten. Genf, Pomy, Einfischthal, Jura, Chur. (trifasciatus Panz.) **Undulatus** De Geer.

Var. Flügeldecken nur mit 2 kahlen Querbinden. Mit dem vorigen. **v. bifasciatus** Gyl.

— Fühler viel dünner und erst vom 4. Glied an schwach gesägt 11

11. Oberseite schwarz, grau behaart, Flügeldecken ohne Binden, Stirn etwas eingedrückt, 4. Fühlerglied fast so lang als das 2. und 3. zusammen, Halsschild ziemlich grob und dicht punktirt. Lg. 11—12 mm. (leucophaeus Ksw.). **Zebei Bach.** Nicht selten auf Nadelholz in den Gebirgsthälern, namentlich in den Walliser Thälern, aber auch im Gadmenthal, Engadin, einmal bei Zofingen beobachtet.

— Oberseite ganz oder theilweise braun 12

12. 2. Fühlerglied so lang als das 3. oder fast so lang und demselben gleich gestaltet, gelbbraun, die Scheibe des Halsschildes und der Kopf, Brust und Basis des Hinterleibes dunkler, Halsschild beim ♂ länger als breit, beim ♀ fast so breit als lang, gewölbt, fein aber nicht sehr dicht punktirt, Stirne flach. Lg. 7 bis 9, Br. 1³/₄—2¹/₄ mm. Durch die ganze Schweiz bis 3000′ ü. M., namentlich auf Salix caprea. **Subfuscus** Müller.

— 2. Fühlerglied kleiner als das 3. 13

13. 3. Fühlerglied kürzer als das 4. 14

— 3. Fühlerglied so lang als das 4. 15

14. Stirn ausgehöhlt, Fühler so lang als der halbe Leib, braun, der Umkreis des Halsschildes und die Flügeldecken, so wie der Umkreis des Bauches gelbbraun, Nath und Seitenränder gewöhnlich heller; Oberseite matt, Halsschild länger als breit, flach mit fast parallelen Seiten (♂) oder gewölbter und seitlich gerundet (♀), ziemlich stark aber nicht sehr dicht punktirt. Lg. 11—12. Br. 2¹/₇—2¹/₂ mm. Selten. Genf, Jura. **Difformis** Boisd et Lac.

— Stirn flach oder ganz schwach vertieft, Fühler wenig länger als Kopf und Halsschild, bräunlich mit hellerer Basis, ihr 3. Glied wenig länger als das 2.; Körper braun, die Ränder des Halsschildes und die Flügeldecken bräunlich gelb, Oberseite glänzend, Halsschild länger als breit, der Unterschied in der Wölbung und seitlichen Rundung bei den beiden Geschlechtern ist viel geringer, als bei der vorigen Art, die Unterseite ist sehr dicht punktirt, matt, braun, der Bauch heller gerandet. Lg. 8—9, Br. 2 mm. Häufig in den Alpen und im Jura. **Montanus** Cand.

NB. Diese Art scheint von Kiesenw. mit A. subfuscus verwechselt worden zu sein, da er angibt, das 3. Fühlerglied sei 1½ mal so lang als das 2., während beim ächten subfuscus beide gleich lang sind. Von subfuscus unterscheidet sich diese Art durch bedeutendere Grösse, grössern Glanz, das längere 3. Fühlerglied und die dichte Punktirung der Unterseite, wodurch dieselbe matt erscheint, von circumductus, dem er ebenfalls sehr nahe ist, durch das 3. Fühlerglied, welches bei letzterem doppelt so lang ist als das 2., von pallens durch die Bildung der Stirn.

15. Hinterecken des Halsschildes vor der Spitze ausgerandet, so dass letztere als spitziges Zähnchen nach aussen vortritt; Körper heller oder dunkler braun, Halsschild so lang als breit, dicht und stark punktirt; beim ♀ gewölbter und seitlich gerundeter, Stirn schwach eingedrückt, Flügeldecken gestreift, die innern Streifen undeutlich punktirt. Lg. 15—17, Br. 5—5½ mm. Sehr selten. Jura. **Dejeani** Muls.

— Hinterecken des Halsschildes ohne Ausrandung . 16

16. Stirn stark ausgehöhlt, Vorderrand zweiwinklig, Körper gelbbraun, Halsschild dicht und stark punktirt, die Scheibe dunkler, Flügeldecken sehr fein gestreift und in den Streifen mit verlängten Punkten. Lg. 11—13, Br. 3—4 mm. Sehr selten. Wallis. **Pallens** Muls.

— Vorderrand der Stirn gerundet 17

17 Hinterecken des Halsschildes divergirend; rostroth, wenig glänzend, 3. Fühlerglied wenig länger als das 2. und wenig kürzer als das 4., Halsschild vorn und hinten verschmälert, seitlich gerundet, dicht punktirt, Flügeldecken bis hinter die Mitte verbreitert, punktirt gestreift, Zwischenräume flach, dicht punktirt. Lg. 12—14, Br. 3—4 mm. Sehr selten. Engadin. **Sylvaticus** Muls.

— Hinterecken des Halsschildes nicht divergirend, das 3. Fühlerglied doppelt so lang als das 2. und so lang als das 4., Halsschild fast viereckig, beim ♀ gewölbter und seitlich stärker gerundet, etwas ungleich punktirt; Körper schwarz, die Flügeldecken meist braun mit röthlichem Rande, Flügeldecken beim ♂ bis hinter die Mitte parallel, beim ♀ bis hinter die Mitte verbreitert. Lg. 10—12, Br. 2¾—3½ mm. Sehr selten. Engadin. **Circumductus** Fald.

Gattung Corymbites Latr.

Uebersicht der Untergattungen:

1. Fühler vom 3. Glied an gesägt oder gekämmt . . 2
— Fühler vom 4. Glied an gesägt 5
2. Hinterecken des Halsschildes oben ausgehöhlt, Fühler beim ♂ gekämmt, bei ♀ tiefgesägt.
Subg. **Calosirus** Thoms.
— Hinterecken des Halsschildes gekielt. 3
3. Fühler scharf gesägt oder gekämmt, Schenkeldecken nach aussen schwach verschmälert 4
— Fühler stumpf gesägt, Schenkeldecken nach aussen stark verschmälert. Subg. **Liotrichus** Kiesw.
4. Fühler beim ♂ gekämmt, beim ♀ tief gesägt, Halsschild mit tiefer Mittelfurche, Oberseite glänzend, kaum behaart. Subg. **Corymbites** in spec.
— Fühler bei ♂ und ♀ scharf gesägt, Halsschild nur mit schwach angedeuteter Mittelfurche
Subg. **Actenicerus** Ksw.
5. Fühler des ♂ gekämmt, die des ♀ tief gesägt, 4. Fühlerglied so lang oder länger als das 2. und 3. zusammen und viel breiter als diese.
Subg. **Orithales** Ksw.
— 4. Fühlerglied nicht viel länger als das 3. . . . 6
6. Fortsatz des Prosternums hinter den Vorderhüften ziemlich horizontal nach hinten gerichtet 7
— Dieser Fortsatz abfallend, Mesosternum zwischen den Mittelhüften schmal, Halsschild fast doppelt so breit als lang, gewölbt mit divergirenden, spitzigen Hinterecken, Flügeldecken nach hinten (besonders beim ♀ stark) erweitert. Subg. **Paranomus** Ksw.
7. Mesosternum zwischen den Mittelhüften schmal, $^1/_4$ des Durchmessers der Mittelhüften, Klauen der Hinterbeine in der Basalhälfte mit einem stumpfen Zahn.
Subg. **Hypoganus** Ksw.
— Mesosternum zwischen den Mittelhüften breit, wenigstens halb so breit als der Durchmesser der Mittelhüften 8
8. Fühler scharf gesägt, Oberseite dicht in verschiedener Richtung behaart, Hinterecken des Halsschildes kurz und stumpf, Prosternalnäthe von einem glänzenden, vorn etwas vertieften Strich begleitet.
Subg. **Tactocomus** Ksw.
— Fühler stumpf gesägt, Oberseite nicht oder mässig behaart. Subg. **Diacanthus** Latr.

Subgen. Corymbites Latr.

1. Flügeldecken ganz gelb oder bräunlich gelb, der Fortsatz des 3. Fühlergliedes ist beträchtlich länger als das Glied selbst. Lg. 15—20 mm. (Aeneicollis Ol, aulicus Panz.). In den Alpen und Voralpen häufig, bis 6000', doch auch in den montanen Regionen. Rheinthal, Schaffhausen. **Virens** Schrank.
Var. Flügeldecken mit einem grünen Wisch an der Spitze, der aber die Nath jederzeit frei lässt.
v. signatus Panz.
— Flügeldecken nur auf der vordern Hälfte gelb oder ganz metallisch grün oder röthlich grün 2
2. Der Fortsatz des 3. Fühlergliedes ist länger als das Glied selbst, Körper ganz metallisch, grün oder theilweise kupferig 3
— Dieser Fortsatz ist viel kürzer als das Glied selbst, Körper grün oder kupferfärbig, die Flügeldecken auf der vordern Hälfte ganz oder theilweise gelb. Zwischenräume der Flügeldecken einfach punktirt oder ganz schwach gerunzelt. Lg. 13—15, Br. 3½ bis 4 mm. Häufig in allen Schweizer Alpen bis 7000'. **Cupreus** F.
Var. Flügeldecken ganz grün oder kupferig. Noch häufiger als die Stammform, selten in der Ebene.
v. aeruginosus F.
3. Die Zwischenräume der Flügeldecken sind einfach punktirt, Körper ganz grün. Lg. 15—18, Br. 4—5 mm. Stellenweise häufig bis zu 3000' ü. M.
Pectinicornis L.
— Die Zwischenräume sind fein querrunzlig, der Körper oft theilweise kupferig. Lg. 16, Br. 3—4 mm. Berner Oberland. **Heyeri** L.

Subgen. Calosirus Thoms.

1. Körper schwarz, die Flügeldecken einfärbig roth, ihr 3. und 7. Zwischenraum rippenförmig erhaben. Lg. 10—12½ mm. Häufig überall bis 4200' ü. M.
Haematodes F.
— Flügeldecken gelb mit schwarzer Spitze, ihre Zwischenräume alle gleichmässig schwach gewölbt . . 2
2. Fühler des ♂ gekämmt, Halsschild mit dichtem gelbem Filze bedeckt, die Flügeldecken stark punktirt gestreift. Lg. 9—10 mm. Selten. Genf, Basel, Matt, Zürich. **Castaneus** L.

— Fühler des ♂ blos stark gesägt, Halsschild dünn behaart, Flügeldecken braungelb, in den Streifen schwach, etwas undeutlich punktirt. Lg. 9—10½ mm. In den Bergen nicht selten und bis 6000', Monte Rosa, Engadin (auf Lärchen), Val Entremont, Kurfürsten, aber auch in den Thälern der ebenern Schweiz, Zofingen, Schaffhausen.
Sulphuripennis Germ.

Subgen. Actenicerus Kiesw.

Bräunlich erzfärbig, oft mit kupferigem Schimmer, mit anliegender, scheckiger grauer Behaarung; Halsschild dicht, die Flügeldecken in den Streifen schwach punktirt. Lg. 12—15 mm. Stellenweise häufig auf Wiesen bis 4000'. **Sjaelandicus** Müll. (**Tesselatus** F.)
Var. Etwas kleiner, die Flügeldecken sind gleichmässig behaart; nicht so häufig wie die Stammform.
v. **assimilis** Gyll.

Subgen. Orithales Kiesw.

Schwarz oder braun, erzfärbig, grau behaart, der Vorderrand der Stirn jederseits mit erhabener, in der Mitte aber niedergedrückter und dadurch unterbrochener Stirnkante, Halsschild in der Mitte gewölbt mit verflachten Seiten und kräftigen, flachen Hinterecken. Fühlerglieder vom 4. an breit dreieckig, die innere Vorderecke in einen starken, nach vorn gerichteten Dorn ausgezogen. (Einem kleinen Limonius ähnlich.) Lg. 6—7 mm. Sehr selten, bei Genf.
Serraticornis Payk.

Subgen. Liotrichus Kiesw.

1. Halsschild beim ♂ wenig, beim ♀ nicht länger als breit, Oberseite glänzend, schwarz, nicht sehr dicht punktirt, Flügeldecken fein gestreift. Lg. 11—12½ mm. Genf, Schaffhausen, Gadmenthal, Engelberg, Monte Rosa. **Affinis** Payk.
— Halsschild viel länger als breit, Oberseite schwarz mit Metallschimmer, matt, sehr dicht und fein punktirt, die Flügeldecken schmal mit geraden Seiten, mitunter bräunlich, gestreift, in den Streifen undeutlich punktirt, die Zwischenräume runzlig punktirt. Lg.

6½—7½ mm. Genf, Aargau, St. Gallen, Schaffhausen, auch im Engadin und im Gadmenthal.
Quercus Gyll.

Var. Die Beine ganz oder theilweise hell gefärbt.

Subgen. Diacanthus Latr.

1. Hinterecken des Halsschildes gekielt 2
— Hinterecken des Halsschildes nicht gekielt . . . 9
2. Das 3. Fühlerglied ist kürzer als das 4., schwarz, meist mit schwarzem Erzschimmer, Stirn eingedrückt, Halsschild nach vorn schwach verschmälert, dicht punktirt, Flügeldecken punktirt gestreift, mit etwas gewölbten, zerstreut punktirten Zwischenräumen. Beine bräunlich gelb. Lg. 10—16, Br. 4—8 mm. Nicht häufig von 4000—6000' ü. M., durch die ganze Alpenkette und im Jura. **Melancholicus** F.

Var. a. Beine dunkler braun. — Mit dem vorigen.
Var. b. ♀ Körper grösser, breiter, Halsschild breiter als lang, vorn stark gerundet und gewölbt. Lg. 14 bis 16, Br. 5 mm. Simplon. **v. robustus** m.

— Das 3. Fühlerglied ist schmaler, aber länger als das 4. 3
3. Oberseite metallisch grün, erzfärbig oder blau . . 4
— Oberseite nicht metallisch 8
4. Oberseite deutlich behaart, erzfärbig oder schwarzgrün 5
— Oberseite kahl, die ganze Oberseite oder wenigstens die Flügeldecken grün, blau oder violett 7
5. Halsschild so lang oder länger als breit, ohne Quereindruck, ziemlich lang behaart 6
— Halsschild breiter als lang, dicht punktirt, mit einem Quereindruck am Grunde, Hinterecken divergirend, Flügeldecken mit sehr kurzen, greisen, reifähnlichen Häärchen, Halsschild und Schildchen länger grau behaart, Flügeldecken fein punktirt gestreift mit fast flachen, dicht punktirten Zwischenräumen. Beine schwarz. Lg. 8—11, Br. 5—6 mm. Nicht häufig in der ebenern Schweiz; Genf, Lausanne, Basel, Zürich, Schaffhausen. **Latus** F.

Var. Halsschild so lang als breit, dicht pnnktirt, und wie die Flügeldecken sehr kurz, reifähnlich, nur das Schildchen dicht und lang behaart, seine Hinterecken schwächer divergirend, Oberseite schwarzgrün, Beine gelbroth, Zwischenräume der Flügeldecken

4

gewölbt. Lg. 12—15, Br. 4—5 mm. Jura, Simplon, St. Bernhard. **v. gravidus** Germ.*)

6. Flügeldecken tief gestreift mit deutlich gewölbten Zwischenräumen, ihr Seitenrand besonders hinter der Mitte breit und flach abgesetzt, Halsschild mit deutlicher Mittelfurche und divergirenden Hinterecken. Beine dunkelbraun. Lg. 13—14, Br. 3—4 mm. Genf, Zürich, Schaffhausen, aber auch im Gebirg und bis 5500′ ü. M. ansteigend; Simplon, Gadmenthal, Monte Rosa, Engadin. **Impressus** Fab.

— Flügeldecken fein gestreift, mit flachen Zwischenräumen, und schmal abgesetztem Seitenrand; Halsschild kaum oder gar nicht gefurcht. Lg. 10—12, Br. 2½—3 mm. Genf, Nürenstorf im Kt. Zürich, Nufenen im Kt. Graubündten, aber nach Dr. Killias auch im Engadin bei 5000′ ü. M. **Metallicus** Payk.

7. Halsschild ohne Quereindrücke am Grunde, dicht punktirt, schwarz, die Flügeldecken grün metallisch mit groben Querrunzeln und unterbrochenen Streifen, Beine schwarz. Lg. 10—11, Br. 3—4 mm. Häufig unter Steinen in der ganzen Alpenkette bis 7000′ ü. M. **Rugosus** Germ.

— Halsschild mit Quereindruck am Grunde, fein zerstreut punktirt, glänzend, wie die Flügeldecken messinggelb, fein gestreift mit flachen Zwischenräumen. Beine gelb. Lg. 10—15, Br. 3½—5 mm. Nicht häufig, durch die ganze Schweiz, bis 6000′ ü. M. **Aeneus** L.

Varietäten:

Var. b. Erzfärbig oder grün, mit schwarzen Beinen. **v. nitens** Scop.

In der ebenern Schweiz die gemeinste Varietät.

Var. c. Blau mit rothen Beinen. **v. nitens** Ol.

Häufig in den Alpen und im Jura, selten in der Ebene.

Var. d. Blau mit schwarzen Beinen. **v. germanus** L.

Hie und da in den Bergen und in den Thälern. Bündten, Waadt, Wallis, Schaffhausen.

---

*) Anm. Der Ansicht Kiesenwetters folgend führe ich diese Bergform als Var. von gravidus auf; sie weicht aber so sehr von der Stammform ab, dass ich sie (dem mir vorliegenden Material gemäss) unbedingt für eine gute Art halten muss. Ich habe dennoch Kiesenwetters Ansicht adoptirt, weil ich vermuthe, es möchten demselben (bei viel grösserem Material) Uebergangsformen vorgelegen haben.

8. Schwarz, das Halsschild mit 2 rothen Binden, Flügeldecken gelb mit kreuzförmiger schwarzer Zeichnung und einer schwarzen Linie an der Schulter, Fühler und Beine gelb. Lg. 10—13 mm. Sehr selten. Genf, Payerne, Aarau. **Cruciatus** L.

9. Schwarz, Halsschild glänzend, fein punktirt, Flügeldecken nach hinten verbreitert, mit einem rothen Fleck an der Schulter, der sich mitunter bis zur Mitte Flügeldecken ausbreitet. Lg. 6—7½ mm. Selten, im Winter unter Moos. Genf, Basel, Schaffhausen, Zürich. **Bipustulatus** L.

Subgen. Hypoganus Kiesw.

Schmal, dunkelbraun oder schwarz mit etwas lichteren Flügeldecken, unbehaart, fein gestreift, Halsschild so lang als breit, gewölbt, seitlich gerundet mit divergirenden Hinterecken, Fühler kurz und dick, stumpf gesägt. Lg. 8—10, Br. 2—2½ mm. Selten, an Eichen und Weiden. In der ebenern Schweiz und in den Thälern, doch bis 4000′ ansteigend. Genf, Kt. Zürich, Rheinthal, Schaffhausen, Locle, Simplon. **Cinctus** Payk.

Subgen. Tactocomus Kiesw.

Braun oder schwarz, flach, Halsschild und Flügeldecken mit gelblichweisser, anliegender, nach verschiedenen Richtungen geordneter und daher fleckig erscheinender Pubescenz bekleidet, Kopf und Halsschild fein und dicht punktirt, letzteres so lang als breit, seitlich gerundet. Lg. 9—12 mm. Nicht selten durch die ganze ebenere Schweiz auf Wiesen und Bäumen. (tesselatus L.) **Holosericeus** Ol.

Subgen. Paranomus Kiesw.

Erzfärbig, Flügeldecken mit gelbem Seitenrand, dicht punktirt gestreift. Lg. 8—9 mm. In der Schweiz noch nicht aufgefunden. **Guttatus** Germ.

Gattung Ludius Latr.

Oberseite rothbraun, das Halsschild an der Basis schwarz, Körper breit, nach hinten verschmälert, Fühler tief gesägt. Lg. 17—20, Br. 6—7. Selten, auf Weiden. Genf, Basel, Schaffhausen, Rheinthal. **Ferrugineus** L.

Gattung Agriotes Eschscholz.

1. Halsschild länger als breit, schmaler als die Flügeldecken 2
— Halsschild so breit oder breiter als die Flügeldecken 6
2. Halsschild wenigstens um 1/3 länger als breit, dicht und grob punktirt, Grösse über 10 mm. 3
— Halsschild wenig länger als breit, Grösse unter 8 mm. 4
3. Schwarz mit feiner, anliegender Behaarung, so dass die Oberfläche schwarz erscheint, Fühler dunkel, etwas zusammen gedrückt. Lg. 10 1/2—12 mm. Sehr selten. Auf Weiden, Wallis. **Aterrimus** L.
— Schwarz mit ziemlich dichter grauer, anliegender Behaarung, welche die Oberfläche grau erscheinen lässt, Fühler gelb mit dunklerer Wurzel. Lg. 11—12 Nicht selten durch die ganze ebenere Schweiz. **Pilosus** Panz.

Var. Körper heller braun. Mit dem vorigen.
4. Halsschild dicht und grob punktirt, matt, schwarz, grau behaart. Lg. 6—7 1/2 mm. Nicht selten. Genf, Basel, Schaffhausen, auch im Engadin. **Gallicus** Lac.
— Halsschild fein zerstreut punktirt, glänzend . . . 5
5. Hinterecken des Halsschildes mit einer feinen Kiellinie dicht neben dem Seitenrand, braun, die Hinterecken des Halsschildes und die Flügeldecken, Fühler und Beine gelb, die Nath meist dunkler. Lg. 6—7 1/2 mm. (pallidulus Redt.) Nicht selten auf Fichten und und blühenden Sträuchern. Kt. Bern, Zürich, Schaffhausen, auch bei Chiasso. **Sobrinus** Ksw.

Anm. Diese Art ist dem Dolopius marginatus sehr ähnlich, aber an der vorn auf die Unterseite herabgebogenen Seitenrandlinie des Halsschildes leicht zu unterscheiden.

— Hinterecken des Halsschildes nicht gekielt, Flügeldecken bis hinter die Mitte erweitert; schwarz, die Flügeldecken, Fühler und Beine gelb. Lg. 3 1/2—4 1/2 mm. Nicht selten. Genf, Basel, Zürich, Schaffhausen. **Pallidulus** Ill.

Var. Flügeldecken schwarz. Mit der Stammform. **v. umbrinus** Germ.

6. Stirn wenigstens in der Mitte ganz herabgebogen, ohne freie Kante 7
— Stirn vorn im Bogen gerundet, mit scharfer Kante (Betarmon Ksw.) 10

7. 2. Fühlerglied so lang als das 3., Halsschild ziemlich fein und sehr dicht punktirt, an der Basis mit einer ziemlich tiefen Querfurche, Flügeldecken ziemlich lang, parallel, Flügeldecken, Fühler und Beine gelb. Lg. 9—11 mm. Sehr häufig in der ebenern Schweiz, auf Umbelliferen. **Ustulatus** Redt.

Var. b. Flügeldecken mit schwarzer Spitze. Noch häufiger als die Stammform. **v. gilvellus** Zgl.

Var. c. Flügeldecken ganz schwarz oder dunkelbraun. Häufig. **v. piceus** Meg.

— 2. Fühlerglied länger als das 3., Halsschild ohne Quereindruck am Grunde, Oberseite dicht behaart 8

8. Halsschild ziemlich flach gewölbt, 1½—2 mal so lang als hoch, ziemlich grob, aber nicht dicht punktirt, die Zwischenräume grösser als die Punkte, die herabgebogene Seitenrandlinie nicht unterbrochen . . . 9

— Halsschild sehr stark, kugelig gewölbt, nicht viel länger als hoch, ziemlich grob und sehr dicht punktirt, so dass die Zwischenräume viel schmaler sind als die Punkte; die herabgebogene Seitenrandlinie ist in der Mitte unterbrochen; Flügeldecken doppelt so lang als breit, stark gewölbt, mit gleich breiten Zwischenräumen. Oberseite schwarz. Lg. 8½—11 mm. Häufig in der ebenern Schweiz. **Obscurus** L.

9. Die Schenkeldecken sind nach aussen mässig verengt, innen kaum doppelt so breit als am Aussenrand, die abwechselnden Zwischenräume der Flügeldecken breiter und heller behaart, Flügeldecken etwas bauchig, stark zugespitzt. Lg. 7½—10 mm. Segetis Bjerk. Häufig. **Lineatus** L.

— Schenkeldecken nach aussen stark verengt, innen mehr als doppelt so breit, als am Aussenrand, Flügeldecken mehr parallel, ihre Zwischenräume gleich breit, gelb, öfter mit einem dunklen Streifen über den Rücken. Lg. 6½—8½ mm. (graminicola Redt.) Sehr häufig auf Wiesen. **Sputator** L.

10. Schwarz, grau behaart, die Beine pechbraun; auf dem Halsschild ist längs dem Rand ein Eindruck zum Einlegen der Fühler. Lg. 4½ - 6 mm. Bei Schaffhausen nicht selten, Genf, Neuenburg. (Styriacus Redt.) **Picipennis** Cand.

Var. mit gelbem Schulterfleck. **v. axillaris** Er.

Gattung Dolopius Esch.

Lang gestreckt, flach gewölbt, Hinterecken des Halsschildes deutlich gekielt, Halsschild braun oder schwarz mit hellen Rändern, Flügeldecken braungelb, Nath und Seitenrand dunkler. Lg. 6—7 mm. Sehr gemein überall. **Marginatus** L.

Gattung Sericus Esch. (Sericosomus Redt.)

1. Verlängt, mit etwas seidenglänzender Behaarung, Halsschild dicht mit flachen, genabelten Punkten besetzt, Hinterecken kurz, stark gekielt, der Kiel weit vom Seitenrand entfernt, Flügeldecken fein gestreift, dicht punktirt. Lg. 7—9½ mm.
♂ Schwarz mit etwas grünlichem Schimmer, die Flügeldecken bräunlichroth mit dunklerer Nath, Schienen und Füsse gelb. **Fugax** F.

Var. Schwarz, Flügeldecken dunkelbraun mit noch dunklerer Nath.
♀ Bräunlich roth, ein Streifen über die Mitte des Halsschildes, Schildchen, Brust und Hinterleibsspitze schwarz. **Brunneus** L.

Var. b. Körper ganz gelbroth mit schwärzlicher Hinterbrust.
Var. c. Halsschild schwarz mit Ausnahme der Vorder- und Hinterecken.
Nicht selten durch die ganze Schweiz, noch im Engadin.

— Langgestreckt, dunkelgrün, spärlich behaart, Fühler und Beine schwarz mit helleren Knieen, Halsschild stark, nicht sehr dicht punktirt, gewölbt mit verlängten, spitzigen Hinterecken, Flügeldecken undeutlich gestreift, grob punktirt. Lg. 9—11 mm.
♂ Schmal mit verlängtem Halsschild, dessen Hinterecken gleichfärbig sind. (jucundus Märk.)
♀ Breiter, Halsschild gefurcht, seine Hinterecken roth, Beine rothbraun. Selten. Genf, Wallis, Thun, Gadmenthal, Tharasp. (xanthodon Märk.)
Subaeneus Redt.

Gattung Synaptus Eschsch.

Langgestreckt, cylindrisch, nach hinten verschmälert, Halsschild länger als breit. Oberseite schwarz, dicht grau behaart. Lg. 9—12 mm. Häufig in der ebenern Schweiz. **Filiformis** F.

Gattung Adrastus Eschscholz.

1. 3. Glied der Fühler doppelt so lang als das 2. . . 2
— 3. Glied der Fühler wenig länger als das 2. . . 3
2. Schwarz mit brauner Pubescenz, die Wurzel der Fühler und die Beine gelb, Flügeldecken braun mit schwachem, gelbem Schulterfleck. Lg. 5—5½ mm. Genf. **Axillaris** Er.

— Schwarz mit grauer Pubescenz, Fühlerwurzel, Beine und Flügeldecken gelb, Nath und Seitenrand dunkel. Hinterecken des Halsschildes divergirend. Lg. 5 mm. Häufig bis 4000′ s. m. **Limbatus** Er.

3. Hinterecken des Halsschildes nach aussen gerichtet, schwarz, grau behaart, die ganzen Fühler, Vorderrand und Hinterecken des Halsschildes, Flügeldecken, Beine, Vorderrand der Vorderbrust und Hinterleibsspitze gelb. Lg. 5 mm. Häufig überall, noch bei Davos und im Puschlav. **Pallens** Er.

Var. b. Die Nath und die Spitze der Flügeldecken etwas dunkler.
— Hinterecken des Halsschildes gerade nach hinten gerichtet 4
4. Flügeldecken einfärbig, dunkelbraun, Körper schwarz, braun behaart, Fühler wenig länger als Kopf und Halsschild, mit gelber Wurzel, Halsschild fast so lang als breit, mit geraden Seiten, fein zerstreut punktirt, die Spitzen der Hinterecken braunroth. Lg. 3½ mm. Genf, Basel, Schaffhausen, Dübendorf. **Humilis** Er.

— Flügeldecken an den Schultern hell gefärbt . . . 5
5. Fühler ganz röthlichgelb; Käfer schwarz, grau behaart, Halsschild etwas breiter als lang, sehr fein punktirt, die Hinterecken und die Beine gelb, Flügeldecken braun mit gelbem Schulterfleck, der sich öfter nach hinten verlängert. Lg. 4—4½ mm. Oberhasle, Bern, Wallis, Schaffhausen. **Lateralis** Er.

— Fühler braun und nur ihre Wurzelglieder gelb . . 6
6. Oberseite mit kurzer, dichter, gelbbrauner Behaarung, schwarz mit länglichem, bräunlichem Schulterwisch und gelben Beinen, die Schenkel sind etwas dunkler, Halsschild breiter als lang, mit parallelen Seiten, fein zerstreut punktirt; Flügeldecken punktirt gestreift mit fein und spärlich punktirten Zwischen-

räumen. Lg. 4 mm. Nicht selten im Thale, im Gebirg noch häufiger und bis 5000′ ü. m. ansteigend. M. Moro, Engadin, Engelberg, Jura. **Lacertosus** Er.

— Oberseite mit sehr dichter, wenig anliegender Behaarung, Halsschild von der Mitte an sich nach vorn verschmälernd, auf der Scheibe fein punktirt; Käfer schwarz mit gelbem Schulterwisch, der sich mitunter verlängert, und gelben Beinen, die Punktstreifen der Flügeldecken werden nach hinten schwächer, Zwischenräume fein und sparsam punktirt. Lg. nur 3 mm. Genf, Wallis, Basel, Schaffhausen, Burgdorf, nicht über 2000′ ansteigend. **Pusillus F.**

Gattung Denticollis Piller (Campylus Fischer).

1. Fühler bei ♂ gekämmt, bei ♀ tief gesägt, Halsschild mit tiefem Längs- und schrägem Quereindruck und vor letzterem mit 1 flachen Grube, Seitenrand hinter den Vorder- und vor den spitz nach aussen gerichteten Hinterecken geschweift, Oberseite gelbroth, die abwechselnden Zwischenräume der Flügeldecken etwas erhabener. Lg. 13—14 mm. Genf, Wallis, Neuenburg, Jura, Waadt, Schaffhausen. ·**Rubens** Piller.

— Fühler beim ♂ spitz gesägt, beim ♀ mässig gesägt, Halsschild ebenfalls mit dem Längs- und Schräg-Eindruck, aber ohne Grube vor letzterem, der Seitenrand nur vor den Hinterecken geschweift. Oberseite roth, Halsschild schwarz gefleckt, die Flügeldecken gelb. Lg. 8½—12 mm. Häufig bis 3000′ s. m. **Linearis** L.

♂ var. Halsschild ungefleckt. **v. livens** F.

♀ var. Flügeldecken schwarz mit gelbem Seitenrand. **v. mesomelas** L.

Gattung Campylomorphus Duv.

Linear, schwarz, Halsschild dicht punktirt, gefurcht, vorn mit 2 Eindrücken, Flügeldecken rothbraun, tief punktirt gestreift. Lg. 6—7 mm. Sehr selten. M. Rosa.
♂ Fühler länger als der halbe Leib, Halsschild schmaler als die Flügeldecken.
♀ Fühler kürzer, Halsschild kaum schmaler als die Flügeldecken. **Homalisinus** Ill.

Familie Dascillidae.

Fühler 11gliedrig, unmittelbar vor den Augen eingefügt, Oberkiefer kurz, Unterkiefer mit 2 Lappen. Vorderhüften zapfenförmig aus den nach hinten offenen Gelenkgruben vorragend und mit deutlichen Anhängen. Hinterhüften quer, innen stark zapfenförmig oder blattartig erweitert, Füsse 5gliedrig, das 4. Glied gewöhnlich zweilappig, die 3 mittlern Glieder zuweilen mit lappenförmigen Anhängseln. Bauch aus 5 bis 7 Ringen gebildet. Mit Ausnahme der Gattung Dascillus alles kleinere rundliche oder ovale, etwas flache Thierchen, die auf Pflanzen, namentlich auf Blüthen leben, die meisten mit Vorliebe an feuchten Stellen.

Uebersicht der Gruppen.

1. Oberkiefer gross und stark, vorragend, Vorderhüften vom Vorderrande der Vorderbrust ziemlich entfernt; die mittlern Fussglieder unten mit Hautlappen. **Dascillini.**

— Oberkiefer klein, nicht vorragend, Vorderhüften durch einen kleinen Zwischenraum vom Vorderrande der Vorderbrust getrennt, Tarsen einfach oder höchstens das 4. Glied mit einem Hautlappen 2

2. Hüften der Hinterbeine von gewöhnlicher Grösse, den Aussenrand nicht erreichend, Tarsus kürzer als die Schiene, Augen halbkugelig 3

— Hüften eine breite Platte bildend, die bis an den Seitenrand reicht, Tarsen länger als die Schienen, Augen nicht vorragend. **Eucinetini.**

3. 4. Tarsenglied verbreitert und gespalten, Vorderhüften aneinander stossend, Epimeren der Hinterbrust nicht sichtbar, Maxillartasten 4gliedrig, Flügeldecken nicht gestreift, höchstens mit Spuren von Längsrippen. **Cyphonini.**

— 4. Tarsenglied einfach, Tarsen dünn, Vorderhüften nicht aneinander stossend, Epimeren der Hinterbrust sichtbar, Maxillartaster scheinbar 3gliedrig, Flügeldecken gestreift. **Eubriini.**

Uebersicht der Gattungen.

Dascillini.

Das 3. Fühlerglied länger als das 4., Oberseite fein und dicht punktirt, Halsschild doppelt so breit als lang, nach vorn verengt. **Dascillus** Latr.

Eucynetini.

Kopf ganz auf die Unterseite gebogen, Halsschild den Flügeldecken fest anschliessend, diese undeutlich gestreift, querrissig. **Eucinetus** Germ.

Eubriini.

Augen sehr gross, Fühler gesägt. **Eubria** Latr.

Cyphonini.

1. Hinterschenkel einfach (keine Springbeine), Schienen mit kurzen Enddornen 2
— Hinterschenkel stark erweitert (Springbeine), Schienen mit langen Enddornen, 1. Glied der Hintertarsen länger als die folgenden zusammen, Halsschild schmaler als die Flügeldecken, Körper fast kreisrund, ziemlich flach. **Scirtes** Ill.
2. Fühler scharf (♂) oder stumpf (♀) gesägt, ihr 1. Glied mit einer ohrähnlichen Erweiterung, das 2. und 3. klein. Lippentaster gegabelt, 1. Glied der Hintertarsen so lang als die folgenden zusammen. **Prionocyphon** Redt.
— Fühler einfach, das 1. Glied nicht erweitert . . . 3
3. Hinterhüften zapfenförmig nach hinten ausgezogen, Schenkeldecken nach aussen plötzlich verengt, Vorderrand des Halsschildes etwas aufgebogen, letztes Glied der Lippentaster gegabelt, letztes Glied der Kiefertaster wenigstens so lang als das vorhergehende; letztes Glied der Hintertarsen wenig länger als das vorletzte 4
— Hinterhüften nicht zapfenförmig, Schenkeldecken nach aussen allmählig verengt, Lippentaster nicht gegabelt, Vorderrand des Halsschildes nicht aufgeworfen, sondern ausgerandet 5
4. 1. Glied der Hintertarsen länger als die folgenden zusammen, 1. und 2. Glied an der Spitze innen zahnförmig ausgezogen, 3. Fühlerglied länger als das 2., Analsegment des ♂ einfach oder an der Spitze ausgerandet, mit einem Eindruck. **Helodes** Latr.
— 1. Glied der Hintertarsen kürzer als die folgenden zusammen, alle Glieder einfach, 3. Fühlerglied länger als das 2., Halsschild mehr als doppelt so breit als lang, Analsegment des ♂ in der Mitte mit einem rundlichen Grübchen, aus welchem eine dicke Borste hervorragt. **Microcara** Thoms.

5. Letztes Glied der Kiefertaster wenigstens so lang als das vorletzte, 5. Glied der Hintertarsen wenig länger als das 4., das 2. Fühlerglied kleiner als das 1.; kleine Käferchen die auf Pflanzen und namentlich feuchten Wiesen leben. **Cyphon** Payk.
— Letztes Glied der Kiefertaster ganz kurz kegelförmig, letztes Glied der Hintertarsen so lang als die übrigen zusammen, 2. Fühlerglied kaum kleiner als das 1., Halsschild stark nach abwärts gebogen, viel schmaler als die Flügeldecken, kleine, rauh behaarte Käferchen an Bachufern. **Hydrocyphon** Redt.

Tabelle zur Bestimmung der Arten.

Gattung Dascillus Latreille.

Schwarz, dicht und fein grau behaart, Fussklauen und After hell gefärbt, Körper lang eiförmig, schwach gewölbt. Lg. 11, Br. $4^1/_2$ mm. Häufig, besonders in den Alpen, bis 6000′ ü. M. **Cervinus** L.

Var. Oberseite gelb behaart. **v. cinereus** F.
Anmerkung. Die helle Färbung ist häufiger beim ♂, die dunkle beim ♀; es kommen aber auch dunkle ♂ und helle ♀ vor.

Gattung Helodes Latr.

1. Analsegment des ♂ mit deutlicher Grube, 3. Fühlerglied nicht halb so lang als das 2., Gestalt länglich oval 2
— Analsegment des ♂ ohne Grube, 3. Fühlerglied halb so lang als das 2., Körper oval 3
2. Flügeldecken ziemlich dicht und stark punktirt, Analsegment des ♂ mit schmaler Ausrandung, seine Grube ist schmal, zugespitzt, Oberseite gelb. Lg. 5—6, Br. 2—3 mm. Pubescenz kurz und anliegend. **Minuta** L.

Var. b. Flügeldecken mit dunkler Spitze. Stellenweise häufig bis 3000′ ü. M. **v. laeta.** Panz.
— Ganz röthlich gelb, Flügeldecken fein und zerstreut punktirt, Pubescenz lang und dicht, etwas aufgerichtet, Ausrandung des Analsegmentes sehr breit und die Vertiefung desselben ist eine Quergrube. Lg. $4^1/_2$, Br. 2 mm. Walliser Alpen, Engadin. **Elongata** Tourn. (Association Zool. du Léman 1867. p. 34.)
3. Halsschild und Flügeldecken dunkler gelb, letztere an der Spitze dunkler, Analsegment beim ♂ an der

Spitze tief ausgerandet. Lg. $4^1/_2$, Br. 2 mm. Walliser Alpen. **Bonvoulari** Tourn.

(Association du Léman 1867. p. 39.)

— Wenigstens die Scheibe des Halsschildes dunkel, Flügeldecken mit wenig scharf begrenzten schwarzen Längsbinden oder ganz schwarz 4

4. Letztes Abdominalsegment des ♂ weder mit Grube noch ausgerandet, Scheibe des Halsschildes oder das ganze Halsschild schwarz, Flügeldecken schwarz, dicht und grob punktirt. Lg. $3^3/_4$, Br. 2 mm. Schweizer Alpen. **Gredleri** Kiesw.

— Letztes Abdominalsegment des ♂ schwach ausgerandet 5

5. Flügeldecken mit schwarzen Längsstreifen oder ganz schwarz, stark punktirt; die Punkte bilden auf den Flügeldecken oft schwache Querstreifen. Lg. $4^1/_4$—$4^3/_4$, Br. $2^1/_4$—$2^1/_2$ mm. Genf, Val Entremont im Wallis, Jorat, Basel, Schaffhausen, Bündten. **Marginata** F.

— Dieselbe Färbung, sehr fein punktirt, Analsegment oberhalb der Ausrandung mit einem schwachen Quereindruck. Lg. nur $3^1/_2$—$3^3/_4$, Br. $1^5/_6$ mm. Schweizer Alpen, Engadin. **Hausmanni** Gredler.

Gattung Microcara Thoms.

1. Flügeldecken gleichmässig rauh, dicht und stark punktirt, glänzend, Körper flach, gelb, Halsschild wenig mehr als doppelt so breit als lang, Hinterecken stumpf. Lg. 4—6 mm. (livida F. Ksw.) Genf, Kt. Waadt, Nürenstorf, Schaffhausen. **Testacea** L.

Mitte des Halsschildes und der Flügeldecken bisweilen dunkler.

— Flügeldecken weniger dicht und weniger stark punktirt, Halsschild mehr als $2^1/_2$ mal so breit als lang; Oberseite gelb, die Scheibe des Halsschildes meist dunkler. Lg. 3—4 mm. Rhonegletscher.
Bohemanni Mannh.

Gattung Cyphon Paykull.

1. Flügeldecken ohne deutliche Längskiele 2
— Flügeldecken mit deutlichen Längs-Erhabenheiten 6
2. Form verlängt, fast parallel 3

— Form länglichoval, Körper gewölbt, Flügeldecken hell bräunlich gelb 4
— Form kurzoval, stark gewölbt 5
3. 3. Fühlerglied so lang als das 2.; grösser und konvexer, Flügeldecken ziemlich glänzend, hell gelbroth, an der Wurzel und am Ende der Nath bisweilen bräunlich. Lg. $2^1/_2$—4 mm. (laeviventris Tourn.) Sehr häufig in der ebenern Schweiz. **Variabilis** Thunbg.
— 3. Fühlerglied deutlich kürzer als das 2.; kleiner und flacher als der vorige, Flügeldecken matter; heller oder dunkler gelbbraun, die Wurzel der Flügeldecken und die Mitte der Nath oft dunkler braun. Lg. 2—$3^1/_4$ mm. Selten. Genf.
Beim ♀ sind die Flügeldecken verlängt, parallel, fein und dicht punktirt, neben der Nath und vor der Spitze ein leichter, feiner und dichter punktirter Eindruck. (depressus Rey.) **Putoni Ch. Bris.**
4. Grösser, Hinterecken des Halsschildes fast rechtwinklig, Flügeldecken sehr dicht punktirt, hinter der Mitte oft dunkler gefärbt, Bauch bräunlich, ziemlich matt, äusserst fein und dicht punktirt. **Variabilis var. nigriceps Ksw.**
— Kleiner, Hinterecken des Halsschildes abgerundet, Flügeldecken weniger dicht punktirt, Färbung ganz gelb, die Nath hellroth, der Bauch gelbroth, glänzend, zerstreut punktirt. Lg. 1,7—2 mm. (suturalis Tourn.) Genf. **Pallidulus** Boh.
5. Flügeldecken stark und nicht dicht punktirt, 3. Fühlerglied etwas kürzer als das 2.; Körper klein, Färbung veränderlich, entweder ganz gelb oder die Nath und der Seitenrand mehr oder weniger schwarz (häufigste Form), oder schwarz mit einem hellen Fleck an der Spitze, oder ganz schwarz. Lg. 2—$2^1/_4$ mm. Sehr häufig. **Padi** L.
6. Verlängtere Form; Flügeldecken schwach glänzend, dicht behaart, feiner und dichter punktirt 7
— Kürzere Gestalt, Flügeldecken glänzender, weniger dicht behaart, stärker, aber weniger dicht punctirt, Färbung der Oberseite fast immer schwarzbraun, die Spitze der Flügeldecken gelb, 3. Fühlerglied deutlich kürzer als das 2., Analsegment beim ♂ mit 2 geradlinigen Fortsätzen, die in einen nach unten ge-

bogenen Hacken endigen, ♀ verlängter, flacher, 3. Fühlerglied an Länge kaum vom 2. verschieden, Flügeldecken mit einem Quereindruck hinter dem Schildchen, der feiner und dichter punktirt ist als die übrige Oberfläche, Bauch blassgelb. Lg. 2⅓ bis 3 mm. (grandis Tourn., nitidulus Thoms). An sumpfigen Stellen in der ebenern Schweiz. Genf, Bern, Aargau, Schaffhausen. **Paykulli** Guer.

Var. kleiner, verlängter, Flügeldecken stärker punktirt, Oberseite gelb, aber Halsschild und Kopf schwarz (puncticollis Tourn., ♂ palustris Ksw.) **v. Macer** Ksw.

7. Halsschild punktirt, schwach glänzend, Farbe wechselnd, braun bis gelb, Fühler braun mit gelber Wurzel, das 3. Glied kaum kürzer als das 2., Pubescenz ziemlich dicht, anliegend, Halsschild quer, fein punktirt, der Vorderrand stark 2 mal gebuchtet, der Hinterrand nach hinten gerundet vortretend, Flügeldecken fein und dicht punktirt mit etwas schiefen, schwach erhabenen Längsrippen; Aftersegment ♂ mit 2 geraden Fortsätzen die in einen nach unten gebogenen Hacken endigen. Lg. 2½—3 mm. Häufig in der ebenern Schweiz. (Künkelii Muls, Barnevillei et elongatus Tourn.) **Coarctatus** Payk.

Var. glänzender, meist ganz gelb und nur die Spitze der Fühler und die Unterseite etwas dunkler, Flügeldecken feiner punktirt, ihre Längsrippen schwächer. Seltener als die Stammform. (intermedius Tourn.) **v. palustris** Thoms.

— Halsschild ohne deutliche Punktirung (selbst an den Seiten) und daher glänzender; hell gefärbt, Kopf feiner und sparsamer punktirt als beim vorigen, Fühler ganz gelb, 3. Glied merklich kürzer als das 2. Lg. 2¼ mm. Genf. **Ruficeps** Tourn.

Gattung Hydrocyphon Redt.

Körper kurz eiförmig, nach hinten gerundet zugespitzt, sehr fein und kurz grau behaart, heller oder dunkler braun bis schwarz, die Wurzel der Fühler und die Nath gelb. Lg. 1½ mm. Genf, Zürich, Basel, in ganzen Kolonien unter Steinen in Bachbeeten. **Deflexicollis** Müll.

Gattung Scyrtes Ill.

Flügeldecken zwischen den mässig dichten und ziemlich feinen Punkten glatt, sehr fein behaart, glänzend, Körper schwarz, Basis der Fühler und Beine mit Ausnahme der Hinterschenkel gelb. Lg. 2½—3 mm. Häufig in der ebenern Schweiz, besonders in Torfmooren. **Hemisphaericus** L.

Flügeldecken zwischen den sehr dichten und feinen Punkten fein querrunzlig, ziemlich stark und dicht anliegend behaart, seidenglänzend, Körper blass gelbbraun. Lg. 2½—3 mm. Genf, Schaffhausen. **Orbicularis** Panz.

Gattung Eucinetus Germ.

Länglich eiförmig, nach hinten zugespitzt, stark gewölbt, fein behaart, schwach glänzend, schwarz, die Flügeldecken fein gestreift und querrissig, mit gelbem Fleck an der Spitze. Lg. 2½—2,8 mm. Selten. Genf, Lausanne, am Fusse von Obstbäumen. **Haemorrhoidalis** Germ.

Gattung Eubria Latr.

Körper rundlich, ziemlich stark gewölbt, Oberseite schwarz oder bräunlich, kaum behaart, jede Flügeldecke mit 5 glatten Streifen, Fühler beim ♂ viel länger als der halbe Leib, vom 3. Glied an ziemlich stark gesägt, beim ♀ so lang als der halbe Leib, vom 3. Glied an schwach gesägt. Lg. 1½—2 mm. Genf, auf der Alpe „im Bach“ (Leistkamm) gemein, Tössthal, Grabs. **Palustris** Germ.

Var. Körper fast kreisrund, gewölbt, schwarz, Flügeldecken bräunlich gelb, Wurzel der Fühler, Schienen und Füsse gelb, Flügeldecken mit 5 eingedrückten Linien, deren 1. kurz, die 2. vor der Mitte, die 3. und 4. hinten abgekürzt sind. Lg. 2½ mm. Genf. **Marchanti** J. Duv.

Familie Malacodermata.

Fühler 10—11gliedrig, faden- oder borstenförmig, gesägt oder gekämmt, auf der Stirn, am innern Rand der Augen inserirt. Unterkiefer mit 2 bewimperten Lappen, Kiefertaster mit 4, Lippentaster mit 3

Gliedern, Zunge pergamentartig, ohne Nebenzunge; vordere Hüften walzenförmig, vorragend, die der Vorderbeine mit einem deutlichen Anhang, Hinterhüften gegen die Schenkelwurzel erweitert, Schenkel an der Seitenwand des Schenkelringes befestigt, Schienen meist ohne Enddornen, Füsse 5gliedrig, Bauch aus 6 bis 7 beweglichen Ringen zusammengesetzt. Körper meist weich, bei einigen Arten ohne Flügel.

1. Mandibeln mit einfacher Spitze, Kopfschild von der Stirn nicht geschieden, ausstülpbare Blasen fehlen. 2
— Mandibeln mit 2 übereinander liegenden Zähnen und einem schmalen Hautsaum am Innenrand bis zur Mitte, Kopfschild von der Stirn deutlich geschieden, Oberlippe deutlich 5
2. Fühler frei auf der Stirn angelenkt 3
— Fühler seitlich neben dem etwas aufgeworfenen Rand der Stirn eingelenkt, Oberlippe deutlich, stark nach unten umgeschlagen, die Mandibeln nicht bedeckend, Schenkel der Trochanteren schräg angelegt. 4 **Drilini.**
3. Oberlippe vorhanden, Kopf geneigt, oder ganz auf die Unterseite gebogen, Fühler einander genähert . 4
— Oberlippe fehlt, Kopf vorgestreckt, Fühler mehr oder weniger von einander entfernt, Schenkel der Trochanteren seitlich schräg angelegt. 3 **Telephorini.**
4. Schenkel der Spitze der Trochanteren angefügt, Mittelhüften von einander entfernt, Hals, den Kopf höchstens von oben deckend, nicht über ihn nach vorn erweitert, Augen klein, Epipleuren der Flügeldecken sehr schmal, Fühler lang. 1 **Lycini.**
— Schenkel der Seite der Trochanteren schräg eingefügt, Mittelhüften an einander stehend, Hals den Kopf nach vorn überragend, Augen meist sehr gross, Epipleuren der Flügeldecken an der Basis breiter, Fühler meist kurz. 2 **Lampyrini.**
5. Hinterhüften schräg nach hinten gerichtet, Metasternum hinten bogenförmig vortretend, unter den Vorderecken des Halsschildes und am 1. Abdominalsegment ausstülpbare Hautblase. 5 **Malachiini.**
— Hinterhüften nicht schräg, Metasternum hinten gerade abgestutzt, keine Hautblasen. 6 **Dasytini.**

Uebersicht der Gattungen.

1. Lycini.

1. Kopf und Hals vorgestreckt, vom Halsschild nicht bedeckt. **Homalisus** Geoffr.
— Kopf bei der Ansicht von oben ganz oder grösstentheils vom Halsschild bedeckt 2
2. Kopf vor der Fühlerwurzel verlängert, Halsschild mit Mittelfurche und einigen Gruben, ohne Längsrippen, Flügeldecken fein gestreift. (Lygistopterus Muls.) **Dictyoptera** Latr.
— Kopf nicht verlängert, Halsschild mit 1—3 Längsrippen, Flügeldecken mit Längsrippen. **Eros** Newm.

2. Lampyrini.

1. Halsschild vorn gerundet, den Kopf weit überragend, ♀ ungeflügelt 2
— Halsschild vorn abgestutzt, den Kopf beim ♂ nur halb, beim ♀ ganz verdeckend; Augen beim ♂ sehr gross, beim ♀ klein, Fühler ziemlich lang und dünn, ♂ und ♀ geflügelt mit ausgebildeten Flügeldecken und Leuchtfleck auf dem letzten Abdominalsegment. **Luciola** Lap.
2. ♂ ungeflügelt mit rudimentären Flügeldecken, Augen bei ♂ und ♀ klein, Fühler lang und dick, ♂ mit Leuchtflecken auf den 2 letzten Abdominalsegmenten. **Phosphaenus** Lap.
— ♂ geflügelt mit ganzen Flügeldecken, Augen beim ♂ sehr gross, fast den ganzen Kopf einnehmend, beim ♀ klein, Fühler kurz 3
3. Pygidium an der Spitze ausgerandet. **Lamprorhiza** Motsch.
— Pygidium an der Spitze gerundet oder zugespitzt. **Lampyris** Geoffr.

3. Telephorini.

1. Endglied der Kiefertaster beilförmig 2
— Endglied der Kiefertaster eiförmig, mehr oder weniger zugespitzt 7
2. Mandibeln einfach, Fühler faden- oder borstenförmig, Halsschild mit einfachen Hinterecken, Mittelbrust ohne Aushöhlung 3

— Mandibeln am Innenrand mit zahnartiger Ecke, beim ♂ Halsschild an den Hinterecken ausgeschnitten und das letzte Abdominalsegment gespalten. **Silis** Latr.

3. Kopf hinten halsförmig eingeschnürt und wenig in das Halsschild zurückziehbar, die 2 vertieften Linien an der Unterseite laufen nach hinten zusammen, beide Klauen aller Tarsen an der Spitze gespalten, Halsschild an der Basis ausgerandet. **Podabrus** Westwood.

— Kopf hinten kurz oder kaum verengt, bis fast zu den Augen in das Halsschild zurückziehbar, die 2 vertieften Linien an der Unterseite stehen weit auseinander, Halsschild an der Basis nicht ausgerandet. 4

4. Klauen einfach, oder an der Basis gezähnt, oder nur eine Klaue gespalten 5

— Beide Klauen an der Spitze gespalten oder nahe der Spitze gezähnt, Halsschild mit schmal abgesetztem Seitenrand 6

5. Halsschild an den Seiten flach ausgebreitet, kaum schmaler als die Flügeldecken, Hinterecken mehr oder weniger, Vorderecken stark abgerundet, Kopf hinten kaum verschmälert, bis an die Augen zurückziehbar, Oberseite kurz behaart. **Cantharis** L.

— Halsschild viel schmaler als die Flügeldecken, seine Seiten nicht flach ausgebreitet, schwach gerundet, Kopf hinter den Augen deutlich eingeschnürt, nicht bis an die Augen zurückziehbar, vordere Klauen der vordern und hintere der hintern Tarsen an der Wurzel gezähnt, Oberfläche etwas länger behaart. **Absidia** Muls.

6. Abdomen an der Spitze verengt, das letzte Rückensegment nach hinten verengt, Halsschild meist viel schmaler als die Flügeldecken, Kopf hinten oft ziemlich stark, aber kurz eingeschnürt. **Rhagonycha** Esch.

— Abdomen an der Spitze nicht verengt, das letzte Rückensegment an der Spitze breit abgestutzt, Halsschild so breit als die Flügeldecken. **Pygidia** Muls.

7. Mandibeln in der Mitte des Innenrandes gezähnt, Fühler auf der Stirn eingefügt, Kopf nach hinten stark verengt. **Malthinus** Latr.

— Mandibeln ungezähnt, Fühler dicht am Innenrand der Augen eingefügt, Kopf nach hinten wenig verengt, Flügeldecken etwas verkürzt. **Malthodes** Kiesw.

4. Drilini.

Fühler des ♂ gekämmt, von einander entfernt, dicht vor den Augen eingefügt, Körper breit, Kopf schmaler als das Halsschild. **Drilus** Ol.

5. Malachini.

1. Fühler zwischen den Augen eingelenkt . . . 2
— Fühler vor den Augen auf der Stirn eingelenkt . 3
2. Vordertarsen bei ♂ und ♀ einfach, Flügeldecken beim ♂ öfter eingekniffen, Halsschild nicht länger als breit, nach hinten nicht verschmälert, alle einheimischen Arten über 4 mm. lang. **Malachius** F.
— 2. Glied der Vordertarsen beim ♂ verlängert und schräg über das folgende hinwegreichend, Flügeldecken des ♂ mit eingekniffener Spitze, alle einheimischen Arten weniger als 4 mm. lang. **Axinotarsus** Motsch.
3. Vordertarsen beim ♂ 5gliedrig 4
— Vordertarsen beim ♂ 4gliedrig, beim ♀ 5gliedrig, Kopf breiter als das Halsschild, bei ♂ mit ausgehöhlter Stirn, Halsschildherzförmig. **Troglops** Er.
4. 2. Glied der Vordertarsen beim ♂ nach vorn schräg verlängert 5
— 2. Glied der Vordertarsen beim ♂ und ♀ einfach, Flügeldecken beim ♂ mit Anhängen an der Spitze 7
5. Flügeldecken beim ♂ mit eingekniffener Spitze . 6
— Flügeldecken beim ♂ und ♀ einfach, letztes Glied der Kiefertaster bei ♂ und ♀ länglich-eiförmig. **Attalus** Er.
6. Fühler beim ♂ gekämmt, beim ♀ tief gesägt, Halsschild mit ziemlich geraden Seiten. **Nepachys** Thoms.
— Fühler beim ♂ und ♀ einfach, Halsschild mit stark gerundeten Seiten, letztes Glied der Kiefertaster an der Spitze breit abgestutzt. **Ebaeus** Er.
7. Flügeldecken parallel, 2 mal so lang als breit, beim ♂ an der Spitze eingekniffen, mittlere Bauchringe in der Mitte häutig, Körper 3 mm. lang oder länger. **Anthocomus** Er.
— Flügeldecken oval, 1½ mal so lang als breit, an der Spitze beim ♂ mit einem haken- oder napfför-

migen Anhängsel, Bauchringe hornig; Körper klein, kaum über 2 mm. lang 8

8. Flügeldecken beim ♂ mehr parallel mit einem hackenförmigen Anhang, beim ♀ bauchig, Halsschild länger als breit, nach hinten verschmälert. **Charopus** Er.

— Flügeldecken beim ♂ und ♀ mehr parallel, an der Spitze beim ♂ mit einem napfförmigen Anhang, Halsschild breiter als lang, nach vorn verschmälert. **Hypebaeus** Ksw.

6. Dasytini.

1. Vorderschienen mit einem kleinen Hacken an der Spitze; Körper mit langen abstehenden Haaren. **Henicopus** Steph.

— Vorderschienen unbewehrt oder höchstens mit schwachen Dornen an der Spitze 2

2. Oberlippe länger oder wenigstens so lang als breit, Oberkiefer ziemlich lang mit deutlichen Kerbzähnchen vor der Spitze, Kopf mit den Augen breiter als das Halsschild, Oberseite mit schuppenförmigen Haaren bekleidet. **Danacaea** Lap.

— Oberlippe breiter als lang, Mandibeln ohne Kerbzähne. 3

3. Klauen einfach oder an der Basis gezähnt, letztes Glied der Kiefertaster zylindrisch oder lang eiförmig, Körper abstehend behaart. **Dasytes** Papk.

— Klauen mit häutigen Anhängen 4

4. Klauen mit einem der ganzen Länge nach angewachsenen Hautsaum 5

— Klauen mit einem freien, bis zum Grunde getrennten Anhang, letztes Glied der Kiefertaster eiförmig mit abgestutzter Spitze. **Haplocnemus** Steph.

5. Körper mit Metallglanz und spärlichen, abstehenden Haaren, Halsschild fast breiter als lang. **Psilothrix** Redt.

— Körper sehr lang und schmal, ohne Metallglanz, mit anliegenden schuppenähnlichen Haaren bekleidet, Halsschild länger als breit, Tarsen lang und dünn. **Dolichosoma** Steph.

Tabelle zur Bestimmung der Arten.

Gattung Homalisus Geoffroy.

Langgestreckt, flach, Halsschild breiter als lang, scharf gerandet mit spitzig nach aussen vortretenden

Hinterecken und 3 Grübchen auf der Scheibe, Flügeldecken gekerbt gestreift, der 6. Zwischenraum erhabener als die andern, Körper schwarz, der Seitenrand der Flügeldecken roth. Lg. 5—6 mm. Nicht selten durch die ganze Schweiz bis 3000′ ü. M. (noch bei Matt) auf Bäumen und Blumen. **Suturalis** F.

Var. Flügeldecken ganz schwarz. Selten.

Gattung Dictyoptera Latreille

(Lygistopterus Muls.)

Schwarz, die Seiten des Halsschildes und die Flügeldecken roth, ersteres mit Mittelfurche und einigen Grübchen, Flügeldecken fein gestreift mit flachen Zwischenräumen. Lg. 7—12 mm. Häufig in Gebirgsgegenden, doch auch im Thal; Genf, Lausanne, Basel, Schaffhausen. **Sanguinea** L.

Gattung Eros Newm. (Dictyoptera Latr.)

1. Halsschild ganz roth, Flügeldecken höchstens etwas dunkler in der Mitte, breiter als lang 2
— Halsschild roth, in der Mitte schwarz, so lang als breit 3
— Halsschild ganz schwarz 4
2. 3. Fühlerglied wenig länger als das 2. und halb so lang das 4., Halsschild mit einer Längsrippe in der Mitte und jederseits derselben mit einer Grube, Stirn mit 2 durch eine tiefe Furche getrennten Höckerchen an der Wurzel der Fühler, Flügeldecken mit anliegendem Filz bekleidet, Unterseite schwarz. Lg. 7 bis 9 mm. Häufig in der südlichen Schweiz, seltener in der nördlichen, aber über das ganze Gebiet verbreitet und bis 3000′ ü. M. ansteigend. **Rubens** Gyll.
— 3. Fühlerglied eben so lang als das 4., Halsschild in der Mitte mit einer kleinen rautenförmigen Grube und ausserdem mit 4 grössern, flachen Gruben, seine Scheibe oft etwas dunkler, die Zwischenräume der erhabenen Linien auf den Flügeldecken mit 2 Reihen viereckiger Grübchen, Unterseite schwarz. Lg. 7—10 mm. Nicht selten und bis 5000′ ü. M. ansteigend. **Aurora** F.
3. Das 3. Fühlerglied ist länger als das 2. und als das 4., Halsschild mit 2 Längsrippen, die sich in der

Mitte nähern, aber nicht berühren, Flügeldecken mit 4 Längsrippen, Zwischenräume mit unregelmässigen Grübchen, die nur hie und da eine Doppelreihe erkennen lassen. Lg. 5—7 mm. (Gatt. Platycis Thoms.) (flavescens Redt.) Hie und da, ziemlich selten. Bex, Sargans, Klein-Basel, Zürich, Schaffhausen. **Cosnardi** Chevr.

4. 3. Fühlerglied kaum länger als das 2., halb so lang als das 4., die 2 Längsrippen des Halsschildes weichen in der Mitte auseinander und schliessen eine länglich-rhombische Grube ein, Schildchen kaum ausgerandet, Flügeldecken mit 4 Längsrippen, deren Zwischenräume durch Querleisten in kurze breite Grübchen getheilt sind, die nur an der Basis Doppelreihen erkennen lassen. Lg. 7—10 mm. Selten. Aarau, Dübendorf, Schaffhausen. (Gatt. Pyropterus Muls.) **Affinis** Payk.

— 3. Fühlerglied so lang als das 4. und doppelt so lang als das 2., die Längsrippen des Halsschildes nähern sich auf der hintern Hälfte und weichen nach vorn auseinander, Schildchen hinten eingeschnitten, Flügeldecken mit 4 Längsrippen, Zwischenräume mit einer deutlichen Doppelreihe von Grübchen. Lg. 4—6 mm. (Gatt. Platycis Thoms.) Häufig im Kanton Waadt und Wallis, seltener in der nördlichen Schweiz, auch im Jura und im Gadmenthal. **Minutus** F.

Lampyrini.

Gattung Lampyris Linné.

Langgestreckt, flach, bräunlichgrau, die Mitte des Halsschildes dunkler, dieses länglich, seine Seiten auf der hintern Hälfte parallel, der Seitenrand der Flügeldecken mitunter gelblich, Bauch und Beine gelblich. Lg. ♂ 11—12, ♀ 16—18 mm. ♂ Pygidium seitlich gerundet, vor der Spitze geschweift, in der Mitte stumpf zugespitzt.
♀ letztes Bauchsegment dreieckig ausgerandet. Häufig überall bis 5500′ ü. M. **Noctiluca** L.

Gattung Lamprorhiza Motsch.

Schwarzbraun, der Vorderrand des Halsschildes durchsichtig, die 2 vorletzten Bauchsegmente weisslich.

Lg. 8—10 mm. ♀ schmutzig gelb, mit Flügeldeckenstummeln. Selten. Basel, Genf. **Splendidula** L.

Gattung Luciola Lap.

Schwarzbraun, greis behaart, ein Fleck auf dem Halsschild dunkel, dieses im Uebrigen sowie die 2 ersten Fühlerglieder, die Brust, das Schildchen und die Beine gelbroth; die 2 letzten Bauchsegmente gelblichweiss. Lg. 5—7 mm. Nur im Tessin, daselbst stellenweise häufig. **Italica** Motsch.

var. Halsschild ungefleckt. **v. pedemontana** Motsch.

Gattung Phosphaenus Lap.

Flügeldecken beim ♂ kürzer als das Halsschild, beim ♀ ganz fehlend; schwarzbraun, Pygidium beim ♂ gelblich, Fühler stark. Lg. 6—7 mm. In der Westschweiz und im Kanton Zürich, im Grase herum kriechend. **Hemipterus** Goeze.

Cantharinini.

Gattung Podabrus Westwood.

Gelb, der Scheitel, ein Längsfleck des Halsschildes und die Unterseite schwarz, die Seiten und die Spitze des Bauches gelb; Kopf dicht und stark runzlig punktirt, Halsschild breiter als lang, viereckig, seine Seiten schwach gerundet, die Hinterecken meist als kleines Zähnchen vortretend, Hinterrand ausgerandet. Lg. 12—14 mm. Nicht selten, in den Alpen und Voralpen, in der Ebene stellenweis häufig. **Alpinus** Payk.

var. a., Halsschild ganz gelb, oder die Scheibe nur wenig angedunkelt. **v. rubens** F.

Häufiger in der Ebene und in den Voralpen.

var. b. Flügeldecken schwarz. **v. annulatus** Fisch.

Mit dem vorigen.

var. c. Flügeldecken schwarz mit gelblichem Seitenrand, Halsschild gelbroth. **v. lateralis** L.

Vorzugsweise in den Alpen und bis 6000′ ansteigend. Engadin, Gadmen, Val Entremont, Macugnaga.

Gattung Cantharis L. (Telephorus Schaeffer.)

1. Beide Klauen aller Füsse an der Basis beim ♀ mit einem feinen, dornartig abstehenden Zahn, beim ♂ mit einer eckigen, aber nicht zahnartigen Erweiterung und abstehenden Borstenhäärchen.
Subg. **Ancystronycha** Märkel.
— Nur die äussere (vordere) Klaue an allen Füssen mit einer mehr oder weniger beträchtlichen zahnartigen Erweiterung an der Basis.
Subg. **Cantharis** L. in sp.

Subgen. Ancystronycha Märkel.

1. Flügeldecken blau 2
— Flügeldecken gelb 3
2. Schwarz, der Mund und der Bauch gelb, die Flügeldecken dunkelblau, fein braun behaart. Lg. 10—15 mm.
♂ schmaler, Halsschild und Hüften schwarz.
♀ viel breiter, Halsschild und Hüften gelbroth.
Häufig in allen Schweizer Alpen bis 6000′ ü. M., selten in der Ebene. Genf, Tössthal. **Abdominalis** F.
— Schwarz, der Kopf, die Wurzel der Fühler, Halsschild, Bauch und Beine gelbroth, Flügeldecken dunkelblau mit grauer Behaarung. Lg. 10—13 mm. Nicht selten im Jurazuge von Schaffhausen bis Genf, doch auch an andern Stellen, Engelberg, St. Gallen.
Violacea Payk.
var. Beine mehr oder weniger gedunkelt. Kt. Zürich, auf Weiden und Fichten. **v. tigurinus** Dietr.
3. Gelbroth, die Fühler mit Ausnahme der Wurzel, die Spitze der Flügeldecken und die Tarsen schwarz, Halsschild viereckig, alle Ecken abgerundet, Unterseite und Beine gelbroth. Lg. 9—11 mm. (rotundicollis Dietr.) Selten, Waadt, Wallis, Kt. Zürich, Engadin. **Erichsoni** Bach.

Subgen. Cantharis in spec.

1. Die vordere Klaue aller oder der 4 ersten Tarsen bei ♂ und ♀ an der Basis gezähnt, oder alle Klauen einfach 2
— Die vordere Klaue aller Tarsen beim ♂ an der

Spitze gespalten, beim ♀ einfach oder an der Spitze gespalten oder an der Basis gezähnt. 20

2. Halsschild nicht oder wenig schmaler als die Flügeldecken, mit flach ausgebreitetem Seitenrand und gänzlich abgerundeten Ecken. Grösse über 7 mm. 3

— Halsschild schmaler, mit schmalem Seitenrand. (vgl. C. assimilis ♀.) 7

3. Halsschild auf dem Vordertheil der Scheibe ziemlich grob und ziemlich dicht punktirt, gelb, mit oder ohne schwarze Flecken 4

— Halsschild nicht oder undeutlich, fein punktirt, einfärbig gelbroth 6

4. Halsschild roth mit 2 rundlichen schwarzen Flecken auf der Scheibe, die zwar hie und da zusammenfliessen, aber doch noch den Doppelfleck erkennen lassen; schwarz, der Vorderkopf und der Umkreis des Bauches gelb; Beine schwarz, die Innenseite der Vorderschenkel und die Schienen der 4 vordern Beine gewöhnlich gelb. Lg. 11—14 mm. Selten, Genf, Zürich. **Annularis** Men.

— Halsschild roth und nur mit 1 runden Fleck geziert 5

5. Dieser Fleck befindet sich am Vorderrand des Halsschildes und dehnt sich oft etwas nach hinten aus, Flügeldecken und Beine schwarz, die Wurzel der 4 vordern Schenkel mitunter gelbroth. Lg. 11—15 mm. Ueberall gemein bis 3000′ ü. M. **Fusca** L.
var. Halsschild ganz rothgelb.

— Ein runder Fleck befindet sich auf der Mitte der Scheibe des Halsschildes, der selten fehlt, Flügeldecken und Beine schwarz, die Wurzel aller Schenkel rothgelb. Lg. 10—14 mm. Ueberall häufig bis 3000′ ü. M. **Rustica** Fall.

6. Das 3. Fühlerglied länger als das 2., das Halsschild bildet nach vorn einen regelmässigen Halbkreis, ist kaum breiter als lang, die Vorderecken sind daher gänzlich verschwunden, Kopf gelbroth mit einem schwarzen Fleck auf dem Scheitel, Flügeldecken gelb, Schildchen schwarz, Unterseite gelb, die Brust und einige Punkte am Bauch schwarz, Beine gelb, Knie und Hinterschienen schwarz. Lg. 11—15 mm. Ueberall gemein bis 6000′ ü. M. **Livida** L.

Varietäten:

var. b. Stirn ohne schwarzen Fleck, Schildchen gelb.
var. c. Flügeldecken an der Spitze schwarz.

var. d. Flügeldecken schwarz, ein länglicher Schulterfleck und der umgeschlagene Rand der Flügeldecken gelb, Beine gelb und nur die Hinterschienen in der Mitte dunkel. **v. scapularis** Redt.

var. e. Flügeldecken ganz schwarz, Schildchen meist gelb. **v. dispar** F.

var. f. Flügeldecken, Hinterkopf, Schildchen und Beine schwarz und nur die Hüften und die Vorderschenkel auf der Unterseite gelb.

— Das 2. und 3. Fühlerglied gleich lang, Halsschild querviereckig mit abgerundeten Ecken, breiter als lang; der Kopf schwarz und nur sein Vordertheil roth, Flügeldecken schwarz, grau anliegend behaart, Bauch und Beine roth, nur die Hinterschienen schwarz. Lg. 9—13 mm. Nicht selten in der ebenern Schweiz. **Pellucida** F.

7. Flügeldecken schwarz, der Kopf wenigstens auf der hintern Hälfte schwarz 8

— Flügeldecken gelb, einfach behaart 18

8. Flügeldecken einfach anliegend behaart 9

— Flügeldecken mit doppelter Behaarung, d. h. mit kurzer, anliegender, glänzender und ausserdem mit einzelnen längern, abstehenden Haaren 15

9. Das 2. und 3. Fühlerglied gleich lang, Halsschild schwarz, an den Seiten breit gelb, Fühlerwurzel und Vorderkopf ebenfalls gelb, der übrige Körper schwarz. Lg. 9—13 mm. Nicht selten überall und bis 5500′ ü. M. ansteigend, noch im Engadin. **Obscura** L.

— Das 2. Fühlerglied halb so lang als das 3. . . . 10

10. Beine ganz dunkel oder höchstens die Wurzel und Spitze der Schienen gelblich 11

— Beine wenigstens theilweise hell gefärbt 13

11. Körper über 7 mm. lang, breit, schwarz, Fühlerwurzel und die Ränder der Bauchringe gelb. Lg. 7½—10 mm. Häufig in den Alpen und dem Jura bis 7000′ ü. M., sehr selten in der Ebene. **Tristis** F.

— Körper nicht über 7 mm. lang, schmaler 12

12. Fühler schwarz und nur das 1. Glied an der Unterseite gelb, Halsschild etwas schmaler als die Flügeldecken, schwarz und ringsum gelb gesäumt, mit fast rechtwinkligen Hinterecken, auch die Seiten des Bauches gelb. Lg. 6—7 mm. (opaca Redt.) Selten, nur in der ebenern Schweiz; Genf, Wallis, Basel, Schaffhausen, Zürich. **Pulicaria** F.

— Die 2 bis 3 ersten Fühlerglieder gelb, Halsschild fast doppelt so breit als lang, mit abgerundeten Vorder- und Hinterecken, schwarz oder mit röthlichen Vorderecken und röthlichem Seitenrand, Unterseite schwarz. Lg. 4—5 mm. (nigritula Dietr.) Selten. Basel, Schaffhausen, Kt. Zürich, St. Gallen, auch im Engadin. **Paludosa** Fall.

13. Körper gelb, die hintere Hälfte des Kopfes, die Fühler vom 4. Glied an und die Flügeldecken schwarz, das Schildchen rothgelb, das Halsschild roth, nur selten mit schwarzen Flecken, die vordere Klaue an allen Tarsen an der Wurzel mit einem mässig breiten, scharfen, die Mitte der Klaue nicht erreichenden Zahn. Lg. 5—6 mm. (fulvicollis Redt.) Selten. Genf, Waadt, Wallis, Neuchatel, Schaffhausen. **Thoracica** Ol.

— Unterseite des Körpers schwarz und nur die Seiten und die Spitze des Bauches gelb 14

14. Die äussere (vordere) Klaue aller Tarsen mit einem breiten, stumpfen, bis in die Mitte der Klaue reichenden Zahn, Halsschild und Beine gelb, ersteres glänzend, breiter als lang, seine Seiten ziemlich gerade, die Vorderecken abgerundet, die Hinterecken stumpf. Lg. 5—6 mm. (thoracica Redt., nivalis Germ.) Genf, Wallis, Schaffhausen. Nicht selten. **Fulvicollis** F.

var. b. Halsschild mit einem länglichen schwarzen Fleck auf der Scheibe.

— Die äussere Klaue aller Tarsen mit einem kleinern, spitzigen, nach vorn gerichteten, die Mitte der Klaue nicht erreichenden Zähnchen, Halsschild viereckig mit abgerundeten Ecken, pechbraun, am Vorder- und Hinterrande nur schmal, an den Seiten breiter röthlich durchscheinend oder röthlichgelb, alle Ränder stark aufgebogen, die Schenkel bis gegen die Spitze dunkel. Lg. 5—6 mm. Selten. Matt. **Flavilabris** Fall.

15. Halsschild gelbroth oder höchstens mit einem schwarzen Fleck auf der Scheibe 16

— Halsschild schwarz, ringsum mit schmalem weisslich gelbem Saum 17

16. Flügeldecken schwarz, Halsschild schmaler als die Flügeldecken, nach vorn verengt, mit abgerundeten Ecken, gelb, Beine gelb, meistens die der Hinterbeine die Spitze der Schenkel und die Schienen

schwarz, die vordern Klauen aller Tarsen mit einem grossen, bis zur Mitte reichenden Zahn. Lg. 8 bis 9 mm. Häufig überall bis 6000′ ü. M. **Nigricans** Müll.

var. Halsschild mit einem dreieckigen schwarzen Fleck auf der Scheibe.

— Flügeldecken schwarz mit schmalem rothem Seitenrand, Halsschild so breit als die Flügeldecken, nach hinten etwas verengt, roth, bisweilen mit 2 dunklen Punkten auf der Scheibe, Beine gelb, Klauen beim ♀ einfach, beim ♂ die vordere Klaue der vordern Füsse mit einem spitzigen Zähnchen. Lg. 5 mm. Selten. Genf, Waadt, Wallis, Basel, Schaffhausen, Zürich. **Oralis** Germ.

17. Halsschild viereckig, viel schmaler als die Flügeldecken, die Wurzel der Fühler und die Beine gelb, die Spitze der hintern Schenkel und die Hinterschienen, mitunter auch die Spitze und der obere Rand der vordern Beine schwarz. 2. Fühlerglied sehr wenig kürzer als das 3. Lg. 7—9 mm. Häufig in den Alpen und dem Jura, selten in der Ebene, Genf, Basel, Schaffhausen, Zürich. **Albomarginata** Märkel.

— Halsschild quer, viel breiter als lang, wenig schmaler als die Flügeldecken, Beine schwarz, an den vordern Beinen sind Hüften, die Wurzel der Schenkel und öfter die Schienen röthlich, 3. Fühlerglied ziemlich länger als das 2. Lg. 6—7 mm. Nicht selten in den Alpen. **Fibulata** Märkel.

18. Körper breit und flach, schwarz, Mund, Halsschild, Flügeldecken, Wurzel der Vorderschenkel und Spitze der Vorderschienen gelb. Lg. 7—10 mm. ♂ Fühler ziemlich dick, Stirn gefurcht. **Assimilis** Payk.

♀ Grösser und breiter, Halsschild mit etwas breitem flachem Seitenrand. **Dilatata** Redt.

var. a. ♀ Kopf jederseits mit einem grossen gelben Fleck.
var. b. Beine ganz schwarz.
var. c. Ein grosser Fleck auf dem Halsschild und Beine schwarz.
var. d. ♂ grösser, Halsschild schwarz, an den Seiten gelb, ♀ gelb mit einem schwarzen Fleck auf dem Scheitel, Unterseite, Knie und Schienen der Hinterbeine schwarz. **v. Montana** m.

Nicht sehr häufig in den Alpen, doch auch in der Ebene; Genf, Waadt, Wallis, Kt. Zürich.

— Körper schmal und schlank, Halsschild mit schmal abgesetztem Seitenrand, Flügeldecken mit ziemlich dichter und langer, etwas abstehender Behaarung. 19

19\. Hinterecken des Halsschildes stumpfwinklig, dieses auf der Scheibe mit einem dreieckigen schwarzen Fleck, der meist 2 kleine gelbe Flecken einschliesst, Schildchen, Unterseite und Schenkel schwarz, ebenso ein Stirnfleck. Lg. 6—7 mm. (lituratus Dietr.) Auf nassen Wiesen nicht selten. Zürich, Schaffhausen, auch auf dem Rigi. **Figurata Mannh.**

var. a. Beine dunkel mit gelben Knien.
var. b. Kopf, Halsschild und Beine gelb.

— Hinterecken des Halsschildes fast rechtwinklig, der ganze Körper gelb mit Ausnahme der Augen und der Brust. Lg. 8—9 mm. Häufig durch die ganze Schweiz bis 3500′ ü. M. **Rufa** L.

var. a. Scheitel schwarz.
var. b. Scheitel, 2 Flecken auf der Stirn, ein eckiger Fleck auf dem Halsschild und Linien an den Schenkeln schwarz. **v. liturata** Fall.

var. c. Die Brust, die Basis des Hinterleibes und die Kniee der Hinterbeine schwarz. **v. bicolor** Panz.

var. d. Scheitel schwarz, die Flügeldecken etwas dunkler gelb, im übrigen mit derselben Farbenvertheilung wie bei bicolor. **v. ustulata** Ksw.

var. e. Die schwarzen Flecken auf dem Scheitel und Halsschild sind grösser, die Beine schwärzlich mit gelben Knien. **v. liturata Fall.** var.

20\. Die äussere (vordere) Klaue aller Tarsen beim ♀ mit einem hakenförmig gebogenen abstehenden Zahn an der Basis. Körper gelb, ein winkliger, nach vorn verschmälerter Fleck des Halsschildes, die äussern Fühlerglieder, die Spitze der Flügeldecken, mitunter auch die Naht schwarz, der Bauch schwarz, die einzelnen Segmente gelb gerandet, an den Hinterbeinen die Kniee und Schienen dunkel. Hinterecken des Halsschildes abgerundet. Lg. 8 mm. (apicalis Reiche.) Genf, Waadt, Schaffhausen, Chur, auch im Gadmenthal. **Sudetica Letzn.**

— Klauen des ♀ einfach oder die vordern schwach gezähnt 21

21. Die vordere Klaue aller Tarsen beim ♂ in 2 über einander liegende Spitzen gespalten, beim ♀ einfach. Halsschild so lang als breit, seine Hinterecken deutlich beim ♀ stumpf, beim ♂ fast rechtwinklig, Schilchen gelb, Oberseite gelb, 1 oder 2 Flecken auf der Mitte des Halsschildes, die Naht und der Seitenrand der Flügeldecken und oft der Scheitel schwarz, Unterseite gelb, Brust und oft auch der Bauch schwärzlich. Beine gelb, die Hinterschenkel oft mit einem schwarzen Fleck an der Spitze. Lg. 8—9 mm. (signata Fald.) Selten. Wallis, Zürich, Schaffhausen, Stein, nach Heer auch in den Alpen.
Discoidea Abr.

var. Einfärbig gelb und nur die Scheibe des Halsschildes mit 2 schwarzen Strichelchen (deserta Dietr.)
v. lineata Bach.

— Die vordere Klaue aller Tarsen beim ♂ in 2 neben einander liegende Spitzen gespalten, beim ♀ mit undeutlichem Zahn an der Wurzel, Halsschild breiter als lang, Hinterecken gerundet, Flügeldecken sparsam behaart; Oberseite gelb, Halsschild mit 2 nach vorn konvergirenden und meist zusammenfliessenden schwarzen Flecken auf dem hintern Theil der Scheibe, welche Flecken in der Grösse sehr veränderlich sind; der hintere Theil des Kopfes, die Brust und der Bauch mit Ausnahme der Ränder schwarz, Beine gelb, öfter die Spitze der Hinterschenkel, seltener die Naht und die Spitze der Flügeldecken dunkler. Lg. 5—6 mm. (clypeata Jll, nivea Panz, testacea Scop.) Häufig durch die ganze Schweiz bis in die montane Region. **Haemorrhoidalis** F.

Subgen. Absidia Muls.

1. Röthlichbraun, verlängt, ziemlich dicht behaart, Scheitel mit Quereindruck, Halsschild etwas länger als breit, Kopf mit den vorgequollenen Augen etwas breiter als das Halsschild, dieses schmaler als die Flügeldecken, gelb oder röthlich oder rothbräunlich, mit schwachen Unebenheiten, sein Vorderrand kaum aufgebogen, Flügeldecken bräunlich gelb, oft mit einer verwaschenen, wenig deutlichen Binde in der Nähe des Seitenrandes, 5 mal so lang als das Halsschild, Beine bräunlich, die Tarsen und oft die Schen-

kelspitzen dunkler. Lg. 7—9 mm. Selten. In den Walliser, Bündtner und Glarner Alpen, Gadmenthal, auch bei Genf **Pilosa** Payk.

— Langgestreckt, linienförmig, Stirn zwischen den Fühlern gefurcht, Scheitel mit Quereindruck, Halsschild viereckig, nach vorn verschmälert, der Vorderrand etwas stärker aufgebogen als beim vorigen, der Kopf mit den vorgequollenen Augen merklich breiter als das Halsschild, nach hinten etwas halsförmig verschmälert, Oberseite rothgelb, Unterseite und Beine bräunlich mit dunklern Tarsen. Lg. 6—8 mm. ♂ schmaler, Kopf nach hinten stärker verengt, Flügeldecken 6 mal so lang als das Halsschild, ♀ breiter und kürzer, Flügeldecken 4 mal so lang als das Halsschild, Kopf hinten kaum verengt, die Längsfurche der Stirn stärker, der Quereindruck auf dem Scheitel schwächer. Ziemlich selten; Walliser Alpen, Engadin. **Prolixa** Märk.

Subgen. Rhagonycha Eschscholz.

Alle Klauen an der Spitze gespalten, die beiden Spitzen ungleich.

1. Flügeldecken ganz oder grösstentheils gelb 2
— Flügeldecken ganz schwarz 10
2. Kopf gelb 3
— Kopf schwarz 4
3. Körper ganz gelb und nur die Wurzel der ersten Bauchringe dunkler, Halsschild breiter als lang, vorn gerundet, die Hinterecken rechtwinklig. Lg. 9 bis 10 mm. (Rufescens Letzner, concolor Märkel.) Ziemlich selten, im Gebirg etwas häufiger. Wallis, Macugnaga, Engelberg, Genf, Burgdorf, Chur, Zürich. **Translucida** Kryn.
— Die Spitze der Flügeldecken ist schwarz, ebenso die Unterseite. Beine gelb mit dunklen Tarsen, Halsschild länger als breit, nach vorn verschmälert mit fast geraden Seiten. Lg. 5—8 mm. Sehr gemein bis 4000′ ü. M., noch in Davos. **Fulva** Scop.
4. Halsschild ganz oder theilweise gelb 5
— Halsschild ganz schwarz 8
5. Halsschild mit einem schwarzen Fleck auf der Scheibe 6
— Halsschild ganz gelbroth 7
6. Schwarz, Halsschild gelb mit einem in die Quere

gezogenen schwarzen Fleck auf der Scheibe, Beine schwarz, die Kniee und die Spitze der Vorderschienen gelblich. Lg. 6 mm. Sehr selten. Einfischthhal, Engadin. **Meisteri** Gredl.

— Körper schwarz, die Fühlerwurzel, Flügeldecken, Beine und Schienen gelb. Lg. 4—5 mm. Ueberall gemein bis 7600′ ü. M. **Testacea** L.

var. Beine ganz gelb. **var. testacea** Panz.

7. Schwarz, das Halsschild, die Fühlerwurzel, Flügeldecken und Beine gelb, die Spitze des Bauches gelblich. Halsschild mit tiefer Mittelfurche und stark aufgebogenen Seitenrändern, in Folge dessen mit stark vortretenden Höckern, breiter als lang, nach vorn verengt. Flügeldecken beim ♂ 5 mal, beim ♀ 4 mal so lang als das Halsschild. Lg. 8—9 mm. Nur im Ct. Tessin. **Nigriceps** Waltl.

— Gelb, der Kopf, der äussere Theil der Fühler, die Spitze der Flügeldecken, Brust und Bauch schwarz, Hinterleibsspitze gelb, Halsschild bräunlich gelb. Lg. 6—7 mm. Nicht selten in der Ebene und der montanen Region. **Fuscicornis** Ol.

var. Grösser, breiter, Halsschild röthlich gelb. Nicht selten bei Schaffhausen. **v. Märkelii** Ksw.

8. Beine ganz gelb, langgestreckt, schwarz, die Fühlerwurzel und Flügeldecken gelb. Lg. 5—6 mm. Häufig in der nördlichen Schweiz. **Pallida** F.

var. Spitze der Flügeldecken schwarz. **v. pallipes** F.

— Beine ganz schwarz oder nur die Schienen gelb . 9

9. Schwarz, glanzlos, das 2. Fühlerglied und die Flügeldecken gelb, letztere dicht grau pubescent, das Halsschild breiter als lang, nach vorn verschmälert. Lg. 6 mm. Nicht selten in allen schweizerischen Alpen, 3000—6000′ ü. M. **Nigripes** Redt.

— Kleiner als der vorige, schwarz, glanzlos, der Mund die Fühlerwurzel, Kniee und Schienen gelb, die Flügeldecken feiner und sparsamer behaart, Halsschild breiter als lang, nach vorn verschmälert. Lg. 5—6 mm. Tessin, Simplon, Engadin. **Femoralis** Brll.

10. Breiter, schwarz, die Fühlerwurzel, die Spitze der Schenkel und die Schienen gelb, Halsschild breiter als lang, nach vorn verschmälert, am Vorder- und Hinterrand ziemlich gerade abgestutzt, an den Seiten

fast gerade, die Ecken stumpf, Behaarung kurz, reifartig. Lg. 4—5 mm. Häufig in den Alpen und im Jura, bis 6000′ ü. M., doch auch in der Ebene, Basel, St. Gallen, bei Schaffhausen ziemlich häufig. **Atra** L.

— Schmaler und länger als der vorige, die Fühlerwurzel und die Wurzel der Schienen gelblich, Halsschild so lang als breit, nach vorn verschmälert, der Vorderrand gerundet, die Hinterecken scharf rechtwinklig, der Rand ringsherum aufgebogen, mit Mittelfurche, Flügeldecken 5 mal so lang als das Halsschild, ziemlich lang, grau behaart. Lg. 5 mm. (paludosa Redt.) Auf Erlen und Eichen; Zürich, Bern, Schaffhausen, auch im Gadmenthal und im Engadin bei 5000′ ü. M. **Elongata** Fallen.

Var. Halsschild etwas breiter als lang, die Hinterecken etwas stumpf, die Schienen hell gefärbt und nur die hintern an der Spitze dunkler. — Engadin, Engelberg. (Schweiz. Mitth. I. p. 60.) **v. rhaetica** Stierlin.

Gattung Pygidia Mulsant.

1. Oberseite rothgelb, der Kopf, die Wurzel und Spitze der Flügeldecken und die Unterseite schwarz, Beine gelb, Halsschild breiter als lang, mit einer stumpfen Ecke vor der Basis. Lg. 5 mm. Selten. Misox und Tessin. **Laeta** F.

— Flügeldecken ganz schwarz, ebenso der Kopf, die Fühler mit Ausnahme der Wurzel und die Unterseite; Analsegment und Beine gelb 2

2. Fühler kräftig bis gegen die Spitze hin, Halsschild viereckig, die Vorderecken abgerundet, die hintern als kleines Zähnchen vortretend, Flügeldecken grob und dicht punktirt mit gerunzelten Zwischenräumen. Lg. 5—6 mm. (Redtenbacheri Märkel.) Selten. Genf, Reculet, Tessin. **Denticollis** Schummel.

— Etwas grösser als der vorige, die Fühler gegen die Spitze hin dünner, das Halsschild breiter als lang und als beim vorigen, nach vorn ganz abgerundet, so dass die Vorderecken nicht angedeutet sind, die Hinterecken stumpf ohne deutlich entwickeltes Zähnchen, die Flügeldecken viel feiner runzlig punktirt. Lg. 7 mm. Ziemlich selten in den Alpenthälern auf

6

Lärchen. Mt. Rosa, Einfischthal, Simplon, St. Bernhard, Gotthard, Macugnaga. **Laricicola** Kiesw.

Gattung Silis Latr.

1. Schwarz, Halsschild und Bauch roth, ersteres quer, unregelmässig, runzlig punktirt, Fühler stark, schwach gesägt. Lg. 5—6 mm.
♂ die Seiten des Halsschildes an der Wurzel mit tiefem Ausschnitt, gezähnt.
♀ die Seiten des Halsschildes einfach. Sehr selten. Genf, Pomy, Wallis. **Ruficollis** Steph.

— Schwarz glänzend, grau pubescent, Halsschild nicht punktirt, Flügeldecken runzlig punktirt, Beine röthlich. Lg. 4—4½ mm.
♂ flach, Halsschild schwarz, hinter der Mitte mit tiefem Ausschnitt.
♀ kleiner, gewölbter, Halsschild gelb, ohne Ausschnitt. Sehr selten. Macugnaga. **Nitidula** Redt.

Gattung Malthinus Latreille.

1. Flügeldecken mit einem schwefelgelben Fleck an der Spitze 2

— Flügeldecken gleichfärbig; schwärzlich, der Mund, die Fühlerwurzel und die Beine gelb, von linienförmiger Gestalt, Flügeldecken unregelmässig, etwas runzlich punktirt, Halsschild etwas breiter als lang. Beim ♀ ist der Kopf ganz schwarz. Lg. 3—3½ mm. Selten. Einfischthal, Engadin, Schaffhausen. **Frontalis** Marsh.

2. Das 2. Fühlerglied ist länger als das 3. 3

— Das 2. Fühlerglied ist kürzer oder ebenso lang als das 3., Flügeldecken mit starken Punktreihen, Beine gelb, Kopf schwarz, Mund gelb 4

3. Schildchen schwarz; Oberseite schwarz, fein behaart, der Vorderkopf, die Fühlerwurzel und die Schenkel gelb, die Schienen und Tarsen bräunlich, Halsschild so breit als lang, seitlich fast gerade, Hinterecken rechtwinklig oder spitzig. Lg. 4—5 mm. Selten. Einfischthal, Engadin, Weissbad im Kt. Appenzell. **Biguttulus** Payk.

— Schildchen und Beine, Vorderkopf und die Hälfte der Fühler gelb, Halsschild beim ♂ gelb, oft mit einem schwachen dunklen Fleck, beim ♀ mit 2 oft zu einer schwarzen Längsbinde zusammenfliessenden Flecken. Lg. 4½—5½ mm. Ziemlich häufig in der ebenern Schweiz, selten in den Bergen, doch noch im Engadin. **Flaveolus** Payk.

4. Kopf und Halsschild stark runzlig punktirt, gelb, der Hinterkopf, die Brust und die äussern Fühlerglieder dunkel, Flügeldecken an der Basis und vor der Spitze dunkel, Halsschild schwarz, an den Seiten gelb. Lg. 3—3½ mm. Nicht selten in der ebenern Schweiz und in den Alpenthälern. **Fasciatus** Fall.

— Kopf und Halsschild schwach punktirt, glänzend . 5

5. Halsschild länger als breit mit einem starken Eindruck vor dem Schildchen, Fühler vom 2. Gliede an dunkel, Hinterbeine dunkel, die Schienen beim ♂ flach gedrückt und etwas verbreitert. Lg. 3 mm. Selten. Siders, Schaffhausen. **Balteatus** Suffr.

— Halsschild so breit als lang, seitlich gerundet, nach vorn und nach hinten verschmälert, mit schwarzer Längsbinde, ohne Eindruck vor dem Schildchen, die 2 ersten Fühlerglieder und die Wurzel des 3. gelb. Unterseite und Beine gelb. Lg. 3 mm. Selten. Genf, Basel, Schaffhausen. **Glabellus** Kiesw.

Gattung Malthodes Kiesenw.

(Die Beschreibungen, die Eintheilung und die Bilder sind grösstentheils den Werken Kiesenwetters entlehnt.)

1. Vorletztes und letztes Rückensegment beim ♂ einfach, kurz oder mässig verlängert, das letzte an der Spitze höchstens leicht ausgerandet 2

— Beide oder wenigstens eines dieser Segmente beim ♂ verlängert und durch Ausrandung, Spaltung oder dergleichen ausgezeichnet 6

2. Das letzte Bauchsegment beim ♂ bis auf den Grund gespalten 3

— Das letzte Bauchsegment schmal, nicht oder doch nicht deutlich bis auf den Grund gespalten . . . 5

3. Flügeldecken mit gelben Spitzentropfen 4

— Flügeldecken ohne diesen, schwarz, die Wurzel der Fühler und Beine braun, Halsschild quer, nach hinten verengt, mit etwas vortretenden Vorderecken, Fühler stark, so lang als der Körper.
♂ letzte Rückensegmente einfach, vorletztes Bauch-

segment tief ausgerandet, das letzte Segment einen kurzen, vorn zweispaltigen Stiel bildend, dessen Zipfel nicht sehr schmal, an der Spitze abgerundet sind. Lg. 2—2½ mm. Selten. Wallis. (Helveticus Kiesenw.) **Crassicornis** Mäklin.

4. 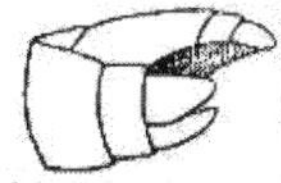 Halsschild einfärbig gelbroth, selten in der Mitte dunkler, auch die Fühlerwurzel, Schienen und Füsse gelbroth, Halsschild quer, an der Wurzel und an der Spitze gerandet.

Sanguinolentus.

♂ letzte Rückensegmente einfach, vorletztes Bauchsegment flach ausgerandet, das letzte schmaler, verlängter, bis auf die Wurzel gespalten. Lg. 3—3½ mm. Genf, Saasthal, Kt. Zürich, Schaffhausen. — (Minimus L.) **Sanguinolentus** Fallen.

— Halsschild dunkel, schmal, gelb gerandet; braun, Fühler, Beine und die Ränder der Bauchringe gelbroth, Halsschild viereckig, vorn gerundet, die Hinterecken rechtwinklig.

Marginatus.

♂ letzte Rückensegmente einfach; das vorletzte Bauchsegment breit ausgerandet, das letzte schmal, bis auf die Basis gespalten, die Spitzen etwas nach auswärts gebogen. Lg. 4½—5 mm. Nicht sehr selten bei Schaffhausen, selten bei Genf, Waadt, Wallis. **Marginatus** Kiesw.

5. 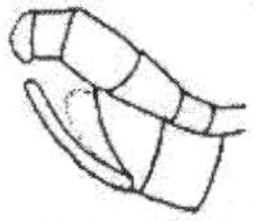 Letztes Bauchsegment beim ♂ schmal, stielförmig; gelbbraun, Flügeldecken mit schwefelgelber Spitze, Halsschild viereckig, der Vorderrand gerundet, die Vorderecken etwas vortretend.

Pellucidus.

♂ das vorletzte Bauchsegment ist tief dreieckig ausgeschnitten, die Seitentheile mässig gross, dreieckig, das letzte Bauchsegment zu einem schmalen, an der Basis zwar gespaltenen, aber kurz hinter derselben wieder verwachsenen, nach der Spitze hin etwas ververdünnten, mässig gekrümmten, gelblich behaarten Bügel umgebildet. Unter diesem Bügel liegt eine ziemlich grosse, gelblich durchsichtige, fast viereckige, vorn gerundete Platte, welche die innern Geschlechtstheile bedeckt. Lg. 3—4 mm. Nicht selten in der westlichen und nördlichen Schweiz; Genf, Waadt, Wallis, Aargau, Zürich, Schaffhausen, auch in den Bergen, Engelberg, Engadin. **Pellucidus** Kiesw.

— 
Mysticus.

Letztes Bauchsegment seitlich zusammengedrückt, mit eckigen Ausrandungen versehen; schwarz, etwas glänzend, nur der Hinterrand des Halsschildes und die Spitze der Flügeldecken, auch die Seiten der ersten Bauchsegmente gelblich; Halsschild breiter als lang, die Vorderecken stumpf, die Hinterecken rechtwinklig. ♂ letzte Rückensegmente etwas verlängert und an der Spitze dreieckig ausgeschnitten, vorletztes Bauchsegment tief ausgeschnitten, das letzte einen starken, tief gespaltenen Bügel bildend, dessen Aussenrand in der zweiten Hälfte ausgerandet ist und zwei vorragende Ecken bildet, während der Innenrand bis zu $^2/_3$ seiner Länge gebogen, dann in einen fast rechten Winkel abwärts gewendet ist. Lg. 3—$3^1/_2$ mm. Zieml. selten. Macugnaga, Einsiedeln, Schaffhausen, Zürich.

Mysticus Kiesw.

Var. Flügeldecken einfärbig. Kt. Zürich.

v. obscuriusculus Dietr.

6. Seitentheile des vorletzten Bauchsegmentes einfach, dreieckig, oder rundlich 7
— Seitentheile des vorletzten Bauchsegmentes gross, nach vorn mehr oder weniger vorgezogen 19
7. Letztes Bauchsegment dreimal tief gespalten . . . 8
— Letztes Bauchsegment nur einmal gespalten oder eingeschnitten 10
8. Flügeldecken mit gelben Spitzentropfen 9
— Flügeldecken einfärbig, Halsschild quer, Fühler stark; ♂ vorletztes Bauchsegment rund ausgeschnitten, das letzte in der Mitte so tief gespalten, dass es schon von der Basis an zwei getrennte Stücke bildet, die bis zur Mitte noch einmal gegabelt sind, die Rückensegmente verlängert, schmal, das letzte niedergebogen und an der Spitze ausgerandet. Lg. 4 mm. Diese Art ist aus den bairischen Alpen bekannt, dürfte aber in der Schweiz schwerlich fehlen.

Atramentarius Kiesw.

9. Graubraun, der Vorder- und Hinterrand des Halsschildes und alle Ecken gelb, Flügeldecken breiter als das Halsschild. Lg. 4—5 mm.

Trifurcatus.

♂ letztes Rückensegment verlängert, schmal, die Spitze niedergebogen und tief gespalten, vorletztes Bauchsegment ausgeschnitten, das letzte bis auf den Grund gespalten und jeder Ast noch einmal bis zur Mitte gespalten. Lg. 4—5 mm. Häufig in den Walliser Alpen und im Engadin.

Trifurcatus Kiesw.

— Schwarz, Schienen und Füsse braun, das Halsschild quer, alle Ecken stumpf, ganz schwarz, ringsum gerandet. Lg. 3—3½ mm.
♂ letztes Rückensegment wenig verlängert, mässig breit, an der Spitze gespalten, letztes Bauchsegment ähnlich wie beim vorigen gebildet, nur sind die Fortsätze weniger grob gebaut.

Lautus Kiesw.

10. Vorletztes Rückensegment an der Spitze in der Mitte weit vorgezogen 11
— Vorletztes Rückensegment ausgeschnitten, die Ecken in Spitzen oder Zipfel ausgezogen 14
11. Hinterrand des vorletzten Rückensegmentes aufgebogen, mit dem folgenden Segment eine Kante bildend 12
— Hinterrand des vorletzten Rückensegmentes flach vortretend; schwarz, mit hellerer Fühlerwurzel, Halsschild quer, die Vorderecken aufgebogen, vorragend. Lg. 2—2½ mm.

Chelifer.

♂ die letzten Rückensegmente verlängert, das vorletzte am Seitenrand mit einer grossen, nach unten gerichteten Ecke, am Vorderrand zu einem flach vorgestreckten und über die Basis des letzen Segmentes hinausragenden Lappen verlängert; das letzte Rückensegment lang, schmal, vorn nicht ausgeschnitten; das vorletzte Bauchsegment tief ausgeschnitten, die Seitentheile dreieckig, vorn ziemlich spitz, das letzte zu einem langen, gekrümmten, vorn gespaltenen Bügel umgebildet. Oestreich und Frankreich; in der Schweiz schwerlich fehlend. **Chelifer** Kiesw.

12. Flügeldecken mit gelben Spitzentropfen 13
— Flügeldecken ohne Spitzentropfen; schwarz, Halsschild quer, viereckig, alle Winkel abgerundet; ♂ die drei letzten Rückensegmente verlängert, das vorletzte ziemlich schmal, in die Quere gewölbt, mit dem Hinterrande in einer scharfen Ecke über das letzte Segment hinausragend, dieses abwärts gebogen, in der Mitte der Länge nach vertieft, an der Spitze ausgerandet; Seitentheile des vorletzten Bauchseg-

mentes dreieckig, das letzte erscheint als eine bis an die Basis gespaltene Zange, deren einzelne Schenkel, wenig gebogen, parallel neben einander liegen; unter dieser Gabel liegt eine ziemlich breite, gelblich durchsichtige, vorn leicht ausgerandete Platte. Lg. 3—3½ mm. Selten. Nürenstorf, Ragatz. **Spretus** Kiesw.

13. 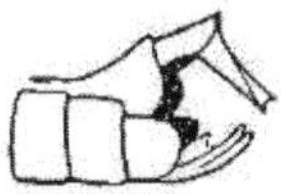 Flügeldecken kaum doppelt so lang als Kopf und Halsschild; schwarz, Beine braun, Brust und die Unterseite theilweise gelbbraun, Halsschild quer, gerandet. Lg. 3½—4 mm.

Guttifer.

♂ die drei letzten Rückensegmente mässig verlängert, das vorletzte schmal, in die Quere gewölbt, mit dem Hinterrand in scharfer Kante über das letzte hinausragend, dieses abwärts gebogen und an der Spitze ausgerandet. Das vorletzte Bauchsegment tief eingeschnitten, die Seitentheile dreieckig, mit abgerundeter Spitze; das letzte bildet eine bis an die Basis gespaltene Zange mit parallelen Schenkeln, die leicht zugespitzt sind. Ueber dieser Gabel liegt eine ziemlich breite, gelblich durchsichtige, vorn leicht ausgerandete Platte. Selten. Engadin, Schaffhausen, Engelberg. **Guttifer** Kiesw.

— Flügeldecken fast drei mal so lang als Kopf und Halsschild; braun, Fühler, Bauch und Beine heller, Halsschild viereckig, gerandet. Lg. 4 mm.
♂ mit ähnlichen Bildungen wie beim vorigen; er unterscheidet sich von ihm durch die längern Flügeldecken, kürzern Fühler, kleinern Augen, längeres und schmaleres Halsschild. Selten. Einfischthal. **Alpicola** Kiesw.

14. Die Spitzen des vorletzten Rückensegmentes sind gerade oder mässig gebogen 15
— Die Spitzen des vorletzten Rückensegmentes sind plötzlich nach unten umgebrochen, gleichsam geknickt 18
15. Letztes Rückensegment abgestutzt oder flach ausgerandet 16
— Letztes Rückensegment gabelförmig getheilt . . . 17
16. 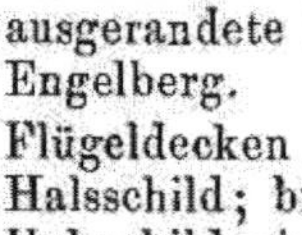 Drittletztes Rückensegment an den Vorderecken in einen langen, nach oben gekrümmten Haken verlängert, die Vorderecken des vorletzten zugespitzt, das letzte Segment klein, abgerundet; das vorletzte Bauchsegment rund ausge-

Dispar.

schnitten, das letzte bildet einen langen, winklig geknickten, an der Spitze gespaltenen Bügel. Schwarz, Mund, Fühlerwurzel, Beine und Ränder der Bauchringe gelb, Halsschild viereckig, der Vorderrand jederseits schief abgestutzt. Lg. 4—4½ mm. Hie und da häufig, Waadt, Zürich, Schaffhausen, auch in den Bergen, Gotthard, Engelberg. **Dispar** Kiesw.

— Drittletztes Rückensegment an den Vorderecken in eine ziemlich scharfe Spitze ausgezogen, die beiden letzten von gewöhnlicher Länge, ziemlich breit, das vorletzte Bauchsegment leicht ausgerandet, das letzte bildet einen langen, gekrümmten, gerinnten, an der Spitze dreieckig ausgerandeten Bügel; unter demselben liegt eine schmale, scharf zugespitzte, leicht gebogene Gräte. Dunkelbraun, Brust, Bauch und Schienen heller, Fühler kräftig, Halsschild quer mit gerundetem Vorderrand. Lg. 3½—4 mm. Nicht selten in den Alpenthälern, doch auch in der Nordschweiz, Nürenstorf.

Flavoguttatus.

Flavoguttatus Kiesw.

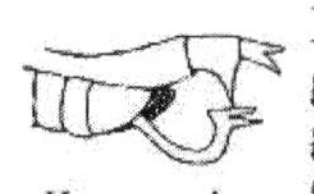

Hexacanthus.

17. Letztes Bauchsegment zu einem stark gekrümmten, vor der Spitze eckig umgebrochenen, in zwei horizontale Spitzen endenden Bügel umgewandelt, die drei letzten Rücken-Segmente verlängert, mässig breit, das vorletzte am Seitenrande unmittelbar vor der Spitze mit einem ziemlich scharfen, abwärts gerichteten Dorn versehen, das letzte ist tief gespalten; schwarz, die Fühlerbasis, Knie und Bauch heller, Halsschild quer. Lg. 2½—3 mm. Uetliberg, Einfischthal, Engadin. **Hexacanthus** Kiesw.

— Letztes Bauchsegment zu einem kurzen, wenig gebogenen, an der Spitze leicht zangenförmig getheilten Griffel umgebildet; das vorletzte Rückensegment etwas verlängert, mässig breit und einfach, das letzte sehr schmal, etwas verlängert, an der Spitze abgestutzt, aus zwei neben einander liegenden Stielen zusammengesetzt; schwarz, nur die Knie etwas heller, Halsschild quer, alle Ecken etwas aufgebogen und vorragend. Lg. 2—2½ mm. Selten. Genf, Nürenstorf, Schaffhausen. **Nigellus** Kiesw.

Nigellus.

18. 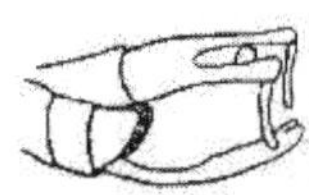 Stirn flach eingedrückt, tief gefurcht; Flügeldecken einfärbig, Vorder- und Hinterrand des Halsschildes, Knie und Tarsen gelb, Halsschild quer, seine Vorderecken stumpf.

Maurus.

♂ drittletztes Rückensegment stark verlängert, an der Spitze ausgerandet und in die zwei Zipfel umgebogen, die zwei vorletzten Segmente klein; vorletztes Bauchsegment tief ausgerandet, das letzte bildet einen langen, wenig gekrümmten, an der Spitze ausgerandeten Stiel. Lg. 3—3½ mm. Nicht selten. Genf, Wallis, Basel, St. Gallen, Glarus. **Maurus** Cast.

— Stirn gewölbt, ohne Furche; schwarz, Flügeldecken gleichfärbig, nur die Knie und die Ränder der Bauchringe heller, Fühlerwurzel kaum heller als der übrige Theil der Fühler; Halsschild nicht breiter als lang, sein Vorderrand gerundet.

♂ ähnlich wie beim vorigen gebildet, die Seitenlappen des drittletzten Rückensegmentes sind aber nur mässig verlängert, jeder plötzlich, fast rechtwinklig umgebrochen und von da ab stark verdünnt, so dass sie als lange, dünne Zipfel erscheinen. Lg. 3—3½ mm. Nicht selten überall auf Wiesen.

Misellus Kiesw.*)

19. Lappen des vorletzten Bauchsegmentes vorn zugespitzt 20

— Lappen des vorletzten Bauchsegmentes vorn abgerundet oder abgestutzt 22

---

*) Nahe verwandt ist **M. fibulatus**, der zwar in der Schweiz noch nicht gefunden ist, aber in Deutschland und Oestreich, und der daher in der Schweiz kaum fehlen dürfte.

Fühlerwurzel, der Rand des Halsschildes ringsum und die Beine gelb, Wurzel der Schenkel und die Schienen nach aussen dunkler, Halsschild wenig breiter als lang, nach hinten wenig verengt, vor der Basis etwas zusammengezogen, die Vorderecken stumpf, Flügeldecken einfärbig. ♂ das vorletzte Rückensegment tief ausgeschnitten, die hiedurch jederseits gebildeten Lappen kurz, mit einem (wie bei misellus) plötzlich rechtwinklig umgebrochenen, gerade nach unten gerichteten Fortsatz. Das letzte Rückensegment klein, zwischen den vortretenden Seitentheilen des vorletzten gebogen. Das vorletzte Bauchsegment mässig tief ausgeschnitten, das letzte bildet einen erst horizontal und gerade vortretenden, dann in einem sehr stumpfen Winkel nach aufwärts gebogenen, gegen die Basis und Spitze hin verbreiterten, in der Mitte verengten, an der Spitze ziemlich tief dreieckig ausgeschnittenen Stiel. Lg. 3 mm.

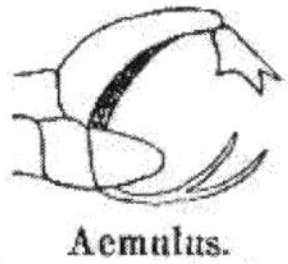

20. Das letzte Rückensegment ist verlängt, tief gabelig gespalten 21

Aemulus.

— Das letzte Rückensegment ist abwärts gebogen und mit grossen, einen dreieckigen Zahn darstellenden Seitentheilen und dreieckig ausgerandeter Spitze; das vorletzte Bauchsegment tief ausgeschnitten, jederseits als dreieckige Spitze vortretend, das letzte bildet einen ziemlich langen, bis zur Wurzel gabelförmig gespaltenen Bügel. Fühler bei beiden Geschlechtern viel kürzer als der Leib, schwarz mit gleichfärbigen Flügeldecken, Halsschild mehr als doppelt so breit als lang, die Vorderecken aufgebogen. Lg. 3—3½ mm. Macugnaga, Mt. Rosa. **Aemulus** Kiesw.

21. Das letzte Bauchsegment bildet einen stark gekrümmten, feinen, an der Basis etwas verbreiterten, vorn gabelförmig getheilten und vom Theilungspunkt ab wieder etwas nach rückwärts gebogenen Bügel, die zwei letzten Rückensegmente sind verlängert, das letzte vorn in zwei dünne Schenkel gabelig gespalten; grau, Halsschild mehr als doppelt so breit als lang, Fühler kurz, die Flügeldeckenspitze kaum heller gefärbt. Lg. 1—1½ mm. Macugnaga, Genf, Nürenstorf, Vevey, Schaffhausen. **Brevicollis** Kiesw.

— Das letzte Bauchsegment bildet einen langen, S-förmig gebogenen, an der Spitze gabelförmig getheilten Bügel, das vorletzte Rückensegment hat an der Basis jederseits einen kleinen fadenförmigen Anhang, das letzte ist langgestreckt, in der Mitte etwas verdünnt, dann in zwei divergirende, nach der Spitze hin verbreiterte, an der Spitze gerade abgestutzte Schenkel gabelförmig gespalten; schwarz, fein grau behaart, Fühler schwarz, kürzer als der Leib, Halsschild viel breiter als lang, nach hinten wenig verengt, die Vorderecken schräg abgeschnitten, Flügeldecken einfärbig, Seiten des Bauches etwas heller. Lg. 2—2½ mm. Macugnaga. **Cyphonurus** Kiesw.

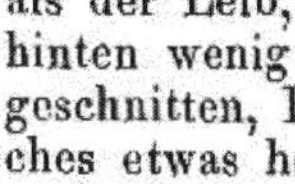

Cyphonurus.

22. Drittletztes Rückensegment an der Spitze mit zwei griffelförmigen Anhängseln, alle drei letzten verlängert, das letzte kurz gabelförmig getheilt, das vorletzte Bauchsegment in der Mitte tief ausgerandet,

Spathifer.

die Seitentheile in unverhältnissmässig lange, schmale, gegen die Spitze etwas verbreiterte und dort gerade abgeschnittene Lappen verlängert, das letzte ist zu einem sehr dünnen, langen, in seiner ersten Hälfte stark gekrümmten, gegen die Spitze hin S-förmig geschwungenen und gabelförmig getheilten Bügel umgewandelt. Braun, Spitze der Flügeldecken gelb, Brust und Bauch theilweise, der Vorder- und Hinterrand des Halsschildes und die Kniee hell gefärbt, Halsschild um die Hälfte breiter als lang, der Vorderrand gerade abgeschnitten, der hintere gerundet, alle Winkel stumpf. Lg. 2—3 mm. Selten. Kt. Waadt. **Spathifer** Kiesw.

— 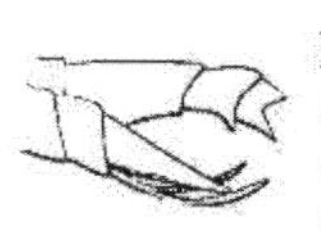

Pulicarius

Drittletztes Rückensegment ohne diese Anhängsel, die beiden letzten schmal, sehr verlängert, das letzte tief gespalten, abwärts oder rückwärts gekrümmt, eine Gabel mit langen, dünnen Schenkeln bildend, das vorletzte Bauchsegment ist tief ausgeschnitten, die Seitentheile sind in sehr lange, nach der Spitze zu spatelförmig verbreiterte und etwas abgerundete Lappen ausgezogen, das letzte bildet einen bis zu $^2/_3$ seiner Länge stark gekrümmten, von hier aus gabelförmig getheilten und etwas nach abwärts gebogenen, an der Basis mässig breiten, von da gegen die Spitze hin sehr verdünnten, gelblich gefärbten Bügel. Graubraun, fein pubescent, Halsschild mehr als um die Hälfte breiter als lang, der Vorder- und Hinterrand aufgebogen und etwas bogenförmig, die Vorderecken schräg abgeschnitten, die Seiten gerade, gelb, die Vorderecken in grösserer oder kleinerer Ausdehnung dunkel, Flügeldecken ohne gelben Fleck, Beine bräunlichgelb, die Knie und die Schienen und Tarsen an den vordern Beinen heller. Lg. 2—$2^1/_2$ mm. In der Schweiz noch nicht gefunden, aber in Oestreich stellenweise häufig, namentlich bei Wien. **Pulicarius** Redt.

Mir unbekannt geblieben sind:

M. affinis Muls. Chamonay, Genfer Jura.

Pubescent, Kopf, Fühler und Thorax schwarz, Flügeldecken heller, mit gleichfärbiger Spitze, Beine theilweise braungelb; Halsschild in der Mitte des Vorderrandes abgestutzt mit erweiterten Ecken, in der Mitte etwas eingeschnürt, ringsum gerandet, Flügeldecken mehr als zwei mal so lang als breit, an der Spitze leicht angeschwollen, mit einer erhabenen Längslinie in der Mitte. ♂ die Rückensegmente gelbroth, das vorletzte länger als breit, an der Wurzel schwach verengt, an der Spitze abgestutzt und etwas aufgebogen, das letzte parallel, an der Spitze ausgerandet; vorletztes Bauchsegment im Bogen ausgerandet, mit gerundeten Seitenlappen, das letzte bildet einen gebogenen, am Ende gespaltenen Bügel, dessen Schenkel parallel sind oder nach der Spitze hin etwas verdickt. Lg. 4 bis 4½ mm.

M. croceicollis Motsch. Sachsen, Schweiz.

Dem Sanguinicollis verwandt, fast nur halb so gross, anders gefärbt, Kopf breiter, Halsschild kleiner, fast gleichmässig schmutzig gelb, ebenso der Mund, die Knie und die Wurzel der Tarsen, Fühler dunkel, sehr lang, Flügeldecken ziemlich kurz.

M. angusticollis Motsch. Schweizer Alpen, Appenzell.

Flügeldecken und Halsschild einfärbig. Sehr gross, nahezu wie biguttulus, aber schmaler, auch (die einfärbigen Flügeldecken abgerechnet) ähnlich gefärbt, Halsschild fast so lang als breit, in der Mitte stark sattelartig eingedrückt, die Seiten bogenförmig eingedrückt, so dass die Vorder- und Hinterecken vortreten, letztere knötchenförmig. Fühler und Beine gleichfärbig, Bauch gelblich. Dem Maurus ähnlich, grösser, Halsschild schmaler, die Fühler länger.

M. ventralis Motsch. Bern, Steiermark.

Eine der grössten Arten, Form und Farbe des biguttulus, aber ohne Spitzenfleck auf den Flügeldecken. Halsschild etwas schmaler, an allen Rändern ausgerandet, Vorderecken schief gestutzt, die hintern schmaler und gerundeter, manchmal gelblich, Seiten gerade, manchmal eine schwache Mittelfurche. Flügeldecken kurz. Die Spitze der Fühlerglieder und der Glieder der Beine, Ränder der Bauchsegmente und ein Fleck an der Seite der Brust gelb. ♂ die letzten Rücken- und Bauchsegmente stark verlängert und gebogen, die Rückensegmente länger als die Bauchsegmente.

Malachiini.

1. Fühler zwischen den Augen auf der Stirn eingefügt, Vordertarsen bei ♂ und ♀ fünfgliedrig 2
— Fühler vor einer den Vorderrand der Augen verbindenden Linie auf der Stirn eingefügt 3
2. Vordertarsen bei ♂ und ♀ einfach, Flügeldecken beim ♂ an der Spitze oft eingekniffen. **Malachius** F.

Berichtigungen und Ergänzungen zur Fauna coleopterorum helvetica.

Auf pag. 92, vor Malachiini ist einzuschieben:

Drilini.

Gattung Drilus Olivier.

1. Die Larven und die ♀ leben parasitisch in Schnecken, besonders in Helix-Arten. ♂ Schwarz, dunkel behaart, die Fühler vom 4. Gliede an tief gesägt, Halsschild viel breiter als lang, mit aufgebogenen Rändern, auf der Scheibe zerstreut, an den Seiten dicht runzlig punktirt, Flügeldecken nur an der Wurzel mit einigen Spuren von Streifen, fein runzlig punktirt. Lg. 4 bis 5 mm. Ziemlich selten in der ebenern Schweiz. (pectinatus Gyll., ater And.)
♀ ungeflügelt, den ♀ von Lampyris ähnlich, braun, der Hinterrand der einzelnen Segmente gelb, an den Seiten abgerundet und mit einem breiten Eindruck innerhalb des Seitenrandes, Fühler sehr kurz, nur das 3. Glied länger als breit, die ersten 3 Segmente mit einem Fusspaar. Lg. 10—12 mm. **Concolor** Atr.

— ♂ schwarz mit gelbbraunen Flügeldecken und gelblicher Behaarung, Fühler gekämmt, die Flügeldecken undeutlich gestreift. Lg. 4—7 mm.
♀ der vorigen ähnlich, etwas grösser, mit ziemlich tiefer Mittelfurche. Lg. 12—14 mm. Seltener als der vorige und nur in der Westschweiz. **Flavescens** Rossi.

— Zweites Glied der Vordertarsen beim ♂ schräg verlängert und über das folgende Glied hinwegreichend, Flügeldecken parallel, beim ♂ stets an der Spitze eingekniffen. **Axinotarsus** Motsch.

3. Vordertarsen bei beiden Geschlechtern fünfgliedrig 4
— Vordertarsen beim ♂ mit 4 Gliedern 9
4. Zweites Glied der Vordertarsen beim ♂ schräg verlängert 5
— Vordertarsen beim ♂ und ♀ einfach, Flügeldecken beim ♂ mit Anhängen an der Spitze 7
5. Flügeldecken beim ♂ mit eingekniffener Spitze . . 6
— Flügeldecken und Fühler beim ♂ und ♀ einfach, letztes Glied der Kiefertaster bei ♂ und ♀ länglich eiförmig. **Attalus** Er.
6. Fühler beim ♂ gekämmt, beim ♀ tief gesägt. **Nepachys** Thoms.
— Fühler beim ♂ und ♀ einfach, letztes Glied der Kiefertaster bei ♂ und ♀ breit abgestutzt, Halsschild mit stark gerundeten Seiten. **Ebaeus** Er.
7. Fühler weit vor den Augen eingelenkt, Flügeldecken 1½ mal so lang als breit, Körper sehr klein, Bauch ganz hornig 8
— Fühler nicht weit vor den Augen eingelenkt, Flügeldecken doppelt so lang als breit, mit parallelen Seiten, die Hinterleibsringe in der Mitte hautartig. **Anthocomus** Er.
8. ♂ mit parallelen Flügeldecken, die hinten mit einem Anhang versehen sind, ♀ ungeflügelt, mit etwas verkürzten, bauchig erweiterten Flügeldecken. **Charopus** Er.
— ♂ und ♀ geflügelt und mit parallelen Flügeldecken, diese beim ♂ ohne Anhang. **Hypebaeus** Kiesw.
9. Kopf breiter als das Halsschild, beim ♂ mit ausgehöhlter Stirn, Halsschild herzförmig, hinten in einen Fortsatz erweitert. **Troglops** Er.

Gattung Malachius Fabricius.

1. Die Spitze der Flügeldecken bei beiden Geschlechtern einfach 2
— Die Spitze der Flügeldecken beim ♂ eingekniffen, mit zipfelförmigen Anhängseln oder mit Dornen geziert 9
2. Kopf ohne Quereindruck zwischen den Augen . . 3

— Kopf mit einem Quereindruck zwischen den Augen, der in der Mitte eine mehr oder weniger starke grubenförmige Aushöhlung zeigt; der Vorderkopf vor diesem Quereindruck mehr oder weniger erhöht, Vorderecken des Halsschildes roth 5

3. Einfärbig grün, nur der Mund und der Punkt der Stirn, auf dem die Fühler inserirt sind, röthlich gelb, die Flügeldecken matt, das zweite Fühlerglied fast so lang wie das erste, beim ♂ das erste Glied in einen stumpfspitzigen, auf der Unterseite etwas gelblichen, das zweite in einen rundlichen Fortsatz erweitert, die übrigen sägeförmig, beim ♀ die Fühler einfach. Lg. $3^1/_2$ mm. (cyanescens Muls.). In den Wallisertälern stellenweise häufig, besonders im Val Entremont 4000—6000′ ü. M. **Inornatus** Küst.

— Die Spitze der Flügeldecken roth, das zweite Fühlerglied beim ♂ stets viel kürzer als das erste . . . 4

4. Fünftes Fühlerglied beim ♂ stark ohrenförmig erweitert und so lang als die drei vorhergehenden zusammen, beim ♀ so lang als die zwei vorhergehenden Glieder; grün, der Vordertheil des Kopfes, die Hinterwinkel des Halsschildes und die Vordertarsen gelb; das Halsschild quer. Lg. $4^1/_2$—$5^1/_2$ mm. Sehr selten. St. Gallen. **Dilaticornis** Germ.

— Fünftes Fühlerglied beim ♂ nicht erweitert, nur das erste Glied gegen die Spitze hin verdickt; grün, das zweite und dritte Fühlerglied an der Unterseite gelb, die Spitze mit kleinem rothem Fleck, der Vordertheil des Kopfes gelb bis zur Fühler-Insertion. Der Vordertheil der Stirn zwischen den Fühlerwurzeln ist etwas erhaben und hat jederseits eine kleine Furche; Körper schmal, Halsschild fast viereckig, Beine grün, einfärbig. Lg. $4^1/_2$—5 mm. Nicht selten in der ebenern Schweiz und den Voralpen. **Viridis** F.

Var. Flügeldecken ohne rothen Fleck an der Spitze. v. **elegans** Fab.

5. Das zweite Fühlerglied beim ♂ nach unten erweitert 6

— Das zweite Fühlerglied beim ♂ nach unten nicht erweitert, das erste mit einem geraden, spitzigen Dorn an der Spitze, das zweite mit einem nach hinten gekrümmten, spitzigen Haken an der Spitze, Flügeldecken roth, eine gegen das Schildchen verbreiterte, hinten abgekürzte Binde grün, der Rand der Hinterleibssegmente, die Spitze der Vorderschienen und die Vordertarsen gelb. Lg. 7 mm. Sehr häufig auf Blüthen bis 3500′ ü. M. **Aeneus** L.

6. Nur das zweite Fühlerglied beim ♂ erweitert und zwar in einen ziemlich langen, an der Spitze abgerundeten, dicht und kurz behaarten gelben Lappen; Körper grün, Flügeldecken roth bis auf einen kleinen grünen Skutellarfleck; der Vorderkopf und die Fühlerwurzel gelb. Lg. 5½ mm. Selten. Genf, Unterwallis, Basel. **Scutellaris** Er.

— Nicht nur das zweite, sondern auch das dritte und vierte Fühlerglied beim ♂ erweitert 7

7. Flügeldecken roth mit grünem Skutellarfleck, Fühler-Erweiterung des ♂ ganz ähnlich, wie bei M. bipustulatus, nur sind die Erweiterungen fast ganz schwarz, sowie auch der Kopf; Vorderecken des Halsschildes roth. Lg. 5½ mm. Wallis. **Rubidus** Er.

— Nur die Spitze der Flügeldecken roth, beim ♂ ist das erste Fühlerglied verdickt, das zweite mit einer starken beilförmigen Erweiterung versehen, das dritte dreieckig, das vierte ist an der Basis ausgerandet, so dass es einen spitzigen, nach hinten gerichteten Haken bildet; diese vier Glieder sind grösstentheils gelb; die Vorderecken des Halsschildes sind roth. Lg. 5½ mm. Sehr häufig auf Blüthen bis 4000′ ü. M. **Bipustulatus** L.

8. Die Seiten des Halsschildes sind roth, ebenso die Flügeldecken an der Spitze, der Vorderkopf und die Fühlerbasis auf der Unterseite gelb, beim ♂ ist das erste Fühlerglied verdickt, das zweite sehr kurz, 3 bis 7 an der Spitze schwach erweitert, Beine grünlich, die Knie, die Spitze der Vorderschienen und die Vordertarsen gelbroth. Lg. 6 mm. Sehr häufig in der ebenern Schweiz; seltener im Gebirg. **Marginellus** Ol.

— Halsschild einfärbig grünlich 9

9. Die ersten 4—5 Fühlerglieder sind gelb mit einem mehr oder weniger grossen grünlichen Fleck an der Oberseite, das erste Glied verdickt; Flügeldecken an der Spitze ohne zipfelförmige Anhängsel 10

— Fühler ganz dunkel, ihr ertes Glied nicht verdickt, Flügeldecken beim ♂ eingekniffen und sowohl am obern wie am untern Rande des Eindruckes mit zipfelförmigen Anhängseln, Beine ganz dunkel. Lg. 5 mm. Selten; Genf, Wallis, Dübendorf. **Spinosus** Er.

10. Flügeldecken des ♂ mit rother Spitze, die des ♀ einfärbig; Kopf zwischen den Augen leicht eingedrückt, das zweite Fühlerglied sehr kurz, 3—7 an der Spitze leicht nach innen erweitert; beim ♀ das zweite und dritte Glied gelb, oben grün gefleckt; Vorder- und Mitteltarsen gelb. Lg. 4 mm. (gracilis Miller, ♀ curticornis Kiesw). Selten. Siders, Locarno, Lägern. **Affinis** Men.

— Flügeldecken bei beiden Geschlechtern mit rother Spitze; beim ♂ mit einem schwarzen Dorn versehen 11

11. Der untere Theil der rothen eingekniffenen Stelle schmal schwarz gesäumt 12

— Dieser Rand ist breit schwarz gesäumt 13

12. Die helle Färbung des Vorderkopfes dehnt sich nicht ganz bis zu den Augen aus, Taster und Vordertarsen ganz dunkel, Fühler bei ♂ dünn, das 3.—7. Glied an der Spitze kaum merklich erweitert. Lg. 4½ mm. Sehr selten. Wallis. **Spinipennis** Germ.

— Vorderkopf gelb, an den Seiten dehnt sich die gelbe Färbung aus bis zu den Augen, in der Mitte reicht die grüne Färbung fast bis zur Oberlippe, auch die Wurzel der Taster und die Vordertarsen gelb, Fühler beim ♂ kräftig, 3.—7. Glied an der Spitze mit einem kleinen Fortsatz auf der Innenseite, Knie und Tarsen der Vorderbeine gelb. Lg. 5—6 mm. Ziemlich selten. Genf, Tessin, Schaffhausen. **Geniculatus** Germ.

13. Die Fühler des ♂ sind viel schlanker, zwar das 4. bis 6. unten ausgerandet, aber an der Spitze kaum erweitert, das erste Glied weniger verdickt als bei M. geniculatus, das Halsschild weniger breit. Lg. 5 mm. Genf, Wallis, Tessin, Zürich, Schaffhausen. **Elegans** Ol.

Gattung Anthocomus Er.

1. Körper grün, die Seiten des Halsschildes und die ganzen Flügeldecken roth. Lg. 3½—4 mm. Ziemlich selten. Genf, Waadt, Wallis, Bern, Aarau, Schaffhausen. **Sanguinolentus** F.

— Halsschild ganz grün, Flügeldecken theilweise grün 2

2. Flügeldecken roth, ein dreieckiger Fleck am Schildchen und eine breite Querbinde, hinter der Mitte

grün, Vorderbeine theilweise hell gefärbt. Lg. 2½ mm. Häufig in der ebenern Schweiz. **Equestris** F.

— Flügeldecken grün, ihre Spitze und eine schmale, an der Nath unterbrochene Querbinde roth, nur die Knie der Vorderbeine gelb. Lg. 3 mm. Nicht selten in der ebenern Schweiz. **Fasciatus** F.

Gattung Axinotarsus Motsch.

1. Halsschild ganz roth, sowie auch die Spitze der Flügeldecken. Lg. 3 mm. (Ruficollis Ol.). Ziemlich selten in der Westschweiz, auch in Schaffhausen, doch fehlt er auch in den Alpenthälern nicht ganz, Matt, Maloja. **Rubricollis** Msh.

— Nur die Seiten des Halsschildes, die Spitze der Flügeldecken und die Fühler roth 2

2. Schienen und Tarsen der Vorderbeine roth; Körper dunkelgrün, die Seiten des Halsschildes und die Flügeldeckenspitze roth, diese beim ♂ gerade abstutzt und schwach eingekniffen. Lg. 2½ mm. Ziemlich selten. Wallis, Burgdorf, Basel, Schaffhausen, Dübendorf. **Marginalis** Lap.

— Nur die Tarsen der Vorderbeine roth; dunkelgrün, Halsschild schwarz mit gelben Seiten, Flügeldecken beim ♂ an der Spitze schief abgestutzt und sehr tief eingekniffen. Lg. 3¼ mm. Häufiger als die vorige. Genf, Wallis, Waadt, Kt. Zürich, Basel, Schaffhausen, Matt, Sargans. **Pulicarius** F.

Gattung Attalus Erichs.

1. Zweites Glied der Vordertarsen gerade; Halsschild nicht breiter als lang, Körper (ausser der Fühlerwurzel) wenigstens theilweise hell gefärbt 2

— Zweites Glied der Vordertarsen verlängert und an der Spitze umgebogen, Halsschild quer, viel breiter als lang, Körper ganz schwarz mit grünblauen Flügeldecken und nur die Fühlerwurzel gelblich. Lg. 4 mm. Sehr selten. Engadin, Wallis, Macugnaga. 4000—6000′ ü. M. **Alpinus** Gir.

2. Halsschild nach hinten verschmälert und in einen Lappen verlängert, der über die Wurzel der Flügeldecken hinausreicht, in Folge dessen länger als breit. (Subgen. Sphinginus Muls.) 3

— So breit oder wenig breiter als lang, hinten nicht in einen Lappen verlängert, Fühler behaart (Subgen. Abrinus Muls.) 4

3. Dunkelgrün, Flügeldecken ganz schwarz; das Halsschild vor dem Basallappen quer eingedrückt, dieser gelb gesäumt, das dritte und vierte Fühlerglied, die Vorder- und Mittelbeine röthlichgelb mit theilweise gebräunten Schenkeln, Hinterbeine nebst den Trochanteren gelb. Lg. 2 mm. M. Generoso. **Coarctatus** Er.

— Dunkelgrün, Flügeldecken mit gelber Spitze; das Halsschild vor dem Basallappen quer eingedrückt, dieser hinten gelb, ebenso die mittlern Fühlerglieder. Beim ♂ Vorder- und Mittelbeine, alle Trochanteren, oft auch die Hinterschienen gelb, beim ♀ die Mittelbeine schwarz und meistens nur die Spitze der Schienen gelb. Lg. 2³/₄—3 mm. Selten. Genf, Bex. **Lobatus** Ol.

4. Schwarz, Fühler und Beine gelb, Halsschild roth mit schwarzem Mittelfleck, Flügeldecken glänzend, der Seitenrand etwas verwischt, die Spitze deutlich gelb. Lg. 2¹/₂ mm. Selten. Siders, St. Bernhard. **Analis** Panz.

— Schwarz, Fühlerwurzel und Beine gelb, Flügeldecken matt, der ganze Seitenrand und die Spitze lebhaft gelb, Halsschild roth, die Mitte der Scheibe dunkler. Lg. 3 mm. Selten. Unterwallis. **Amictus** Er.

Gattung Nepachys Thomson.

Schwarz, glänzend, die schwarzen Fühler beim ♂ vom vierten Glied an gekämmt, beim ♀ gesägt, die Spitze der Flügeldecken roth, beim ♂ eingekniffen und mit einem häutigen Anhang versehen, Beine schwarz. Lg. 2²/₃ mm. Selten. Engadin, Churwalden, Basel. **Cardiacae** L.

Gattung Ebaeus Erichson.

1. Halsschild ganz roth, oder roth mit schwarzer Mittelbinde 2
— Halsschild ganz dunkel, schwarz oder blau . . . 4
2. Flügeldecken blau mit rother Spitze; Halsschild ganz roth, Körper schwarz, Fühlerwurzel und Beine gelb, die Wurzel der Schenkel schwarz; Flügeldecken beim ♂ an der Spitze eingedrückt und mit zwei auf-

gebogenen Anhängseln versehen. Lg. 3½ mm. Sehr selten. St. Bernhard. **Collaris** Er.

— Flügeldecken gleichfärbig 3

3. Halsschild ganz roth, Flügeldecken blau, glänzend, beim ♂ längs der Nath eingedrückt, an der Spitze mit einem rückwärtsgerichteten rothgelben Anhängsel. Beine schwarz, an den Vorderbeinen die Spitze der Schenkel, die Schienen und Füsse gelb. Lg. 2⅔ mm. Häufig im Wallis, Basel, Schaffhausen, Berner Seeland. **Thoracicus** Er.

— Ein Streifen über die Mitte des rothen Halsschildes ist schwarz; Körper schwarz, Flügeldecken dunkelblau, die Vorderschienen und alle Tarsen gelb, Flügeldecken beim ♂ an der Spitze eingedrückt mit 2 Anhängseln, wovon der kleinere gelb, der grössere, am Aussenwinkel des Eindruckes stehende schwarz, das zweite und dritte Fühlerglied, mitunter auch das vierte ganz oder theilweise hell gefärbt, ebenso das erste Glied an der Unterseite. Lg. 2½ mm. (♀ E. taeniatus Muls.). Sehr selten. St. Bernhard. **Cyaneus** Cast.

4. Die Spitze der Flügeldecken ist beim ♂ und ♀ röthlich, sowie die Fühlerwurzel und die Beine mit Ausnahme der Hinterschenkel, Flügeldecken schwärzlich, matt, beim ♂ mit Anhängseln, deren äusserer viel grösser und von gelber Farbe ist. Lg. 3 mm. Genf, Burgdorf, Basel, Schaffhausen, Puschlav. **Pedicularius** Schrank.

— Die Spitze der Flügeldecken ist bei ♂ und ♀ einfärbig dunkelgrün, beim ♂ eingedrückt, mit zwei Anhängseln, einem innern, kleinern von brauner Farbe und einem äussern, grössern von gelber Farbe, die Wurzel der Fühler und die Beine gelbroth, die Hinterschenkel schwarz. Lg. 2¼ mm. Selten. Genf, Burgdorf. **Appendiculatus** Er.

Gattung Hypebaeus Kiesenwetter.

Schwarz, wenig glänzend, der Mund, die Wurzel der Fühler und die Vorderbeine gelb, die Wurzel der Schenkel dunkel, beim ♂ fast die hintere Hälfte der Flügeldecken gelb und mit Anhängseln versehen, beim ♀ sind dieselben einfärbig schwarz oder nur die äusserste Spitze roth. Lg. 2 mm. (Ebaeus perspicillatus Bremi). Bex, Basel, Schaffhausen, Chur. **Flavipes** F.

Gattung Charopus Erichson.

1. Schwarzgrün und nur die Fühlerwurzel etwas hell gefärbt, Halsschild nach hinten in einen schmalen Fortsatz verlängert, Flügeldecken beim ♂ fast parallel, hinten schwach eingedrückt, mit zipfelartigen Anhängseln, beim ♀ nach hinten bauchig erweitert, Beine schwarz. Lg. 2½ mm. Selten. Genf, Stabio, Mendrisio. **Concolor** Fab.

— Wenigstens die Schienen der vier vordern Beine gelb 2

2. Halsschild nach hinten wenig verschmälert, nicht länger als breit, schwarzgrünlich, die Fühlerwurzel, Schienen und Tarsen gelb, beim ♂ die Hinterschienen dunkel und die Flügeldecken fast parallel, an der Spitze eingedrückt und mit Anhängseln versehen, beim ♀ nach hinten bauchig erweitert. Lg. 2—2¼ mm. (Grandicollis Ksw., varipes Baudi.) Genf, Basel, Schaffhausen. **Pallipes** Ol.

— Halsschild nach hinten stark verschmälert und in einen Lappen verlängert, länger als breit, die Wurzel der Fühler, Schienen und Tarsen gelb, die Hinterschienen beim ♂ dunkler, Flügeldecken beim ♂ verlängt, an der Spitze eingedrückt und mit Anhängseln versehen, beim ♀ nach hinten bauchig erweitert. Lg. 2½ mm. (Charopus pallipes Er., Redt.) Selten. Wallis. **Flavipes** Payk.

Gattung Troglops Er.

Schwarz, die Wurzel der Fühler, die Ränder des Halsschildes, die Spitze der Schenkel und die Schienen der Vorderbeine, sowie die Wurzel der Mittel- und Hinterschienen röthlichgelb, Kopf beim ♂ breiter als das Halsschild, gelb mit schwarzem Scheitel, beim ♀ so breit als das Halsschild, schwarz, das Halsschild hinten in einen Lappen verlängert, Flügeldecken schwarz glänzend. Lg. 3 mm. Ziemlich selten. Genf, Bex, Burgdorf, Basel, Schaffhausen, Grabs, Chur. **Albicans** L.

Dasytini.

Gattung Henicopus Lap.

Schwarz, schwarz behaart, Halsschild mit zwei undeutlichen erhabenen Längslinien, ♂ Vorderbeine mit einem einwärts gekrümmten, grossen Haken am ersten Tarsenglied, Mittelbeine einfach, Hinterbeine mit etwas verdickten Schenkeln, stark gekrümmten Schienen und grossem, in der Mitte winklig gebogenem in ein spitzes Zähnchen endigendem Anhang und langem, gekrümmtem ersten Tarsenglied. ♀ kürzer und breiter, mit eingemischter weisslicher Behaarung. Länge 7 mm. St. Bernhard, Schaffhausen. **Pilosus** Duv.

Gattung Dasytes Payk.

1. Fühler kurz, stark gesägt, der hintere Theil der Naht erhaben gerandet, ♂ und ♀ wenig von einander verschieden. (Subgen. Divales Muls.)
Schwarz glänzend, schwarz behaart, ziemlich stark, nicht sehr dicht punktirt, Flügeldecken runzlig punktirt, vor der Mitte ein rother Fleck am Seitenrande. Lg. 4—6 mm. Tessin. **Bipustulatus** Schh.

— Fühler schlanker, stumpf gesägt, Flügeldecken einfärbig 2

2. Flügeldecken auf dem hintern Theil der Nath erhaben gerandet 3

— Flügeldecken auf dem hintern Theil der Naht nicht gerandet, ♂ schmäler, mit grossen vorgequollenen Augen und schlankem letztem Fühlerglied . . . 6

3. ♂ und ♀ gleich gestaltet 4

— ♂ und ♀ ungleich, das ♂ schmaler mit grossen, vortretenden Augen 5

4. Halsschild jederseits mit einer eingegrabenen Linie, die vom Vorderrand bis zur Basis verläuft; schwarz und schwarz behaart, die Klauen mit einem kleinen Zähnchen, beim ♂ die drei letzten Hinterleibsringe eingedrückt. Lg. 3—3½ mm. Ueberall nicht selten und bis 6000′ ü. M. ansteigend. **Niger** F.

— Halsschild ohne eingedrückte Linien, schwarzgrün, schwarz behaart, die Klauen an den Vorderfüssen mit einem sehr breiten, grossen, fast bis zur Spitze reichenden, vorn breit abgestutzten Zahn, die der mittlern Füsse mit einem kleinern, die der Hinterfüsse mit einem schmalern, vorn in eine durchsichtige Membran übergehenden Zahn; beim ♂ die zwei letzten Hinterleibssegmente eingedrückt. Lg. 3½—4 mm. Nicht selten in den Centralalpen von Wallis bis zum Engadin von 4000—6000′ ü. M. **Alpigradus** Kiesw.

5. Halsschild jederseits mit einer eingegrabenen Linie, die aber viel schwächer ist, als bei D. niger und oft undeutlich, auch die Naht ist hinten viel weniger deutlich gerandet als bei den zwei vorhergehenden Arten; Oberseite schwarzgrün oder schwarzblau mit doppelter Behaarung, von denen die anliegende, graue die Grundfarbe nicht merklich verdeckt, die abstehenden Haare sind schwarz. Lg. 4—5 mm. Nicht selten in den Centralalpen von 4000—6000′ ü. M. und im Jura. **Obscurus** Gyll.

6. Die Hintertarsen sind nicht länger als die Schienen, das vierte Tarsenglied halb so breit als das dritte 7

— Die Hintertarsen sind länger als die Schienen, das vierte Tarsenglied wenig schmaler als das dritte . 9

7. Behaarung einfach, abstehend, Fühler beim ♂ länger als der halbe Leib, das 7.—10. Glied verlängert, Oberseite blau, Halsschild breiter als lang. Lg. 5 mm. Schaffhausen, Gadmen, Bern, Chasseral bis 5000′ ansteigend. **Coeruleus** F.

— Behaarung doppelt, eine anliegende, graue und eine abstehende, schwarze, Oberseite schwarzgrün, beim ♂ Halsschild länglich, letzter Bauchring beim ♂ mit halbkreisförmigem Eindruck 8

8. Fühler beim ♂ länger als der halbe Leib, Fühler und Beine bei ♂ und ♀ ganz schwarz, Halsschild kaum länger als breit, seitlich leicht gerundet, Klauen stärker gezähnt, beim ♂ namentlich die vordern mit einem breiten Zahn, der kaum kürzer ist als die Klaue selbst. Lg. 3—4 mm. Sehr selten. Wallis. **Aerosus** Ksw.

— Fühler beim ♂ nicht länger als der halbe Leib; die Wurzel der Fühler und die Schienen gelb, Halsschild etwas länger als breit, Klauen an der Wurzel schwach gezähnt. Lg. 3—3½ mm. Sehr gemein in der ebenern Schweiz. (D. flavipes F.) **Plumbeus** Müller.

9. Flügeldecken dicht und gleichmässig runzlig punktirt, mit einfacher, abstehender Behaarung, Oberseite bräunlichgrün mit schwachem Bronzeschimmer. Lg. 4—5 mm. Nicht selten und bis 6000′ ansteigend. **Fusculus** Ill.

— Flügeldecken runzlig punktirt mit zerstreuten erhabenen Punkten, dicht anliegend behaart, so dass nur die glatten, erhabenen Punkte frei bleiben, spar-

sam mit abstehenden Haaren bekleidet; Grundfarbe der Oberseite Bronzefarbe. Lg. 3—4 mm. (Aeneus Ol. scaber Suffr.) Selten. Genf, im Jura.
Subaeneus Schh.

Gattung Psilothrix Redt.

1. Grün oder blaugrün, mit abstehenden schwarzen Haaren auf Kopf und Halsschild dicht, auf den Flügeldecken etwas spärlicher bekleidet, Kopf und Halsschild sehr dicht punktirt, mit schwacher Mittelrinne, Flügeldecken parallel und etwas weniger dicht punktirt, mit undeutlichen Längslinien, Unterseite und Beine metallgrün. Lg. 4½—6 mm. Genf, Waadt, Wallis, stellenweise ziemlich häufig. **Nobilis** Ksw.

— Grün, goldglänzend, gewölbt, mit abstehenden Haaren spärlich bekleidet, Kopf und Halsschild nicht dicht punktirt, ohne Mittelfurche, Flügeldecken nach hinten etwas erweitert, grob punktirt, Beine schwarz erzfärbig. Lg. 4—5 mm. (Aureolus Kiesw.) Sehr selten. Schaffhausen. **Smaragdinus** Luc.

Gattung Dolichosoma Stephens.

Langgestreckt, cylindrisch, dunkelerzfarben, matt, überall sehr dicht und ziemlich fein punktirt, durch kurze, schuppenartige, mässig dichte Behaarung bleigrau; Kopf etwas breiter als das Halsschild mit grossen, vortretenden Augen, Fühler fast fadenförmig, Halsschild doppelt, die Flügeldecken 5 mal so lang als breit, ersteres mit flachem Längseindruck und scharf rechtwinkligen Ecken. Lg. 5 mm. Genf, Waadt, Wallis nicht selten, Basel, Schaffhausen, Dübendorf ziemlich selten. **Lineare** Steph.

Gattung Haplocnemus Stephens.

1. Aussenrand der Flügeldecken nicht gezähnelt . . 2
— Aussenrand der Flügeldecken gezähnelt, besonders hinten deutlich 6
2. Fühler vom 5. oder 6. Glied an beim ♂ gekämmt, beim ♀ stark gesägt, die mittlern Glieder breiter als lang 3
— Fühler vom 5. oder 6. Glied an beim ♂ gesägt, beim ♀ gezähnt, die mittlern Glieder nicht breiter als lang 4

3. Bronzefärbig, grün oder blaugrün, gewölbt, mit abstehenden, schwarzen Haaren ziemlich dicht bekleidet, Flügeldecken sehr grob punktirt, Halsschild feiner als die Flügeldecken punktirt, breiter als lang, beim ♂ die Fühler vom 5. Glied an gekämmt, d. h. das 5. Glied hat schon einen etwas längern Fortsatz, so dass es nicht mehr als bloss dreieckig bezeichnet werden kann, die Spitze des 1. Fühlergliedes, das 2. und die Basis des 3. gelbroth, ebenso die Tarsen. Lg. 5,6 mm., Br. 2,2 mm. Sehr selten. Basel, nach Muls. und Sahlberg auch in den Centralalpen. **Tarsalis** Sahlb.

— Färbung und Behaarung wie beim vorigen, Körper etwas verlängter, das Halsschild ist eben so grob punktirt wie die Flügeldecken, auch die Fühlerbildung ist ähnlich wie bei tarsalis, nur ist das 5. Glied an der Spitze etwas stumpfer, so dass es noch als verlängt dreieckig betrachtet werden kann, Mulsant giebt daher an, dass die Fühler erst vom 6. Glied an gekämmt seien, die Spitze des 1. Fühlergliedes, das 2. und die Basis des 3. gelbroth, die Tarsen dunkelroth, meistens fast schwarz. Lg. 6 mm., Br. 2,3 mm. Selten, in den Walliser Alpen, Berner Oberland und im Engadin. **Alpestris** Kiesw.

4. Die mittlern Fühlerglieder des ♂ sind scharf gesägt, mit spitzigem Innenwinkel 5

— Die mittlern Fühlerglieder sind schwach gesägt mit stumpfem Innenwinkel; grünerzfärbig, Halsschild fein, die Flügeldecken grob, nicht sehr dicht punktirt, letztere am Spitzenrand öfter undeutlich gekerbt, der Mund, die Fühler, die Epipleuren der Flügeldecken und die Schienen gelb. Lg. 3—4 mm. Genf, Waadt, Wallis, Basel, Schaffhausen, Zürichberg, Weissbad. **Nigricornis** Ksw.

5. Erzfärbig, glänzend, graubraun behaart, Kopf und Halsschild nicht sehr dicht, nach den Seiten dichter und wenig feiner als die Flügeldecken punktirt, diese mehr als 3 mal so lang als das Halsschild, die Wurzel der Fühler, Schienen und Tarsen gelb. ♂ mit scharf gesägten Fühlern und halbkreisförmig ausgerandetem Analgliede, ♀ plumper, mit weniger scharf gesägten Fühlern und breit abgestutztem oder schwach ausgerandetem letztem Rückensegment. Länge 5 mm. Sehr selten. Schaffhausen. **Aestivus** Ksw.

— Dunkel erzfärbig, braun behaart, Kopf und Halsschild ziemlich fein und nicht dicht, die Flügeldecken grob punktirt, diese mehr als 4 mal so lang als das Halsschild, Fühlerwurzel und Tarsen gelb. Lg. 5 mm. Nach Kiesenwetter und Sahlberg in den Alpen. Durch schmalere Gestalt, nach vorn weniger verengtes Halsschild, sparsame und kürzere Behaarung, dunkle Schienen, schmales letztes Rückensegment des ♂ vom vorigen verschieden. **Pinicola** Ksw.

6\. Erzfärbig, grau behaart, Halsschild fein, Flügeldecken grob und dicht punktirt, Fühler dünn, weniger tief gesägt, Schienen und Tarsen gelb, öfter auch die Epipleuren der Flügeldecken oder die ganze Unterseite, Fühler braun, gegen die Spitze dunkler, Halsschild doppelt so breit als lang mit gerundeten Seiten. Lg. 4 mm. Selten. Chur, V. Entremont. **Pini** Redt.

Gattung Julistus Kiesw.

Ziemlich lang, cylindrisch, gewölbt, schwarz, Flügeldecken nicht selten mit blauem Schimmer, schwach glänzend, mit brauner abstehender Behaarung, Fühler schwarz, spitz gesägt, das 2. Glied kleiner als das 1., Halsschild breiter als lang, seitlich gerundet, mit fein gekerbtem Rande, auf der Scheibe fein und sparsam, seitlich dichter punktirt, Flügeldecken wenig breiter als das Halsschild, cylindrisch, stark runzlig punktirt, Beine schwarz, Schienen und Tarsen bräunlich. Lg. 4—5 mm. Selten. Genf, Monte Rosa, Engadin, Puschlav, V. Entremont, Macugnaga. **Floralis** Ol.

Gattung Danacaea Castelnau.

1\. Die anliegende Pubescenz des Thorax ist gleichmässig und alle Haare liegen nach derselben Richtung . . 2

— Die anliegende Behaarung des Halsschildes ist strahlig gegen einander laufend und bildet etwas vor der Mitte desselben eine etwas erhöhte Querlinie . . . 5

2\. Fühler mit 4 (♂) bis 8 (♀) schwarzen Endgliedern, Kiefertaster dunkelbraun bis schwarz und nur das 1. Glied heller roth, Beine gelb, Kopfschild nach vorn verlängert mit zwei Längsgruben, die Stirn undeutlich gefurcht, Halsschild länger als breit, vorn und hinten breit eingeschnürt, so dass die Mitte des

Seitenrandes in Form eines stumpfen Zahnes erscheint, Schildchen heller und dichter beschuppt als die Flügeldecken. Lg. 4—5 mm. Südliche Walliser Alpen, häufig in Macugnaga. **Denticollis** Baudi.

— Fühler gelbroth und nur die drei letzten Glieder deutlich dunkler, Kiefertaster gelb, nur die Spitze des letzten Gliedes angedunkelt, Kopfschild weniger vortretend 4

— Fühler ganz gelbroth, höchstens die Spitze des letzten Gliedes etwas dunkel, das 9. und 10. Glied in beiden Geschlechtern quer, letztes Glied der Kiefertaster ganz dunkel, Schildchen heller beschuppt als die Flügeldecken. Lg. 2,8—4,4 mm. Sehr selten. Genf. **Ambigua** Muls.

4\. Oberseite weniger dicht pubescent, dunkel erzfärbig, Halsschild mit schwacher Mittelfurche, Schildchen etwas heller beschuppt als die Flügeldecken. Lg. 5—7 mm. Sehr selten. Genf. **Montivaga** Muls.

— Oberseite sehr dicht, mehr grau behaart, das Schildchen nicht heller als die Flügeldecken, Halsschild nicht deutlich gefurcht. Lg. 3—4½ mm. Sehr gemein. **Pallipes** Panz.

5\. Kopf breit, mit den Augen so breit als die Basis des Halsschildes, die Taster dunkel, die Augen vorragend, Halsschild fast breiter als lang, vor der Mitte schwach eingeschnürt, die Behaarung der Unterseite ist nicht so dicht, dass die Grundfarbe nicht zu erkennen wäre, die der Oberseite dichter, grau oder gelblich Lg. 3 bis 3½ mm. (Nigritarsis Küst., Kiesw.) Häufig im Wallis und in der ebenern Schweiz, auch im Gebirg, Gadmen, Simplon, V. Entremont. **Tomentosa** Latr.

Familie Cleridae.

Fühler elfgliedrig, gesägt oder mit drei grössern Endgliedern. Augen ausgerandet, Vorderhüften einander genähert und zapfenförmig vorragend, Hinterhüften quer, in den Gelenkgruben grösstentheils versteckt und bei angezogenen Schenkeln von diesen bedeckt. Füsse mit 4 oder 5 Gliedern, die unten schwammartig sind und lappige Anhängsel besitzen; vorletztes Glied zweilappig. Bauch aus 5 oder 6 Ringen gebildet, Flügeldecken walzenförmig. Es sind Raubthiere.

Uebersicht der Gattungen.

1. Halsschild an den Seiten nicht gerandet, Bauch aus 6 Ringen bestehend 2
— Halsschild an den Seiten gerandet, 1. und 4. Glied der Hintertarsen klein 6
2. Viertes Glied der Hintertarsen wohl ausgebildet . 3
— Viertes Glied der Hintertarsen sehr klein, das erste ebenfalls klein, vom zweiten bedeckt, die Hintertarsen daher scheinbar dreigliedrig, Fühlerkeule lose dreigliedrig **Tarsostenus** Spin.
3. Hintertarsen deutlich fünfgliedrig, Endglied der Lippentaster beilförmig. **Tillus** Ol.
— Hintertarsen scheinbar viergliedrig, indem das erste Glied klein ist und vom zweiten bedeckt 4
4. Augen gross, vorragend, Fühler allmählig verdickt, letztes Glied der Kiefer- und Lippentaster beilförmig, Körper langgestreckt. **Opilo** Latr.
— Augen nicht vorragend, nur das Endglied der Lippentaster beilförmig, Körper weniger gestreckt . . . 5
5. Augen am Vorderrand ausgebuchtet, Fühler allmählig verdickt, Flügeldecken mit weissen Querbinden. **Cleroides** Schäffer.
— Augen am Innenrande tief ausgebuchtet, Fühler mit 3 stark verdickten Endgliedern, Flügeldecken mit schwarzen Querbinden. Trichodes Herbst. **Clerus** Geoffr.
6. Bauch aus 6 Segmenten bestehend, Fühler mit lose gegliederter Keule. **Orthopleura** Spin.
— Bauch aus 5 Segmenten bestehend, Fühlerkeule kurz 7
7. Klauen an der Basis gezähnt, Körper mindestens 3½ cm. lang. **Corynetes** Herbst.
— Klauen ungezähnt, Körper nicht über 2 mm. lang. **Laricobius** Rosh.

Uebersicht der Arten.

Gattung Tillus Ol.

1. Halsschild viel länger als breit, beim ♀ roth, beim ♂ schwarz, Flügeldecken bis gegen die Spitze punktirt gestreift; schwarz, hie und da mit zwei weisslichen Flecken. Lg. 6—8 mm. Selten. Genf, Waadt, Basel, Schaffhausen, Zürich, St. Gallen, Kt. Bern. **Elongatus** L.
— Halsschild kaum länger als breit, hinten eingeschnürt, Flügeldecken bis zur Mitte stark punktirt gestreift,

schwarz, an der Wurzel roth und mit einer weissen Querbinde hinter der Mitte. Lg. 4—6 mm. Sehr selten. Genf, Pomy, Basel, Schaffhausen, Dübendorf im Kt. Zürich. **Unifasciatus** F.

Gattung Opilo Latr.

1. Halsschild dicht und fein punktirt, Farbe braun . 2

— Halsschild nur an den Seiten dichter, auf der Scheibe fein und spärlich punktirt, Färbung ganz blassgelb, in der Mitte der Flügeldecken eine, oft undeutliche, weissliche Querbinde, Flügeldecken fein punktirt gestreift, die Streifen meist bis gegen die Spitze hin deutlich. Lg. 7—8 mm. Sehr selten. Genf. **Pallidus** Ol.

2. Halsschild länger als breit, hinten stark verengt, Flügeldecken stark punktirt gestreift, die Streifen aber hinter der Mitte verschwindend, der 7. Zwischenraum etwas rippenartig vortretend, eine schräge in mehrere Flecken aufgelöste Schulterbinde, eine Querbinde in der Mitte und die Spitze gelb. Lg. 8—10 mm. Nicht selten in der ganzen ebenern Schweiz. **Mollis** L.

— Halsschild kaum länger als breit, hinten stark verengt, Flügeldecken mässig stark punktirt gestreift, die Streifen bis gegen die Spitze gleich stark punktirt, alle Zwischenräume eben, ein Schulterfleck, eine Qeurbinde in der Mitte und die Spitze gelb. Lg. 6—7 mm. Selten. Genf, Waadt, Neuenburg, Basel, Zürich, Gadmen. **Domesticus** Sturm.

Gattung Cleroides Schäffer.

1. Augen vorn tief ausgebuchtet, Halsschild schwarz mit dichtem sammtartigem schwarzem Pelz, Flügeldecken schwarz mit zwei weissen Querbinden, an der Wurzel und Spitze roth. Lg. 8—10 mm. Selten. Genf, Wallis. (Subg. Pseudoclerops Duv.) **Mutillarius** F.

— Augen vorn sehr schwach ausgebuchtet. Halsschild roth 2

2. Flügeldecken an der Wurzel roth mit zwei weissen Querbinden, Beine schwarz. Lg. 6—8 mm. Sehr gemein und bis 5500′ ü. M. ansteigend. Gadmen, V. Entremont, V. Ferret. (Subg. Thanasimus Latr.) **Formicarius** L.

— Flügeldecken schwarz mit 4 weissen Flecken, Beine schwarz. Lg. 4 mm. Sehr selten. Genf, Kt. Zürich, Schaffhausen. (Subg. Allonyx Duv.) **Quadrimaculatus** Schall.

Gattung Tarsostenus Spinola.

Schmal, langgestreckt, Halsschild länger als breit, hinten verengt, schwarz, Flügeldecken bis hinter die Mitte punktstreifig mit einer weissen Querbinde in der Mitte. Lg. 4—5 mm. Sehr selten. Genf. **Univittatus** Rossi.

Gattung Clerus Geoffr.

Trichodes Herbst.

1. Blauschwarz, oben schwarz, unten grau behaart, der Flügeldecken roth mit zwei schwarzen Querbinden und einem queren Fleck vor der Spitze. ♂ fünftes Hinterleibssegment kaum ausgerandet, das 6. mit halbkreisförmigem Ausschnitt und gelber Behaarung. Lg. 10—12 mm. Häufig in der ebenern Schweiz, bis 3500′ ansteigend. **Alvearius** F.

— Blauschwarz, glänzend, schwächer behaart als der vorige, Flügeldecken roth, zwei Querbinden und die Spitze schwarz. ♂ fünftes Bauchsegment tief ausgeschnitten, das 6. verlängt, konisch, an der Spitze gerundet. Lg. 10—12 mm. Sehr häufig bis 4500′ ü. M. **Apiarius** L.

Gattung Orthopleura Spinola.

(Dermestoides Schäffer.)

Schwarz, mit abstehender schwarzer Behaarung, Halsschild und Bauch roth, Flügeldecken blau, nicht ganz regelmässig gereiht punktirt. Lg. 6—8 mm. Sehr selten. Wallis, Basel. **Sanguinicollis** Spin.

Gattung Corynetes Herbst.

1. Hinterecken des Halsschildes deutlich 2

— Hinterecken des Halsschildes abgerundet, Flügeldecken um das Schildchen herum nicht gerandet, Endglied der Kiefertaster cylindrisch, Flügeldecken blau, dicht punktirt, Beine roth. Lg. 4—5 mm. Selten. Burgdorf, Bündten Schaffhausen, Büren. **Rufipes** F.

2. Flügeldecken fein nadelrissig punktirt gestreift, Endglied der Kiefertaster beilförmig, letztes Fühlerglied kaum grösser als das vorletzte (Corynetes in Sp.) 3
— Flügeldecken grob punktirt gestreift, Endglied der Kiefertaster cylindrisch, letztes Fühlerglied so lang als die 3 vorhergehenden zusammen (Necrobia Latr.) 4
3. Kopf und Halsschild spärlich punktirt, blau, Fühler und Beine schwarz. (Lg. 4 mm. (Violaceus Ol.) Häufig überall bis 6000′ ü. M. **Coeruleus** Klag.
— Kopf und Halsschild punktirt, letzteres namentlich an den Seiten, Flügeldecken stärker punktstreifig, Fühlergeissel und Tarsen roth. Lg. 4 mm. Nicht selten. Genf, Bern, Basel, Schaffhausen, Gadmen, Berner Seeland, Solothurner Jura. **Ruficornis** Sturm.
4. Halsschild hinten stark verengt, Oberseite schwarzblau, schwarz behaart. Lg. 4—4½ mm. Nicht selten in der ebenern Schweiz. **Violaceus** L.
— Halsschild hinten nicht verengt, schwarzblau, das Halsschild, die Wurzel der Flügeldecken und die Fühler roth. Lg. 4—5 mm. Selten. Genf, Burgdorf, Lenzburg, Basel, Schaffhausen, Wallenstadt, Matt, Bern. **Ruficollis** F.

Gattung Laricobius Rosenhauer.

Länglich, braun, ein Längsstreifen auf jeder Flügeldecke heller, Behaarung fein, Flügeldecken grob punktirt gestreift, Halsschild mit doppelter Punktirung, Fühler, Schienen und Füsse gelb. Lg. 1½ bis 2 mm. Auf Lärchen und Arven in der alpinen Region nicht selten, besonders im Engadin und den südlichen Walliser Thälern. **Erichsoni** Rosenh.

Familie Lymexylini.

Fühler elfgliedrig, am Vorderrand der Augen eingefügt, fadenförmig oder gesägt. Vorderbrust ohne Fortsatz gegen die Mittelbrust; alle Hüften zapfenförmig nach hinten gerichtet, Tarsen 5gliedrig, ihre Glieder lang, drehrund, Körper lang, cylindrisch, Flügeldecken meist an der Spitze klaffend. Die Larven leben im Holz.

1. Halsschild seitlich gerandet, breiter als lang, Bauch aus 7 Segmenten bestehend, Vorderhüften weit aus-

einanderstehend, Fühler kürzer als Kopf und Halsschild, gesägt. **Hylecoetus Latr.**

— Halsschild seitlich nicht gerandet, so lang als breit, Bauch aus 6 Segmenten bestehend, Vorderhüften an der Basis genähert, Fühler fadenförmig, länger als Kopf und Halsschild. **Lymexylon F.**

Gattung Hylecoetus Latr.

♂ ganz schwarz, nur die Beine röthlichgelb, oder es sind auch die Fühler und die Flügeldecken ganz oder theilweise gelb, Kiefertaster mit einem gefransten Anhang am 2. Glied, Fühler gesägt.
♀ ganz gelb, oder nur die Brust schwarz. Lg. 9 bis 12 mm. Selten, aber in der ganzen Schweiz verbreitet und bis 4000′ ü. M. ansteigend.
Dermestoides L.

Gattung Lymexylon Fabr.

♂ schwarz, Flügeldecken in der Schildchengegend, Bauch und Beine gelb, Kiefertaster mit einem gefransten Anhang am 3. Glied, Fühler fadenförmig.
♀ gelb, der Kopf und die Spitze der Flügeldecken schwarz. Lg. 8—10 mm. Selten. Waadt, Wallis, Zürich, Basel. **Navale L.**

Bruchidae.

(Ptinides Redt.)*

Fühler elfgliedrig, fadenförmig, auf der Stirn eingefügt, an der Wurzel genähert, Vorder- und Mittelhüften kugelig oder oval, wenig aus den Gelenkgruben herausragend, Hinterhüften quer, nach innen nicht erweitert. Vorderbrust manchmal mit einem kleinen Fortsatz gegen die Mittelbrust, diese einfach oder ausgehöhlt, Bauch aus fünf Ringen bestehend.

1. Die blasig aufgetriebenen, unpunktirten Flügel umfassen seitlich den Hinterleib und reduziren Brust und Bauch auf eine kleine Fläche. (Gibbini.)

* Eine ausgezeichnete Monographie lieferte Hr. Edmund Reitter in seinen Bestimmungstabellen. XI.

Gattung Gibbium Scopoli.

Dunkelrothbraun, Fühler und Beine dicht behaart, Kopf seitlich gestrichelt mit einer Mittelrinne, letztes Fühlerglied verlängert. Lg. 2½—3 mm. (Scotias F.) In Speichern und Bibliotheken zuweilen häufig. Genf, Waadt, Zürich, Schaffhausen, St. Gallen.
Psylloides Czenpinsk.

— Flügeldecken nicht blasig aufgetrieben, punktirt, Brust und Bauch von normaler Entwicklung. (Bruchini) 2.

2. Flügeldecken in beiden Geschlechtern gleich geformt, seitlich stark gerundet, fast kugelig, ohne vorragende Schultern, Halsschild ohne Haarbüschel, Hinterbrust kürzer als das 2. Bauchsegment. **Niptus.**

— Flügeldecken in beiden Geschlechtern meist ungleich geformt, beim ♂ mit vortretenden Schultern, Halsschild gewöhnlich mit 4 Haarbüscheln, Hinterbrust so lang oder länger als das 2. Bauchsegment.
Bruchus.

Gattung Niptus Boieldieu.

Uebersicht der Untergattungen.

1. Zwischenraum der Insertionsgruben der Fühler flach und ziemlich breit, nicht kielförmig, Augen klein, länglich, fast halbkreisförmig 2

— Dieser Zwischenraum schmal, kielförmig.
Subg. Eurostus Muls.

2. Schenkel an der Spitze keulenförmig verdickt.
Subg. Niptus.

— Schenkel einfach. **Subg. Epauloecus** Muls.

Subg. Niptus Boieldieu.

Körper mit gelbem, schuppenförmigem, seidenglänzendem Haarkleide, Flügeldecken fein punktirt gestreift. Lg. 3½ mm. Häufig in Magazinen, Speichern, Vorrathskammern, überall in den tiefen Gegenden.
Hololeucus Fald.

Subg. Epauloecus Muls.

Körper braun, dünn behaart, Flügeldecken tief punktirt gestreift. Lg. 2¹/₄ mm. Nicht selten und bis 6500′ ü. M. ansteigend. **Crenatus F.**

Subg. Eurostus Muls.

Körper länglich-eiförmig, nach hinten verschmälert, schwarz mit hellern Fühlern und Beinen, Halsschild gewölbt, gerunzelt, hinten stark eingeschnürt mit Mittelfurche und sehr schwachen Seitenhöckern, die dünn behaart sind, Flügeldecken länglich, grob gereiht punktirt mit breiten, leicht gerunzelten Zwischenräumen, ohne Humeralkielchen und mit kurzen, schuppenartigen Borstenhäärchen reihenweise besetzt. 4. bis 10. Fühlerglied etwas länger als breit. Lg. 2,8—3 mm. St. Bernhard, Mt. Moro. **Frigidus** Boild.

Gattung Bruchus Geoffroy.

(Ptinus L.)

Uebersicht der Untergattungen.

1. Halsschild jederseits mit einem grossen, scharf begränzten gelben Tomentpolster. **Cyphoderes.**

— Halsschild ohne solche Tomentpolster, entweder mit oder ohne Haarzipfel 2

2. Körperform in beiden Geschlechtern sehr verschieden, ♀ mit eiförmigen, seitlich gerundeten Flügeldecken 3

— Körperform in beiden Geschlechtern gleich, gestreckt und parallel mit vortretenden Schultern. **Gynopterus.**

3. Vorletztes Fussglied des ♂ fein gelappt, des ♀ einfach, Halsschild ohne deutliche Haarbüscheln, ♂ Käfer dunkel, oft mit Metallglanz, das ♀ Niptus-ähnlich. **Pseudoptinus.**

— Vorletztes Fussglied bei ♂ und ♀ fein gelappt. ♂ mit dichter die Oberseite fast ganz bedeckender feiner Behaarung, ♀ mit einer dunkeln Querbinde auf der Mitte der Flügeldecken. **Bruchoptinus.**

— Vorletztes Fussglied bei ♂ und ♀ einfach. Halsschild wenigstens beim ♀ mit deutlichen Haarbüscheln, granulirt. **Bruchus.**

8

Subg. Pseudoptinus Reitter.

Oberseite der Flügeldecken mit kurzer, aber nicht anliegender Behaarung und mit weissen, auf den Flügeldecken meist bindenartig gestellten Flecken, die aus kurzen anliegenden Haarschuppen gebildet sind, Flügeldecken mit feinen Punktstreifen und breiten Zwischenräumen. Letztes Glied der Fühler kaum länger als das vorletzte. Lg. 2,2—3 mm., Br. 1¼ bis 1½ mm. Ziemlich selten. Genf, Schaffhausen. (Pt. ornatus Müll., fuscus Sturm., lepidus Villa).
Lichenum Marsh.

Subg. Bruchoptinus Reitter.

Oberseite schwarzbraun, beim ♀ mit dunkler zackiger Binde, Beine hell gefärbt, Flügeldecken tief und grob punktirt gestreift, Schildchen weiss.

♂ langgestreckt, parallel, dunkelbraun, Halsschild länger als breit, hinten stark eingeschnürt, mit starker, von vorn bis hinten reichender Mittelfurche und schwächern Seitenfurchen und vier Höckerchen, von denen die zwei mittlern stärker entwickelt sind, alle kurz dunkel behaart.

♀ Flügeldecken stark bauchig, gewölbt, Halsschild nicht länger als breit, stark eingeschnürt, die vier Höckerchen stärker entwickelt und stärker behaart, als beim ♂, Behaarung der Flügeldecken etwas länger als beim ♂. Lg. 4—5, Br. 2—2½ mm. Auf Eichen und anderm dürrem Holz. Ziemlich selten. Genf, Wallis, Basel, Schaffhausen, Zürich, Domleschg. **Rufipes** F.

Subg. Bruchus L.

1. Flügeldecken des ♀ mässig lang, stets mit abgerundeten Schultern, die des ♂ anliegend behaart, die Häärchen der Streifen und der Zwischenräume ziemlich von gleicher Länge; die Streifen anliegend, die Zwischenräume oft abstehend und desshalb deutlicher behaart 2

— Flügeldecken beim ♀ mit sehr langen, abstehenden Haaren auf den Zwischenräumen; auch das ♂ abstehend, meist weniger lang behaart. Die Häärchen der Streifen sind sehr kurz, oft schwer sichtbar, anliegend, um sehr vieles kürzer als die abstehenden der Zwischenräume 6

2\. Flügeldecken mit weissen Schuppenflecken . . . 3

— Flügeldecken ohne weisse Schuppenflecken oder hinter der Basis nur mit feinem verdichtetem Haarflecken 5

3\. Halsschild mit zwei bis zur Mitte reichenden gelb behaarten Längslinien. Lg. 2—4,3 mm. Sehr häufig. **Fur** L.

— Halsschild ohne gelb behaarte Linien 4

4\. Die hintern vier Schienen beim ♂ mit langem Endsporn, 4. bis 10. Fühlerglied des ♀ kaum doppelt so lang als an der Spitze breit, Fühler des ♀ dünn, wenig die Mitte des Körpers überragend, Kopf gelb behaart, Halsschild nur mit angedeuteten Haarbüscheln, die vordere weisse Binde der Flügeldecken ziemlich gerade, an den Seiten verbreitert. ♂ langgestreckt, mit schwach gerundeten Seiten. Lg. 2,5 bis 3 mm. Genf, Schaffhausen, Handeck, Gadmen, Bern und Seeland. **Pusillus** Sturm.

— Die hintern vier Schienen beim ♂ mit schwer sichtbaren Spornen, 4. bis 10. Fühlerglied des ♀ reichlich doppelt so lang als breit. Schüppchen der kleinen weissen Flecken auf den Flügeldecken kurz. Lg. 2,8 bis 3,2 mm. Genf, Schaffhausen. **Bicinctus** Sturm.

5\. Flügeldecken beim ♀ lang ellyptisch, fein punktirt gestreift, die Streifen beim ♂ ebenfalls viel schmaler als die Zwischenräume, diese beim ♀ mit einer Reihe aufstehender Börstchen gleichmässig besetzt. Grosse, dunkelbraune Art. Lg. 3—4 mm. Genf, Schaffhausen, Dübendorf. **Latro** F.

— Flügeldecken beim ♀ kurz oval, grob punktirt gestreift, die Streifen beim ♂ viel breiter als die Zwischenräume, diese beim ♀ ziemlich lang abstehend behaart, die Haare von ungleicher Länge. Kleinere braunrothe oder braungelbe Art. Lg. 1,8—3 mm. Nicht selten in der ebenern Schweiz. **Brunneus** Dft.

Gelbe Individuen ohne gelben, dichten Haarfleck hinter der Basis der Flügeldecken bilden die Var. **hirtellus** Sturm. (Ptinus hirticollis Luc.)
Gelbe Individuen mit diesem Haarfleck sind **testaceus** Boild. Die Stammform ist braun.

6\. ♀ mit abgerundeten oder nicht deutlich vorspringenden Schultern. Zwischenräume der Punktstreifen beim ♂ abstehend, nicht sehr lang, beim ♀ lang behaart, dazwischen mit noch längern Haaren, die Behaarung der Punktstreifen gewöhnlich höchst fein, anliegend 7

— ♀ mit winklig vortretenden, etwas gekerbten Schultern. Zwischenräume ungleichmässig, beim ♂ ziemlich lang, beim ♀ lang abstehend behaart, die Haarreihen der Punktstreifen nicht sichtbar. Halsschild rauh gekörnt. Halsschild sehr stark eingeschnürt, kaum so lang als breit, in der Mitte der Seiten stark gerundet erweitert und daselbst fast lappenförmig vortretend. 2.—6. Fühlerglied beim ♀ kaum länger als breit, das 2. nicht kürzer als das 3. Flügeldecken mit zwei weissen Schuppenflecken. Lg. 2—3 mm. (Pt. ruber Rosh., Pt. cisti Chevr.) Selten. Genf. **Spitzyi** Vill.

7. Halsschild gleichmässig mit starken, runden, glänzenden Körnern besetzt und nur mit sehr schwachen Haarbüscheln, Käfer meist dunkel. Bauch des ♀ mit Ausnahme des 1. Segmentes spärlich und sehr fein punktirt; Hinterschienen des ♂ mit sehr kurzem Endsporn, Flügeldecken des ♀ kurz oval. Lg. 1,8—2,8 mm. (Intermedius Boild.) Genf. **Pilosus** Müller.

— Halsschild runzlig punktirt, rauh, die Zwischenräume der Punkte feine erhabene Runzeln bildend, diese oben nicht abgeplattet. Zwischenräume der Punktstreifen gelb behaart, Flügeldecken mit 2 Schuppenflecken. Röthlichgelb, Halsschild reichlich so lang als breit, mit kleinen Haarbüscheln. Flügeldecken beim ♀ kurz oval, ihre Flecken aus kleinen weissen Schüppchen gebildet, die Zwischenräume zwischen den aufstehenden Haaren mit doppelt längern. Halsschild beim ♂ in der Mitte der Einschnürung mit einer länglichen Erhabenheit. Lg. 2—3,5 mm. An Eichen. Genf. **Subpilosus** Sturm.

Subg. Gynopterus Mulsant.

1. Halsschild mit einfacher Behaarung oder nur mit einzelnen Schuppenflecken 2

— Halsschild mit Haarschuppen dicht bekleidet. Punktreihen und Zwischenräume der Flügeldecken schwarz behaart, die Härchen der letztern länger und abstehend. Flügeldecken dunkel mit zwei weiss beschuppten Querbinden und einzelnen eingesprengten hellen Schuppenhaaren. Lg. 3—4 mm. (Pt. mauritanicus Luc.) Genf. **Variegatus** Rossi.

2. Flügeldecken anliegend behaart. Halsschild und Flügeldecken hinter der Mitte am breitesten, einförmig grau behaart, ohne Schuppenflecken. Körper klein, braungelb. Lg. 1½—2 mm. (Pt. crenatus Payk.) Genf, Schaffhausen, Grabs im Rheinthal. **Dubius** Sturm.

— Flügeldecken nicht dicht filzig, sondern in den Punktstreifen sehr kurz anliegend, auf den Zwischenräumen gelb, etwas abstehend behaart. Käfer gestreckt, wenig glänzend, rostbraun, Flügeldecken mit 2 grossen weiss beschuppten Querflecken, wovon der hintere gewöhnlich in 2 Flecken aufgelöst erscheint. Lg. 3 bis 4 mm. Selten. An Eichen. Genf, Basel, Schaffhausen, Zürich, Bern. **Sexpunctatus** Panz.

Subg. Cyphoderes Muls.

Die beiden Tomentpolster des Halsschildes sind gross, nach vorn die Mitte überragend, die Basis jedoch nicht erreichend, beim ♂ schmal, beim ♀ fast die ganze Breite des Halsschildes einnehmend. Flügeldecken in beiden Geschlechtern lang abstehend behaart, die Härchen der Streifen jedoch kurz. Schultern des ♀ einfach, gerundet. Lg. 2—3 mm. (Pt. quercus Ksw.) Bei Genf in den Nestern der Prozessionsraupe häufig. Gadmen, Siselen. **Bidens** Ol.

Fam. Byrrhidae.

(Anobiidae.)

Fühler 6—11gliedrig, an den Seiten der Stirn eingefügt, gesägt, gekämmt, oder mit drei grössern Endgliedern, Vorderbrust kurz, ohne Fortsatz gegen die Mittelbrust, diese häufig mit Rinnen zum Einlegen der Fühler und mit Grübchen gegenüber den Vorderhüften. Bauch aus fünf Ringen gebildet, Vorder- und Mittelhüften kugelig oder oval, nicht oder wenig vorragend, Hinterhüften quer, Schenkel an der Spitze der Schenkelringe eingefügt. Füsse 5gliedrig, selten nur 4gliedrig.

1. Hinterbrust und Bauch ohne Gruben zur Aufnahme der vier hintern Beine 2

— Hinterbrust mit Vertiefungen zur wenigstens theilweisen Einlegung der hintern Beine. **Dorcatomini.**

2. 1. und 2. Glied der deutlich 5gliedrigen Tarsen an Länge ziemlich gleich 3
— Erstes Tarsenglied sehr klein, oft kaum sichtbar, das 2. und 5. am längsten. **Apatini.**
3. Fühler nicht sägeförmig gezähnt, ihre letzten drei Glieder gross, gewöhnlich auch in die Länge gezogen. **Byrrhini (Anobiini).**
— Fühler sägeförmig gezähnt oder gekämmt oder nadelförmig, ihre letzten Glieder nicht oder nur wenig vergrössert. **Xyletini.**

Byrrhini (Anobiini).

Uebersicht der Gattungen.

1. Halsschild ohne scharfen Seitenrand, an den Seiten höchstens hinten fein gerandet, keine Höcker auf der Oberseite 2
— Halsschild mit ausgebreitetem, scharfem Seitenrand 5
2. Flügeldecken ganz gestreift; Fühler 11gliedrig, Halsschild auf der Unterseite nicht ausgehöhlt . . . 3
— Flügeldecken auf der Scheibe ungestreift, Fühler 10gliedrig 4
3. Stirn durch die Einlenkung der Fühler kaum verengt, Vorderhüften nur durch eine schmale Leiste der Vorderbrust getrennt, Flügeldecken an der Spitze gerundet. **Dryophilus** Chevr.
— Stirn durch die Einlenkung der Fühler stark verengt, Vorderhüften etwas von einander abstehend, Flügeldecken an der Spitze etwas abgestutzt. **Priobium** Motsch.
4. Halsschild schmaler als die Flügeldecken, seitlich mit stumpfem Rand oder mit einem stumpfen Höcker, auf der Unterseite nicht ausgehöhlt, Vorderhüften einander genähert, Flügeldecken bisweilen an den Seiten und neben der Naht mit undeutlichen Streifen. **Episanus** Thoms. (Amphibolus Muls.).
— Halsschild kaum schmaler als die Flügeldecken, an den Seiten hinten fein gerandet, auf der Unterseite ausgehöhlt, Vorderhüften von einander abstehend, die drei letzten Fühlerglieder verbreitert. **Gastrallus** Duv.
5. Flügeldecken ganz punktirt gestreift, Halsschild auf der Unterseite mehr oder weniger ausgehöhlt, auf der Oberseite meist mit einem oder mehreren Höckern 6

— Flügeldecken ungestreift, Halsschild auf der Unterseite nicht ausgehöhlt, auf der Oberseite ohne Höcker, Fühler 11gliedrig 7
6. Fühler 10gliedrig, Halsschild auf der Unterseite schwach ausgehöhlt, so breit als die Flügeldecken, in der Mitte bucklig gewölbt. **Oligomerus** Redt.
— Fühler 11gliedrig, Halsschild auf der Unterseite stark ausgehöhlt. **Anobium** F.
7. Vorder- und Mittelhüften mehr oder weniger auseinander stehend, Tarsen kurz und dick, die drei letzten Fühlerglieder mässig lang. **Xestobium** Motsch.
— Vorderhüften aneinander stossend, Mittelhüften stark genähert, Tarsen lang, die drei letzten Fühlerglieder sehr lang und schmal. **Ernobius** Thoms.

Gattung Dryophilus Chevrol.

1. Mesosternum etwas schmaler als das Prosternum, in eine stumpfe Spitze endigend 2
— Mesosternum doppelt so breit als das Prosternum, breit abgestutzt, Zwischenräume der Flügeldecken undeutlich beschuppt, Schildchen unbehaart, Halsschild quer, hinten gekielt, sein Vorderrand, der Schulterhöcker und meist der Hinterrand der Flügeldecken, Fühler, Taster und Beine gelbroth. Lg. 2¹/₅, Br. 1,1 mm. Sehr selten. Val Entremont. **Ruficollis** Muls.
2. Erstes Bauchsegment in der Mitte seines Hinterrandes schwach verlängert, Zwischenräume der Streifen fein und dicht punktirt, Schildchen nicht behaart, Halsschild quer; schwarz, Fühler und Beine dunkelroth, Scheitel schwach gefurcht, Halsschild hinten mit schwachem Mittelkiel. Flügeldecken fein gestreift mit ebenen Zwischenräumen, die drei letzten Fühlerglieder kaum dicker als die vorhergehenden. Lg. 2¹/₅, Br. 1,1 mm. Ziemlich häufig auf Nadelholz im Gebirg bis 5500′ ü. M., aber auch in den Thälern, Genf, Basel, Burgdorf. **Pusillus** Gyll.
— Erstes Bauchsegment in der Mitte stark nach hinten verlängert, Schildchen weisslich behaart, Halsschild verlängt 3
3. Zwischenräume der Flügeldecken fein und dicht punktirt, die drei letzten Fühlerglieder dicker als die vorhergehenden, diese etwas breiter als lang; schwarz,

die Spitze des Halsschildes und der Flügeldecken, Schultern, Mund, Fühler und Beine rostroth, Halsschild seitlich gegen die Basis schwach gerundet. Lg. 2,3—3,3, Br. 1—1,2 mm. Genf. **Anobioides** Chevr.

— Zwischenräume fein und zerstreut punktirt und gerunzelt, die drei letzten Fühlerglieder kaum dicker als die vorhergehenden, diese so lang als breit; verlängt, stark pubescent, braun, Mund, Fühler und Beine rostroth, Halsschild länger als breit, seitlich schwach gerundet. Lg. 2,2—3,3, Br. 1,1 mm. Selten. Engadin. **Longicollis** Muls.

Gattung Priobium Motsch.

1. 3. Fühlerglied kaum länger als das 4., Hinterhüften weit von einander entfernt, Halsschild seitlich stark gerundet, etwas schmaler als die Flügeldecken, Zwischenräume der Punktstreifen gewölbt. Kastanienbraun, dicht pubescent, runzlig punktirt, glanzlos, Palpen gelb, Fühler und Beine roth. Lg. 7,2, Br. 3,3 mm. Selten. Genf, Waadt, Gadmenthal, Basel, Dübendorf im Kt. Zürich, Val Entremont. **Castaneum** F.

— 3. Fühlerglied viel länger als das 4., Hinterhüften weniger von einander entfernt, als beim vorigen, Halsschild seitlich mässig gerundet, Schildchen quer, Zwischenräume der Flügeldecken schwach gewölbt; braun, glanzlos, Taster gelb, Fühler, Schienen und Tarsen roth, Halsschild viel schmaler als die Flügeldecken. — Lg. 5, Br. 1,7 mm. Auf den Alpen, an Epheu. **Planum** F.

Gattung Episernus Thoms. (Amphibolus Muls.).

Halsschild etwas schmaler als die Flügeldecken, seitlich nicht gerundet, nach vorn verengt, breiter als lang, alle Winkel stumpf, die Vorderecken stumpf vortretend, schwach gewölbt, mit schwacher Mittelfurche und einer schiefen Furche jederseits auf der Scheibe, braun, die Flügeldecken gewöhnlich heller, nur an den Seiten mit Spuren von Streifen; Taster, Wurzel der Fühler und Beine röthlich. Lg. 3—4, Br. 1—1½ mm. Selten. Genf, an Tannen. **Gentilis** Rosh.

Gattung Gastrallus Duval.

Zylindrisch, heller oder dunkler braun, mit äusserst kurzer, reifartig schimmernder Behaarung, Fühler und Beine heller; Halsschild so breit als die Flügeldecken, ohne Erhabenheiten, der Vorderrand kaum aufgebogen; an den Seiten ungerandet, Flügeldecken fein punktirt, an den Seiten gestreift mit ganz ebenen Zwischenräumen. Lg. 1½—3, Br. ⅘—1⅕ mm. Selten. Genf, Simplon. (A. immarginatum Gyll.).
Laevigatus Ol.

Gattung Anobium Fab.

1. Augen nicht behaart 2
— Augen behaart, Flügeldecken schwach punktirt gestreift, Halsschild mit einfachem Seitenrand, hinten in der Mitte schwach gehöckert und jederseits die Höcker niedergedrückt und an der Basis geschweift, Brust ohne Fühlerfurche (Subg. Sirtodrepa Thoms.). Braun, ziemlich dicht behaart, Seiten des Halsschildes gerundet, Körper kurz walzenförmig. Lg. 2,2—4, Br. 1,1—2,2. Häufig, überall. **Paniceum** L.
2. Mesosternum tief der Länge nach ausgehöhlt (Dendrobium Muls.) 3
— Mesosternum einfach (Hadrobreganus Thoms.) . . 7
3. Metasternum nur am Vorderrand schwach eingedrückt, auf dem hintern Theil des Halsschildes in der Mitte ein schmaler Höcker, Flügeldecken ziemlich fein gestreift 4
— Metasternum mit einer bis zur Mitte reichenden, tiefen Grube 5
4. Erstes Bauchsegment mit fast geradem Hinterrand, Flügeldecken an der Spitze schwach abgestutzt, der Nathwinkel rechtwinklig, Oberseite schwarz oder braun, oder röthlich, ohne dichte Behaarung. Lg. 3—5 mm. (morio Villa.) Stellenweise nicht selten. Genf, Waadt, Wallis, Basel, Siselen. **Fulvicorne** Sturm.
— Erstes Bauchsegment mit doppelt gebuchtetem Hinterrand, Flügeldecken an der Spitze stark abgestutzt, der Nathwinkel etwas stumpfwinklig, Körper mit reifartig schimmernder, sehr kurzer Behaarung. Lg. 4½—6, Br. 1,5—1,8 mm. (fagi Muls., fulvicorne Thoms.). Selten. Simplon, Wallis. **Fagicola** Muls.

5. Auf der Mitte des Halsschildes hinten ein von den Seiten komprimirter Höcker, Halsschild schmaler als die Flügeldecken, diese punktirt gestreift, die Streifen nach hinten schwächer, an der Spitze abgerundet, dicht und fein grau behaart. Lg. 3—4, Br. 1,1—2 mm. (striatum Ol.). Sehr häufig in Häusern. **Domesticum** Fourcr.

— Halsschild so breit als die Flügeldecken, seine Ecken gelb behaart, auf der Mitte mit einem flachen Eindruck, wodurch zwei flache Höcker entstehen . . . 6

6. Seitenrand des Halsschildes mit dem obern und untern Vorderrand in einem Punkt zusammenstossend, Hinterecken gerundet, aber durch eine kleine Ausbuchtung am Hinterrand etwas nach hinten vortretend, Flügeldecken ziemlich stark punktirtgestreift, hinten etwas abgestutzt. Körper schwarz. Lg. 5—6, Br. 1¾—2¼ mm. (fagi Herbst, striatum F.). Häufig in Häusern. **Pertinax** L.

— Der obere und untere Vorderrand des Halsschildes laufen mit dem Seitenrand in einem dreieckigen Grübchen zusammen, Hinterecken rechtwinklig, Flügeldecken fein punktirt gestreift, an der Spitze gerundet, Körper braun oder schwarz mit feiner grauer, reifartig schimmmernder Behaarung, Schienen und Füsse, oft auch der Vorderrand des Halsschildes, heller braun. Lg. 4—6, Br. 2 mm. Genf, Wallis, Simplon, Basel. **Denticolle** Panzer.

7. Halsschild in der Mitte mit einem breiten Eindruck und jederseits desselben mit einem Höcker; vor der Basis eine kleine Längsbeule und jederseits ein tiefer Quereindruck, schmaler als die Flügeldecken, seine Seitenränder leicht aufgebogen, die Vorderecken rechtwinklig, die hintern schief abgestutzt; vor dieser schiefen Linie bildet der Seitenrand ein scharfe Ecke, Flügeldecken hinten gerundet, fein punktirt gestreift. Lg. 5, Br. 1½ mm. Selten, Gadmen, Schaffhausen, Siselen. **Emarginatum** Dft.

— Halsschild hinten in der Mitte mit einem komprimirten Höcker, vor dem Höcker höchstens mit einer schmalen Längsrinne 8

8. Flügeldecken hinten abgestutzt, stark punktirt gestreift, Hinterecken des Halsschildes breit gerundet, kaum ausgerandet, Seitenränder fein gekerbt. 3.

Fühlerglied wenig grösser als das 4. Lg. 3—4, Br. 1—1½ mm. Genf, Neuenburg, Ormontthal, Schaffhausen, auf Epheu, Basel. **Nitidum** F.

— Flügeldecken hinten gerundet, fein punktirt gestreift, Hinterecken des Halsschildes schwach ausgerandet, 3. Fühlerglied wenig kürzer als das 2. und fast doppelt so gross als das 4. Lg. 6—7, Br. 2—2½ mm. Genf, Tessin, Basel, Burgdorf. **Rufipes** Gyll.

Gattung Oligomerus Reitter.

Langgestreckt, cylindrisch, Halsschild quer, Flügeldecken fein und etwas unregelmässig punktirt gestreift. Oberseite braun, fein behaart, Fühler und Beine röthlich, Halsschild viel breiter als lang, hinten und an den Seiten gerundet, Scheibe stark gewölbt, mit schwach vertiefter Mittellinie. Lg. 5—6 mm. Selten. Genf, Schaffhausen, Albis. **Brunneus** Redt.

Gattung Xestobium Motsch.

1. Halsschild breiter als die Basis der Flügeldecken, sein Seitenrand flach ausgebreitet, stark gerundet, Vorder- und Hinterecken gerundet, an der Basis beiderseits flach ausgebuchtet, Flügeldecken gekörnt, matt, schwarz und gelb scheckig behaart. Lg. 6—9 mm. (tesselatum Ol.). Auf Taxus baccata, Buchen und Eichen. Genf, Waadt, Wallis, Basel, Schaffhausen, Sargans, Gadmen, Siselen. **Rufovillosum** De Geer.

— Halsschild nicht breiter als die Flügeldecken, sein Seitenrand flach ausgebreitet, schwach gerundet; Hinterecken gerundet, Flügeldecken fein punktirt, mit schwachem Metallglanz und halb abstehender grauer Behaarung Lg. 5 mm. Selten. Genf, Neuchâtel, Schaffhausen. **Plumbeum** Ill.

Gattung Ernobius Thomson.

1. Das 9. Fühlerglied ist viel kürzer als die sechs vorhergehenden zusammen 2

— Das 9. Fühlerglied ist nicht oder wenig kürzer als die sechs vorhergehenden zusammen 7

2. Halsschild hinten mit einer kleinen, abgekürzten, kielförmigen Erhabenheit und etwas weiter nach

aussen noch eine kleine, rundliche Erhabenheit, Schildchen dicht behaart 3

— Halsschild ohne Beulen, nach vorn verengt, so breit als die Flügeldecken 4

3. Das 5. bis 8. Fühlerglied ziemlich gleich lang, Seitenrand des Halsschildes ziemlich breit und flach, ziemlich gerade, das 8. Fühlerglied etwas kürzer als das 9.; Oberseite rothbraun mit kurzer, feiner Behaarung. Lg. 3 mm. Nicht selten auf Tannen; Waadt, Simplon, Mt. Rosa, Basel, Schaffhausen. **Abietinus** Gyll.

— Das 5. Fühlerglied deutlich grösser als das 4. und 6., das 8. kaum so lang als breit, Vorderecken des Halsschildes fast rechtwinklig, Oberseite rothbraun, ziemlich kurz, gelblich behaart, Unterseite schwarzbraun. Lg. 3½ mm. Nicht selten auf Tannen. Genf, Basel, Zürich, Schaffhausen, Gadmen, Chur, Simplon, Jura. **Abietis** Herbst.

4. Das 6. bis 8. Fühlerglied länglich, lose an einander schliessend 5

— Das 6. bis 8. Fühlerglied kurz, fast quer, dicht aneinander gedrängt, Körper walzenförmig, schwarz, Flügeldecken braun, Fühler und Beine braun, sehr fein und spärlich anliegend behaart. Lg. 5½ mm. Selten. Neuchâtel, Mt. Generoso. **Longicornis** Sturm.

5. Seiten des Halsschildes länger als die Hälfte der Mittellinie, Halsschild mit der ganzen Basis an die Flügeldecken anschliessend, Schildchen dicht behaart 6

— Seiten des Halsschildes viel kürzer als die Hälfte der Mittellinie, die Halsschildecken schief abgestutzt, so dass die Basis nur die Mitte der Flügeldecken berührt, Schildchen nicht behaart; braun, sehr schwach pubescent, glänzend, Flügeldecken gegen die Spitze hin gewöhnlich heller gefärbt. Lg. 3 mm. Wallis, Macugnaga. **Parvicollis** Muls.

6. Das 5. Fühlerglied ist länger als das 4. und das 6., das 7. nicht länger als das 6. und 8., Hinterrand des Halsschildes jederseits leicht ausgeschweift, Oberseite durch dichte Behaarung matt; Behaarung gelbbraun. Lg. 4–6 mm. Genf, Basel, Dübendorf, Zürich, Schaffhausen, Gadmen, Val Bagne. **Mollis** L.

— Das 5. und 7. Fühlerglied sind länger als das 4., 6. und 8., Hinterrand des Halsschildes einfach gerundet, Behaarung so dünn und spärlich, dass die

Oberseite etwas glänzend erscheint. Lg. 4—6 mm. Auf Nadelholz stellenweise nicht selten. Kt. Waadt, Chur. **Consimilis** Muls.

7. Seitenrand des Halsschildes schwach gerundet . . 8
— Seitenrand des Halsschildes stark winklig gebogen, hinter der Mitte ausgebuchtet, Vorderecken fast rechtwinklig, Oberseite und Unterseite schwarz, fast matt, Flügeldecken schwarzbraun, Beine schwarz und nur die Knie und Tarsen gelb. Lg. 3 mm. Selten. Auf Tannen. Wallis. **Angusticollis** Ratz.

8. Seiten des Halsschildes breit abgesetzt, flach, Halsschild ohne Beulen, viel breiter als lang, alle Ecken stumpf und abgerundet, Ober- und Unterseite ziemlich glänzend, rothgelb, der Bauch mitunter dunkler. Lg. 3½ mm. Selten. Wallis, Mt. Rosa, Schaffhausen, Tharasp, Val Entremont, Solothurner Jura. **Pini** Sturm.
— Seitenrand des Halsschildes schmal abgesetzt, Halsschild breiter als lang, alle Ecken stumpf oder abgerundet, die drei letzten Fühlerglieder dicker als die vorhergehenden, Ober- und Unterseite ziemlich glänzend, dunkelbraun. Lg. 5 mm. St. Salvadore in Tessin, an Kastanienbäumen. **Nigrinum** Sturm.

Xyletinini.

Uebersicht der Gattungen.

1. Halsschild ohne Eindruck oder Rinne auf der Unterseite 2
— Halsschild mit einem tiefen Eindruck oder breiten Rinne auf der Unterseite zum Einlegen des Kopfes 3
2. Fühler gekämmt, Körper cylindrisch, Halsschild ohne abgesetzten Seitenrand. **Ptilinus** Geoffr.
— Fühler gesägt, Körper eiförmig, Halsschild mit flach abgesetztem Seitenrand. **Ochina** Steph.
— Fühler fadenförmig, Körper eiförmig, Halsschild ohne abgesetzten Seitenrand. **Hedobia** Latr.
3. Die drei Endglieder der Fühler sind länger als die übrigen, Meso- und Metasternum mit tiefer Längsgrube, Vorderhüften auseinanderstehend, Körper walzenförmig, Flügeldecken punktirt gestreift. **Tripopitys** Redt.
— Die drei letzten Fühlerglieder nicht verlängert, Meso- und Metasternum ohne Gruben. 4

4. Flügeldecken gestreift, Metasternum ohne erhabene Querlinie 5
— Flügeldecken nicht gestreift, Metasternum mit einer erhabenen Querlinie hinter den Mittelhüften, Hinterecken des Halsschildes vollkommen abgerundet. **Lasioderma** Steph.
5. Halsschild quer viereckig, nach vorn nicht verschmälert, mit deutlichen Hinterecken, Körper cylindrisch, letztes Glied der Kiefertaster an der Spitze verbreitert und ausgerandet. **Metholcus** Duv.
— Halsschild nach vorn verengt mit schwach angedeuteten Hinterecken, letztes Glied der Kiefertaster gegen die Spitze verbreitert und abgestutzt, Körper eiförmig. **Xyletinus** Latr.

Gattung Hedobia Latr.

1. Jede Flügeldecke mit vier deutlichen Längsrippen auf der Scheibe, Halsschild mit stumpfem Mittelkiel; braunschwarz, die Seiten des Halsschildes und eine ankerförmige Binde der Flügeldecken weiss beschuppt, die Nath und die Schildchengegend mit röthlichen Haaren meist etwas besetzt. Lg. $3^1/_2$ mm. Hie und da in der westlichen und nördlichen Schweiz. **Regalis** Duft.
— Die Rippen der Flügeldecken sind sehr undeutlich und nur an den Seiten bemerkbar, der Kiel des Halsschildes ist scharf, die Grundfarbe ist heller braun oder mehr graubraun, die weisse Zeichnung aber ganz ähnlich, wie beim vorigen. Lg. $3^1/_2$—$4^1/_2$ mm. Ziemlich selten, aber über die ganze Schweiz verbreitet bis 4000′ ü. M. Simplon, Val Ferret. **Imperialis** L.

Gattung Trypopitys Redt.

Halsschild vor der Wurzel mit leichten Eindrücken, vor den rechtwinkligen Hinterecken tief gebuchtet, Flügeldecken stark punktirt gestreift. Körper schwarz, walzenförmig. Lg. 5—7 mm. In der Schweiz noch nicht aufgefunden, aber sicher nicht fehlend. **Carpini** Herbst.

Gattung Ptilinus Geoffr.

1. Schwarz mit braunen Flügeldecken oder ganz braun mit hellern Fühlern und Beinen, die Fortsätze der Fühlerglieder beim ♂ nicht erweitert gegen die Spitze, Flügeldecken verworren punktirt, ohne erhabene Längslinie. Lg. 3—6 mm. Ueberall nicht selten. **Pectinicornis** L.

— Tief schwarz, Fühler, Schienen und Füsse heller, die Fortsätze der Fühler beim ♂ gegen die Spitze etwas verdickt, Flügeldecken verworren punktirt mit 3 schwach erhabenen Längslinien. Lg. 5 mm. Selten. Genf, Waadt, Dübendorf. **Costatus** Gyll.
Var. Flügeldecken braun. **var. flavescens** Lap.

Gattung Ochina Stephens.

1. Schwarz glänzend, fein behaart, fein und nicht sehr dicht punktirt, schwarz, Fühler, Kopf, Halsschild und die Spitze der Flügeldecken roth, die Beine gelbbraun, Halsschild breit gerandet. Lg. 3 mm. Sehr selten. Genf. (Sanguinicollis Dft.) **Latreilli** Bov.

— Braun, Fühler und Beine heller, fein und dicht punktirt, graugelb behaart, die Wurzel und Spitze und eine breite Querbinde der Flügeldecken kahl, Halsschild mit schmal abgesetztem Rand. Lg. 2—3 mm. Häufig auf Epheu. Genf, Wallis, Basel, Waadt, Aarau, Schaffhausen. **Hederae** Müller.

Gattung Metholcus Duval.

Körper cylindrisch, braun, Halsschild quer viereckig, nach vorn kaum verschmälert, an der Wurzel schwach 2 mal gebuchtet, fein gerandet und mit scharfem Seitenrand, Flügeldecken fein und dicht in etwas unregelmässigen Reihen punktirt; Kiefertaster nach der Spitze verbreitert und an der Spitze ausgerandet, Fühler gesägt. Lg. $3\frac{1}{2}$—$4\frac{1}{2}$ mm. Selten. Mt. Rosa. **Cylindricus** Germ.

Gattung Xyletinus Latr.

1. Metasternum mit einem kleinen Kiel am Vorderrand, hinter welchem sich eine eiförmige Grube befindet, Halsschild schwach gewölbt mit fast geraden Seiten und spitzigen Vorderecken. Körper schmal eiförmig,

Oberseite schwarz, Fühler, Schienen und Tarsen gelbbraun. Lg. 3 mm. Selten. Yverdon, Schaffhausen. **Ater** Panz.

— Metasternum ohne Kiel und ohne Grube, Halsschild stark gewölbt 2

2\. Halsschild schmäler als die Flügeldecken, von oben betrachtet nach vorn schwach gerundet verengt und die Hinterecken seitlich gerundet vortretend; Körper länglich, eiförmig, schwarz mit rothen Fühlern und Beinen; bisweilen sind die Seiten des Halsschildes und der Spitzenrand der Flügeldecken röthlich. Lg. 3 mm. Selten. Yverdon, Mt. Brè, Basel, Schaffhausen. **Pectinatus** F.

— Halsschild breiter als die Flügeldecken, von oben betrachtet nach vorn stark gerundet verengt und die Hinterecken hinten spitzwinklig vortretend erscheinend, Körper kurz eiförmig, schwarz, die Schienen roth. Lg. 3—3½ mm. Selten. Genf, Wallis. **Laticollis** Dft.

Gattung Lasioderma Stephens.

(Pseudochina Duv.)

1\. 2. Tarsenglied verlängt, ein wenig kürzer als das 1., so lang als die 2 folgenden zusammen, 3. Fühlerglied deutlich länger als das 2. 2

— 2. Tarsenglied sehr kurz, ⅓ so lang als das 1. und nicht länger als das 3., Fühler vom 1. Glied an schwach gesägt, die einzelnen Glieder wenig breiter als lang, das 3. kaum so lang als das 2., Halsschild stark in die Quere gezogen, stark gewölbt. Körper oval, Flügeldecken sehr fein punktirt und etwas linienförmig pubescent. Lg. 2 mm., Br. 1½ mm. (Serricorne Muls.) **Testaceum** Dft.

2\. Körper länglich oval, 2. Fühlerglied kurz, fast kugelig 3

— Körper oval, Halsschild stark in die Qnere gezogen, doppelt so breit als lang (von oben betrachtet), stark nach vorn verengt, Vorderecken spitzig, die Hinterecken verschwunden, stark gewölbt und von der Wurzel an nach vorn abschüssig, Fühler vom 4. Glied an gesägt, die Glieder vom 4. an deutlich länger als breit, das 2. länglich, das 3. verlängt, nach innen nicht winklig. Körper ganz bräunlich roth, Mund, Fühler und Beine heller, sehr dicht und fein punktirt und dicht grau pubescent. Lg. 3—4. Br. 2—2½ mm. Siders. **Laeve** Ill.

3. Halsschild mässig in die Quere gezogen, um ⅓ breiter als lang, von der Mitte an nach vorn abschüssig, an der Wurzel deutlich 2 mal gebuchtet, Hinterwinkel zwar sehr stumpf, aber doch angedeutet. Körper braun, der Vorderrand des Halsschildes und der Rand der Flügeldecken gelb, Fühler dunkel; Punktirung fein, Pubescenz dicht, grau, das 3. Fühlerglied leicht winklig nach innen. Lg. 2—2½, Br. 1—1,2 mm. Sehr selten. Schaffhausen. **Haemorhoidalis** Ill.

— Halsschild stark in die Quere gezogen, doppelt so breit als lang, von der Basis an stark nach vorn abschüssig, an der Basis kaum gebuchtet, die Vorderecken spitzig, die hintern fehlend, Halsschild von oben betrachtet mässig nach vorn verschmälert; Fühler vom 4. Glied an gesägt, die Glieder etwas kürzer als breit, das 3. kaum winklig nach innen. Körper gelbroth, dicht und fein punktirt und dicht grau pubescent. Lg. 4, Br. 2,2 mm. (Testaceum Redt., cyphonoides Mor., fulvescens Muls.) Selten. Siders. **Redtenbacheri** Bach.

Dorcatomini.

1. Fühler gesägt, Körper eiförmig Flügeldecken ungestreift. **Mesocoelopus** Duv.

— Fühler mit 3 grossen Endgliedern, Mesosternum ausgehöhlt, Metasternum höckerförmig vorragend . . 2

2. Augen höchstens schwach ausgerandet, Körper etwas länglich mit deutlichen Schultern, Flügeldecken mit 2 eingedrückten Streifen neben dem Seitenrand und meist mit einem rudimentären 3. — Fühler mit 10 Gliedern. **Dorcatoma** Herbst.

— Augen durch einen vom Vorderrand ausgehenden Fortsatz fast in 2 Theile getrennt, Körper fast halbkugelig, Flügeldecken mit 3 eingedrückten Linien an den Seiten, Fühler 9gliedrig. **Coenocara** Toms.

Gattung Mesocoelopus Duval.

Eiförmig, stark gewölbt, schwarz, Fühler und Beine roth, Hinterecken des Halsschildes sehr stumpf. Lg. 1½—2 mm. Zürich, Aarau, Schaffhausen, auf Epheu. **Niger** Müller.

Gattung Dorcatoma Herbst.

1. Flügeldecken und Unterseite gleichmässig fein punktirt, auf erstern der 3. Streif rudimentär, schwarz; Fühler und Beine rothbraun, sehr fein anliegend behaart. Lg. $2^1/_2$—$3^1/_2$ mm. **Dresdensis** Herbst.
— Flügeldecken und Unterseite fein punktirt mit einzelnen gröbern Punkten, die Zwischenräume der Punkte fein punktirt, Flügeldecken mit 3 Streifen, von denen der innerste schwächer und oft abgekürzt, oft nur durch Punkte angedeutet ist, Fühler gelbroth 2
2. Flügeldecken mit etwas abstehenden Haaren, der 3. Streif nur durch Punkte angedeutet, Hinterrand der Abdominalsegmente kaum ausgebuchtet, schwarz, der Seitenrand der Flügeldecken bisweilen röthlich. Lg. 2 mm. Genf, Waadt, Basel. **Chrysomelina** Sturm.
— Flügeldecken mit anliegenden Haaren sparsam bekleidet, Hinterrand der Abdominalsegmente stark ausgerandet, der 3. Streif der Flügeldecken rudimentär, Flügeldecken dicht und etwas runzlig punktirt; pechschwarz, Fühler und Beine röthlichgelb. Lg. $1^1/_2$—2 mm. Genf, Waadt. **Flavicornis** F.

Gattung Coenocara Thoms. (Enneatoma Muls.)

Flügeldecken dunkelbraun und anliegend fein behaart, Körper schwarz, Schienen und Füsse etwas heller, Flügeldecken mit 3 Seitenstreifen, von denen der 3. in der Mitte abgekürzt ist. Lg. $1^1/_2$—2 mm. (Subalpina Bon.) Selten. Zürich, Basel, Schaffhausen. **Bovistae** E. H.

Apatinini.

1. Letztes Glied der Tarsen schmal, kürzer als die übrigen zusammen, Tarsen kaum kürzer als die Schienen, scheinbar 4gliedrig, indem das 1. Glied sehr klein ist 2
— Letztes Glied der Tarsen nach aussen verdickt und so lang als die übrigen Glieder zusammen, Tarsen scheinbar 4gliedrig, oder nur die hintern 4gliedrig, die 3 Endglieder der Fühler bilden eine nicht, oder schwach gesägte Keule 4

2. Körper cylindrisch, Flügeldecken hinten gerundet, 2. Tarsenglied länger als das 3. und 4. zusammen, 2.—4. Tarsenglied unten an der Spitze mit einer kleinen Bürste, Fühler 10gliedrig, die 3 letzten Fühlerglieder bilden eine nach unten stark gesägte Keule. **Bostrychus** Geoffr.
— Körper cylindrisch, Flügeldecken hinten abgestutzt, Tarsenglieder ohne Bürste 3
3. Fühler 10gliedrig, die 3 letzten Glieder bilden eine nach unten stark gesägte Keule, die abgestutzte Stelle der Flügeldecken gezähnt. **Sinoxylon** Duft.
— Fühler 9gliedrig, die 3 letzten Glieder bilden eine lose gegliederte Keule, die abgestutzte Stelle der Flügeldecken ohne Zähne. **Xylopertha** Guér.
4. Seiten des Halsschildes gekörnt, Körper langgestreckt, cylindrisch, Flügeldecken unregelmässig grob gereiht punktirt, Schildchen klein, punktförmig. **Dinoderus** Steph.
— Seiten des Halsschildes nicht gekörnt, Körper kurz, cylindrisch, Flügeldecken fein punktirt gestreift, Schildchen gross, dreieckig. **Sphindus** Chevr.

Gattung Bostrychus Geoffr.

(Ligniperda Pall., Apate Lac.)

1. Körper cylindrisch, schwarz, die Flügeldecken roth, grob verworren punktirt, Halsschild vorn nicht eingeschnitten, mit zahnartigen Körnern. Lg. 3—7 mm. Nicht sehr selten und über die ganze ebenere Schweiz verbreitet. **Capucinus** L.
Var. Flügeldecken heller oder dunkler braun. Sehr selten. Wallis. **v. luctuosa** Ol.
— Körper cylindrisch, schwarz oder dunkelbraun, Flügeldecken gekörnt und mit kleinen weiss behaarten Flecken übersäet, Halsschild vorn tief ausgeschnitten und viel feiner gekörnt als beim vorigen. Lg. 8 bis 9 mm. Sehr selten. Basel. **Varius** Ill.

Gattung Sinoxylon Dft.

Schwarz, grau behaart, Flügeldecken braun, ziemlich grob punktirt, Halsschild grob gekörnt, die Körner an den Seiten stärker, an der eingedrückten Stelle der Flügeldecken ist jederseits neben der Nath ein starker Zahn und am Aussenrande 3 kleine Höckerchen. Lg. 6—6½ mm. Locarno, Misox, Lavey im Kt. Waadt. **Muricatum** F.

Gattung Xylopertha Guér.

1. Schwarz glänzend, die Beine braun, Kopf dicht punktirt, Halsschild vorn grob gekörnt, hinten glatt, Flügeldecken unregelmässig punktirt, an der Spitze schief abgestutzt, der Nathwinkel ausgezogen. Lg. 3 bis 4 mm. Genf, Lugano, Misox, Simplon. **Sinuata** F.

— Schwarz glänzend, Halsschild, Schultern und Beine gelbroth, der helle Fleck der Flügeldecken dehnt sich oft über die ganze vordere Hälfte der Flügeldecken aus, Stirn mit gelben Zottenhaaren. Lg. 1⅔—3 mm. Sehr selten. Genf. (Humeralis Lac.) **Pustulata** F.

Gattung Dinoderus Stephens.

1. Halsschild etwas breiter als lang, vorn grob, hinten feiner gekörnt, Flügeldecken grob und dicht gereiht punktirt, die Reihen nicht ganz regelmässig; Körper schwarz, nicht sehr dicht abstehend behaart. Lg. 4 bis 5 mm. Sitten, Chur. **Substriatus** Payk.

— Halsschild etwas länger als breit, vorn grob, hinten feiner gekörnt, Flügeldecken glänzend, mit etwas unregelmässigen, mässig feinen Punktreihen, schwarz, kaum behaart. Lg. 4—5½ mm. Matt. **Elongatus** Payk.

Gattung Sphindus.

Körper kurz cylindrisch, Kopfschild von der Stirn durch eine tiefe Furche getrennt, vor den Augen buchtig verengt, 1. Fühlerglied dick, die Keule dreigliedrig, Halsschild breit mit gerundeten Ecken, fein punktirt, Flügeldecken fein punktirt gestreift, Schildchen breit dreieckig. Lg. 2 mm. (Dubius Gyll.) Sehr selten. Genf. **Gyllenhali** Germ.

Lyctidae.

Gattung Lyctus F.

Fühler 11gliedrig mit 2 grössern Endgliedern, Oberlippe vorragend, an der Spitze lang bewimpert,

Lippen- und Kiefertaster lang, fadenförmig, Kinn sehr kurz und breit, nach vorn stumpf zugespitzt, Füsse halb so lang als die Schiene, 5gliedrig, das 1. Glied klein und theilweise in der Schiene versteckt; Körper cylindrisch, Kopfschild durch eine tiefe Querfurche von der Stirn getrennt, Seitenrand der Stirn höckerartig aufgeworfen, Augen stark vorragend.

1. Halsschild mit einer länglichen Grube in der Mitte; braun mit helleren Fühlern und Beinen, Kopf und Halsschild dicht körnig punktirt mit fein gekerbten Seitenrändern, Flügeldecken fein punktirt gestreift, in den Zwischenräumen reihenweise behaart. Lg. 4 bis 5 mm. Häufig in der ebenen Schweiz. **Canaliculatus** F.

Var. kleiner, mit kleinerer Grube auf dem Halsschild. **v. pubescens** Redt.

— Halsschild ohne Grube, Körper röthlichbraun, unbehaart, Kopf, Halsschild und Flügeldecken fein punktirt, letztere undeutlich gestreift. Lg. 5 mm. Mit Waaren eingeschleppt. **Brunneus** Stephens.

Cisidae.

Fühler 8—11gliedrig, am Vorderrand der Augen eingefügt, mit 3 grössern Endgliedern, Vorderbrust ohne Fortsatz gegen die Mittelbrust, Bauch aus 5 Ringen bestehend, Hüften der Vorder- und Mittelbeine kugelig oder zapfenförmig, mehr oder weniger in die Gelenkgruben eingeschlossen, Schienen ohne Enddornen, Tarsen 4gliedrig, Klauenglied länger als die 3 andern zusammen.

1. Fühler unter dem erweiterten Seitenrand der Stirn eingelenkt, mit einer Fühlerfurche neben den Augen, Vorderhüften in die Gelenkgruben eingeschlossen. **Cis** Latr.

— Fühler am Innenrande der Augen eingefügt, Vorderhüften zapfenförmig 2

2. Fühler mit 11 Gliedern, Schienen rundlich, am Aussenrand nicht gezähnt, Tarsen dick, kaum kürzer als die Schienen, beim ♂ 5gliedrig, beim ♀ 4gliedrig, Halsschild nach vorn verengt mit gerundeten Seiten und flach ausgebreitetem Seitenrand, Körper dick und kurz, cylindrisch. **Endecatomus** Mellié.

— Fühler mit 10 Gliedern, Kopfschild vorn etwas zugespitzt, beim ♂ mit 2 Höckerchen.
Rhopalodontus Mellié.

— Fühler mit 9 Gliedern, das 5. länglich, 4.—6. kurz, Hinterecken des Halsschildes gerundet, Flügeldecken gleichmässig, nicht gereiht punktirt.
Ennearthron Mellié.

— Fühler mit 8 Gliedern. **Octotemnus** Mellié.

Gattung Endecatomus Mellié.

Heller oder dunkler braun, ungleich fein gelblich behaart, auf dem Halsschild ziemlich dicht, auf den Flügeldecken spärlicher mit netzartig gestellten, feinen Körnchen besetzt, Halsschild fast doppelt so breit als lang, die Vorderecken spitzig, die hinteren abgerundet, der Seitenrand gekerbt und bewimpert, Flügeldecken walzenförmig. Lg. 4½—5 mm. Sehr selten. Genf. **Reticulatus** F.

Gattung Cis Latr.

1. Halsschild uneben mit der Spur eines Kieles . . 2
— Halsschild ohne Unebenheiten 3
2. Flügeldecken runzlig mit grossen Punkten, kaum 1½ mal so lang als zusammen breit, mit dünnen Häärchen sparsam besetzt, Körper breit, stark gewölbt, Halsschild fast breiter als die Flügeldecken, Oberseite braun bis schwarz. Vorderschienen an der Spitze aussen zahnförmig vorgezogen. Lg. 2,8 bis 3,5 mm. Häufig überall bis 5500′ über Meer.
Boleti Scop.

— Flügeldecken runzlig ohne grössere Punkte, mehr als 1½ mal so lang als zusammen breit, mit sehr kurzen, fast schuppenartigen Häärchen nicht sehr dicht besetzt, Körper schmaler, Halsschild fast schmaler als die Flügeldecken, Vorderschienen einfach, Farbe braun bis schwarz. Lg. 2,3—3 mm. Seltener als der vorige. Genf, Neuchâtel, Schaffhausen, Gadmen.
Rugulosus Mellié.

3. Flügeldecken zwischen der feinen Punktirung mit grossen, gereihten Punkten, die bisweilen zu Runzeln zusammen fliessen 4

— Flügeldecken nur mit feinen Punkten gleichmässig besetzt, ohne Punktreihen 7

4. Halsschild mit breit abgesetztem Seitenrand, Flügeldecken ziemlich grob verworren punktirt, oft undeutlich, runzlig, Vorderschienen an der Spitze zahnförmig ausgezogen. Oberseite gelb, mit kurzen abstehenden Börstchen. Lg. 2,5—2,8 mm. Genf, Dübendorf, Gadmen, Büren. **Micans** Herbst.

— Halsschild mit schmal aufgeworfenem Rand, Flügeldecken mit deutlichen Punktreihen, Vorderschienen an der Spitze schwach erweitert 5

5. Flügeldecken hinten nicht höher als vorn, mit kurzen, dicken Börstchen besetzt, die Punktreihen oft undeutlich, Seitenrand des Halsschildes nicht sehr schmal, Vorderecken stumpf. Lg. 2 mm. (micans Gyl.) Genf, Kt. Zürich, Schaffhausen. **Hispidus** Gyll.

— Flügeldecken hinten höher als vorn, die Börstchen feiner und in Reihen stehend, Seitenrand des Halsschildes ganz schmal aufgeworfen, Vorderecken abgerundet 6

6. Körper braun, ♂ mit 2 Tuberkeln auf dem Kopfe, etwas grösser und die Börstchen etwas länger. Lg. 1,8. mm. Selten. Genf, Bex. **Comptus** Gyll.

— Körper glänzend roth, ♂ mit 2 etwas zugespitzten Tuberkeln auf dem Kopf und überdies der Vorderrand des Halsschildes zurückgebogen und in 2 spitzige Zähnchen gespalten. Körper kürzer als beim vorigen, die Pubescenz spärlicher und kürzer. Lg. 2 mm. Savoyer Alpen, Alpen um Genf. **Quadridens** Mellié.

7. Vorderecken des Halsschildes spitzwinklig gegen die Augen vorgezogen 8

— Vorderecken des Halsschildes nicht spitzwinklig gegen die Augen vorgezogen 10

8. Flügeldecken pubescent 9

— Flügeldecken kahl, Halsschild vorn breit und hoch, seine Vorderecken leicht gekielt, Punktirung der Flügeldecken doppelt und unregelmässige Reihen bildend. Lg. 2 mm. Genf, Basel, Schaffhausen, Siselen. **Nididus** Herbst.

9. Flügeldecken glänzend, Pubescenz sehr kurz, Halsschild vorn verbreitert, Vorderrand des Halsschildes und des Kopfes beim ♂ mit 2 starken Höckerchen,

Vorderschienen an der Spitze stark zahnartig erweitert. Lg. 2—2,8 mm. Engadin. **Bidentatus** Ol.

— Flügeldecken glanzlos, dichter punktirt, länger behaart, Halsschild vorn verschmälert, seine Vorderecken weniger vorragend. Lg. 1,8 bis 2,2 mm. Schweiz. **Dentatus** Mellié.

10. Flügeldecken kahl 11

— Flügeldecken pubescent 13

11. Flügeldecken verworren punktirt 12

— Flügeldecken punktirt gestreift; gelblich dunkelbraun, glänzend, Halsschild seitlich gerundet, mit stumpf abgestutzten Vorder- und abgerundeten Hinterecken, auf den Seiten und hinten gerandet, Flügeldecken mit ziemlich groben Punktstreifen und einer feinen Punktreihe auf den Zwischenräumen, Beine gelbroth. Lg. 1,8 mm. Genf, Aarau. **Lineato-cribratus** Mellié.

12. Oberseite dunkelbraun, Vorderecken des Halsschildes sehr stumpf, die hintern abgerundet, die Seiten und Basis gerandet, Flügeldecken nicht breiter als die Halsschildbasis, 2 mal so lang als das Halsschild, ziemlich dicht punktirt, die Zwischenräume der Punkte äusserst fein punktirt, Beine gelbroth. Lg. 2 mm. Genf, Waadt, Bern. **Glabratus** Dej.

— Schwarz, die Flügeldecken roth, glänzend, Mund und Fühler roth, der Vorderrand des Halsschildes röthlich, Halsschild vorn etwas auf den Kopf sich wölbend, sehr fein und zerstreut punktirt, Flügeldecken kaum 2 mal so lang als das Halsschild, fein, aber doch gröber und dichter als das Halsschild punktirt, Beine roth. Lg. 1½ mm. Genf, Aarau, Siselen. **Nitidulus** Mellié.

13. Seiten des Halsschildes schwach gerundet, die Vorderecken schwach und stumpfwinklig gegen die Augen vortretend, Hinterecken deutlich stumpfwinklig, Halsschild fast so lang als breit, Vorderschienen an der Spitze zahnförmig erweitert . . 14

— Seiten des Halsschildes stark gerundet, die Hinterecken gerundet, ♂ mit zweihöckerigem Kopfe . . 16

14. Pubescenz sehr schwach, nur bei stärkerer Vergrösserung deutlich 15

— Pubescenz sehr deutlich, Seitenrand des Halsschildes schmaler abgesetzt, Halsschild mit einem Quereindruck vor der Basis, ganz gelbbraun, dicht punktirt, ♂ mit 2 schwachen Höckerchen auf dem Kopfe, Körper länglich. Lg. 2,6 mm. Schweiz. **Punctulatus** Gyll.

15. Halsschild ohne Unebenheiten, so breit als lang, Seiten sehr schwach gerundet, der Rand etwas breiter abgesetzt und aufgebogen, Kopfschild des ♂ ohne Höckerchen. Lg. 1,8—3 mm. **Alni** Gyll.

— Halsschild mit einer schwachen Querleiste und zwischen den Enden dieser und dem Vorderrand eine schwache Vertiefung, seine Seiten etwas mehr gerundet und mit etwas schmaler abgesetztem Rand, Körper kurz, sehr dicht und fein punktirt. Lg. 1,8 mm. Genf. **Punctifer** Mell.

16. Halsschild kleiner, schmaler, etwas länger behaart, gelbbraun, so lang als breit, vorn verschmälert, seitlich und hinten gerandet, Flügeldecken 2½ mal so lang als das Halsschild, gröber punktirt als dasselbe. Lg. 1,2—1,5 mm. Schaffhausen. **Vestitus** Mell.

— Halsschild grösser, breiter, weniger lang behaart . 17

17. Punktirung des Halsschildes ebenso grob wie die der Flügeldecken, aber dichter, Halsschild fast so hoch als die Flügeldecken, Kopf und Halsschild schwarzbraun, Flügeldecken braun. Lg. 1,5—1,8 mm. Genf, Vevey, Neuchâtel, Schaffhausen, Dübendorf, Gadmen. **Festivus** Panz.

— Punktirung des Halsschildes feiner aber nicht dichter als die der Flügeldecken, Halsschild weniger hoch als die Flügeldecken, diese hinten etwas höher als vorn, Kopf und Halsschild fast schwarz, Flügeldecken gelbbraun, Behaarung gelb. Lg. 1,5—1,8 mm. (alpinus Mell.) Genf, Gadmen, Büren. **Bidentulus** Rosh.

Anm. **Cis Jaquemarti**, der im Gadmenthal gefunden worden sein soll, hat kahle Flügeldecken mit ungleicher Punktirung, Halsschild so lang als breit, die Vorderecken fast rechtwincklig, die hintern abgerundet und gerandet. Lg. 2 mm.

Gattung Rhopalodontus Mell.

Schwarz oder dunkelbraun, glänzend, mit gelben Fühlern und Beinen und kurzen, weisslichen, nicht in Reihen gestellten Börstchen ziemlich dicht besetzt,

Vorderrand des Kopfschildes nicht aufgebogen, hinter demselben mit 2 Höckerchen, Halsschild mit einfachem Vorderrand und flach verrundeten Ecken, viel breiter als lang, Flügeldecken so breit als das Halsschild und nur um $^1/_3$ länger als breit. Lg. 10—12 mm. Genf, Basel, Schaffhausen. **Fronticornis** Panz.

Gattung Ennearthron Mell.

1. Kopfschild vorn beim ♀ schwach, beim ♂ stark aufgebogen und 2zähnig, Halsschild beim ♂ mit 2 hornartigen Zähnchen, nach vorn erweitert, Vorderecken stumpfwinklig, Flügeldecken stark und etwas gröber punktirt als das Halsschild, mit kurzen, etwas schuppenförmigen Börstchen dicht und nicht reihenweise besetzt. Lg. 1,5 mm. Häufig überall, besonders in Balken. **Cornutum** Gyll.

— Kopfschild beim ♂ und ♀ vorn nicht aufgebogen, beim ♂ mit 2 Hörnchen hinter dem Vorderrand, Halsschild mit einfachem Vorderrand und schwach verrundeten Vorderecken, Beine gelb mit dunklen Schenkeln; Fühler gelb mit dunkler Keule. Oberseite schwarz, Flügeldecken mit weissen Börstchen reihenweise besetzt, Halsschild weniger dicht punktirt, Vorderschienen mit einem kleinen Zähnchen an der Spitze. Lg. 1—$1^1/_2$ mm. Nicht selten. Genf, Waadt, Wallis, Zürich, Schaffhausen. **Affine** Gyll.

Gattung Octotemnus Mell. (Orophius Redt.)

1. Körper länglich, cylindrisch, Mandibeln vorragend, Halsschild so lang als breit, nach vorn sehr wenig verengt, fein punktirt, Flügeldecken mehr als $1^1/_2$ mal so lang als breit, mit parallelen Seiten, fein punktirt, Oberseite braun, ziemlich glänzend, unbehaart. Lg. 2 mm. Nicht selten. Genf, Waadt, Wallis, Bündten, Jura. **Mandibularis** Gyll.

— Körper eiförmig, Mandibeln nicht vorragend, Halsschild so lang als breit, nach vorn verengt, Flügeldecken kaum $1^1/_2$ mal so lang als zusammen breit, ziemlich fein punktirt, unbehaart, glänzend. Lg. $1^1/_2$ mm. Nicht selten. Genf, Jura, Ct. Zürich und Schaffhausen, Gadmen häufig. **Glabriculus** Gyll.

Tenebrionidae.

Fühler 11gliedrig, unter dem mehr oder weniger aufgeworfenen Seitenrand des Kopfes eingefügt. Augen häufig gross, quer, ausgerandet oder selbst durch die Kopfleiste in 2 Theile getheilt, Oberkiefer kurz und kräftig, innen ausgeschnitten und am Grunde gezähnt; Unterkiefer mit 2 mehr oder weniger hornigen Lappen, der innere kleiner, an der Spitze oft mit einem Hornhaken. Kinn oft sehr gross, den ganzen Mund bedeckend, oder gestielt. Hüften niemals einander berührend, die Vorderhüften kugelig, in geschlossene Gelenkgruben eingefügt, die mittleren Gelenkgruben nach aussen häufig klaffend, Hinterhüften quer. Die 4 vordern Tarsen mit 5, die hintern mit 4 Gliedern; Klauen einfach, Bauch mit 5 Ringen.

Uebersicht der Gruppen.

1. Tarsen bewimpert oder stachlig 2
— Tarsen auf der Unterseite behaart 5
2. Kinnplatte gross, die Mundtheile ganz bedeckend, Kiefertaster beilförmig 3
— Kinnplatte die Mundtheile nicht bedeckend . . . 4
3. Kopf hinten halsförmig verengt, Kopfschild vorgestreckt. 1) **Blaptini.**
— Kopf hinten nicht verengt, Kopfschild kurz, Oberlippe vorragend. 2) **Asidini.**
4. Hinterhüften durch einen schmalen, dreieckig zugespitzten Fortsatz getrennt, Schildchen klein. 3) **Crypticini.**
— Hinterhüften durch einen breiten, gerundeten Fortsatz getrennt, Schildchen grösser. 5) **Opatrini.**
5. Metasternum viel länger als das Mesosternum . . 6
— Metasternum nicht oder wenig länger als das Mesosternum, Vordertarsen beim ♂ erweitert, auf der Unterseite bürstenförmig behaart. 10) **Helopini.**
6. Vordertarsen beim ♂ erweitert. 4) **Pedinini.**
— Vordertarsen beim ♂ nicht erweitert 7
7. Prosternum kurz, Körper kurz eiförmig, mehr oder weniger gewölbt 8
— Prosternum lang, Körper langgestreckt, mehr flach, Augen nicht vorragend 9
8. Kopf mit einer Querfurche vor den Augen, diese nicht vorragend. 6) **Bolitophagini.**
— Kopf ohne Querfurche vor den Augen, diese vorragend, Halsschild nach vorn verengt. 7) **Diaperini.**
9. Trochantinen der Mittelhüften nicht sichtbar, Kopf bis zu den Augen in's Halsschild zurückgezogen. 8) **Ulomini.**
— Trochantinen der Mittelhüften deutlich, Kopf nicht zurückgezogen. 9) **Tenebrionini.**

1. Blaptini.

Gattung Blaps. Fabr.

Fühler vor den schmalen, nierenförmigen Augen eingefügt, gegen die Spitze kaum verdickt, ihr 3. Glied so lang als die drei folgenden zusammen, Halsschild mehr oder weniger viereckig, Flügeldecken breiter als das Halsschild, ihr umgeschlagener Rand die Seiten des Hinterleibs umfassend, jede einzelne Decke hinten in eine längere oder kürzere Spitze ausgezogen. Grosse, schwarze Käfer, die an dunklen, feuchten Orten leben.

1. Spitzenrand des 1. Bauchringes beim ♂ in der Mitte mit einem Haarbüschel 2

— Spitzenrand des 1. Bauchringes beim ♂ in der Mitte ohne Haarbüschel. Halsschild um 1/4 breiter an der Wurzel, als in der Mittellinie lang, 5. und 6. Fühlerglied wenigstens um die Hälfte länger als breit, Mucro der Flügeldecken kurz, der umgeschlagene Seitenrand derselben von der Wurzel bis zur Spitze verschmälert. Lg. 20—24,8 mm. (B. mortisaga Schrank, Ol. mucronata Latr. obtusa Sturm). Ziemlich häufig in der ebenern Schweiz. **Chevrolati** Sol.

2. Mucro in beiden Geschlechtern gleich lang, Halsschild kaum breiter als lang, vorn wenig schmäler als hinten, fein zerstreut punktirt, Körper ziemlich schlank. Lg. 22—24 mm. Selten, Genf, Lausanne. **Mortisaga** L.

— Mucro beim ♂ länger als beim ♀. Halsschild viel breiter als lang, 5. und 6. Fühlerglied kaum länger als breit, Flügeldecken mit vorspringenden Schultern, grob zerstreut punktirt, bisweilen schwach gestreift. Lg. 22—24 mm. (fatidica Sturm, obtusa Curtis.) Häufig durch die ganze ebenere Schweiz. **Similis** Latr.

2. Asidini.

Gattung Asida Latr.

Kinnplatte kurz herzförmig, den Mund ganz bedeckend, Kiefertaster mit dreieckigem Endglied, das 3. Fühlerglied lang, das letzte sehr kurz, Augen klein, nierenförmig, von den Vorderwinkeln des Halsschildes theilweise bedeckt, Halsschild quer, die Ränder breit abgesetzt, der Hinterrand beiderseits ausgebuchtet. Flügeldecken mit breit umgeschlagenem Seitenrand, der bis an die Hüften reicht. Plumpe, träge Thiere von ovaler

Form, fast immer mit einer grauen lehmigen Kruste mehr oder weniger bedeckt.

Halsschild in der Mitte weiter nach hinten vorragend, als seine Hinterecken, nach hinten wenig, nach vorn stärker verengt, Flügeldecken mit vier wellenförmigen, häufig unterbrochenen Längserhabenheiten, von denen die 2. und 3. sich hinten nähern, mit einem winkligen Kiel am Schulterwinkel. Fühler und Beine dick, Hinterschienen gekrümmt. Lg. 10 bis 14 mm. Nur in der südlichen Schweiz, Unterwallis und Tessin. **Grisea** Ol.

Var. b. Flügeldecken etwas bauchiger, die erste Rippe der Flügeldecken fehlt ganz und der Kiel in den Schulterwinkeln ist mehr gerundet. Genf, Selten. v. **helvetica** Sol.

3. Crypticini.

Gattung Crypticus Latreille.

Kiefertaster mit beilförmigem Endglied, Körper unbehaart, Halsschild nach vorn stark verengt und etwas breiter als die Flügeldecken, viel breiter als lang, Schildchen breit dreieckig.

1. Schwarz, fast glanzlos, Halsschild 1²/₃ mal so breit als lang, an der Wurzel in flachem Bogen ausgeschnitten, sehr fein und dicht punktirt, Flügeldecken fast doppelt so lang als das Halsschild, in der Mitte fast parallel, weniger dicht punktirt als das Halsschild und sehr schwach gestreift. Lg. 5—6 mm. Genf, Tessin, Basel, Zürich. (glaber F.). **Quisquilius** L.

— Dunkel erzfärbig, glänzend, Halsschild mehr als doppelt so breit als lang, an der Wurzel tief ausgeschnitten, die Hinterecken stark nach hinten verlängert, fein zerstreut punktirt, Flügeldecken dreieckig, an den Schultern am breitesten, ihr Seitenrand kaum länger als der des Halsschildes, nicht dichter und fast ebenso fein punktirt wie das Halsschild und mit deutlichen Streifen in der Nähe der Nath. Lg. 3—4¹/₂ mm. Sehr selten, Simplon. **Alpinus** Comolli.

4. Pedinini.

1. Augen durch den Vorderrand des Kopfes in 2 Theile getheilt, Kinnplatte mit kielförmiger Mittellinie, Halsschild hinten in flachem Bogen ausgerandet, die Vorderbrust mit einem ziemlich breiten, löffelartigen Fortsatz zwischen den Vorderhüften.

Gattung Pedinus Latr.

1. Schwarz, wenig glänzend, Halsschild und Centrum der Flügeldecken dicht und fein punktirt, Hinterschenkel beim ♂ gekrümmt und gelb behaart. Lg. $7^1/_2$—$8^1/_2$ mm. Genf. **Femoralis** L.

— Augen durch den Kopfrand nicht vollkommen getrennt, Kinnplatte ohne kielförmige Mittellinie, Halsschild am Grunde 2 mal gebuchtet, Flügeldecken an der Wurzel mit einem kleinen Ausschnitt für die Hinterecken des Halsschildes.

Gattung Dendarus Latr.

Schwarz, wenig glänzend, flach, dicht längsrunzlig punktirt, Flügeldecken punktirt gefurcht mit etwas gewölbten, dicht punktirten Zwischenräumen; Halsschild vor dem Hinterrande stark verschmälert. Lg. 11—12 mm. Wallis und Tessin. (coarcticollis Muls.) **Tristis** Rossi.

5. Opatrini.

1. Letztes Glied der Kiefertaster stark beilförmig, der umgeschlagene Rand der Flügeldecken reicht nicht bis zur Spitze, Halsschild jederseits stark ausgebuchtet. **Opatrum** F.

— Letztes Glied der Kiefertaster oval, der umgeschlagene Rand der Flügeldecken reicht bis zur Spitze . . . 2

2. Augen grösstentheils vom Seitenrand des Kopfes überzogen, Halsschild hinten beiderseits schwach gebuchtet, Oberseite des Körpers kahl, Flügeldecken unregelmässig, fein zerstreut punktirt. **Microzoum** Redt.

— Augen rund, vorragend, vom Seitenrand des Kopfes nicht überzogen, Halsschild vor den Hinterecken beiderseits stark gebuchtet, Oberseite beschuppt, Flügeldecken punktirt gestreift. **Lichenum** Blanchard.

Gattung Opatrum Fabr.

1. Kinn kaum länger als breit, herzförmig, nach vorn verschmälert. (Subg. Opatrum) 2

— Kinn viel länger als breit, rautenförmig. (Subg. Gonocephalum) 3

2. Schwarz, matt, feinkörnig, Halsschild an der Basis leicht zweibuchtig, die Hinterecken wenig nach hinten vorragend, Flügeldecken mit 3 erhabenen Streifen

und glatten Erhabenheiten, um die Hälfte länger als breit. Lg. 7—8 mm. Ueberall gemein. **Sabulosum** L.

— Schwarz, matt, feinkörnig, Halsschild an der Basis sehr tief 2 mal gebuchtet, die Hinterecken stark nach hinten vorragend, die Seitenränder sehr breit und flach abgesetzt; die Skulptur der Flügeldecken wie beim vorigen. Lg. 8 mm. (Col. Europae Suppl. p. 49.) Im Unterwallis nicht selten. **Distinctum** Villa.

3. Stirneindruck schwach, Halsschild seitlich gerundet, nach vorn aber nicht erweitert, die Hinterecken scharf rechtwinklig, kaum merklich nach aussen und hinten vorgezogen, der Seitenrand flach abgesetzt, Flügeldecken bis hinter die Mitte kaum merklich erweitert, gekörnelt, breit gefurcht, in den Streifen undeutlich punktirt. Lg. 5, Br. 2 mm. Genf. **Viennense** Fröhl.

— Stirneindruck stärker, Halsschild doppelt so breit als lang, seitlich gerundet und nach vorn etwas erweitert, der Seitenrand nur vorn deutlich abgesetzt, die Hinterecken spitzig, Flügeldecken deutlich punktirt gestreift 4

4. Halsschild seitlich stark gerundet, vor der Mitte am breitesten, sein Hinterlappen nicht mehr nach hinten vorragend als die Hinterecken, Flügeldecken stärker punktirt gestreift. Lg. 5—5½, Br. 2—2½ mm. Genf. **Pusillum** F.

— Halsschild seitlich weniger stark gerundet, in der Mitte am breitesten, sein Hinterlappen ragt weiter nach hinten als die Ecken, Flügeldecken schwächer punktirt gestreift. Lg. 5, Br. 2½ mm. Selten. Genf. **Pygmaeum** Dej.

Gattung Microzoum Redtenbacher.

Schwarz, kahl, wenig glänzend, dicht und fein punktirt, 3 flache Erhabenheiten des Halsschildes und einige flache Runzeln der Flügeldecken weniger dicht oder fast gar nicht punktirt, Halsschild um die Hälfte breiter als lang. Vorderschienen dreieckig erweitert, mit 4—5 Zähnen. Lg. 2½—3 mm. Genf und Unterwallis. **Tibiale** Redt.

Gattung Lichenum Redt.

Länglich eiförmig, braun, mit grauen und bräunlichen Schuppen dicht bedeckt und ausserdem mit sehr kurzen Börstchen bekleidet, Halsschild und Flügeldecken am Rande mit etwas längern Borsten bewimpert, Halsschild am Grunde 2 mal gebuchtet und jederseits mit einem schrägen Eindruck, Flügeldecken tief punktirt gefurcht, Fühler und Beine röthlich. Lg. 3—3½ mm. Locarno. **Pictum** F.

6. Bolitophagini.

1. Seitenrand des Kopfes die Augen fast ganz durchsetzend, Seitenrand des Halsschildes breit und flach abgesetzt und gezähnelt **Bolitophagus** Ill.

— Seitenrand des Kopfes nicht ganz bis zur Mitte der Augen eindringend, der des Halsschildes nur eine feine Leiste bildend. **Eledona** Latr.

Gattung Bolitophagus Ill.

Halsschild vorn tief ausgerandet, nach hinten verengt, Vorderecken nach vorn vorspringend, die Hinterecken spitzig und etwas nach aussen gerichtet, Flügeldecken tief punktirt gefurcht mit rippenartig erhabenen Zwischenräumen. Lg. 6 mm. Matt, Genf. (crenatus F.) **Reticulatus** L.

Gattung Eledona Latr.

Halsschild vorn und hinten fast gerade abgestutzt, gewölbt, mit stumpfen Hinterecken, Flügeldecken punktirt gefurcht mit rippenartig erhabenen Zwischenräumen. Körper braun. Lg. 2½-3 mm. (agaricola Redt.) Nicht häufig und meist in einiger Anzahl zusammen. Genf, Vevey, Basel, Schaffhausen, Kt. Zürich, Rheinthal. **Agricola** Herbst.

7. Diaperini.

1. Augen ausgerandet 2

— Augen nicht ausgerandet, gross, halbkugelig mit fünfgliedriger Keule, Augen unter dem Seitenrand des Kopfes eingefügt, Kiefertaster mit eiförmigem Endglied, Körper klein, Flügeldecken verworren punktirt. **Pentaphyllus** Redt.

2. 1. Glied der Hintertarsen kurz, kaum länger als das 2., Fühler mit 8 grössern Endgliedern, die viel breiter als lang sind und unter sich an Grösse gleich, Körper eiförmig, hochgewölbt, Halsschild quer, die Hinterecken stumpfwinklig, Flügeldecken punktirt gestreift. **Diaperis** Geoffroy.

— 1. Glied der Hintertarsen lang 3

3. Hinterhüften durch einen breiten Fortsatz getrennt, Endglied der Kiefertaster walzenförmig, Mittelbrust mit einer tiefen Grube zur Aufnahme für einen flachen, gerundeten Fortsatz der Vorderbrust, Oberseite des Körpers metallisch. **Scaphidema** Redt.

— Hinterhüften durch einen schmalen, zugespitzten Fortsatz getrennt, Endglied der Kiefertaster beilförmig, Mittelbrust mit einer Grube zur Aufnahme eines schmalen Fortsatzes der Vorderbrust, Körper metallisch. **Platydema** Lap.

Gattung Diaperis Geoffr.

Schwarz glänzend, unbehaart, Halsschild nach vorn stark verengt, fein punktirt, Flügeldecken fein punktirt gestreift, eine breite gezackte gelbe Binde an der Basis, eine ähnliche hinter der Mitte, sowie auch die Spitze gelb. Lg. 5—6 mm. Selten aber ziemlich weit verbreitet; Genf, Waadt, Wallis, Basel, Schaffhausen, Chur, Marienberg im Kt. St. Gallen. **Boleti** L.

Gattung Scaphidema Redt.

Körper kurz, eiförmig, mässig gewölbt, Kopf und Halsschild röthlich, Flügeldecken erzfärbig oder metallbraun, fein punktirt gestreift, Zwischenräume eben, sehr fein zerstreut punktirt. Lg. $2^1/_2$—4 mm. (aeneum Panz., bicolor Fabr.) In Schwämmen und am faulen Holz, selten. Genf, Waadt, Basel, Schaffhausen, Zürich, Rheinthal. **Metallicum** Fabr.

Gattung Platydema Laporte.

Länglich eiförmig, oben glänzend blau, Fühler und Beine braun, Spitze der Fühler und Tarsen rostroth, Kopf und Halsschild dicht punktirt, Flügeldecken tief punktirt gestreift mit dicht punktirten, schwach gewölbten Zwischenräumen. Lg. 7—9 mm. Sehr selten. In Baumschwämmen und unter Rinde; Genf, Lausanne, Schaffhausen, Siselen. **Violaceum** Fabr.

Gattung Pentaphyllus Latr.

Röthlich gelbbraun, ziemlich flach, dicht und fein punktirt und fein behaart. Kopf vorn gerundet,

Halsschild fast doppelt so breit als lang, nach vorn verengt, Hinterecken rechtwinklig, mit abgestumpfter Spitze. Lg. $1^3/_4$—2 mm. Selten. Genf, Pomy, Bern.
Testaceus Hellw.

Ulomini.

1. Mesosternum mit einer tiefen Grube zur Aufnahme des Fortsatzes der Vorderbrust, Vorderschienen mehr oder weniger erweitert, Körper ziemlich gross . . 2
— Mesosternum mit einem flachen Eindruck, Vorderschienen schmal, Körper klein 3
2. Vorderschienen nach aussen stark erweitert mit gezähntem Aussenrand, Epipleuren der Flügeldecken abgekürzt. **Uloma** Redt.
— Vorderschienen schwächer erweitert, gezähnelt, Epipleuren der Flügeldecken bis zur Spitze verlaufend.
Alphitobius Steph.
3. Augen durch den Seitenrand des Kopfes stark eingeschnitten, Flügeldecken das Pygidium ganz bedeckend 4
— Augen nicht oder schwach eingeschnitten, Pygidium meist unbedeckt; Fühler vom 5. Gliede an verdickt, Endglied der Kiefertaster lang eiförmig; Halsschild so lang oder länger als breit, seitlich fein gerandet, mit fast parallelen Seiten, Flügeldecken wenig breiter als das Halsschild und 2 bis 3 mal so lang als breit. **Hypophloeus** Fabr.
4. Fühler mit dreigliedriger Keule, Seitenrand des Kopfes und Stirn einfach, Endglied der Kiefertaster lang eiförmig, Kopf bis zu den Augen ins Halsschild eingezogen, Halsschild viereckig, Flügeldecken kaum oder nicht breiter als das Halsschild, Körper klein, schmal, mit parallelen Seiten. **Tribolium** Mac L.
— Fühler allmählig verdickt, Seitenrand des Kopfes vor den Augen blattförmig ausgebreitet, Stirn beim ♂ mit 2 nach vorn gerichteten Hörnern. Kleine blass gelbbraune Thiere mit parallelen Seiten.
Gnathocerus Thunb.

Gattung Tribolium Mac L.

Oberseite braun, etwas flach, Flügeldecken fein punktirt gestreift, die Zwischenräume nach aussen schwach leistenförmig erhaben. Lg. 3—$3^1/_2$ mm. Bern, Chur.
Ferrugineum F.

Gattung Gnathocerus Thunby.

Blassgelb, fast parallel, Halsschild breiter als lang, nach hinten schwach verrengt, Flügeldecken fein punktirt gestreift, ♂ mit 2 nach vorn gerichteten spitzigen Hörnern auf der Stirn und sichelförmig vorragenden Mandibeln, ♀ mit einfacher Stirn und Mandibeln. Lg. 4 mm. Genf. **Cornutus** F.

Gattung Hypophloeus F.

(Corticeus Piller.)

1. Flügeldecken punktirt gestreift 2
— Flügeldecken verworren punktirt 3
2. Pygidium unbedeckt, die Epipleuren der Flügeldecken sind abgekürzt. Körper cylindrisch, braun, Halsschild länger als breit, Flügeldecken fast 3 mal so lang als breit. Lg. 5—6 mm. Genf, Basel, Schaffhausen, Bern, St. Gallen, Matt, Gadmen, Siselen. **Castaneus** F.
— Pygidium fast ganz bedeckt, die Epipleuren der Flügeldecken reichen bis zur Spitze. Körper rostroth, wenig glänzend, etwas flach gedrückt, Halsschild so lang als breit, Flügeldecken doppelt so lang als breit. Lg. 3 mm. Sehr selten. Schaffhausen. **Depressus** F.
3. Oberseite ganz rostroth oder bräunlichroth . . . 4
— Oberseite wenigstens theilweise dunkel 5
4. Gelbbraun, glänzend, Fühler und Beine heller, Halsschild länger als breit, sehr fein punktirt, Flügeldecken fein und ziemlich dicht punktirt. Lg. 3½ mm. Sehr selten. Bündtner Oberland. **Pini** Panz.
— Braun oder rothbraun, glänzend, Fühler und Beine heller, Halsschild nicht länger als breit, Flügeldecken weniger dicht punktirt als beim vorigen, mit einer Punktreihe neben der Nath. Lg. 3—4 mm. Genf. **Fraxini** Kap.
5. Flügeldecken an der Basis braun, hinten schwarz . 6
— Flügeldecken ganz gelbbraun, Halsschild schwarz, etwas länger als breit, Körper lang und schmal. Lg. 2½ mm. Selten. Genf, Basel, Schaffhausen, Gadmen. **Linearis** F.
6. Halsschild braun, Flügeldecken fein zerstreut punktirt. Lg. 3½—4 mm. **Bicolor** Ol.

— Halsschild schwarz, Körper langgestreckt, schmal, Halsschild etwas länger als breit, ziemlich dicht und tief punktirt. Lg. 3—3½ mm. Sehr selten. Genf. **Fasciatus F.**

Gattung Uloma Redt.

1. Dunkelbraun, glänzend, Körper wenig gewölbt, fast parallel, Halsschild ziemlich dicht punktirt, hinten gerandet, Flügeldecken fast gekerbt gestreift. Vorderschienen mit 6—8 Zähnchen, ♂ mit einem Eindruck und 2 kleinen Höckern auf der Vorderhälfte des Halsschildes. Kinn mit Haarbürstchen. Lg. 9 mm. Genf, Gadmenthal, Diessenhofen und Stein a. Rh., St. Gallen. **Culinaris L.**

— Kleiner, schmaler und flacher als der vorige, ihm sonst sehr ähnlich, Halsschild hinten gar nicht oder nur in den Ecken gerandet, ♂ Kinn unbehaart, Vorderschienen nur mit 4—6 Zähnchen. Lg. 8—9 mm. Domleschg. **Perroudi Muls.**

Gattung Alphitobius Steph.

Schwarz, glänzend, die Unterseite und Beine braun, Halsschild fein und ziemlich dicht punktirt, vorn ausgeschnitten, hinten 2 mal gebuchtet, so breit als die Flügeldecken, diese fein punktirt gestreift mit fein und sparsam punktirten Zwischenräumen. Lg. 4½—5½ mm. In Bern in einer Mehlwürmerzucht zahlreich (importirt). **Diaperinus** Panz.

Tenebrionini.

1. Halsschild flach mit scharfem Seitenrand und deutlichen Hinterecken, Beine kurz, Oberseite des Körpers ziemlich gewölbt 2

— Halsschild gewölbt mit abgerundetem Seitenrand, Fühler nach aussen allmählig verdickt. **Upis F.**

2. Epipleuren der Flügeldecken bis gegen die Spitze deutlich, Halsschild breiter als lang 3

— Epipleuren der Flügeldecken kurz, Halsschild fast so lang als breit. Leben unter Rinden. **Bius Muls.**

3. Kinn breiter als lang, nach vorn verbreitert und abgestutzt; Körper langgestreckt mit parallelen Seiten, Fühler nach aussen schwach verdickt, Halsschild

breiter als lang, Schildchen gross und quer, Flügeldecken ziemlich fein gestreift. Die Larven sind als Mehlwürmer bekannt. **Tenebrio** L.

— Kinn so lang als breit, eiförmig, Schildchen klein, dreieckig, Flügeldecken stark punktirt gestreift, Fühler nach der Spitze ziemlich stark verdickt. Im ganzen der vorigen Gattung sehr ähnlich. **Menephilus** Muls.

Gattung Tenebrio L.

1. Oberseite glänzend, letztes Fühlerglied so lang als breit, länger als das vorletzte, Halsschild ohne Querwulst, viel breiter als lang, Flügeldecken gestreift, in den Streifen schwach punktirt, die Zwischenräume dicht punktirt. Lg. 15 mm. Ueberall gemein. **Molitor** L.

— Oberseite matt, letztes Fühlerglied quer, Halsschild wenig breiter als lang, vor dem Hinterrand mit einem schwachen Querwulst, Flügeldecken schwach punktirt gestreift, die Zwischenräume runzlich punktirt mit einer Reihe erhabener Körnchen. Lg. 14—18 mm. Genf, Waadt, Wallis, Basel, Kt. Zürich, Aargau, auch noch im Engadin. **Obscurus** F.

Gattung Menephilus Muls.

Halsschild etwas breiter als lang mit spitzigen, nach hinten ausgezogenen Hinterecken, stark und dicht punktirt, Flügeldecken stark gestreift, beim ♂ sind die Vorderschienen gekrümmt. Lg. 12—13 mm. Sehr selten. (cylindricus Herbst). Siders **Curvipes** F.

Gattung Bius Muls.

Rostroth, die Flügeldecken mitunter dunkler, selbst schwärzlich, Halsschild wenig breiter als lang, mit gerundeten Vorderecken und rechtwinkligen Hinterecken, ziemlich fein, die Flügeldecken wenig breiter als das Halsschild, ziemlich dicht und fein zerstreut punktirt mit einem vertieften Streifen neben der Nath. Lg. 6 mm. Rosenlaui auf Weisstannen. **Thoracicus** F.

Gattung Upis F.

Schwarz, wenig glänzend, Halsschild so lang als breit, cylindrisch, Hinterecken nicht vorspringend, Flügeldecken breiter als das Halsschild, dicht gerunzelt. Lg. 16—20 mm. Chambery. **Ceramboides** L.

Helopini.

1. Körper fast rund, stark gewölbt, Beine lang und stark, die Vorderschenkel mit einem grossen dreieckigen Zahn. (Acanthopus Latr.) **Enoplopus** Sol.
— Körper verlängt, Schenkel stets ungezähnt . . . 2
2. Augen sehr klein, vom Vorderrand des Halsschildes entfernt, Schenkel keulenförmig verdickt, Halsschild so lang als breit, in der Mitte am breitesten, Flügeldecken lang eiförmig, hinter der Mitte am breitesten. **Laena** Latr.
— Augen quer, einfach oder nierenförmig getheilt, Kopf bis zu den Augen ins Halsschild zurückgezogen, Schenkel nicht verdickt 3
3. Fühler stark, 3.—8. Glied verlängt, das 9. u. 10. kürzer, breiter, zusammengedrückt, Unterseite des Halsschildes grob punktirt oder grob gerunzelt. **Helops** F.
— Fühler stark, 4.—10. Glied keulenförmig, Halsschild auf der Unterseite fast immer gestreift, die Epipleuren der Flügeldecken erreichen das letzte Bauchsegment nicht, Flügeldecken kräftig punktirt-gestreift, ihre Zwischenräume niemals gekörnt, Körper eiförmig oder länglich-eiförmig, Halsschild breiter als lang, seine Hinterecken fast immer nach hinten vorragend. **Nalassus** Muls.
— Fühler schlank, den Hinterrand des Halsschildes weit überragend, 9. und 10. Glied nicht oder kaum dreieckig erweitert 4
4. Die Epipleuren des Metathorax sind nach vorn nicht erweitert, an der Innenseite geradlinig, Halsschild herzförmig, Körper lang gestreckt, vor der Spitze geschweift, die Spitze selbst zugespitzt oder in einen Fortsatz ausgezogen. **Stenomax** All.
— Die Epipleuren des Metathorax sind nach vorn verbreitert, Prosternum mit einem kleinen Tuberkel an der Spitze, Körper stark gewölbt, dick, fast cylindrisch, Halsschild nach hinten verschmälert, Flügeldecken nicht oder nur hinten gestreift. **Diastixus** All.

Gattung Laena Latr.

Dunkelbraun, die Wurzel der Fühler, Unterseite und Beine etwas heller, Halsschild nach rückwärts etwas mehr als nach vorn verschmälert, mit tiefen, zerstreuten Punkten, Flügeldecken tief gekerbt gestreift, die Zwischenräume gewölbt mit zerstreuten Punkten Lg. 7 mm. (viennensis Sturm). Schweiz (?) **Pimelia** F.

Gattung Enoplopus Solier.

Schwarz und nur die Tarsen braunröthlich. Halsschild der Länge nach gerunzelt, fast doppelt so breit als lang, Flügeldecken etwas breiter als das Halsschild und nur wenig länger als zusammen breit, fein gestreift, die Streifen weitläufig punktirt, die Zwischenräume fein punktirt. Lg. 9—11 mm. Genf.
Caraboides Petag.

Gattung Helops Fab.

Oben violettblau, unten schwarz, Halsschild etwas breiter als lang, vorn in regelmässigem Bogen ausgerandet, seitlich etwas gerundet, hinten gerade abgestutzt mit rechtwinkligen Ecken, ziemlich grob runzlig punktirt, die Zwischenräume der Flügeldecken wenig gewölbt. Lg. 17—18 mm. Genf, Montreux, Lugano, Mendrisio, Bergell. **Coeruleus** L.

Gattung Nalassus Muls.

1. Der 8. Streif der Flügeldecken verschmilzt hinten mit der Spitze 2
— Der 8. Streif der Flügeldecken verschmilzt hinten mit dem 2., Halsschild länglich, nach hinten kaum verschmälert und seitlich sehr schwach gerundet, fein und dicht punktirt, Flügeldecken breit, fein punktirt-gestreift, Zwischenräume dichter und stärker punktirt als das Halsschild, dieses ziemlich dicht punktirt; Beine rothbraun. Lg. 7,8—10 mm. Br. 3,3—4,5 mm. (caraboides Panz.) Genf und Waadt.
Striatus Fourc.
2. Halschild vorn ausgerandet, nach hinten verschmälert, Hinterecken rechtwinklig, der Seitenrand regelmässig gerundet und vor den Hinterecken etwas geschweift, Zwischenräume der Flügeldecken stärker punktirt. Lg. 10, Br. 4½ mm. Selten, in faulem Holz. Genf, Waadt, Wallis. **Picinus** Küster.

— Halsschild vorn ausgerandet, nach hinten nicht verschmälert 3

3. Die Zwischenräume der Flügeldecken sind gewölbt, Halsschild fast doppelt so breit als lang, seitlich stark gerundet. Lg. 7,8—9, Br. 3,6—4,5 mm. (dermestoides Ill). Unter Kiefern und Eichenrinde; Lugano, Clarens, Basel, Zürich, Schaffhausen. **Quisquilius** F.

— Zwischenräume der Flügeldecken eben, Halsschild nur um 1/4 breiter als lang. Lg. 8,7—10, Br. 4 1/2 bis 4,8 mm. Häufig in allen Walliser, Urner und Bündtner Alpen auf Lärchen. **Convexus** Küster.

Var. Zwischenräume der Flügeldecken etwas gewölbt var. **laevigatus** Küster.

Gattung Stenomax All.

1. Körper verlängt, erzfärbig, auf den Flügeldecken ziemlich glänzend, Fühler bis zum 1/4 (♀) oder bis zum 1/3 (♂) der Flügeldecken verlängert, Halsschild quer, vorn und hinten 2 mal gebuchtet, seitlich gerundet und vor den Hinterecken geschweift, ziemlich grob und dicht punktirt und fein behaart, Flügeldecken kahl, hinten in einen Fortsatz verlängert, dessen beide Theile etwas auseinander weichen, fein gestreift mit ebenen Zwischenräumen, Brust mit punktirten Längsrunzeln, Schenkel behaart, Hinterschienen etwas gekrümmt. Lg. 10—15, Br. 4—6 mm. Häufig und überall. **Lanipes** L.

— Dem vorigen sehr ähnlich, unterscheidet sich (nach Allard) durch folgende Punkte: Fühler weniger lang, Halsschild seitlich vor den Hinterecken weniger gebuchtet mit schwächerem Seitenrand, geraderem Hinterrand, die Verlängerung der Flügeldecken ist etwas stumpfer, nicht auseinander weichend, die Zwischenräume der Flügeldecken sind kaum sichtbar punktirt, die Seiten der Brust sind weniger dicht und weniger stark punktirt, die Schienen schlanker und gerader. Lg. 7,8—11,5, Br. 3,3—5,6 mm. (picipes Bonelli, cordatus Küster.). Genf, Siders. **Picipes** Sturm.

Diastixus Allard.

Schwarz, stark glänzend, Fühler und Beine braun, lang-oval, Halsschild sehr gross, 1/3 breiter als lang und breiter als die Flügeldecken an ihrer breitesten Stelle, seitlich leicht gerundet mit abgerundeten Hinterecken, seitlich ziemlich stark gerundet, nach hinten schwach verschmälert, stark gewölbt und ziemlich dicht punktirt, Flügeldecken vorn gereiht, hinten gestreift punktirt. Lg. 10, Br. 4 mm. Nach Venetz im Wallis vorkommend. (?) **Crassicollis** Dep.

Cistelidae.

Fühler 11gliederig, faden- oder borstenförmig oder gesägt, auf der Stirn oder auf den Seiten des Kopfes eingefügt, Kopf geneigt, hinter den Augen nicht halsförmig eingeschnürt; Vorderhüften fast immer aneinander stehend, stets kegel- oder zapfenförmig vorragend, nur selten durch einen Fortsatz der Vorderbrust getrennt; Hinterhüften quer, nie durch einen Fortsatz des 1. Bauchringes getrennt. Die 4 vordern Tarsen mit 5, die hintern mit 4 Gliedern, Klauen kammförmig gezähnt.

1. Oberkiefer an der Sitze gespalten, letztes Glied der Kiefertaster beilförmig, viel grösser als das vorletzte, Bauch aus 5 Segmenten bestehend, Klauen mit 5 Zähnen, nur selten mit 6 bis 8 Zähnen 2
— Oberkiefer mit einfacher Spitze, letztes Glied der Kiefertaster wenig grösser als das vorletzte, Bauch aus 6 Segmenten bestehend, Klauen mit 9—12 Zähnen; vorletztes Tarsenglied einfach 6
2. Vorletztes Tarsenglied mit einem lappenförmigen Anhängsel, welches sich unter das Klauenglied erstreckt 3
— Vorletztes Tarsenglied einfach 5
3. Die Hinterschenkel reichen fast bis zur Spitze des Hinterleibes, Halsschild schmäler als die Flügeldecken, wenig breiter als lang, nach vorn wenig verschmälert mit etwas stumpfem Seitenrand, seine Hinterecken scharf rechtwinklig, Klauen mit 5 Zähnen, Vorderhüften durch einen ziemlich breiten Fortsatz der Vorderbrust getrennt. **Allecula** Muls.
— Hinterschenkel sehr kurz, den Seitenrand der Flügeldecken kaum überragend, Halsschild viel breiter als lang, halbkreisförmig mit scharfem Seitenrand, kaum schmäler als die Flügeldecken 4
4. Fühler kürzer als der halbe Leib, ziemlich dick,

kaum gesägt, das 3. Glied so lang oder länger als das 4. Glied. **Eryx** Steph.

— Fühler länger als der halbe Leib, beim ♂ gesägt, das 3. Glied kürzer als das 4. **Hymenalia** Muls.

5. Halsschild an der Basis wenig schmäler als die Flügeldecken, Fühler schlank, kaum behaart, die Vorderhüften durch einen flachen Fortsatz der Vorderbrust getrennt. **Cistela** F.

— Halsschild an der Basis schmäler als die Flügeldecken, Fühler dicker, abstehend behaart, die zapfenförmigen Vorderhüften berühren sich an der Spitze. **Mycetochares** Lat.

6. Vorderhüften durch einen schmalen Fortsatz der Vorderbrust getrennt, Halsschild halbkreisförmig, kaum schmäler als die Flügeldecken. **Podonta** Muls.

— Vorderhüften einander berührend 7

7. Halsschild nach vorn stark, nach hinten wenig oder gar nicht verschmälert mit rechtwinkligen Hinterecken, die Epipleuren der Flügeldecken reichen fast bis zu deren Spitze. **Cteniopus** Solier.

— Halsschild nach vorn kaum mehr als nach hinten verschmälert, meist mit stumpfen oder abgerundeten Hinterecken, die Epipleuren der Flügeldecken kurz, die Klauen beim ♂ oft unregelmässig gebildet. **Omophlus** Solier.

Gattung Allecula Fabricius.

Schwarzbraun, wenig glänzend, fein behaart, Wurzel der Fühler und Beine gelbroth, Flügeldecken tief gestreift, in den Streifen undeutlich punktirt, Fühler länger als der halbe Leib. Lg. 6—7 mm. Selten. Genf, Domleschg. **Morio** F.

Gattung Cistela Fabricius.

Uebersicht der Untergattungen.

1. Halsschild vorn gerade abgestutzt mit angedeuteten Vorderecken, hinten schmäler als die Basis der Flügeldecken, die Hinterecken nicht nach hinten gebogen auf die Flügeldecken. **Gonodera** Muls.

— Halsschild halbkreisförmig; die Hinterecken haben Neigung nach hinten gegen die Flügeldecken vorzuspringen, an der Basis kaum schmäler als die Flügeldecken 2

2. Halsschild an der Basis deutlich 2 mal gebuchtet, Hinterecken deutlicher nach hinten gerichtet, Fühler zusammengedrückt, mehr oder weniger gezähnt, das 3. Glied deutlich kürzer als das 4. beim ♂ . . . 3

— Halsschild an der Basis fast gerade abgestutzt oder nur schwach gebuchtet, Fühler nicht zusammengedrückt, das 3. Glied fast so lang als das 4. Vorletztes Tarsenglied ohne häutigen Anhang. **Isomira** Muls.

3. Fühler gesägt, vorletztes Glied der Hintertarsen ohne häutigen Anhängsel. **Cistela** Muls.

— Flügeldecken unvollkommen gesägt, vorletztes Tarsenglied mit einer häutigen Sohle, die sich nach vorn unter das Klauenglied erstreckt. **Hymenalia** Muls.

Subg. Gonodera Muls.

1. Grünlich-schwarz, unbehaart, das 1. Fühlerglied und die Beine roth, Schildchen 3eckig, mit abgestumpfter Spitze, Halsschild kaum um die Hälfte breiter als lang, etwas zerstreut punktirt. Flügeldecken fast ohne Schultergrube, stark punktirt gestreift mit fein punktirten Zwischenräumen, Fühler beim ♂ schwach gesägt und länger als der halbe Leib. Lg. 5—8 mm. (fulvipes F.) Nicht selten und über die ganze ebenere Schweiz verbreitet, auch im Jura. **Luperus** Herbst.

   Var. Kopf und Halsschild, mitunter auch die Flügeldecken heller oder dunkler bräunlichroth. v. **ferruginea** F.

— Grün erzfärbig, unbehaart, Fühler einfärbig braun, Beine braungelb, Halsschild fast doppelt so breit als lang, dichter und gröber punktirt, auch die Zwischenräume der Flügeldecken dichter und gröber punktirt als beim vorigen. Lg. 11—12 mm. Sehr selten. Tessin, Simplon. **Metallica** Küster.

Subg. Cistela Muls.

(Pseudocistela Motsch.)

Schwarz mit feinem Tomente ziemlich dicht bekleidet, Flügeldecken rostgelb, sehr dicht und fein punktirt

und mit feinen Punktstreifen, Fühler vom 4. Glied an schwach gesägt. Lg. 9—10 mm. Genf, Basel, Schaffhausen, Susten, Gadmen, Simplon.
Ceramboides L.

Var. b. Halsschild gelb.
Var. c. Halsschild, Schildchen und Flügeldecken rostgelb, die Bauchringe gelb gerandet, Flügeldecken etwas stärker punktirt-gestreift. (serrata Chevr.). Wallis. v. **saperdoides** Küster.

Subg. Hymenalia Muls.

Dunkelbraun, mit sehr kurzem, grauem, seidenglänzendem Toment, Halsschild an der Basis kaum schmäler als die Flügeldecken an den Schultern, mit rechtwinkligen, etwas abgestumpften Hinterecken, Flügeldecken mit einigen schwachen Streifen neben der Nath, Fühler beim ♂ so lang als der Körper, dick und gesägt, beim ♀ fadenförmig, so lang als der halbe Körper. Lg. 7—8 mm. (fusca Ill.) Nicht selten. Auf Haseln. Genf, Siders, Jura, Olten, Biel, Schaffhausen, Misox. **Rufipes** F.

Subg. Isomira Muls.

1. Länglich oval, schwarz, fein und ziemlich dicht grau behaart, Taster, Wurzel der Fühler, Flügeldecken und Beine gelbbraun, Flügeldecken hinten neben der Nath mit einigen Spuren von Streifen. ♂ 5. Bauchring an der Spitze abgerundet, der 6. schwer sichtbar mit kaum vorspringenden Seitenecken. Lg. 4—5 mm. Sehr häufig. **Murina** L.

Var. β. Oberseite des Körpers, Brust und Beine gelbroth, Bauch schwarz. Selten. v. **evonymi** F.
Var. γ. Unterseite und Hintertheil des Kopfes schwarz. Selten. v. **thoracica** F.
Var. δ. Oberseite und Unterseite schwarz und nur die Beine röthlich. Ebenso häufig wie die Stammform.
v. **maura** F.

— Der vorigen sehr ähnlich, grösser, verlängter, mit parallelen Seiten, Taster und Fühler ganz dunkel, Halsschild an der Wurzel deutlicher gebuchtet, wodurch die Hinterecken etwas mehr vorragen; schwarz, Beine und Flügeldecken gelbbraun. Lg. 6,7—7 mm.,

Br. 3,3 mm. ♂ Der 6. Bauchring besser sichtbar und seine Spitzen deutlicher vorragend. (semiflava Küster.). Nicht selten in allen Schweizeralpen, selten im Jura. **Hypocrita** Muls.

Var. β. Oberseite ganz schwarz, Flügeldecken etwas deutlicher gestreift. Mit dem vorigen. v. **icteropa** Küst.

Gattung Eryx Steph.

(Prionychus Sol.)

Schwarz, mässig glänzend, mit feinen dunkelgrauen, halbaufgerichteten, kurzen Haaren ziemlich reichlich bekleidet, Halsschild halbkreisförmig mit kaum angedeuteten Vorderecken, hinten jederseits leicht geschweift, dicht und fein punktirt, Flügeldecken mit ziemlich tiefen Streifen und in denselben mit einer feinen Punktreihe, die Zwischenräume gewölbt und ziemlich dicht punktirt. Lg. 10—14 mm. Selten. Genf, Waadt, Basel, Zürich, St. Gallen, Siselen. **Ater** F.

Gattung Mycetochares Latr.

1. Hüften der Vorderbeine einander berührend, Körper beim ♂ viel schmäler als beim ♀, wenig glänzend, schwarz, Fühler, Brust und Beine rothgelb, Flügeldecken mit rothgelbem Schulterfleck, Halsschild nach hinten nicht verengt, mit einer Vertiefung jederseits, die Scheibe zerstreut punktirt. Lg. 4—6 mm. Selten. Genf, Basel. **Flavipes** F.

— Hüften der Vorderbeine durch einen schmalen Fortsatz der Vorderbrust getrennt 2

2. Flügeldecken mit gelbem Schulterfleck, Halsschild ziemlich stark und nicht sehr dicht punktirt, nach hinten verengt, Flügeldecken punktirt-gestreift, ziemlich stark punktirt, Wurzel der Fühler, Schienen und Tarsen gelb. Länge 4—5 mm. (scapularis Gyll.). Genf, Bex, Basel, Schaffhausen, Dübendorf. **Bipustulata** Ill.

— Flügeldecken einfärbig schwarz, Beine ganz gelb, sowie die Wurzel der Fühler, sonst dem vorigen ähnlich. Lg. 4—5½ mm. (Barbata Latr., ♀ brevis Panz.) Genf, Waadt, Basel, Schaffhausen. **Linearis** Ill.

Gattung Podonta Sol.

Ganz schwarz, länglich, sehr fein behaart und äusserst dicht und fein punktirt, auf den Flügeldecken die Punkte vielfach zu feinen Querrunzeln zusammenfliessend, Halsschild halbkreisförmig, an der Wurzel ausgerandet, so dass die Hinterecken etwas nach hinten vorspringen, Flügeldecken fein gestreift, doppelt so lang als breit. Lg. 8—10 mm. Selten. Genf, Gadmen. **Nigrita** F.

Gattung Cteniopus Sol.

1. Körper schwefelgelb und nur die Spitze der Fühler und die Tarsen schwarz, Halsschild kaum breiter als lang, nach vorn verengt, Flügeldecken äusserst fein und dicht punktirt und fein gestreift. Lg. 6 bis 7 mm. Häufig in der nördlichen und östlichen Schweiz, seltener in der Westschweiz. **Sulphureus** L.

Var. Etwas grösser mit blasseren Flügeldecken. v. **chloroticus** Sol.

— Schwarz, ziemlich glänzend, mit gelben Beinen und schwarzen Tarsen, Halsschild viel breiter als lang, sehr dicht und fein punktirt. Lg. 5—5½ mm. Sehr selten. Genf. ♀ mit röthlichem Halsschild. **Sulphuripes** Germ.

Gattung Omophlus Sol.

1. Der umgeschlagene Rand der Flügeldecken (Epipleuren) verläuft bis zur Spitze der Flügeldecken, die Vorderhüften sind durch einen Fortsatz der Vorderbrust getrennt, der sich bis zum Hinterrand dieses Segmentes erstreckt. Schwarz, die 3 ersten Fühlerglieder und die Flügeldecken braungelb, diese grau behaart, Halsschild wenig breiter als lang, nach vorn verschmälert, die Hinterecken fast rechtwinklig. Vorder- und Mittelschienen des ♂ gekrümmt, beim ♀ fast gerade. Lg. 9—12 mm. Selten. Wallis. **Curvipes** Brullé.

— Der umgeschlagene Rand der Flügeldecken reicht nur bis in die Gegend der Hinterhüften 2

2. Halsschild auf der Scheibe fein anliegend behaart, am Vorder- und Seitenrand mit langen, schwarzen

Haaren besetzt, Flügeldecken fein anliegend behaart 3

— Halsschild ohne schwarze Haare am Vorder- und Seitenrand, Flügeldecken nur mit undeutlichen Spuren von Behaarung 4

3. Halsschild fast viereckig, die Fühlerwurzel, Flügeldecken, Schienen und Tarsen der Vorderbeine gelb, Flügeldecken gelblich behaart, punktirt-gestreift, die Zwischenräume dicht punktirt. Lg. 7—9 mm. Sitten, Siders. **Picipes** F.

— Halsschild quer, 1½ mal so breit als lang, Fühler ganz schwarz oder an der Wurzel und Spitze gelblich, sowie auch die Spitze der Schienen; Halschild ungleich punktirt, Flügeldecken fein grau pubescent. Lg. 9—10 mm. Val Entremont, Siders. (pinicola Redt.). **Amerinae** Curtis.

Var. Etwas kleiner (6—7 mm.), Flügeldecken etwas stärker gestreift mit etwas grösseren Punkten. Wallis. v. **lividipes** Muls.

4. Die innere Klaue der Vordertarsen des ♂ an der Wurzel gezähnt und das letzte Tarsenglied etwas verdickt, Fühler ganz schwarz, Halsschild 1½ mal so breit als lang, auf der Scheibe fein und sparsam, an den Seiten dichter und stärker punktirt, seitlich gerundet mit 2 Quereindrücken, die Streifen der Flügeldecken sind hinten und an den Seiten schwächer. Lg. 12—15 mm. Nicht selten in der ebenern Schweiz, im Süden häufiger. **Lepturoides** L.

— Klauen des ♂ einfach, Fühler ganz schwarz, Halsschild doppelt so breit als lang, seitlich gerundet, mit breitem, etwas aufgebogenem Seitenrand und Quereindrücken auf der Scheibe, auf dieser fein, an den Seiten runzlig punktirt, Flügeldecken gelbbraun, nach hinten erweitert mit breit abgesetztem Seitenrand. Lg. 10—14 mm. Selten. (brevicollis Muls.) Genf, Susten. **Rugosicollis** Brullé.

Familie Lagriidae.

Gelenkhöhlen der Vorderhüften hinten geschlossen, Vorderhüften zapfenförmig, aneinander stossend, Tarsen mit filziger Sohle, das 1. Glied der Hintertarsen verlängert, die Klauen einfach.

1. **Das vorletzte Tarsenglied breit, gespalten, Kopf vorgestreckt, Halsschild viel schmaler als die Flügel-**

decken, diese ziemlich flach, nach hinten verbreitert, behaart, bei unsern Arten stets von gelber Farbe. Gatt. **Lagria** F.

— Das vorletzte Tarsenglied einfach, Kopf nach unten geneigt, Halsschild und Flügeldecken cylindrisch, Körper dicht anliegend behaart, Flügeldecken ohne deutlich begränzte Epipleuren, Fühler mit 3 verdickten Endgliedern. Allgemeine Körperform der Anticus-Arten. **Agnathus** L.

Gattung Lagria Fabr.

1. Schwarz, Flügeldecken gelb mit abstehenden gelblichen Haaren, Halsschild undeutlich punktirt mit vertiefter Mittellinie, Flügeldecken breit, deutlich gefurcht, die abwechselnden Zwischenräume erhabener. Lg. 9—9½ mm. Nicht selten bei Schaffhausen im Mai und Anfang Juni, Aargauer Jura auf Eichen, Lenzburg. **Atripes** Muls.

— Schwarz, Flügeldecken braun oder gelbbraun, oft auch der Hinterrand des Halsschildes und der Bauch theilweise bräunlich, Halsschild dicht und deutlich punktirt mit vertiefter Mittellinie, Flügeldecken weniger breit als beim vorigen, ähnlich behaart wie dieser, undeutlich gestreift, die abwechselnden Zwischenräume mitunter schwach erhaben. Lg. 7½—8 mm. ♂ Halsschild schmaler, cylindrisch, Flügeldecken seitlich fast parallel, ♀ Halsschild breiter, Flügeldecken nach hinten etwas erweitert. Sehr häufig überall und bis 3000′ ü. M. ansteigend. **Hirta** L.

Gattung Agnathus Germ.

Körper cylindrisch, schwarz, Fühler und Schienen röthlich, ein Fleck an der Basis des Halsschildes, ein Schulterfleck und eine zackige Binde auf der hintern Hälfte der Flügeldecken röthlich gefärbt und dicht weisslich beschuppt oder behaart, Halsschild vorn verbreitert, hinten stark eingeschnürt. Lg. 4—4½ mm. Sehr selten. Lugano, Basel. **Decoratus** Germ.

Melandryidae.

Uebersicht der Gattungen.

Die Gelenkhöhlen der Vorderhüften nach hinten offen, diese einander meistens berührend, Fühler fadenförmig, nach aussen oder in der Mitte schwach verdickt, Kopf unter dem Halsschildrand mehr oder weniger versteckt, Halsschild mit deutlichem Seitenrand, nicht oder wenig schmaler als die Flügeldecken, Beine kurz, das 1. Glied der Hintertarsen wenig verlängert. Sie leben in Schwämmen, in faulem Holz und unter Rinde.

1. Vorderhüften durch einen Fortsatz der Vorderbrust getrennt, Klauen einfach 2
— Vorderhüften einander berührend 6
2. Schenkel schmal und rundlich, Hüften schmal, Hintertarsen kürzer als die Schienen, ihr 1. Glied nicht verlängert 3
— Schenkel flach mit scharfem Hinterrand, Hintertarsen wenigstens so lang als die Schienen, ihr erstes Glied verlängert 4
3. Fühler mit 4gliedriger Keule, Körper eiförmig, Flügeldecken ohne Streifen. Leben in Schwämmen. **Tetratoma** F.
— Fühler fadenförmig, ziemlich dick, Körper länglich, Flügeldecken gestreift, etwas flach, Kiefertaster beilförmig. **Mycetoma** Muls.
4. Hinterschienen so lang als die Schenkel und länger als das 1. Tarsenglied, mit einfachen Endspornen, Fühler ohne Keule, Halsschild mit ganzem Seitenrand 5
— Hinterschienen kürzer als die Schenkel und als das 1. Tarsenglied, ihre Endspornen so lang als die Schiene, Fühler mit schwach angedeuteter 3—4-gliedriger Keule, Halsschild vorn ohne Seitenrand, Körper schmal. **Orchesia** Latr.
5. Hinterschienen breit und flach, ihre Endspornen so lang als die Schienen breit, Tarsen komprimirt, Halsschild halbkreisförmig mit nach hinten vortretenden Hinterecken, stark gewölbt, der Kopf von oben nicht sichtbar, Fühler in der Mitte etwas verdickt, Körper länglich eiförmig, einem Dermestes ähnlich. **Eustrophus** Latr.
— Hinterschienen schmal und rundlich, ihre Endspornen kürzer als die Schienen breit, Tarsen rundlich, Halsschild fast halbkreisförmig, hinten ziemlich gerade abgestutzt, Kopf von oben sichtbar, Fühler fadenförmig, Körper schmal. Leben in Schwämmen. **Hallomenus** Panz.

6. Klauen einfach 7
— Klauen gezähnt oder gespalten, vorletztes Tarsenglied zweilappig, Seitenrand des Halsschildes scharf und flach ausgebreitet, Fühler lang, fadenförmig, Hinterschenkel des ♂ stark verdickt. **Osphya** Ill.
7. Fühler 11gliedrig 8
— Fühler 10gliedrig, so lang als der halbe Körper oder länger, fadenförmig, das 2. Glied kurz; letztes Glied der Kiefertaster lang, kegelförmig, zugespitzt, letztes Glied der Lippentaster sehr gross, schief abgestutzt, Halsschild breiter als lang, nach vorn verengt und gerundet, Augen gross und gequollen. **Conopalpus** Gyll.
8. Halsschild ohne Unebenheiten, fest an die Basis der Flügeldecken anschliessend 9
— Halsschild mit Unebenheiten, nach vorn stark verengt, sein Hinterrand etwas aufgebogen, Kopf etwas vorgestreckt, Flügeldecken nach hinten verbreitert, gefurcht, Enddorn der Vorderschienen lang; Körper gross, etwas flach. **Melandrya** F.
9. Halsschild an der Wurzel so breit als die Flügeldecken, die Schultern dieser letztern daher nicht vortretend, Körper mehr oder weniger cylindrisch . 10
— Halsschild etwas herzförmig, nach hinten verengt und an der Basis schmaler als die Flügeldecken, die Schultern daher etwas vortretend, Körper lang eiförmig 15
10. Halsschild vorn gerundet, der Kopf daher von oben nicht sichtbar, Prosternum vorn stark ausgerandet und vom Episternum durch eine erhabene Nath getrennt 11
— Halsschild vorn ziemlich gerade abgestutzt, den Scheitel daher freilassend, Prosternum vom Episternum durch eine flache Nath oder gar nicht geschieden . 12
11. Vorletztes Tarsenglied einfach, Endspornen der Mittelschienen nicht länger als die der Hinterschienen, Körper klein 13
— Vorletztes Tarsenglied schwach zweilappig, wenigstens an den Vordertarsen 14
13. Augen kaum ausgerandet, Fühler schwach gegen die Spitze verdickt, Halsschild auf der hintern Hälfte mit scharfem Seitenrand, letztes Glied der Kiefertaster eiförmig, schief abgestutzt. Körper langgestreckt, ziemlich schmal. **Abdera** Steph.

— Augen tief ausgerandet, Halsschild mit 2 kleinen Längseindrücken an der Basis. **Dryala** Muls.

14. Mittelhüften an einanderstossend, Endspornen der Mittelschienen länger als die der Hinterschienen, Augen mit einer kleinen Ausrandung, Körper klein. **Anisoxya** Muls.

— Mittelhüften getrennt, Endspornen der Mittelschienen nicht länger als die der Hinterschienen, Endglied der Kiefertaster gross, messerförmig, Körper gross. **Dircaea** Fabr.

12. Prosternum vorn tief ausgerandet, Augen flach, Kiefertaster stark sägeförmig, Fühler länger als Kopf und Halsschild, vorletztes Tarsenglied einfach. Körper gross, cylindrisch. **Serropalpus** Hellen.

— Prosternum vorn schwach ausgerandet, Augen gewölbt, Kiefertaster sehr schwach gesägt, Fühler nicht länger als Kopf und Halsschild, vorletztes Tarsenglied schwach zweilappig, Körper cylindrisch, etwas flach. **Xylita** Payk.

15. Der Seitenrand des Halsschildes reicht nur bis zur Mitte, Flügeldecken cylindrisch, schmal, letztes Glied der Kiefertaster lang eiförmig, innen der Länge nach ausgehöhlt, vorletztes Fussglied zweilappig, Halsschild so lang als breit. **Hypulus** Payk.

— Der Seitenrand des Halsschildes reicht fast bis zur Spitze, Endglied der Kiefertaster messerförmig, doppelt so lang als breit, Halsschild viel breiter als lang, die Flügeldecken nach hinten etwas bauchig. **Marolia** Muls.

Gattung Tetratoma Fabr.

1. Rothgelb, der Kopf und die Fühlerkeule schwarz, die Flügeldecken schwarzblau, Oberseite überall kräftig punktirt, Halsschild doppelt so breit als lang mit abgerundeten Ecken und einem Eindruck jederseits an der Basis, hinter der Mitte am breitesten. Lg. 4—4½ mm. Selten. Genf, Basel, Wallis. **Fungorum** F.

— Schwarz, der Kopf, das Halsschild, die Fühlerwurzel, ein Schulterfleck und eine xförmige Zeichnung der Flügeldecken gelb, Halsschild fast doppelt so breit als lang, in der Mitte am breitesten, mit abgerundeten Ecken und einem Eindruck jederseits an der Basis,

Oberseite ziemlich grob und zerstreut punktirt. Lg. 3—3½ mm. Sehr selten, in Schwämmen. Chur.
Ancora F.

Die Färbung ist sehr veränderlich, indem bald die hellere, bald die dunklere Farbe sich ausbreitet; ich hebe von Varietäten hervor:

Var. b. Flügeldecken gelb, ein Fleck am Schildchen, ein länglicher, unregelmässiger Fleck auf der Scheibe jeder Flügeldecke und deren Spitze schwarz.

Var. c. Scheibe des Halsschildes dunkel, auf den Flügeldecken nur ein Schulterfleck und eine ankerförmige Zeichnung in der Mitte gelb.

Gattung Mycetoma Muls.

Gelbbraun, die Fühler mit Ausnahme der Wurzel und ein breiter Längsstreif über die Scheibe jeder Flügeldecke schwarz. Halsschild mit einer flachen Grube auf der Scheibe und einem Eindruck jederseits an der Basis, Flügeldecken unregelmässig punktirt gestreift. Lg. 6—7 mm. Sehr selten. Kt. Waadt.
Suturale Panz.

Gattung Eustrophus Latr.

Schwarz, sehr fein anliegend behaart und sehr fein punktirt, Halsschild halbkreisförmig, seine Hinterecken etwas nach hinten verlängert, Flügeldecken sehr fein gestreift. Lg. 4—5 mm. Genf, Bern Basel.
Dermestoides F.

Gattung Orchesia Latr.

1. Flügeldecken ohne bindenartige Zeichnungen . . . 2
— Flügeldecken mit gelber Querbinde in der Mitte, einem rundlichen Fleck vor der Spitze und einer buchtigen Binde an der Wurzel, die mitunter in einzelne Flecken aufgelöst ist, Fühler mit 4gliedriger Keule, die Augen von einander abstehend. Lg. 3½ mm. Selten. Schaffhausen, Basel. **Fasciata** Payk.
2. Augen auf dem Scheitel genähert, der Zwischenraum höchstens ⅓ so breit als der Abstand der Fühlerwurzeln; dunkelbraun, fein, etwas schuppenartig punktirt mit feiner, seidenglänzender, anliegender Behaarung, Fühler mit 3gliedriger Keule, Hals-

schild fast doppelt so breit als lang, hinten deutlich 2 mal gebuchtet, die Hinterecken etwas nach hinten vorragend. Flügeldecken nach hinten verschmälert. Lg. 4—5 mm. Bei Genf häufig in Schwämmen, besonders an Nussbäumen; auch bei Schaffhausen, Basel, im Rheinthal (micans Panz., Redt.). **Picea** Herbst.

— Augen nicht genähert, der Zwischenraum zwischen denselben ist die Hälfte des Abstandes der Fühlerwurzeln, Fühler mit 4gliedriger Keule; Oberseite dunkelbraun, Halsschild höchstens um die Hälfte breiter als lang, am Grunde jederseits mit 2 tiefen Längsstreifen; sonst dem vorigen ähnlich. Lg. $3^{1}/_{4}$ bis $3^{1}/_{2}$ mm. (O. minor Walk., tetratoma Thoms.) Rosegthal auf Erlen, V. Ferret. **Sepicola** Rosh.

Gattung Hallomenus Panz.

Braun mit helleren Schultern, Halsschild oft mit 2 dunkleren Längsbinden, an der Basis jederseits mit einem Grübchen, Hinterecken etwas nach hinten vortretend, Flügeldecken nach hinten verengt, schwach punktirt gestreift. Lg. 4—5 mm. In Schwämmen, besonders im Hirschschwamm (Clavaria flava). Im Wallis nicht selten, Schaffhausen, Dübendorf, Chur, Engadin. **Humeralis** Panz.

Gattung Dryala Muls.

Braun oder gelbbraun, fein schuppenartig punktirt und mit feiner, anliegender, seidenglänzender Behaarung, Wurzel der Flügeldecken heller, ebenso Fühler, Taster und Beine, Halsschild an der Wurzel 2 mal leicht gebuchtet und jederseits mit einem Grübchen. Fühler auf der Innenseite ziemlich tief ausgerandet. Lg. $3^{1}/_{2}$—$4^{1}/_{2}$ mm. Sehr selten. Genf, Wallis, Domleschg. **Fusca** Gyll.

Anm. Diese von Muls. zuerst beschriebene Art soll dem Hallomenus fuscus Gyll. sehr ähnlich sehen, unterscheidet sich von ihm dadurch, dass die Vorderhüften nicht durch einen Fortsatz des Prosternums getrennt sind.

Gattung Abdera Stephens.

1. 2. Fühlerglied fast so lang als das 3. (Abdera Muls.) 2
— 2. Fühlerglied halb so lang als das 3. (Carida Muls.) 3

2. Schwarz mit dünner seidenglänzender Behaarung, der Vorder- und Hinterrand des Halsschildes und 2 Querbinden auf den Flügeldecken gelb, Halsschild vorn gerundet, sein Seitenrand bis vorn deutlich. Lg. 2 3/4—3 1/2 mm. Genf (?) Dubia civis.
Quadrifasciata Curt.
3. Oberseite rothgelb, eine Querbinde auf dem Halsschild und 2 zackige Binden auf den Flügeldecken schwarz, vorletztes Tarsenglied einfach. Lg. 3—4 mm. Sehr selten. Locarno. **Flexuosa** Payk.

Gattung Anisoxya Muls.

Braun, dicht und fein punktirt und sehr fein anliegend grau behaart, die Wurzel der Fühler, der Vorder- und Hinterrand des Halsschildes und die Beine röthlichgelb, Halsschild vorn gerundet, den Kopf bedeckend und auf der Scheibe jederseits mit einem schwachen schiefen Eindruck; Körper nach hinten verschmälert. Lg. 2 1/2—3 1/2 mm. Selten Genf, Wallis. **Fuscula** Ill.

Gattung Dircaea F.

Schwarz, fein grau behaart, die Wurzel der Fühler, Knie und Tarsen röthlich, jede Flügeldecke mit 2 gelben Flecken, von denen der hintere kaum länger als breit ist; Seitenrand des Halsschildes nicht bis zum Vorderrand reichend. Lg. 8—9 1/2 mm. Sehr selten. Bern. **Quadrimaculata** Ill.

Anm. Bei der sehr ähnlichen D. guttata Payk. reicht der Seitenrand des Halsschildes bis zur Spitze, der vordere Fleck der Flügeldecken sendet einen Ast nach vorn und der hintere Fleck der Flügeldecken ist doppelt so breit als lang.

Gattung Serropalpus Hellen.

Schwarz oder dunkelbraun, fein anliegend behaart, der Seitenrand des Halsschildes verschwindet vor der Spitze, seine Hinterecken sind scharf rechtwinklig, Flügeldecken lang, cylindrisch. Lg. 8—15 mm. Genf, Waadt, Jura, Gadmenthal, Basel, Stein im Kanton Schaffhausen, Macugnaga auf Erlen und Tannen. (Striatus Hellen.) **Barbatus** Schall.

Gattung Xylita Payk.

1. Schwarz, dicht runzlig punktirt und fein anliegend grau behaart, Flügeldecken undeutlich gestreift, Fühler, Schienen und Tarsen gelb, Vorderhüften nicht weit vom Vorderrand des Prosternum entfernt, dieses viel kürzer als das Halsschild, die Mittelhüften einander berührend. Lg. 7—9 mm. Genf, Wallis, Macugnaga. **Laevigata** Hellen.

Var. b. Die ganzen Beine und die Flügeldecken sind braun.

— Braun, die Flügeldecken gelbbrau, ein Streifen über die Nath und der Seitenrand dunkler, Wurzel der Fühler und Beine heller oder dunkler gelb, Vorderhüften weit vom Vorderrand des Prosternums entfernt; dieses wenig kürzer als das Halsschild, Mittelhüften durch einen Fortsatz der Mittelbrust getrennt. Lg. 6—8 mm. Sehr selten. Chamouny (ephippium Schaum., sutura Gredler). Gadmen. **Livida** Sahlb.

Gattung Hypulus Payk.

Gelbroth, fein behaart, ein grosser Fleck auf dem Vordertheil des Halsschildes, die Hinterleibsspitze und die hintere Hälfte der Flügeldecken schwarz, letztere mit einer geraden gelben Querbinde; Halsschild seitlich gerundet erweitert, nach hinten verengt, mit einem Grübchen in den Hinterecken. Lg. $4^1/_2$—6 mm. Sehr selten. Domodossola. **Bifasciatus** F.

Anm. Bei dem nahe verwandten H. quercinus Quensel ist das Halsschild seitlich nicht gerundet, hinten kaum verengt, Körper gelbbraun, das Halsschild, auf den Flügeldecken die Schildchengegend, ein Fleck vor der Mitte, eine breite Binde hinter der Mitte und die Spitze schwarz. Lg. 5 mm.

Gattung Marolia Muls.

Braun, die Wurzel der Fühler, die Beine und die Flügeldecken gelb, letztere mit feinen schwarzen Punkten und Stricheln, die sehr veränderlich sind, doch lassen sich drei zackige, mannigfach unterbrochene Binden herausfinden. Das Halsschild ist etwas breiter als lang, vor der Mitte etwas gerundet erweitert, am

Hinterrand leicht 2 mal gebuchtet, Hinterecken rechtwinklig, jederseits sind 2 Eindrücke bemerklich, einer am Hinterrand und ein schiefer, oft undeutlicher vor der Mitte. Die Flügeldecken sind lang eiförmig, die ganze Oberseite dicht und fein punktirt und fein anliegend behaart. Lg. 3—6, Br. 1½—2 mm. Jura bei Genf, M. Rosa, Macugnaga, Bergell. **Variegata** Bosc.

Anm. Wie die Zeichnung der Flügeldecken, ist auch die Färbung und selbst die Form des Halsschildes veränderlich; es liegen mir Stücke vor, bei denen das Halsschild nicht breiter ist als lang, seitlich wenig gerundet, und auch Stücke mit gelb geflecktem Halsschild, doch finden sich alle Uebergänge, so dass ich diese verschiedenen Formen nur als Varietäten auffassen kann.

Gattung Melandrya Fabr.

Schwarzblau, das letzte Fühlerglied, die Taster und die äussern Tarsenglieder gelb, Oberseite sehr fein behaart und dicht punktirt, das Halsschild hinten jederseits mit einem ziemlich tiefen Eindruck, Flügeldecken dicht punktirt gestreift. Lg. 8—12 mm. Ziemlich selten, aber über die ganze Schweiz verbreitet bis 4000′ ü. M. **Caraboides** L.

Gattung Conopalpus Gyll.

Röthlichgelb und nur die Fühler vom 4. Glied an und die Augen schwarz, Halsschild doppelt so breit als lang mit abgerundeten Ecken, sehr fein punktirt; Flügeldecken etwas stärker punktirt als das Halsschild, ohne Spuren von Streifen. Lg. 6—7 mm. Grabs im Rheinthal. **Testaceus** Ol.

Var. b. Schwarz und nur die Fühlerwurzel, Halsschild und Beine gelb. v. **flavicollis** Gyll.

Gattung Osphya Ill.

1. Flügeldecken nicht metallisch gefärbt. Halsschild stark gewölbt mit flach ausgebreitetem Seitenrand, seitlich gerundet, mit abgerundeten Ecken, viel breiter als lang, Flügeldecken fein und dicht punktirt und fein anliegend behaart, ziemlich gleichbreit, hinten gerundet. Gelb, der Scheitel, die Brust, die Spitze

der Flügeldecken und der Schenkel schwarz. Lg. 6—10 mm. (bipunctata F.)
♂ Hinterschenkel stark verdickt, Klauen gespalten.
♀ Hinterschenkel nicht verdickt, Klauen gezähnt.
Praeusta Ol.

Var. b. 2 Punkte auf dem Halsschild, öfter auch die Wurzel des Hinterleibs schwarz.

Var. c. Schwarz, die Fühlerwurzel, der Umkreis und die Mittellinie des Halsschildes, die Beine mit Ausnahme der Schenkelspitze und die Spitze des Hinterleibes gelb. Selten. Gadmen, Wallis, Schaffhausen.

2. Flügeldecken schön metallisch grün oder blaugrün, die äussern Fühlerglieder, der Scheitel, die Brust und Schenkelspitze schwarz, die übrigen Theile gelb. Lg. 6—10 mm.
♂ Hinterschenkel stark verdickt, die Klauen gespalten.
♀ Hinterschenkel nicht verdickt, die Klauen gezähnt.
Sehr selten. Wallis, Chur. **Aeneipennis** Kriechb.

Pedilidae.

Fühler 11gliedrig, fadenförmig, frei auf der Stirn vor den Augen eingefügt, Kopf geneigt, Kinnplatte ungestielt, Vorderhüften einander berührend, kegelförmig; ihre Gelenkgruben hinten offen, Mittelhüften gewöhnlich mit einem Anhange, die 4 vordern Füsse mit 5, die hinteren mit 4 Gliedern, deren drittes schwach zweilappig ist, Klauen einfach.

1. Halsschild so breit als die Flügeldecken, mit scharfem Seitenrande. **Scraptia** Latr.

— Halsschild viel schmaler als die Flügeldecken, seitlich ungerandet. (Xylophilus Latr.) **Euglenes** Westw.

Gattung Scraptia Latr.

Schwarz mit anliegender, etwas seidenglänzender weisslicher Behaarung, die Augen vom Halsschildrand entfernt, Halsschild vorn halbkreisförmig mit rechtwinkligen Hinterecken und einem Eindruck jederseits an der Basis, Flügeldecken flach, das 4. Fühlerglied ist nicht so lang, als die 2 vorhergehenden zusammen, 1. Tarsenglied der Hinterbeine fast um die Hälfte länger als die 3 folgenden zusammen. Lg. 4—4½ mm. Genf, Waadt. **Dubia** Ol.

Ganz gelb, mit blassgelber Behaarung, Augen durch einen sehr kleinen Zwischenraum vom Vorderrand des Halsschildes getrennt, das 4. Fühlerglied so lang als die zwei vorhergehenden zusammen, Halsschild doppelt so breit als lang mit rechtwinkligen Hinterecken und einem seichten Eindruck jederseits, meist auch mit seichter Mittellinie, Flügeldecken flach, 1. Glied der Hintertarsen wie beim vorigen. Lg. $2^1/_3$ bis $2^2/_3$ mm. In den Walliser Thälern, bei Siders, Visp, Stalden auf verschiedenen Sträuchern.
Ferruginea Kiesw.

Gattung Euglenes Westw.

1. Oberseite fein punktirt, Flügeldecken hinter der Mitte mit einer kahlen Querbinde, Körper ganz gelb, das 3. Fühlerglied viel kleiner als das 4. Lg. $1^1/_2$—2 mm. Genf, Wallis, Tessin, Schaffhausen. **Populneus** F.

— Oberseite grob punktirt, Körper wenigstens theilweise dunkel 2

2. Augen gross, nach vorn konvergirend und auf der Stirn einander sehr genähert, vom Vorderrand des Halsschildes sehr wenig abstehend, das 3. Fühlerglied vom 4. und 2. an Grösse wenig verschieden. Schwärzlich, Fühler und Beine gelb, die Flügeldecken gelbbraun oder schwärzlichbraun. Lg. $1^1/_2$—2 mm. Bei Schaffhausen. **Oculatus** Payk.

— Augen viel kleiner, von einander und vom Halsschildrand abstehend, 3. Fühlerglied viel länger als das 2. und 4.; schwarz, die Wurzel der Fühler, Halsschild und Beine gelb. Lg. 2—$2^1/_2$ mm. Selten. Genf, Wallis. **Nigrinus** Germ.

Familie Anthicidae.

Fühler nach der Spitze verdickt, an den Seiten des Kopfes vor den Augen eingefügt, Kopf breit, durch eine halsartige Verengerung mit dem Halsschild verbunden, dieses seitlich nicht gerandet, Flügeldecken viel breiter als die Basis des Halsschildes, Vorderhüften an einander stossend, ihre Gelenkhöhlen hinten nicht geschlossen, Vorder- und Mitteltarsen mit 5, die hintern mit 4 Gliedern. Kleine, schmale, sehr bewegliche Thierchen, die auf Blüthen und unter Pflanzenabfall leben.

Uebersicht der Gattungen.

1\. Halsschild in Form eines weit vorstehenden gezähnelten Hornes verlängert, welches meistens den Kopf überragt 2
— Halsschild ohne ein solches Horn 3
2\. Hintertarsen nicht verlängert, ihr vorletztes Glied zweilappig. **Notoxus** Geoffr.
— Hintertarsen länger als die Schienen, ihr vorletztes Glied einfach. **Mecynotarsus** L.
3\. Flügeldecken schmal mit gänzlich abgerundeten Schultern, Schenkel keulenförmig verdickt. **Formicomus** L.
— Flügeldecken breiter mit deutlich vortretenden Schultern, Schenkel nicht auffallend verdickt. **Anthicus** Payk.

Gattung Notoxus Geoffr.

1\. Flügeldecken gelb mit schwarzen Flecken, ihre Spitze schwarz, das Halsschildhorn deutlich gezähnt . . 2
— Flügeldecken schwarz mit 2 weissen Querbinden, das Horn undeutlich gezähnt oder gekerbt; Schwarz mit anliegender, seidenglänzender Behaarung, Fühler gelb, Beine gelb und öfter theilweise dunkler, das Halsschild mitunter gelblich und die hellen Binden der Flügeldecken sind meist an der Nath unterbrochen. Lg. $2^1/_2$—3 mm. Bei Siders häufig. **Cornutus** F.
Var. b. Die hellen Binden sind an der Nath nicht unterbrochen, der Bauch gegen die Spitze dunkler. Mit dem vorigen v. **trifasciatus** Rossi.
2\. Unterseite schwarz, oft auch die Spitze der Schenkel, Flügeldecken sehr fein punktirt, ein Flecken am Schildchen, ein Fleck am Seitenrand und eine breite Binde hinter der Mitte schwarz; letztere erstreckt sich meist der Nath entlang nach vorn, ohne jedoch mit dem Scutellarfleck zusammen zu fliessen, das Halsschild-Horn hat nur 2—3 stumpfe Zähnchen jederseits, Flügeldecken bei beiden Geschlechtern an der Spitze ohne Beule. Lg. 4—5 mm. Ebenere Schweiz. Selten. **Brachycerus F.**
— Unterseite und Beine gelb, sowie der ganze Körper mit Ausnahme des Kopfes und der Flecken auf den Flügeldecken; diese sind in der Zeichnung dem vorigen ähnlich, die hintere Binde ist schmaler und verbindet sich oft der Nath entlang mit dem Scutellarfleck, die

Flügeldecken sind viel stärker punktirt, als beim vorigen, das Horn hat kleinere, zahlreichere und spitzigere Zähnchen. Lg. 3½—4 mm.
♂ mit einer beulenartigen Erhöhung an der Spitze der Flügeldecken.
Var. Halsschild öfter theilweise oder ganz dunkel.
Monoceros L.
Nicht selten in der ebeneren Schweiz, häufiger im Süden als im Norden, auch im V. Entremont.

Gattung Mecynotarsus Laf.

Gelbroth mit weisslicher, anliegender seidenglänzender Behaarung, der Kopf dunkler, die Flügeldecken schwarz. Lg. 2½ mm. Genf, Tessin. Sehr selten.
Var. Die Flügeldecken ganz oder theilweise hell gefärbt, sowie auch der Kopf. **Rhinoceros** F.

Gattung Formicomus Laf.

Langgestreckt, schwarz, glänzend, die Wurzel der Fühler, das Halsschild und ein Schulterfleck roth, die Beine bräunlich, die Spitze der Schenkel schwarz; das Halsschild ist lang, hinten stark von den Seiten zusammengedrückt, die Flügeldecken glänzend, undeutlich und spärlich punktirt mit grauen, halb abstehenden Haaren, die an der Wurzel und hinter der Mitte zu Querbinden zusammengedrängt sind. Lg. 3—4 mm. Selten. Wallis. **Pedestris** L.

Gattung Anthicus.

1. Schienen mit Dornen bewaffnet, die vordern am Ende in eine Spitze ausgezogen; Körper gelb, fein seidenglänzend behaart, Halsschild vorn stark verbreitert, nach hinten stark verschmälert, herzförmig, breiter als lang, Flügeldecken mit 2 schwarzen Flecken auf der Scheibe. Lg. 3 mm. Sehr selten. Wallis.
Bimaculatus Ill.

— Vorderschienen an der Spitze ohne Erweiterung, Schienen ohne Dornen an der Spitze 2

2. Körper mit langen, abstehenden Haaren dicht bekleidet; grob punktirt, schwarz, Fühler, Schienen und Füsse, Hinterrand des Halsschildes und eine an der Nath unterbrochene Querbinde nahe der Wurzel der

Flügeldecken gelb. Lg. $2^1/_4$—$2^1/_2$ mm. Genf, am Genfersee und im Rhonethal des Wallis häufig; Kt. Bern, Zürich selten. **Hispidus** Rossi.

— Körper kahl oder nur fein anliegend behaart . . 3

3. Halsschild ohne eine von oben sichtbare Grube an den Seiten 4

— Halsschild mit einer deutlichen, von oben sichtbaren Grube an jeder Seite 12

4. Halsschild oben flach gewölbt mit deutlich gebuchtetem Seitenrand, Flügeldecken fein punktirt und fein anliegend behaart 5

— Halsschild stark gewölbt, besonders vorn 8

5. Kopf nach hinten verschmälert, seine Hinterecken abgerundet; blassgelb, Kopf und Halsschild fast schwarz, Flügeldecken mit einer schiefen Binde im hintersten $^1/_4$, die in der Nähe des Seitenrandes anfangend schief nach hinten verläuft und sich an der Nath mit der gegenüber liegenden verbindet, so dass sie das Bild einer nach hinten gerichteten Pfeilspitze darbietet. Lg. 2,2—2,6 mm. (subfasciatus Dej., Laf.) Genf, Tessin im Agno-Delta, Aarau. **Schmidti** Rosh.

Var. Die dunkle Zeichnung der Flügeldecken ist undeutlich oder fehlt ganz.

— Kopf nach hinten nicht verschmälert, viereckig, die Hinterecken abgestumpft 6

6. Halsschild wenigstens um $^1/_5$ länger als breit, Augen vom Hinterrand des Kopfes um ihren Längsdurchmesser entfernt, Schenkel keulenförmig verdickt . 7

— Halsschild nicht länger als breit, Augen nicht so weit vom Hinterrand des Kopfes entfernt, als ihr Längsdurchmesser beträgt, Schenkel nicht keulenförmig verdickt; Kopf und Halsschild fast schwarz, Flügeldecken gelb mit einer breiten dunklen Querbinde in der Mitte. Lg. $3^1/_2$—$4^1/_2$ mm. Genf, Waadt, Tessin, Chamouny. **Sellatus** Panz.

7. Fein punktirt, dunkelbraun, das Halsschild etwas heller, namentlich gegen die Wurzel hin, der vordere $^1/_3$ der Flügeldecken, Schienen und Füsse gelbroth. Lg. 3—$3^1/_2$ mm. Häufig in der Ebene und in den Thälern unter Moos und Mist, Steinen, auch in der Nähe von Ameisenhaufen. **Floralis** L.

— Oberseite weniger fein punktirt, schwarzbraun, die Wurzel des Halsschildes, ein dreieckiger Schulter-

fleck und eine Querbinde hinter der Mitte der Flügeldecken gelb, Fühler und Beine gelbbraun. Lg. 2,2 bis 2,6 mm. Selten. Genf, Vevey, St. Bernhard.
Bifasciatus Rossi.

Var. Der Schulterfleck breitet sich aus, so dass fast die ganze Basis der Flügeldecken gelb erscheint.

8. Halsschild nach hinten geradlinig verengt 9

— Halsschild bei $^2/_3$ seiner Länge geschweift oder gebuchtet 11

9. Halsschild so lang als breit, oder fast breiter als lang; Schwarz, Fühler und Beine gelb, die Flügeldecken entweder ganz schwarz oder dunkelgrau oder mit gelbem Schulterfleck, der sich mitunter bis über die Mitte der Flügeldecken ausdehnt, so dass die Nath, die Spitze und der Seitenrand dunkel erscheinen, Behaarung ziemlich dicht; grau, anliegend. Lg. 1,7 bis 2,2 mm. Genf, Wallis, am Rhone- und Seeufer, Tessin am Agno. **Flavipes** Panz.

— Halsschild länger als breit 10

10. Oberseite ganz schwarz, Fühler und Beine gelbbraun, die Schenkel dunkler, manchmal fast schwarz, Punktirung der Flügeldecken kräftig, diese nicht ganz doppelt so lang als breit. Lg. 1,9—2,2 mm. Lausanne am Seeufer häufig. **Luteicornis** Schmidt.

— Oberseite schwarz, Fühler, Beine, Halsschild, ein Schulterfleck und meist ein Fleck vor der Spitze der Flügeldecken gelb; das Halsschild ist oft theilweise oder ganz dunkel, Kopf und Halsschild sind fein, die Flügeldecken ziemlich kräftig punktirt. Lg. 1,6—2 mm. Sehr selten. Locarno. **Axillaris** Schmidt.

Var. Die helle Farbe nimmt die Basis der Flügeldecken und die Spitze ein, so dass nur eine breite dunkle Querbinde der Flügeldecken und eine dunkle Spitze bleibt.

11. Oberseite ganz schwarz, Kopf und Halsschild fein, Flügeldecken ziemlich grob punktirt, Fühler und Beine ebenfalls schwarz. Lg. 2,8—3,6 mm. Genf, Wallis, Zürich. **Ater** Panz.

— Schwarz und nur ein Schulterfleck, eine Querbinde hinter der Mitte und mitunter die Tarsen gelb, Flügeldecken fein punktirt. Lg. 3—3½ mm. Ueber die ganze ebenere Schweiz und die Thäler verbreitet, stellenweise häufig; Genf, Waadt, Wallis, Kt. Bern, Zürich, Schaffhausen, Rheinthal. **Antherinus** L.

12. Schwarz, die Wurzel der Fühler, das Halsschild oder wenigstens dessen Basis, eine Querbinde im hintern Drittheil der Flügeldecken und die Beine gelbroth, Kopf nach hinten deutlich verschmälert, Flügeldecken höchstens $1^{3}/_{4}$ mal so lang als breit, ziemlich dicht anliegend grau behaart. ♂ Flügeldecken mit rechtwinklig vorragenden Schultern. Lg. 1,8—2,4 mm. Sehr selten. ♀ Flügeldecken oval mit gänzlich abgerundeten Schultern. V. Entremont, Macugnaga. **Fasciatus** Chevr.

— Schwarz, die Wurzel der Fühler, eine Querbinde im hintern Drittheil der Flügeldecken, Schienen und Füsse gelb; Halsschild ganz gelb, oder nur auf der hintern Hälfte, oder am Hinterrand gelb, oder ganz schwarz, Kopf nach hinten kaum verschmälert, Flügeldecken doppelt so lang als breit, ziemlich dicht anliegend grau behaart, mit vortretenden Schultern. Lg. 2,2 bis 2,5 mm. Sehr selten. M. Salvadore, St. Bernhard. **Venustus** Vill.

Pyrochroidae.

Fühler vor den nierenartig ausgerandeten Augen eingelenkt, vom 3. Glied an gesägt oder gekämmt, Kopf geneigt, hinter den Augen eckig erweitert, dann halsförmig verengt, Flügeldecken flach, viel breiter als das Halsschild, alle Hüften an einanderstehend und zapfenförmig aus den Gelenkgruben vorragend, die vordern und mittleren genähert. Die 4 Vordertarsen mit 5, die hintern mit 4 Gliedern, das 4. Glied herzförmig, die Klauen etwas zahnartig erweitert. Grosse roth oder gelbroth gefärbte Thiere, die auf Blumen oder auf schattigen Grasplätzen leben.

Gattung Pyrochroa Geoffr.

1. Fühler vom 4. Glied an beim ♂ gekämmt, beim ♀ tief gesägt, Halsschild breiter als lang, mit abgerundeten Ecken, Flügeldecken ohne Streifen, Vorderhüften einander berührend 2

— Fühler vom 3. Glied an beim ♂ gekämmt, beim ♀ gesägt, schwarz, Halsschild und Flügeldecken rothgelb, letztere deutlich gestreift, Halsschild vor den Hinterecken geschweift, die Ecken rechtwinklig, die Scheibe gewöhnlich dunkler, Vorderhüften getrennt.

Lg. 8—9 mm. ♂ mit 2 tiefen Gruben auf dem Kopfe. Ziemlich selten, aber über die ganze Schweiz verbreitet und in die Thäler ansteigend, noch bei Gadmen und im Klönthal, dem Aargauer Jura und bei Macugnaga. **Pectinicornis** L.

2. Schwarz, Halsschild und Flügeldecken roth. Lg. 14—15 mm. Stellenweise häufig auf blühenden Sträuchern namentlich im Jurazug von Genf bis Schaffhausen, auch in Matt, Gadmen, Berner Seeland, Basel, Kt. Zürich. **Coccinea** L.

— Oberseite ganz roth. Lg. 10—13 mm. (rubens Schaller, satrapa Schrank). Stellenweise ziemlich häufig. Genf, V. Entremont, Berner Seeland, Lägern, Basel, Schaffhausen, Kt. Zürich, Glarus, Wallensee. **Purpurata** Müller.

Mordellidae.

Fühler fadenförmig und leicht gesägt oder gegen die Spitze leicht verdickt, der Kopf leicht geneigt, an die Unterseite des Halsschildes angelegt, Scheitel gewölbt, Halsschild so breit als die Flügeldecken, nach vorn verengt, Hüften zapfenförmig, einander berührend, die hintern breit, plattenförmig, Hinterbeine lang. Endglied der Kiefertaster beilförmig, die 4 vordern Tarsen mit 5, die hintern mit 4 Gliedern. (Von Herrn Prof. Emery in den franz. Abeille, Bd. XIV. monographisch bearbeitet).

Uebersicht der Gattungen.

1. Pygidium nicht verlängert, das Hypopygidium kaum überragend, Hinterschienen ohne eingeschnittene Linien, Klauen nicht gespalten, kaum gezähnt, das 4. Glied der Vordertarsen klein. (Anaspides) . . . 2

— Pygidium in eine Spitze verlängert, das Hypopygidium beträchtlich überragend, Hinterschienen mit Einschnitten am Dorsalrand, Klauen gespalten (Mordellides) . 3

2. Hinterschienen länger als die 2 ersten Tarsenglieder zusammen. **Cyrtanaspis** Emery.

— Hinterschienen kürzer als die 2 ersten Tarsenglieder, Bauch des ♂ meist mit Anhängseln. **Anaspis** Geoffr.

3. Schildchen breit, ziemlich rechtwinklig und am Ende ausgerandet, letztes Fühlerglied in der 2. Hälfte seines Innenrandes ausgerandet. **Tomoxia** Costa.

— Schildchen dreieckig oder halbrund, letztes Fühlerglied nicht ausgerandet 4
4. Hinterschienen nur mit einem kurzen Eindruck nahe am Hinterrande. **Mordella** L.
— Hinterschienen ausser dem Einschnitt in der Nähe des Hinterrandes noch mit einem oder mehreren Einschnitten am Dorsalrande 5
5. Hinterschienen mit einem einzigen Einschnitt am Dorsalrande und meistens mit einem solchen am ersten Glied der Hintertarsen, Kopf sich an das Halsschild anschliessend, Postepisternum nach hinten sehr verschmälert. **Stenalia** Muls.
— Hinterschienen mit mehreren Einschnitten und gewöhnlich auch die 2—3 ersten Tarsenglieder mit solchen, Kopf durch eine halsähnliche Einschnürung mit dem Halsschild verbunden, Postepisternum mit parallelen Seiten. **Mordellistena** Costa.

Gattung Cyrtanaspis Emery.

Dunkelbraun, mässig verlängt, gewölbt, gelblich anliegend behaart, die Wurzel der Fühler, die Vorderbeine, die Schienen und Tarsen der 4 hintern Beine und 2 breite Querbinden auf den Flügeldecken gelb, weisslich behaart. Lg. 2,8—3 mm. Sehr selten. Schaffhausen. **Phalerata** Germ.

Var. Kopf, Halsschild und Beine gelbroth.

Gattung Anaspis Geoffr.

Uebersicht der Untergattungen.

1. Der umgeschlagene Rand der Flügeldecken wird allmählig schmaler von der Wurzel bis zur Spitze und ist in der Höhe des 2. Bauchsegmentes noch deutlich sichtbar 2
— Der umgeschlagene Rand der Flügeldecken verschmälert sich rasch und verschwindet in der Höhe des ersten Bauchsegmentes. **Silaria** Muls.
2. Fühler fadenförmig, 6.—10. Glied allmählig etwas stärker werdend ohne deutliche Keule. **Anaspis** Geoffr.
— Fühler mehr oder weniger rosenkranzförmig, 6.—10. Glied kaum verschieden. **Nassipa** Em.

Subg. Anaspis Geoffr.

1. Flügeldecken mit Zeichnung von 2 Farben, in Form von Binden oder Punkten 2
— Flügeldecken gelb oder nur gegen die Spitze dunkler, Halsschild gelb 3
— Flügeldecken schwarz 4
2. Kopf schwarz; der Mund, die Wurzel der Fühler und ein Schulterfleck gelb, Fühler nach aussen kaum verdickt. Lg. 2,3—3 mm. — (humeralis F., Redt.) Stellenweise nicht selten. ♂ das 4. Bauchsegment in der Mitte verlängert, das 5. tief gespalten, ohne Anhängsel. **Geoffroyi** Müller.
Die Färbung ist etwas veränderlich; der gelbe Schulterfleck verlängert sich nach hinten, der Vordertheil des Kopfes, Schienen und Tarsen sind gelb, selten das Halsschild, doch gehören diese hellgefärbten Varietäten mehr dem Süden Europas an. Der Scheitel stets schwarz. Dagegen kommt in der Schweiz vor: Var. Jede Flügeldecke hat vor der Spitze einen 2. hellen Fleck. Schaffhausen. v. **quadrimaculata** Costa.
— Kopf gelb. Halsschild um die Hälfte breiter als lang; gelb, seidenglänzend, die Augen, die Fühlerspitze, Brust und Bauch, ein 3eckiger Fleck am Schildchen, ein gemeinschaftlicher Fleck auf der Nath vor der Spitze und ein kleiner Fleck auf der Scheibe jeder Flügeldecken schwarz, der Kopf stets gelb. ♂ das 3. Bauchglied in der Mitte nach hinten verlängert und mit 2 bis zur Spitze reichenden Anhängseln versehen. Lg. 2,1—3 mm. Genf, Waadt, Wallis, Tessin, auch bei Basel. **Maculata** Geoffr.
3. Brust schwarz, Flügeldecken gegen die Spitze dunkler; gelb, die Fühler mit Ausnahme der Wurzel, Brust und Bauch schwarz, 6.—10. Fühlerglied kegelförmig und allmählig dicker werdend, Halsschild nicht um die Hälfte breiter als lang.
♂ 3. Bauchsegment mit 3 gekrümmten Anhängseln, welche, an der Basis von einander entfernt und gegen die Spitze sich nähernd, beinahe die Hinterleibsspitze erreichen, das 4. Segment ist ausgerandet und zeigt ebenfalls zwei kleine Anhängsel, das 5. ist ausgerandet und hat jederseits eine schiefe erhabene Leiste; an der Spitze ist es gespalten. Lg. 3—3,7 mm. Sehr selten. Pfeffers, Walliser-Alpen. **Arctica** Zett.

Var. Dunkelgelb, Flügeldecken und Hinterbeine braun, Brust und Bauch schwarz. **v. ruficeps** Zett.

— Brust gelb, Flügeldecken einfärbig gelb; braungelb, Augen, Fühlerspitze und Bauch schwarz, Halsschild nicht um die Hälfte breiter als lang, Fühler lang, 3.—7. Glied cylindrisch, 8.—10. kegelförmig und etwas dicker, alle länger als breit. Lg. 2,6—3,6 mm. ♂ 2. Bauchsegment mit 2 langen, dünnen an der Wurzel von einander abstehenden Anhängseln, das 3. Segment gekielt mit einem Zähnchen auf der Unterseite und in 2 Anhängsel endigend, das 4. mit kaum sichtbaren Anhängseln, das 5. tief gespalten, Vordertarsen verbreitert. **Subtestacea** Steph.

Var. Bauch theilweise oder ganz gelb. Ziemlich selten. Genf, Wallis, Schaffhausen.

4. Halsschild wenigstens theilweise roth oder gelb (oder wenigstens braun — b. alpicola) 5

— Halsschild ganz schwarz 6

5. Halsschild stark quer, reichlich 1½ mal so breit als lang; der Kopf oder wenigstens der Scheitel stets schwarz, der Mund, Vorderkopf, Fühlerwurzel, Halsschild und Beine roth, die Spitze der Schienen, die Tarsen und manchmal auch die Hinterschenkel dunkler, die Fühlerglieder 3 und 4 sind die längsten, vom 5. an werden dieselben kürzer und breiter, die Flügeldecken sind nicht ganz 3 mal so lang als breit. Lg. 2,4—3,3 mm. ♂ das 3. Bauchsegment ist hinten in einen breiten, starken Lappen verlängert, der an der Spitze ausgerandet ist und von dem 2 gekrümmte, fadenförmige, die Spitze des 5. Gliedes erreichende Anhängsel ausgehen, das 4. Segment ist kurz mit unscheinbaren Anhängseln, das 5. mit breiter Grube versehen und an der Spitze ausgerandet, Vordertarsen kaum erweitert. Häufig im Kt. Waadt und Genf, Wallis, Simplon. **Ruficollis** F.

Var. a. Kopf roth mit dunklem Scheitel.
Var. b. Kopf ganz roth.
Var. c. Kopf braun, vorn roth, Halsschild neblig roth oder braun mit rothen Rändern, Beine braun, die Hinterschenkel schwarzbraun. Col de Balme. **v. alpicola** Emery.

— Kopf stets ganz roth, Halsschild nicht um die Hälfte breiter als lang; schwarz, fein seidenglänzend behaart, Kopf, Halsschild, Fühlerwurzel und Beine rothgelb, die Hinterschenkel meist dunkler, das 3. und 4. Fühlerglied sind die längsten, vom 5. an werden sie kürzer und breiter; die Hinterecken des Halsschildes sind fast rechtwinklig. Lg. 2,3—3 mm. A. thoracica Muls. (ex parte) — A. lateralis Thoms. ♂ das 3. Bauchsegment ist nach hinten verlängert und es gehen von ihm 2 nahe beisammenstehende den Hinterleib überragende Anhängsel aus, das 4. Segment ist kurz mit unscheinbaren Anhängseln, das 5. mit einer Grube versehen, an der Spitze mit einem Einschnitt. Schaffhausen. **Confusa** Emery.

— Halsschild an den Seiten roth, in der Mitte und an der Basis schwarz. (Vergl. A. frontalis.) v. **lateralis** Thoms.

6. Beine wenigstens theilweise gelb oder röthlich . . 7

— Beine ganz schwarz 8

7. Stirn wenigstens theilweise gelb, nur das 3. Bauchsegment des ♂ mit Anhängseln; schwarz, der Mund, der Vordertheil der Stirn, Fühlerwurzel, Vorderbeine und Sporen gelb, 4.—10. Fühlerglied schwach verdickt, Halsschild weniger als $1^1/_2$ mal so breit als lang, seitlich gerundet, an der Basis doppelt gebuchtet, die Hinterecken fast rechtwinklig. Lg. 2,8—4 mm. ♂ 3. Bauchsegment in einen breiten Fortsatz verlängert mit schmaler Ausrandung und 2 die Hinterleibsspitze nicht erreichenden Anhängseln, das 4. Segment hat in der Mitte 2 schwache Längsfurchen, das 5. ist breit gefurcht und an der Spitze ausgerandet; die Furche ist von 2 Längsleisten eingefasst. Sehr häufig in der ganzen Schweiz. **Frontalis** L.

Var. Die Seiten des Halsschildes und mitunter dessen Vorderrand, sowie die mittlern Schenkel rothgelb. v. **lateralis** F.

— Kopf schwarz und nur der Mund gelb, 3. und 4. Bauchsegment des ♂ mit Anhängseln. Schwarz, der Mund, die Fühlerwurzel, die 4 vordern oder nur die 2 Vorderbeine und alle Sporen roth, Fühler länger (♂) oder kürzer (♀) als der halbe Leib, nach aussen wenig verbreitert, Halsschild nicht $1^1/_2$ mal so breit als lang, nach vorn verschmälert, seitlich mässig gerundet, Hinterecken fast rechtwinklig. Lg. 2,2 bis 3,1 mm. — forcipata Muls. ♂ 3. Bauchsegment in einen breiten Lappen verlängert, ausgerandet und mit 2 ziemlich dicken, fast geraden, die Spitze fast erreichenden Anhängseln versehen, das 4. Segment ist in der Mitte ausgerandet, mit 2 ganz kleinen Anhängseln versehen, das 5. ist in der Mitte konkav mit erhabenen Seiten und ausgerandeter Spitze, Vordertarsen kaum erweitert. Wallis, Engadin, Schaffhausen. **Pulicaria** Costa.

8. Beine ganz schwarz, die Anhängsel des 3. Bauchsegmentes des ♂ sehr lang; der Mund, die Fühlerwurzel und die Sporen gelb, die Taster an der Spitze dunkel, das 3. und 4. Fühlerglied doppelt so lang als breit, die äussern kaum verdickt, Halsschild mehr als doppelt so breit als lang, nach vorn wenig verschmälert, seitlich gerundet mit stumpfen Hinterecken. Lg. 2,5 mm. ♂ das 3. Bauchsegment nach hinten verlängert mit schmaler Ausrandung und 2 langen, gekrümmten divergirenden Anhängseln versehen, das 4. Segment mit schmaler Ausrandung und sehr kurzen Anhängseln, das 5. zweilappig. Sehr selten. Von Herrn Dr. von Heyden in St. Moritz gesammelt. **Nigripes** Bris.

Subg. Nassipa Emery.

1. Halsschild gelb, Flügeldecken gelb, oder theilweise oder ganz schwarz; gelb, die äussern Fühlerglieder, Brust und Bauch schwarz oder schwarzbraun, die Flügeldecken oft gegen die Spitze dunkler, Fühler vom 6. Glied an rosenkranzförmig, das Halsschild um 1/3 breiter als lang. Lg. 3—3,7 mm. ♂ Bauch ohne Anhängsel. Häufig in der südlichen und westlichen Schweiz, auch in Schaffhausen und St. Gallen. **Flava** L.

   Var. Die Flügeldecken ganz schwarz oder braun, ebenso die Hintertarsen. Mit dem vorigen und eben so häufig. v. **thoracica** L.

— Halsschild und Flügeldecken schwarz 2

2. Letztes Fühlerglied um die Hälfte (♂) oder doppelt so lang als das vorletzte, Bauch ohne Anhängsel; schwarz, der Mund, Vorderkopf, Fühlerwurzel, Vorderbeine gelb oder röthlich, die Mittelbeine meist braun, Halsschild um die Hälfte breiter als lang, seitlich wenig gerundet, die Hinterecken fast rechtwinklig. Lg. 3—3,5 mm. Nicht selten. Genf, Waadt, Wallis, Gadmen, Schaffhausen (monilicornis Muls.). **Melanostoma** Costa.

— Letztes Fühlerglied kaum länger als das vorletzte, schwarz, die Taster, die Lippen, Fühlerbasis, die

Spornen, Vorderbeine, oft auch die Mittelschienen gelb oder röthlich, Fühler vom 7. Glied an mehr (♂) oder weniger (♀) rosenkranzförmig, Halsschild konvex, kaum um die Hälfte breiter als lang, mit rechtwinkligen Hinterecken. Lg. 2,5—3,2 mm. ♂ 3. Bauchsegment mit 2 nahe beisammenstehenden, nicht divergirenden, die Flügeldeckenspitze nicht erreichenden Anhängseln, 5. Segment tief eingeschnitten, 2lappig. Häufig durch die ganze Schweiz bis 4200′ über Meer. **Rufilabris** Gyll.
Var. Beine schwarz.

Subg. Silaria Muls.

1. Flügeldecken einfärbig schwarz oder braun . . . 2
— Oval, schwarz, der Mund, die Fühlerwurzel, die Vorder- und Mittelbeine, das Halsschild mit Ausnahme der Wurzel und zwei grosse die Nath nicht erreichende Flecken auf jeder Flügeldecke gelb, das 2. und 3. Fühlerglied fast gleich. Lg. 2—2,8 mm. bicolor Forst. ♂ 5. Bauchsegment an der Spitze leicht eingedrückt und abgestutzt oder leicht ausgerandet, Vordertarsen einfach. Waadt, Wallis, Engadin, Rheinthal, Macugnaga. **Quadrimaculata** Gyll.
Var. a. Halsschild schwarz, die Flecken der Flügeldecken kleiner, die Mittelbeine schwarz.
Var. b. Halsschild schwarz, der hintere Fleck der Flügeldecken undeutlich, Vorderbeine braun. Wallis. v. **bipustulata** Bon.
2. Flügeldecken breit und flach, 8. bis 10. Fühlerglied deutlich länger als breit, schwarz, Mund und Fühlerwurzel gelb, Beine röthlichbraun, das 3. Fühlerglied um die Hälfte länger als das 2. Lg. 2,8—3,3 mm. Nicht selten in den Alpenthälern von Wallis und Bündten. ♂ 5. Bauchsegment undeutlich gekielt, mit einem Einschnitt an der Spitze, Vordertarsen erweitert. **Latiuscula** Muls.
— Flügeldecken weniger breit, das 8.—10. Fühlerglied höchstens so lang als breit 3
3. 3. Fühlerglied fast um die Hälfte länger als das 4.; schwarz, Mund und Fühlerwurzel gelb, die Beine schwarz oder braun und nur die Vorderschienen und Tarsen röthlich, Halsschild stets ganz schwarz, die äussern Fühlerglieder breiter als lang. Lg. 2,2 bis 2,7 mm.

♂ das 4. Bauchsegment undeutlich, das 5. deutlich gekielt und an der Spitze ausgerandet, Vordertarsen sehr wenig erweitert. **Brunipes** Muls.

Var. Die Lippen und Beine schwarz. v. **fuscipes** Muls. Genf, Waadt, Schaffhausen, häufig im Wallis.

— 3. Fühlerglied wenig länger als das 4.; schwarz, oval, der Mund, die Fühlerwurzel, die Vorderbeine wenigstens theilweise gelb, das 3. Fühlerglied ist um die Hälfte länger als das 2., aber wenig länger als das 4. Lg. 2,1—2,7 mm.

♂ 5. Bauchsegment flach, an der Spitze schwach ausgerandet, Vordertarsen nicht erweitert. Genf, Waadt, Walliserthäler, Neuchâtel, stellenweise häufig, häufig im Juli bei Schaffhausen. **Varians** Muls.

Var. a. Vordertheil der Stirn und Vorderecken des Halsschildes gelb.

Var. b. Das ganze Halsschild und die 4 vordern Beine gelb. Ebenso häufig wie die Stammform.

Gattung Tomoxia Costa.

Körper ziemlich parallel, mit grossem Kopf, das Pygidium kurz, abgestumpft. Schwarz mit grauer und bräunlicher, anliegender, seidenglänzender Pubescenz; ein Schulterfleck und ein runder Fleck hinter der Mitte jeder Flügeldecke dichter grau behaart; diese graue Färbung ist bald mehr, bald weniger ausgedehnt. Lg. 5—7 mm. Ziemlich selten. Genf, Basel, Schaffhausen. **Biguttata** Gyll.

Mordella L.

1. Flügeldecken nicht doppelt so lang als an der Wurzel breit 2
— Flügeldecken wenigstens doppelt so lang als an der Wurzel breit 3
2. Flügeldecken mit zahlreichen unregelmässig gestellten kleinen Flecken von weissem Toment, Pygidium kurz und breit. Lg. 3—4 mm. (guttata Payk.) Selten. Genf, Basel, Dübendorf, Grabs, Berneroberland. **Maculosa** Naez.
— Jede Flügeldecke hat hinter der Mitte 2 kleine Flecken von weissem Toment, die mitunter zusammenfliessen und ausserdem noch einige kleine weisse

Flecken an der Wurzel; noch kürzer und breiter als die vorige; die weissen Flecken sind etwas veränderlich; die Punkte in der Nähe der Wurzel fliessen oft in eine schiefe Schulterbinde zusammen. Lg. (ohne Pygidium) 3,2—3,5 mm. Albosignata Muls. Selten. Genf, Schaffhausen, Grabs im Kt. St. Gallen. **Bisignata** Redt.

3. Die äussern Fühlerglieder sind breiter als lang, deutlich gesägt, das Pygidium spitzig, Kiefertaster dreieckig; Oberseite einfärbig schwarz oder dunkelbraun, Unterseite grau seidenglänzend ganz oder theilweise behaart, Beine schwarz. Lg. 3—5,5 mm. Sehr häufig in der nördlichen und östlichen Schweiz, seltener in der südlichen und westlichen. **Aculeata** L.

Var. Vorderschenkel und oft auch die Wurzel der Kiefertaster gelb. Das Pygidium ist bald etwas länger, bald kürzer, spitziger oder weniger spitzig; die verschiedenen Abänderungen in der Länge und Breite des Körpers, bei dem die graue Behaarung mitunter auch das Schildchen, die Nath und den Hinterrand des Halsschildes einnimmt, sind in der Schweiz noch nicht beobachtet worden, dürften aber wohl in der südlichen Schweiz nicht fehlen.

— Die äussern Fühlerglieder sind so lang als breit, weniger gesägt als beim vorigen, das Pygidium an der Spitze deutlicher abgestutzt, das letzte Glied der Kiefertaster schlanker, doppelt so lang als breit. Oberseite schwarz, das Halsschild und die Unterseite, die Wurzel der Flügeldecken, die einen schwarzen Fleck einschliesst, die Naht und eine Querbinde hinter der Mitte grau oder gelblichgrau, seidenglänzend behaart, die Wurzel der Fühler und öfter auch die Vorderschienen gelb. Lg. (ohne Pygid.) 3,3—7 mm. Häufig überall und bis 5000′ über Meer ansteigend, noch im Engadin. **Fasciata** F.

Var. a. Die Binde an der Wurzel ist unterbrochen, d. h. der dunkle Fleck verlängert sich nach hinten bis in die dunkle Stelle, die hintere Binde ist unterbrochen. Mit der Stammform **v. interrupta** Costa.

Var. b. Die weissliche Färbung an der Wurzel beschränkt sich auf den Seitenrand und einen kleinern Schulterfleck, die hintere Binde ist auf einen grössern oder kleinern runden Fleck reduzirt. Mit der Stammform **v. basalis** Costa.

Var. c. Die Binden dehnen sich aus und fliessen mehr oder weniger zusammen, der dunkle Basalfleck ist verschwunden. Im Wallis. **v. villosa** Muls.

Gattung Mordellistena Costa.

1. Die Mittelbeine ohne deutliche Enddornen. Schwarz, Mund und Fühlerwurzel roth; Lg. 3,8—5 mm. ♂ Bauch roth oder röthlich, in der Mitte gewöhnlich dunkler. ♀ Halsschild, Vorderbeine und Bauch roth. Ueber die Schweiz weit verbreitet, selbst in den Bergen; Matt, Engelberg, Gadmen, V. Entremont. **Abdominalis** Fab.

— Mittelbeine mit deutlichen Enddornen 2

2. Einschnitte der Schienen nicht gedrängt und mindestens über 1/3 der Schienenbreite verlängert 3

— Einschnitte dicht beisammen stehend und höchstens über 1/4 der Schienenbreite sich erstreckend . . . 11

3. Körper wenigstens theilweise gelblich gefärbt, Einschnitte sehr schief 4

— Körper gleichmässig schwarz, mit seidenglänzendem Filze bedeckt 6

4. Kopf und Halsschild ganz gelb, sowie der übrige Körper und nur der Hinterrand der Schienen und der Tarsen schwarz, sowie die äussern Fühlerglieder; die Flügeldecken sind gegen die Spitze gewöhnlich dunkler; die dunkle Färbung breitet sich mitunter etwas weiter aus, doch niemals erscheint ein heller Schulterfleck; das Pygidium schlank, 2½ mal so lang als das Hypopygidium; Hinterschienen mit 3, 1. Tarsenglied mit 3, 2. Tarsenglied mit 2 Einschnitten. Lg. (ohne Pygidium) 3—4½mm. Ueber die ganze ebenere Schweiz verbreitet und nicht selten. **Brunnea** F.

— Kopf hinten schwarz, Flügeldecken braun oder schwarz mit hellem Schulterfleck 5

5. Schwarz mit gelblichem Filze, der vordere Theil der Stirn, die Wurzel der Fühler, die Seiten des Halsschildes, ein Schulterfleck der Flügeldecken und die Beine röthlichgelb, die Hinterschenkel, die Spitze der Schienen und der Tarsenglieder, sowie die Einschnitte schwarz. Lg. 3½—4½ mm. Selten. Kanton Zürich, Schaffhausen, Basel, Neuchâtel, Genf, Matt, Locarno. **Humeralis** L.

Var. a. Halsschild ganz gelb, Schulterfleck klein. **v. axillaris** Gyll.

Var. b. Halsschild ganz gelb, Flügeldecken gelbroth, gegen die Spitze schwärzlich.

— Schwarz mit gelbbräunlichem Filze, der Vordertheil der Stirn, die Fühler bis gegen die Spitze, ein Schulterfleck der Flügeldecken, der sich stets nach hinten mehr oder weniger verlängert, die Beine und das Halsschild gelb, letzteres mit einem dunkeln Fleck an der Wurzel, das Ende der Schienen und der Tarsenglieder ist dunkel. Lg. 3—3½ mm. Die Färbung ist veränderlich; der Fleck auf dem Halsschild dehnt sich mehr oder weniger aus und auch die helle Färbung der Flügeldecken, doch bleibt immer der Seitenrand und die Nath dunkel. Etwas häufiger als der vorige und über die ganze ebenere Schweiz und die Tahlsohlen verbreitet (variegata F.). **Lateralis** Ol.

6. Die Einschnitte sind sehr schief, einer derselben ist länger als die andern und erstreckt sich beinahe über die ganze Schienenbreite 7

— Die Einschnitte sind weniger schief, keiner derselben ist auffallend länger als die andern 8

7. Pygidium konisch, höchstens doppelt so lang als das Hypopygidium, Einschnitte sehr schief, Körper schmal, bräunlich glänzend, Fühlerwurzel etwas gelblich, Hinterecken des Halsschildes abgerundet, der 1. Einschnitt der Hinterschienen ist länger als die andern und durchsetzt beinahe die ganze Schienenbreite, der äussere Sporn der Schienen ist 3 mal kürzer als der andere. Lg. (ohne Pygidium) 2—3½ mm. Kanton Zürich auf Spiraea, Waadt, Wallis. **Parvula** Gyll.

— Pygidium schmal, linienförmig, viel mehr als doppelt so lang als das Hypopygidium, die Einschnitte weniger schief. Schwarz, mit seidenartiger Pubescenz, 6. bis 10. Fühlerglied kaum länger als breit, Hinterschienen mit 3 Einschnitten, deren erster fast die ganze Schienenbreite durchläuft; die 3 ersten Tarsenglieder haben meistens auch Einschnitte, der äussere Enddorn der Schienen ist halb so lang als der innere. Lg. 2½—5 mm. Schweiz (Emery). **Episternalis** Muls.

8. Körper verlängt 9

— Körper schmal oder sehr schmal 10

9. Schwarz mit schwarzem Toment, Halsschild quer, nach vorn wenig verschmälert, der Mittellappen an der Basis breit, gerundet oder schwach abgestutzt, seine Hinterecken stumpf, meist etwas aufge-

bogen, Pygidium schmal abgestutzt, Dornen der Schienen schwarz. Lg. 3¼—4½ mm. (subtruncata Muls., obtusata C. Bris.) ♂ Vorderschienen im ersten ¼ undeutlich verdickt, Pygidium doppelt so lang als das Hypopygidium. ♀ Pygidium um die Hälfte länger als das Hypopygidium. Selten. Schaffhausen, Genf, Val Entremont. **Brevicauda** Boh.

— Schwarz mit bräunlichem Toment, Halsschild nicht quer, sein Basallappen abgestutzt, die Hinterecken recht- oder spitzwinklig, Pygidium zugespitzt, mehr als doppelt so lang als das Hypopygidium, Dornen schwarz. Lg. 2½—5½ mm. (grisea Muls., purpurascens Costa, minima Costa).
♂ schmaler, Vorderschienen nahe der Wurzel verbreitert und von da allmählig gegen die Spitze verschmälert, deutlich gekrümmt.
♀ weniger schmal, Vorderschienen nicht verbreitert. Genf, Val Entremont. Selten. **Micans** Germ.

10\. Schwarz mit schwarzem Toment, Halsschild nicht quer, mit abgestutztem und etwas ausgerandetem Basallappen und etwas spitzigen Hinterecken, Pygidium lang zugespitzt. Lg. 3—4 mm.
♂ Vorderschienen hinter der Wurzel schwach verbreitert, kaum gekrümmt (stricta Costa). Häufig in der ebenern Schweiz und in den Thälern bis 2500′ über Meer. **Pumila** Gyll.

— Schwarz, mit bräunlichem oder grauem Toment, Fühler kurz und dick, Halsschild kaum kürzer als breit, mit abgerundetem Basallappen und stumpfen Hinterecken, Flügeldecken 3 mal (♀) oder mehr (♂) länger als an der Basis breit, Pygidium lang und spitzig, Dornen schwarz. Lg. 1⅘—3 mm. (flexipes Muls.)
♂ Vorderschienen an der Wurzel etwas verbreitert und schwach gekrümmt. Sehr selten. Schaffhausen. **Stenidea** Muls.

11\. Schwarz, pechbraun mit brauner Pubescenz, ein Schulterfleck der Flügeldecken ist grau pubescent, Vorderschienen gelb, Halsschild leicht quer, die Hinterbeine auffallend stark, die Einschnitte der Hinterschienen kurz, die Dornen gelb, fast gleich lang, Pygidium verlängt konisch. Lg. 2,7 bis 3,3 mm.
♂ Letztes Glied der Kiefertaster quer, in der Form eines Hammers nach innen erweitert.
♀ Letztes Glied der Kiefertaster cylindrisch, schief abgestutzt. Sehr selten. Genf. **Tournieri** Emery.

Fam. Rhipiphoridae.

Vorderhüften aneinanderstossend, nach hinten offen, Kopf kinter den Augen halsförmig eingeschnürt, Fühler beim ♂ wedel- oder kammförmig, Halsschild ohne Rand, an der Basis so breit als die Flügeldecken und diese nach hinten verschmälert. Die Larven leben parasitisch in Wespennestern.

Fühler auf der Stirn vor den Augen eingefügt, beim ♂ mit langen, fächerartig gestellten, doppelten, beim ♀ kürzern, einfachen Fortsätzen, Kiefertaster fadenförmig, Stirne wenig gewölbt, Flügeldecken hinten zugespitzt, Beine lang und dünn, die Vorderschienen ohne Enddornen, die Klauen gekämmt. **Metoecus** Gerst.

Fühler am Innenrande der Augen eingefügt, beim ♂ mit 2, beim ♀ mit einem kürzern Fortsatze, Stirn hoch gewölbt, Halsschild nach vorn stark verengt, hinten 3lappig, der mittlere Lappen das Schildchen bedeckend, Flügeldecken zugespitzt, nach hinten klaffend. Beine dünn, die Vorderschienen mit 1, die mittlern und hintern mit 2 Enddornen. Fussklauen an der Spitze gespalten. **Emenadia** L.

Gattung Metoecus Gerst.

Schwarz, die Seiten des Halsschildes und der Bauch gelbroth, beim ♂ die Flügeldecken ganz oder theilweise gelb, Halsschild nach vorn stark verschmälert mit tiefer Mittelfurche, die Hinterecken und ein Basallappen nach hinten verlängert, Flügeldecken länger als der Hinterleib, zugespitzt. Lg. 7—9 mm. Lebt in der Erde in den Nestern von Vespa vulgaris. Selten. Wallis, Waadt, Solothurn, Zürich, Bündten. **Paradoxus** L.

Gattung Emenadia Lap.

(Rhipiphorus F.)

Gelb, die Hinterbrust, die Kniee und ein runder Fleck auf jeder Flügeldecke schwarz, Fühler kurz, Halsschild nach vorn stark verschmälert, ohne Mittelfurche, ziemlich dicht punktirt. Lg. 5—9 mm. (bimaculata F.) **Larvata** Schrank.

Var. Die schwarze Färbung breitet sich mehr oder weniger aus auf den Mund, die Fühlerspitze, die Schildchengegend, die Unterseite und die Beine. Selten. Kanton Waadt.

Fam. Meloidae.

Vorderhüften aneinander stossend, ihre Gelenkhöhlen hinten offen, Halsschild ohne Seitenrand, schmäler als die Flügeldecken, Kopf hinten eingeschnürt, Scheitel gewölbt, Flügeldecken oft verkürzt und klaffend, Fühler oft mit unregelmässig erweiterten Gliedern. Fussklauen in 2 ungleich dicke Hälften gespalten. Alle Arten enthalten einen scharfen, ätzenden Stoff. Die Larven leben parasitisch.

Uebersicht der Gattungen.

1. Flügeldecken abgekürzt und klaffend, den Hinterleib nicht bedeckend, die Nathränder an der Wurzel übereinanderliegend, Flügel fehlen, Mittelhüften sehr kurz, die Hinterhüften berührend, Kopf mit hoch gewölbtem Scheitel. **Meloë** L.
— Flügeldecken nicht abgekürzt, Mittelhüften länger, die Hinterhüften nicht berührend, Flügel meist vorhanden 2
2. Fühler 9gliedrig mit unregelmässig wedelförmigen Bildungen, Klauen einfach gespalten. **Cerocoma** Geoffr.
— Fühler 11gliedrig, schnur- oder borstenförmig . . 3
3. Beide Hälften der gespaltenen Klauen einfach . . 4
— Die eine Hälfte der Klauen kammförmig, die andere einfach 6
4. Flügeldecken von der Wurzel an klaffend und zugespitzt. **Sitaris** **Latr.**
— Flügeldecken mit geraden Nathrändern an einanderstossend 5
5. Der eine Enddorn der Hinterschienen ist verbreitert. **Lytta** F.
— Beide Enddornen einfach, dünn. **Zonabris** Harold.
6. Hinterschienen mit 2 einfachen dünnen Dornen. **Zonitis** F.
— Wenigstens einer der Dornen löffelartig verbreitert 7
7. Fühler so lang (♂) oder wenig kürzer (♀) als der Leib, nach aussen zugespitzt und die äussern Glieder länger als breit, Flügeldecken etwas klaffend. **Apalus** F.

— Fühler kürzer oder kaum länger als der halbe Leib, nach aussen nicht verdünnt, die äussern Glieder nicht länger als breit; Flügeldecken nicht klaffend. **Alosimus** Muls.

Gattung Meloë L.

Uebersicht der Arten.

1. Die mittleren Fühlerglieder sind verdickt, Halsschild nicht breiter als lang 2
— Die mittleren Fühlerglieder sind nicht verdickt oder unbedeutend, Halsschild breiter als lang 3
2. Schwarz mit blauem Schimmer, Kopf und Halsschild dicht und grob punktirt, ersterer ohne Eindrücke, Halsschild am Hinterrande fast gerade und ohne Quereindruck. Lg. 10—30 mm. Nicht selten. Waadt, Genf, Macugnaga, Basel, Schaffhausen, St. Gallen, Matt. **Proscarabacus** L.
— Blau, Kopf und Halsschild zerstreut punktirt, ersterer jederseits am Innenrand der Augen mit einem Längseindruck, Halsschild am Hinterrand ausgerandet und mit einem Quereindruck versehen. Lg. 10—30 mm. Häufig überall und bis 5000' ansteigend. **Violaceus** Marsh.
3. Die mittlern Fühlerglieder beim ♂ nur wenig verdickt, Kopf und Halsschild fein und sehr zerstreut punktirt, Flügeldecken äusserst fein und dicht punktirt mit spärlichen grossen, seichten Punkten, Halsschild wenig breiter als lang, an der Wurzel schwach ausgerandet und mit einer nach vorn schwächer werdenden Mittelfuche. Lg. 15—17 mm. Selten. Genf, Wallis, Gadmen, Basel, Waldshut, St. Gallen. **Autumnalis** Ol.
— Die mittlern Fühlerglieder gar nicht verdickt, Kopf und Halsschild dicht oder ziemlich dicht punktirt, Flügeldecken gerunzelt 4
4. Dunkel metallgrün, Kopf und Halsschild mit purpurrothen Rändern und die Hinterleibsringe mit einem grossen kupferglänzenden Querfleck. Lg. 16—26 mm. Sehr selten. Basel, Wetzikon. **Variegatus** Don.
— Körper einfärbig schwarz oder dunkelblau . . . 5
5. Schwarz, Kopf und Halsschild dicht und sehr grob punktirt, letzteres fast eben, nach hinten verschmälert und vorn winklig erweitert, mit feiner Mittellinie, Flügeldecken mitunter bläulich schimmernd. Lg. 25—35 mm. Selten. Genf, Waldshut, Kt. Zürich. **Cicatricosus** L.

Var. Halsschild mit tiefer Mittelrinne, Flügeldecken mit grossen warzenförmigen Erhabenheiten. Basel, Jura. v. **reticulatus** Brandt.

— Kopf und Halsschild fein oder ziemlich fein punktirt, letzteres beträchtlich breiter als lang, etwas bucklig und am Hinterrand ausgeschnitten 6

6. Fühler nach aussen dünner, die äussern Glieder fast doppelt so lang als breit, Kopf und Halsschild gerinnt, sehr dicht punktirt, letzteres nach hinten verschmälert, Färbung rein schwarz, matt. Lg. 10 bis 14 mm. In der ebeneren Schweiz auf Aeckern und Strassen im Oktober nicht selten. **Rugosus** Muls.

— Fühler nach aussen nicht dünner, die äussern Glieder kaum länger als breit 7

7. Schwarz, Halsschild fein und sehr dicht punktirt, nach hinten verschmälert, vorn gerundet, fast winklig erweitert, am Hinterand eingedrückt und ausgebuchtet. Lg. 12—18 mm. Selten. Basel. **Scabriculus** Brandt.

— Halsschild gröber und nicht sehr dicht punktirt, nach hinten nicht verschmälert, Körper blau oder schwarzblau 8

8. Fühler gegen die Spitze verdickt, das letzte Glied eiförmig, Halsschild an den Seiten gerundet, hinten eingedrückt, sonst eben. Lg. 9—20 mm. Nicht selten in der ebeneren Schweiz. **Brevicollis** Panz.

— Fühler gegen die Spitze nicht verdickt, das letzte Glied länglicheiförmig, Halsschild mit geraden Seiten, mit gewulsteten Seitenrändern und beiderseits der Länge nach vertieft. Lg. 8—10 mm. Sehr selten. Basel, Genf. **Pygmaeus** Redt.

Gattung Cerocoma Geoffroy.

Goldgrün oder blau mit grünem Schimmer, zottig weiss behaart, Taster und Beine gelb, Halsschild so lang als breit mit vertiefter Mittellinie. Lg. 6 bis 10 mm.

♂ Fühler gelb, eigenthümlich verdickt und gestaltet, Halsschild nach vorn verschmälert und mit 2 tiefen, schiefen, gegen die Spitze konvergirenden Furchen, Kopf, Brust und Beine lang, zottig weiss behaart, die Vordertarsen etwas erweitert.

♀ Fühler braun, 9gliedrig, einfach gestaltet, nach aussen etwas verdickt, Halsschild eben, Oberseite des

Körpers und Beine spärlicher, die Unterseite dichter weiss behaart. Selten. Basel, Schaffhausen, Genf.
Schaefferi L.

Gattung Zonabris Harold.

(Mylabris F.)

1. Die Spitze der Flügeldecken ist schwarz 2
— Die Spitze der Flügeldecken ist gelb 3
2. Schwarz, die Flügeldecken gelb mit 3 schwarzen zackigen Binden, deren erste im vordern Viertheil, die 2. hinter der Mitte sich befindet, die 3. die Spitze einnimmt. Die vordere Binde ist öfter unterbrochen, oder auch in Punkte aufgelöst; die Behaarung ist schwarz, abstehend. Lg. 9—16 mm., Br. $2^1/_4$—$2^1/_2$ mm. Häufig im Unterwallis, seltener im Kt. Waadt, am Susten, Zürich. **Variabilis** Pall.
— Schwarz, auch die Flügeldecken schwarz, die schwarze Färbung schliesst an der Wurzel und an der Spitze eine rundliche gelbe Makel ein, ausserdem befindet sich eine zackige gelbe Binde vor der Mitte und eine solche hinter der Mitte. Die Behaarung ist schwarz, lang abstehend; Flügeldecken etwas kürzer und breiter als bei der vorigen Art. Lg. 8—16 mm. Br. 3—6 mm. Häufig im Wallis und Waadt, selten am Susten.
Fuesslini Panz.
— Die schwarze Färbung der Spitze besteht in einem schmalen schwarzen Saum; Flügeldecken gelb mit 3 schwarzen Querbinden, von denen die erste und dritte öfter in Punkte aufgelöst sind; schwarz mit abstehenden schwarzen Haaren. Lg. 8—11 mm. Br. $2^1/_2$—$3^1/_2$ mm. Var. Die Schulterbinde fliesst am Seitenrande mit der 2. Binde zusammen. **Flexuosa** Ol.

Anm. Diese letzte Var. ist oft als Z. alpina Men. angesehen worden, allein mit Unrecht; bei dieser letztern sind alle Binden unterbrochen und hängen alle an den Seiten zusammen, so dass sich ein schwarzer Streifen neben dem Seitenrande befindet; ausserdem ist Z. alpina länger bei gleicher Breite.

3. Flügeldecken gelb, mit einer Querbinde in der Mitte, zwei schief gestellten Flecken an der Wurzel und zwei quergestellten Flecken vor der Spitze; Körper schwarz, mit abstehenden schwarzen Haaren spärlich besetzt. Lg. 8 mm., Br. 3 mm. Sehr selten. Wallis.
Geminata F.

Gattung Halosimus Muls.

Fühler und Unterseite schwarz oder dunkelgrün, Halsschild roth, Flügeldecken grün oder blaugrün, Behaarung schwarz. Scheitel kräftig punktirt mit schwacher Mittelrinne; Halsschild etwas breiter als lang, auf der Scheibe zerstreut punktirt, mit schwacher Mittelfurche. Lg. 6—16 mm. Sehr selten. Tessin.
Syriacus L.

Gattung Lytta Fabr.

Grün oder bräunlichgrün, unbehaart, Kopf und Halsschild gerinnt, letzteres breiter als lang, fein zerstreut punktirt. Lg. 10—15 mm. Stellenweise sehr häufig und bis 4000' ansteigend. **Vesicatoria** L.

Gattung Zonitis Fabr.

1. Kopf, Unterseite des Körpers, Fühler und Beine einfärbig schwarz 2

— Röthlichgelb, Fühler, die Spitze der Flügeldecken, Brust, Wurzel des Hinterleibs und Tarsen schwarz; Oberseite fast kahl, Kopf und Halsschild ziemlich dicht punktirt, letzteres nach vorn schwach erweitert, Flügeldecken runzlig punktirt. Lg. 8 mm. Selten. Schaffhausen.

♂ Fühler länger, 6. Bauchsegment mit 3eckigem Ausschnitt.

♀ Fühler kürzer, 6. Bauchsegment einfach.
Praeusta Fabr.

Die Färbung ist sehr veränderlich; es giebt Exemplare, bei denen die helle Färbung fast das ganze Thier einnimmt und wieder solche, bei denen die schwarze Färbung mehr und mehr sich ausdehnt auf den Vordertheil des Kopfes, die Unterseite, die Beine und die Flügeldecken, so dass bei letztern ein schmaler Streif an der Basis übrig bleibt, am konstantesten ist die Färbung des Halsschildes.

Praeusta unterscheidet sich von Z. mutica ausser der Färbung durch den hinter den Augen kaum erweiterten Kopf, dessen Seiten fast gerade sind bis kurz vor den Hinterecken und der etwas schmäler ist, als die breiteste Stelle des Halsschildes, durch das vorn stumpf, fast im Halbkreis abgerundete Halsschild, das vor der Wurzel etwas breiter ist, als im vordern Drittheil und durch den äussern Sporn der Hinterschienen, der etwas verbreitert ist.

2. Schwarz, Halsschild röthlich, Flügeldecken einfärbig gelb, Halsschild vorn fast gerade (in flachem Bogen) abgestutzt mit etwas stumpfen Ecken; dasselbe

ist an den Vorderecken ein klein wenig breiter als an der Basis. Lg. 9—13 mm.
♂ 6. Bauchsegment mit einem tiefen 3eckigen Ausschnitt. Selten. Unterwallis, Lugano. **Mutica** F.

— Schwarz, Flügeldecken gelb mit 2 schwarzen Flecken jederseits, von denen der hintere grösser, quer viereckig ist, Behaarung sehr kurz, bräunlich, Kopf und Halsschild dicht und fein punktirt, letzteres vorn abgestutzt, die Vorderecken abgerundet, mit geraden Seiten. Lg. 9—12 mm.
♂ 6. Bauchsegment ausgerandet. **Quadripunctata** F.
Var. Die Flecken der Flügeldecken sind kleiner, verschwinden oft ganz. Sehr selten. Lugano.

Gattung Apalus Fabr.

Schwarz, die Flügeldecken röthlichgelb, letztere mit einem queren schwarzen Fleck im hintern Drittheil; Kopf und Halsschild schwarz, schwarz abstehend behaart und dicht punktirt. Lg. 11—12 mm. Selten. Schaffhausen, Lausanne. **Bimaculatus** L.

Gattung Sitaris Latr.

Schwarz, die Wurzel der Flügeldecken und der Bauch, mitunter auch die 4 vordern Schienen gelb. Lg. 9 bis 11 mm. (humeralis F.)
♂ Fühler länger als der Leib, letztes Bauchsegment tief eingeschnitten
♀ Fühler kürzer als der Leib, letztes Bauchsegment schwach ausgerandet. Visp, Basel in Bienennestern, Schaffhausen. **Muralis** Forst.

Fam. Oedemeridae.

Hüften an einander stossend, Vorder- und Mittelhüften zapfenförmig vorragend, Halsschild ohne Seitenrand, Kopf ungestielt, vorgestreckt, mit flachem Scheitel, mitunter rüsselförmig verlängert, Fühler auf der Stirn einfügt, fadenförmig, Flügeldecken schmal, oft klaffend, Beine lang.

Uebersicht der Gattungen.

1. Augen tief ausgerandet, Fühler in dieser Ausrandung auf einem Höcker eingefügt, beim ♂ fast so lang als der Körper 2

— Augen schwach oder nicht ausgerandet, Fühler ohne Höcker vor den Augen eingefügt, fadenförmig, Mandibeln mit getheilter Spitze 3
2. Mandibeln mit getheilter Spitze, Fühler breit gedrückt, beim ♂ gesägt, das 3. Glied mehr als 4 mal so lang als das 2. **Calopus** F.
— Mandibeln mit einfacher Spitze, Fühler fadenförmig, das 3. Glied höchstens doppelt so lang als das 2. **Sparedrus** Schmidt.
3. Augen mit einer kleinen Ausrandung, Fühler vor derselben eingefügt 4
— Augen rund, ohne Ausrandung 7
4. Vorderschienen mit 1 Enddorn, Vordertarsen auf der Unterseite etwas filzig behaart 5
— Vorderschienen mit 2 Enddornen 6
5. Die Stirn zwischen den Augen schmäler als der Durchmesser eines Auges, Kiefertaster an der Spitze wenig erweitert. **Xanthochroa** Schmidt.
— Die Stirne zwischen den Augen breiter als der Durchmesser eines Auges, Kiefertaster beilförmig. **Nacerdes** Schmidt.
6. Hinterschienen gebogen, Hinterschenkel beim ♂ verdickt, Flügel wenigstens 5 mal so lang als breit, Klauen einfach. **Dryops** Fabr.
— Hinterschienen nicht gebogen, Hinterschenkel des ♂ nicht verdickt, Klauen an der Wurzel gezähnt, Flügeldecken höchstens 3 mal so lang als breit. **Asclera** Schmidt.
7. Fühler dicht vor den Augen eingefügt, diese gross, Flügeldecken oft nach hinten verschmälert und klaffend, Hinterschenkel beim ♂ oft verdickt. **Oedemera** Ol.
— Fühler in einiger Entfernung vor den Augen eingefügt, Körper metallisch glänzend. **Chrysanthia** Schmidt.

Gattung Calopus Fabr.

Fühler beim ♂ länger als der Körper, flach gedrückt, Körper braun, fein und kurz grau behaart, Augen gross, auf der Stirn einander genähert, Halsschild auf der Scheibe eingedrückt, Flügeldecken 4 mal so lang als breit, walzenförmig. Lg. 18—20 mm. Fliegen des Nachts. Nicht selten durch die ganze Alpenkette und in den Thälern, selten bei Schaffhausen. **Serraticornis** L.

Gattung Sparedrus Schmidt.

Schwarz mit gelbbraunen Flügeldecken und gelblicher Behaarung; Flügeldecken sehr fein punktirt, walzenförmig, 3½ mal so lang als breit. Lg. 10—12 mm. Sehr selten. Grabs. **Testaceus** Andersch.

Gattung Nacerdes Schmidt.

(Anoncodes Schmidt.)

1. Augen um ihren Querdurchmesser vom Vorderrand des Halsschildes abstehend, Körper braun oder schwarz, Oberseite gelb, die Spitze der Flügeldecken breit schwarz, öfter sind die Beine theilweise heller gefärbt, Halsschild etwas herzförmig, Flügeldecken mit 4 feinen Längsrippen. Lg. 8—13 mm. (lepturoides Thunb.) ♂ Halsschild mit 2 dunklen Flecken vorn an den Seiten. Sehr selten. Matt. **Melanura** L.

— Augen nur durch einen kleinen Zwischenraum vom Vorderrand des Halsschildes getrennt, Flügeldecken mit 3 schachen Längsrippen 2

2. Vorderschenkel des ♂ mit einem stumpfen, Mittelschenkel mit einem spitzigen Zahn, Unterseite, Fühler und Beine bei beiden Geschlechtern schwarz. Lg. 8—10 mm. ♂ Schwarz, Flügeldecken gelb, an den Seiten breit schwarz gefärbt, letztes Bauchsegment mit tiefem, dreieckigem Einschnitt. ♀ Oberseite gelb, Flügeldecken nur an den Seiten und hinten schmal schwarz gesäumt, Kopf schwarz, Unterseite schwarz, letztes Bauchsegment abgerundet. Häufig in der südlichen und westlichen Schweiz, selten in der nördlichen, aber überall verbreitet und einzeln bis 4000′ ansteigend. **Ustulata** F.

— Alle Schenkel beim ♂ einfach 3

3. Flügeldecken ganz gelb und nur aussen und hinten schwarz gesäumt, Bauch beim ♀ gelb 4

— Flügeldecken ganz dunkel oder metallisch 5

4. ♂ schwarz, Flügeldecken nach hinten verschmälert, gelb, meist nach hinten angedunkelt und fein schwarz gesäumt, letztes Bauchsegment mit einem viereckigen Ausschnitt. ♀ schwarz, Halsschild röthlich, Flügeldecken gelb, ihre hintere Hälfte schwarz gesäumt, letztes Bauchsegment ausgerandet. Lg. 8—12 mm. Selten. Genf, Waadt, Basel, Schaffhausen. **Adusta** Panz.

— ♂ schwarz, Flügeldecken gelb mit breitem schwarzem Saum, letztes Bauchsegment mit tiefem dreieckigem Einschnitt. ♀ Halsschild und Flügeldecken gelb, an der Spitze etwas dunkel. Lg. 7—9 mm.
Rufiventris Scop.

♀ Var. Flügeldecken schwarz und nur die Schildchengegend gelb, Halsschild mit schwarzem Mittelfleck.

5. Beide Geschlechter einfärbig grün oder blaugrün, weisslich behaart, Halsschild mit tiefer Mittelfurche und einem Quereindruck, Flügeldecken mit 2 schwachen in der Mitte abgekürzten Längsrippen. Lg. 10—12 mm. ♂ Vorderschenkel mit kleinem Zahn, 5 Bauchsegment tief eingeschnitten. **Azurea** Schmidt.

— Halsschild des ♀ roth, der übrige Körper grün oder blau 6

6. Schwarz mit grünlichem oder bläulichem Schimmer, fein und spärlich grau behaart, Flügeldecken mit 2 feinen bis zur Spitze reichenden Linien. Lg. 8 bis 10 mm. ♂ Halsschild dunkel, fast länger als breit, Mittelschienen mit einer Erweiterung nahe der Wurzel, 5. Bauchsegment mit tiefem Einschnitt. ♀ Halsschild gelbroth, vorn erweitert, so lang als breit, Bauch nur an der Spitze gelb. Nicht selten in der südlichen Schweiz und im Jura, auch im Kt. Bern, Basel, Zürich. **Fulvicollis** Scop.

— Körper grün oder blau, der Bauch und das Halsschild beim ♀ gelbroth, Mittelschienen (♂) ohne Erweiterung 7

7. Halsschild vorn erweitert, so breit als lang, an der Spitze und an der Basis eingedrückt, Flügeldecken mit 2 feinen Längslinien. ♂ Letzter Bauchring tief eingeschnitten mit weit vorragenden Genitalklappen. ♀ Halsschild und Bauch roth. Selten. Genf, Wallis, Basel, Uetliberg, St. Gallen. **Ruficollis** F.

— Halsschild vorn wenig erweitert, etwas länger als breit, vorn und hinten schwach eingedrückt. Lg. 9 bis 11 mm. ♂ Letztes Bauchsegment tief eingeschnitten mit vorragenden Genitalklappen. ♀ Halsschild und Bauch gelbroth, letzterer an der Spitze dunkel. Bisher nur im Ormont-Thal gefunden.
Viridipes Schmidt.

Gattung Asclera Schmidt.

(Ischnomera Stephens.)

Dunkelgrün, die ersten Fühlerglieder an der Unterseite und das Halsschild röthlich, letzteres mit 3 tiefen Grübchen, Flügeldecken mit 3 ziemlich starken Längsrippen. Lg. 6—8 mm. Selten. Genf, Waadt, Wallis, Basel, Schaffhausen, Matt. **Sanguinicollis** F.

Grün, einfärbig, Halsschild mit schwachen Eindrücken, Flügeldecken mit schwachen Längsrippen. Lg. 6—8 mm. Nicht selten. Genf, Waadt, Wallis, Basel, Schaffhausen, Zürich, Neuchâtel. **Coerulea** L.

Gattung Xanthochroa Schmidt.

Augen genähert, die Stirn zwischen ihnen nur halb so breit, als der Durchmesser eines Auges; wachsgelb, die Stirn, die Vorderecken des Halsschildes, die Flügeldecken und der Bauch braun oder schwarz; das letzte Bauchsegment indessen gelb. Körper langgestreckt, Halsschild länger als breit, vorn erweitert, Flügeldecken 4 mal so lang als breit, mit 3 feinen Längslinien. Lg. 14—18 mm. ♂ 5. Bauchsegment tief eingeschnitten, Analklappen zangenförmig, stark vorragend. ♀ Bauch wie beim ♂ gefärbt, letztes Bauchsegment schwach ausgerandet. Genf, Waadt (auf Jasmin), Basel, Interlaken in Menge auf Buchen und Fichten. **Carniolica** Schmidt.

Augen weiter abstehend, die Stirn wenig schmäler als der Durchmesser eines Auges, wachsgelb, die Stirn und die Flügeldecken braun oder schwärzlich. ♂ Bauch schwärzlich und nur das letzte Segment gelb, 5. Segment tief dreieckig eingeschnitten, die Analklappen wenig vorragend. ♀ Bauch ganz gelb, letztes Segment schwach ausgerandet. Sehr selten. Genf, Misox. **Gracilis** Schmidt.

Gattung Dryops Fabr.

Langgestreckt, Flügeldecken 5 mal so lang als breit; Braun oder schwärzlich, der Kopf mit Ausnahme der Stirn, die Mitte des Halsschildes, die Wurzel der Schenkel und das letzte Bauchsegment gelbroth. Lg. 13—18 mm. ♂ 5. Bauchsegment tief halbkreisförmig ausgerandet, das 6. mit schmalem, tiefem

Einschnitt, Hinterschenkel verdickt. ♀ Letztes Bauchsegment schwach ausgerandet, Hinterschenkel nicht verdickt. Selten. Genf, Freiburg, Basel, Lenzburg, Uetliberg, Chur; häufig bei der Bechburg im Solothurner Jura. **Femorata** F.

Gattung Oedemera Ol.

1. Flügeldecken gelb oder gelbbraun, öfter mit feinem schwarzem Saum 2
— Flügeldecken blau oder grünlich oder grünlichgrau 4
2. Beine ganz, oder wenigstens die 2 vorderen Paare ganz gelb, Kopf vor den Augen (die Oberlippe abgerechnet) viel breiter als lang, Schildchen eben, Fühlerspitze dunkel. Lg. 8—11 mm. ♂ Halsschild und äussere Hälfte der stark angeschwollenen Schenkel sowie die Unterseite des Körpers schwarz. ♀ Halsschild und Bauch sowie die Beine gelb und nur die Spitzen der Schienen und die Tarsen der 4 hintern Beine schwarz. Nicht selten in der ebeneren Schweiz und in den Thälern. **Podagrariae** L.
— Beine ganz dunkel gefärbt 3
3. Grünlichschwarz, grau behaart, Flügeldecken gelb, am Aussenrand oft fein schwarz gesäumt, nach hinten verschmälert und klaffend, Kopf vor den Augen fast so lang als breit, Halsschild hinter der Mitte stark eingeschürt, Schildchen vertieft. Lg. 7—8 mm. Häufig überall bis 3000′ ü. M. ♂ Hinterschenkel stark verdickt. ♀ Hinterschenkel einfach. **Flavescens** L.
— Grünlich oder bläulich schwarz, sehr fein grau behaart, Flügeldecken gelb, ihre Wurzel und alle Ränder schwarz gesäumt, nach hinten zugespitzt und klaffend, Kopf wie bei der vorigen Art, Halsschild hinter der Mitte schwach eingeschnürt, Schildchen eben. Lg. 7—8 mm. (subulata Ol.) ♂ Hinterschenkel schwach verdickt. Häufig in der ebenern Schweiz. **Marginata** Fabr.
4. Flügeldecken nach hinten stark verschmälert, zugespitzt, mehr oder weniger klaffend, Hinterschenkel beim ♂ stark verdickt, letztes Fühlerglied seitlich ausgerandet 5
— Flügeldecken nach hinten nur wenig verschmälert, nicht klaffend, Hinterschenkel des ♂ nicht oder ganz wenig verdickt, letztes Fühlerglied ohne Ausrandung 9

5. Kopf vor den Augen (die Oberlippe abgerechnet) breiter als lang, Epistome ohne Furche, Beine ganz schwarz oder höchstens die Wurzel der Vorderschienen gelb 6
— Kopf vor den Augen länger als breit, Epistome gefurcht, Vorderbeine gelb. Hinterschenkel beim ♂ sehr stark angeschwollen. Farbe dunkelgrün mit schwachem Metallglanz. Lg. 6—8 mm. Ueberall häufig. **Flavipes** F.
6. Halsschild länger als breit, ohne Grube hinter der Mitte des Vorderrandes, die Längslinien der Flügeldecken schwach, Hinterschenkel beim ♂ stark verdickt 7
— Halsschild breiter als lang, mit einem kreuzförmigen Eindrucke, Längsrippen der Flügeldecken stark vortretend, Hinterschenkel beim ♂ mässig verdickt. Schwarz mit blauem Schimmer, Wurzelglieder der Fühler an der Unterseite gelb. Lg. 8—10 mm. Horgen auf Spiraea, Burgdorf, Lenzbung, Gadmen, Genf. **Tristis** Schmidt.
7. Länge 10—11 mm., von schwarzblauer Farbe, Beine ganz schwarz, Flügeldecken mit schwachen Rippen, deren 3. bis zur Spitze vom Seitenrand getrennt ist. Vordertheil der Halsschild-Scheibe eben, undeutlich fein punktirt. Schenkel beim ♂ stark verdickt, ♀ Seiten der Bauchsegmente gelbroth. Häufig bei Siders auf Euphorbien. **Lateralis** Esch.
— Länge 8—9 mm. Bauch des ♀ ganz dunkel gefärbt 8
8. Schwärzlichblau, Flügeldecken nach hinten schwach zugespitzt, Halsschild so lang als breit mit schwachen Grübchen, hinter der Mitte des Vorderrandes namentlich beim ♂ deutlich punktirt und längsstreifig, die dritte Linie auf den Flügeldecken ist bis hinten vom Seitenrande getrennt. Selten. Genf. **Cyanescens** Schmidt.
— Lebhaft grün oder blaugrün, Flügeldecken nach hinten stark zugespitzt und klaffend, die 3. Linie hinten mit dem Seitenrand zusammenfliessend, Halsschild hinter der Mitte stark eingeschnürt, runzlig punktirt, Wurzel der Vorderschienen und die Fühlerwurzel an der Unterseite gelb. Lg. 8—10 mm. ♂ mit stark verdickten, gekrümmten Schenkeln, letztes Segment mit dreieckigem Ausschnitt. Genf, Wallis, Tessin, Puschlav, Basel, Schaffhausen, Zürich. **Coerulea** L.

Anm. O. **atrata** Schmidt scheint irrthümlicher Weise unter den Schweizer-Insekten aufgeführt zu sein. Dieselbe ist schwarz, kaum bläulich schimmernd, letztes Fühlerglied ausgerandet, Halsschild breiter als lang mit 3 oder 4 Grübchen, Schildchen eingedrückt und gerandet, Flügeldecken nach hinten verschmälert, aber nicht klaffend, die 3. Linie der Flügeldecken hinten mit dem Seitenrand zusammenfliessend, Hinterschenkel des ♂ stark verdickt und gekrümmt. Lg. $5^1/_2$—$8^1/_2$ mm.

9. Kopf vor den Augen breiter als lang; schmutzig dunkelgrün, Flügeldecken hinten sehr wenig verschmälert, nicht klaffend, parallel, Halsschild etwas länger als breit, vorn ziemlich stark gerundet erweitert mit 2 tiefen Gruben auf der Scheibe und einer seichteren vor dem Schildchen, der Hinterrand aufgebogen, Flügeldecken mit 3 Linien, die dritte von der Mitte an mit dem Seitenrand zusammenfliessend. Lg. 8—10 mm. ♂ Hinterschenkel schwach verdickt. ♀ 5. Bauchring an der Spitze ausgerandet. Häufig überall, bis 4000′ ü. M. **Virescens** L.

— Kopf vor den Augen so lang als breit; schmutzig dunkelgrün, Halsschild so lang als breit, runzlig punktirt, seitlich eher winklig erweitert, als gerundet, Flügeldecken nicht klaffend, nach hinten schwach verschmälert, die 3. Linie von der Mitte an mit dem Seitenrand zusammenfliessend. Lg. $5^1/_2$—$7^1/_2$ mm. ♂ Hinterschenkel gar nicht verdickt. ♀ Letztes Bauchsegment nicht ausgerandet. Häufig überall, wie der vorige. **Lurida** Marsh.

Gattung Chrysanthia Schmidt.

Grün oder goldgrün, die Fühler schwarz, ihre Wurzel, die Taster und Vorderschienen gelbbraun, Halsschild länger als breit, vorn erweitert und ausgerandet, mit deutlicher Mittelfurche und schwachen Quereindrücken. Lg. 6—8 mm. ♂ Letztes Bauchsegment mit dreieckigem Ausschnitt, Schenkelanhang der Hinterschenkel mit einem dornartigen Fortsatz, ♀ letztes Bauchsegment abgerundet. **Viridissima** L.
Var. Mittel- und Hinterschienen mehr oder weniger gelb. Häufig in der ebenen Schweiz auf Hypericum perforatum und auf Doldenblumen, stellenweise bis 5000′ ü. M.

Grün oder goldgrün oder blau, die Fühler, die ersten Tasterglieder und die Beine gelbbraun, die

Knie und Füsse schwärzlich, Halsschild vorn nicht ausgerandet und ohne Mittelfurche. Lg. 5—6 mm. ♂ Letztes Bauchsegment ausgerandet, ♀ letztes Bauchsegment abgerundet. **Viridis** Schmidt. Seltener als der vorige, ziemlich häufig im August auf Achillea millefolium.

Fam. Pythidae.

Vorder- und Mittelhüften genähert, die hintern getrennt, die Gelenkhöhlen der Vorderhüften nach hinten offen, Fühler an den Seiten des mehr oder weniger rüsselförmig verlängerten Kopfes eingefügt, fadenförmig oder gegen die Spitze verdickt und mit einigen grössern Endgliedern. Klauen einfach.

1. Halsschild nach hinten verengt, die Hinterhüften durch einen schmalen Fortsatz des 1. Abdominalsegmentes getrennt, Kopf vorgestreckt, Halsschild vorn gerade abgestutzt 2
— Halsschild nach vorn verengt, vorn gerade abgestutzt, breiter 5
2. Oberkiefer die Oberlippe weit überragend, die Mandibeln mit gespaltener Spitze und einigen Zähnen am Innenrand, Endglied der Kiefertaster beilförmig, Halsschild flach mit einem breiten Eindruck jederseits. **Pytho** F.
— Oberkiefer die Oberlippe nicht überragend, Endglied der Kiefertaster schmal und zugespitzt, Körper klein, gewölbt 3
3. Kopf in einen langen, flachen Rüssel ausgezogen, Fühler mit 4—6 grössern Endgliedern. **Rhinosimus** L.
— Kopf nicht rüsselförmig ausgezogen 4
4. Halsschild mit glattem Seitenrand, Fühler allmählig verdickt. **Salpingus** Gyl.
— Halsschild mit gezähneltem Seitenrand, Fühler mit 3 grössern Endgliedern. **Lissodema** Curtis.
5. Halsschild nach vorn verschmälert, an der Basis fast so breit als die Flügeldecken, Kopf rüsselartig verlängert, Körper gross, Klauen gezähnt. **Mycterus** Ol.

Gattung Pytho Latr.

Schwarz, glänzend, unbehaart, Mund, Fühler, Schienen und Füsse roth, Bauch gelb. Halsschild $1^1/_2$ mal so breit als lang, vor der Mitte gerundet, mit 2 grossen Gruben auf der Scheibe, Flügeldecken blau, tief punktirt gestreift. Lg. 5—16 mm.

Die Färbung ist sehr veränderlich, manchmal sind die Flügeldecken ganz oder theilweise bräunlich oder gelb gefärbt, mitunter auch das Halsschild. Selten. Visperterminen im Wallis, Aeggischhorn, Simplon, Engadin. Unter Rinden. **Depressus** L.

Gattung Lissodema Curtis.

Halsschild kaum so lang als breit, herzförmig, an den Seiten gezähnelt, fein und dicht punktirt, rothbraun, Flügeldecken schwarz, ein Fleck an der Schulter, der mitunter sich über die ganze Wurzel der Flügeldecken ausdehnt und ein Fleck vor der Spitze gelbroth, Flügeldecken an der Wurzel fein punktirt gestreift. Lg. 2,5—3,5 mm. Selten. Genf. **Denticollis** Gyll.

Gattung Salpingus Gyll.

1. Kopf vor den Augen kaum halb so lang, als am Vorderrande breit 2

— Kopf vorgestreckt, so lang als breit, nach vorn etwas verschmälert, Halsschild breiter als der Kopf nebst den Augen, breiter als lang, nach hinten stark verschmälert, nicht sehr dicht punktirt, seitlich mit flachen Grübchen, Fühler mit 4 grössern Endgliedern, Flügeldecken breiter als das Halsschild, regelmässig punktirt gestreift; Oberseite grün metallglänzend, die Wurzel der Fühler und die Schienen, mitunter auch der Bauch gelblich. Lg. 3—3½ mm. (virescens Muls.) Selten. Entremont-Thal, Jura, Schaffhausen. **Mutilatus** Beck.

2. Fühler mit 3 grössern Endgliedern, Halsschild breiter als lang, dicht punktirt, hinten stark verschmälert, mit 2 seichten Grübchen, Flügeldecken mit etwas unregelmässigen Punktreihen. Schwarz, die Wurzel der Fühler und die Beine gelb, die Schenkel mitunter dunkel. Lg. 2½—3½ mm. Büren im Kt. Bern, Riffelberg, Basel, Engadin. **Ater** Ill.

— Fühler mit 5 grössern Endgliedern, Halsschild breiter als lang, dicht punktirt mit einem scharfen Quereindruck vor dem Schildchen, Flügeldecken fein, an den Rändern etwas unregelmässig punktirt gestreift. Braun, Fühlerwurzel und Beine gelb, letztere mitunter theilweise dunkel. Lg. 3—3½ mm. Selten.

Aeggischhorn, Vevey, Zürich, Schaffhausen, Chur.
Castaneus Panz.

— Fühler mit 6 grössern Endgliedern, Halsschild breiter als der Kopf, wenig breiter als lang mit 3 schwachen Grübchen jederseits, nicht sehr dicht punktirt; Flügeldecken mit einem etwas schiefen Eindruck hinter der Wurzel. Erzfärbig, der Mund, die Wurzel der Fühler, Schienen und Füsse gelb. Lg. $2^1/_2$—$3^1/_2$ mm. Sehr selten. Val Entremont, V. Ferret, Chasseral, Genf. **Foveolatus** L.

Gattung Rhinosimus Latr.

1. Kopf und Halsschild roth, die Flügeldecken blau oder grün 2

— Kopf und Halsschild wie die Flügeldecken erzfärbig, Rüssel länger als vor der Spitze breit und zwischen den Fühlern schmäler als die Stirn zwischen den Augen 3

2. Der Kopf vor den Augen ist doppelt so lang als vor der Spitze breit, Fühler mit 4 grössern Endgliedern, Kopf und Halsschild ziemlich stark und nicht dicht, Flügeldecken fein punktirt, Kopf, Halsschild, Bauch, Beine und Fühlerwurzel roth, die Stirn und die Brust schwarz. Lg. $3^1/_2$—$4^1/_2$ mm. (roboris Payk.) Genf, Vevey, Basel, Schaffhausen, St. Gallen, Burgdorf, Weissenburg, Gadmen, Sandalp unter Ahornrinde. **Ruficollis** L.

— Der Kopf vor den Augen kaum länger als vor der Spitze breit, zwischen den Fühlern kaum schmäler als die Stirn zwischen den Augen, Fühler mit 4—5 grössern Endgliedern, Kopf und Halsschild ziemlich tief punktirt, die Flügeldecken grob punktirt gestreift. Kopf, Halsschild, Fühlerwurzel, Bauch und Beine gelb oder gelbroth, Flügeldecken blau oder grün. Lg. $2^1/_2$—3 mm. (ruficollis Panz., Genei Costa). Selten, Genf, Vevey. **Viridipennis** Latr.

Var. der Bauch ist dunkel gefärbt.

3. Fühler mit 4 grössern Endgliedern, und wie Kopf und Halsschild nicht dicht punktirt, Rüssel, Wurzel der Fühler und Beine gelb. Lg. 3—$3^1/_2$ mm. (fulvirostris Payk., Spinolae Costa). Selten, Genf, Vevey, Basel, Schaffhausen, Zürich, St. Gallen, Gadmenthal. **Planirostris** Fabr.

— Fühler allmählig nach aussen dicker werdend, Kopf und Halsschild ziemlich dicht und grob punktirt, Flügeldecken gar nicht punktirt. Fühler und Rüssel dunkel rothbraun, Beine schwarz oder braun. Lg. 3—4 mm. Selten, Genf, Basel. **Aeneus** Ol.

Gattung Mycterus Clairville.

Kopf vor den Augen doppelt so lang als zwischen den Fühlern breit, Rüssel mit 2 vertieften, schief gegen die Augen gerichteten Furchen, Körper grob, körnig punktirt, schwarz, beim ♂ oben gelb behaart und bestäubt, beim ♀ weisslich, Unterseite weiss reifartig behaart. Lg. 4—8 mm. Im Unterwallis nicht selten. Basel. **Curculionoides** Ill.

Kopf vor den Augen kaum länger als zwischen den Fühlern breit, Rüssel eben, Körper feiner, doch auch etwas körnig punktirt, grau oder gelblich behaart, Halsschild am Hinterrand mit 3 Grübchen, Fühler beim ♂ ganz gelb, beim ♀ die einzelnen Glieder an der Spitze dunkler, Schienen öfters röthlich. Lg. 4—12 mm. (ruficornis Muls.) Selten. Genf, Wallis, Schaffhausen. **Umbellatarum** Fabr.

Fam. Curculionidae.

Der Kopf ist in einen deutlichen Rüssel verlängert, die Oberlippe fehlt, die Fühler sind mehr oder weniger deutlich gekniet und in eine geringelte oder solide Keule endigend; die Taster sehr kurz, schwer sichtbar, dreigliedrig, die Tarsen alle 4gliedrig, meist mit schwammiger Sohle, das 3. Glied meistens 2lappig oder herzförmig.

1. Kehlausschnitt einfach und meist vom breiten Kinn ganz ausgefüllt und den Unterkiefer bedeckend; selten ist das Kinn schmäler als der Ausschnitt, Rüssel kurz und dick, Fühler zwischen dessen Mitte und der Spitze, meist nahe der letzteren eingefügt, der Schaft die Augen fast immer erreichend und mehr oder weniger überragend (Curc. adelognathi Lac.) . 2

— Kehlausschnitt doppelt, so dass in der Mitte ein das schmale Kinn tragender Stiel nach vorn vorragt, neben dem die Maxillen meist sichtbar sind; Fühlerschaft

meist die Augen nicht erreichend, selten dieselben überragend (Curc. phanerognathi Lac.) 6
2. Halsschild vorn geradlinig abgeschnitten, Augen rundlich, Fühler stets gekniet 3
— Halsschild mit mehr oder weniger entwickelten Augenlappen, Augen flach, eckig oder quer, Fühler ungekniet, Fühlerfurche scharf herabgebogen, Körper plump. **Brachycerini.**
3. Halsschild am Vorderrand nicht (selten kurz, Barynotus) bewimpert 4
— Halsschild seitlich am Vorderrand unter den Augen mit langen Borsten bewimpert. **Tanymecini.**
4. Aussenrand der Spitze der Hinterschienen einfach (corbeilles ouvertes Lac.) 5
— Aussenrand der Spitze der Hinterschienen deutlich umgebogen und die Basis des 1. Tarsengliedes mehr oder weniger überwölbend (corb. caverneuses Lac.) Flügel fehlen. **Cneorhinini.**
5. Fühlerfurche vorn ganz oberständig, an der Einlenkungsstelle der Fühler von oben bis auf den Grund übersehbar, der sie nach aussen begränzende Theil des Rüssels ist oft abgekürzt, ragt als Pterygium seitlich vor; hinter ihm steigt oft die Fühlerfurche auf die Seiten des Rüssels herab, ist aber hier nicht scharf begränzt. **Otiorhynchini.**
— Fühlerfurche seitlich, meist tief und scharf begränzt, Rüssel ohne Pterygien. **Brachyderini.**
6. Fühler gekniet, sehr selten ungekniet (Rhamphus) dann aber die Vorderhüften von einander entfernt. 7
— Fühler nicht gekniet, Vorderhüften aneinander stehend, Pygidium frei oder bedeckt. **Apionini.**
7. Pygidium bedeckt, Klauen stets einfach, frei oder verwachsen, Fühlerkeule geringelt, Vorderhüften an einander stehend, selten durch eine tiefe Rüsselfurche getrennt (Cryptorhynchini), noch seltener ohne Rüsselfurche getrennt, Epimeren des Mesosternum von oben nicht sichtbar 8
— Pygidium von den Flügeldecken nicht ganz bedeckt und die Klauen gezähnt, oder die Epimeren des Mesosternums von oben sichtbar 14
8. Klauen am Grunde verwachsen, Körper gross . . 9
— Klauen frei, sehr selten verwachsen, (Smicronyx) dann aber der Körper sehr klein, Halsschild ohne Falz 10

9. Basis des Halsschildes mit einem Falz, in welchen die Flügeldecken eingreifen, Augenlappen meist stark, Fühlerschaft meist kurz, Augen flach, quer, Körper kurz behaart und oft bepudert, selten beschuppt. **Cleonini.**

— Basis des Halsschildes ohne Falz, Augenlappen schwach, Fühlerschaft den Hinterrand der Augen erreichend, Flügel fehlen. **Tropiphorini.**

10. Prosternum höchtsens vor den aneinander stehenden Vorderhüften mit einer Rüsselfurche 11

— Prosternum zwischen den Vorderhüften mit tiefer Rüsselfurche. **Cryptorhynchini.**

11. Vorderhüften aneinander stehend, selten etwas getrennt (Pissodes, Plinthus, Cotaster), dann aber die Tarsen breit und das Prosternum kurz 12

— Vorderhüften getrennt, Metasternum lang, Tarsen schmal, Schienen an der Spitze mit einem grossen Hacken. **Cossonini.**

12. Fühlerfurche nach vorn zu von oben sichtbar, Rüssel mehr oder weniger dick 13

— Fühlerfurche von oben gar nicht sichtbar, Rüssel dünn und rund, Schienen an der Spitze meist mit einem grossen Hacken. **Erirhinini.**

13. Trochanter mit einer abstehenden Borste, Epimeren der Hinterbrust meist nicht sichtbar, Schienen an der Spitze mit starkem Hacken. **Hylobiini.**

— Trochanter ohne eine abstehende Borste, Epimeren der Hinterbrust sichtbar, Schienen ohne Hacken an der Spitze, Rüssel rundlich, Rüssel mitunter lang. **Hyperini.**

14. Vorderhüften meist getrennt, selten aneinander stehend, dann aber die Epimeren des Mesosternums von oben sichtbar 15

— Vorderhüften aneinander stehend, selten (Miarus, Rhamphus) getrennt, dann aber das Pygidium frei, Epimeren des Mesosternums von oben nicht sichtbar, das 3. Tarsenglied zweilappig, Fühlerkeule deutlich geringelt 16

10 Die Epimeren des Mesosternums gross, aufsteigend, zwischen Flügeldecken und Halsschild von oben sichtbar, einige Bauchsegmente am Seitenrand scharf nach hinten vorgezogen, Pygidium frei, Prosternum oft mit einer Rüsselfurche, Fühlerschaft den Vorderrand der Augen nicht überragend, Fühlerkeule deut-

lich geringelt, das 3. Tarsenglied meist breit zweilappig, Körper kurz und dick, selten gestreckt. **Ceutorhynchini.**

— Die Epimeren des Mesosternums von oben nicht sichtbar, alle Bauchsegmente mit geradem Hinterrand, Pygidium meist bedeckt, Prosternum nie mit einer Rüsselfurche, Fühlerschaft den Vorderrand der Augen meist überragend, Fühlerkeule meist ungeringelt, das 3. Tarsenglied meist nicht zweilappig, Körper gestreckt. **Calandrini.**

16. Hinterecken des Halsschildes einfach, Klauen meist gezähnt, Pygidium oft bedeckt, Fühlerschaft den Vorderrand der Augen selten überragend. **Tychiini.**

— Hinterecken des Halsschildes unter den Schultern der Flügeldecken in eine scharfe Ecke ausgezogen, Fühlerschaft den Vorderrand der Augen überragend, Pygidium frei. **Magdalini.**

Otiorhynchini.

Uebersicht der Gattungen.

1. Fortsatz des 1. Bauchsegmentes zwischen den Hinterhüften breit, mit parallelen Rändern, vorn gerade abgestutzt oder schwach gerundet, Schultern abgerundet, Flügel fehlen 2

— Dieser Fortsatz ist schmal, vorn gerundet, Schultern winklig vortretend, Flügel stets vorhanden, Klauen am Grunde verwachsen. **Phyllobius** Schh.

2. Pterygien stark entwickelt, Fühlerfurche innerhalb derselben tief, nach hinten verflacht, Schenkel mehr oder weniger keulenförmig verdickt und öfter gezähnt, Klauen vollkommen getrennt. **Otiorhynchus** Germ.

— Pterygien schwach entwickelt, Schenkel nicht verdickt, stets ungezähnt, die Klauen am Grunde verwachsen. **Peritelus** Germ.

Gattung Otiorhynchus Schh.

Uebersicht der Untergattungen.

1. Flügeldecken mit 12—13 Streifen. **Dodecastichus** Stl.

— Flügeldecken mit 10 Streifen 2

2. Rüssel wenigstens so lang als der Kopf und länger als an der Wurzel breit, Kopf und Halsschild pro-

portionirt zum Hintertheil des Körpers, die Vorderschenkel schwächer entwickelt, als die hinteren . . 3
— Rüssel höchstens so lang als der Kopf und kürzer oder höchstens so lang, als an der Wurzel breit . 5
3. Vorderschienen an der Spitze nicht oder nur nach innen erweitert, gerade oder gegen die Spitze einwärts gebogen, Hinterleib gekörnt oder punktirt, meist fein behaart, Gelenkflächen der Schienen schwach vertieft. **Otiorhynchus** Schh.
— Vorderschienen gerade, an der Spitze schaufelförmig erweitert und mit Borstenkränzen eingefasst . . . 4
4. Körper ziemlich schlank, Beine schlank, die Gelenkfläche an der Spitze der Hinterschienen ist nicht ausgehöhlt, der Bauch dicht punktirt, die Stirne zwischen den Augen ist kaum breiter als die dünste Stelle des Rüssels. **Timolphus** Goz.
— Körper plump, Beine kräftig, die Gelenkfläche der Hinterschienen ausgehöhlt, der Bauch dicht gekörnt, die Stirn zwischen den Augen ist beträchtlich breiter als die dünnste Stelle des Rüssels. **Cryphiphorus** Stl.
5. Schenkel ungezähnt, Vorderschienen gerade und an der Spitze nach aussen und innen erweitert und mit Borstenkränzen eingefasst, Halsschild an die Flügeldeckenbasis anschliessend, die 2 ersten Bauchsegmente kahl und grob zerstreut punktirt. **Arammichnus** Goz.
— Schenkel gezähnt oder ungezähnt, Vorderbeine stärker entwickelt als die hintern, die Vorderschienen gekrümmt, Bauch gerunzelt, fein behaart. **Tournieria** Stl.

Subg. Dodecastichus Stl.

Körper ziemlich gedrungen, hochgewölbt, mit Flecken gelblichgrüner, haarförmiger Schuppen, Halsschild gekörnt, Stirn zwischen den Augen nicht breiter als der Durchmesser eines Auges, die 2 ersten Geisselglieder der Fühler gleich lang, Flügeldecken fein gestreift mit fast ebenen, runzlig gekörnten Zwischenräumen, hinten etwas zugespitzt. Beine roth, mit schwarzen Knieen, Schenkel ungezähnt, Vorderschienen innen gezähnt. Lg. 7½—9 mm. **Geniculatus** Germ.

Diese Art ist in der Schweiz meines Wissens noch

nicht aufgefunden, dürfte aber kaum fehlen, da sie in den angrenzenden Tiroler Bergen nicht selten ist.

Subg. Otiorhynchus Schh.

1. Alle Schenkel ohne Zahn 2
— Alle Schenkel oder wenigstens die Hinterschenkel deutlich gezähnt 37
2. Afterglied des ♂ stets regelmässig längsstreifig . . 3
— Afterglied des ♂ gar nicht gestreift oder wenigstens nur unregelmässig, nadelrissig 18
3. Flügeldecken des ♂ flacher und breiter als die des ♀ (1. Rotte der Bestimmungstabellen) . . . 4
— Flügeldecken des ♂ schmäler und gewölbter als die des ♀ (2. Rotte) 9
4. Die Fühlerfurche gleich breit und gegen die Mitte der Augen aufsteigend, Halsschild so lang oder länger als breit 5
— Die Fühlerfurche nur eine Strecke weit tief und scharf begränzt, dann gegen die Augen hin sich verflachend 6
5. Halsschild länger als breit, vorn schmäler als hinten, so wie die Flügeldecken dicht und grob gekörnt, letztere flach, hinten zugespitzt, undeutlich gestreift, Beine schwarz. Lg. 13—15 mm. Tessin.
Caudatus Rossi.
— Halsschild so lang als breit, hinten und vorn gleich breit, viel schwächer und weniger dicht gekörnt, Flügeldecken bauchig, hinten zugespitzt, punktirt-gestreift mit flach gekörnten Zwischenräumen, Beine röthlich. Lg. 10—11 mm. Simplon. **Latipennis** Stl.
6. Flügeldecken ohne Schuppenflecken, höchstens an der Basis und an den Seiten schwach, aber gleichmässig grau bestäubt, Beine stets schwarz, Analsegment fein gestreift, Rüssel wenig länger als der Kopf, Fühler sehr schlank und lang, das 2. Geisselglied um die Hälfte länger als das 1., Halsschild kaum breiter als lang, vor der Mitte am breitesten, dicht gekörnt, Flügeldecken punktirt-gestreift, die Zwischenräume querrunzlig. Lg. 7—15 mm. Br. 4 bis 6½ mm. Häufig durch die ganze Alpenkette.
Armadillo Rossi.
— Flügeldecken mit Schuppen oder Filzflecken gewürfelt 7
7. Rüssel kaum länger als breit, Afterglied beim ♂ fein gestreift, Beine roth oder schwarz, Fühler weniger

lang als beim vorigen, das 2. Geisselglied $1\frac{1}{2}$ mal so lang als das 1., Halsschild kaum breiter als lang, gekörnt, in der Mitte am breitesten, Flügeldecken tief punktirt-gestreift, die innern Zwischenräume undeutlich, die äussern deutlich gekörnt. Lg. 9 bis 10 mm. Engadin. **Rhaeticus** Stl.

— Rüssel deutlich länger als breit 8

8. Beine röthlich, Afterglied des ♂ grob gestreift; Halsschild etwas breiter als lang, nicht dicht gekörnt, Flügeldecken ziemlich flach, fast $1\frac{1}{2}$ mal so lang als breit, ziemlich tief punktirt-gestreift, die Zwischenräume runzlig gekörnt. Frische Exemplar sind weisslich bestäubt. Lg. 9—12 mm. Macugnaga, Wallis. **Amplipennis** Fairm.

— Beine schwarz, Afterglied beim ♂ fein gestreift, Halsschild etwas breiter als lang, dicht gekörnt, Flügeldecken gewölbter, $1\frac{1}{4}$ mal so lang als breit, weniger deutlich gestreift, gerunzelt und schwach runzlig gekörnt. Lg. 7—11 mm. In der ebenern Schweiz nicht selten. **Scabripennis** Gyll.*

9. Fühlerfurche tief und deutlich begränzt, fast bis zu den Augen reichend 10

— Fühlerfurche schon in der Mitte zwischen der Fühlerinsertion und den Augen aufhörend 14

10. Nur die Seiten des Halsschildes und der Flügeldecken sind etwas dichter behaart oder beschuppt, Rüssel mit starken, nach hinten konvergirenden Seitenkielen, Halsschild mit grossen flachen Körnern dicht besetzt 11

— Oberseite gleichmässig behaart oder beschuppt, oder fleckig, niemals die Seiten des Halsschildes und der Flügeldecken dichter beschuppt 12

— Oberseite ganz kahl, glänzend 13

11. Seiten des Halsschildes und Umkreis der Flügeldecken kreideweiss beschuppt, Körper flach, Flügeldecken $1\frac{1}{3}$ mal so lang als breit, kräftig punktirtgefurcht, Zwischenräume mit einer undeutlichen Doppelreihe kräftiger Körner, Fühler sehr schlank, das

---

* In diese Gruppe gehört der im Aosta-Thale vorkommende O. amabilis Stl., er ist dem O. pyrenaeus Schh. sehr nahe, schwarz mit rothen Beinen, 2. Geisselglied der Fühler fast doppelt so lang als das 1., Halsschild länger als breit, Rüssel gekielt mit gut entwickelten Seitenfurchen, Flügeldecken tief gefurcht, das letzte Bauchsegment etwas grob gestreift. Lg. 10—11 mm.

2. Geisselglied wenig länger als das 1., Beine schwarz. Lg. 17—18 mm. Tessin. **Vehemens** Boh.

— Seiten des Halsschildes und der Flügeldecken metallisch beschuppt, Körper gewölbter, Halsschild seitlich wenig gerundet, Flügeldecken $1^{1}/_{2}$ mal so lang als breit, schwach gestreift, dickt gekörnt, Fühler kürzer. Lg. 14—16 mm. Lugano. **Fortis** Rosenh.

12. Halsschild fein runzlig punktirt, nach hinten wenig verschmälert, Flügeldecken sehr fein gestreift mit spärlichen weissen Schuppenflecken, Afterglied des ♂ mit einer Grube, Beine röthlichbraun. Lg. 12 bis 14 mm. Gadmenthal. **Lugdunensis** Boh.

— Halsschild fein gekörnt, nach hinten stärker verschmälert, vorn wenig schmäler als hinten, Aftersegment des ♂ ohne Grube, Flügeldecken ziemlich stark gestreift, die Zwischenräume gewölbt, runzlig gekörnt mit grauen Schuppenflecken, Beine heller oder dunkler roth. Lg. $11^{1}/_{2}$—16 mm. Walliser-Alpen, besonders am St. Bernhard.
Griseopunctatus Boh.

Var. Flügeldecken feiner gestreift, Beine gewöhnlich roth. v. **clavipes** Boh.

13. Halsschild breiter als lang, gewölbt, fein gekörnt oder punktirt, Beine schwarz, letztes Bauchsegment stark gestreift, Flügeldecken bald feiner, bald stärker gestreift, die Zwischenräume mehr oder weniger gewölbt und gerunzelt. Lg. $11^{1}/_{2}$ mm. Jura.
Substriatus Gyll.

14. Analsegment des ♂ grob gestreift, Flügeldecken fein punktirt-gestreift mit spärlichen, kleinen, grauen Schuppenflecken, Halsschild dicht gekörnt, fast länger als breit. Lg. 11—12 mm. Nicht selten im Jura von Genf bis Schaffhausen, auch im Kt. Zürich, St. Gallen. **Tenebricosus** Herbst.

Var. b. Halsschild dicht punktirt.

— Analsegment des ♂ fein gestreift 15

15. Halsschild ziemlich grob gekörnt, Flügeldecken mit grossen, flachen, mit weissem Filze erfüllten Gruben reihenweise besetzt, Beine roth mit schwarzen Knieen. Lg. 8—12 mm. Nicht selten durch die ganze Schweiz bis 5000′ ü. M. **Niger** F.

Varietäten der O. niger:

a) Die Punkte der Flügeldecken sind etwas flacher, dicht weissfilzig, die Zwischenräume stärker gekörnt. v. **villosopunctatus** Gyll.

b) Halsschild punktirt, ganz oder theilweise.

c) Halsschild dicht punktirt mit glatter Mittellinie.

d) Kleiner, Rüssel entfernter punktirt, Flügeldecken weniger deutlich punktirt-gestreift mit stark runzlig gekörnten Zwischenräumen. v. **rugipennis** Boh.

e) Noch kleiner und schmäler, Flügeldecken tief punktirt gestreift, die Zwischenräume stark querrunzlig gekörnt. Lg. 6½—7, Br. 2½—3 mm. v. **Montanus** Boh.

— Halsschild fein gekörnt oder punktirt, Oberseite kahl oder ganz dünn gleichmässig behaart 16

16. Die äussern Geisselglieder der Fühler sind breiter als lang, das 2. Glied wenig länger als das 1., Rüssel gekielt, Halsschild breiter als lang, vorn merklich schmäler als hinten, fein und dicht runzlig punktirt, Flügeldecken tief gefurcht, mit gewölbten, punktirt gerunzelten Zwischenräumen, Beine roth mit schwarzen Knieen. Lg. 16 mm. Rothhorn **Haematopus** Boh.

— Die äussern Geisselglieder sind länger als breit . . 17

17. Halsschild länger als in der Mitte breit, dicht und fein gekörnt, Flügeldecken doppelt so breit als das Halsschild, 1¾ bis doppelt so lang als breit, hinten abgestutzt, mehr oder weniger stark gestreift, die Zwischenräume runzlig gekörnt, 2. Geisselglied um ⅓ länger als das erste, Beine roth oder rothbraun, Analsegment des ♂ sehr fein gestreift. Jura und Alpen. **Fuscipes** Ol.*

Varietäten der O. fuscipes:

a) Flügeldecken tief gestreift, Zwischenräume stark gerunzelt.

b) Flügeldecken kaum gestreift, dicht runzlig gekörnt v. **fagi** Gyll.

---

* Hier schliesst sich folgende Art an: O. francolinus Gemm. (elongatus Stl.), Halsschild auch beim ♂ nicht länger als an der Wurzel breit, nach hinten weniger verschmälert als bei fuscipes, Flügeldecken kaum doppelt so breit als das Halsschild und stets verlängter, oft bis 2½ mal so lang als breit, Afterglied sehr fein gestreift. Lg. 12 mm. Schwarzwald.

c) Halsschild auf der Scheibe dicht punktirt.
d) Zwischenräume der Flügeldecken gerunzelt, Aftersegment mit einer flachen Grube. v. **erythropus** Boh.
e) Flügeldecken etwas verlängter, $2^1/_3$ mal so lang als breit. Nur in der Westschweiz.

— Beine stets schwarz, die 2 ersten Geisselglieder der Fühler gleich lang, Halsschild so lang als breit, dicht punktirt, Flügeldecken fein gestreift-punktirt mit ebenen, dicht punktirten Zwischenräumen. Lg. $5^1/_2$ bis $7^1/_2$ mm. Selten. Jura, Schaffhausen, St. Gallen. **Laevigatus** F.

18. Oberseite kahl oder fast kahl, die Brust aber dicht behaart, Fühlerfurche, abschon flacher werdend, doch bis zu den Augen reichend, Halsschild nach vorn verschmälert, Analsegmend des ♂ punktirt mit flacher Grube (3. Rotte der Bestimmungs-Tabellen) . . . 19

— Oberseite kahl oder behaart oder beschuppt, aber niemals die Brust dichter behaart als die Oberseite 20

19. Oberseite schwarz, glänzend, Halsschild ziemlich grob gekörnt oder punktirt, 2. Geisselglied etwas länger als 1. Vorderschienen gegen die Spitze einwärts gekrümmt, Beine stets schwarz. Flügeldecken punktirt-gestreift mit flachen Runzeln. Lg. $11^1/_2$ bis 13 mm. **Morio** F. (unicolor Herbst).

Var. b. Halsschild feiner und sparsamer punktirt, Flügeldecken schmäler, tiefer gestreift, die Zwischenräume auf der Scheibe sehr schwach gerunzelt. Mit der Stammform v. **ebeninus** Gyll.

Var. c. Grösser, Halsschild dicht gekörnt, nur auf dem vordern Theil der Scheibe mit einigen Punkten, Flügeldecken breit, schwach gestreift, überall dicht runzlig gekörnt. Breite b. ♀ $5^1/_2$ mm. In der subalpinen Region, namentlich in den Voralpen. **Memnonius** Gyll.

— Oberseite wenig glänzend, dicht punktirt, Brust weniger lang behaart, Halsschild so lang als breit, Flügeldecken oval, nur der 1. und 2. Streif derselben deutlich und die ersten 2 Zwischenräume erhaben, die anderen Streifen ganz undeutlich, Beine röthlich, die ersten 2 Geisselglieder gleich lang. Lg. 8—$8^1/_2$ mm. Wallis, sehr selten. **Atroapterus** D. G.

20. Die abwechselnden Zwischenräume der Flügeldecken nicht rippenartig erhaben 21

— Die abwechselnden Zwischenräume der Flügeldecken rippenartig erhaben (19. Rotte) 35

21. Körper ziemlich lang gestreckt, mit haarförmigen, etwas metallisch glänzenden Schuppen mehr oder weniger dicht bekleidet, Analsegment beim ♂ eben, nadelrissig (Best.-Tab. 7. Rotte), Fühlerfurche bis zu den Augen reichend 22

— Körper gedrungen, mit verschiedener Bekleidung, Analsegment punktirt, mehr oder weniger eingedrückt 23

22. Schenkel und Schienen beim ♂ an der Innenseite zottig behaart, Vorderschienen an der Spitze mit einem starken, nach innen gerichteten Haken; schwarz, mit kupferglänzenden, haarförmigen Schuppen nicht dicht bestreut, Rüssel gekielt, Halsschild viel breiter als lang, seitlich stark gerundet, gewölbt, fein runzlig gekörnt, Flügeldecken eiförmig, kaum gestreift, Beine röthlich. Lg. 11—12 mm. Sehr selten. Wallis.

Cupreosparsus Fairm.

— Schenkel und Schienen des ♂ ohne Zotten, Halsschild fein und dicht punktirt; schwarz, mit anliegenden haarförmigen, grauen Schuppen mehr oder weniger dicht bekleidet, Halsschild nicht oder sehr wenig breiter als lang, Flügeldecken länglich oval, sehr fein, oft undeutlich gestreift, fein lederartig gerunzelt, Beine röthlich. Lg. 9—10 mm. Macugnaga.

Lanuginosus Boh.

Var. b. Von schmälerer Gestalt, Halsschild schwach gekielt, Flügeldecken stärker gestreift mit schwach gewölbten Zwischenräumen. Macugnaga.

v. **neglectus** Stl.

23. Körper mit Haaren, oder haarförmigen Schuppen mehr oder weniger dicht bekleidet 24

— Körper ganz unbeschuppt, oder mit kleinen runden Schüppchen mehr oder weniger dicht besetzt, meist mit abstehenden Borsten bekleidet 27

24. Die Zwischenräume der Punktstreifen mit einer Reihe halb anliegender Borsten 25

— Die Zwischenräume der Punktstreifen mit einer Reihe ganz anliegender Borsten 26

25. Schwarz, mit metallisch glänzenden Schuppen nicht dicht besetzt, Rüssel gefurcht, Fühler ziemlich dünn, das 2. Geisselglied um die Hälfte länger als das 1., dieses fast doppelt so lang als das 3., die Fühlerfurche

steigt gerade gegen die Augen auf, ihr Ende ist durch einen schmalen Wulst vom Auge getrennt, Halsschild breiter als lang, mit schwacher Mittelfurche, vorn viel schmäler als hinten, dicht und ziemlich fein gekörnt, Flügeldecken ziemlich grob punktirt-gestreift, die Punkte undeutlich pupillirt, die Zwischenräume kaum schmäler als die Streifen, reihenweise gekörnt, Beine schwarz, Schienen gerade. Lg. 6½ mm. B. 3—3¼ mm. Selten. Bündtner Alpen. **Heeri** Stl.

— Grau beschuppt, etwas dichter als der vorige, Rüssel schwach gekielt, das 2. Geisselglied kaum länger als das 1., Halsschild klein, breiter als lang, ziemlich fein und zerstreut gekörnt, Flügeldecken 5 mal so lang als das Halsschild, länglich oval, punktirt-gestreift, die Zwischenräume wenig breiter als die Streifen, runzlig gekörnt, Schienen gerade. Lg. 8 mm. Sehr häufig bei Macugnaga, Splügen. **Densatus** Boh.

26. Flügeldecken mit einem dichten Filz gelblicher oder bräunlicher Haare bekleidet, Rüssel eben, Fühler kurz, das 2. Geisselglied kaum länger als das 1., Halsschild so lang als breit, schwach gekielt, fein runzlig gekörnt, Fühlerfurche abgekürzt, Flügeldecken kurz eiförmig, doppelt so lang als das Halsschild, schwach punktirt-gestreift, die Zwischenräume flach gewölbt, Beine pechbraun, Schienen rötlich. Lg. 5—6 mm. Ziemlich selten in der ebenern Schweiz; Genf, Basel, Schaffhausen. **Raucus** F.

Die Färbung ist etwas veränderlich, bald scheckig, heller oder dunkler gelbbraun, bald ganz einfärbig grau oder gelb.

— Flügeldecken mit Flecken metallglänzender Schuppen mehr oder weniger dicht bekleidet; Rüssel gekielt, so lang als der Kopf, die 2 ersten Geisselglieder der Fühler gleich lang, Fühlerfurche grubenförmig, nicht verlängert, Halsschild breiter als lang, seitlich mässig gerundet, sehr dicht und ziemlich kräftig gekörnt, Flügeldecken eiförmig, punktirt-gestreift, die Zwischenräume schwach gewölbt und schwach gerunzelt, Schienen gerade. Lg. 6—7 mm. Häufig in allen Schweizer Alpen von 4000—7000′ ü. M. **Maurus** Gyll.

Var. a) Flügeldecken ziemlich dicht mit metallisch glänzenden Schuppen bedeckt, fein gestreift. Mit der Stammform v. **comosellus** Boh.

Var. b) Halsschild schmäler, feiner gekörnt, Flügeldecken etwas breiter, äusserst spärlich beschuppt. v. **pauper** Boh.

„ c) Gleich der Stammform, mit rothen Beinen. Simplon. v. **aurosus** Muls.

„ d) Flügeldecken schmäler, tief punktirt-gestreift, Zwischenräume etwas gewölbt, fast glatt, Halsschild etwas stärker gerundet, feiner gekörnt, Beine röthlich. Bündten. v. **Bructeri** Ill. (demotus Boh.)*

27. Schwarz, mit rundlichen, etwas metallischen Schüppchen nicht dicht besetzt, ohne abstehende Borsten, Halsschild fein gekörnt, breiter als lang, vorn kaum schmäler als hinten, Flügeldecken kurz oval, etwas flach gedrückt, deutlich punktirt-gestreift, die Zwischenräume eben, so breit wie die Streifen, fein querrunzlig, Beine schlank, röthlich. Lg. 5—6 mm. Sehr selten. Tessin. **Chalceus** Stl.

— Körper unbeschuppt, die Zwischenräume der Flügeldecken mit abstehenden Borsten besetzt 28

— Körper mit sehr kleinen runden Schuppen spärlich besetzt und ausserdem mit abstehenden, etwas keulenförmigen Borsten bekleidet, Rüssel eben, Fühlerfurche breit und tief (15. Rotte) 34

28. Das 2. Geisselglied ist viel dicker als die andern Glieder; Halsschild so lang als breit und hinten nicht breiter als vorn, ziemlich kräftig gekörnt, Rüssel mit feinem Kiel und 2 seichten Furchen, Fühler kurz, Flügeldecken tief punktirt-gestreift, die schmalen Zwischenräume mit Borstenreihen. Beine schwarz. Lg. 4½ mm. B. 2 mm. Tessin. **Lombardus** Stl.

— Das 2. Geisselglied nicht dicker als die andern Geisselglieder 29

29. Fühler dünn, die äussern Geisselglieder so lang oder länger als breit 30

— Fühler dick und kurz, die äussern Geisselglieder viel

* Im benachbarten Schwarzwald kommt eine Art vor, die grosse Aehnlichkeit mit O. maurus hat: O. Tournieri Stl.; der Rüssel ist länger als der Kopf, mit kräftigem Kiel, Halsschild feiner gekörnt, das 2. Geisselglied so lang (♂) oder etwas länger (♀) als das 1., Flügeldecken eiförmig, kräftig punktirt-gestreift, die Beine gelbroth. Im übrigen von O. maurus nicht abweichend.

breiter als lang, Rüssel mit breiter unpunktirter Furche, Stirn viel breiter als der Durchmesser eines Auges 33

30. Rüssel mit tiefer, vorn abgekürzter Furche, das 2. Geisselglied um 1/3 länger als das 1., Halsschild breiter als lang, dicht und grob gekörnt, Flügeldecken wenig länger als breit mit fast parallelen Seiten, grob punktirt-gestreift, die Zwischenräume so breit wie die Streifen, kräftig gekörnt, Schienen gegen die Spitze etwas einwärts gebogen. Lg. 6—6 1/2 mm. B. 3 1/3—3 1/2 mm. Nicht selten durch die ganze Schweiz. **Scabrosus** Msh.

— Rüssel eben oder undeutlich gekielt 31

31. Die 2 ersten Geisselglieder sind gleich lang, Halsschild so lang oder wenig länger als breit, Stirn nicht breiter als der Durchmesser eines Auges . . 32

— Das 1. Geisselglied länger als das 2., dieses nicht länger als das 3., Stirn etwas breiter als der Durchmesser eines Auges, Halsschild deutlich länger als breit, runzlig gekörnt, Flügeldecken länglich-oval, tief gefurcht, die Zwischenräume gekörnt. Lg. 2 1/2 bis 3 mm. (lutosus Stl.) Selten, am Fuss von Bäumen. Genf. **Pseudomias** Hochh.

32. Halsschild kaum so lang als breit, dicht und ziemlich derb gekörnt, Flügeldecken mehr als doppelt so breit als das Halsschild und höchstens um 1/3 länger als breit, ziemlich kräftig gestreift, die Zwischenräume so breit wie die Streifen, mehr oder weniger stark runzlig gekörnt, Borsten fein und halb anliegend, Fühler und Beine röthlich. Lg. 3 1/2—5 mm. B. 2—2 1/2 mm. In der nördlichen Schweiz selten, Schaffhausen, Nürenstorf im Kt. Zürich, Kt. Bern, häufiger in der südlichen Schweiz, Genf, Lausanne, Tessin. **Ligneus** Ol.

— Halsschild fast etwas länger als breit, mit feinem, vorn und hinten abgekürztem Längskiel, mit spitzigen Körnchen dicht besetzt, Flügeldecken höchstens doppelt so breit als das Halsschild und 1 1/2 mal so lang als breit, tief gefurcht mit viereckigen Punkten in den Furchen, die Zwischenräume schmäler als die Furchen, mit einer Reihe spitziger Körnchen und mit etwas längern, abstehenden Borsten besetzt, Fühler und Beine röthlich. Lg. 4—4 1/2 mm. Br. 1 1/2 bis 1 3/4 mm. Sehr selten. Lugano. **Frescati** Boh.

33. Die Fühler sind kurz, ihr 1. Glied nicht länger als breit, das 2. etwas länger, Halsschild ziemlich grob und flach gekörnt, Flügeldecken oval mit breiter Punktreihe, die Zwischenräume schmal, undeutlich runzlig gekörnt, Beine pechbraun. Lg. 5½ mm. Br. 1½ mm. Ziemlich selten, aber durch die ganze Alpenkette. **Foraminosus** Germ.

— Wie der vorige, die Flügeldecken breiter, in den Furchen eine Körnerreihe, die Zwischenräume schmal, deutlich gekörnt. Lg. 5½ mm. B. 2 mm. Sehr selten, Zentralalpen. Wahrscheinlich Var. des vorigen. **Alpestris** Stl.

34. Körper oval, Halsschild breiter als lang, runzlig punktirt, die Punkte wie die der Flügeldecken schwach pupillirt, Flügeldecken nicht tief punktirtgestreift, die Zwischenräume nicht schmäler als die Streifen, undeutlich gerunzelt. Lg. 3½ mm. B. 1½ mm. Selten. Jura. **Setiger** Boh.

— Körper oval, Halsschild wenig breiter als lang, flach gekörnt, Flügeldecken noch kürzer als beim vorigen, mit breiten seichten Streifen, mit flachen Punkten, die Zwischenräume schmäler als die Streifen. Lg. 3—3½ mm. B. 1¼ mm. — Weniger selten als der vorige, unter Moos und Rinden. Tessin, Wallis, Waadt, Bern, Jura, Schaffhausen, St. Gallen. **Uncinatus** Germ.

35. Die Fühlerfurche reicht bis zu den Augen, Körper beschuppt 36

— Die Fühlerfurche ist eine rundliche Grube, Körper nicht beschuppt, die Zwischenräume der Flügeldecken mit sehr kleinen, fast ganz anliegenden Börstchen besetzt, Rüssel gefurcht, Fühler kurz, die äussern Geisselglieder breiter als lang, das 2. wenig länger als das 1., Halsschild breiter als lang, gekörnt, mit undeutlicher Mittelrinne, Flügeldecken 2½ mal so lang als das Halsschild und fast 1½ mal so lang als breit, in der Mitte am breitesten, grob punktirtgestreift, die abwechselnden Zwischenräume hoch erhaben und grob gekörnt, Beine röthlich. Lg. 5 mm. B. 2 mm. Nicht selten in der ebenern Schweiz und auch stellenweise in den Alpen bis 7000′ ü. M. **Porcatus** Herbst.

36. Halsschild schmal, gekörnt, nur die rippenförmig erhabenen Zwischenräume mit einer Körnerreihe versehen, die andern ganz flach, Körper rothbraun mit

weissgelb geflecktem Schuppenkleid, Halsschild so lang als breit, seitlich gerundet, Augen oval, Flügeldecken kurz oval, schwach gewölbt, die Punkte deutlich pupillirt. Lg. 5 mm. B. 2—2½ mm. Nicht selten unter Moos und Steinen bis 5000′ ü. M.
Septentrionis Herbst.

— Halsschild zerstreut punktirt, breiter als lang, alle Zwischenräume tragen eine Körnerreihe, wesshalb die 2., 4. und 6. nicht ganz flach erscheinen, Flügeldecken kurz oval, die Punkte schön pupillirt, Augen rund. Lg. 3½ mm. B. 2½ mm. Nicht selten unter Moos und Steinen in den Centralalpen.
Subcostatus Stl.

37. Augen genähert, die Stirn zwischen ihnen ist nicht breiter als die schmalste Stelle des Rüssels zwischen der Insertionsstelle der Fühler, der Rüssel ist rund, der Körper beschuppt, die Punkte der Flügeldecken pupillirt (Rotte 20 der Bestimmungs-Tabellen) . . 38

— Die Stirn ist breiter als der Rüssel zwischen der Insertionsstelle der Fühler 46

38. Fühler sehr kurz, die Geissel nach aussen dicker werdend, Keule breit und kurz; langoval, dunkelbraun, mit kleinen runden Schuppen fleckig besetzt, Halsschild so lang als breit, seitlich mässig gerundet, oben runzlig gekörnt, Flügeldecken ziemlich fein punktirt-gestreift, die Zwischenräume so breit als die Streifen, Schenkel mit kurzem spitzigem Zahn. Lg. 6 mm. B. 1¾—2 mm. Ziemlich selten. Bündtner, Walliser, Berner Alpen. **Varius** Boh.

— Fühlergeissel nach aussen nicht dicker werdend . 39

39. Die Schuppen der Flügeldecken sind alle rund, grau, nicht metallisch, die Fühler sind ziemlich dick 40

— Schuppen meist etwas verlängt, besonders nach hinten, gelblich, die Fühler viel dünner 41

40. Halsschild breiter als lang, mässig stark gekörnt, seitlich ziemlich stark gerundet, das 1. Geisselglied 1½, das 2. zweimal so lang als dick, und um ¼—⅓ länger als das 1., Flügeldecken 1¼ mal so lang als breit, seitlich regelmässig gerundet mit abgerundeten Schultern, oben gewölbt, sehr dicht beschuppt, die Punkte schön pupillirt, Beine pechbraun, die Vorderschenkel nicht, die hintern schwach gezähnt. Lg. 6—7 mm. B. 2½—3¼ mm. Häufig in der ebenern Schweiz bis 3600′ ü. M. auf Bäumen. (O. picipes F.)
Singularis L.

Var. b. Flügeldecken noch dichter beschuppt, die Zwischenräume deutlicher gekörnt. v. **Chevrolati** Boh.

— Halsschild so lang als breit, schmäler als beim vorigen, kräftig zerstreut gekörnt, Fühler etwas weniger dick, das 1. Geisselglied 2 mal, das 2. $2^1/_2$ bis 3 mal so lang als breit, beim ♂ kaum länger als das 1., die äussern kaum breiter als lang, Flügeldecken um die Hälfte länger als breit, breiter und flacher als beim vorigen, seitlich mehr parallel, die Schultern mehr vortretend, Beschuppung weniger dicht als beim vorigen. Lg. $6^1/_2$—9 mm. Im Jura und in der montanen Region der Voralpen. **Marquardti** Fald.

— Halsschild länger als breit, sehr fein, etwas undeutlich gekörnt, Beschuppung ähnlich wie bei singularis, Fühler kaum dünner als bei den 2 vorigen Arten, das 2. Geisselglied um $^1/_3$ länger als das 1., die äussern kugelig, Flügeldecken länglich oval, um die Hälfte länger als breit, mit breiten flachen Furchen und in denselben gereiht punktirt, alle Schenkel mit ziemlich kräftigem Zahn. Lg. 5 mm. B. 2 mm. Sehr selten. Bündtner Alpen. **Carmagnolae** Stl.

Var. kleiner, Halsschild gewölbter und stärker gerundet, Flügeldecken an der Basis stärker ausgerandet. Lugano. v. **luganensis** Stl.

41. Das 2. Geisselglied der Fühler ist so lang oder länger das 1. 42

— Das 2. Geisselglied der Fühler ist kürzer als das 1., die Keule fast so lang als die vier äussern Geisselglieder, Fühlerfurche die Augen erreichend, Rüssel etwas länger als der Kopf, eben, Halsschild fast länger als breit, seitlich wenig gerundet, vorn etwas schmäler als hinten, dicht und grob gekörnt mit seichter Mittelrinne, Flügeldecken länglich oval, $1^2/_3$ mal so lang als breit, seitlich fast parallel, oben flach, sehr tief punktirt-gefurcht mit schmalen, rippenartig erhabenen Zwischenräumen, alle Schenkel mit starkem, spitzigem Zahn. Lg. 7 mm. B. 3 mm. Sehr selten. Im Puschlav. **Dieki** Stl.

42. Die Vorderschenkel sind mit einem kräftigen, spitzigen Zahn bewaffnet 43

— Die Vorderschenkel sind ganz stumpf und undeutlich gezähnt, Beine dünn mit schwacher Keule, an den Hinterschenkeln ist der dünne Teil länger als die Keule 44

43. Pechschwarz, die Schienen mitunter röthlich oder bräunlich, Flügeldecken mit theils rundlichen, theils verlängten grauen oder gelblich grauen Schüppchen besetzt, Rüssel wenig länger als der Kopf, oben eben, ziemlich dick, Fühler ziemlich schlank, alle Geisselglieder länger als breit, das 2. etwas länger als das 1., die Keule kurz oval, fast so lang als die drei äussersten Geisselglieder, Halsschild wenig breiter als lang, nach hinten wenig, nach vorn stärker verschmälert, dicht, etwas runzlig gekörnt, Flügeldecken etwas bauchig, fein punktirt-gestreift, die Punkte der Streifen sind klein, schwach pupillirt und stehen sehr gedrängt, die Zwischenräume fast eben, breiter als die Streifen, Schenkel mässig verdickt und bei den vordern fast von der Wurzel an sich verdickend, bei den Hinterschenkeln ist der dünne Theil etwas kürzer als die Keule, alle spitzig gezähnt. Lg. 5—6 mm. B. 2–3 mm. Tessin, sehr häufig bei Macugnaga und stets in der Thalsohle auf Bäumen und Sträuchern, besonders solchen, die am Wasser stehen. **Difficilis** Stl.

Var. Kleiner, Fühler dünner, Halsschild stärker gerundet, etwas breiter als lang, Vorderschenkel etwas stumpfer gezähnt, Flügeldecken etwas kürzer oval. Simplon, Macugnaga. (Schweiz. Mitth. Bd. 7, p. 226.) v. **Simplonica** Stl.

— Braun mit etwas hellern Fühlern und Beinen, Rüssel fast um die Hälfte länger als der Kopf, das 2. Geisselglied um $^1/_4$ länger als das 1., die Keule lang eiförmig, zugespitzt, Halsschild ziemlich dicht, mässig stark, mitunter etwas runzlig gekörnt, Flügeldecken eiförmig mit seichten Furchen und in denselben mit grossen, tiefen, schön pupillirten Punkten, die Zwischenräume fast eben, breiter als die Punkte, undeutlich runzlig gekörnt, die Schuppen goldglänzend, meist gross, länglich. Lg. 8 mm. B. 3 mm. Im Jura und in den Voralpen bis 3000′ ü. M. stellenweise häufig. **Pupillatus** Gyll.

44. Mittlere und hintere Schenkel mit einem kleinen Zähnchen, Halsschild etwas länger als breit, seitlich wenig gerundet, heller oder dunkler braun, mit goldglänzenden Schüppchen fleckig überstreut, Fühler und

Beine roth, das 2. Geisselglied um $^1/_5$ länger als das 1., die äussern etwas länger als breit, die Keule lang-eiförmig, Rüssel etwas länger als der Kopf, ziemlich dick mit feinem Kiel, Halsschild fein und dicht runzlig gekörnt, seitlich wenig gerundet, vorn wenig schmäler als hinten, Flügeldecken fast doppelt so breit als das Halsschild und um die Hälfte länger als breit, oben etwas flach, hinten schräg abfallend, ziemlich kräftig punktirt-gestreift, die Zwischenräume so breit wie die Punkte, wenig gewölbt, schwach runzlig gekörnt. Lg. $5^1/_2$—7 mm. B. $2^1/_4$—3 mm. Durch die ganze Alpenwelt häufig, von 3000—7000′ ü. M. **Subdentatus** Bach.

Var. b. Auch die Vorderschenkel zeigen ein kleines Zähnchen.

Var. c. Flügeldecken reichlicher beschuppt.*

— Schenkel alle ganz stumpf gezähnt, Halsschild kaum so lang als breit 45

45. Röthlich braun, ziemlich dicht mit goldglänzenden Schuppen bekleidet, Fühler und Beine roth, Rüssel kaum länger als der Kopf, dick, Fühlergrube bis zu den Augen reichend, 2. Geisselglied wenig länger als das 1., Keule schmal und lang, Halsschild kaum so lang als breit, seitlich ziemlich gerundet und gewölbt, dicht runzlig gekörnt, Flügeldecken fast doppelt so lang als breit, um die Hälfte breiter als das Halsschild, nicht kürzer, aber schmäler als bei subdentatus, oben wenig gewölbt, seicht punktirt-gefurcht, die Zwischenräume schwach gewölbt und breiter als die Punkte, Schenkel schwach verdickt, alle stumpf gezähnt. Lg. 7 mm. B. 3 mm. Unter-Engadin. (Vielleicht Var. des vorigen.) **Angustipennis** Stl.

— Dunkler als der vorige, mit ausserordentlich kleinen, gelblichen Schüppchen spärlich bekleidet, Flügeldecken um $^1/_4$—$^1/_3$ länger als breit, Rüssel um $^1/_3$ länger als der Kopf, in der Mitte drehrund, mit undeut-

* Diese Art ist sehr veränderlich in Grösse, Gestalt und Beschuppung und in einzelnen Formen von den benachbarten Arten nicht leicht zu trennen. Von difficilis und seiner var. simploniens unterscheidet sie sich am besten durch die Form der Schenkel, die dünner sind und die dünne Stelle der Schenkelwurzel länger; von angustipennis durch längeres, weniger gewölbtes Halsschild und breitere Flügeldecken, von teretirostris durch längere Flügeldecken und längeres Halsschild, an der Wurzel dickeren Rüssel.

lichem Kiel, Halsschild fast länger als breit, seitlich wenig gerundet, hinten und vorn gleich breit, dicht mit feinen, etwas länglichen Körnern besetzt, Flügeldecken eiförmig, tief punktirt-gestreift, mit schmalen, stark gewölbten Zwischenräumen, Beine dunkelroth, ziemlich verdickt, alle stumpf gezähnt. Lg. 5—5½ mm. B. 2—2½ mm. Lugano. **Teretirostris** Stl.

46. Die abwechselnden Zwischenräume der Flügeldecken sind rippenartig erhaben mit kräftiger Körnerreihe und verlaufen so bis zur Spitze; schwarz, fleckig gelb beschuppt, Rüssel mit Mittelfurche, 2. Geisselglied um die Hälfte länger als das 1., Halsschild dicht und grob gekörnt, Flügeldecken um die Hälfte länger als breit, fein punktirt-gestreift, Schenkel mit kleinem Zähnchen. Lg. 7—8 mm. B. 3—3½ mm. Sehr selten. Wallis. **Austriacus** F.

— Die abwechselnden Zwischenräume der Flügeldecken nicht rippenartig erhaben 47

47. Das 2. Geisselglied doppelt so lang als das 1. . . 48

— Das 2. Geisselglied höchstens 1⅔ mal so lang als das 1. 49

48. Fühlerfurche sich nach hinten verschmälernd und gegen den innern Augenrand gerichtet, Rüssel länger als der Kopf, mit breiter Furche und in derselben mitunter mit feinem Kiel, Halsschild wenig breiter als lang, vorn schmäler als hinten, runzlig gekörnt, Flügeldecken um die Hälfte länger als breit, mit länglichten, etwas metallischen Schüppchen fleckig bekleidet, tief punktirt-gefurcht, die vordern Schenkel schwach, die hintern kräftig gezähnt. Lg. 6—7 mm. Selten. Tessin, Wallis, Bern, Macugnaga. **Funicularis** Boh.

Fühlerfurche nach hinten gar nicht verlängert, Rüssel nicht gefurcht, fein gekielt, Halsschild kaum breiter als lang, konvex, Flügeldecken um die Hälfte länger als breit, kräftig punktirt-gestreift und mit runden und ovalen, goldglänzenden Schuppen fleckig geziert, alle Schenkel mit starkem Zahn. Lg. 6½ bis 7 mm. B. 3—3½ mm. Häufig auf Nadelholz in den Bündtner, Tessiner, Walliser Alpen, auch im Berneroberland. **Lepidopterus** L.

Var. b. Flügeldecken nur äusserst sparsam beschuppt. v. **pauperulus** Heer.

49. Vorderschienen gerade, an der Spitze erweitert; Oberseite kahl, Rüssel 3-kielig, um die Hälfte länger als der Kopf, dicht punktirt, 2. Geisselglied um die Hälfte länger als das 1., Halsschild dicht gekörnt, die Fühlerfurche nicht nach hinten verlängert, Flügeldecken kurz eiförmig, hinten stumpf abgerundet, $1^1/_4$ mal so lang als breit, mit schmalen, tiefen Punktstreifen, Zwischenräume breiter als die Streifen, stark querrunzlig, Beine mässig lang mit kräftig gezähnten Schenkeln. Lg. 8—10 mm. B. $3^1/_2$—4 mm. Engadin, Wallis, stellenweise häufig. **Helveticus** Boh.

— Vorderschienen nicht erweitert, meist gegen die Spitze etwas eingebogen 50

50. Flügeldecken mit schönen, goldglänzenden, runden Schuppen fleckenweise geziert 51

— Flügeldecken entweder kahl, oder behaart, oder mit haarförmigen, mitunter etwas metallglänzenden Schuppen 53

51. Rüssel mit deutlicher Mittelfurche, Halsschild breiter als lang, ziemlich grob gekörnt, Fühler kräftig, das 2. Geisselglied reichlich $1^1/_2$ mal so lang als das 1., Flügeldecken punktirt-gestreift mit stark gekörnten Zwischenräumen, die Schuppen sind zu einzelnen rundlichen Punkten verdichtet. Alle Schenkel mit spitzigem Zahn. Lg. 5—10 mm. B. $3^1/_2$—5 mm. Ziemlich selten. Pfefferz, Berner Alpen.

Gemmatus F.

- Rüssel mit feinem Kiel und 2 feinen Seitenfurchen 52

52. Fühler sehr dünn, das 2. Geisselglied $1^2/_3$ mal so lang als das 1., Halsschild so lang als breit, nach hinten und nach vorn verschmälert, sehr fein gekörnt mit schwacher Mittelfurche. Flügeldecken eiförmig, fast 2 mal so lang als breit, tief punktirt-gefurcht, mit runden oder ovalen, goldglänzenden Schüppchen unregelmässig gefleckt; gegen die Spitze hin stehen gewöhnlich die Schuppen etwas reichlicher, die Zwischenräume der Streifen mit einer Borstenreihe, alle Schenkel mit spitzigem Zahn. Lg. 6 mm. B. $2^1/_2$ mm. Engadin, Engelberg, Kurfürsten.

Auricomus Germ.

Var. b. Kleiner, Rüssel ohne Seitenfurchen, Flügeldecken ohne Schuppen. Unter-Engadin. **v. nivalis** Stl.

— Fühler wenig stärker, das 2. Geisselglied $1^1/_2$ mal so lang als das 1., Flügeldecken kurz und breit,

15

fast viereckig, $1^1/_4$ mal so lang als breit, oben flach, tief punktirt-gefurcht mit schmalen Zwischenräumen, die keine Borsten tragen, mit sehr kleinen, runden, goldglänzenden Schüppchen unregelmässig bestreut, Halsschild nach vorn verengt, nicht aber nach hinten und desshalb von hinten bis zur Mitte gleich breit, gekörnt mit schwacher Mittelfurche, alle Schenkel mit spitzigem Zahn. Lg. 6—7 mm. B. 3—$3^1/_2$ mm. Engadin. **Subquadratus** Rosh.

53. Rüssel mit tiefer Mittelfurche, $1^1/_2$ mal so lang als der Kopf, Halsschild kaum breiter als lang, seitlich wenig gerundet, dicht und grob gekörnt, in der Mitte am breitesten, Flügeldecken $1^3/_5$ mal so lang als breit, tief gefurcht, in den Furchen punktirt, die gewölbten Zwischenräume reihenweise gekörnt, mit haarförmigen, stellenweise etwas metallisch glänzenden Schüppchen ziemlich gleichmässig bekleidet; Beine kräftig, die vordern Schenkel dicker als die hintern, alle kurz aber spitzig gezähnt, Vorderschienen beim ♂ schwach einwärts gebogen. Lg. 9—11 mm. B. $3^1/_2$—4 mm. Ziemlich häufig in den Alpenthälern und auch in der ebenern Schweiz. **Sulcatus** F.

— Rüssel eben und fein gekielt 54
54. Halsschild durchweg gekörnt 55
— Halsschild auf der Scheibe punktirt, seitlich gekörnt, Augen mehr an den Seiten des Kopfes, die Stirn daher breit und in der Quere gewölbt 61
55. Oberseite mit Haaren oder haarförmigen Schuppen mehr oder weniger bekleidet 56
— Oberseite ganz kahl, oder nur mit spärlichen, kurzen Börstchen besetzt 58
56. Das 2. Geisselglied ist um die Hälfte länger als das 1., Vorderschenkel mit sehr starkem Zahn 57
— Das 2. Geisselglied wenig länger als das 1., schwarz glanzlos, ziemlich dicht grau und braun scheckig behaart, Rüssel $1^1/_2$ mal so lang als der Kopf, gekielt, mit feinen, oft undeutlichen Seitenfurchen, die äussern Geisselglieder breiter als lang, Halsschild so lang als breit, nach vorn mehr als nach hinten verschmälert, seitlich wenig gerundet, fein und dicht gekörnt, Flügeldecken eiförmig (♀) oder länglich eiförmig (♂) ziemlich tief gefurcht, die Furchen punktirt, die Punkte durch ein deutliches Körnchen getrennt, Zwischen-

räume gewölbt, fein gekörnt, Beine schwarz, alle Schenkel mit mässig starkem spitzigem Zahn. Lg. 6—8 mm. B. $2^1/_2$—$3^1/_3$ mm. Nicht selten in den Centralalpen von 4000—7000' ü. M. **Nubilus** Boh.

Var. a. Halsschild gröber und ungleichmässig gekörnt, so dass ebene Zwischenräume sichtbar sind.

Var. b. Flügeldecken mit tiefen Punktstreifen, die Punkte sind nicht durch ein Körnchen, sondern durch eine Brücke getrennt, die fast so breit ist als die Punkte und fast so hoch als die Zwischenräume der Streifen. v. **partitialis** Boh.

Var. c. Flügeldecken schmaler und länglicher. v. **tenuis** Stl.

Var. d. ♀ Flügeldecken kurz eiförmig, höchstens um $^1/_3$ länger als breit, tief punktirt-gestreift, die Zwischenräume breiter als die Streifen, schwach gewölbt, mit stärkerer Körnerreihe. Lg. 8 mm. B. $3^1/_2$ mm. Tessin. v. **Bischoffi** Stl.

57\. Schwarz, mit grauen, schuppenartigen Haaren nicht dicht, seitlich und hinten meist etwas stärker besetzt, die auch stellenweise sich zu kleinen Flecken verdichten, Rüssel fast eben, mit sehr feinem Kiel, Fühler kräftig, die äussern Geisselglieder kaum breiter als lang, Halsschild nicht oder wenig breiter als lang, dicht und kräftig gekörnt, in der Mitte am breitesten, Flügeldecken um die Hälfte länger als breit, mit ganz abgeflachten Schultern, hinten stumpf gerundet, tief punktirt-gefurcht, mit grossen fast viereckigen Punkten, Zwischenräume schmäler als die Streifen, mit einer Reihe spitziger Körner, alle Schenkel mit starkem Zahn. Lg. 8—$8^1/_2$ mm. B. $2^1/_2$—3 mm. Sehr selten. Genf. **Populeti** Boh.

— Körper dicht behaart, Rüssel um die Hälfte länger als der Kopf, wie dieser dicht und fein punktirt, dreikielig mit ziemlich starken Seitenfurchen, Halsschild wenig breiter als lang, nach hinten wenig verschmälert, dicht und fein gekörnt, mit undeutlicher Mittelrinne, Flügeldecken länglich eiförmig, fein gestreift mit flachen, breiten, fein zerstreut gekörnten Zwischenräumen und undeutlichen, weissen Flecken, Schenkel stark gezähnt. Lg. $8^1/_2$—10 mm. B. 4 mm. Sehr selten. Bernina, Gotthard. **Auricapillus** Germ.

58. Stirn und Rüssel eben und dicht der Länge nach gerunzelt 59
— Stirn und Rüssel punktirt und fein gekielt . . . 60
59. Fühlergeissel nach aussen dicker werdend, besonders beim ♂, die 2 ersten Geisselglieder gleich lang, Halsschild etwas breiter als lang, seitlich wenig gerundet, vor der Mitte am breitesten, dicht und fein gekörnt, die Körner zu Runzeln mehr oder weniger zusammenfliessend, Flügeldecken oval, punktirt-gestreift, die Zwischenräume eben, fein gekörnt und mit kurzen Börstchen besetzt, Schenkel mit kleinem spitzigem Zähnchen. Lg. 5—6 mm. B. 2—$2^2/_3$ mm. Häufig in den Centralalpen von 3500—7000′ ü. M. **Rugifrons** Gyll.
— Fühlergeissel nach aussen nicht oder kaum dicker werdend, das 2. Geisselglied fast um die Hälfte länger als das 1., Halsschild etwas breiter als lang, runzlig gekörnt, die Körner genabelt, auf dem Vordertheil der Scheibe oft punktirt, Flügeldecken kürzer als bei rugifrons, hinten stumpfer, aber etwas flacher, die Zwischenräume breiter als die Streifen, eben, spärlicher mit Börstchen besetzt, auf der Mitte des Rüssels zeigt sich meist ein feiner Kiel. Lg. $4^1/_2$ mm. B. $1^1/_2$—2 mm. Sehr selten. Chasseral. **Ghestleri** Ougsburger.
60. Rüssel punktirt und fein gekielt, die Fühler kurz, die Geissel nach aussen nicht dicker werdend, das 1. Glied kurz und dick, die äussern quer, Halsschild so lang als breit, dicht gekörnt, Flügeldecken eiförmig, kahl, ziemlich tief punktirt-gestreift, die Zwischenräume fast eben, ziemlich stark runzlig gekörnt, Schenkel spitz gezähnt, die Schienen nicht erweitert. Lg. 5 mm. B. 2—$2^1/_2$ mm. Waadtländeralpen. Sehr selten. **Piciťarsis** Rosenh.
61. Rüssel 3-kielig mit 2 deutlichen Furchen, Halsschild seitlich stark gerundet, Scheibe des Halsschildes ziemlich grob, etwas runzlig punktirt, Flügeldecken bauchig, sehr fein punktirt-gestreift, die Zwischenräume eben, kaum gerunzelt, die hintere Hälfte der Naht und die vordere des 3. Zwischenraumes sind gewölbt, mit haarförmigen Schuppen sehr spärlich besetzt. Lg. 8—$8^1/_2$ mm. B. $3^1/_2$ mm. Genfer- und Waadtländer-Jura. Sehr selten. **Gautardi** Stl.
— Rüssel längsrunzlig, ohne deutlichen Kiel, Stirn und

Kopf fein zerstreut-punktirt, Halsschild auf der Scheibe fein zerstreut-punktirt seitlich gekörnt, Flügeldecken länglich eiförmig, um die Hälfte länger als breit, nach hinten verschmälert, gereiht-punktirt, Zwischenräume eben, undeutlich zerstreut-punktirt, mit haarförmigen Schuppen mehr oder weniger bekleidet. Schenkel mit spitzigem Zahn. Lg. 8—9 mm. B. 3—3½ mm. Häufig in den Alpen von 6000 bis 7000′ ü. M.
Alpicola Boh.

Subgen. **Timolphis** Gozis (Tithonus Germ.).

Länglich, schwarz, glänzend, mit haarförmigen, goldglänzenden Schuppen fleckig besetzt, ohne Borsten, Rüssel gekielt, die 2 ersten Geisselglieder der Fühler gleich lang, Halsschild breiter als lang, seitlich mässig gerundet, ziemlich grob zerstreut-punktirt, Flügeldecken fein lederartig gerunzelt, undeutlich gestreift, Beine rothbraun, alle Schienen gerade. Lg. 7 mm. B. 3—3½ mm. Häufig in den Alpen von 3000 bis 6000′ ü. M., besonders in den Bündtner- und Walliseralpen.
Chrysocomus Germ.

Subgen. **Cryphiphorus** Stierlin.

Rüssel 1½ mal so lang als der Kopf, gekielt, Augen stark vorragend, 2. Geisselglied um ⅓ länger als das 1., Halsschild fast doppelt so breit als lang, seitlich stark gerundet, sehr dicht gekörnt, Flügeldecken kurz eiförmig, kaum 1¼ mal so lang als breit, mässig gewölbt, dicht gekörnt, nur an den Seiten deutlich gestreift. Lg. 11 mm. Br. 5 mm. ♂ (sehr selten) Unterseite eingedrückt, alle Schenkel ohne Zahn, ♀ schlanker, Vorder- und Mittelschenkel mit kleinem, spitzigem Zähnchen. Sehr häufig bis 3000′ ü. M. auf Feldern und Wegen.
Ligustici L.

— Rüssel um die Hälfte länger als der Kopf, gekielt, Augen etwas weniger vorragend, Halsschild um ¼ breiter als lang, seitlich weniger gerundet, dicht gekörnt, Flügeldecken wie beim vorigen. Alle Schenkel mit spitzigem Zahn. Lg. 11 mm. Br. 3 mm. Selten. Val Ferret im Wallis.
Subrotundatus Stl.

Subgen. **Arrammichnus** Gozis (Eurychirus Stl.).

Braun, mit rothen Beinen, die Fühlerfurche bis zu

den Augen reichend, die 2 ersten Geisselglieder gleich lang, Stirn zwischen den Augen schmäler als der Durchmesser eines Auges, Rüssel kurz, seine Seitenkiele nach hinten konvergirend, Halsschild grob zerstreut-punktirt, Flügeldecken tief punktirt-gestreift, mit gekörnten Zwischenräumen, die eine Borstenreihe tragen. Lg. 7—8 mm. Br. 3 mm. Tessin. (?)
Cribricollis Gyll.

Subgen. **Tournieria** Stierlin.

1. Fühlerfurche nach hinten verlängert, Körper mit metallglänzenden Schuppen, die vordern Schenkel mit starkem, die hintern mit schwachem Zahn, Rüssel kurz, fein gekielt, Halsschild länger als breit, gekörnt, gekielt, Flügeldecken langeiförmig und schmal, Naht nach hinten vortretend, schwach punktirt-gestreift, Zwischenräume eben. Lg. 5—8 mm. (Zebra F.) Sehr selten. Monte Rosa. **Fullo** Schrank.

— Fühlerfurche nach hinten nicht erweitert, Körper unbeschuppt, höchstens mit feinen Haaren, oder Borsten bekleidet 2

2. Alle Schenkel stumpf gezähnt, schwarz mit röthlichen Fühlern und Beinen, Rüssel kürzer als der Kopf, 3-kielig, das 2. Geisselglied etwas länger als das 1., Halsschild etwas breiter als lang, grob gekörnt, die Körner nicht oder nur wenig zu Längsrunzeln zusammenfliessend, in der Mitte ein schwacher, abgekürzter Kiel, Flügeldecken kurz eiförmig, fein punktirt-gestreift, Zwischenräume eben, breiter als die Streifen, fein runzlig gekörnt. Lg. 4 mm. Br. 1¼ mm. Dieser sonst dem Tyrol und Krain angehörende Käfer soll nach Marseul in der Schweiz vorkommen.
Glabellus Rosh.

— Vorderschenkel dicker als die hintern, mit 2 spitzigen Zähnen 3

3. Schwarz mit rothen Fühlern und Beinen, grau pubescent, Halsschild wenig breiter als lang, seitlich ziemlich stark gerundet, grob gekörnt, die Körner auf der Scheibe zu groben Längsrunzeln zusammenfliessend, Flügeldecken oval, stark punktirt-gestreift, die Zwischenräume kaum breiter als die Streifen, gewölbt, runzlig gekörnt, Hinterschenkel mit spitzigem

Zahn. Lg. 4—5 mm. Br. $1^2/_3$—3 mm. Häufig überall unter Steinen und Moos bis 5500′ ü. M. **Ovatus** L.

Var. b. Rüssel gefurcht, Halsschild nur mit einem abgekürzten Mittelkiel, Flügeldecken etwas schmäler, feiner gestreift. v. **pabulinus** Panz.

— Schwarz mit röthlichen Fühlern und Beinen, grau pubescent, Rüssel etwas schmäler als bei ovatus mit schwacher Mittelfurche, Halsschild wenig breiter als lang, stark gerundet, runzlig gekörnt mit abgekürztem Mittelkiel, Flügeldecken oval, fein punktirt-gestreift, die Zwischenräume eben, breiter als die Streifen, runzlig gekörnt, Hinterschenkel sehr kurz und stumpf gezähnt. Lg. $4^1/_2$—5 mm. Br. $2^1/_2$ mm. Berner- und Walliseralpen. **Muscorum** Grenier.

Var. b. Der Zahn der Vorderschenkel ist undeutlich zweispaltig, er erscheint einfach als grosser, an der Spitze abgestumpfter Zahn. Engadin, Simplon. v. **desertus** Rosh.

Gattung **Peritelus** Germ.

1. Klauen frei, das 1. Geisselglied dicker und etwas länger als das 2., Halsschild dicht beschuppt, grob zerstreut-punktirt, Flügeldecken an der Basis ausgerandet, fast doppelt so lang als zusammen breit, Flügeldecken hinter der Mitte mit einer etwas dunkeln Binde. Lg. 5—$8^1/_2$ mm. Sehr häufig bis 5000′ ü. M. **Hirticornis** Herbst.

Var. b. Kleiner, braun beschuppt, Halsschild dichter, Flügeldecken zerstreuter punktirt. v. **Variegatus** Schh.

— Klauen am Grunde verwachsen 2

2. Fühler kurz, ihr 1. Geisselglied dicker und länger als das 2., Körper hellgrau beschuppt, Halsschild viel breiter als lang und am Grunde nicht viel schmäler als die Flügeldecken an der Basis, diese fein punktirt, Rüssel nach vorn verschmälert, ohne Pterygien, Vorderschienen an der Spitze in einen starken Lappen erweitert, mit 3 grössern und seitlich noch mit einigen kleinen Stacheln. Lg. 2,8 bis 4 mm. Selten. Genf. **Leucogrammus** Germ.

— Fühler länger, das 1. Glied nicht dicker als das 2., Vorderschienen ohne diesen Lappen 3

3. Körper kurz und dick 4

— Körper kurz, flach, die Flügeldecken länglich . . 5

4. Flügeldecken oval, Halsschild hinten fast gerade abstutzt, fein und zerstreut-punktirt, Flügeldecken dicht beschuppt mit einer dunklern Binde hinter der Mitte, Rüssel lang, gefurcht, mit gut entwickelten Pterygien, die 2 ersten Geisselglieder gleich lang, Vorderschienen an der Spitze mit abgerundetem Aussenwinkel, Hinterschienen an der Hinterecke merklich erweitert, am Spitzenrand regelmässig gerundet. Lg. 5—7½ mm. Sehr häufig, überall in der ebenern Schweiz. **Griseus** Ol.

Var. b. Beschuppung einfärbig, hellgrau.

Var. c. Die Flecken werden grösser und nehmen fast den ganzen Rücken der Flügeldecken ein.

— Flügeldecken kugelig, Halsschild sehr breit und kurz, hinten gerundet, dicht und grob punktirt, nur nach vorn verengt, Hinterschienen an der Spitze nach hinten nicht erweitert, das 1. Geisselglied ist länger als das 2. Lg. 4—6½ mm. Wallis. **Noxius** Boh.

5. Halsschild halb so breit als die Flügeldecken, seitlich wenig gerundet, nach vorn mehr verschmälert als nach hinten, undeutlich punktirt, Rüssel schwach gefurcht, mit feiner Längsleiste, Vorderschienen nach innen, die hintern nach vorn in einen Haken endend, Flügeldecken schwach gewölbt, hinten senkrecht abfallend, der Seitenrand beim ♂ stark winklig gebuchtet, Beschuppung grau, oder gelb, oder braun. Lg. 4,4—7 mm. Sehr selten. Genf. **Necessarius** Schh.

— Halsschild nur um ⅓ schmäler als die Flügeldecken, seitlich stark gerundet, nach vorn und hinten gleichmässig verschmälert, stark zerstreut-punktirt, Flügeldecken mit parallelen Seiten, oben flach, Rüssel sehr kurz, kaum schmäler als der Kopf, gefurcht, die zwei ersten Geisselglieder fast gleich lang, Beine ziemlich stark. Lg. 5½—6½ mm. Sehr selten. Genf. **Rusticus** Boh.

Gen. **Mylacus** Schönherr.

Schwarz, mit grünlichem Glanz, Kopf und Halsschild dicht punktirt, letzteres um die Hälfte breiter als lang, Flügeldecken kugelig, mit starken Punktstreifen, Hinterschenkel ungezähnt. Lg. 2—2½ mm. Selten. Wallis, Basel, Schaffhausen, St. Gallen. **Rotundatus** F.

Gen. **Phyllobius** Germ.

1. Fühlerfurchen entweder nach hinten verlängert, allmählig seichter werdend, oder nach innen gebogen, Fühlerkeule länglich eiförmig, nicht oder wenig nach hinten verschmälert, Ausrandung der Rüsselspitze gering 2
— Fühlerfurchen kurz, fast grübchenartig, Fühlerkeule quirlartig, nach beiden Seiten verschmälert, Ausrandung der Rüsselspitze stark, dreieckig. Subgen. **Pseudomyllocerus** Desbr.
2. Die Fühlerfurche ist etwas mehr seitlich und gerade nach hinten verlängert, der Rüssel ist zwischen der Fühler-Insertion eben so breit, als die Stirn zwischen den Augen, Körper stets langgestreckt 3
— Die Fühlerfurche ist quer, nach oben gebogen, der zwischen ihnen liegende Theil des Rüssels ist viel schmäler als die Stirn zwischen den Augen . . . 4
3. Fühler schlank, ihr 2. Geisselglied länger als das 1., Keule verlängt, dreimal so lang als breit; schwarz oder braun, mit haarförmigen Schuppen dicht bekleidet, ohne abstehende Haare, Schuppenkleid braun, grau oder grün, fleckig oder einfärbig, Rüssel länger als breit, Flügeldecken 4—5 mal so lang als das Halsschild, hinten leicht zugespitzt und etwas divergirend, Beine schwarz, braun oder gelb. Eine sehr veränderliche Art. Lg. 6—9 mm. Br. ♂ 2,3, ♀ 3,2 bis 3,6 mm. Ueberall häufig. **Glaucus** Scop.

Varietäten:

a) Schuppenkleid braun, einfärbig oder gefleckt, v. **calcaratus** F.

b) Schuppenkleid einfärbig, grün, etwas glänzend. Genf, Wallis, Aarau, Basel, Zürich. v. **alneti** F.

c) Schuppenkleid blau oder grün, wenig glänzend, Körper sehr schmal, nach hinten verschmälert, Fühlerkeule kaum vom 7. Gliede getrennt. Gehört mehr den Bergen an, Alpen und Jura. v. **Atrovirens** Gyll.

4. Alle Schenkel sind gezähnt 5
— Schenkel nicht gezähnt 15
5. Körper mit anliegenden, haarförmigen Schuppen bekleidet, ohne abstehende Haare 6

— Körper mit runden Schuppen mehr oder weniger dickt bedeckt 7

6. Braun oder schwarz, mit kupferigen oder grünen Schuppen mässig dicht bekleidet, Fühler und Beine röthlich, Rüssel schmäler als der Kopf, so lang als an der Wurzel breit, Augen stark vorragend, Fühler ziemlich kurz, doch sind alle Glieder länger als breit, Halsschild nach vorn stark verschmälert und eingeschnürt. breiter als lang, mit erhabener Mittellinie, Flügeldecken doppelt so lang als breit und fast doppelt so breit als das Halsschild, Schenkel mit kurzem, etwas stumpfem Zahn. Lg. $5^1/_2$—8 mm. Br. $2^1/_2$—3 mm. Sehr häufig überall. (Vespertinus F.) **Piri** L.

— Dem Vorigen ähnlich, aber plumper, Rüssel so breit als der Kopf und kürzer als breit, wenig nach vorn verschmälert, Fühler kürzer, 4. bis 7. Geisselglied breiter als lang, Halsschild breiter, seitlich stärker gerundet, ohne Mittelkiel, Flügeldecken nur $1^1/_2$ mal so lang als breit und um $^1/_4$ breiter als das Halsschild, Schenkel mit spitzigem Zahn. Lg. $4^1/_2$—5 mm. Br. 2—$2^1/_2$ mm. ♂ 2. Bauchsegment mit Querkiel. Walliseralpen, Macugnaga, Schwarzwald, Schaffhausen, Unterengadin, Chur, Hüfingen. **Artemisiae** Desbr.

7. Flügeldecken beschuppt, ohne abstehende Haare 8

— Flügeldecken beschuppt und ausserdem mit abstehenden Haaren 10

8. Die Fühlerfurchen liegen etwas mehr seitlich, sind aber scharf begränzt, der Rüssel daher breiter, aber immer noch viel schmäler als die Stirn zwischen den Augen, Beschuppung grau, breiter als lang, flach, Körper schwarz, Fühler und Beine roth, Augen stark vorragend, Halsschild breiter als lang, seitlich mässig gerundet, vorn etwas eingeschnürt mit feinem Mittelkiel, Flügeldecken viel breiter als das Halsschild, doppelt so lang als breit, Schenkel mit kleinem Zahn. Lg. 4—5 mm. Br. $1^1/_2$—2 mm. (ruficornis Redt). An der Nordgränze von Schaffhausen. **Incanus** Gyll.

— Fühlerfurchen nach oben gebogen 9

9. Länglich oval, grau oder grün beschuppt, Fühler, Schienen und Füsse gelb, Augen wenig vorragend, Rüssel undeutlich gefurcht. Lg. $4^1/_2$—5 mm. Br. 2 bis $2^1/_2$ mm. Selten. Wallis.

♂ Fühlerschaft an der Basis nicht bewimpert, die 2 ersten Geisselglieder gleich lang, das 3. halb so lang als das 2., 4—7. so breit wie lang, Keule doppelt so lang als breit, Schenkel mit kleinem Zahn.
♀ Kopf mit Rüssel viel länger als bei alpinus, letzterer nach vorn verschmälert, das 1. Geisselglied ein wenig kürzer als das 2. Flügeldecken und Schildchen $^1/_3$ länger als bei alpinus, Schenkel undeutlich gezähnt. **Xanthocnemus** Küst.

— Länglich oval, schwarz, grün beschuppt, nur die Spitze der Schienen und die Tarsen roth, Rüssel schmäler als der Kopf, fast länger als breit, vorn verbreitert, stark gefurcht, Schaft der Fühler bewimpert, die ersten 2 Geisselglieder fast gleich lang, das 1. dreieckig, das 3. um $^1/_3$ kürzer als das 2., Halsschild mit 1 Punkt vor dem Schildchen und einem flachen Eindruck jederseits hinter der Spitze, oft mit feinem Kiel, Flügeldecken hinten einzeln zugespitzt, punktirtgestreift, Schenkel mit kurzem Zahn. Lg. 5–$6^1/_2$ mm. Br. ♂ 1,5, ♀ 2—2,2 mm.
♂ Rüssel an der Spitze stärker verbreitert, Fühlerschaft dicker, Halsschild um die Hälfte breiter als lang, seitlich mehr gerundet, Flügeldecken etwas kurz, wenig breiter als das Halsschild, Schienen breit.
♀ Rüssel weniger verbreitert, Schaft dünner, Halsschild $^1/_3$ breiter als lang, seitlich weniger gerundet, Flügeldecken länger, Schienen dünn. Splügen, Walliser-Alpen, Macugnaga, Engadin, Andermatt. **Alpinus** Stl.

10. Rüssel nicht abgesetzt, d. h. er bildet mit dem Kopfe einen ununterbrochenen Conus; langgestreckt, dicht mit runden grünen, blauen oder grauen Schuppen bedeckt, Fühler und Beine braun, Tarsen gelb, überall weisslich, abstehend behaart, auf den Flügeldecken am längsten, Augen gross, wenig vortretend, Rüssel lang, Fühler ziemlich schlank, das 1. Geisselglied kürzer als das 2., Halsschild quer, seitlich gerundet, Flügeldecken hinten zugespitzt, Schenkel beschuppt mit schmalem, spitzigem Zahn. Lg. $4^1/_2$—$6^1/_2$ mm. Br. $1^1/_2$—2 mm.
♂ Schaft dicker, Rüssel mehr parallel, Halsschild viel breiter als der Kopf, seitlich mehr gerundet, Flügeldecken parallel bis zu $^2/_3$ der Länge, Schenkel dick, 2. Bauchsegment mit Querkiel.
♀ Schaft an der Wurzel dünn, aussen verdickt,

Rüssel kürzer, mehr konisch, Halsschild kaum breiter als der Kopf, seitlich schwach gerundet, Schenkel mässig dick. **Argentatus** L.

♀ Var. Kleiner, Flügeldecken kürzer, Fühler und Beine blassgelb, Schenkel nur an der Wurzel beschuppt. Sehr häufig überall in der ebeneren Schweiz. v. **viridans** Schh.

— Rüssel deutlich vom Kopf abgesetzt 11

11. Brust und Bauch ganz oder fast ganz beschuppt . 12

— Bauch unbeschuppt, bloss behaart 13

12. Die Behaarung der Oberseite ist sehr kurz; Beschuppung grün, Rüssel schmäler als der Kopf, gefurcht, Fühler dick, die äussern Geisselglieder so breit als lang, Halsschild kurz, seitlich mehr (♂) oder weniger (♀) gerundet, vorn jederseits eingedrückt, Flügeldecken 4 mal so lang als das Halsschild, hinten zugespitzt, Schenkel mit starkem Zahn, 2. Bauchsegment beim ♂ mit Querkiel. Lg. 5—6½ mm. Br. 2⅓—2½ mm. Sehr selten. Genf, Puschlav, Unterwallis. **Maculicornis** Germ.

— Die Behaarung ist lang, weisslich oder braun, halb abstehend, Beschuppung grün, die Mitte des Bauches ist kahl, Rüssel länger als breit, ohne Furche, Fühler schlank, alle Geisselglieder länger als breit, das 3. halb so lang als das 2., Halsschild so lang als breit, nach vorn mehr als nach hinten verengt, vorn leicht eingeschnürt, schwach gekielt, Flügeldecken fast 3 mal so lang als breit, hinten schwach zugespitzt, Schenkel stark gezähnt. Lg. 7—8½ mm. Br. 1,6 bis 2,2 mm. Nicht selten, bis 4000′ ü. M., in Schaffhausen sehr häufig. **Psittacinus** Germ.

Var. Kleiner, Fühler dunkler oder theilweise schwarz, die schwarzen Punkte auf Halsschild und Flügeldecken grösser, Flügeldecken hinten stärker einzeln zugespitzt. Engadin. v. **acuminatus** Dbr.

13. Körper sehr schmal und langgestreckt, Beine schwarz und nur die Tarsen roth, auch die Fühler grösstentheils roth, kurz, Beschuppung grün, die zwei ersten Geisselglieder gleich lang, die äussern breiter als lang, Rüssel stark gefurcht, Halsschild etwas breiter als lang, gekielt, seitlich stark gerundet, vorn wenig schmäler als hinten, Flügeldecken wenig breiter als das Halsschild, 3½ mal so lang als breit, hinten

zugespitzt, mit spärlichen, bräunlichen, abstehenden Haaren besetzt. Lg. 4½ mm. Br. 1¼ mm. ♂ 2. Bauchsegment ohne Querkiel. Selten. Centralalpen. **Mixtus** Hochh.

— Körper breiter, Halsschild fast um die Hälfte breiter als lang, Beine ganz roth oder höchstens die Schenkel schwarz, das 1. Geisselglied länger als das 2. . . 14

13. Beine ganz roth, Schenkel mit sehr starkem Zahn, Rüssel schmäler als der Kopf, kaum länger als breit, schwach gefurcht, Fühler weisslich bewimpert, ganz roth, Halsschild kurz, vorn eingedrückt, Flügeldecken fast parallel, flach, grau abstehend behaart, Schienen bewimpert, 2. Bauchsegment des ♂ gekielt, Beschuppung grün. Lg. 5—6½ mm. Br. 1¾—2 mm. Lugano. **Etruscus** Dbr.

— Die Schenkel sind schwarz, ihr Zahn stark, doch nicht so breit wie beim vorigen, Beschuppung grün, blau oder grau, die Scheibe des Halsschildes meist kahl, Körper breit, mit abstehenden Haaren bekleidet, die aber kürzer sind als beim vorigen, Fühler und Beine bewimpert, Halsschild kurz, stark gerundet, Flügeldecken zweimal so lang als breit, Schienen breit. Lg. 3½—6 mm. Br. 1⅓—2⅓ mm. Häufig auf verschiedenen Bäumen und Sträuchern in der ebeneren Schweiz. **Betulae** L.

15. Oberseite ganz grün beschuppt 16

— Oberseite kahl und nur die Seiten des Halsschildes grün beschuppt; schwarz, glänzend, Fühler und Beine roth, Augen klein und flach, Rüssel kurz, Halsschild breiter als lang, Flügeldecken zweimal so lang als breit. Lg. 3—4½ mm. Br. 1—1½ mm. Häufig in den Walliseralpen, seltener im Engadin, im Jura und in der Ebene, Val Entremont, Simplon. **Viridicollis** F.

16. Körper mit runden Schuppen oben und unten ganz bekleidet, unbehaart; schwarz, Fühler, Schienen und Füsse roth, Fühler kurz, die zwei ersten Geisselglieder gleich lang, dreimal so lang als breit, die äusseren quer, Halsschild wenig breiter als lang, schwach gerundet, Flügeldecken zweimal so lang als breit. Lg. 3½—5 mm. Br. 1⅓—2 mm. Häufig in der Westschweiz, selten bei Schaffhausen. **Pomonae** Ol.

— Oberseite grün beschuppt, unbehaart, Bauch behaart, unbeschuppt, schwarz, Fühler, Schienen und Füsse roth, Rüssel breiter als lang, ohne Furche, Fühler

wie beim vorigen, Halsschild wenig breiter als lang, seitlich wenig gerundet, Flügeldecken viel breiter als das Halschild, $1^{2}/_{3}$ mal so lang als breit, kräftig punktirt-gestreift, 2. Bauchsegment beim ♂ mit Querkiel. Lg. $2^{1}/_{2}$—4 mm. Br. $1^{1}/_{3}$ mm. (uniformis Msh.) Häufig in der Nordostschweiz.
Viridi-aereus Laich.

Subgen. **Pseudomyllocerus** Desbrochers.

Beschuppung weiss oder höchstens mit einigen dunklern Längsbinden auf den Flügeldecken, die Mitte des Halsschildes und der Flügeldecken meist etwas dunkler, Fühler und Beine röthlich, Rüssel etwas schmäler als der Kopf, Fühler schlank, röthlichgelb, Schenkel ungezähnt. Lg. $3^{1}/_{2}$—$4^{1}/_{2}$ mm. Br. $1^{1}/_{3}$—$1^{1}/_{2}$ mm. Wallis, Tessin, Genf häufig auf Weiden und Hippophaë. **Mus** F.

Beschuppung gelblich, 2 schiefe, etwas wellenförmige Binden auf jeder Flügeldecke dunkler; die dunkle Färbung breitet sich oft über die Wurzel der Flügeldecken und die Scheibe des Halsschildes aus, Fühler und Beine röthlich, Halsschild wenig breiter als lang, vorn und hinten eingeschnürt. Lg. $2^{1}/_{2}$—$3^{1}/_{2}$ mm. Br. 1—$1^{1}/_{4}$ mm. Genf, Waadt, Basel, Schaffhausen auf Liguster, Bern, Simplon. **Sinuatus** F.

Brachyderini

Uebersicht der Gattungen.

1. Stirn ohne tiefe Querfurche, höchstens mit feiner Querlinie, Mandibeln nicht vorragend 2
— Stirn mit einer tiefen Querfurche zwischen den Augen, Mandibeln vorragend, Fühlerfurche tief, ihr oberer Rand zur Stirnfurche ziehend, ihr unterer Theil scharf herabgebogen, Halsschild sehr gross, Flügel fehlend. **Psallidium** Ill.
2. Fühlerfurche unter die Augen gerichtet oder mehr oder weniger weit vor den Augen verschwindend. 3
— Fühlerfurche gegen die Augen gerichtet und dieselben erreichend, tief, scharf begränzt, Klauen frei oder verwachsen, Rüssel mit wulstigen Rändern, Oberseite mit Borsten besetzt. **Trachyphloeus** Germ.
3. Klauen an der Basis verwachsen 4

— Klauen frei, Flügel vorhanden, Schultern deutlich vortretend, Fühlerschaft die Augen nicht überragend, Fühlerfurche herabgebogen, gerade, scharf begränzt. **Sitones** Germ.

4. Flügel vorhanden, Schultern vortretend, Fühlerfurche scharf herabgebogen, oder weit vor den Augen aufhörend 5

— Flügel fehlend, Schultern mehr oder weniger abgerundet 6

5. Rüssel ohne eine halbkreisförmige, glatte Fläche an der Spitze. **Polydrusus** Germ.

— Rüssel mit einer halbkreisförmigen, glatten, umrandeten Fläche an der Spitze, kurz und plump, Scheitel gewölbt, Augen klein, gewölbt, etwas nach vorn gerückt. **Scytropus** Schh.

6. Fühlerfurche meist ganz, selten nur theilweise scharf herabgebogen und gegen den Winkel gerichtet, den der Rüssel auf der Unterseite mit dem Kopf bildet, selten nicht herabgebogen (nur bei Omias- und einigen Brachysomusarten), das 2. Bauchsegment vorn winklig gebogen, selten gerade (nur bei einigen Sciaphilus) 7

— Fühlerfurche geradlinig gegen die Augen oder dicht unter dieselben gerichtet, Fühlerschaft nicht viel kürzer als die Geissel 10

7. Die ganze Fühlerfurche scharf herabgebogen, selten nicht herabgebogen, dann aber die Oberseite beschuppt oder beborstet 8

— Fühlerfurche nicht oder nur zum Theil herabgebogen, Körper unbeschuppt 9

8. Schildchen deutlich, bisweilen sehr klein, Fühlerschaft meist viel länger, selten so lang als die Geissel ohne Keule, Schultern mehr oder weniger abgerundet. **Sciaphilus** Schh.

— Schildchen fehlend, Fühlerschaft stets so lang als die Geissel und die Augen überragend. **Brachysomus** Schh.

9. Der untere Theil der Fühlerfurche scharf herabgebogen, der obere Rand gegen die Augen gerichtet, Schultern der Flügeldecken bisweilen schwach angedeutet, Körper nur mit feinen Haaren bekleidet. **Barypeithes** Duv.

— Fühlerfurche rundlich, gar nicht herabgebogen, Körper bisweilen dicht behaart. **Omias** Schh.

10. Spitzenrand der Hinterschienen längs dem Hinter-

rand der Schiene nicht oder unbedeutend hinaufsteigend, das 2. Bauchsegment mit geradem oder fast geradem Vorderrand 11

— Spitzenrand des Halsschildes längs dem Hinterrand der Schiene beträchtlich hinaufsteigend, Fühlerschaft die Augen überragend, das 2. Geisselglied länger als das 1., Körper langgestreckt, Fühlerfurche flach und vor den Augen aufhörend. **Brachyderes** Schh.

11. Fühlerschaft die Augen nicht überragend, Fühlerfurche meist bis unter die Augen reichend, Augen stark vorspringend. **Strophosomus** Schh.

— Fühlerschaft die Augen überragend, Fühlerfurche vor den Augen abgekürzt, Augen mässig vorragend, Körper schlank. **Eusomus** Germ.

Gen. Polydrusus Germ.

Uebersicht der Untergattungen.

1. Die ersten 2 Geisselglieder verlängt, die äussern quer, Oberseite mit haarförmigen Schuppen oder blossen Haaren bekleidet. **Metallites** Germ.

— Oberseite mit runden oder ovalen Schuppen bekleidet 2

2 Fühlerfurche tief, scharf begränzt, winklig nach unten gebogen und an der Unterseite des Rüssels sich vereinigend 3

— Fühlerfurche ganz fehlend oder abgekürzt, niemals auf die Unterseite des Rüssels verlängt 5

3. Tarsen kurz und breit, ihre zwei ersten Glieder oben mehr oder weniger bucklig, die Schienen des ♂ mehr oder weniger plattgedrückt. **Piezocnemus** Chevr.

— Schienen und Tarsen von gewöhnlicher Bildung . 4

4. Rüssel an der Spitze breiter als an der Wurzel und zwischen den Fühlerfurchen breiter als die Stirn zwischen den Augen, wenigstens so lang als der Kopf. **Eudipnus** Thoms.

— Rüssel parallel oder gegen die Spitze verschmälert. **Polydrusus** Germ.

5. Die Insertionsstelle der Fühler ist vom Vorderrand der Augen ebenso weit entfernt, als der Durchmesser eines Auges beträgt. **Eustolus** Thoms.

— Die Insertionsstelle ist ganz nahe bei den Augen, Kopf meist mit Höckern hinter den Augen. **Pylodrusus** Stl.

Subgen. **Metallites** Germ.

1. Braun, mit anliegenden, glänzend grünen, haarförmigen Schuppen ziemlich dicht bedeckt, Halsschild seitlich wenig gerundet, Flügeldecken fein punktirt-gestreift, die Zwischenräume viermal breiter als die Streifen, deren 1. und die 2 äussersten einfach behaart, oder doch viel spärlicher beschuppt sind als die andern, Fühler gelb. Lg. 6—8 mm. Br. $2^1/_2$ bis 3 mm. Nicht selten auf Eichen und Fichten, in der ebeneren Schweiz, auch im Wallis, Salève bei Genf. **Mollis** Germ.

— Flügeldecken mehr oder weniger metallisch beschuppt, ohne kahle Zwischenräume, diese höchstens doppelt so breit als die Punkte der Streifen 2

2. Fühler theilweise dunkel, wenigstens die Keule, Halsschild seitlich wenig gerundet, Schuppen grün oder goldglänzend, nicht sehr dicht, so dass immer die braune oder schwarze Grundfarbe durchscheint. Lg. 4—5 mm. Br. $1^3/_4$—2 mm. Sehr häufig bis 6000′ ü. M. **Atomarius** Ol.

Var. b. Die abwechselnden Zwischenräume schmäler. **Geminatus** Chevr.

— Fühler gelb 3

3. Vorderschenkel mit spitzigem Zahn; dicht grau beschuppt, Rüssel kürzer als der Kopf, Halsschild seitlich gerundet, Schildchen quer. Lg. 3—4 mm. Br. $1^1/_4$—$1^3/_4$ mm. (ambiguus Gyll., marginatus Steph.) Häufig überall in der ebeneren Schweiz. **Iris** Ol.

— Vorderschenkel ungezähnt; Flügeldecken parallel mit stark vortretenden Schultern, etwas flach, gleichmässig gelblich beschuppt, Halsschild so lang als breit. Lg. $3^1/_2$—4 mm. Br. $1^1/_2$—$1^3/_4$ mm. Sehr selten. Simplon (Rausis) (?) **Parallelus** Chevr.

Subgen. **Piezocnemus** Chevr.

1. Beine ganz gelb, Rüssel breit und flach, Oberseite mit runden, gelblichgrünen Schuppen dicht bedeckt, Schienen beim ♂ breit, plattgedrückt, innen winklig. Lg. 5—$5^1/_2$ mm. Br. $1^2/_3$ mm. In den Walliser-, Bündtner-, Glarner-, Berner-Alpen stellenweisse häufig auf Alnus. **Paradoxus** Stl.

— Wenigstens die Schenkel schwarz 2

16

2. Halsschild breiter als lang, vorn schmäler als hinten; schwarz, Schuppen schön grün, glänzend, rund, Schaft der Fühler und Tarsen gelblich. Lg. 5 mm. Br. 1$^6/_5$—2 mm. In den Bündtner-, Urner-, Walliser-Alpen 3000—6000' ü. M. Nicht häufig. **Amoenus** Germ.
— Halsschild vorn kaum schmäler als hinten, Schuppen rund, grün, wenig glänzend, Körper schmäler als beim vorigen, Schaft der Fühler, Schienen und Tarsen gelb. Lg. 5 mm. Br. 1$^1/_2$—1$^4/_5$ mm. Selten. Bündtner-Alpen. **Hopffgarteni** Stl.

Subgen. **Eudipnus** Thomson.

Schwarz, Beschuppung haarförmig, gleichfärbig goldgelb, kupferig oder grün, auf dem Halsschild konvergiren alle Schuppen gegen die Mitte, Augen vorragend, 2. Geisselglied der Fühler um die Hälfte länger als das 1. Lg. 6$^1/_2$—8$^1/_2$ mm. Br. 2$^2/_3$—3$^1/_2$ mm. (Mollis Stroem). Häufig an Bäumen bis 3000' ü. M. **Micans** F.

Subgen. **Eustolus** Thomson.

1. Flügeldecken mit abstehenden Haaren 2
— Flügeldecken kurz anliegend oder gar nicht behaart 3
2. Der Fühlerschaft erreicht den Vorderrand des Halsschildes oder überragt ihn selbst etwas, die Beschuppung ist grün mit Kahlpunkten, Rüssel nach vorn verengt, an der Basis breiter als lang, das 2. Geisselglied ist kürzer als das 1., Halsschild breiter als lang, Beine gelb, Schenkel ungezähnt. Lg. 4$^1/_2$ bis 5$^1/_2$ mm. Im Wallis nicht selten. **Flavipes** D. G.
— Der Fühlerschaft erreicht den Vorderrand des Halsschildes nicht, Beschuppung grün, wenig glänzend, Rüssel stark konisch, Halsschild so lang als breit, vorn schmäler als hinten, Stirn etwas eingedrückt, Beine gelb, Schenkel ohne Zahn. Lg. 5 mm. Br. 2 mm. Sehr häufig in der ebeneren Schweiz und den Alpenthälern. **Impressifrons** Gyll.
Var. Kleiner, Beschuppung mehr gelblichgrün, der Eindruck der Stirn ist weniger ausgeprägt. Häufig mit der Stammform. v. **flavovirens** Gyll.
3. Die Beschuppung zeigt Längsbinden 4
— Die Beschuppung ist fleckig, ohne Binden, oder einfärbig grün 5

4. Rüssel so lang als der Kopf; schwarz, röthlichbraun beschuppt, der 3. und 7. Zwischenraum weisslich oder wenigstens heller beschuppt, als die übrigen Zwischenräume, Behaarung undeutlich, Halsschild breiter als lang, seitlich gerundet, Beine röthlich, die Schenkel in der Mitte dunkler, gezähnt. Lg. $4^1/_2$—$5^1/_2$ mm. Br. $1^3/_4$—2 mm. Bei Schaffhausen nicht selten auf Genista, Tessin. **Confluens** Steph.

— Rüssel kürzer als der Kopf, Flügeldecken etwas bauchig, schwarz mit grünen oder kupferigen Schuppen fleckig bekleidet, der 3. Zwischenraum dichter beschuppt, Halsschild etwas breiter als lang, seitlich schwach gerundet und dichter beschuppt, Beine röthlich, Schenkel dunkel, sehr schwach, oft undeutlich gezähnt. Lg. 4—$5^1/_2$ mm. Br. 2—$2^1/_2$ mm. Sehr selten. Genf, Salève. **Chrysomela** Ol.

5. Die Beschuppung ist fleckig, die Beine schwarz . 6

— Die Beschuppung ist einfärbig grün 7

7. Beine schwarz, grün beschuppt, Körper ganz unbehaart, der Rüssel ist etwas kürzer als der Kopf, eben, Augen klein, halbkugelig, Fühlerschaft an der Wurzel roth, die zwei ersten Geisselglieder fast gleich lang, das 3. kaum länger als das 4., die äussern länger als breit, Halsschild breiter als lang, seitlich gerundet, Flügeldecken seitlich fast parallel, Schenkel mit kleinem Zähnchen. Lg. $6^1/_2$—7 mm. Br. $2^1/_2$ mm. Sehr selten. Bei Macugnaga. **Alpinus** Stl.*

— Schienen und Tarsen roth, Augen stark vorragend, das 4. Geisselglied ist halb so lang, das 2. etwas länger als das 1., Rüssel schwach vertieft, Stirn eben, Beschuppung gelblichgrün. Lg. $5^1/_2$—$6^1/_2$ mm. Wallis. (?) **Armipes** Brll.

6. Flügeldecken nach hinten wenig erweitert, dreimal so lang als das Halsschild, dieses seitlich schwach gerundet, ohne Mittelrinne, Beschuppung mehr oder weniger deutlich gewürfelt, Schenkel mit ziemlich kräftigem Zahn. Lg. $3^1/_4$—5 mm. Br. $1^1/_2$—$2^1/_3$ mm. Sehr häufig überall bis 6000′ ü. M. **Cervinus** L.

Die Beschuppung ist sehr veränderlich in der Farbe.

Var. a. Beschuppung schwarz und kupferig gewürfelt. v. **maculosus** Herbst.

* Dem P. sericeus sehr ähnlich, durch die kurze Fühlerfurche und die dunkeln Beine leicht kenntlich.

Var. b. Beschuppung grünlich und kupferig gewürfelt. v. **virens** Boh.

— Flügeldecken bauchiger, vier- bis fünfmal so lang als das Halsschild, dieses seitlich schwach gerundet, nach vorn mehr verschmälert, mit heller beschuppter, meist etwas vertiefter, Mittellinie, die Beschuppung ist ziemlich konstant grau mit leichtem Kupferglanz und mit kahlen Flecken gewürfelt. Lg. $5\frac{1}{2}$—7 mm. Br. 2—$2\frac{1}{3}$ mm. (P. binotatus Thoms., arvernicus Dbr.) Walliser-, Waadtländer-Alpen. **Melanostictus** Chevr.

Subgen. **Polydrusus** Schh.

1. Flügeldecken unbehaart, beschuppt mit helleren Querbinden, Beine röthlichgelb 2
— Flügeldecken unbehaart, einfärbig grün beschuppt, Schenkel mehr oder weniger deutlich gezähnt . . 5
2. Schenkel ungezähnt 3
— Schenkel gezähnt 4
3. Flügeldecken bräunlich-grau beschuppt mit einer schiefen, weisslichen, braun geränderten Querbinde hinter der Mitte und manchmal noch mit 2 abgekürzten Binden auf dem vordern Theil der Flügeldecken, Halsschild länger als breit, cylindrisch, Fühlerschaft die Augen stark überragend, Beine gelblichbraun, die Schenkel oft theilweise dunkel. Lg. $3\frac{1}{2}$—5 mm. Br. $1\frac{3}{4}$—2 mm. (undatus F.) Sehr häufig in der ebeneren Schweiz. **Tereticollis** D. G.

Var. Beschuppung gleichmässig grau; nicht selten mit der Stammform v. **uniformis** Stl.

— Halsschild so breit als lang, Beschuppung braun mit gelblichweissen Binden, Fühlerschaft die Augen wenig überragend, Halsschild vorn seitlich mit Quereindrücken, Beine ganz röthlich. Lg. $3\frac{1}{2}$—5 mm. Br. $1\frac{1}{2}$—2 mm. (flavicornis F., intermedius Zett.) Auf Alnus viridis. In den Bündtner-, Walliser-, Urner-, Glarner-Alpen von 4000—7000′ ü. M. **Fasciatus** Möll.

4. Schwarz, eine mit dem Seitenrand zusammenhängende, nach innen abgekürzte Querbinde hinter der Mitte der Flügeldecken und zerstreute Schuppen weisslich oder röthlich; Halsschild cylindrisch, so lang als

breit, vorn so breit wie hinten. Lg. 3½—4 mm. Br. 1⅓—1½ mm. Tessin auf Erlen. **Sparsus** Gyll.

5. Der Fühlerschaft überragt die Augen; Beine schwarz, grün beschuppt, Rüssel so lang als der Kopf, etwas flach, Stirn eingedrückt, Halsschild kaum breiter als lang, meist fein gekielt, Schenkel mit starkem Zahn. Lg. 5—5½ mm. Br. 2 mm. Häufig bei Genf, Einfischthal, Macugnaga. **Planifrons** Gyll.

— Der Fühlerschaft reicht höchstens bis zum Hinterrand der Augen; Rüssel so lang und wenig schmaler als der Kopf, Augen gross, ziemlich flach, Beine ganz gelb, Schenkel mit einem sehr kleinen Zähnchen. Lg. 6½—8 mm. Br. 2½—3 mm. Sehr häufig auf Laubbäumen durch die ganze Schweiz bis 4000′ ü. M. **Sericeus** Scheller.

Subgen. **Tylodrusus** Stierlin.

Grün beschuppt, Flügeldecken ziemlich lang, abstehend behaart, die Höcker auf dem Scheitel sind stark entwickelt, Rüssel nach vorn kaum verengt, Flügeldecken fein punktirt-gestreift, Unterseite behaart und nur die Seiten der Brust beschuppt, Fühler und Beine gelb. Lg. 4½ mm. Br. 2 mm. Nicht selten in der nördlichen Schweiz auf Laubbäumen, bei Schaffhausen häufig. **Pterygomalis** Boh.

Die Höcker des Scheitels sind schwach entwickelt, Flügeldecken unbehaart, Beschuppung glänzend, Fühler und Beine roth. Lg. 4—4½ mm. Br. 1⅔ mm. Tössthal auf Salix caprea, Kt. Bern, Laufenburg. **Corruscus** Germ.

Gen. **Scytropus** Schh.

Ober- und Unterseite mit haarförmigen Schuppen weisslich und grau marmorirt, Schenkel ungezähnt. Lg. 7—8 mm. Br. 2½—3 mm. Selten. St. Gallen. **Mustela** Herbst.

Gen. **Sciaphilus** Schh.

1. Der Fühlerschaft überragt den Hinterrand der Augen beträchtlich; Körper länglich oval, bräunlich beschuppt, Halsschild seitlich schwach gerundet, so lang als breit, Flügeldecken mit ziemlich langen

Borsten. Lg. 4—5 mm. Br. 2—2½ mm. Chiloneus Schh. Häufig in der ebeneren Schweiz. **Muricatus** F.

— Der Fühlerschaft reicht höchstens bis zum Hinterrand der Augen 2

2. Der Fühlerschaft reicht bis zum Hinterrand der Augen, die Fühlerfurche ist nicht bis zur Unterseite des Rüssels verlängert, Bauch behaart, Stirn zwischen den Augen kaum breiter als der Rüssel zwischen den Fühlern, dieser mit parallelen Seiten, Halsschild vorn etwas schmäler als hinten, seitlich schwach gerundet, Beschuppung grün mit abstehenden Borsten. Lg. 3—3½ mm., Br. 1½ mm. Selten. Lugano. **Viridis** Boh.

— Der Fühlerschaft reicht nur bis zur Mitte der Augen, die Fühlerfurche ist auf die Unterseite des Rüssels verlängert, Bauch beschuppt, Oberseite mit Borsten besetzt 2

3. Beine roth oder höchstens die Schenkel etwas dunkler, Halsschild vorn und hinten gleich breit, Beschuppung grün mit zahlreichen Kahlpunkten, die Borsten sind lang, bräunlichgelb. Lg. 3½—4½ mm. Br. 1½ bis 2 mm. Selten. Lugano, Mendrisio, Basel, Schaffhausen. **Barbatulus** Germ.

— Beine schwarz, höchstens die Tarsen roth, Beschuppung grün mit ziemlich langen, braunen Borsten, Rüssel kürzer als breit, Halsschild vorn etwas schmäler als hinten. Lg. 3—3½ mm. Br. 1⅓—2 mm. Nicht selten bei Schaffhausen, Basel. **Scitulus** Germ.

Gen. Brachysomus Schh.

Uebersicht der Untergattungen.

1. Kopf mit den Augen deutlich schmäler als das Halsschild, Fühlerschaft meist so lang als die Geissel und Keule zusammen, selten kaum so lang als die Geissel (aber dann die Fühlerfurche wenig herabgebogen), den Hinterrand der Augen stark überragend, Bauch unbeschuppt 2

— Kopf dick, mit den Augen fast so breit als das Halsschild, Fühlerschaft nie länger als die Geissel, den Hinterrand der Augen nicht oder wenig überragend, Fühlerfurche tief und scharf begränzt, bis an die Unterseite des Rüssels reichend. Subgen. **Foucartia** Dux.

2. Augen schwach aber deutlich gewölbt, Körper beim ♂ schmäler als beim ♀. Subgen. **Platytarsus** Schh.
— Augen ganz flach, Körper beim ♂ und ♀ rundlich. Subgen. **Brachysomus** Schh.

Subgen. **Platytarsus** Schh.

1. Flügeldecken ohne Schuppen, mit doppelter Behaarung, nämlich mit ganz kleinen, schuppenähnlichen Börstchen und längern abstehenden Haaren, Fühler dick, der breite Rüssel und der Kopf fein längsrunzlig, Halsschild viel breiter als lang, seitlich gerundet, vorn wenig schmäler als hinten. Lg. $2\frac{1}{2}$—$3\frac{1}{2}$ mm. (Omias pruinosus Schh.) Selten. Genf, Schaffhausen.
♂ Flügeldecken $1\frac{1}{2}$ mal so breit als das Halsschild, Tarsen sehr breit, Flügeldecken spärlich mit den kurzen Börstchen versehen.
♀ Flügeldecken 2 mal so breit als das Halsschild, die kurzen Börstchen zahlreicher. **Setiger** Schh.
— Flügeldecken mit Schuppen, die an der Spitze gabelig gespalten sind und mit sparsamen, abstehenden Borsten, Rüssel gefurcht, Halsschild vorn und hinten leicht eingeschnürt. Sehr selten. Schaffhausen. Lg. $1\frac{1}{4}$—$1\frac{1}{3}$ mm. **Setulosus** Böh.

Subgen. **Brachysomus** Schh.

Fühlerschaft so lang als Geissel und Keule zusammen, Augen an den Vorderrand des Halsschildes stossend. Fühlerfurche unter die Augen gerichtet, Halsschild an den Seiten mit rundlichen Schuppen besetzt, Flügeldecken mit haarförmigen Schuppen und langen, abstehenden Borsten besetzt. Lg. 2,5—3 mm. (hirsutulus F.) Selten. Genf, Wallis, Basel, Schaffhausen, Zürich, Chur. **Echinatus** Bonsd.

Subgen. **Foucartia** Duv.

Flügeldecken kugelig, dicht und gleichmässig weisslich beschuppt und mit langen abstehenden Borsten, Beine schwarz. Lg. $2\frac{1}{2}$—3 mm. Br. $1\frac{1}{3}$—$1\frac{1}{2}$ mm. Ziemlich selten auf Genista und Lotus corniculatus. Schaffhausen. **Squamulata** F.

Gen. Barypeithes Duv.

1. Vorderschienen des ♂ stark einwärts gebogen . . 2
— Vorderschienen des ♂ sehr wenig oder gar nicht einwärts gebogen 5
2. Rüssel gebogen, Vorderschenkel gezähnt; langeiförmig, braun mit abstehenden Haaren, Halsschild viel breiter als lang, dicht und grob punktirt. Lg. 3—4 mm. ♂ Vorderschenkel stark gekrümmt, Flügeldecken verlängter (subnitidus Boh.) **Chevrolati** Boh.
— Rüssel nicht gebogen, Schenkel nicht gezähnt . . 3
3. Flügeldecken abstehend behaart 4
— Flügeldecken kahl, glänzend, Halsschild etwas breiter als lang, seitlich stark gerundet und stark punktirt, Fühlerfurche senkrecht nach unten verlaufend, tief, Vorderschienen beim ♂ innen tief ausgerandet. Lg. 4—5 mm. Selten. Unter Moos. Wallis, Basel, Schaffhausen. **Montanus** Chevr.
4. Halsschild breit, dicht und stark punktirt, Vorder- und Mittelschenkel beim ♂ stark verdickt, Fühlerfurche senkrecht. Lg. 3—4 mm. Selten. Wallis. **Pellucidus** Schh.
— Halsschild wenig breiter als lang, grob aber nicht sehr dicht punktirt, Flügeldecken stark punktirt-gestreift, Rüssel so breit als lang, mehr oder weniger eingedrückt, Fühlerfurche senkrecht, Vorderschienen beim ♂ innen ausgerandet, ziemlich stark gekrümmt. Lg. $2^1/_2$—$3^1/_4$ mm. Siselen im Kt. Bern. **Violatus** Seidl.
5. Rüssel winklig, oben eben, so lang als breit, an der Spitze erweitert, Flügeldecken unbehaart, oder nur mit äusserst feinen, sparsamen Häärchen bekleidet; langeiförmig, glänzend, Halsschild grob aber nicht dicht punktirt, Vorderschienen beim ♂ kaum gekrümmt, ♀ Flügeldecken breit, oben etwas flach. Lg. 3—$3^1/_2$ mm. Hie und da in der ebeneren Schweiz. Ziemlich selten. Kt. Bern, Waadt, Aarau, Wallis, Basel, Zürich, Rheinthal. **Brunipes** Ol.
Var. Rüssel paralleler, Halsschild dichter punktirt, Flügeldecken paralleler, gröber punktirt, hinter der Mitte am breitesten. Selten. Neuchâtel. v. **pyrenaeus** Seidl.
— Rüssel an der Spitze nicht erweitert, breit, wenig schmaler als der Kopf, Halsschild breiter als lang,

nicht dicht punktirt, Fühlergrube tief, Flügeldecken mit feinen ziemlich langen Haaren bekleidet, Schultern nicht ganz abgeflacht, Seiten parallel, Vorderschienen bei beiden Geschlechtern gerade. Lg. 3 bis 4 mm. Selten. Bern, Waadt. **Mollicomus** Ahr.

Gen. Omias Schönh.

Rüssel mit einer dreieckigen Erhabenheit, deren Spitze nach hinten gerichtet ist und die in der Mitte eine schwache Längsvertiefung zeigt, Fühler dick, Halsschild um die Hälfte breiter als lang, dicht und fein gerunzelt, Flügeldecken tief punktirt-gestreift, mit unregelmässigen Reihen weisser, abstehender Börstchen. ♂ mit keulenförmigen Schenkeln. Lg. $2^{1}/_{2}$—$3^{1}/_{2}$ mm. Selten. Basel. **Forticornis** Boh.

Rüssel ohne Erhabenheit, nach vorn schwach verschmälert, gerinnt, die Fühler genähert, die Fühlerfurche halb oberständig, Halsschild nicht viel schmäler als die Flügeldecken und vorn nur wenig schmäler als hinten, Flügeldecken braun, mit dichten und langen, halbabstehenden Haaren und schwachem Glanz, eiförmig, fein punktirt-gestreift, jeder Zwischenraum mit 2—3 Reihen von Haaren. Lg. 2—4 mm. (sericans Boh., oblongus Boh.) **Concinnus** Boh.

Gen. Strophosomus Billb.

Flügeldecken ohne Einschnürung an der Basis. **Strophosomus** Billb.

Flügeldecken hinter der Basis eingeschnürrt, die Basis selbst mit erhabenem Rand. **Neliocarus** Thoms.

Subgen. Strophosomus Billb.

1. Naht an der Basis mit einem grössern, verlängten Kahlfleck 2
— Naht an der Basis ohne Kahlfleck 3
2. Flügeldecken kurz eiförmig, mit gerundet vortretenden Schultern, Augen etwas kugelförmig mit nach hinten gerichteter Spitze, Halsschild $1^{1}/_{2}$ mal so breit als lang, Beschuppung bräunlich, Flügeldecken mit kurzen, halb abstehenden Borsten auf den Zwischenräumen. Lg. 5—6 mm. (illibatus Boh., obesus Thoms.) Sehr häufig. **Coryli** F.

— Flügeldecken eiförmig mit abgerundeten Schultern, Augen kegelförmig, nicht nach hinten gerichtet, Halsschild kaum 1½ mal so breit als lang, vorn und hinten gerade abgestutzt, Beschuppung grau, Flügeldecken äusserst fein punktirt-gestreift, die Zwischenräume mit einer Reihe langer, abstehender Borsten. Lg. 3½ mm. (Mitth. VIII., 7. Heft.) Tessin, auf Haseln; von Hrn. Dr. Flach entdeckt. **Flachi** Stl.

3. Die Borsten stehen nur auf den Zwischenräumen und höchstens gegen die Spitze hin stehen noch einige ganz kleine Börstchen auf den Punktreihen, Beschuppung grau, etwas fleckig, Beine gelb. Lg. 3½—5 mm. Häufig. **Obesus** Marsh.

— Die Borsten sind etwas länger und stehen sowohl auf den Zwischenräumen, als auf den Punktstreifen. Lg. 3½—4½ mm. Selten. Genf, Wallis. **Desbrochersi** Tourn.

Subgen. **Neliocarus** Thomson.

Kopf hinter den Augen ziemlich stark eingeschnürt, so dass diese wie auf einem Stiel stehen und bei angezogenem Kopf den Vorderrand des Halsschildes überragen, Hinterschienen innen vor der Spitze stark (♂) oder schwach (♀) ausgeschnitten; Schuppen der Flügeldecken haarförmig, Bauch behaart. Lg. 5 bis 6½ mm. Auf Nadelholz, ziemlich selten, aber fast überall verbreitet, noch im Engadin. **Faber** Herbst.

Gen. **Eusomus** Germ.

Grün beschuppt, schwach behaart, Rüssel nicht länger als breit, nicht gekielt, Halsschild um ⅓—½ breiter als lang, Flügeldecken länglich oval, keiner der Zwischenräume dichter behaart oder beschuppt, die Nath hinten stärker vortretend, Schenkel gezähnt. Lg. 6—7 mm. Br. 2—2½ mm. Selten. Genf, Gadmen, Basel, Matt. **Ovulum** Ill.

Gen. **Brachyderes** Schönh.

1. Verlängt, schwarz, dicht anliegend behaart, Kopf und Rüssel breit, letzterer schwach eingedrückt, Fühler sehr schlank, das 2. Geisselglied etwas länger als das 1., Halsschild seitlich gerundet, ⅓ (♂) oder um

die Hälfte (♀) breiter als lang, Flügeldecken länglich-oval, dicht und fein punktirt, letztes Bauchsegment beim ♂ mit einer Grube, die jederseits von einem erhabenen Fältchen eingefasst ist. Lg. 9—11 mm. Br. 3—4 mm. (lepidopterus Gyll.) Auf Nadelholz, stellenweisse häufig. Genf, Wallis, Tessin, Basel, Schaffhausen, St. Gallen. **Incanus** L.

— Kürzer u. gewölbter, Halsschild kürzer, mit schwachem Längseindruck in der Mitte und einem schwachen Quereindruck an den Seiten, Analsegment beim ♂ ohne Eindruck und ohne Falten. Lg. 9—11 mm. Siders. **Sabaudus** Fairm.

Gen. **Sitones** Germ.*)

1. Schildchen mit silberweissen, etwas anliegenden Borstenbüscheln, Körper langgestreckt, Halsschild seitlich schwach winklig erweitert, Flügeldecken nach hinten zugespitzt. 1. Rotte **Scutellati.**

— Schildchen ohne Borstenbüschel, Körper gedrungener 2

2. Halsschild gewölbt, nach hinten schräg abfallend, seitlich gerundet, Flügeldecken breit, Augen stark oder ziemlich stark vorragend. 2. Rotte **Convexicolles.**

— Halsschild nicht auffallend gewölbt, im Profil bebetrachtet liegt sein Rücken in gerader Flucht mit dem Rücken der Flügeldecken 3

3. Flügeldecken mit abstehenden Borsten oder Haaren 3. Rotte **Setosi.**

— Flügeldecken höchstens mit ganz kurzen halbanliegenden Börstchen, die meist nur gegen die Spitze der Flügeldecken sichtbar sind oder ganz ohne Borsten 4

4. Stirn am Oberrand der Augen mit Wimpern besetzt. 4. Rotte **Ciliati.**

— Stirn am Oberrand der Augen ohne Wimpern. 5. Rotte **Eciliati.**

1. Rotte **Scutellati.**

1. Augen stark vorragend, Flügeldecken stark punktirt-gestreift, die Zwischenräume gleich breit, ohne Borsten,

*) Bei den meisten Sitones-Arten befindet sich auf dem Rüssel eine schmale Rinne, die sich öfters auf die Stirn fortsetzt, aber ausserdem zeigt der Rüssel und manchmal auch die Stirn eine breite Aushöhlung; der Kürze wegen nennen wir in den folgenden Zeilen die breite Aushöhlung „Furche“ und die schmale vertiefte Linie „Rinne.“

zweimal so breit als das Halsschild an der breitesten Stelle, Halsschild grob punktirt, seine Mittellinie weiss, die abwechselnden Zwischenräume meist grau oder braun, Unterseite weisslich beschuppt. Lg. 10 mm. Br. $1^2/_3$—$2^1/_2$ mm. Wallis, Tessin. **Gressorius** Germ.

— Augen wenig vorragend, Oberseite grau oder braun beschuppt mit gleichfärbigem Schildchen, Halsschild mit seichter Mittelfurche, Stirn vertieft, Flügeldecken weniger stark punktirt-gestreift als bei gressorius, braun beschuppt mit einem breiten grauen Streifen über die Naht; übrigens ist die Färbung veränderlich, manchmal ist die Beschuppung ganz grau. Lg. $5^1/_2$—9 mm. Br. $1^1/_2$—2 mm. Genf, Schaffhausen, Simplon. **Griseus** F.

2. Rotte Convexicolles.

1. Flügeldecken ziemlich dicht und lang behaart, nach hinten wenig erweitert, Halsschild wenig breiter als lang, vorn eingeschnürt, Beine ganz oder wenigstens die Schenkel schwarz. Lg. 5—6 mm. Selten. Genf, Basel. **Regensteinensis** Boh.

— Flügeldecken nur anliegend behaart, Halsschild ebenso breit oder breiter als lang, vorn und hinten eingeschnürt, fein punktirt mit zerstreuten groben Punkten, Flügeldecken um die Hälfte länger als breit, grob punktirt-gestreift, Beine schwarz, die Unterseite gelblichgrau beschuppt. Lg. 5—$6^1/_2$ mm. Selten. Kt. Zürich, Aargau, Thurgau, Bern. **Cambricus** Steph.

Var. Pubescenz dichter, Punktirung etwas feiner. Genf. v. **cinerascens** Boh.

3. Rotte Setosi.

1. Augen mässig oder stark vorragend 2
— Augen flach 4
2. Halsschild mit geraden oder fast geraden Seiten, Flügeldecken mit spärlichen Borsten 3
— Halsschild breiter als lang mit gerundeten Seiten, Flügeldecken mit kurzen, abstehenden Börstchen ziemlich dicht besetzt, Rüssel und Stirn oben mit feiner Rinne, Halsschild sehr dicht mit ovalen Punkten besetzt, Flügeldecken mässig punktirt-gestreift, Rüssel kurz, Beschuppung nicht sehr dicht, kupferig, einige Zwischenräume gewöhnlich heller, Wurzel der Fühler,

Schienen und Füsse gelb. Lg. 3—4½ mm. Stellenweisse häufig; Genf, Wallis, Tessin, Basel, Schaffhausen, auf Genista, Thun, Bülach, Tessin. **Tibialis** Germ.

♂ Kleiner, Halsschild in der Mitte am breitesten.
♀ Grösser, Halsschild hinter der Mitte am breitesten.
striatellus Boh.

Var. b. Kleiner, Halsschild länger als breit, Stirn tiefer gerinnt, mit der Stammform, ebenso häufig. Lg. 3 mm. v. **ambiguus** Boh.

Var. c. Grösser, Halsschild breiter, stärker gerundet. Lg. 3½ mm. v. **brevicollis** Boh.

Var. d. Stirn etwas gefurcht, Kopf und Halsschild stärker punktirt. v. **arcticollis** Gyll.

3. Der vordere Theil der Fühlerfurche ist sichtbar, wenn der Rüssel von oben betrachtet wird, Zwischenräume der Flügeldecken gewölbt, Stirn und Rüssel tief gefurcht und gerinnt, stark punktirt, Halsschild so lang als breit, dicht und stark punktirt, mit geraden Seiten, Flügeldecken grob punktirt-gestreift, Zwischenräume mit kurzen Börstchen besetzt, Beschuppung hell oder dunkelbraun, fein gewürfelt. Lg. 4 mm. Selten. Genf. **Waterhousi** Walton.

— Fühlerfurche von oben nicht sichtbar, Zwischenräume der Flügeldecken eben, mit halbabstehenden Borsten ziemlich spärlich besetzt, Kopf und Halsschild ziemlich stark punktirt, dieses mit geraden Seiten, Beschuppung braun oder grau gewürfelt, Rüssel und Stirn gefurcht und gerinnt, Streifen der Flügeldecken deutlich, Wurzel der Fühler, Schienen und Tarsen gelb. Lg. 3—4 mm. Nicht selten, auf Kleefeldern und Wiesen, besonders in der Nordschweiz, aber auch in Genf und Wallis. **Crinitus** Ol.

Var. Beschuppung einfärbig grau. v. **albescens** Steph.

4. Halsschild breiter als lang, seitlich etwas gerundet, grob zerstreut-punktirt, Stirn und Rüssel eben, gerinnt, Flügeldecken nach hinten kaum verbreitert, am Ende zugespitzt, stark punktirt-gestreift, grau und braun marmorirt mit spärlichen, aber ziemlich langen, abstehenden Borsten, Schienen und Tarsen gelb. Lg. 3½ bis 4½ mm. Sehr häufig.
Hispidulus Germ.

Var. b. Kleiner, Halsschild etwas breiter, seitlich stärker gerundet, Schenkel nur in der Mitte etwas dunkler, Beschuppung einfärbig grau. Lg. $3^1/_2$ mm. Mit der Stammform, seltener. v. **tibiellus** Boh.

4. Rotte **Ciliati.**

1. Augen mässig oder stark vorragend, der Kopf nebst den Augen stets beträchtlich breiter als der Scheitel 2
— Stirn nebst den Augen höchstens so breit als der Scheitel 5
2. Stirn mit feiner, nicht auf den Rüssel fortgesetzter Rinne, dieser zeigt mitunter sogar einen feinen Kiel, Halsschild etwas breiter als lang, auf der Unterseite rein weiss beschuppt, dicht und fein punktirt, mit 3 hellen Binden und meist noch mit helleren Flecken, Flügeldecken braun oder schwärzlich, die Naht und der 5. Zwischenraum, mitunter die abwechselnden Zwischenräume heller, Beine meist ganz dunkel, seltener die Kniee und Schienen etwas heller; Flügeldecken nach hinten verschmälert, um die Hälfte länger als Kopf und Halsschild zusammen und um $^1/_3$ länger als zusammen breit. Lg. 6 mm. Br. 2 mm. (insulsus Schh.) Selten. Wallis, Genf. **Puncticollis** Kirby.
— Stirn und Rüssel gerinnt 3
3. Halsschild dicht und fein punktirt 4
— Halsschild ziemlich stark punktirt, länger als breit, seitlich nicht gerundet, vorn und hinten gleich breit, Beschuppung bräunlich, Kopf, Stirn und Rüssel breit gefurcht, letzterer gegen die Spitze oft ohne Rinne, Flügeldecken mit einer deutlichen, weiss beschuppten Schwiele an der Spitze des 3. Zwischenraumes. Lg. $5^1/_2$ mm. **Callosus** Schh.
4. Halsschild länger als in der Mitte breit, dicht und deutlich punktirt, Beschuppung fast haarförmig, Flügeldecken nicht viel länger als Kopf und Halsschild zusammen, dieses seitlich schwach winklig erweitert; Flügeldecken an der Basis ausgerandet, Beschuppung gelbbraun und grau, ohne gelbe Punkte. Lg. $4^1/_2$ mm. Wallis. **Longicollis** Schh.
— Halsschild so breit als lnag, Beschuppung heller gelbbraun, 3 Linien über das Halsschild und einige Punkte heller, auch sind mitunter die abwechselnden Zwischenräume heller beschuppt, Unterseite des Halsschildes gelblich beschuppt, etwas heller als die Oberseite,

Flügeldecken nur wenig länger als Kopf und Halsschild zusammen und nur um $^1/_4$ länger als zusammen breit, Beine gelbroth und nur die Keule der Schenkel gewöhnlich dunkler. Lg. 5—6 mm. Br. $1^1/_2$—2 mm. (8 punctatus Boh.) Häufig in der ebenern Schweiz und in den Thälern. **Flavescens** Marsh.

Var. b. Beschuppung einfärbig grau.*)

5. Stirn und Rüssel schmal, stark gefurcht 6

— Stirn eben, Rüssel schwächer gefurcht, beide fein gerinnt, Halsschild etwas länger als breit, 3 Linien desselben, Schildchen und Unterseite weiss beschuppt, Halsschild vorn schmäler als hinten, runzlig punktirt, Flügeldecken mit winklig vortretenden Schultern, und gegen die Spitze mit kurzen Börstchen besetzt, seitlich parallel, gewöhnlich weiss oder bräunlich gefleckt, Schenkel dunkel. Lg. $4^1/_2$ mm. (meliloti Walton.) Sehr selten. Genf, Pruntrut. **Cylindricollis** Boh.

6. Augen wenn auch schwach, doch deutlich vorragend, Halsschild nach vorn mehr als nach hinten verschmälert, breiter, kräftig zerstreut-punktirt, 3 Linien über das Halsschild, Schildchen und Schulterfleck, der sich oft verlängert, weisslich beschuppt, Schienen und Tarsen röthlich, Flügeldecken mit sehr kurzen, oft undeutlichen Börstchen gegen die Spitze. Lg. 4—5 mm. Nicht selten auf Wiesen. **Humeralis** Steph.

Var. b. Der 5. und 6. Zwischenraum der Flügeldecken ist nach hinten etwas erhabener und bildet eine kleine Schwiele, die weisse Färbung ist auf den Flügeldecken ausgedehnter, die Börstchen sind etwas deutlicher (biseriatus All., Allardi Chevr). v. **discoideus** Boh.

Var. c. Kleiner mit rothen Schienen und Tarsen, spärlicher grau beschuppt, mit weissen und gelblichen Schüppchen geziert. v. **attritus** Schh.

— Kleiner, Augen fast ganz flach, Halsschild schmäler,

*) Hierher gehört auch S. lineellus, dessen Vorkommen in der Schweiz ich bezweifle; er ist 4 mm. lang, schwarz, braun beschuppt mit weissen Linien. Fühler, Schienen und Füsse gelb, Stirn gerinnt, Augen ziemlich vorragend, Halsschild etwas länger als breit, vorn schwach eingeschnürt, seitlich schwach gerundet, dicht runzlig punktirt mit 3 weissen Linien; Flügeldecken nach hinten mit kurzen Börstchen besetzt, breiter als das Halsschild, punktirt-gestreift mit etwas gewölbten Zwischenräumen, der Seitenrand und eine Längsbinde über die Scheibe weiss, Unterseite und Beine weiss beschuppt.

nach vorn mehr verschmälert als beim vorigen, feiner punktirt, Beschuppung dunkelbraun, drei Halsschildlinien und ein Schulterfleck weisslich, Flügeldecken ohne deutliche Börstchen. Lg. 6 mm. Selten. Schaffhausen, Walliser Alpen. **Inops** Schh.

5. Rotte **Eciliati.**

1. Oberseite dicht beschuppt, Seiten des Körpers ohne eine dicht beschuppte weisse Linie 2

— Oberseite sparsam kupferig beschuppt, Körper mit einer scharf begränzten, weissen Linie an der Seite, Rüssel gefurcht oder gerinnt, Schienen und Tarsen gelb, Augen wenig vorragend, Flügeldecken an der Wurzel gerade abgestutzt. Lg. $2^3/_4$—$3^1/_2$ mm. (medicaginis Rdt.) Sehr häufig bis 6000′ ü. M. **Sulcifrons** Schh.

2. Halsschild länger als breit, Flügeldecken $1^1/_2$ mal so breit als die breiteste Stelle des Halsschildes, Kopf mit den Augen schmäler, als der Vorderrand des Halsschildes, langgestreckt, Stirn und Rüssel fast eben mit mässig starker Rinne, Halsschild seitlich schwach verbreitert, in der Mitte am breitesten, die Flügeldecken fast doppelt so lang als breit und wenig länger als Kopf und Halsschild zusammen, 3 Linien über das Halschild und 2 Punkte neben der Mittellinie, sowie die Oberseite schwach kupferig beschuppt; bei reinen Exemplaren ist der 3. Zwischenraum der Flügeldecken hell und dunkel gewürfelt. Lg. $5^1/_2$ mm. Br. $1^1/_2$ mm. Sehr selten. Genf. **Cinnamomeus** Motsch.

— Halsschild breiter als lang 3

3. Halsschild seitlich mässig gerundet, im hintern Drittheil am breitesten, Stirn und Rüssel eben, Kopf mit den Augen breiter als der Vorderrand des Halsschildes, Flügeldecken fast 2 Mal so lang als breit, parallel, die abwechselnden Zwischenräume heller beschuppt. Lg. 4—5 mm. Sehr häufig überall. **Lineatus** Schh.

Var. b. Flügeldecken grau beschuppt, die Wurzel der Naht und ein Schulterfleck heller.

Var. c. Schmäler, die grösste Rundung des Halsschildes liegt mehr nach der Mitte zu, in der Färbung ist das Weiss mehr vorherrschend. v. **geniculatus** Schh.

— Halsschild beträchtlich breiter als lang, seitlich etwas gerundet, vor der Spitze leicht eingeschnürt mit 3 hellen Linien, Kopf sammt den Augen breiter als der Scheitel, Rüssel und Stirne flach, mittelstark gerinnt, Flügeldecken mit heller Nath; mitunter sind einige Zwischenräume heller gefärbt, Schienen gelb. Lg. $3^1/_2$ mm. Wallis, Tessin, M. Rosa, St. Gallen. **Suturalis** Steph.

Var. b. Die abwechselnden Zwischenräume der Flügeldecken sind grün und goldglänzend beschuppt, die anderen weiss. Selten. Lugano, Zürich, St. Gallen, Martigny, Siders. v. **elegans** Schh.

Gen. **Trachyphloeus** Germ.

1. Vorderschienen an der Spitze mit fingerartigen Fortsätzen, das 2. Bauchsegment ist so lang als das 3. und 4. zusammen, sein Vorderrand ist gekrümmt . 2
— Vorderschienen ohne fingerartige Fortsätze, nur mit kurzen Stacheln oder ganz unbewehrt 6
2. Oberseite des Rüssels gegen die Spitze etwas verschmälert 3
— Oberseite des Rüssels breit, parallel, gefurcht . . 5
3. Vorderschienen mit kleinen Zähnchen an der Spitze; nur die abwechselnden etwas erhabenen Zwischenräume mit Borsten besetzt, Vorderschienen in drei schwach vorspringenden Zähnen erweitert, deren mittlerer breiter, schwach vorspringender zwei divergirende Dornen trägt, Rüssel eben, gegen die Spitze wenig verschmälert. Lg. $2^1/_2$—3 mm. Basel, Schaffhausen, Genf, Simplon. **Alternans** Boh.
— Vorderschienen mit sehr langem in 2 Spitzen gespaltenem Zahn, Rüssel gegen die Spitze kaum verschmälert 4
4. Die Spitze der Vorderschienen ist dreizähnig, der mittlere Zahn ist lang, zweistachelig, Halsschild nach vorn viel mehr verschmälert, als nach hinten, $1^1/_2$ mal so breit als lang, Flügeldecken länger als breit, parallel, mit sehr kleinen, keulenförmig verdickten, halb niederliegenden Börstchen sparsam besetzt. Lg. $2^3/_4$—3 mm. Genf, Jura, Basel, Siders. **Spinimanus** Germ.
— Spitze der Vorderschienen zweizähnig, der eine grosse Zahn steht nach aussen, ein anderer, an der Spitze gespaltener gerade nach vorn, Halsschild doppelt so

breit als lang, seitlich stark gerundet, ohne Eindrücke, Flügeldecken kugelig, fein gestreift mit sehr undeutlichen, selbst durch eine starke Lupe kaum sichtbaren Börstchen gegen die Spitze, Beine gelbroth. Lg. 2 mm., Br. 1½ mm. Sitten. Sehr selten. **Stierlini** Guillebeau.

5. Vorderschienen mit 3 grossen Zähnen, deren mittlerer sehr lang ist und 2 divergirende Dornen trägt, der innere ist kleiner und trägt einen kleinen, der äussere, grössere 2 dicht aneinanderstehende längere Dornen; Halsschild doppelt so breit als lang, dicht vor der Spitze stark eingeschnürt, mit Mittelfurche, an den Seiten zweihöckerig erweitert; jeder dieser Höcker trägt ein Borstenbündel, Flügeldecken gestreift, oft gefleckt und mit langen, abstehenden Borsten ziemlich dicht bekleidet. Lg. 2½—3½ mm. Nicht selten, bis 5500′. Genf, Wallis, Basel, Zürich, Engadin. **Scabriculus** L.

6. Vorderrand des zweiten Bauchsegmentes gerade, dieses kürzer als das 3. und 4. zusammen, Flügeldecken fein gestreift, Zwischenräume runzlig, mit sehr kurzen Borsten spärlich besetzt, Kopf vom Rüssel durch eine Einschnürung getrennt, nach vorn schwach verschmälert, Halsschild doppelt so breit als lang, nach vorn stark verschmälert, Flügeldecken oval. Lg. 2,8—5 mm. (rostratus Thoms.); Genf, Wallis, Neuchâtel, Bern, Basel, Schaffhausen. **Scaber** L.

— Vorderrand des zweiten Bauchsegmentes gebogen, dieses so lang oder länger als das 3. und 4. zusammen, Klauen frei, Rüssel an der Wurzel nicht eingeschnürt 7

7. Fühlerfurche linienförmig, gerade gegen den Vorderrand der Augen verlaufend 8

— Fühlerfurche dreieckig, ihr Unterrand herabgebogen, Vorderrand des zweiten Bauchsegmentes winklig, dieses viel länger als die folgenden, Rüssel schmal, gefurcht, Fühlerschaft stark gekrümmt, Halsschild breit, seitlich wenig gerundet, Flügeldecken gestreift, mit dünnen, kleinen Börstchen sparsam besetzt. Lg. 2,3—2,7 mm. Selten, Genf, Basel. **Inermis** Boh.

8. Halsschild quer, doppelt lo breit als lang, seitlich stark gerundet, Rüssel nach vorn verschmälert, gefurcht, Flügeldecken tief gestreift, mit dicken, keulenförmigen Borsten reichlich besetzt. Lg. 3—3½ mm. Basel, Schaffhausen, Engadin. **Aristatus** Gyll.

— Halsschild schmal, seitlich viel schärfer gerundet, Flügeldecken mit viel kürzeren und feineren Börstchen besetzt. Lg. 2½—3½ mm. Genf, Basel, Büren, Schaffhausen. **Squamulatus** Ol.

Gen. **Psallidium** Ill.

Schwarz, Oberseite spärlich, Unterseite dichter grau behaart, Rüssel grob punktirt mit Eindruck, Halsschild breiter als lang, seitlich gerundet, mit doppelter Punktirung, Flügeldecken länglich-oval, punktirtgestreift mit fein gekörnten, flach gewölbten Zwischenräumen. Lg. 7—8 mm. Sehr selten. Wallis. **Maxillosum** F.

Cneorhinini.

1. Der umgebogene Spitzentheil der Hinterschienen ist ebenso beschuppt, wie deren Aussenseite und meist ansehnlich breit, Klauen an der Basis verwachsen, Fühlerschaft höchstens den Hinterrand der Augen erreichend, Fühlerfurche schmal, unter die Augen gerichtet. **Cneorhinus** Schh.

— Der umgebogene Spitzentheil der Hinterschienen ist kahl, glänzend, schmal 2

2. Klauen an der Basis verwachsen, der umgeschlagene Spitzenrand der Hinterschienen ohne Borstenreihe. Fühlerschaft den Hinterrand der Augen überragend, Fühlerfurche ziemlich seitlich. **Liophloeus** Germ.

— Klauen frei, der umgeschlagene Spitzenrand der Hinterschienen mit Borstenreihe, Vorderschienen nach innen in einen Hacken ausgezogen, der Fühlerschaft erreicht kaum die Mitte der Augen. **Barynotus** Germ.

Gen. **Liophloeus** Germ.

1. Schultern rechtwinklig mit abgestumpfter Ecke, Halsschild nicht oder höchstens um ⅓ breiter als lang, fein gerunzelt; der Abstand der Hinterhüften von den Mittelhüften ist so gross oder noch grösser, als der Durchmesser der Mittelhüften 2

— Schultern stumpfwinklig; d. h. der Seitenrand der Flügeldecken bildet mit einer durch deren Basis gelegten Linie einen stumpfen Winkel; der Abstand der Hinterhüften von den Mittelhüften ist halb so gross als der Durchmesser der Mittelhüften. Halsschild beträchtlich breiter als lang, meist mit doppelter Punktirung, oder erhabenen Runzeln, hinten nicht eingeschnürt 3

2. Das 3. Geisselglied der Fühler ist gleich lang oder nur wenig kürzer als das 2., dieses etwas länger als das 1.; Augen wenig vorragend, Hinterschenkel eher behaart als beschuppt. Halsschild wenig breiter als lang, vorn schwach eingeschnürt. Beschuppung grau. Lg. 10—12 mm. Selten und nur in der Westschweiz. **Pulverulentus** Gyll.

Var. b unbeschuppt. v. **denudatus** Gozis.

— Das 3. Geisselglied ist ungefähr halb so lang als das 2., Halsschild breiter als lang, nach vorn und hinten verschmälert, bald mehr, bald weniger gerundet, vorn und hinten mehr oder weniger deutlich eingeschnürt, Flügeldecken oval oder länglich-oval, hinter der Mitte am breitesten, Schenkel mit kleinem, stumpfem Zahn. Lg. 8—12 mm. (nubilus F., aureopilis, ineditus, modestus Tourn., scabricollis Ziegl.) Häufig überall bis 4000′ u. M. **Tesselatus** Müller.

Variatäten.

a) Die Stammform ist 9—11 mm. lang, graugelb oder hellbräunlich beschuppt, die abwechselnden Zwischenräume der Flügeldecken dunkel gewürfelt, die Schuppen rund oder länglich, Halsschild etwas vor der Mitte am breitesten, etwa 1/3 breiter als lang, seitlich mässig gerundet, vorn und hinten leicht eingeschnürt, vorn wenig schmaler als hinten, fein gerunzelt mit schwachem, abgekürztem Längskiel; Flügeldecken fast um die Hälfte länger als breit, etwas bauchig, hinter der Mitte am breitesten, mässig stark gereiht punktirt, die Zwischenräume eben, kaum an Breite verschieden.

b) v. **maurus** Marsh. (opacus Chevr.) Lg. 10 mm. Schwarz oder dunkelbraun beschuppt.

c) v. **ovipennis** Fairm. Lg. 9—10 mm. Die breiteste Form des tesselatus, Halsschild fast um die Hälfte breiter als lang, in der Mitte am breitesten, Flügeldecken bauchiger und kürzer als bei der Stammform, circa 1 1/4 mal so lang als breit, Beschuppung dicht, grau oder gelblich, öfter mit schwachem metallischem Schimmer. Häufig mit der Stammform.

d) v. **alpestris** Tourn. (robusticornis, sparsutus Tourn.) Lg. 9—10 1/2 mm. Halsschild wenig breiter als lang, etwas hinter der Mitte am breitesten, Flügeldecken weniger bauchig als bei ovipennis, oval, 1½—⅔ länger als breit, Beschuppung dünn, grau, manchmal fast bläulich mit schwachem Metallschimmer. Das 2. Geisselglied der Fühler ist 1½ mal so lang als das 1. — Im Wallis nicht selten, Genf, Jura, Schaffhausen.

e) v. **rotundicollis** Tourn. Lg. 10 mm. Halsschild seitlich stärker gerundet, das 2. Geisselglied der Fühler kaum länger als das 1., sonst dem vorigen gleich. Walliser, Waadtländer, Freiburger, Berner Alpen; selten in den Ebenen, Schaffhausen.

f) v. **cyanescens** Fairm. Lg. 9 mm. (pyrenaeus Tourn.) Von schmälerer Gestalt, Halsschild wenig breiter als lang, etwas vor oder in der Mitte am breitesten, Flügeldecken mehr parallel, nach hinten kaum erweitert, 1½—1⅔ mal so lang als breit, grau beschuppt, oft mit bläulichem Schimmer, die abwechselnden Zwischenräume oft mit dunkeln Flecken, das 2. Geisselglied um die Hälfte länger als das 1., die äussern so lang oder länger als breit. Genf, Schaffhausen.

α) Die abwechselnden Zwischenräume schmaler.
v. **geminatus** Boh.

β) Die äusseren Fühlerglieder quer.

g) v. **minutus** Tourn. Lg. 6—7 mm. Länglich, mit braunen Fühlern, Rücken des Halsschildes und der Flügeldecken gelbbraun, die Seiten weiss beschuppt mit etwas helleren Flecken, Halsschild mit kurzem Kiel, Flügeldecken mit starken, paarweise genäherten Punktreihen, die abwechselnden gewölbter. Selten. Genf.

h) v. **aquisgranensis** Förster (atricornis Debr.). Der Stammform in Grösse gleich, aber unbeschuppt. Genf, Berner Oberland.

3. Halsschild doppelt so breit als lang, nach vorn und hinten stark verschmälert, hinten nur wenig breiter als vorn, mit doppelter Punktirung, d. h. fein runzlig und ausserdem mit grossen, runden, flachen Punkten, die nach den Seiten hin deutlicher ausgeprägt sind. Rüssel nicht gekielt, Flügeldecken oval, gewölbt, höchstens um ¼ länger als breit, an der Wurzel mehr oder weniger stark ausgerandet, die 2 ersten Geisselglieder der Fühler gleich lang, Beschuppung grau, die abwechselnden Zwischenräume

öfter dunkel gewürfelt. Lg. 8½—9 mm. (Herbsti, obsequiosus Boh.) Genf. Subspec. **Gibbus** Boh.

var. **amplipennis** Tourn. Lg. 10 mm. Flügeldecken sehr breit, die Streifen paarweise genähert, Beschuppung spärlich, braun. Genf.

— Halsschild doppelt so breit als lang, nach hinten wenig oder gar nicht verschmälert, vorn daher stets viel schmaler als hinten, fein punktirt, öfter mit unregelmässigen Runzeln, Rüssel an der Spitze eingedrückt, gekielt, Flügeldecken an der Wurzel gerade abgestutzt oder schwach ausgerandet, stark bauchig, wenig länger als breit. Beschuppung dicht, gelblich und weisslich gesprenkelt oder bräunlich. Lg. 6—9 mm. Selten. Schaffhausen. Subspec. **Lentus** Boh.

Gen. **Cneorhinus** Schönh.

Oben braun, die Seiten des Halsschildes und der Flügeldecken, sowie die Unterseite dicht weiss beschuppt, Halsschild seitlich stark gerundet, Flügeldecken fein punktirt-gestreift, die Zwischenräume mit kleinen, zerstreuten Börstchen. Lg. 4—4½ mm. Häufig im Kanton Genf, Waadt und Wallis, in der nördl. Schweiz selten. Jura, Dübendorf, Schaffhausen. **Geminatus** F.

Gen. **Barynotus** Germ.

1. Flügeldecken sehr schwach und undeutlich gestreift und mit kaum sichtbaren Borsten besetzt oder diese ganz fehlend, Rüssel nicht oder undeutlich gefurcht 2

— Flügeldecken sehr deutlich gestreift, die Zwischenräume mit deutlicher Borstenreihe 3

2. Schwarz, mit dichter fast ganz gleichfärbiger grauer Beschuppung, Halsschild 1½—1¾ mal so breit als lang, vor der Mitte am breitesten, Hinterecken stumpf, eine kurze Längsfurche auf dem vorderen Theil der Scheibe und zwei schwache Eindrücke jederseits, Flügeldecken länglich-oval, hinter der Mitte am breitesten, mit sehr zarten Punktreihen. Unterleibssegmente fein behaart, dicht punktirt. Lg. 12—14 mm. Br. 5½—6 mm. Nicht selten in den Alpen von 4000—6500′ ü. M. **Margaritaceus** Germ.

— Schwarz, mit dichter braun und grau marmorirter Beschuppung, Halsschild nur ⅙ breiter als lang, vor der Mitte am breitesten, die Hinterecken rechtwinklig; ein kurzer Längseindruck auf dem vorderen Theil der Scheibe, Rüssel mit 2 ganz undeutlichen, oft fehlenden Furchen, Flügeldecken bauchig, eiförmig, undeutlich gereiht-punktirt. Bauch etwas dichter behaart und sehr dicht und fein punktirt. Lg. 11—12 mm., Br. 5 mm. St. Bernhard, Mt. Rosa. **Maculatus** Boh.

3. Die abwechselnden Zwischenräume der Punktstreifen der Flügeldecken etwas erhabener, ziemlich kräftig punktirt 4

— Die abwechselnden Zwischenräume sind hoch, rippenartig erhaben, dicht grau beschuppt, Fühler, Schienen und Füsse röthlich, Rüssel und Halsschild mit deutlicher Rinne, letzteres flach runzelig gekörnt, Flügeldecken punktirt-gestreift. Lg. 8—9 mm., Br. 3—4 mm. Selten. Im Jura, Dôle, Reculet (squalidus Gyll.) **Alternans** Boh.

4. Schwarz, mit grauen und bräunlichen Schuppen dicht bekleidet, Rüssel gerinnt, Halsschild etwas breiter als lang, mit Mittelfurche, fein zerstreut-punktirt und undeutlich runzlig gekörnt, Flügeldecken fein punktirt-gestreift, die Zwischenräume schwach erhaben, der 5. mit dem 7. an der Schulter vereinigt. Lg. 10 mm. Nicht selten und bis 5500′ ansteigend. Genf, Wallis, Neuchâtel, Gadmen, Basel, Zürich, Schaffhausen, Engadin, Mt. Rosa. **Obscurus** F.

— Etwas kleiner, ähnlich beschuppt, Rüssel gefurcht, mit Seitenfurchen, Flügeldecken fein, nach aussen tiefer punktirt, die abwechselnden Zwischenräume erhabener, der 5. und 7. Zwischenraum eine Strecke weit hinter der Schulter vereinigt, Halsschild gerinnt und flach runzlig gekörnt. Lg. 8—9 mm. Selten. Genf, Gadmen, Basel, Zürich, Jura, Aargau, Thurgau. (Bohemanni Gyll., elevatus Msh.) **Moerens** F.

Tanymecini.

1. Flügeldecken gerundet, Schultern daher nicht vortretend, Schildchen fehlend, Fühlerschaft die Augen erreichend, die Fühlerfurche scharf herabgebogen, Spitzenrand der Hinterschienen am Hinterrand der Schienen nicht aufsteigend. **Thylacites** Germ.

— Flügeldecken mit vortretenden Schultern, Schildchen deutlich 2

2. Alle Schienen mit einem starken Hornhacken bewaffnet, Flügeldecken in eine Spitze ausgezogen, Fühlerfurche flach gegen die Augen ausgebreitet, der Spitzenrand der Hinterschienen nicht aufsteigend. **Chlorophanus** Germ.
— Schienen ohne Hornhacken, Flügeldecken nicht in eine Spitze ausgezogen, Fühlerfurche scharf herabgebogen, Spitzenrand der Hinterschienen aufsteigend. **Tanymecus** Germ.

Gen. Thylacites Germ.

Schwarz mit dichtem, grauem Schuppenüberzug und langen, abstehenden braunen Haaren, 4 Streifen über das Halsschild und einige bindenartige Längsstreifen der Flügeldecken heller beschuppt. Lg. 4—5 mm. Nach Heer in der Schweiz vorkommend. **Pilosus** F.

Gen. Chlorophanus Germ.

1. Hinterrand des Halsschildes stark zweibuchtig, Flügeldecken hinten in einen kurzen Dorn ausgezogen; schwarz mit grünen, runden Schüppchen dicht bedeckt, die Seiten des Halsschildes und der Flügeldecken, sowie die Unterseite gelbgrün beschuppt. Lg. 9—10 mm. Auf Weiden ziemlich häufig bis 3500′ ü. M. Noch in Engelberg, Andermatt. **Viridis** L.
— Hinterrand des Halsschildes schwach gebuchtet . . 2
2. Oberseite ganz grünlichgelb beschuppt, die Seiten des Halsschildes und der Flügeldecken nur wenig heller, als deren Scheibe, Flügeldecken in einen langen Dorn ausgezogen. Lg. 8—10 mm. Im Wallis auf Hippophaë stellenweise sehr häufig. Wallis, Basel, Aarau, Schaffhausen, Rheinthal, Laufenburg. **Pollinosus** F.
— Scheibe der Flügeldecken und des Halsschilds bräunlich, ihre Seiten und die Unterseiten gelb beschuppt 3
3. Hinterrand des Halsschildes fast ganz gerade, Flügeldecken stark punktirt-gestreift, hinten ganz kurz mukronirt. Lg. 9—11 mm. Selten. Wallis, Basel, Siders, Laufenburg. **Salicicola** Germ.
— Hinterrand des Halsschildes etwas deutlicher gebuchtet, Flügeldecken ziemlich stark punktirt-gestreift und ziemlich stark mukronirt. Lg. 10—12 mm. Im Wallis stellenweise häufig. Genf, Wallis, Basel, Aarau, Rheinthal. **Graminicola** Schh.

Gen. Tanymecus Germ.

Langgestreckt, schwarz, mit graubräunlichen Schuppen ziemlich dicht bedeckt, die Seiten des Halsschildes und der Flügeldecken heller; der Fühlerschaft erreicht beinahe den Hinterrand der Augen, Das 1. Geisselglied länger als das 2., Rüssel eben, Halsschild länger als breit, in der Mitte am breitesten, Flügeldecken punktirt-gestreift, seitlich bis zum hinteren Drittheil fast parallel. Lg. 8—9 mm. Ziemlich selten. Genf, Wallis, Basel, Schaffhausen, Dübendorf, St. Gallen. **Palliatus** F.

Tropiphorini.

Gen. Tropiphorus Schönh.

1\. Flügeldecken grob punktirt-gestreift, kurz oval, spärlich metallisch beschuppt, sehr dicht und fein punktirt, die abwechselnden Zwischenräume der Flügeldecken nach hinten etwas erhabener, Fühler und Beine röthlichbraun. Lg. 5 mm., Br. 2 mm. Leuk im Kt. Wallis. **Globatus** Herbst.

— Flügeldecken fein punktirt-gestreift 2

2\. Der 3. Zwischenraum der Flügeldecken ist gekielt 3

— Der 3. Zwischenraum der Flügeldecken ist sehr undeutlich oder gar nicht gekielt 5

3\. Dieser Kiel ist in der Mitte abgekürzt; verlängt, schwarz, mit schwach metallisch glänzender Beschuppung, Rüssel gekielt, Halsschild um $^1/_3$ breiter als lang, nach vorn verschmälert, sehr fein lederartig gerunzelt, Flügeldecken fein punktirt-gestreift, der hintere Theil der Naht, der 3., 5. und 7. Zwischenraum gekielt, der Kiel des 3. Zwischenraumes reicht nur bis zur Mitte. Lg. $6^1/_2$ mm., Br. $3^1/_2$ mm. Selten, in den Bündtner Alpen. (Abbreviatus Stierl., carinatus Müll., mercurialis F.) **Elevatus** Herbst.

— Der Kiel des 3. Zwischenraumes verläuft bis zur Spitze 4

4\. Form oval, Halsschild hinten kaum verengt, schwarz, mit ockergelben Schuppen gefleckt, Fühler und Beine braunroth, Rüssel mit feinem, abgekürztem Kiel, Halsschild nicht punktirt, fein gekielt, Flüdeldecken etwas entfernt punktirt-gestreift, die abwechselnden Zwischenräume rippenartig erhaben. Lg. $5^1/_2$ mm., Br. 3 mm. Sehr selten. Wallis, Gadmenthal. **Cucullatus** Dbr.

— Form länglich-oval, Halsschild nach hinten stark verengt, etwas breiter als lang, gekielt, seitlich gerundet; Beschuppung etwas kupferig, Fühler und Schienen röthlichbraun, Rüssel schwach gekielt; Flügeldecken an der Wurzel etwas breiter als das Halsschild, seitlich parallel, punktirt-gestreift, die Naht und die abwechselnden Zwischenräume gekielt, der 5. bildet hinten eine Schwiele; Vorderschienen wenig gebogen. Lg. 6 mm., Br. 3 mm. (styriacus Bedel). Selten; Leuk im Wallis, Jura, Gadmen, Engadin. **Carinatus** Boh.

5. Eiförmig, schwarz mit etwas kupferiger Beschuppung, Fühler und Schienen röthlich, Rüssel fein gekielt, Halsschild um 1/3 breiter als lang, nach vorn verschmälert, gekielt, fein lederartig gerunzelt, Flügeldecken an der Wurzel nicht breiter als die Wurzel des Halsschildes, fein gestreift, die abwechselnden Zwischenräume schwach gekielt, das 3. oft undeutlich. Lg. 6 mm., Br. 3 mm. (Lepidotus Herbst, mercurialis Stierl.) Selten, bis 6000′ ü. M. unter Steinen. Wallis, Gadmen, Bündtner-Alpen, Macugnaga, Zürich, Basel. **Obtusus** Bonsd.

Var. Halsschild so lang als breit, von der Wurzel bis zur Mitte gleich breit, dann erst verschmälert. Macugnaga v. **Longicollis** Stierl.

Var. Halsschild ohne Kiel, Beschuppung grau, die Naht, der 5. und 7. Zwischenraum hinten erhabener. **Tricristatus** Desbr.

— Halsschild um die Hälfte breiter als lang, grau beschuppt mit schwachem Metallschimmer, Rüssel undeutlich gekielt; Halsschild nach vorn verschmälert, gekielt, zerstreut-punktirt, Flügeldecken an der Wurzel nicht breiter als die Wurzel des Halsschildes, punktirt-gestreift, die Zwischenräume eben. Lg. $6^1/_4$ mm., Br. $3^1/_2$ mm. (tomentosus Marsh.) Aeggischhorn, Genfer Jura, Chamouny, Martigny, St. Bernhard, Zermatt. **Cinereus** Schönh.

Rhytirhinini.

1. Vorderrand des Halsschildes mit starken Augenlappen, Fühlerfurche bis zu den Augen schmal und scharf begrenzt, Fühlerschaft den Vorderrand der Augen kaum erreichend, Augen flach, quer. Oberseite des Körpers uneben, 3. Tarsenglied nicht breiter als 1. und 2. . 2

— Vorderrand des Halsschildes mit schwachen Augenlappen, Fühlerfurche nach hinten breit und flach, Fühlerschaft die Mitte der Augen erreichend, das 3. Tarsenglied breiter als das 1. und 2. 4

2. Körper gross, Vorderrand des Halsschildes unten mässig tief ausgeschnitten, die Lappen mässig stark. Prosternum vor den Vorderhüften ohne Eindruck. **Minyops** Schh.

— Körper klein, Vorderrand des Halsschildes unten sehr tief ausgeschnitten, Augenlappen stark, Prosternum vor den Hüften mit einem flachen Eindruck für den Rüssel 3

3. Halsschild cylindrisch, schmal mit stark vortretenden Schultern, Schildchen deutlich. **Gronops** Schh.

— Halsschild kantig und ziemlich breit, mit schwach vortretenden Schultern, Schildchen fehlend. **Rhytirhinus** Schh.

4. Augen vom Vorderrand des Halsschildes berührt, Flügeldecken und oft auch Kopf und Halsschild durch Rippen und Borsten uneben und rauh, 3. Tarsenglied nur ausgerandet. **Dichotrachelus** Stierl.

— Augen vom Vorderrand des Halsschildes abstehend, Oberseite des Körpers ohne Unebenheiten, behaart, Flügeldecken einfach punktirt-gestreift, Körper langgestreckt, 3. Tarsenglied zweilappig. **Trachelomorphus** Seidl.

Gen. **Minyops** Schönh.

1. Schwarz, grau bestäubt, Halsschild gekielt, grob, entfernt runzlig-punktirt, Flügeldecken undeutlich punktirt-gestreift, die abwechselnden Zwischenräume erhabener und grob gekörnt. Lg. 8—11 mm. Genf, Jura, Waadt. **Carinatus** L.

— Schmaler als der vorige, Rüssel und Halsschild gekielt, feiner gerunzelt, Flügeldecken fein punktirt-gestreift, die abwechselnden Zwischenräume erhabener und weniger kräftig gehöckert. Lg. 3—10 mm. Häufig bei Genf und im Tessin, auch im Wallis, Waadt, Jura, Neuchâtel, Basel, Gadmen, Murten. **Variolosus** F.

Gatt. **Rhytirhinus** Schönh.

Schwarz, mit gelbbraunem Ueberzug, Halsschild breiter als lang, vor der Mitte stark erweitert, mit starken Mittellinien, die Oberfläche überhaupt uneben, vorn eine gebogene Querfurche, hinten jederseits eine tiefe Grube, Flügeldecken fast viereckig, wenig länger als breit, mit 3 erhabenen, höckerigen Rippen, von denen die 1. und 5. hinten in eine Schwiele endigen. Lg. 4 1/3—5 mm. Macugnaga. **Deformis** Reiche.

Gen. **Gronops** Schönh.

Körper mit runden, grauen Schuppen dicht bedeckt, Rüssel gefurcht, Halsschild cylindrisch, mit einem Längseindruck und 2 schwachen Eindrücken jederseits; Flügeldecken doppelt so breit als das Halsschild, stark punktirt-gestreift, die Naht, der 3., 5. und 7. Zwischenraum erhaben, der 5. hinten in eine Beule endigend, eine hellere Querbinde etwas vor der Mitte der Flügeldecken, die sich nach den Schultern hin verlängert und eine Querbinde vor der Spitze, die sich der Naht entlang mit der vorderen Querbinde vereinigt. Lg. 3 1/2 mm. Sehr selten. Basel, Sitten. **Lunatus** F.

Gen. **Dichotrachelus** Stierlin.

Uebersicht der Gruppen.

1. Körper flach gedrückt, Halsschild viel breiter als lang, mit einer tiefen Grube in der Mitte und einem seitlichen Eindruck, Flügeldecken mit deutlich vortretenden Schultern. **1. Gruppe.**

— Körper gewölbt, Halsschild cylindrisch oder ellyptisch 2

2. Halsschild mehr oder weniger cylindrisch, stark mit Borsten besetzt, besonders am Vorder- und Seitenrand und mit deutlicher Mittelfurche versehen, 3. Tarsenglied deutlich zweilappig. **2. Gruppe.**

— Halsschild ellyptisch, in der Mitte oder deren Nähe am breitesten, nach vorn und hinten verengt, spärlich mit Borsten besetzt, mit mehr oder weniger deutlicher Mittelfurche. **3. Gruppe.**

1. Gruppe.

1. Der Seitenrand des Halsschildes ist mit deutlichen Borsten besetzt, Halsschild quer, um die Hälfte breiter als lang, fast ein Sechseck bildend, die Hinterecken schief abgeschnitten mit einem Eindruck in der Mitte des Seitenrandes und einer flachen

breiten Grube in der Mitte, die von 2 nach vorn convergirenden und mit Borsten besetzten Wülsten eingefasst ist, Flügeldecken fein punktirt-gestreift, die Naht, der 3., 5. und 7. Zwischenraum rippenartig erhaben und mit Borsten besetzt, die andern ganz eben, Rüssel mit tiefer Längsfurche. Lg. 6½—7 mm., Br. 3 mm. In der Gegend von Zermatt.

Sulcipennis Stl.

— Der Seitenrand des Halsschildes ist mit undeutlichen, nur warzenartigen oder gar keinen Borsten besetzt 2

2. Die Grube des Halsschildes ist ähnlich gebildet, wie beim vorigen, jedoch sind die Hinterecken stärker, fast rechtwinklig vortretend, auch sind die Seitenwülste des Halsschildes hinten mehr genähert, so dass die Grube mehr gerundet erscheint; der Rüssel ist etwas feiner gefurcht. Lg. 6½ mm., Br. 3 mm. St. Bernhard, Val Entremont, Val Pellina.

Bernhardinus Stl.

— Halsschild mit einer grossen, runden Grube, die sich von der Basis bis zu ⅔ der Länge erstreckt und hier durch einen Querwulst abgeschlossen ist, dasselbe ist 8eckig, Beschuppung schwarz, Flügeldecken mit kleinen gelblichen Flecken, sonst dem vorigen gleich und vielleicht nur Var. desselben. Lg. 7—8 mm., Br. 3—3¼ mm. Col de Fenêtre. (Annales de la soc. ent. de Belgique, séance du 1. Fevr. 1879).

Concavicollis Tourn.

2. Gruppe.

1. Körper wenigstens 3 mal so lang als breit, 6½ mm. lang 2

— Körper nur 2—2½ mal so lang als breit, höchstens 5 mm. lang 3

2. Langgestreckt, schwarz beschuppt mit kleinen gelblichen Flecken, Rüssel und Stirn mit feiner Mittelfurche, Halsschild länger als breit, mit tiefer Mittelfurche, vorn und hinten gleich breit, an den Seiten, den Seitenwülsten und der Spitze mit Borstenbüscheln, die Seitenhöcker fehlen fast ganz, Flügeldecken länglich, an der Wurzel wenig breiter als das Halsschild, vorn schwach verbreitert, Schultern abgerundet, mit 3 erhabenen, mit keulenförmigen Borsten besetzten Rippen, die Rippe des 3. Zwischenraumes verbindet

sich mit der 7. Lg. $6^1/_2$ mm., Br. $2^1/_3$ mm. Bernina. (Stettiner ent. Ztg. 1857, p. 63). **Imhoffi** Stierl.

— Rüssel tief gefurcht, Halsschild länger als breit, hinten verschmälert und daher an der Basis schmäler als an der Spitze, die Rippe des 3. Zwischenraumes der Flügeldecken verbindet sich hinten mit der des 9. Zwischenraumes, die des 5. mit der des 7.; sonst dem vorigen gleich. Lg. $6^1/_2$ mm., Br. $2^3/_4$ mm. Col de Balme. Ann. belg. l. c. **Concavirostris** Tourn.

3\. Das 2. Geisselglied der Fühler kaum länger als das 3., kürzer als das 1., schwarz beschuppt mit bräunlichen Flecken und keulenförmigen Borsten, Fühlerschaft dick, Halsschild cylindrich, kaum länger als breit, vorn und hinten gleich breit, mit tiefer Mittelfurche, Flügeldecken ziemlich tief punktirt-gestreift, die abwechselnden Zwischenräume rippenartig erhaben mit Borstenreihe, die andern schwach gewölbt. Lg. 4 mm., Br. 2 mm. Macugnaga, Julier. (Schweiz. Mitth., Bd. IV, p. 481). **Knechti** Stl.

— Das 2. Geisselglied der Fühler ist deutlich länger als das 3. 4

4\. Halsschild merklich länger als breit 5

— Halsschild kaum länger als breit 6

5\. Rüssel schwach gefurcht, Beschuppung grauweiss, Flügeldecken mit starken Punktstreifen, die flachen Zwischenräume kaum breiter als die Streifen, von den rippenförmigen Zwischenräumen verbindet sich hinten der 3. mit dem 9., der 5. mit dem 7. Lg. $4^1/_2$ mm., Br. 2 mm. Bella Tola, Forclas im Wallis. **Arbutus** Tourn.

— Rüssel tief gefurcht, die Furche auf die Stirn fortgesetzt, Beschuppung dunkelbraun mit gelblichen Flecken, Flügeldecken tief punktirt-gestreift. Lg. 4 mm., Br. 2 mm. Col de Balme. (Belg. Ann. l. c.) **Sulcirostris** Tourn.

6\. Körper leicht gewölbt, Flügeldecken mit feinen Punktstreifen; Rüssel eben, mit undeutlicher Mittelfurche, der Fühlerschaft ist dick, das 1. Geisselglied um $^1/_3$ länger als das 2., dieses doppelt so lang als das 3., Halsschild wenig länger als breit, tief gefurcht, Vorderrand und Seiten mit Borsten besetzt, mit schwachen Augenlappen; Flügeldecken um die Hälfte länger als breit, hinter der Mitte am breitesten, fein punktirt-gestreift, der 3., 5. und 7. Zwischenraum rippenförmig erhaben mit Borstenreihe. Oberfläche dunkelbraun beschuppt, Fühler und Tarsen röthlich. Lg. 4—4½ mm., Br. 2⅓ mm. Gotthard, Mt. Rosa, St. Bernhard, Berner Oberland. **Rudeni** Stl.

— Körper flach, Flügeldecken mit grossen Punkten, dem vorigen nahe verwandt; der Rüssel hat zwischen den Fühlern eine deutliche Grube, die sich nicht auf die Stirn fortsetzt, Halsschild kürzer als bei Rudeni, so breit als lang, hinten in flachem Bogen abgerundet, die Mittelfurche breiter und tiefer, die Seitenfurche etwas deutlicher, Flügeldecken breiter, flacher, in der Mitte am breitesten, der 3. Zwischenraum nähert sich hinten dem 5.; Beschuppung braun und grau, Borsten kurz. Lg. 4½ mm., Br. 3. mm. Col de Fenêtre. **Depressipennis** Tourn.

3. Gruppe.

1. Flügeldecken hinter der Mitte am breitesten . . 2

— Flügeldecken in der Mitte am breitesten . . . 4

2. Halsschild hinter der Spitze nicht eingeschnürt, Flügeldecken an der Wurzel stark ausgerandet und hinter der Mitte bauchig erweitert, 3. Tarsenglied 2lappig. Schwarz, mit Borsten spärlich besetzt; der Rüssel wenig länger als der Kopf, eben, Fühler kurz, 1. Geisselglied um die Hälfte länger als das 2., dieses wenig länger als das 3.; Halsschild länger als breit, seitlich etwas gerundet, mit einem Grübchen vor dem Schildchen, Flügeldecken stark punktirt-gestreift, die Punkte, die Naht und 3 Zwischenräume rippenartig erhaben und mit einer spärlichen Borstenreihe besetzt; Vorder- und Mittelschienen stark einwärts gekrümmt. Lg. 4 mm., Br. 2 mm. Val Entremont. **Valesiacus** Stl.*)

— Halsschild an der Spitze leicht eingeschnürt, Flügeldecken an der Wurzel schwach ausgerandet und hinter der Mitte erweitert, 3. Tarsenglied ausgerandet 3

3. Schwarz, mit keulenförmigen braunen und gelben Borsten reichlich bekleidet, namentlich am Vorderrand des Halsschildes und auf den Flügeldecken,

*) Anm. Bei dem einzigen Exemplare, das ich kenne, ist die Rippe des 3. Zwischenraumes kurz hinter der Wurzel mit der des 5. vereinigt. Obgleich die Bildung auf beiden Seiten ganz gleich ist, lege ich ihr dennoch gar kein Gewicht bei, sondern halte dies für eine kleine Monstrosität.

Rüssel eben, das 1. Geisselglied der Fühler etwas verlängt und verdickt, das 2. so kurz wie das 3, Halsschild etwas länger als breit, seitlich wenig gerundet, mit seichterer vor dem Schildchen tieferer Mittelfurche und undeutlichen Eindrücken an den Seiten, Flügeldecken hinter der Mitte am breitesten, tief gefurcht, aber in den Furchen undeutlich punktirt, der 3., 5. und 7. Zwischenraum erhaben und mit einer dichten Reihe keulenförmiger Borsten besetzt, aber auch der 2., 4. und 6. Zwischenraum zeigen auf der hinteren Hälfte kurze Borsten. Lg. 3½ mm., Br. 1½ mm. Col Cheville in den Waadtländer-Alpen, Jura. **Alpestris** Stl.*)

4. Rüssel gefurcht, Halsschild länger als breit, mit seichter Mittelrinne; pechbraun, Fühler und Tarsen roth, Kopf und Halsschild mit etwas aufgerichteten, bräunlichen Schuppen besetzt, das 1. Geisselglied der Fühler doppelt so lang als das 2., Flügeldecken bauchig, höchstens um ⅕ länger als breit, die rippenförmigen Zwischenräume mit einer Borstenreihe, die andern ganz eben und ohne Borsten. Lg. 5⅔ mm. Genf. **Tournieri** Stl.

— Rüssel nicht gefurcht, Halsschild nicht länger als breit, breiter als beim vorigen, seitlich etwas winklig erweitert, die Beschuppung ist schwefelgelb; Flügeldecken bauchig wie beim vorigen, in der Mitte am breitesten, die Rippen des 3., 5. und 7. Zwischenraumes schwach erhaben, mit kurzen, breit keulenförmigen Börstchen. Lg. 2½ mm., Br. 1¼ mm. Jura. **Minutus** Tourn.

Gen. **Trachelomorphus** Seidl.

Langgestreckt, schwarz, grau behaart, Rüssel etwas kürzer als das Halsschild, die Fühlerfurchen nach hinten verbreitert, erlöschend; der Fühlerschaft die Mitte der Augen erreichend, das 1. Geisselglied verlängt, Halsschild so breit als lang, etwas cylindrisch, seitlich schwach gerundet, Flügeldecken doppelt so breit und 5 mal so lang als das Halsschild, mit abgerundeten Schultern, punktirt-gestreift, Schenkel keulenförmig verdickt, das 3. Tarsenglied breit, zweilappig. Lg. 9 mm. Mt. Rosa. (Seidl., fauna balt., 1. Aufl., p. 119). **Bandii** Seidl.

*) Anm. Diese Art ist dem D. muscorum sehr ähnlich, weicht ab durch reichlichere, viel längere, keulenförmige Borsten und den tiefen Eindruck des Halsschildes vor dem Schildchen.

Fam. Hyperini.

1. Rüssel kantig und gefurcht, an der Spize erweitert, die Fühlerfurchen nach unten gebogen und an der Unterseite des Rüssels sich vereinigend, Vorderrand des Halsschildes mit gut entwickelten Augenlappen. **Alophus** Schh.
— Rüssel rund, nicht gefurcht, die Fühlerfurchen nie auf der Unterseite sich vereinigend, Halsschild mit sehr schwachen oder keinen Augenlappen . . . 2
2. Augen rund, Körper geflügelt. **Coniatus** Germ.
— Augen länglich, quer und flach, Körper bei manchen ungeflügelt 3
3. Fühlergeissel siebengliedrig 4
— Fühlergeissel sechsgliedrig, Fühlerschaft die Augen knapp erreichend, Körper geflügelt. **Limobius** Schh.
4. Körper ungeflügelt, die Schultern abgerundet, Flügeldecken beim ♂ länglich-eiförmig, beim ♀ viel breiter und bauchig, die Epimeren der Mittelbrust stumpfwinklig dreieckig. **Hypera** Germ.
— Körper geflügelt, Schultern mehr oder weniger rechtwinklig vorragend, Flügeldecken beim ♂ etwas breiter als beim ♀, die Epimeren der Mittelbrust bilden ein mehr rechtwinkliges Dreieck. **Phytonomus** Schh.

Gatt. **Alophus** Schh.

Schwarz mit braunen Schuppen dicht bedeckt, die Seiten des Halsschildes, ein Fleck hinter den Schultern und ein zweilappiger Fleck an der Spitze der Flügeldecken weisslich beschuppt; Rüssel oben und unten der ganzen Länge nach gefurcht; Halsschild etwas breiter als lang, mit fast geraden Seiten, dicht punktirt, mit einer länglichen Grube auf der vordern Hälfte; Flügeldecken länglich-oval, kräftig punktirt-gestreift, die Zwischenräume etwas gewölbt und mit einer Reihe von Borsten besetzt. Lg. 6—9 mm. Nicht selten und über die ganze Schweiz zerstreut, auch in den Alpen. **Triguttatus** F.

Var. a) Die Beschuppung ist einfärbig, heller oder dunkler. v. **Simplex**.

„ b) Die Grube auf dem Vordertheil des Halsschildes fehlt oder ist undeutlich.

„ c) Halsschild ausser der gewöhnlichen dichten Punktirung mit einzelnen grossen, flachen Punkten. Mit der Stammform.

Gatt. **Hypera** Germ.

1\. 1. Geisselglied der Fühler länger als das 2. (Brachhypera Capt.); schwarz mit haarförmigen Schuppen bedeckt, Fühler röthlich; Rüssel kurz und dick, fast gerade, undeutlich gekielt, Halsschild so lang als breit, vorn kaum erweitert, dicht und fein punktirt, nicht gerinnt; Flügeldecken punktirt-gestreift, Zwischenräume schwach gewölbt, mit weissen Börstchen besetzt und mit sehr kleinen, braunen Flecken spärlich bestreut. Lg. 5—6 mm., Br. 2—3 mm. Sehr selten. Genf. **Fairmairei** Capt.

♂ Länglich oval.
♀ Kurz oval.

— Das 1. Geisselglied ist kürzer oder kaum so lang als das 2. (Hypera Capt.) 2

2\. Körper mit einfachen Schuppenhaaren 3

— Körper mit tiefgespaltenen Schuppen; diese sind dunkelgrau und bräunlich; die Naht und die abwechselnden Zwischenräume mit schwarzen und weissen Flecken gewürfelt und alle mit kurzen, halb anliegenden Börstchen besetzt, Halsschild wenig breiter als lang, vorn und seitlich gerundet, dicht und fein runzlig punktirt. Lg. 4—6 mm., Br. 2½ bis 3½ mm. Sehr selten. St. Bernhard. **Tesselata** Herbst.

3\. Vorderschenkel vor der Spitze in einen stumpfen Zahn erweitert; schwarz, mit graubraunen Schuppen bekleidet, Fühler röthlich mit dunkler Keule, Rüssel mittelmässig, gekrümmt, Halsschild fast viereckig (♂), oder kurz und vorn mässig gerundet erweitert (♀), an der Wurzel schwach gerinnt, runzlig punktirt; Flügeldecken ziemlich tief punktirt-gestreift, die abwechselnden Zwischenräume schwach gewürfelt. Lg. 6—8 mm., Br. ♂ 3—3½, ♀ 4—5 mm. Sehr selten. Tessin. **Salviae** Schrank.

♂ eiförmig, ♀ kurz eiförmig.

— Alle Schenkel ohne zahnartige Erweiterung . . . 4

4\. Umriss kurz eiförmig 5

— Umriss länglich eiförmig 6

5\. Die Flügeldecken sind in der Mitte am breitesten; dünn mit feinen grauen, feuerroth spiegelnden Schuppenhaaren bekleidet, die Flügeldecken verloschen gewürfelt, Halsschild vor der Mitte am breitesten und hier so breit als lang, nach hinten weniger, nach vorn mehr verschmälert, dicht hinter dem Vorderrand schwach eingeschnürt, vor dem Schildchen eine seichte, in der Mitte abgekürzte Längslinie, gedrängt fein punktirt, an den Seiten entfernt gekörnelt. Lg. 6 bis 10 mm. ♂ Br. 2½—3 mm., Flügeldecken gröber und tiefer punktirt-gestreift, daher die Zwischenräume leicht gewölbt, Vordertarsen breiter als die Mitteltarsen. ♀ Br. 3—4 mm., Flügeldecken feiner und seichter punktirt-gestreift. Selten. Genf, Schaffhausen. **Intermedia** Boh.

— Flügeldecken hinter der Mitte am breitesten . . . 7

7. Die inneren Zwischenräume der Flügeldecken eben, die äussern leicht gewölbt; bräunlich roth oder bräunlichgrau beschuppt, die Naht und die abwechselnden Zwischenräume schwarz und gelblich gewürfelt, Halsschild kaum breiter als lang, vor der Mitte sehr wenig breiter als hinten, nach vorn verengt, mit seichter Mittellinie, Flügeldecken ziemlich flach mit ziemlich kräftigen Punktstreifen. Lg. 7—10 mm. ♂ Br. 3—3½ mm., ♀ Br. 4½—5½ mm., der 5. und 7. Zwischenraum hinten schwielenartig erhöht. Ziemlich selten in Berggegenden, auf Pimpinella saxifraga, Angelica sylvestris und auf Disteln. Genf, St. Gallen. **Palumbaria** Germ.

— Der 3., 5. und 7. Zwischenraum der Flügeldecken stärker gewölbt, besonders an der Basis, der 5. und 7. hinten kielartig erhöht, Halsschild vor der Mitte wenig gerundet und hier breiter als lang; bräunlich beschuppt, Flügeldecken ziemlich kräftig punktirt-gestreift, die Naht und die abwechselnden Zwischenräume schwarz und grau gewürfelt. Lg. 6 mm., Br. 2½—3 mm. Diese Art ist in der Schweiz noch nicht aufgefunden, dürfte aber kaum fehlen, da sie in Tyrol nicht selten ist. **Segnis** Capt.

6. Die Zwischenräume der Flügeldecken mit Querrunzeln, deren höchste Stellen als kleine kahle Fleckchen zwischen den Schuppenhaaren hervorstehen, das 2. Geisselglied ist länger als das 1. 8

— Die Zwischenräume der Flügeldecken ohne Querrunzeln, 2. Geisselglied vom 1. kaum an Länge verschieden 9

8. Grösser, Fühler länger, die 3 letzten Geisselglieder länger als breit, das 4. nicht kürzer als das 3.; Körper bräunlich beschuppt, die abwechselnden Zwischen-

räume meist schwach gewürfelt; Halsschild etwas breiter als lang, vor der Mitte am breitesten, nach hinten verengt mit rechtwinkligen Ecken, der 7. Zwischenraum der Flügeldecken hinten schwielig vortretend. Lg. 9—15 mm. Matt, Pilatus, Val Entremont, Aarau, Winterthur. ♂ Br. 4 mm., Flügeldecken doppelt so lang als breit. ♀ Br. 5—5½ mm. Flügeldecken 1½ mal so lang als breit. **Oxalis** Herbst.

— Kleiner, Fühler kürzer, die äussern Geisselglieder breiter als lang, das 4. kürzer als das 3.; Halsschild seitlich weniger stark gerundet, dünner beschuppt, so dass die Punktirung etwas sichtbar wird, der 7. Zwischenraum der Flügeldecken ist hinten nicht oder kaum erhaben; im übrigen ist er dem vorigen sehr ähnlich. Lg. 8—12 mm., ♂ Br. 3—3½ mm., ♀ 4 bis 5 mm. Ziemlich selten, in der südlichen und westlichen Schweiz. **Ovalis** Boh.

9. Halsschild fast cylindrisch, von der Basis bis vor die Mitte fast geradlinig und äusserst wenig erweitert, mit kurzer Rinne vor dem Schildchen, Körper dicht bräunlich, grau oder grünlich beschuppt, Naht und abwechselnde Zwischenräume nicht oder sehr schwach gewürfelt, Flügeldecken in der Mitte am breitesten und hier fast winklig, vor der Spitze etwas schwielig verdickt, mässig punktirt-gestreift, Zwischenräume eben, Fühler roth und nur die Keule dunkel. Lg. 7 10 mm., Br. 3—5 mm. Selten. Genf, Wallis. **Comata** Boh.

— Halsschild seitlich stark gerundet, nach hinten verschmälert 10

10. Halsschild von der Basis bis zu ¼ der Länge gleich breit, dann bis weit vor der Mitte stark erweitert, die Hinterecken rechtwinklig, dicht mit ziemlich langen röthlichgelben, grauen, grünen, kupferroth und goldglänzenden Schuppenhaaren bekleidet, die Naht und die abwechselnden Zwischenräume mitunter schwach gewürfelt, gewölbter, besonders der 5. und 7. nach hinten zu, die Naht an der Spitze stark aufgeworfen und etwas klaffend. Rüssel rund, gebogen. Lg. 8 bis 11 mm. Selten. Val Entremont, Schaffhausen. ♂ Halsschild fast so lang als breit, die seichte Mittellinie wenigstens auf der hintern Hälfte deutlich, Flügeldecken fast von der Form wie bei oxalis. Br. 3—3½ mm.

♀ Halsschild 1½ mal so breit als lang, Flügeldecken gleichmässig breit-oval. Br. 4—5 mm. **Velutina** Boh.*)

— Halsschild seitlich stark gerundet und gewölbt, dicht runzlig punktirt, an der Basis dünn gerandet, Rüssel länger als bei den vorigen Arten, so lang als das Halsschild, leicht gebogen und deutlich gekielt, auch das Halsschild zeigt auf der vordern Hälfte mitunter eine schwach erhabene Längslinie, Körper dünn beschuppt, Flügeldecken stark punktirt-gestreift mit gewölbten Zwischenräumen, Schenkel keulenförmig verdickt. Lg. 7—8 mm. Wallis, Reculet bei Genf.
♂ Halsschild fast so lang als breit. Br. 3 mm.
♀ Halsschild breiter als lang. **Globosa** Capt.

Gatt. **Phytonomus** Schönh.

1. Hüften der Hinterbeine von einander wenigstens um ihre Breite getrennt, Schuppen der Oberseite ausgehöhlt und an der Spitze ausgerandet (Donus Capt.) **1. Gruppe.**

— Hüften der Hinterbeine um weniger als ihre Breite getrennt, Rüssel dünner und 2 mal so lang als breit 2

2. Schuppen der Oberseite an der Spitze abgestutzt oder ausgerandet, 1. Geisselglied der Fühler nicht doppelt so lang als das 2., Fühler etwas näher der Mitte des Rüssels eingefügt. (Erirhinomorphus Capt.) Halsschild an den Seiten schwach gerundet. **2. Gruppe.**

— Schuppen der Oberseite 2spitzig oder 2theilig . . 3

3. Fühler nahe der Spitze des Rüssels eingefügt, das 1. Geisselglied nicht doppelt so lang als das 2., Oberseite mit 2theiligen Schuppen bedeckt. (Phytonomus i. sp. Capt.) **3. Gruppe.**

— Fühler weniger nahe bei der Spitze des Rüssels eingefügt, das 1. Geisselglied doppelt so lang als das 2., Oberseite mit 2theiligen Haaren bedeckt. Flügeldecken besonders hinten mit abstehenden Borsten besetzt. (Phytonomidius Capt.) **4. Gruppe.**

1. Gruppe (Donus Capiomont).

1. Rüssel dick und kurz, höchstens 1½ mal so lang als breit, Beschuppung braun, die abwechselnden

*) Anm. Der H. comata ist diese Art sehr ähnlich, die Beschuppung ist dichter, die Fühlerkeule verlängter, das Halsschild im vordern Drittheil breiter gerundet, die Flügeldecken kaum bemerkbar (♂) oder deutlich (♀) hinter den Schultern und vor der Spitze von der Seite her seicht eingedrückt.

Zwischenräume mit Borstenbüscheln besetzt, Flügeldecken von den Seiten etwas zusammengedrückt. Lg. 7—10 mm., Br. 3—5 mm. Sehr häufig überall. **Punctatus** F.

— Rüssel wenigstens 2 mal so lang als breit . . . 2

2. Rüssel gegen die Spitze nicht erweitert, Beschuppung braun mit einer gelben von der Schulterbeule schräg gegen die Naht verlaufenden Binde, die abwechselnden Zwischenräume mit braunen Borstenbüscheln. Lg. 5—7 mm., Br. $3^1/_2$—$4^1/_2$ mm. Selten, auf Daucus carotta. Genf, Wallis. **Fasciculatus** Herbst.

— Rüssel gegen die Spitze erweitert, Beschuppung und Borstenbüschel dunkel schwarzblau mit wenigen kleinen, gelblichen Punkten, die Schenkel haben eine gelbe Querbinde. Lg. 7 mm., Br. $4^1/_2$ mm. Sehr selten. Neuchâtel. **Nigrovelutinus** Fairm.

2. Gruppe (Erirhinomorphus Capt.).

1. Der 3., 5. u. 7. Zwischenraum der Flügeldecken braun, die andern der ganzen Länge nach weisslichgelb beschuppt, die Schuppen sind an der Spitze ausgerandet. Lg. 4—6 mm. Nach Capt. im ganzen mittleren Europa. Selten. **Juliuii** Sahlb.

— Keiner der Zwischenräume der ganzen Länge nach hell beschuppt 2

2. Halsschild $^2/_3$ so breit als die Flügeldecken, nach hinten nicht verengt, diese etwas hinter der Mitte am breitesten, Oberseite gelblichbraun beschuppt. Lg. 6—8 mm. Kt. Schwyz. **Arundinis** F.

— Halsschild halb so breit als die Flügeldecken mit schwach gerundeten Seiten, Oberseite grau und weiss gemischt beschuppt. 3

3. Rüssel gegen die Spitze etwas erweitert, kaum gebogen, Fühlerschaft die Augen nicht erreichend, Oberseite bräunlich beschuppt; ein Querfleck hinter der Mitte der Flügeldecken, der sich mehr oder weniger ausbreitet, öfter fast die ganzen Flügeldecken einnimmt, weisslich. Lg. 4—6 mm., Br. 2—$2^1/_2$ mm. Häufig in der ebenern Schweiz auf Rumexarten. **Rumicis** L.

— Rüssel gegen die Spitze nicht verdickt, deutlich gebogen, Oberseite braun beschuppt, mit grauen Fleckchen gesprenkelt. Lg. 4—6 mm., Br. 2—3 mm. Häufig auf feuchten Wiesen. **Pollux** F.

Var. b. Halsschild und Flügeldecken runzlig punktirt, Beschuppung mehr ockergelb. v. **histrio** Boh.

Var. c. Beschuppung weisslich, Halsschild etwas verlängter. v. **ignotus** Chevr.

3. Gruppe (Phytonomus i. sp. Capt.).

1. Augen mehr als doppelt so lang als breit . . . 2
— Augen kaum doppelt so lang als breit, Flügeldecken nur mit ganz kleinen, fast anliegenden Börstchen besetzt 3
2. Vorderschienen innen mit einem stumpfen Zahn, Flügeldecken grau beschuppt mit einigen dunkeln Längslinien, die Schuppen sind aus breiter Basis lang gegabelt. Lg. 5—6 mm., Br. 3—4 mm. Ziemlich häufig, überall bis 5500' ü. M. **Polygoni** F.
— Vorderschienen ohne Zahn 4
4. Die Schuppen der Oberseite nur am Ende 2spitzig; Oberseite weisslich beschuppt, die Naht und die abwechselnden Zwischenräume dunkel gewürfelt, Flügeldecken 3 mal so lang als das Halsschild, mit kleinen, fast anliegenden Börstchen besetzt. Lg. 4—7 mm., Br. 2½—4 mm. Nicht selten in der ebenern Schweiz und in den Bergthälern. **Suspiciosus** Herbst.
— Schuppen der Oberseite bis zum Grunde gespalten, Flügeldecken mit deutlichen abstehenden Borsten . 5
5. Das 1. Geisselglied fast doppelt so lang als das 2., Halsschild breiter als lang mit sehr stark gerundeten Seiten, Oberseite mit grauen, bräunlichen oder grünen Schuppen dicht bedeckt, jede Flügeldecke mit einem grossen vom 4.—7. Zwischenraum reichenden, gegen die Schulter hin zugespitzten, nur behaarten, nicht beschuppten Fleck. Lg. 3—4 mm., Br. 1¾ bis 2½ mm. Ueber die ganze Schweiz verbreitet und stellenweise häufig auf Weiden. **Plantaginis** De Geer.

Var. b. Der dunkle Fleck der Flügeldecken verschwindet theilweise oder ganz, so dass die Oberseite gleichfärbig beschuppt ist; solche Exemplare sehen dem P. meles sehr ähnlich, sind aber durch den viel kürzeren Rüssel und das nach hinten viel mehr verengte Halsschild von dieser Art zu unterscheiden.

— Das 1. Geisselglied 1½ mal so lang als das 2., die Stirn zwischen den Augen schmal, Halsschild seitlich stark gerundet, viel breiter als lang, dicht punktirt mit 2 braunen Längsbinden, Flügeldecken oval, mässig punktirt-gestreift, grau beschuppt, der 6. Zwischenraum ist fast ganz, der 2. und 4. hinten braun beschuppt; die Schuppen der Oberseite sind bis auf die Mitte gespalten. Lg. 4—5 mm., Br. 2 mm. Selten. Schaffhausen. **Denominandus** Capt.

Dem P. plantaginis sehr ähnlich, Halsschild nach hinten weniger verschmälert, die Stirn zwischen den Augen schmäler, die Zeichnung der Flügeldecken nähert sich mehr der des meles, von dem er sich durch kürzern, gekrümmteren Rüssel, das verhältnissmässig weniger breite Halsschild und dickern Körper unterscheidet.

— Das 1. Geisselglied wenig länger als das 2., Oberseite grau oder braun beschuppt, 2 breite Längsbinden des Halsschildes, ein grosser dreieckiger Fleck in der Schildchengegend dunkel, manchmal auch der hintere Theil der Naht und kleine Flecken auf den abwechselnden Zwischenräumen 6

6. Rüssel wenig kürzer als das Halsschild, Halsschild bei ♂ und ♀ breiter als lang, seitlich stark gerundet, Zwischenräume der Flügeldecken schwach gewölbt. Lg. $4^1/_2$—7 mm., Br. $2^3/_4$—$3^1/_4$ mm. Nicht häufig. Genf, Simplon, Schaffhausen, Dübendorf. **Murinus** F.

— Kleiner als der vorige, der Rüssel noch kürzer, Halsschild kaum breiter als lang mit schwach gerundeten Seiten und jederseits der dunklen Binden ist auf der Vorderhälfte noch ein runder oder verlängter schwarzer Fleck, der indessen nicht immer deutlich ist. Lg. 4—5 mm., Br. 2—3 mm. Häufig überall. **Variabilis** Herbst.

Var. Flügeldecken etwas verlängter, der dunkle Fleck ist schmal und erstreckt sich, allmälig verschmälert, über die Naht bis gegen die Spitze. v. **Suturalis** Redt.

3. Halsschild mit mässig gerundeten Seiten, fast so lang als breit, Schuppen bis auf den Grund gespalten, einfärbig grau, Fühlerfurche abgekürzt, der Schaft den Vorderrand der Augen erreichend, 1. Fühlerglied $1^1/_2$ mal so lang als das 2. Lg. 5—$7^1/_2$ mm., Br. $2^1/_2$ bis $3^1/_2$ mm. Selten. Wallis, St. Bernhard, St. Gallen. **Elongatus** Payk.

— Halsschild seitlich sehr stark gerundet erweitert, viel breiter als lang, Schuppen der Oberseite nur zweispitzig 7

7. Fühlerfurche bis an die Wurzel des Rüssels reichend, der Schaft bis zu den Augen reichend, 1. Geissel-

glied wenig länger als das 2., Beschuppung heller oder dunkler grau oder braun, die Zwischenräume mit einer Borstenreihe, die abwechselnden hell und dunkel gewürfelt, Flügeldecken um $^1/_3$ breiter und 3 mal so lang als das Halsschild. Lg. 4—6 mm., Br. $2^1/_2$—$3^1/_2$ mm. Selten. Genf. **Contaminatus** Herbst.

— Fühlerfurche nicht bis zu den Augen reichend, der Schaft den Vorderrand der Augen etwas überragend, 1. Geisselglied $1^1/_2$ mal so lang als das 2., grau beschuppt, die abwechselnden Zwischenräume öfter etwas gewürfelt, die Zwischenräume sonst eben mit einreihiger Borstenreihe, Halsschild $1^1/_2$ mal so breit als lang, an den Seiten stark gerundet. Lg. 4—5 mm., Br. 2 mm. Selten. Basel. **Viciae** Gyll.

4. Gruppe (Phytonomidius Capt.).

1. Halsschild quer mit stark gerundet erweiterten Seiten, Flügeldecken breiter als bei contaminatus, $1^1/_2$ mal so breit und weniger als 3 mal so lang als das Halsschild, Färbung sehr veränderlich, braun oder grau, bald einfärbig, bald die abwechselnden Zwischenräume heller, bald auch auf der Naht, dem 5. und 7. Zwischenraum gewürfelt, Halsschild meist mit heller Mittellinie und hellen, manchmal nur hinten sichtbaren Seitenbinden. Beine ganz roth oder die Schenkel schwarz. Lg. 4—5 mm., Br. 2—$2^1/_2$ mm. Häufig auf Trifolium. **Meles** F.

— Halsschild wenig breiter als lang mit schwach gerundeten Seiten 2

2. Erstes Geisselglied mehr als doppelt so lang als das 2. 3

— Erstes Geisselglied nicht ganz doppelt so lang als das 2., braun oder gelblichgrau beschuppt, 2 breite Streifen über das Halsschild und ein länglicher, nach vorn zugespitzter Fleck auf jeder Flügeldecke und ein kurzes Strichel neben dem Schildchen dunkel, Fühler und Beine röthlich, Halsschild wenig breiter als lang, seitlich gerundet, die Flügeldecken $1^1/_2$ mal so lang als zusammen breit, punktirt-gestreift, die Zwischenräume eben mit einer feinen Borstenreihe. Lg. $2^1/_2$ bis $3^1/_4$ mm., Br. $1^1/_3$—$1^1/_2$ mm. (P. plagiatus Redt.) Häufig überall. **Trilineatus** Marsh.

3. Flügeldecken einfärbig grün beschuppt, 2 Streifen über das Halsschild dunkel, Oberseite sehr fein punktirt, die Flügeldecken $1^2/_3$ mal so lang als breit,

fein punktirt-gestreift, die Zwischenräume mit einer Reihe feiner halbanliegender Borsten, Fühler und Beine röthlich. Lg. 2—3 mm., Br. $1^1/_2$—$1^4/_5$ mm. Häufig. **Nigrirostris** F.

Var. b. Flügeldecken braun oder gelblich beschuppt.

— Flügeldecken gelb oder gelbbraun beschuppt, 2 mal so lang als zusammen breit, mit viel gröbern und längern, abstehenden Borsten besetzt, die ganze Oberseite gröber punktirt als beim vorigen, besonders auch die Punktstreifen der Flügeldecken. Lg. 3—$3^1/_2$ mm., Br. $1^1/_2$—$1^4/_5$ mm. Selten. Schaffhausen. **Stierlini** Capt.*)

Gatt. Limobius Schh.

Rüssel gebogen, Fühler nahe der Spitze eingefügt, 1. Geisselglied doppelt so lang als das 2., Oberseite grau beschuppt, mit schwarzen Flecken unregelmässig bestreut, die Schuppen zweispitzig, Rüssel, Fühler und Beine roth, Flügeldecken mit Borsten. Lg. 3 mm. Selten. Genf, Schaffhausen. **Dissimilis** Herbst.

Gatt. Coniatus Germ.

Verlängt, schwarz, unten dicht grün, oben grau beschuppt mit hellen und dunkeln Flecken und Binden, die Spitze des Rüssels, Fühler und Beine rothgelb, die Wurzel der Schenkel dunkel, Halsschild breiter als lang, seitlich stark gerundet, weiss mit 2 dunklen Binden, Flügeldecken länglich eiförmig mit schiefen, weissen und schwarzen Binden. Lg. 2—4 mm., Br. $1^3/_5$ bis $1^9/_{10}$ mm. Genf, Aarau. **Repandus** F.

Dem vorigen äusserst ähnlich, verlängter mit schmälerem Halsschild, das nach hinten mehr verengt ist, nur die äusserste Spitze des Rüssels ist roth, die Fühler sind braunroth, die Beine schwarz und nur die Knie und die Spitze der Schienen roth, die hellen Parthien der Oberseite sind weisser; in allem übrigen stimmt er mit dem vorigen überein. Lg. $3^1/_4$—$4^1/_2$ mm., Br. $1^1/_2$—$1^4/_5$ mm. Genf, Dietikon im Kt. Zürich. **Wenkeri** Capt.

*) Anm. Hr. Favre führt noch Ph. (Tigrinellus) signatus auf; ich vermuthe, dass dies auf einem Irrthum beruht, da Ph. signatus Schh. sonst nur in Algier vorkommt; er gehört in die Untergattung Tigrinellus Capt. und zeichnet sich aus durch lange schuppenartige Pubescenz und lange abstehende Haare.

Cleonini.

1. Rüssel länger als der Kopf, Fühlerfurche nach unten gerichtet 2
— Rüssel kürzer als der Kopf, Fühlerfurche senkrecht herabgebogen 5
2. Rüssel dick, mehr oder weniger kantig, Fühler nahe der Spitze des Rüssels eingefügt, Flügeldecken behaart oder beschuppt 3
— Rüssel rundlich, dünner, Fühler näher der Mitte des Rüssels eingefügt 4
3. Klauen verwachsen, Oberseite behaart, Schultern abgerundet. **Cleonus** Schh.
4. Körper cylindrisch, Fühlerfurchen auf der Unterseite des Rüssels nicht vereinigt, Flügeldecken oft hinten zugespitzt. **Lixus** F.
— Körper kurz, eiförmig, Fühlerfurchen auf der Unterseite des Rüssels meist vereinigt, Flügeldecken nie in eine Spitze ausgezogen. **Larinus** Germ.
5. Vorderbrust vor den Vorderhüften ausgehöhlt mit aufstehenden Rändern. **Coelostethus** Capt.
— Vorderbrust vor den Vorderhüften weder gefurcht noch ausgehöhlt. **Rhinocyllus** Germ.

Gatt. Cleonus Schönh.

1. Halsschild hinten gerade abgeschnitten, Körper breit, Rüssel breit, 3kielig, Halsschild mit 2 geschlängelten weissen Linien jederseits, Flügeldecken mit 2 weissen, schwarz eingefassten Punkten jederseits, von denen einer etwas hinter der Mitte, der andere vor der Spitze sich befindet, die Hintertarsen mit Filzsohlen. Lg. 12—16 mm. Nicht selten in der ebenern Schweiz und im Jura. **Ophthalmicus** Rossi.
— Halsschild an der Basis vortretend, 2 mal gebuchtet, das 2. Geisselglied der Fühler so lang oder länger als das 1. (Stephanocleonus Motsch.) 2
2. Hintertarsen schmal, das 1. und 2. Glied ohne filzige Sohlen 3
— Hintertarsen ziemlich breit und alle Glieder mit filziger Sohle 6
3. Flügeldecken hinten divergirend und einzeln kurz zugespitzt, Rüssel stark gekielt, der Kiel setzt sich aber nicht auf die Stirne fort 4

— Flügeldecken hinten abgerundet, Rüssel und Stirn gekielt 5

4. Schwarz, grau oder weiss behaart, Rüssel stark gekielt, Halsschild länger als breit, vorn stark gekielt mit einem länglichen Grübchen jederseits, hinten in der Mitte mit einer Grube, jederseits mit 2 scharf gezeichneten weissen Linien, Flügeldecken verlängt, hinten stärker zugespitzt, fein punktirt-gestreift, mit schiefen, gegen die Naht verbreiterten, aus tiefen Grübchen gebildeten Binden. Die vordere Binde reicht bis auf den 5. Zwischenraum. Lg. 11—13 mm. Selten. Basel. **Obliquus** F.

— Dem vorigen sehr änlich, Halsschild so breit als lang, die zwei Seitenlinien sind nicht scharf gezeichnet, fliessen hinten ineinander, Flügeldecken breiter, hinten schwächer zugespitzt, die Binden weniger schief, die vordern nur bis zum 3. Zwischenraum reichend. Lg. 11—14 mm. Sehr selten. Genf, Neuchâtel. **Excoriatus** Ill.

5. Schwarz, grau behaart, Flügeldecken mit einem nackten Fleck vor der Spitze und mit schrägen nackten Binden. Halsschild kaum breiter als lang mit einem bis zum hintern Drittheil reichenden Mittelkiel und einer Grube vor dem Schildchen. Lg. 12—14 mm. Selten. Genf. **Nebulosus** L.

— Dem vorigen ähnlich, breiter, die Binden der Flügeldecken weniger deutlich und weniger schräg, Halsschild breiter als lang, sein Mittelkiel reicht kaum bis zur Mitte. Lg. 12—14 mm. Selten. Zürich, Basel, Val Entremont. **Turbatus** Schh.

6. Das 2. Glied der Fühlergeissel länger als das 1., Vorderrand des Halsschildes fast ohne Augenlappen, Augen nur $1^1/_2$ mal so lang als breit, Rüssel mit einem vorn gegabelten Kiel, Halsschild und Flügeldecken grob runzlig punktirt, letztere mit einer Beule vor der Spitze, 2 Querbinden und die Naht dicht weiss beschuppt. Lg. 7—11 mm. (Chromoderus Motsch.) Nicht selten. Genf, Wallis, Basel, Schaffhausen. **Albidus** F.

— Das 2. Geisselglied so lang oder kürzer als das 1. 7

7. Fühler sehr kurz und dick, 3.—7. Geisselglied doppelt so breit als lang, auch der Schaft sehr kurz. (Pachycerus Schh.) 8

— Fühlerschaft und Fühler schlanker und länger, das 3.—7. Geisselglied kaum breiter als lang 9

8. Unterseite dicht weissgrau behaart, jeder Bauchring mit 2—4 in einer Querreihe stehenden schwarzen Punkten. Oberseite fleckig weiss und zuweilen ockergelb behaart, Rüssel mit stumpfem, runzlig punktirtem Kiel, Halsschild an den Seiten dichter behaart, die Oberfläche grob gerunzelt mit glänzenden Erhabenheiten, einem kaum bis zur Hälfte reichenden Mittelkiel auf dem vordern Theil und einer Grube vor dem Schildchen, Flügeldecken $1^1/_2$ mal so lang als breit. Lg. 10—14 mm. Selten. Wallis. **Segnis** Germ.

— Unterseite mit zahlreichen, mehr oder weniger deutlichen, schwarzen Punkten besäet 10

10. Oberseite mit grauem Filze unregelmässig gesprenkelt, in Form und Sculptur dem vorigen ähnlich; der Kiel des Rüssels reicht bis zum hintern Drittheil, Flügelvorn gekörnt, hinten punktirt-gestreift. Lg. 10 bis 12 mm. Genf. **Albarius** Gyll.

— Oberseite fein und sparsam, etwas ungleichmässig behaart, Rüssel mit gabelförmig gespaltenem Kiel, Halsschild so lang als breit, ziemlich dicht runzlig gekörnt mit feiner Mittelfurche, Flügeldecken punktirt-gestreift. Lg. 9—13 mm. Einfischthal, Martigny, Basel. **Varius** Herbst.

9. Schildchen gross, dreieckig, länger als breit, Augen länglich-oval (Mecaspis Schh.) 11

— Schildchen sehr klein oder fehlend 12

11. Rüssel mit einem Mittelkiel 13

— Rüssel mit einer Mittelfurche und 2 Seitenfurchen 14

13. Rüssel dreikielig, Halsschild mit grossen, flachen Punkten nicht sehr dicht bestreut, an der Basis mit schmaler, tiefer Furche und mitunter noch mit einigen kleinen, flachen Eindrücken, an den Seiten dicht gelblichweiss behaart, Flügeldecken punktirt-gestreift, das hintere Ende der 4 ersten Zwischenräume dicht gelblich behaart. Lg. 7—8 mm., Br. $2—2^1/_2$ mm. Selten. Genf, Basel, Tourbillon bei Sitten. **Palmatus** Ol.

— Vier flach vertiefte Längsstreifen des Halsschildes und die Oberseite der Flügeldecken mit Ausnahme des 4. bis 7. Zwischenraumes ganz weisslich beschuppt oder behaart, diese Zwischenräume sind kahl mit einigen abgekürzten weissen Längslinien 15

15. Rüssel dreikielig, Halsschild mit einer durchgehenden Mittelfurche. Lg. 11—15 mm. Genf, Waadt, Wallis, Neuchâtel, Bern, Zürich, Basel, Schaffhausen. **Alternans** Ol.

— Dem vorigen sehr ähnlich, die Flügeldecken breiter, namentlich hinter den Schultern stark verbreitert, Halsschild vor dem Schildchen mit tiefer Furche, die nach vorn undeutlich wird, Rüssel nur mit einem Längskiel, Oberseite etwas dichter behaart, das 2. Geisselglied ist an der Wurzel dünner, deutlich konisch. Lg. 11—15 mm. Selten. Lugano, Basel. **Coenobita** Ol.

14. Halsschild mit glatten, glänzenden Höckern bestreut, mit durchgehender Mittelfurche, in deren Mitte sich ein abgekürzter Kiel befindet, Flügeldecken vorn etwas körnig, hinten einfach punktirt-gestreift, fein weisslich behaart mit 2 bis 3 schrägen, etwas undichter behaarter Binden. Lg. 16—17 mm. Nicht selten durch die ganze Schweiz. **Sulcirostris** L.

— Dem vorigen äusserst ähnlich, grösser, breiter, die Flügeldecken stärker runzlig gekörnt, mit undeutlichern Schrägbinden. Lg. 18—20 mm. Sehr selten. Genf. **Scutellatus** Schh.

12. Schildchen deutlich, Hinterrand des Halsschildes 2 mal gebuchtet, gegen das Schildchen vortretend, Fühler auf der Unterseite des Rüssels nicht vereinigt . . 16

— Schildchen nicht sichtbar, Halsschild mit geradem Hinterrand, Rüssel runzlig punktirt mit ziemlich feinem Kiel, die Fühlerfurchen an seiner Unterseite vereinigt, Halsschild grob runzlig punktirt mit einem abgekürzten Kiel auf der vordern Hälfte. Flügeldecken kaum breiter als das Halsschild, fein punktirt-gestreift. Oberseite bräunlich behaart, die Seiten des Halsschildes mit gelb behaarter Binde, die sich noch auf den Schulterhöcker fortsetzt. Lg. 10—12 mm. Ziemlich selten, aber über die ganze Schweiz verbreitet. **Grammicus** Panz.

16. Rüssel fein runzlig punktirt mit sehr schwachem, oft ganz undeutlichem Längskiel, Körper mit weissem Filze fleckig bekleidet, Halsschild und Flügeldecken mit schwarzen, glänzenden Körnern fleckenweise besetzt, letztere gegen die Spitze fein punktirt-gestreift. Lg. 11—13 mm. Sehr selten. Zermatt, Randen bei Schaffhausen. **Roridus** F.

— Rüssel mit deutlich vortretendem Längskiel . . . 17

17. Dieser Längskiel ist auf der vordern Hälfte gabelig gespalten, Halsschild etwas konisch, sehr fein und dicht punktirt mit kleinern, glänzenden Höckern be-

setzt, mit einer Längsgrube vor dem Schildchen, Flügeldecken fein scheckig behaart und mässig fein punktirt-gestreift. Lg. 9—11 mm. Selten. Genf, Waadt, Neuchâtel, Basel, Schaffhausen, Tarasp.
Trisulcatus Herbst.

— Längskiel des Rüssels ganz 18

18. Rüssel neben dem Längskiel tief gefurcht, Halsschild mit glänzenden Körnern besetzt und mit einem ganz kurzen Längskiel in der Mitte, mit länglicher Grube vor dem Schildchen, Vorderschienen gegen die Spitze am Innenrande gezähnelt, Flügeldecken punktirt-gestreift und fleckig weiss behaart. Lg. 10 mm. (tigrinus Panz.) Nicht häufig, aber in der ganzen Schweiz. **Marmoratus** F.

— Rüssel neben dem Längskiel schwach vertieft, Halsschild der ganzen Länge nach gekielt und jederseits mit 3 flachen, dichter behaarten Längseindrücken, fein punktirt und mit grossen, flachen Punkten nicht dicht besetzt, Flügeldecken gleichmässig dicht grau behaart. Lg. 8—13 mm. Ueber die ganze Schweiz verbreitet und stellenweise häufig. **Cinereus** F.

Var. Etwas grösser, gestreckter, Halsschild feiner punktirt. Selten. Wallis. v. **costatus** F.

Gatt. **Lixus** Fabricius.

1. Der Fühlerschaft ist so lang als die Geissel . . . 2

— Der Fühlerschaft ist nicht länger als die zwei ersten Geisselglieder 6

2. Flügeldecken hinten einzeln zugespitzt 3

— Flügeldecken hinten einzeln gerundet, Oberseite grau oder gelbbraun behaart oder bepudert 12

3. Die divergirenden Spitzen der Flügeldecken sind lang, Schenkel nicht verdickt 4

— Die divergirenden Spitzen der Flügeldecken sind kurz und stumpf, Rüssel kürzer als das Halsschild, Oberseite grau oder braun bestäubt 5

4. Rüssel kaum länger als das Halsschild, dieses länger als breit, lang kegelförmig, Flügeldecken wenig breiter als das Halsschild, die divergirenden Spitzen wenig kürzer als das Halsschild. Lg. 12—18 mm. Br. 2 bis 2½ mm. Genf. **Paraplecticus** L.

— Rüssel deutlich länger als das Halsschild, dieses kaum länger als an der Wurzel breit, kurz konisch, Flügeldecken deutlich breiter als das Halsschild, seine Spitzen kaum länger als breit, ¼ so lang als das

Halsschild. Lg. 15—18 mm., Br. 4 mm. Genf, Basel, Schaffhausen, Zürich, St. Gallen, Sitten. **Turbatus** Schh.

5. Halsschild und Flügeldecken mit dicht weiss oder gelb beschupptem Seitenrand 6

— Nur das Halsschild mit dicht beschupptem Seitenrand, die Flügeldecken sind mitunter (Myagri) ebenfalls an den Seiten dichter beschuppt, aber nicht der ganzen Länge nach und nicht scharf abgeschnitten 9

6. Halsschild dicht und grob gekörnt, Rüssel kurz und dick, gegen die Spitze gefurcht, Halsschild ausser an den Seitenbinden noch mit 2 über die Scheibe verlaufenden dichter beschuppten Streifen, Flügeldecken an der Wurzel etwas gekörnt, sonst punktirt-gestreift, der 2., 4. und 6. Zwischenraum hell beschuppt. Lg. 9—16 mm., Br. 3—5 mm. (Fallax Boh.) Sehr selten. Basel. **Spartii** Ol.

— Halsschild punktirt 7

7. Die Punktirung des Halsschildes ist einfach, ziemlich dicht und kräftig, Basis des Halsschildes und der Flügeldecken fast gerade abgeschnitten, Fühler rothbraun, Rüssel so lang als das Halsschild. Lg. 11 bis 15 mm., Br. $2^1/_2$—$3^1/_2$ mm. Sehr selten. Wallis, Tessin. **Junci** Schh.

— Die Punktirung des Halsschildes ist doppelt, grosse, zerstreute, seichte Punkte auf äusserst fein und dicht runzlig punktirtem Grunde 8

8. Basis des Halsschildes deutlich 2 mal gebuchtet, oben gelb oder roth bestäubt, Flügeldecken punktirt-gestreift, die Spitzen deutlich divergirend, Unterseite grau behaart mit grossen nackten Augenpunkten. Lg. 8—15 mm., Br. 2—4 mm. Ziemlich selten, in der ebenern Schweiz. **Ascanii** L.

9. Halsschild mit vier dichter behaarten Längsbinden, von denen die seitlichen stärker sind, breiter als lang, hinten stark 2 mal gebuchtet, die Oberseite weisslich behaart und gelblich bestäubt, auf den Flügeldecken ist die Behaarung gegen die Seiten hin dichter, etwas fleckig, diese sind hinten sehr kurz und schwach zugespitzt; Rüssel ziemlich dick und mit deutlichem Kiel. Lg. 7—14 mm., Br. 2,8—4 mm. Selten. Schaffhausen. **Myagri** Ol.

— Nur die Seitenränder des Halsschildes etwas dichter beschuppt 10

10. Rüssel länger als das Halsschild, schwach gebogen, an der Basis längs-runzlig; Oberseite gelb bestäubt und fein grau behaart, Halsschild kaum länger als breit, schwach konisch, an der Basis zweimal gebuchtet, ziemlich grob und nicht sehr dicht punktirt, Flügeldecken punktirt-gestreift, hinten kaum zugespitzt, bei manchen Exemplaren abgerundet. Lg. 11—15 mm. Br. 2½—4 mm. (cribricollis Dj. guttiventris Boh.) Selten. Genf, Schaffhausen. **Ferrugatus** Ol.
— Rüssel kürzer als das Halsschild, schwach gekrümmt, gekielt 11
11. Rüssel dicht punktirt; schwarz oder pechbraun, gelb bestäubt, Fühler an der Wurzel und Spitze röthlich, Halsschild an den Seiten ziemlich gleich breit, dann nach vorn verschmälert, an der Wurzel sehr schwach zweimal gebuchtet, mit einem Eindruck vor dem Schildchen und mit tiefen Punkten nicht dicht besetzt, Flügeldecken punktirt-gestreift, hinten deutlich kurz zugespitzt. Lg. 9—11 mm. Br. 2½—3 mm. Sehr selten. Genf. **Subtilis** Sturm.
— Dem Vorigen sehr ähnlich, der Rüssel etwas länger, längs-runzlig, undeutlich gekielt, Halsschild und Flügeldecken breiter und kürzer, ersteres narbig punktirt, Flügeldecken feiner punktirt-gestreift, hinten weniger deutlich divergirend und undeutlich zugespitzt. Fühler und Tarsen roth. Im Uebrigen vom Vorigen nicht verschieden. Lg. 9—10 mm. Br. 3 mm. (angustus Herbst. seniculus Boh.) Genf, Schaffhausen. **Sanguineus** Rossi.
12. Halsschild an den Seiten dicht behaart 13
— Halsschild an den Seiten nicht dichter behaart . . 14
13. Der Streifen am Seitenrand des Halsschildes setzt sich auf die Schulterhöcker fort, schwarz, fein grau behaart und rostbraun bestäubt, Rüssel kürzer als das Halsschild, runzlig punktirt, an der Wurzel gewöhnlich mit einer schwach erhabenen Mittellinie, Halsschild so lang als breit, vorn wenig verengt, nicht eingeschnürt, zerstreut narbig punktirt, Flügeldecken an der Wurzel nicht eingedrückt, fein gestreift-punktirt, Unterseite weiss behaart mit grossen Kahlpunkten. Lg. 7—9 mm. Mendrisio, auf Geranium cicutarium. Genf, Wallis, Schaffhausen, Basel. **Bicolor** Ol.
— Schwarz, sehr fein gelb behaart, der Seitenrand des Halsschildes dichter behaart, dieser Streifen setzt

sich aber nicht auf die Schulterhöcker fort; viel kleiner und schmäler als der Vorige, der Rüssel so lang als das Halsschild, dünn, Halsschild fast länger als breit, dicht und tief punktirt, vorn eingeschnürt, hinten zweimal gebuchtet, Fühler und Tarsen roth. Lg. 6 mm. Wallis. **Rufitarsis** Boh.

14. Rüssel nicht länger als das Halsschild, dieses mit doppelter Punktirung 15
— Rüssel länger als das Halsschild, dicht punktirt mit feiner Mittellinie, Halsschild fast länger als breit, vorn schwach eingeschnürt, dicht narbig punktirt, hinten mit schwacher kurzer Mittellinie, Flügeldecken punktirt-gestreift, undeutlich querrunzlig. Lg. 12 bis 18 mm. (algirus L.) Genf, Basel, Zürich, Ragaz, Sitten. **Angustatus** F.

15. Unterseite weiss behaart mit zahlreichen grossen Kahlpunkten, Halsschild breiter als lang, kräftig punktirt, Rüssel sehr fein gekielt, Flügeldecken fein punktirt-gestreift mit ebenen Zwischenräumen. Lg. 13—14 mm. Genf. **Punctiventris** Boh.
— Unterseite weiss behaart, ohne Kahlpunkte, schwarz, gelb bestäubt, Halsschild breiter als lang, grob zerstreut punktirt, vorn eingeschnürt, vor dem Schildchen eine rundliche Grube, Flügeldecken sehr fein punktirt-gestreift. Lg. 9—11 mm. Kt. Schaffhausen, Burgdorf, Siselen, St. Gallen, Sitten, Aigle. **Bardanae** F.

16. Langgestreckt, grau behaart und gelb bestäubt, Fühler und Tarsen roth, Augen oval, Rüssel so lang als das Halsschild, gebogen, punktirt, mit undeutlicher Rinne an der Wurzel, Halsschild konisch, vorn stark eingeschnürt, dicht und fein gekörnt, mit 4 dichter behaarten Längsbinden, Flügeldecken etwas mehr als doppelt so lang als zusammen breit, fein punktirt-gestreift, die Zwischenräume etwas querrunzlig. Lg. 9—14 mm. Br. 2,6—5 mm. (pollinosus Germ.). Selten, auf Disteln. Bern, Wallis. **Cardui** Ol.
— Dem Vorigen äusserst ähnlich, kleiner, schmäler, Halsschild vorn nicht oder ganz schwach eingeschnürt, dichter und feiner gekörnt mit einzelnen eingestreuten Punkten, Flügeldecken dreimal so lang als breit, stärker punktirt-gestreift, die Punkte gedrängter und mehr viereckig. Lg. 7—11 mm. Br. 2—3 mm. Nicht selten. Genf, Wallis, Basel, Schaffhausen. **Filiformis** F.

Gatt. **Coelosthetus** Capt.

(Bangasternus Gozis.)

Die Klauen ungleich, die äussern grösser; länglich eiförmig, bräunlich und fleckig grau behaart, gelb bestäubt, Rüssel kurz und dick, gekielt und zweifurchig, der Kiel vorn gespalten, die Stirn neben den Augen mit zwei weissen Haarbüscheln, Halsschild konisch, breiter als lang, vorn eingeschnürt, die Seiten dichter behaart, Flügeldecken punktirt-gestreift, die Zwischenräume etwas vertieft. Lg. 5—6 mm. Br. 2,2—2,7 mm. (antiodontalgicus Rdt.) Dubius civis. **Orientalis** Capt.

Gatt. **Rhinocyllus** Germ.

Länglich eiförmig, gelblich behaart und mit weisslichem Toment gefleckt, gelb bestäubt, Fühler röthlich, Rüssel kurz, dick, vertieft und fein gekielt, mit einem Grübchen an der Wurzel, Halsschild sehr wenig schmäler als die Flügeldecken, breiter als lang, vorn eingeschnürt, dicht punktirt, an der Basis zweimal gebuchtet, an den Seiten dichter behaart, Flügeldecken punktirt-gestreift, die Streifen an der Wurzel tiefer, die Tarsen und manchmal auch die Schienen röthlich. Lg. 4—7 mm. Br. 2,2—2,7 mm. Stellenweise häufig. (R. latirostris Latr.) **Conicus** Frölich.

Var. b. Kleiner und etwas flacher v. **Olivieri** Gyll. Seltener. Genf, Neuchâtel, Schaffhausen.

Gatt. **Larinus** Germ.

1. Rüssel gekielt mit einer starker Furche jederseits . 2
— Rüssel nicht oder schwach gekielt, ohne Furchen . 3
2. Oval, Flügeldecken mit grossen, unregelmässigen Flecken, der hintere Viertheil fast ganz weisslichgelb beschuppt, Halsschild ebenfalls mit weissgelben Flecken, auf der Vorderhälfte die Mittellinie, auf der hintern zwei schiefe Linien; Rüssel gekielt, mit zwei Furchen, Halsschild stark konisch, vorn eingeschnürt, runzlig punktirt, Flügeldecken mit einem schiefen Eindruck an der Wurzel. Lg. (ohne Rüssel) 8 bis 12 mm. Br. 4½—7 mm. Chamouny. **Vulpes** Ol.
— Flügeldecken ohne solche grosse Flecken, nur schwach

und sparsam grünlich gefleckt, nur an der Wurzel des 3. Zwischenraumes ist ein grösserer, dichter behaarter Fleck und mitunter ist auch der 1. oder 3. Zwischenraum etwas dichter behaart, Halsschild an den Seiten dichter behaart, mitunter auch in der Mittellinie; Rüssel gekielt mit einer Furche jederseits, Halsschild nach vorn stark verengt, dicht körnig gerunzelt. Lg. 7—12 mm. Br. 4—7 mm. Sehr selten. Engadin, Schaffhausen. **Senilis** F.

3. Rüssel dick und kurz, fast gerade, mit feinem Kiel, Fühlerschaft sehr kurz; Körper sehr kurz, mit feinem Toment fleckig besetzt, Halsschild quer, dicht punktirt, Flügeldecken fein punktirt-gestreift. Lg. $5^1/_2$—$6^1/_2$ mm. Br. 3—$3^1/_2$ mm. Basel, St. Gallen, Nürenstorf, Lugano, St. Bernhard, häufig auf der Schaarenwiese bei Schaffhausen, Simplon. **Obtusus** Schh.

— Rüssel nicht oder wenig kürzer als das Halsschild 4

4. Rüssel gegen die Spitze verschmälert, längsrunzlig punktirt, mitunter mit feinem Kiel, Körper mit feinem Toment gefleckt, Halsschild stark konisch, vorn eingeschnürt, dicht runzlig punktirt, die Punkte von ungleicher Stärke; Flügeldecken fein punktirt-gestreift. Lg. 6—8 mm. Br. 3—4 mm. Kt. Zürich, Aargau, Bern, Wallis, Aigle. **Turbinatus** Dej.

— Rüssel gegen die Spitze nicht verschmälert . . . 5

5. Halsschild dicht und grob runzlig punktirt, ein Fleck an der Wurzel des 2. Zwischenraumes dicht behaart 6

— Halsschild mit doppelter, grober und fein runzliger Punktirung, Flügeldecken meist ohne Fleck auf dem zweiten Zwischenraume 7

6. Rüssel wenig kürzer (♂), oder länger (♀) als das Halsschild, an der Wurzel fein gekielt, Halsschild konisch, an der Basis stark zweimal gebuchtet, mit feiner, oft undeutlicher Mittelfurche, die Seiten etwas dichter behaart, Flügeldecken stark punktirt-gestreift. Lg. 11—13 mm. Br. $5^1/_2$—6 mm. Häufig auf Disteln. (Pollinis Laich.) Eine sehr veränderliche Art. **Sturnus** Schall.

— Dem Vorigen äusserst ähnlich, aber kleiner, verhältnissmässig kürzer, gewölbter, der Rüssel stärker gekrümmt, Halsschild feiner punktirt, Flügeldecken kürzer, gewölbter. Lg. 8—11 mm. Br. 4—5 mm. Engadin. **Conspersus** Schh.

7. Körper kurz eiförmig, Halsschild mit doppelter Punktirung, Rüssel ohne Kiel, beim ♀ so lang als das Halsschild, Seiten des Halsschildes und 2 oft undeutliche Streifen über die Scheibe dichter behaart, 2. Zwischenraum meist mit einem hell behaarten Fleck an der Basis, Vorderschenkel gezähnt. Lg. 4—7 mm. Br. 2—4 mm. Häufig, auf Disteln. **Jaceae** F.
— Körper länglich eiförmig 8
8. Flügeldecken 1³/₄ mal so lang als breit, Halsschild vorn nicht oder kaum eingeschnürt, Oberseite mit dichtem Toment bekleidet, der an den Seiten des Halsschildes dichter steht, Rüssel dick, beim ♀ länger als das Halsschild, fein runzlig punktirt, mit ziemlich deutlichem Kiel, die grossen Punkte des Halsschildes sind zahlreich, Unterseite ziemlich dicht weiss behaart. Lg. 7—9 mm., Br. 3—4 mm. Sehr selten. Wallis (rusticanus Gyll.) **Virescens** Boh.
— Flügeldecken 1¹/₂ mal so lang als breit, Halsschild vorn stark und ziemlich breit eingeschnürt, Oberseite mit dünnem, fleckigem, weisslichem Toment spärlich bekleidet, der an den Seiten des Halsschildes etwas dichter steht, Rüssel ziemlich dick, beim ♀ kaum so lang als das Halsschild, ziemlich grob runzlig punktirt, die grossen Punkte des Halsschildes sind wenig zahlreich, Unterseite spärlich weiss behaart 9
9. Rüssel mit schwachem kurzem Kiel, Halsschild wenig kürzer als breit. Lg. 6¹/₂—7¹/₂ mm. Genf, Wallis, Kt. Bern, Basel, Zürich, Schaffhausen. **Planus** F.
— Rüssel ohne Kiel, Halsschild deutlich breiter als lang. Lg. 6¹/₂—8 mm. Genf, Neuchâtel, Basel, Bern, Schaffhausen, Siders, Aigle. **Carlinae** Ol.*)

Liparini.

1. Augenlappen bewimpert, Körper gross, Spitze aller Schienen umgebogen und in einen Haken ausgezogen 2
— Augenlappen unbewimpert oder fehlend, Körper klein 3
2. Oberseite ohne Schuppen. **Molytes** Schh.

*) Ich halte diese letztere Art für eine blosse Varietät von L. planus. Die unterscheidenden Merkmale sind zu wenig ausgeprägt und alle Larinus-Arten sind veränderlich. Im frischen Zustand sind alle ockergelb bestäubt, aber dieser Staub ist sehr flüchtig und kann nur erhalten werden, wenn das Thier sorgfältig lebendig gespiesst wird; übrigens ist die Sculptur schwerer zu erkennen, so lange das Thier bestäubt ist.

— Oberseite beschuppt. **Plinthus** Germ.
3. Oberseite kahl oder höchstens mit sehr feinen Börstchen sparsam besetzt. **Liosoma** Stephens.
— Oberseite mit Schuppen und Borsten besetzt . . 4
4. Vorderrand des Halsschildes mit Augenlappen, Schenkel keulenförmig verdickt und gezähnt, Vorderschienen in der Mitte am Innenrand erweitert, vier Reihen auf dem Halsschild und die abwechselnden Zwischenräume der Flügeldecken mit abstehenden Borsten besezt. **Trachodes** Schh.
— Vorderrand des Halsschildes ohne Augenlappen, Schenkel ungezähnt. **Adexius** Sch.

Gatt. **Molytes** Schh.

1. Hinterrand des Halsschildes gelb behaart, Flügeldecken flach gerunzelt, und jede Runzel mit einem eingestochenen Punkte, ein Punkt jederseits auf dem Halsschild und einige kleine Flecken der Flügeldecken gelb behaart, Schenkel mit spitzigem Zahn. Lg. 11—13 mm. Häufig überall. **Coronatus** Latr.
— Hinterrand des Halsschildes nicht behaart, Schenkel nicht gezähnt, höchstens etwas winklig erweitert . 2
2. Runzeln der Flügeldecken ohne Punkte, diese mit zahlreichen gelben Flecken, Halsschild mit grösseren, seichten Punkten nicht dicht bestreut. Lg. 14 bis 16 mm. Nicht selten in den Thälern und im Gebirg, sogar bis 6000′. **Germanus** Latr.
— Runzeln der Flügeldecken mit Punkten, diese ohne gelbe Flecken, Halsschild mit kleinen, tiefen Punkten ziemlich dicht bestreut. Lg. 16—20 mm. Selten, in den ebenern Theilen der Schweiz und in den Thälern, im Gebirg fehlend. **Glabratus** F.

Gatt. **Plinthus** Germ.

1. Flügeldecken wenig breiter als das Halsschild, doppelt so lang als breit, Halsschild so lang als breit mit stark erhabenem Mittelkiel, Flügeldecken gekörnt, die Naht und die abwechselnden Zwischenräume erhaben. Lg. 8—10 mm. Genf, Wallis, Neuchâtel, Jura, Schaffhausen, Zürich. **Caliginosus** F.

Gatt. **Meleus** Megerle.

1\. Länglich eiförmig, nicht dicht bräunlich beschuppt, die Spitze und eine Querbinde vor derselben weiss beschuppt, Rüssel dicht punktirt mit einigen schwach erhabenen Längslinien, Halsschild runzlig punktirt mit starkem Mittelkiel; die Flügeldecken punktirt-gestreift, die abwechselnden Zwischenräume stark erhaben und fein gekörnt. Lg. 10—12 mm. Im Neuchâteller Jura, Basel. **Megerlei** Panz.

— Eiförmig, sehr sparsam behaart, Fühler und Beine röthlich, Rüssel gekielt, Halsschild mit starkem, den Hinterrand aber nicht erreichendem Kiel, sehr grob, ungleich punktirt, Flügeldecken grob punktirt, die abwechselnden Zwischenräume etwas erhaben, gekörnt und mit einer Borstenreihe besetzt. Lg. 7—9 mm. Sehr selten. Aarau. **Sturmi** Germ.

Gatt. **Liosoma** Steph. (Leiosomus Schh.)

1\. Die Episternen des Metathorax sind dicht weiss beschuppt 2

— Die Episternen des Metathorax sind nicht beschuppt 3

2\. Schenkel mit kleinem, spitzigem Zahn, namentlich die Vorderschenkel, Halsschild ziemlich dicht und grob punktirt, nicht breiter als lang, etwas vor der Mitte am breitesten, Flügeldecken grob punktirt-gestreift, die Zwischenräume eben mit einer sehr feinen Punktreihe, und mit sparsamen, sehr flüchtigen, nur durch das Mikroskop deutlich sichtbaren, abstehenden Börstchen besetzt, Fühler und Tarsen roth, öfter auch die Spitze der Schienen. Lg. 2½—3 mm. Nicht selten und über die ganze ebenere Schweiz verbreitet. (deflexum Panz., impressum Panz.) **Ovatulum** Clairv.

— Schenkel ungezähnt, etwas länglicher als der vorige, Flügeldecken etwas feiner punktirt, ausser den Fühlern und Tarsen auch die Schienen röthlich oder braun. Lg. 2½—3½ mm. Sehr selten. Genf. **Oblongulum** Schh.

3\. Schwarz, glänzend, mit äusserst zarten, nur mikroskopisch wahrnehmbaren Börstchen spärlich besetzt, Halsschild seitlich wenig gerundet, ziemlich dicht und grob punktirt, Flügeldecken kaum länger als in der Mitte breit, punktirt-gefurcht, die Zwischenräume rippenartig erhaben mit feiner Punktreihe, Fühler und Beine roth. Lg. $1^2/_3$—2 mm. Selten. Genf, Zürich, Macugnaga. **Cribrum** Str.

— Dem Vorigen sehr ähnlich, das Halsschild etwas länger als breit, kaum feiner punktirt, Flügeldecken $1^1/_2$ mal so lang als breit, punktirt-gefurcht, die Zwischenräume schmäler und höher als beim vorigen, Fühler roth, Beine braun, die Schenkel öfters dunkel. Lg. 2 mm. Bei Lugano. **Concinnum** Schh.

Gatt. **Trachodes** Germ.

Länglich eiförmig, gelblich und braun beschuppt, Halsschild und Flügeldecken mit keulenförmigen Borsten besetzt, Rüssel länger als Kopf und Halsschild, dünn, gebogen; Halsschild etwas länger als breit, fein und dicht punktirt, Flügeldecken viel breiter als das Halsschild, $1^1/_4$ so lang als breit, tief punktirt-gestreift, die abwechselnden Zwischenräume etwas erhabener und mit Borsten besetzt, Schenkel stark gezähnt, Schienen an der Innenseite erweitert. Lg. 3—$3^1/_2$ mm. Genf, Bern, Basel, Schaffhausen, Dübendorf, Jorat. **Hispidus** L.

Gatt. **Adexius** Schh.

Schwarz, mit langen, dünnen, abstehenden Borsten nicht dicht besetzt, Halsschild mit grossen seichten Punkten, etwas breiter als lang, Flügeldecken fast kugelig, mit Reihen grosser Punkte, die Zwischenräume schmäler als die Streifen, Schenkel ungezähnt. Lg. 3 mm. Selten, unter Moos; Genf, Waadt, Basel, Schaffhausen. **Scrobipennis** Gyll.

Hylobiini.

1. Hüften der Vorderbeine einander berührend, Fühler nahe der Spitze des Rüssels eingefügt 2

— Hüften der Vorderbeine durch einen schmalen Fortsatz der Vorderbrust getrennt, Fühler näher der Mitte des Rüssels eingefügt. **Pissodes** Germ.

2. Vorderrand des Halsschildes ohne Augenlappen, Vorderschienen mit fast geradem Innenrand. **Lepyrus** Germ.

— Vorderrand des Halsschildes mit ziemlich starken Augenlappen, Vorderschienen mit zweibuchtigem Innenrand. **Hylobius** Schh.

Gatt. Lepyrus Germ.

1. Schildchen sehr klein, grau beschuppt und behaart, mit undeutlicher Mittellinie, Flügeldecken fein punktirt-gestreift, 1 Punkt vor der Spitze jeder Flügeldecke weiss beschuppt, Bauch ohne helle Flecken. Lg. 9—11 mm. Häufig überall. **Binotatus** F.

— Schildchen ziemlich gross, dreieckig, Flügeldecken stark punktirt-gestreift, grau und braun, etwas scheckig beschuppt, 1 Punkt auf der Scheibe jeder Flügeldecke, die Seiten des Halsschildes und einige Flecken jederseits am Bauche weiss beschuppt. Lg. 9—12 mm. Häufig überall. **Colon** F.

Var. Flügeldecken ohne den weiss beschuppten Punkt, oder er ist undeutlich. v. **Canus** St.

Gatt. Hylobius Schh.

1. Schildchen glatt, glänzend, Schenkel mit schwachem undeutlichem Zahn, Halsschild grob runzlig punktirt mit abgekürztem Kiel und mit Eindrücken, Flügeldecken seitlich fast parallel, mit Streifen grosser, länglicher Punkte, ebenen, gekörnten Zwischenräumen und mit gelbbehaarten Flecken überstreut. Lg. 12—16 mm. Ziemlich selten, aber in allen Schweizer Alpen. **Pineti** F.

— Schildchen dicht punktirt und behaart, Schenkel deutlich gezähnt, Flügeldecken mit behaarten Fleckenbinden 2

2. Halsschild stark quer; Rüssel fein punktirt, nahezu glatt, Oberseite überall äusserst fein gelbschuppig behaart, die Häärchen bilden auf den Flügeldecken vorn unvollständige, hinten deutlichere Querwellen. Langgestreckt, parallel, vom Aussehen eines Pissodes, rothbraun, Fühler und Beine heller gelbroth, Halsschild mit feiner erhabener Längslinie, Scheibe namentlich an den Seiten gekörnt, Schildchen dicht gelb behaart, Flügeldecken 3 mal so lang als breit, die dicht punktirten Streifen bis zur Apikalbeule

von gleicher Stärke; Schenkel stark gekeult und gezähnt. Lg. (rostro excl.) 9 mm. (Wiener Ztg. X. p. 97.) Emmenthal. **Huguenini** Rttr.
— Halsschild fast so lang als breit, Rüssel grob punktirt, Oberseite spärlich behaart 3
3. Seiten der Hinterbrust neben den Episternen derselben punktirt, nicht glatt und glänzend 4
— Seiten der Hinterbrust neben den Episternen derselben der Länge nach glatt und glänzend. Braunroth, Halsschild sehr grob runzlig punktirt, Schenkel stark gezähnt. Lg. 9½—10½ mm. Selten. Genf, Wallis, Waadt. **Fatuus** Rossi.
4. Grösser, Halsschild grob und dicht punktirt, die schmalen Zwischenräume auf der Scheibe zu Längsrunzeln zerflossen, Flügeldecken mit bis zur Apikalbeule nahezu gleich starken Punktstreifen, Bauch an den Seiten gelbfleckig behaart, Beine dunkel. Lg. 10—13 mm. Gemein. **Abietis** F.
— Viel kleiner, Halsschild dicht und stark punktirt, die Punkte rund, nicht längsrunzlig ineinander verflossen, Flügeldecken an der Basis mit sehr starken, nach hinten allmählig feiner werdenden Punktstreifen, Bauch ziemlich gleichförmig behaart. Hinterbrust am Hinterrande rundlich eingedrückt, glatt, beim ♂ grubig vertieft und glänzend. Beine braunroth. Lg. 7½—9 mm. Selten. Genf, Neuchâtel. **Pinastri** Gyll.

Gatt. **Pissodes** Germ.

1. Hinterecken des Halsschildes scharf, Flügeldecken mit grauen und gelben Schuppen besetzt, die hinter der Mitte zu einer Querbinde und vor der Mitte zu einem Querfleck verdichtet sind 2
— Hinterecken des Halsschildes stumpf oder abgerundet, der 3. und 5. Zwischenraum der Flügeldecken etwas erhaben 6
2. Hinterecken des Halsschildes spitz, Hinterrand deutlich zweibuchtig, die hintere Schuppenbinde ist aussen breiter als innen 3
— Hinterecken des Halsschildes rechtwinklig, Hinterrand kaum zweibuchtig, Flügeldecken in den Streifen mit gleichen Punkten besetzt 4
3. Die Streifen der Flügeldecken mit grossen Punkten, die ersten 6 Zwischenräume, namentlich aber der 3. und 4. ungefähr in der Mitte der Flügeldecken mit

viel grössern, grubenartigen Punkten, der 3. und 5. Zwischenraum etwas erhabener, die hintere Binde einfärbig gelb und auch die einzelnen Schuppen, mit denen die Oberfläche bestreut ist, gelb. Lg. 7 bis 10 mm. Nicht selten in der ebeneren Schweiz und den Thälern. **Piceae** Ill.

— Die Streifen der Flügeldecken mit ziemlich kleinen, gleichmässigen Punkten besetzt, die abwechselnden Zwischenräume kaum erhabener, die hintere Schuppenbinde meist 2farbig, innen grau, aussen gelb, Oberfläche mit weisslichen Schuppen bestreut. Lg. 5 bis 7 mm. Häufig überall. **Notatus** F.

4\. Streifen der Flügeldecken mit kleinen Punkten, die abwechselnden Zwischenräume etwas erhabener, die hintere Querbinde ist aussen breiter als innen und meist 2farbig, nach innen weisslich, nach aussen gelb, Oberseite ausserdem zerstreut weisslich beschuppt. Lg. 5—7 mm. (Strobili Redt.) Im Wallis häufig auf Kiefern, sonst selten. Zürich, Bern, Basel, Aargau, Val Ferret, Siders, Bünzen. **Validirostris** Gyll.

— Streifen der Flügeldecken mit grossen länglich viereckigen Punkten, die hintere Binde schmal, einfärbig 5

5\. Halsschild nach hinten kaum verschmälert, seitlich fast nicht gerundet, Oberseite im übrigen mässig dicht beschuppt, die Schuppen gelb. Lg. 7—9 mm. Nicht selten und bis 6000′ über Meer ansteigend. **Pini** L.

— Halsschild nach hinten deutlich verschmälert, seitlich deutlicher gerundet und daher breiter erscheinend, Oberseite im übrigen fast kahl. Lg. 6—7 mm. Sehr selten. Val Entremont. **Gyllenhali** Schh.

6\. Schwarz, Halsschild ausser den 4 in einer Querlinie stehenden Punkten gewöhnlich noch mit einigen Flecken sehr dicht punktirt, wenig breiter als lang, Flügeldecken mit zwei Querbinden, eine vor, die andere hinter der Mitte, sonst fast kahl, Streifen der Flügeldecken mit grossen länglichen Punkten. Lg. 5—6 mm. Selten. Wallis, Gadmenthal, Bündten, Kt. Zürich. **Harzyniae** Herbst.

— Braun, Streifen der Flügeldecken mit kleinen Punkten, eine Querbinde in der Mitte und ausserdem die Oberseite ziemlich dicht beschuppt, Halsschild kürzer als beim vorigen, ausser den 4 Punkten ungefleckt. Lg. 4—5 mm. Bünzen im Kt. Aargau, Val Ferret. **Piniphilus** Herbst.

Erirrhinini.

1. Tarsen breit, das 3. Glied breit 2lappig, meist mit schwammiger Sohle 2
— Tarsen schmal, ohne schwammige Sohle, das 3. nicht oder wenig breiter als das 2., Beine lang und dünn 11
2. Das Klauenglied das 3. Tarsenglied weit überragend, an den Schienen der innere Spitzenwinkel in einen Haken ausgezogen 3
— Das Klauenglied kurz und breit, kaum länger als die Lappen des 3. Tarsengliedes oder fehlend . . 9
3. Klauen frei 4
— Klauen verwachsen, Körper klein. **Smicronyx** Schh.
4. Flügeldecken an den Schultern fast doppelt so breit als das Halsschild, vor der Spitze mit einer Schwiele, Schenkel ungezähnt. **Grypidius** Schh.
— Flügeldecken mässig, oder nicht breiter als das Halsschild 5
5. Flügeldecken an der Wurzel breit ausgerandet, die Schultern deutlich nach vorn vorspringend, Vorderschienen nicht oder schwach zweibuchtig, Halsschild meist so breit als die Flügeldecken. **Pachytychius** Jekel.
— Flügeldecken an der Basis nicht oder schwach ausgerandet, die Schultern nicht oder kaum vorspringend, Vorderschienen meist innen zweibuchtig 6
6. Schenkel ungezähnt 7
— Schenkel gezähnt. **Dorytomus** Germ.
7. Tarsen mit schwammiger Sohle. **Erirrhinus** Schh.
— Tarsen ohne schwammige Sohle, Vorderrand des Halsschildes mit deutlichen Augenlappen 8
8. Mittelhüften den Vorderhüften nicht näher stehend als der Spitze des Abdomens, Schenkel ziemlich stark gekeult, Flügeldecken mit deutlichen Schultern. **Pseudostyphlus** Tourn.
— Mittelhüften den Vorderhüften viel näher stehend als der Spitze des Abdomens, Schenkel schwach gekeult, Flügeldecken ohne Schultern, Fühlergeissel 6gliedrig. **Orthochaetes** Germ.
9. Das 4. Tarsenglied fehlt ganz, das 3. ist herzförmig, Rüssel dick. **Anoplus** Schh.
— Das 4. Tarsenglied ist vorhanden, das 3. zweilappig, Rüssel dünn 10
10. Klauen im Grund aneinanderstehend, das 4. Glied

deutlich über die Lappen des 3. hinausragend, Körper langgestreckt, zylindrisch. **Brachonyx** Schh.

— Klauen am Grund weit auseinanderstehend, das 4. Glied kaum über die Lappen des 3. vorragend, Körper kurz. **Tanysphyrus** Germ.

11\. Vorderrand des Halsschildes mit starken Augenlappen, alle Schienen mit langen, spitzen Haken am Ende, das 4. Tarsenglied kürzer als die vorhergehenden zusammen, bei einigen Arten 2lappig. . . . 12

12\. Erstes Glied der Fühlergeissel länger als das 2. **Hydronomus** Schh.

— Erstes Glied der Fühlergeissel kurz 13

13\. Fühler vor der Mitte des Rüssels eingelenkt. **Bagous** Germ.

— Fühler in der Mitte des Rüssels eingelenkt, Körper schmal zylindrisch. **Lyprus** Schh.

Gatt. **Grypidius** Schh.

1\. Die abwechselnden Zwischenräume der Flügeldecken erhabener; schwarz, die Brust, die Seiten des Halsschildes und der Flügeldecken und deren letzter Dritttheil weiss beschuppt. Lg. $3^1/_2$—$6^1/_2$ mm. Auf Sumpfwiesen häufig, noch am Simplon bei 4000′ ü. M. **Equiseti** F.

Var. b. Die Scheibe des Halsschildes, die Naht und die Tuberkeln der Flügeldecken heller braun beschuppt, Flügeldecken dichter weisslich beschuppt. Mt. Rosa, Basel, Genf. v. **atrirostris** F.

— Die abwechselnden Zwischenräume nicht erhabener, Oberseite ziemlich gleichmässig graubraun beschuppt, die Beine heller oder dunkler braun. Lg. 4—$4^1/_2$ mm. **Brunnirostris** F.

Var. b. Major. Neuenburg.

Gatt. **Erirhinus** Schh.

Untergattungen.

1\. Augen rund, Vorderrand des Halsschildes ohne Augenlappen, alle Schienen gekrümmt, Marginalsaum der Decken nicht umgeschlagen, Körper dicht grau beschuppt. Subg. **Erirhinus** Sch.

— Augen länglich oval, Vorderrand des Halsschildes

mit deutlichen Augenlappen, Schienen gerade, höchstens die vorderen schwach gebogen, Marginalsaum der Decken umgeschlagen. Subg. **Notaris** Germ.

Subg. **Erirhinus** Schh.

1. Rüssel fast unpunktirt, kürzer, Flügeldecken grau beschuppt mit undichter beschuppten Flecken neben der Naht, Fühler mehr der Spitze genähert. Lg. 3 bis 4 mm. Br. 1,25—1,75 mm. Selten. Wallis, Waadt. **Nereis** P.

— Rüssel länger, dicht punktirt und etwas gestreift, Flügeldecken mit runden grauen Schuppen bedeckt, eine weisse Makel hinter der Mitte, Fühler weiter von der Spitze entfernt inserirt. Lg. 3—5½ mm. Br. 1,75—2 mm. Nicht selten überall. **Festucae** Herbst.

Subg. **Notaris** Steph.

1. Oberseite fast kahl, nur sparsam fein behaart, Rüssel nicht gestreift, Augenlappen deutlich 2
— Flügeldecken dicht beschuppt oder fleckig behaart, Augenlappen stark 3
2. Schildchen gross, Metasternum seitlich zwischen Mittel- und Hinterhüften länger als der Durchmesser der Mittelhüften, die Punktirung des Metasternum reicht bis an die Episternen; Flügeldecken fein punktirt-gestreift, mit breiten Zwischenräumen, der ganze Körper schwarz. Lg. 5,5—7 mm. Sehr selten. Vallorcine im Wallis. **Aethiops** F.

— Schildchen punktförmig, Metasternum zwischen Mittel- und Hinterhüften nicht länger als der Durchmesser der Mittelhüften, Flügeldecken gekerbt-gestreift mit schmalen Zwischenräumen, Körper schwarz. Lg. 3,5 bis 4 mm. Selten. Kt. Zürich, Jura. **Märkelii** Sch.

3. Rüssel deutlich punktirt-gestreift, Schienen innen höchstens undeutlich gekerbt 4
— Rüssel nicht gestreift, die Seiten der Hinterbrust nicht beschuppt, Flügeldecken schwach punktirt-gestreift, die Zwischenräume gekörnt, Oberseite mit braunen Häärchen undicht bekleidet, 1 Punkt auf jeder Flügeldecke dicht behaart. Lg. 7—9 mm. Selten. Unter Steinen und in den Samenkolben der

Typha latifolia. Bielersee, Mels, Büren, Thalweil, Wallis. **Bimaculatus** F.

Var. Die abwechselnden Zwischenräume der Flügeldecken dichter beschuppt und daher heller erscheinend, der helle Fleck der Flügeldecken fehlend, oder vorhanden. Mit der Stammform v. **Frivaldskyi** Tourn.

4. Die Seiten der Hinterbrust nicht weiss beschuppt, Schildchen kaum behaart, Oberseite mit braungelben Haaren sehr sparsam, scheckig besetzt, die Behaarung flüchtig, leicht abreibbar. Lg. 4—5 mm. Selten, aber weit verbreitet und bis zu 5500' über Meer ansteigend. **Acridulus** L.

Var. b. Auf jeder Flügeldecke befindet sich etwas hinter der Mitte ein weissbehaarter Punkt. Mit der Stammform v. **punctum** F.

Var. c. Die innern Streifen der Flügeldecken sehr stark punktirt, die ersten Zwischenräume auf dem Rücken glatt, Beine schwarz. Sehr selten. Engadin. v. **montanus** Kr.

— Die Seiten der Hinterbrust dicht weiss beschuppt und behaart, Schildchen dicht gelb behaart, Oberseite mit braungelben, schuppenförmigen Häärchen ziemlich dicht scheckig besetzt, 1 Punkt auf jeder Flügeldecke ganz dicht behaart. Lg. 6—7,7 mm. Selten. Aarau, Basel, Schaffhausen. **Scirpi** F.

Subg. **Dorytomus** Germ.

1. Prosternal-Vorderrand nicht oder sehr flach ausgerandet, Flügeldecken hinter der Mitte mit mehr oder weniger deutlich erhabener Schwiele, die heller oder wenigstens dichter behaart ist, als die umliegenden Theile der Decken 2

— Prosternal-Vorderrand scharf, wenn auch flach ausgeschnitten, der Ausschnitt kurz bewimpert und beiderseits durch einen erhabenen Kiel begrenzt, Decken hinten ohne oder mit schwacher Schwiele, diese nie heller und dichter behaart 15

2. Mesosternalfortsatz zwischen den Hüften schmal, mit parallelen Seiten; Vorderschienen so lang oder wenig kürzer als ihre Schenkel, 2. Glied der Hintertarsen so lang oder kaum kürzer als breit, Prosternal-Vorderrand mit nicht dicht gestellten, namentlich unter den Augen längern, verschieden langen Haaren gefranst 3

— Dieser Mesosternalfortsatz breiter, keilförmig, Vorderschienen deutlich kürzer als ihre Schenkel, 2. Glied der Hintertarsen breiter als lang 4

3. Wölbungslinie des Scheitels und Rüssels an der Basis des letztern sattelförmig eingesenkt, Vorderschenkel dünner und länger als die hintern, Rüssel und Vorderbeine bei ♂ und ♀ verschieden lang. Lg. 4—8 mm., Br. 1,5—3,2 mm. (vorax. F., macropus Redt., planirostris Tourn. und Frivaldskyi Tourn.). Nicht selten überall. **Longimanus** F.

Var. Rostroth oder gelb, Rüssel und Brust pechschwarz. v. **ventralis** Steph.

Var. Gelb und nur der Rüssel dunkel v. **macropus** Redt.

Var. Der Scheitel über den Augen weniger gewölbt, Rüssel kürzer, Flügeldecken tiefer punktirt-gestreift v. **meridionalis** Dbr.

— Wölbungslinie des Scheitels und Rüssels ohne sattelförmige Einsenkung; Vorderschenkel nicht dünner, aber kürzer als die hintern, der Rüssel bei ♂ und ♀ gleich lang, ebenso die Vorderbeine. Lg. 3,5 bis 5,25 mm., Br. 1—2 mm. Nicht selten im Wallis. **Schönherri** F.

4. Prosternal-Vorderrand mit gleich langen, kurzen, dicht gestellten, nach vorn gerichteten Haaren bebewimpert 5

— Prosternal-Vorderrand weder behaart noch bewimpert 12

5. Augenentfernung gleich der Rüsselbreite 6

— Augenentfernung beim ♂ auffallend, beim ♀ nur wenig geringer als die Rüsselbreite 10

6. Flügeldecken wenigstens vor der Spitze und an den Seiten mit aufstehenden Börstchen; verlängt, flach, Kopf, Rüssel und Unterseite schwarz, die Behaarung weisslich und gelb, die Seiten des Halsschildes, die Schultern und die Basis des 2. Zwischenraumes dichter behaart; Rüssel so lang als Kopf und Halsschild, schwach gekrümmt, runzlig punktirt und undeutlich gestreift, Halsschild kurz und seitlich gerundet erweitert, stark punktirt, Flügeldecken unter der Schwiele nicht eingedrückt, punktirt-gestreift, der Aussenrand und ein Streifen über die Scheibe der Flügeldecken dunkel, Schenkel dick mit kleinem, deutlichem Zahn. Lg. 2,5—3,8 mm., Br. 1—1,4 mm. Selten. Schaffhausen (majalis Gyll, taeniatus

Gyll., Sahlb., Thoms, Zett. ex parte, Flavipes, F. Redt.) Genf, Unterwallis, Val Entremont. **Flavipes** Panz.

Var. Rostroth, etwas kürzer, Halsschild mehr viereckig, seitlich weniger erweitert, vorn kaum verengt, Flügeldecken braun gefleckt. Wallis, Basel, Aigle. v. **taeniatus** Gyll.

♂ Vorderschienen flach, zweibuchtig, Vorderschenkel unten geradlinig.

♀ Vorderschienen nur an der Wurzel gebuchtet, Flügeldecken ohne aufstehende Börstchen 7

7. Körper kurz, gelbroth, bräunlich pubescent und weisslich behaart, Schildchen und Unterseite braun, Rüssel kaum länger als der Thorax, punktirt, bis zur Fühlereinlenkung behaart, Halsschild quer, seitlich gerundet, vorn rasch verschmälert, mit 3 behaarten Linien, Flügeldecken mit gerundet vortretenden Schultern, punktirt-gestreift, die Naht dichter weisslich behaart, die Schildchengegend und der hintere Theil mit vielen bräunlichen Haarflecken, Schenkel keulenförmg. Lg. 2,5—4,2 mm., Br. 1—1,9 mm. Selten. Genf. **Nebulosus** Gyll.

— Körper verlängter, Rüssel länger als Kopf und Halsschild, beim ♂ meist deutlich gestreift 8

8. Behaarung auf den Decken kurz, fein und dünn, die Grundfarbe nur wenig dämpfend, Decken breit, einfärbig, Brust braun, Wölbungslinie des Scheitels und Rüssels mit sattelförmiger Einsenkung, Thoraxvorderrand in der Mitte deutlich vorgezogen, Rüssel dünn, wenig gebogen, gestreift bis zur Einlenkungsstelle der Fühler, Halsschild quer, vorn rasch verschmälert, dicht aber undeutlich punktirt, Schenkel keulenförmig, gezähnt. Lg. 4,6—5,6 mm., Br. 2 bis 2,5 mm. (pectoralis Dej., Panz.)

♂ Vorderschienen gegen die Spitze hin gebuchtet, Endhaken vorragend.

♀ Vorderschienen nicht gebuchtet, ohne Endhaken. Genf, Lausanne, Neuchâtel, Basel, Schaffhausen, St. Gallen, Wallis. **Tortrix** L.

— Behaarung auf den Decken länger, dichter und dicker, die Grundfarbe gedämpft, Decken schmäler, einfärbig oder mit Längsflecken 9

9. Rüssel kürzer als die halbe Körperlänge, bis zur Fühler-Einlenkung deutlich gestreift, Fühler kürzer, 3. und 4. Geisselglied an Länge kaum verschieden, Decken mit einem dunkeln Längsflecken neben der

Naht, an den Seiten röthlich, Vorderschenkel oben und unten gleichmässig gerundet, verdickt, Analsegment allein roth oder heller gefärbt als die übrigen; Körper langgestreckt, flach, Halsschild wenig gerundet, vorn schwach verengt, undeutlich punktirt, Beine mit dunkeln Knieen, Schenkel keulenförmig. Lg. 3 bis 4,5 mm., Br. 1,3—4,7 mm. (bituberculatus Redt., Zett.) Ziemlich selten, aber über die ganze Schweiz.
Suratus Gyll.

— Rüssel von halber Körperlänge, beim ♂ bis fast zur Spitze deutlich gestreift, beim ♀ höchstens an der Wurzel mit Spuren von Streifen, Fühler länger, das 3. Geisselglied deutlich länger als das 4., Decken rostroth, einfärbig oder mit wenigen kleinen Flecken, dicht gelbroth behaart, Halsschild seitlich sehr wenig gerundet, nach vorn allmählig verengt, Vorderschenkel oben gerundet, unten concav, Analsegment nicht heller gefärbt. Lg. 4—5,5 mm., Br. 1,2—1,5 mm. (tomentosus Fairm., Debr., schweiz. Mittheil., Riehlii Bach, autumnalis Riehl). Selten, Genf, Aarau, Domleschg.
Filirostris Gyll.

10. Wölbungslinie des Scheitels und Rüssels mit sattelförmiger Einsenkung an der Rüsselbasis, Rüssel dünn, an der Wurzel deutlich dicker, Vorderschenkel stark keulenförmig und gezähnt, Vorderschienen wenigstens an der Wurzel tief ausgerandet, Körper rostbraun, grau, etwas fleckig pubescent. Lg. 3,6—6 mm., Br. 1,2—2,5 mm. (vecors Gyll., Schh., tenuirostris Boh., variegatus, tremulae Redt., amplithorax Debr., schweiz. Mitth.) Ziemlich selten. Genf, Wallis, Basel, Schaffhausen, Andermatt, Domleschg. **Tremulae** Payk.

Var. Pechschwarz, rostroth gefleckt und dichter weisslich behaart, Fühler und Beine röthlich, Halsschild etwas schmäler, Flügeldecken deutlich punktirt-gestreift. Basel, Neuchâtel, Siselen im Kt. Bern.
v. **variegatus** Gyll.

— Wölbungslinie des Scheitels und Rüssels ohne sattelförmige Einsenkung an der Rüsselbasis; Rüssel kurz, nur wenig länger als der Thorax, dick, gerade, punktirt, nicht gestreift, Thorax-Vorderrand in der Mitte nicht vorgezogen, Decken mit zusammenhängenden hellen und dunkeln Längsflecken, Vorderschenkel beim ♀ nach oben und unten, die des ♂ nur nach oben gerundet erweitert, schwächer gezähnt, Vorderschienen an der Wurzel nur schwach gebuchtet, Flügeldecken ohne aufstehende Borsten 11

11. Käfer nicht über 3 mm. lang, Flügeldecken deutlich breiter als der Thorax, dieser vorn allmählig verengt, Vorderschienen innen fast gerade, an der Wurzel nur sehr schwach gebuchtet. Lg. 2 mm., Br. 1 mm. Sehr selten. Genf, Aarau, Büren, Sitten. **Minutus** Gyll.

— Käfer länger als 3 mm., Flügeldecken nur wenig breiter als der Thorax, dieser vorn plötzlich verengt, Vorderschienen beim ♂ flach, zweibuchtig, beim ♀ nur an der Wurzel gebuchtet. Lg. 3,75—5 mm., Br. 1,4—2 mm. Nicht selten. Genf, Wallis, Neuchâtel. **Validirostris** Gyll.

12. Rüssel punktirt, ohne Spuren von Streifen, schwarz, dicht weissgrau behaart, der Vorder- und Hinterrand des Halsschildes, der Rand der Flügeldecken, die Naht und eine Schulterbinde, Fühler und Beine gelbroth, Augen genähert, Rüssel kurz, kaum länger als das Halsschild, dick, gerade, pubescent, mit rother Spitze; Halsschild kaum länger als breit, seitlich gerundet, dicht punktirt; Flügeldecken parallel, hinten schwach zugespitzt, unter der hintern Schwiele schwach eingedrückt, Schenkel keulenförmig, Vorderschienen an der Wurzel schwach ausgerandet. Lg. 2,5—3,12 mm., Br. 1—1,1 mm. Genf, Aarau, Wallis, Aigle.
♂ Augenentfernung höchstens halb so gross als die Rüsselbreite, Vorderschenkel mit aufgesetztem starkem Dorn, Vorderschienen, am Grund ziemlich tief gebuchtet.
♀ Augenentfernung wenig kleiner als die Rüsselbreite, Rüssel fein punktirt, Vorderschenkel mit kleinem Dörnchen, Vorderschienen schwach gebuchtet, Analsegment quer eingedrückt. **Occalescens** Gyll.

— Rüssel deutlich längsrunzlig oder wenigstens von der Basis bis zur Fühler-Einlenkung gestreift, Augenentfernung deutlich kleiner als die Rüsselbreite . . 13

13. Rüssel dick, kurz, längsgerunzelt, die Runzeln durch die dichte Behaarung meist undeutlich, Flügeldecken mit einer dunkeln Längsmakel neben der durch dunkle Flecken nicht unterbrochenen Naht, Beine kurz und kräftig, Schienen breit; Halsschild quer, vorn plötzlich verengt, dicht und fein punktirt, Flügeldecken wenig breiter, als das Halsschild, punktirtgestreift, Schultern etwas winklig, Schenkel mit

kleinem Zähnchen. Lg. 3,8—4,5, Br. 1,5—1,7 mm. (edoughensis Debr.) Genf, Wallis, Basel, Schaffhausen, Dübendorf. **Affinis** Payk.

♂ Augenentfernung viel kleiner als die Rüsselbreite, Vorderschienen mit vorragenden Endhaken.

♀ Augenentfernung nur wenig kleiner als die Rüsselbreite, Vorderschienen mit kaum vorragenden Endhaken.

— Rüssel dünner, mindestens so lang als Kopf und Halsschild, mit regelmässigen Streifen, nur an der Basis, oder nur beim ♂ bis zur Fühler-Einlenkung schwach behaart, Beine schlanker, die Schienen nicht so breit, Halsschild gröber punktirt als bei affinis, Flügeldecken unter der Schwiele eingedrückt 14

14. Rüssel beim ♂ und ♀ nur wenig an Länge verschieden, viel länger als Kopf und Halsschild, bis zur Spitze ziemlich tief punktirt-gestreift, 2. Geisselglied viel länger als breit, Halsschild fein zerstreut punktirt, der Vorder- und Hinterrand oft heller gefärbt, sonst pechbraun, Flügeldecken unter der Schwiele sehr schwach eingedrückt, Beine lang, Vorderschienen an der Spitze nicht schief abgestutzt, an der Wurzel gebuchtet. Lg. 4—5,2, Br. 1,2—2 mm. (tremulae Dej., costirostris Gyll., Seidlitz, ex parte Redt.)

♂ Vorderschienen innen zweibuchtig, Endhaken vorragend, Vorderschenkel viel dicker als die hintern, unten gerade bis zur Zahnspitze, dann zu einem rechtwinkligen spitzen Zahn geradlinig abgesetzt.

♀ Vorderschenkel nicht dicker als die hintern, mit kleinem, aufgesetztem Dorn, Vorderschienen nur an der Basis gebuchtet, Endhaken klein, Analsegment eingedrückt. Wallis, Schaffhausen. **Dejeani** Faust.

— Rüssel beim ♂ bedeutend kürzer als beim ♀, Thorax gröber als beim vorigen punktirt, Beine kräftiger und kürzer, Vorderschienen bei ♂ und ♀ zweibuchtig, an der Spitze schräg zur Längsachse abgeschnitten, Endhaken an den vier Vorderschienen grösser, deutlich vorragend; pechbraun und schwarz marmorirt, Vorder- und Hinterrand des Halsschildes heller, Fühler mit Ausnahme der Keule und Beine röthlich, Rüssel ziemlich dick, gebogen, tief punktirt-gestreift, das 2. Geisselglied kaum länger als breit, Halsschild quer, Augenentfernung kleiner als beim vorigen. Lg. 2,7—4,5, Br. 0,9—1,6 mm. (costirostris Sahlb., Gyll.,

Schh., taeniatus F., Herbst., costirostris Seidl.) Fast über die ganze Schweiz verbreitet. **Bitubei culatus** Zett.

♂ Rüssel etwas länger als Kopf und Halsschild, Fühlereinlenkung eine Rüsselbreite von der Spitze, Vorderschenkel nach oben rund, unten gerade und mehr erweitert, dann schräg zu einem breiten Zahn abgesetzt.

♀ Rüssel den Hinterrand der Mittelhüften erreichend, Fühlereinlenkung zwei Rüsselbreiten von der Spitze, Vorderschenkel nach oben und unten ziemlich gleich gerundet, verdickt mit aufgesetztem, feinem Dorn, Analsegment mit Quereindruck.

Var. Beine kürzer und stärker ♂ und ♀.
v. **Silbermanni** Wenker.

Var. Rüssel bis zur Fühlereinlenkung fast gerade ♂ ♀
v. **rectirostris** Chevr.

15. Mesosternalfortsatz zwischen den Hüften dreieckig, Oberfläche gleichmässig, dicht und fleckig behaart 16
— Mesosternalfortsatz zwischen den Hüften schmal mit parallelen Seiten, Körper kurz und weitläufig, schwer sichtbar behaart, fast kahl, Analsegment des ♂ mit einer durch 2 Höcker begränzten Längsfurche, Körper ganz ziegelroth oder schwarz und dann die Flügeldecken bis auf den Marginalsaum und die hinten abgekürzte, gewöhnlich zu einer gemeinsamen Makel erweiterte Naht ziegelroth. Lg. 3—4, Br. 1,15—1,6 mm. Nicht selten auf Wiesen. **Dorsalis** L.

Var. Flügeldecken ganz ziegelroth. v. **Linnei** Faust.

Var. Ganz roth und nur Stirn, Fühlerkeule und Tarsen schwarz. v. **nigrifrons** Dej.

16. Wölbungslinie des Scheitels und Rüssels an der Basis der letztern mehr oder weniger sattelförmig eingesenkt, Scheitel hoch gewölbt 17
— Wölbungslinie des Scheitels nicht eingesenkt, Scheitel nicht hoch gewölbt 18
17. Rüssel von der Wurzel bis zur Spitze gleichmässig gekrümmt, an der Wurzel deutlich gestreift, Fühler näher der Mitte als der Spitze eingelenkt, schlank, 2. Geisselglied fast doppelt so lang als breit, die Behaarung theilweise schuppenartig; rostgelb, mit fleckiger haarförmiger Beschuppung, unten behaart, Augen genähert, Halsschild dicht punktirt, seitlich dichter behaart, Flügeldecken undeutlich gestreift-

punktirt, Schenkel mässig keulenförmig, das Prosternum an der Spitze jederseits gekerbt. Lg. 3—4,2, Br. 1,4—2 mm. (pectoralis Gyll., Schh., Thomson, Seidlitz [fauna balt.] agnathus Boh.) Genf, Siders, Gadmen, Dübendorf, Schaffhausen. **Punctator** Herbst.

♂ Rüssel die Mittelhüften erreichend, Fühler-Einlenkung um fast die doppelte Rüsselbreite von der Spitze, Vorderschenkel oben stark verdickt, unten ausgebuchtet, dann einen kräftigen Zahn bildend, Vorderschienen zweibuchtig mit vorstehendem Endhaken.

♀ Rüssel die Mittelhüften überragend, Fühler-Einlenkung in der Mitte des Rüssels, Vorderschenkel oben und unten gleich gerundet, schwach verdickt, mit kleinem aufgesetztem Dorn, Schienen an der Wurzel gebuchtet, mit schwachem Endhaken. *)

Var. Pechschwarz, Flügeldecken gelbroth, jede mit einem dunklen Streifen. v. **clitellarius** Boh.

Var. Schwarz, Fühler, Vorder- und Hinterrand des Halsschildes, Naht, Schulterbinde und theilweise die Beine roth. v. **lateralis** Sturm.

— Rüssel von der Wurzel bis zur Fühler-Einlenkung fast gerade, dann leicht gekrümmt, länger als das Halsschild, nur beim ♂ deutlich gestreift, Fühler kürzer, 2. Geisselglied höchstens so lang als breit, die dickeren Haare sind pfriemförmig zugespitzt, gelbroth, schwach braun pubescent und weisslich behaart, Rüsselspitze und Brust schwarz, Augen genähert, Halsschild quer, dicht und stark punktirt, Flügeldecken gewölbt, punktirt-gestreift, Beine dick, Schenkel keulenförmig, vor der Spitze zahnartig ausgerandet, Schienen kurz mit einem gekrümmten Haken. Lg. 3—4,2, Br. 1,4—2 mm. (rufulus Bed., rufatus Bed.) Wallis, Genf, Schaffhausen, Zürich, Basel, Büren, auf Salix caprea.

♂ Rüssel wenig länger als Kopf und Halsschild, sattelförmige Einsenkung schwächer, Schenkel stark keulenförmig, unten mit starkem Zahn.

---

*) Anm. Er unterscheidet sich von pectoralis Gyll. durch längern, dünneren, gekrümmten, sehr fein gestreiften Rüssel, andere Einlenkung der schlankeren Fühler, entferntere Augen, schlankere Beine, anders geformte Schenkel beim ♂, feinere Sculptur und schuppenartige Behaarung.

♀ Rüssel länger als Kopf und Halsschild, sattelförmige Einsenkung tiefer, Vorderschenkel weniger dick, unten gerade, dann zahnförmig abgesetzt. **Pectoralis** Gyll.

Var. Körper ganz gelb. v. **arcuatus** F.

Var. Braun, Brust und ein Streifen neben der Naht schwärzlich. v. **fructuum** Mars.

Var. Beine dünner. v. **simplex** Faust.

18. Flügeldecken kurz und deutlich breiter als der Thorax 19

— Flügeldecken gestreckt, schmal, kaum breiter als der Thorax. Rüssel ziemlich dick und längsrunzlig, Flügeldecken mit Längsmakel neben der hellen Naht, Thorax unten, sowie Hinterbrust dichter und länger behaart, Beine gelb, Thorax seitlich wenig gerundet, stark punktirt, Schenkel dick mit spitzigem Zahn. Lg. 2,4—3,25, Br. 1—1,25 mm. (taeniatus Gyll., parvulus Zett.) Auf Salix-Arten; Wallis, Zürich, Basel, Bern. **Salicinus** Gyll.

19. Rüssel bei ♂ und ♀ gleichmässig punktirt, höchstens mit feiner glatter Mittellinie, oder undeutlich fein gerunzelt, Häärchen ahlförmig 20

— Rüssel bei ♂ und ♀ wenigstens an der Wurzel deutlich gestreift, Haare dünn, nicht ahlförmig, Decken einfärbig und mit einem dunklen Längsfleck neben der Naht. Rostroth, Kopf, Rüssel und Brust schwarz, Augen etwas genähert, Rüssel kurz, dick, wenig gebogen, Halsschild seitlich gleichmässig gerundet, dicht und tief punktirt, Flügeldecken mit kurzer, fleckiger Pubescenz, Schenkel dick, stark gezähnt. Lg. 2 bis 3, Br. 1—1,5 mm. (Majalis Redt., Seidlitz faun. balt.) **Salicis** Walton.

♂ Vorderschienen mit kleinem Hornhaken, Rüssel kaum länger als der Thorax.

♀ Vorderschienen ohne Hornhaken, Vorderschenkel so dick und so stark gezähnt wie beim ♂, Rüssel kaum so lang als Kopf und Thorax, cylindrisch. Genf, Basel, Schaffhausen, Zürich, Wallis, Aigle.

20. Körper gestreckter, Oberseite ziemlich dicht mit längeren Haaren bekleidet, Rüssel dünn, beim ♀ dünner als beim ♂, Augenentfernung gleich der Rüsselbreite, Fühlereinlenkung ♂ nahe am Mundwinkel, Vorderschienen beim ♂ ♀ schwach 2buchtig, beim ♂ mit Haken. Dunkelbräunlich gelb, Fühler und Beine heller, Rüssel so lang (♂) oder länger (♀) als Kopf und Thorax, punktirt und pubescent, Halsschild etwas quer,

seitlich schwach gerundet, vorn verengt mit schwachem Quereindruck, Flügeldecken undeutlich gestreift-punktirt. Lg. 3—4, Br. 1,4—1,8 mm. Schaffhausen, Neuchâtel, Zürich, Aarau. **Villosulus** Gyll.

— Körper gedungener, Oberseite mit kürzeren Häärchen gleichmässig oder scheckig besetzt, Rüssel etwas länger als Kopf und Halsschild, fast gerade, cylindrisch, runzlig punktirt, undeutlich gestreift, Halsschild seitlich gerundet, dicht und fein punktirt, Schenkel nicht dick, mit schwachem Zähnchen, Vorderschienen mit einem Haken. Braun, oben roth, der Kopf und die Naht dunkel. Lg. 2—3, Br. 0,9 bis 1,2 mm. Genf, Schaffhausen, Basel, Zürich, Val Ferret. **Majalis** Payk.*)

Var. Oben gelbroth, Kopf und der ganze Unterleib oder ein Theil desselben und die Brust schwarz. v. **immaculatus** Faust.

Var. Unten schwarz, ein gemeinsamer, grosser Rückenfleck, der Seitenrand, Kopf, Rüssel und Fühlerkeule schwarz. v. **Paykulli** Faust.

Gatt. **Pachytychius** Jekel.

1. Schwarz, die Seiten des Halsschildes, die Flügeldecken und Beine weiss, die Scheibe des Halsschildes und die Naht braun beschuppt, Kopf, Rüssel und Beine röthlich, der Rüssel stark gebogen, gestreift, Halsschild um die Hälfte breiter als lang, seitlich stark gerundet, sehr dicht und fein punktirt, die Hinterschenkel mit kräftigem Zahn. Lg. 3—4, Br. $1^1/_2$—2 mm. Ziemlich selten. Genf, Wallis, Vevey, Schaffhausen, auf Lotus corniculatus. **Haematocephalus** Gyll.

Var. Flügeldecken gleichmässig grauweiss beschuppt.

— Schwarz, mit gelblichweissen und braunen Schuppen scheckig bekleidet, die Scheibe des Halsschildes braun, auf der Mitte der Flügeldecken eine Querbinde hell beschuppt, Rüssel schwach gebogen, gestreift, Halsschild quer, seitlich stark gerundet, dicht

---

*) Anm. Diese Art wurde vielfach mit flavipes und namentlich mit salicis verwechselt; von flavipes ist sie durch den Mangel der Börstchen, der dicht behaarten Schwiele und durch das gekielte Prosternum verschieden, von salicis durch dünneren, längeren, äusserst schwach oder gar nicht längsgerunzelten Rüssel, dickere Behaarung, schwächer gezähnte Schenkel, und auch beim ♀ vorragenden Enddorn der Schienen zu trennen.

und fein punktirt, alle Schenkel ohne Zahn. Lg. 3½ bis 4½, Br. 2—2½ mm. Genf, Schaffhausen, Zürich. **Sparsutus** Oliv.

Var. Kleiner, Flügeldecken fast einfärbig, gelblichweiss beschuppt. v. **obesus** Schh.

Gatt. **Smicronyx** Schh.

1. Oberseite des Körpers unbeschuppt 2
— Oberseite des Körpers mit rundlichen oder ovalen Schuppen bekleidet, wenigstens auf den Flügeldecken 3
— Oberseite mit haarförmigen Schuppen 5
2. Halsschild wenig gewölbt, dicht und stark punktirt, schwarz, glänzend, kahl, nur auf der Unterseite einige weisse Schuppen, Halsschild etwas breiter als lang, seitlich gerundet, nach vorn stärker als nach hinten verschmälert, Flügeldecken an der Basis ⅓ breiter als die Basis des Halsschildes, kräftig punktirt-gestreift, mit ebenen Zwischenräumen, Rüssel so lang als Kopf und Halsschild, gekrümmt, gestreift. Lg. 2¼ mm. Sehr selten. Genf. **Puncticollis** Tourn.
— Halsschild gewölbter, fast glatt, sehr fein und zerstreut punktirt. Schwarz, glänzend, kahl und nur die Seiten der Brust weisslich beschuppt; Rüssel kräftig, so lang als Kopf und Halsschild, dieses wenig breiter als lang, vorn eingeschnürt, seitlich mässig gerundet, Flügeldecken punktirt-gestreift, Zwischenräume eben, fein gerunzelt, undeutlich reihenweise punktirt. Lg. 2, Br. 0,8—1 mm. Selten. Genf, Schaffhausen, Zürich. **Politus** Schh.
3. Halsschild dicht mit kleinen Rauhigkeiten besetzt, mit Mittelkiel. Länglich-eiförmig, schwarz, Seiten der Brust weiss beschuppt, Halsschild und Flügeldecken sehr spärlich beschuppt, Halsschild so lang als breit, seitlich schwach gerundet, Flügeldecken kaum 3 mal so lang als das Halsschild, seitlich wenig verbreitert, fein gestreift-punktirt. Lg. 2, Br. 1 mm. Genf, Schaffhausen. **Reichei** Schh.
— Halsschild einfach punktirt 4
4. Scheibe des Halsschildes ziemlich kräftig, aber nicht dicht punktirt, so dass zwischen den einzelnen Punkten deutlich ein glatter Zwischenraum sichtbar ist. Länglich-eiförmig, schwarz, unten dicht, oben sparsam fleckig beschuppt. Halsschild kürzer als an der Wurzel

breit, vorn schmäler, Rüssel kräftig, fein gestreift, Flügeldecken breit mit erhabenen Schultern, fein punktirt-gestreift, die Zwischenräume eben. Lg. 1 1/2 bis 1 3/4 mm. Lugano, Vevey, Basel, Schaffhausen, Wallis. **Cicur** Gyll.

— Scheibe des Halsschildes sehr fein, undeutlich punktirt. Halsschild etwas breiter als lang, spärlich beschuppt mit kahler Mittellinie; schwarz, Unterseite dicht grauweiss beschuppt, oben mit kleinen Schuppenflecken spärlich bestreut, Fühlerwurzel gelb, Halsschild stark gewölbt, glänzend, vorn kaum eingeschnürt, Flügeldecken fein gestreift, in den Streifen mit undeutlichen, entfernten Punkten, die Zwischenräume eben, fein punktirt. Lg. 1 1/2—1 3/4 mm. Bagnethal im Wallis. **Jungermanniae** Reiche.

5. Schwarz mit gelben Beinen, oben mit halb abstehenden Haaren und anliegenden weissen, haarförmigen Schuppen bekleidet, die auf den Flügeldecken 4 unbestimmte Flecken bilden, Halsschild wenig länger als breit, seitlich schwach gerundet, fein und dicht punktirt, Flügeldecken stark gestreift, Unterseite grauweiss beschuppt. Lg. 2 mm. Genf. **Modestus** Tourn.

Gatt. **Pseudostyphlus** Tournier.

Braun, Fühler und Beine heller röthlich, mit grauen Schuppen dicht bedeckt und mit wenigen, abstehenden Börstchen bekleidet, Rüssel mit feinem Mittelkiel, Halsschild so lang als breit, dicht punktirt, Flügeldecken punktirt-gestreift, die abwechselnden Zwischenräume erhabener, namentlich an der Wurzel. Lg. 2 1/2—3 mm. Schweiz (nach Tournier), (Setiger Perris.) **Pilumnus** Gyll.

Gatt. **Orthochaetes** Germ.

Röthlichbraun, Kopf und Halsschild mit anliegenden grauen Haaren, Flügeldecken tief punktirt-gestreift, die abwechselnden Zwischenräume und die Naht erhabener und mit einer Reihe weissgelber, aufgerichteter Borsten besetzt, Flügeldecken in der Mitte am breitesten. Lg. 3 mm. (Setulosus Schh., erinaceus Duval.) Selten. Genf, Basel, Dübendorf, Unterwallis. **Setiger** Beck.

Gatt. **Brachonyx** Schönherr.

Langgestreckt, röthlich gelbbraun, Halsschild spärlich, Unterseite dichter weissgrau behaart, Halsschild dicht punktirt, länger als breit, nach vorn verengt, seitlich fast gar nicht gerundet, Flügeldecken kräftig punktirt-gestreift, Rüssel dünn, gebogen. Lg. 2 bis 2,5 mm. Häufig in der südlichen Schweiz, im Norden selten. **Indigena** Herbst.

Var. Brust und Bauch schwarz.

Gatt. **Anoplus** Schönherr.

Eiförmig, schwarz, Seiten der Brust dicht weiss beschuppt, Oberseite spärlich mit sehr kurzen, feinen Börstchen besetzt, welche die Grundfarbe nicht ändern, Halschild breiter als lang, kräftig punktirt, fein gekielt. Flügeldecken wenig länger als breit, nach hinten kaum verbreitert, tief punktirt-gestreift, die Zwischenräume gewölbt. Lg. 1,8—2 mm. Häufig im Gebirg, doch vereinzelt auch in den tiefern Gegenden. Basel, St. Gallen, Schaffhausen, Wallis. **Plantaris** Naez.

Das ♀ (roboris Suffr.) ist etwas länglicher, die Streifen der Flügeldecken schwächer.

Eiförmig, schwarz, Unterseite und Halsschild mit weissen Börstchen ziemlich dicht bedeckt, so dass die Grundfarbe verschwindet, Halsschild wie beim vorigen punktirt, undeutlich oder nicht gekielt, Flügeldecken nach hinten deutlich verbreitert, die Zwischenräume mit einer dichten Reihe abstehender Borsten. Lg. 1½—2 mm. St. Bernhard, Simplon, Lauffenburg, Schaffhausen. **Setulosus** Kirsch.

Gatt. **Tanysphyrus** Germar.

Fühler cylindrig, ihr 1. Glied verdickt, Rüssel kräftig, gebogen, Halsschild etwas breiter als lang, seitlich wenig gerundet, Flügeldecken kurz eiförmig, viel breiter als das Halsschild, Schultern deutlich vorragend, Schenkel ungezähnt. Schwarz, die Seiten des Halsschildes und einige kleine Flecken der Flügeldecken grau beschuppt, diese tief punktirt-gestreift. Lg. 1½ mm. Häufig auf Lemna aquatica. **Lemnae** F.

Gatt. **Lyprus** Schönherr.

Schmal, cylindrisch, die Flügeldecken nicht breiter als das Halsschild, Fühler dick, das 2. Geisselglied kaum länger als das 1., 3. Tarsenglied schmäler als das 2., schwarz, dicht grau behaart, Schienen und Tarsen röthlich, Flügeldecken fein gestreift, die Zwischenräume eben, mitunter braun gesprenkelt. Lg. 3—4 mm. Selten. Genf, Basel, Schaffhausen.
Cylindrus Payk.

Gatt. **Bagous** Germar.

1. Das 3. Tarsenglied ist nicht breiter als das 2., nicht oder wenig ausgerandet 2
— Das 3. Tarsenglied ist deutlich breiter als das 2., stark ausgerandet oder zweilappig 8
2. Die Zwischenräume der Flügeldecken sind gewölbt, die abwechselnden stärker und vor der Spitze mit 1—2 Schwielen 3
— Alle Zwischenräume der Flügeldecken flach oder gleichmässig schwach gewölbt . . , ... 5
3. Flügeldecken sehr fein gestreift, der 3. und 5. Zwischenraum hinten in einen ziemlich starken Höcker endigend, Rüssel kräftig, Halsschild seitlich fast gerade, mit feiner Mittelfurche. Lg. 4—5 mm. Schweiz (nach Tournier). **Binodulus** Herbst.
— Flügeldecken hinten nur mit einer Schwiele . . . 4
4. Flügeldecken kräftiger punktirt-gestreift, der 4. Zwischenraum hinten in eine Schwiele endigend, Halsschild breiter als lang, seitlich etwas gerundet, dicht punktirt, Körper dicht grau beschuppt. Lg. 4—5 mm. Schweiz (nach Tournier). **Nodulosus** Gyll.
— Die abwechselnden Zwischenräume der Flügeldecken erhabener, der 5. Zwischenraum hinten in eine kleine Schwiele endigend, Körper schmal, Flügeldecken wenig breiter als das Halsschild mit weissgrauen Schuppen bedeckt, 2 Streifen des Halsschildes und einige Flecken der Flügeldecken dunkler, die Fühlergeissel, Schienen und Füsse heller, Halsschild seitlich vor der Mitte etwas gerundet, mit deutlicher Mittelrinne und 2 schiefen, oft undeutlichen Eindrücken an der Seite, Tarsen schlank, das 2. Glied

etwas kürzer als das 3. Lg. $2^1/_2$—3 mm. Selten. Schaffhausen. **Tempestivus** Herbst.

Var. Schmäler, dicht grau beschuppt, Halsschild undeutlich gefurcht, die Schultern etwas stärker vortretend. v. **convexicollis** Schh.

5. Halsschild vor der Mitte gerundet erweitert mit 2 dunkeln Flecken am Grunde, Körper kurz, etwas ungleichförmig fleckig beschuppt, Fühler, Schienen und Tarsen roth, Flügeldecken stark punktirt-gestreift mit etwas gewölbten Zwischenräumen und hinten mit schwacher, undeutlicher Schwiele. Lg. $2^1/_2$—$3^1/_2$ mm. (petrosus Herbst). Selten. Schaffhausen. **Limosus** Gyll.

— Halsschild mit geraden oder schwach gerundeten Seiten 6

6. Tarsen sehr kurz, Körper schmal (doch weniger als bei tempestivus), Halsschild kaum breiter als lang, dicht gekörnt, Flügeldecken stark punktirt-gestreift, mit geraden Seiten, die Naht und die abwechselnden Zwischenräume etwas erhabener, hinten ohne oder mit undeutlicher Schwiele, Beschuppung braun, eine hellere Binde von der Schulter ausgehend und 1 Punkt hinter der Mitte heller beschuppt. Lg. $1^3/_4$ bis 3 mm. Selten. Schweiz (nach Tournier). **Lutulosus** Gyll.

— Tarsen schlank, das 2. Glied länger als breit . . 7

7. 2. Tarsenglied so lang als das 3. und viel länger als breit; etwas scheckig braun beschuppt, Fühler, Schienen und Füsse roth, Halsschild länger als breit, mit 2 dunkeln Längslinen, mit fast geraden Seiten, vorn etwas eingeschnürt, fein gekörnt, Flügeldecken sehr schwach punktirt-getreift, mit geraden Seiten und schwacher Schwiele, ein weisslicher Punkt hinter der Mitte. Lg. 3—$3^3/_4$ mm. Schweiz (nach Tounier). **Subcarinatus** Schh.

— 1. Tarsenglied kürzer als das 3., die Schienen deutlich gezähnelt; schwarz, mit grauen Schuppen gescheckt, fast gewürfelt, Schienen roth, Stirn mit Grube, Halsschild kurz, seitlich vor der Mitte schwach gerundet erweitert, an der Spitze breit eingeschnürt, hinten verschmälert, dicht gekörnt, die Seiten weisslich beschuppt, Flügeldecken fein punktirt-gestreift, mit geraden Seiten, hinten mit stumpfer, schwacher Schwiele, öfter mit 2 hellen Punkten, Zwischenräume etwas gewölbt. Lg. 2,8—3 mm. (mundanus Boh.) Genf. **Frit** Gyll.

8. Flügeldecken an der Spitze schnabelförmig herabgebogen, fein punktirt-gestreift, die abwechselnden Zwischenräume etwas erhaben, der 5. Zwischenraum in eine deutliche Schwiele endigend, Oberseite graubraun beschuppt mit 2 weissen Flecken, schmäler als der folgende, das Halsschild feiner gekörnt, der Rüssel dünner und länger, Fühler und Beine röthlich, die Tarsen kurz. Lg. $3^1/_4$—$4^1/_2$ mm. Basel, Schaffhausen, Rheinthal. **Lutosus** Gyll.

— Flügeldecken an der Spitze kaum schnabelförmig herabgebogen, der 5. Zwischenraum schwach schwielenförmig endigend, die abwechselnden Zwischenräume etwas erhabener, mit 2 weisslichen Punkten, Halsschild gröber gekörnt, vorn eingeschnürt, mit Mittelfurche, Oberseite grau oder braun scheckig beschuppt, Schienen röthlich, Tarsen kurz. Lg. 2—4 mm. Nicht selten auf nassen Wiesen und in Sümpfen. Genf, Waadt, Wallis, Basel, Dübendorf und Nürenstorf im Kt. Zürich, Schaffhausen. **Lutulentus** Gyll.

Var. Dicht braun beschuppt, Fühler, Schienen und Tarsen rostroth, Halsschild dicht gekörnelt, an der Wurzel mit 2 dunkeln Flecken, alle Zwischenräume der Flügeldecken eben. Schaffhausen.
v. **puncticollis** Schh.

Es ist dies eine sehr veränderliche Art in Grösse, Sculpter und Färbung.

Gatt. **Hydronomus** Schönherr.

Prosternum vor den Vorderhüften nicht ausgehöhlt; kurz eiförmig, Halsschild breiter als lang, Flügeldecken breiter als das Halsschild, doppelt so lang als zusammen breit, die Zwischenräume gleichmässig und ohne Schwiele, Oberseite sparsam gelblich grau beschuppt, die Mittellinie und Seiten des Halsschildes, die Spitze der Flügeldecken und 2 Punkte hinter der Mitte dichter weisslich beschuppt, Geissel der Fühler, Schienen und Füsse röthlich. Lg. 3—$3^1/_2$ mm. Selten, auf Alisma plantago; Genf, Neuchâtel, Wallis, Basel, Zürich, Schaffhausen. **Alismatis** Marsh.

Cryptorhynchini.

1. Schildchen deutlich vorhanden, Metasternum von gewöhnlicher Länge, mit deutlichen Episternen. **Crypthorhynchus** Ill.
— Schildchen fehlend, das Metasternum sehr kurz mit undeutlichen Episternen. **Acalles** Schh.

Gatt. **Cryptorhynchus** Illiger.

Länglich oval, Rüssel so lang als Kopf und Halsschild, gebogen, Flügeldecken kaum doppelt so lang als zusammen breit, nach der Spitze stark verschmälert; schwarz, die Seiten des Halsschildes, Vorderbrust und der hintere Dritttheil der Flügeldecken dicht weiss beschuppt mit schwarzen Schuppenbüscheln bestreut, Schenkel theilweise weiss beschuppt. Lg. 7—8 mm. Häufig auf Weiden und Pappeln bis 3500'. **Lapathi** L.

Gatt. **Acalles** Schönherr.

1. Halsschild mit starkem Mittelkiel, an der Basis tief zweimal ausgebuchtet, die Winkel nach hinten verlängert; schwarz, braun beschuppt, Rüssel kräftig, Flügeldecken tief punktirt-gestreift, die abwechselnden Zwischenräume etwas erhabener. Lg. $2^1/_2$—$5^1/_2$ mm. Wallis. **Denticollis** Germ.
— Halsschild nicht gekielt 2
2. Schultern gerundet, die Glieder der Fühlergeissel rundlich, so lang als breit 3
— Schultern schief abgeschnitten, Glieder der Fühler-Geissel quer, breiter als lang; länglich, schwarz, grau beschuppt und mit sehr kurzen Börstchen besetzt; ein Fleck nahe der Wurzel der Flügeldecken, deren Spitze und eine Querbinde hinter der Mitte sind etwas heller beschuppt, doch ist diese Zeichnung wenig in die Augen fallend, oft kaum sichtbar; Halsschild breiter als lang, nach vorn verschmälert und eingeschnürt, nach hinten wenig verengt, hinten leicht zweimal gebuchtet mit fünf Eindrücken, zwei auf jeder Seite und einer in der Mitte, in dessen Grund sich ein feiner Kiel befindet, Flügeldecken sehr grob punktirt-gestreift. Lg. $2^1/_2$—$4^1/_2$ mm. Sehr selten. Genf am Salève. **Diocletianus** Germ.

3. Vorderschienen in der Mitte etwas verbreitert und an der Spitze deutlich gekrümmt, Flügeldecken stark punktirt-gestreift mit vier in einer Querreihe stehenden Haarbüscheln, die zwei ersten Geisselglieder gleich lang, die folgenden kürzer, braun und schwarzscheckig beschuppt, mit sehr kurzen Börstchen, Halsschild fast länger als breit, hinter der Mitte gerundet erweitert, vorn stark eingeschnürt, dicht runzelig punktirt mit vier (oft undeutlichen) in einer Querreihe stehenden Tuberkeln; Flügeldecken gewölbt, tief punktirt-gefurcht, die Spitze weisslich beschuppt. Lg. $2^1/_2$—4 mm. Genf, Wallis, Zürich, Basel. **Camelus** F.

— Vorderschienen am Ende nur wenig gebogen, Flügeldecken mässig stark punktirt-gestreift, nur an der Wurzel des 2. Zwischenraumes mit einer kleinen Erhabenheit, braun beschuppt mit sehr kurzen Börstchen, Halsschild wenig länger als breit, seitlich mässig gerundet, schwach gerinnt. Lg. $3^1/_4$—$4^3/_4$ mm. Genf, Kt. Bern, Jura. **Aubei** Schh.

— Vorderschienen vollständig gerade 4

4. 2. Geisselglied der Fühler länger als das 1. . . . 5

— 2. Geisselglied der Fühler kürzer als das 1. . . . 6

5. Oval, schwarz beschuppt, die Seiten des Kopfes und Halsschildes gelblich, eine Querbinde hinter der Mitte weiss beschuppt, mit sehr kurzen, schwarzen Börstchen besetzt, Halsschild fast so lang als breit, vorn eingeschnürt, dicht punktirt, Flügeldecken kurz-oval, mässig tief punktirt, hinter der Mitte am breitesten. Lg. 3—5 mm. Nicht selten und über die ganze ebenere Schweiz verbreitet. **Hypocrita** Schh.

— Kurz eiförmig, gelb und braun scheckig beschuppt und dicht mit kurzen, abstehenden Borsten bekleidet, Halsschild breiter als lang, vorn schwach eingeschnürt, seitlich mässig gerundet, dicht punktirt, Flügeldecken fein punktirt-gestreift, die Zwischenräume eben oder schwach gewölbt, hinter der Mitte ein weisslicher Querfleck. Lg. $1^1/_2$—4 mm. Sehr selten. Lugano. **Variegatus** Boh.

6. Flügeldecken an der Wurzel mit zwei länglichen Erhabenheiten 7

— Flügeldecken ohne Erhabenheiten 8

7. Körper länglich-oval, Halsschild seitlich gerundet erweitert, vorn breit eingeschnürt mit flacher Mittel-

furche, mit 4 Tuberkeln, mit Borsten besetzt, an der Wurzel eine (oft undeutliche) heller beschuppte Makel; Flügeldecken punktirt-gestreift, mit Borstenbüscheln bestreut, die Zwischenräume etwas convex, eine Erhöhung an der Wurzel des 3. und 5. Zwischenraumes und eine längliche Erhöhung in der Mitte des 2. Zwischenraumes; Fühler, Rüssel und Schienen, oft die ganzen Beine roth. Lg. $2^1/_4$—$3^2/_3$ mm. Berner Oberland, Macugnaga, unter Tannenrinde.

Pyrenaeus Schh.

Var. Rüssel und Beine schwarz.

— Körper oval, Halsschild seitlich fast gerade, vorn plötzlich verengt und eingeschnürt, mit feiner Mittelfurche und 4 in Querreihe stehenden Höckerchen; schwarz mit grauen oder gelblichen und schwarzen Schuppen scheckig bekleidet, Flügeldecken fein punktirt-gestreift, mit einer beschuppten Erhöhung auf der Basis des 3. Zwischenraumes und einer schwächeren auf dem 5. Zwischenraum und mit einigen anderen schwach entwickelten Haarbüscheln. Lg. $1^1/_2$—$3^1/_4$ mm. Genf, Tessin, Wallis, Basel, Schaffhausen, Bündten.

Abstersus Schh.

Var. Etwas kleiner und mehr röthlich gefärbt. Montreux. v. **Navieresi** Schh.

8. Form länglich-oval, mit abstehenden Borsten besetzt 9

— Form kurz oval, ohne abstehende Borsten, gelblich beschuppt, Halsschild so lang als breit, dicht punktirt, seitlich etwas gerundet, Flügeldecken fast kugelig, gewölbt, tief punktirt-gestreift, die Zwischenräume schmal, erhaben, mit wenigen Schuppenflecken. Beine gelb. Lg. $1^1/_2$—$2^1/_3$ mm. Genf, Lugano, Zürich.

Ptinoides Marsh.

9. Flügeldecken tief punktirt-gestreift, ihr hinterer Dritttheil niemals hell gefärbt, die Borsten derselben abstehend, kurz und zahlreich, undeutliche Büschel bildend, Glieder der Fühlergeissel rund, Halsschild länger als breit, vorn undeutlich eingeschnürt, dicht punktirt, die Schuppen bilden oft undeutliche Flecken oder Binden. Lg. $1^1/_2$—$3^1/_4$ mm. Genf, Mendrisio.

Lemur Germ.

— Flügeldecken mittelmässig punktirt-gestreift, ihr hinterer Drittel hell beschuppt, die Borsten der Flügeldecken sind spärlicher, aber länger und bilden hie und da unbestimmte Büschel, Geisselglieder konisch, Halsschild länger als breit, dicht punktirt, Flügeldecken mit einer schwärzlichen Querbinde in der Mitte. Lg. 1⁷/₈—3 mm. (parvulus, misellus, ptinoides Schh.) Genf, Waadt, Basel, Bern. **Turbatus** Schh.

Magdalini.

Gatt. **Magdalis** Germ. (Magdalinus Schh.)*

1. Basis jeder Flügeldecke in einen gerundeten Lappen vorgezogen, der die Basis des Halsschildes jederseits überragt und letzteres dadurch zweibuchtig erscheinen lässt 2
— Flügeldecken an der Basis fast gerade abgestutzt, die Basis des Halsschildes nicht überragend . . . 16
2. Klauen einfach, Halsschild ohne Höcker 3
— Klauen mit einem grossen Zahn an der Basis, Zwischenräume der Flügeldecken ohne Punktreihen, Körper schwarz 12
3. Vorderschenkel mit einem grossen oder wenigstens mittelgrossen Zahn 4
— Vorderschenkel mit einem sehr kleinen Zähnchen oder ungezähnt 11
4. Oberseite ganz schwarz, Halsschild so lang als breit, Zwischenräume der Flügeldecken mit einer Punktreihe 5
— Oberseite blau, violett oder grünlich 8
5. Die Zwischenräume der Flügeldecken sind kaum breiter als die Streifen, Halsschild wenigstens so lang als breit, dicht und grob punktirt, der Rüssel länger als der Kopf, stark gekrümmt und wie die Stirn deutlich punktirt 6
— Die Zwischenräume der Flügeldecken sind viel breiter als die Punktstreifen 7
6. Die Zwischenräume der Streifen auf den Flügeldecken sind etwas gewölbt, das erste Geisselglied der Fühler bei ♂ und ♀ kegelförmig, die Keule ziemlich kürzer als die Geissel, die Schenkel mit starkem Zahn; Nebenseitenstücke der Hinterbrust und Schulterblatt zottig weiss behaart. Lg. (rostr. exclus.) 4—7 mm., Br. 1²/₃—3 mm. (carbonarius F., heros Küst.) Genf, Basel, Aarau, Schaffhausen, Zürich, Tessin, Wallis. **Memnonia** Fald.

---

*) Anm. Alle Längenmasse sind mit Ausschluss des Rüssels verstanden.

— Die Zwischenräume der Flügeldecken sind eben, das 1. Geisselglied (♂) länglich, ziemlich breiter als das 2., die Keule kaum kürzer als alle Geisselglieder zusammen, Schenkel mit kleinem Zahn; Schulterblatt und Nebenseitenstücke der Hinterbrust unbehaart. Lg. (rostr. excl.) 3 mm., Br. 1—1¹/₅ mm. Siders im Wallis, Stabbio im Tessin. **Linearis** Schh.

7. Schwarz glänzend, die Seiten der Brust weiss beschuppt, Halsschild wenig breiter als lang, fein und dicht punktirt mit schwacher Mittelfurche, die Punktstreifen der Flügeldecken sind ziemlich fein, die ebenen Zwischenräume sehr fein, etwas unregelmässig punktirt. Lg. 3¹/₂—5 mm., (rostr. exclus.) Br. 1¹/₂—2 mm. Selten. Genf, Basel, Schaffhausen, Zürich, Burgdorf, Campher im Engadin. **Nitida** Gyll.

— Schwarz, wenig glänzend, mit braunen Fühlern, Stirn mit tiefem Eindruck, Rüssel so lang als das Halsschild, gebogen, punktirt, Halsschild breiter als lang, seitlich ziemlich gerundet, dicht mit etwas verlängten Punkten besetzt, die Mittellinie meist glatt, Flügeldecken kaum breiter als das Halsschild, an der Wurzel sehr wenig gerundet vorgezogen, fein gestreift-punktirt, die Zwischenräume eben oder schwach gewölbt, fein runzlig und punktirt, Schenkel mittelstark gezähnt. Lg. 3¹/₂ mm., Br. 1¹/₃ mm. Schweiz (nach Mulsant und Desbrochers), Chables im Bagnethal, Unterwallis. **Punctulata** Muls.

8. Augen stark vorragend; langgestreckt, oben blau oder grünlich, Kopf dicht punktirt, Rüssel lang, gebogen, Halsschild etwas länger als breit, vorn leicht eingeschnürt, dicht punktirt, Flügeldecken nach hinten leicht verbreitert, fein punktirt-gestreift, die Zwischenräume 3—4 mal so breit als die Streifen, dicht punktirt, Unterseite fein, aber ziemlich dicht behaart, dicht punktirt. Lg. 4—5¹/₂ mm., Br. 1¹/₂—2¹/₂ mm. Selten. Genf, Basel, Zürich, Schaffhausen. **Phlegmatica** Herbst.

— Augen wenig vorragend oder ganz flach 9

9. Stirn sehr zerstreut und fein, oft undeutlich punktirt, der Rüssel ist kurz und dick, wenig gebogen, Oberseite blau, Halsschild kaum breiter als lang, dicht punktirt, Flügeldecken ziemlich kräftig punktirt-gestreift, die Zwischenräume wenigstens doppelt so breit als die Streifen. Lg. 3¹/₂—5¹/₂ mm., Br.

1½—2½ mm. (M. Heydeni, coeruleipennis Dbr.) Genf, Wallis, Basel, Zürich, St. Gallen, Schaffhausen. **Violacea** L.

— Stirn deutlich und ziemlich dicht punktirt, Rüssel länger und stark gekrümmt 10

10. Halsschild breiter als lang, sehr dicht punktirt, oft mit schwacher Rinne, Flügeldecken mittelstark punktirt-gestreift, die Zwischenräume eben, reihenweis gekörnt punktirt. Lg. 3½—6 mm. (punctirostris Gyll., duplicatus Thoms., violaceus Dbr.) Nicht selten, bis 5500'. Genf, Wallis, Basel, Schaffhausen, St. Gallen, Tharasp. **Frontalis** Gyll.

— Halsschild wenig breiter als lang, die Flügeldecken fein punktirt-gestreift, die Zwischenräume eben, mit einfacher, kräftiger Punktreihe. Lg. 3—5 mm. Selten, bis 5000' ü. M. Genf, Wallis, Basel, Schaffhausen, Zürich, St. Gallen, Engadin (punctipennis Küster). **Duplicata** Germ.

11. Oberseite rothbraun, sowie auch die Beine, Vorder- und Hinterrand des Halsschildes öfters dunkel, Rüssel länger als das Halsschild, gebogen, Halsschild so lang als breit, dicht punktirt, Flügeldecken fein punktirt-gestreift. Lg. 3½—4½ mm. Häufig im Unterwallis auf Fichten, selten bei Basel. **Rufa** Germ.

— Oberseite schwarz, Rüssel sehr kurz, Flügeldecken grob punktirt-gestreift mit schwach vorgezogener Basis, die Zwischenräume gewölbt, fast schmäler als die Streifen, gerunzelt; Halsschild viel breiter als lang, seitlich gerundet, fein und dicht gekörnt oder runzlig punktirt. Lg. 2—3 mm. Sehr selten. Wallis. **Exarata** Bris.

12. Halsschild jederseits mit einem Höcker nahe der Spitze, Schenkel mit einem grossen Zahn 13

— Halsschild ohne Höcker und Zahn, Schenkel mit sehr kleinem Zahn oder ungezähnt 15

13. Vorderschienen an der Innenseite winklig erweitert; Halsschild mit einem kleinen Höcker jederseits und hinter demselben deutlich gerundet, etwas breiter als lang, sehr dicht, auf der Scheibe öfter etwas runzlig punktirt, Flügeldecken gefurcht, in den Furchen grob punktirt, die Zwischenräume sind schmäler als die Streifen, gewölbt, fein gerunzelt, Rüssel so lang (♂) oder etwas länger (♀) als das Halsschild. Lg. 4—5 mm. (Atramentarius Germ.) Selten. Wallis, Basel, Dübendorf, St. Gallen, Tharasp. **Carbonaria** L.

— Vorderschienen nicht oder kaum merklich erweitert, Halsschild hinter dem Höcker mit fast geraden Seiten, nach hinten etwas verschmälert 14

14. Rüssel kürzer als das Halsschild, beim ♂ kaum so lang als der Kopf und nach aussen etwas erweitert, Halsschild kaum breiter als lang, vorn mit spitzigem Höcker, sehr fein und etwas weniger dicht punktirt als beim folgenden, Flügeldecken punktirt-gestreift, die Zwischenräume fast ganz eben und sehr fein gerunzelt. Lg. 2½—3½ mm. (Stygia Gyll.) Selten, auf Ulmen. Genf, Waadt, Basel, Simplon. **Aterrima** F.

— Rüssel so lang als das Halsschild, dieses so lang als breit mit sehr schwachen, etwas queren Höckerchen, sehr dicht und ziemlich grob punktirt, Flügeldecken tief gestreift, in den Streifen schwach punktirt, die Zwischenräume gewölbt und fein gerunzelt. Lg. 3½ bis 5 mm. Sehr selten. Roseggthal, Gadmenthal, Siders. **Asphaltina** Germ.

15. Basis jeder Flügeldecke stark gerundet vorgezogen und etwas aufgebogen, Schildchen nach vorn abschüssig; schwarz, Fühlerkeule beim ♂ verlängert, Flügeldecken tief gefurcht mit gewölbten, gerunzelten Zwischenräumen. Schenkel mit einem kleinen Zahn. Lg. 3,3—3,8 mm. Genf, Tessin, Basel, Schaffhausen, Zürich, Bern. **Cerasi** L.

— Basis jeder Flügeldecke sehr schwach vorgezogen und nicht aufgebogen, Schildchen eben, Fühler braungelb, bei ♂ und ♀ gleichgestaltet, Flügeldecken mit mittelstarken Streifen und schwach gewölbten, fein gerunzelten Zwischenräumen, Schenkel ungezähnt. Lg. 2½—3 mm. Genf, Waadt, Wallis, Neuchâtel. **Flavicornis** Schh.

16. Oberseite schwarz, Fühler mit Ausnahme der Keule rothbraun 17

— Flügeldecken dunkelbraun, Rüssel kürzer als der Kopf, Fühler schwarz, nahe der Wurzel des Rüssels inserirt, die Keule bei ♂ und ♀ mässig lang, Halsschild wenig breiter als lang, sehr dicht und fein punktirt, seitlich etwas gerundet, Flügeldecken mittelstark punktirt-gestreift, die Zwischenräume schwach gewölbt und fein gerunzelt. Lg. 3½—4 mm. Sehr selten, auf Populus nigra. Genf, Gadmenthal. **Nitidipennis** Schh.

17. Rüssel gerade, kürzer als der Kopf, Fühlerkeule bei

♂ und ♀ von gewöhnlicher Bildung, Halsschild so lang als breit mit einem Höckerchen hinter der Mitte jederseits, sehr fein und dicht punktirt, Flügeldecken stark punktirt-gestreift, die Zwischenräume etwas gewölbt. Lg. 2—3½ mm. Häufig auf Obstbäumen.

Pruni L.

— Rüssel etwas gebogen, so lang als der Kopf, Fühlerkeule beim ♂ sehr verlängt, schwarz, behaart, die Wurzel der Fühler gelb, Halsschild kaum breiter als lang, seitlich etwas gerundet, ohne Höckerchen, sehr dicht und fein punktirt, Flügeldecken gestreift, in den Streifen schwach punktirt, die Zwischenräume etwas gewölbt, fein gerunzelt, wenig breiter als die Streifen. Lg. 3—4 mm. (trifoveolata Gyll.). Ziemlich selten. Genf, Wallis, Basel, Schaffhausen.

Barbicornis Latr.

Tychiini.

1. Hinterbeine einfach, Fühler gekniet, Augen von einander entfernt 2
— Hinterbeine Springbeine mit verdickten Hinterschenkeln, Augen einander stark genähert, das 2.—4. Abdominalsegment meist am Hinterrand seitlich zahnförmig vorgezogen, Pygidium frei, Prosternum ohne Rüsselfurche 16
2. Fühlergeissel sechs bis siebengliedrig, Vorderhüften stets aneinander stehend 3
— Fühlergeissel achtgliedrig 10
3. Alle Hinterleibssegmente mit geradem, einfachem Hinterrand 4
— Ein oder mehrere Hinterleibssegmente am Hinterrand zahnförmig vorgezogen 8
4. Epimeren der Mittelbrust gross, von oben fast sichtbar, Körper nach hinten kurz verengt, dreieckig, Rüssel sehr lang und dünn, meist länger als der Leib, Pygidium frei. **Balaninus** Germ.
— Epimeren der Mittelbrust klein, von oben gar nicht sichtbar, Körper eiförmig oder länglich, Rüssel stets kürzer als der Körper 5
5. Vorderhüften wenig vom Rande der Vorderbrust entfernt, Flügeldecken das Pygidium ganz bedeckend, Schildchen gross, Vorderbeine mehr oder weniger verlängert 6

— Vorderhüften vom Vorderrande der Vorderhüften ziemlich entfernt, Schildchen kurz und klein, Vorderbeine nicht auffallend verlängert 7
6. Fühlergeissel siebengliedrig, Klauen frei, Körper stark gewölbt, Rüssel dünn und ziemlich lang, Fühlerschaft den Vorderrand der Augen nicht überragend. **Anthonomus** Germ.
— Fühlergeissel sechsgliedrig, indem das 7. Glied zur Keule gehört, Klauen am Grunde verwachsen, Körper länglich, Rüssel kürzer und dicker, der Fühlerschaft reicht fast bis zur Mitte der Augen. **Bradybatus** Germ.
7. Flügeldecken am Ende einzeln abgerundet, das Pygidium freilassend. **Acalyptus** Schh.
— Flügeldecken das Pygidium ganz bedeckend. **Elleseus** Schh.
8. Flügeldecken nicht einzeln abgerundet, das Pygidium ganz (♀) oder fast ganz (♂) bedeckend, Epimeren der Mittelbrust ziemlich klein, Fühlergeissel bald sechs- bald siebengliedrig. **Tychius** Germ.
— Flügeldecken einzeln abgerundet, das Pygidium freilassend, Epimeren der Mittelbrust gross 9
9. Fühlergeissel sechsgliedrig. **Sibinia** Germ.
— Fühlergeissel siebengliedrig. **Lignyodes** Schh.
10. Alle Hinterleibssegmente mit geradem Hinterrand, Pygidium frei, Vorderhüften bisweilen durch die Rüsselfurche getrennt 11
— Das 2. bis 4. Hinterleibssegment mit seitlich vorgezogenem Hinterrand, Pygidium mehr oder weniger frei, Vorderhüften ganz oder fast aneinanderstehend 13
11. Flügeldecken zusammen abgerundet und nur die Spitze des Pygidiums frei, Vorderhüften aneinander stossend, Klauen ungezähnt, Körper schmal, nie rauhhaarig. **Mecinus** Germ.
— Flügeldecken einzeln abgerundet, Pygidium fast ganz frei, Körper oft rauhhaarig 12
12. Vorderhüften sich berührend, Prosternum ohne Rüsselfurche, Klauen am Grunde verwachsen. **Gymnetron** Schh.
— Vorderhüften getrennt, Prosternum mit einer Rüsselfurche, Klauen frei. **Miarus** Steph.
13. Schildchen ziemlich gross, Fortsatz des 1. Unterleibssegmentes zwischen den Hinterhüften sehr breit, gerade abgestutzt, Vorderhüften vom Vorderrand der Vorderbrust etwas abstehend, diese letzteren mit schwacher Rüsselfurche 14

— Schildchen kaum sichtbar oder fehlend, Fortsatz des ersten Unterleibssegmentes zwischen den Hinterhüften ziemlich schmal, dreieckig, Vorderhüften vom Vorderrand der Vorderbrust nicht oder sehr wenig abstehend. **Nanophyes** Schh.

14. Tarsen nur mit 1 Klaue **Stereonychus** Suffr.

— Tarsen mit 2 Klauen 15

15. Diese 2 Klauen sind von ungleicher Länge, Vorderbrust tief ausgeschnitten. **Cionus** Clairv.

— Die 2 Klauen sind von gleicher Länge, Vorderbrust nicht ausgeschnitten. **Platylaemus** Weise.

16. Fühler gekniet, in der Mitte des Rüssels eingefügt, Vorderhüften aneinanderstehend. **Orchestes** Ill.

— Fühler nicht gekniet, an der Basis des Rüssels eingefügt, Vorderhüften von einander entfernt. **Rhamphus** Clairv.

Gatt. **Balaninus** Germ.

1. Fühlerkeule wenigstens doppelt so lang als breit und deutlich gegliedert, Geisselglieder alle lang und dünn, Klauen mit einem grossen, bis zur Mitte reichenden Zahn, Oberseite dicht, scheckig behaart 2

— Fühlerkeule kurz eiförmig, kaum $1^1/_2$ mal so lang als breit, undeutlich gegliedert, die letzten Geisselglieder wenig länger als breit, Klauen mit einem nicht bis zur Mitte reichenden Zahn an der Wurzel, Oberseite mehr oder weniger kahl, Schenkel mit keinem Zähnchen (Balanobius Jekel) 9

2. Alle Schenkel gezähnt, alle Geisselglieder langgestreckt 3

— Vorderschenkel ohne Zahn, die letzten Geisselglieder wenig länger als breit 8

3. Schenkel mit einem starken Zahn, Oberseite grau- oder gelbbraun behaart 4

— Schenkel mit einem kleinen Zahn, Oberseite fleckig weiss behaart, Rüssel des ♀ so lang als der Leib, Halsschild breiter als lang, dicht und stark punktirt, Flügeldecken wenig länger als an der Wurzel breit. Lg. 3—5 mm. Nicht selten auf Eichen und blühendem Weissdorn. **Villosus** Herbst.

4. Körper lang eiförmig, Halsschild etwas länger als breit, Flügeldecken um die Hälfte länger als breit,

Rüssel des ♀ länger als der Leib, Oberseite grau, etwas scheckig behaart. Lg. (ohne Rüssel) 7—10 mm. Sehr selten. Siders im Wallis. **Elephas** Gyll.

— Körper eiförmig, Halsschild breiter als lang, Flügeldecken herzförmig, wenig länger als breit 5

5. Flügeldecken stark einzeln abgerundet, Rüssel des ♀ nicht so lang als der Körper, dieser dicht gelb scheckig beschuppt, Schildchen klein und länglich . 6

— Flügeldecken hinten abgestutzt mit rechtwinkligem Nathwinkel, Rüssel beim ♀ so lang als der Körper, Oberseite weniger dicht beschuppt 7

6. Der Zahn der Hinterschenkel ist dreieckig, an der Aussenseite geradlinig und mit dem Schenkel einen rechten Winkel bildend, Oberseite gelb und bräunlich scheckig beschuppt. Lg. 7—8 mm. Ziemlich selten. Auf Eichen. Genf, Schaffhausen. **Pellitus** Schh.

Var. Flügeldecken einfärbig braun. Chur. v. **Sericeus** Dbr.

— Der Zahn der Hinterschenkel kürzer, an der Aussenseite ausgerandet und daher mit dem Schenkel einen halbkreisförmigen Ausschnitt bildend, Beschuppung haarförmig, scheckig heller und dunkler braun. Lg. 6—8 mm. (venosus Germ.) Nicht selten. Genf, Basel, Aarau, Schaffhausen, Zürich, Wallis. **Glandium** Marsh.

7. Fühlergeissel dicht abstehend behaart, die äusseren Glieder 1½ mal so lang als breit, Nath der Flügeldecken hinten mit aufgerichteten Haaren besetzt, Beschuppung dunkelbraun. Lg. 5—7 mm. Nicht selten auf Nuss- und Haselnussbäumen bis 3300′. **Nucum** L.

— Fühlergeissel nur mit einzelnen abstehenden Haaren, das letzte Glied doppelt so lang als breit, Nath der Flügeldecken ohne aufgerichtete Haare. Beschuppung dunkelbraun. Lg. 4—6 mm. (tesselatus Dbr.) Ziemlich selten. Genf, Basel, Schaffhausen, Zürich, St. Gallen, Bündten, Wallis. **Turbatus** Schh.

8. Hinterschenkel mit einem kleinen Zahn, Rüssel des ♀ länger als der Leib; hell rothbraun mit weisslichen haarförmigen Schuppen nicht dicht bekleidet, dieselben bilden auf den Flügeldecken 2 weissliche Querbinden, auch das Schildchen dichter beschuppt. Lg. 2,8—3,5 mm. Selten. Zürich auf Prunus spinosa. Genf, Basel, Grabs im Kanton St. Gallen, Mt. Cenere. **Cerasorum** Herbst.

— Hinterschenkel ungezähnt, Rüssel des ♀ kürzer als der Körper; hell rothbraun, das Halsschild dunkler, Unterseite schwarz, weiss beschuppt, die Nath der Flügeldecken und eine Querbinde hinter deren Mitte ebenfalls weisslich beschuppt. Lg. 2,8—3,5 mm. Auf Weiden. Selten. Puschlav, Martigny, Laufenburg, Schaffhausen. **Rubidus** Schh.

9. Flügeldecken stellenweise beschuppt 10

— Flügeldecken ganz unbeschuppt und nur auf jedem Zwischenraum zwei Längsreihen sehr feiner grauer Häärchen 11

10. Unterseite schwarz, Körper schwarz und nur der Fühlerschaft röthlich, auch das Schildchen schwarz, Flügeldecken etwas flach, hinten einzeln abgerundet, die ganze Wurzel und die Spitze, sowie eine Querbinde in der Mitte weiss beschuppt, die Seiten grau pubescent. Lg. (ohne Rüssel) 3 mm. Puschlav. (Berl. Zeitschrift 1862, p. 423). **Rhaeticus** Fuchs.

— Unterseite dicht weiss beschuppt, 2 Längsstreifen auf dem Halsschild, die Nath bis zur Mitte und eine kurze Querbinde daselbst, sowie einige Flecken an der Wurzel der Flügeldecken dicht weiss beschuppt. Lg.—2½ mm. Häufig auf Weiden und Zitterpappeln im Kanton Waadt und Wallis; Genf, Neuchâtel, Basel, Schaffhausen, Zürich, Bern. **Crux** F.

11. Die ganze Unterseite des Körpers weiss beschuppt, Zwischenräume der Streifen doppelt so breit als die Streifen. Lg. 2—2½ mm. Häufig auf Wiesen. Genf, Wallis, Tessin, Basel, Schaffhausen, Aarau, Zürich. **Brassicae** F.

— Die Mitte der Hinterbrust ist nur fein grau behaart; Körper schmäler als beim vorigen, die Zwischenräume der Flügeldecken kaum breiter als die Streifen und etwas gewölbt, beim ♂ ist die vordere Hälfte des Rüssels roth. Lg. 1½—2 mm. Häufig auf Wiesen bis 6000′ ü. M. **Pyrrhoceras** Marsh.

Gatt. **Anthonomus** Germ.

(Taplithus Gozis, Anthomorphus Weise).

1. Schenkel mit doppeltem Zahn, Schildchen gross, länglich, gewölbt; röthlich-braun, ein grosser Fleck an der Schulter, eine Querbinde hinter der Mitte und

die Spitze der Flügeldecken mit gelblichen haarförmigen Schuppen besetzt. Lg. 3—4 mm. (rectirostris L.) Häufig auf Obstbäumen. **Druparum** L.

— Schenkel mit einfachem Zahn, Schildchen klein, weiss behaart 2

2. Flügeldecken mit behaarten Querbinden, der 3. Streifen verbindet sich mit dem 6. 3

— Flügeldecken ohne behaarte Querbinden, sparsam weisslich behaart, der 3. Streifen verbindet sich mit dem 8., Hinterschenkel mit sehr kleinen Zähnchen 4

3. Hinterschenkel deutlich gezähnt, Vorderschenkel mit einem grossen Zahn, Rüssel punktirt oder gestreift, matt 4

— Hinterschenkel ungezähnt, Vorderschienen aussen und innen nicht zweibuchtig, Körper kurz eiförmig 10

4. Halsschild gewölbt und seitlich gerundet, dicht und grob punktirt, mit weisser, sich auf die Stirn erstreckender Mittellinie, Flügeldecken mit einem kleinen Höcker an der Basis des 3. Zwischenraumes, eine gerade, nach aussen breiter werdende Querbinde hinter der Mitte und das Schildchen weiss, die Basis der Flügeldecken rothbraun beschuppt, die Schuppen haarförmig, Vorderschenkel mit grossem Zahn. Lg. 4 mm. (cinctus Redt). Selten. Genf, Vevey, Basel. **Pyri** Schh.

— Halsschild wenig gewölbt, nach vorn fast geradlinig oder schwach gerundet verengt 5

5. Hinter der Mitte der Flügeldecken eine fast gerade hell behaarte Querbinde 6

— Hinter der Mitte der Flügeldecken eine schräge oder gewölbte weiss behaarte Querbinde, Vorderschenkel mit einem grossen Zahn 8

6. Vorderschenkel mit einem sehr grossen, dreieckigen Zahn, Vorderschienen aussen schwach, innen ziemlich stark gebuchtet, Rüssel lang, wenig gebogen, schwach glänzend 7

— Vorderschenkel mit einem mässig grossen Zahn, Vorderschienen schmal, aussen und innen wenig gebuchtet, Rüssel kurz, stark gebogen, runzlig gestreift, im Profil betrachtet nach der Spitze verdünnt; Oberseite gelbbraun, roth- oder schwarzbraun, eine Längsbinde auf dem Halsschild, eine Querbinde hinter der Mitte und eine weniger deutliche im vorderen Drittheil der Flügeldecken weisslich; diese letztere ist oft undeutlich, oft über die Basis der Flügeldecken verbreitet und beim ♂ oft gelb statt weiss, während die hintere Binde und ein Fleck an der Spitze stets weisslich sind; die Seiten des Halsschildes sind fast gerade, die Mittel- und Hinterschenkel haben kleine Zähnchen. Lg. 4—5 mm., Br. $1^1/_8$—$1^1/_2$ mm. Ziemlich häufig im Kanton Waadt, Wallis, Schaffhausen, Dübendorf, selten im Unterengadin. **Pedicularius** L.

7\. Halsschild an den Seiten deutlich gerundet, Flügeldecken kürzer, breiter; gelb-rothbraun, eine Querbinde hinter der Mitte weiss, die Punkte in den Streifen sind fast viereckig, die Zwischenräume gerunzelt, die Mittel- und Hinterschenkel sind undeutlich gezähnt. Lg. $3^1/_2$—5 mm., Br. 1—$1^2/_3$ mm. (cinctus Thoms.). Genf, Vevey, Tessin, Basel, Zürich, Bündten, Wallis. **Ulmi** de Geer.

— Halsschild an den Seiten kaum gerundet, kürzer, vorn eingeschnürt, Flügeldecken länger als beim vorigen, mehr parallel; schwarzbraun mit dunkeln Fühlern, mit einer weisslichen Binde hinter der Mitte. Lg. $3^1/_2$—5 mm., Br. 1—$1^2/_3$ mm. (Roberti Wenk). In der südlichen Schweiz kaum fehlend. **Spilotus** Redt.

8\. Langgestreckt, dunkelroth, eine schmale Mittellinie und die Seiten des Halsschildes, eine wellenförmige Binde hinter der Mitte der Flügeldecken, Vorder- und Mittelbrust dicht grauweiss beschuppt, Rüssel lang, nach aussen verdickt, Halsschild an den Seiten auf der hinteren Hälfte fast gerade, nach vorn stark verschmälert, Flügeldecken an der Basis einzeln abgerundet, nach hinten kaum erweitert, stark punktirt-gestreift, Vorderschenkel mit grossem dreieckigem Zahn. Lg. 4—$4^1/_2$ mm., Br. $1^1/_5$—$1^1/_4$ mm. (ruber Perris). Genf, Schaffhausen. **Undulatus** Gyll.

— Die hintere Binde ist schräg, nicht wellenförmig . 9

9\. Die hintere Binde der Flügeldecken ist sehr schräg, mit schwärzlicher, mit weissen Haarbüscheln bestreuter Einfassung, Halsschild und Flügeldecken röthlichbraun letztere nach hinten kaum erweitert, wenig gewölbt, Mittellinie des Halsschildes und Schildchen weiss behaart, Fühler und Beine rostroth, der verdickte Theil der Schenkel dunkel, Vorderschienen an der Wurzel gekrümmt, innen fast winklig verdickt, dann geschweift. Lg. 5—6 mm., Br. $1^1/_2$—$1^2/_3$ mm. Den Apfelbäumen schädlich und überall gemein. **Pomorum** L.

Var. Kleiner, schmäler und verlängter, die Flügeldecken schmäler, dunkel pechbraun, die Binde weniger scharf begrenzt. Auf Birnbäumen. v. **Pyri** Coll.

— Flügeldecken kürzer und nach hinten deutlich breiter, auch gewölbter als beim vorigen, sein Rüssel weniger lang, die Beine schlanker, heller gefärbt, die Mittel- und Hinterschenkel sind schwächer gezähnt, die Vorderschienen weniger gebogen als beim vorigen, die schiefe Binde der Flügeldecken ist weniger ausgeprägt, nicht schwarz eingefasst. Lg. $3^{2}/_{3}$—$4^{1}/_{2}$ mm., Br. $1^{1}/_{2}$—$1^{2}/_{3}$ mm. Selten. Genf, Schaffhausen, Dübendorf, Neuchâtel, Wallis. **Incurvus** Steph. Panz.

10\. Vorderschenkel mit einem grossen Zahn, Vorderschienen an der Basis etwas gebogen, Rüssel glatt und glänzend, Augen stark gewölbt, Halsschild dicht punktirt, Oberseite gelb, Flügeldecken an der Basis und Spitze grau behaart, die Querbinde neben der Nath gelb, nach aussen grau, eine Querbinde hinter der Mitte und ein Fleck vor der Spitze weisslich behaart. Lg. $2^{1}/_{2}$—3 mm. Selten. Schaffhausen. **Rufus** Schh.

— Vorderschenkel mit ganz kleinem Zähnchen, Vorderschienen gerade, Rüssel punktirt, matt, Augen schwach gewölbt, Oberseite braun, drei Längslinien auf dem Halsschild und zwei etwas konvergirende schmale Querbinden auf den Flügeldecken (in der Mitte und vor der Spitze) weiss behaart. Lg. 2 mm. (oxyacanthae Boh., pedicularius Thoms.) Genf. **Sorbi** Germ.

11\. Rüssel glänzend, Vorderschenkel mit ziemlich starkem Zahn 12

— Rüssel matt, dicht punktirt, Vorderschenkel mit sehr kleinem Zähnchen, Oberseite schwarz, selten rothbraun, fein behaart, die Brust und das Schildchen dichter, Fühler schwarz, öfter mit hellem Schaft, Halsschild sehr fein punktirt, Flügeldecken grob punktirt-gestreift. Lg. 2—$2^{1}/_{2}$ mm. Sehr häufig. **Rubi** Herbst.

12\. Rüssel deutlich punktirt, Klauen stark gezähnt, Körper länglich, Hinterschienen beim ♂ nicht gebogen, Oberseite gelb, weiss behaart, Kopf und Brust schwarz. Lg. 3—5 mm. **Pubescens** Payk.

— Rüssel kaum punktirt, Klauen fast ungezähnt, Körper kurz eiförmig, Hinterschienen beim ♂ schwach gebogen, Oberseite schwarz oder theilweise oder ganz gelbroth. Lg. 3 mm. Häufig; die helle Varietät vorherrschend. **Varians** Payk.

Gatt. **Bradybatus** Germ.

(Pseudomorphus Dbr.)

1. Körper eiförmig, Vorderschenkel mit ziemlich starkem, Hinterschenkel mit kleinem Zahn, Oberseite rothbraun, der Kopf schwarz, eine Längsbinde auf dem Halsschild und eine schmale Querbinde hinter der Mitte der Flügeldecken weiss behaart; Rüssel kurz und dick, Halsschild konisch, stark punktirt, Flügeldecken ziemlich stark punktirt-gestreift. Lg. 4—5 mm., Br. $1^1/_4$—$1^1/_3$ mm. (fallax Gerst., aceris Chevr.) Genf, Schaffhausen. **Elongatulus** Schh.

— Körper langgestreckt oder lang eiförmig, Vorderschenkel schwach, die hintern kaum gezähnt . . . 2

2. Körper rothbraun, Flügeldecken mit Querbinde . . 3

— Körper oben schwarzbraun, Flügeldecken ohne Querbinde, Schulter und Spitze braun; flachgedrückt, Halsschild seitlich in der hinteren Hälfte parallel, vorn stark eingeschnürt, Flügeldecken tief punktirt-gestreift, Zwischenräume schmal, gewölbt, Vorderschienen in der Mitte etwas verdickt. Lg. $4^1/_2$—5 mm. Genf. **Kellneri** Bach.

3. Langgestreckt, rostroth, Kopf und Rüssel, Brust und Hinterleib schwarz, After röthlich, Flügeldecken doppelt so lang als breit, Oberseite dünn röthlich behaart, auf jeder Flügeldecke ist ein schwarzer Punkt hinter der Mitte, ausserdem zeigen sich (aber nur bei ganz frischen Exemplaren) zwei gebogene Querbinden, eine etwas vor der Mitte, die andere vor der Spitze; Halsschild fast so lang als breit, vorn etwas eingeschnürt, stark punktirt. Lg. $4^1/_2$—$4^3/_4$ mm., Br. $1^1/_4$ mm. Chiasso, Basel, Genf, St. Gallen, Wallis. **Creutzeri** Germ.

— Langoval, rostroth, Kopf, Rüssel, das Halsschild wenigstens theilweise und die Unterseite schwarz, fein röthlich behaart, Halsschild breiter als lang, grob punktirt, Flügeldecken $1^1/_2$ mal so lang als breit, stark punktirt-gestreift, mit zwei breiteren Binden gelber Haare, beide halbkreisförmig, eine in der Mitte mit der Concavität nach vorn und eine an der Spitze mit der Concavität nach hinten; Vorderschienen breit ausgerandet. Lg. $4^1/_2$—5 mm. Selten. Basel, Aarau, Schaffhausen, Wallis. **Subfasciatus** Gerst.

Gatt. **Acalyptus** Schönh.

1. Schwarz mit grauer, seidenglänzender, anliegender Pubescenz dicht bedeckt, Fühler und Beine gelb, Rüssel dünn und lang, gebogen, dicht punktirt, Flügeldecken einzeln abgerundet. Lg. 1,8—2,3 mm. Nicht selten, auf Weiden. Genf, Basel, Zürich, Schaffhausen, Burgdorf, Dübendorf, Wallis. **Carpini** Herbst.

   Var. Grösser, Rüssel fein und dicht punktirt. Lg. 2—2½ mm. v. **Sericeus** Dej.

— Dem vorigen sehr ähnlich, die Flügeldecken gelb und nur an der Wurzel und am Seitenrande schwarz, das Halsschild seitlich kaum gerundet. Lg. 2 mm. (rufipennis Gyll.) Genf, Basel, Schaffhausen, Burgdorf, Mendrisio. **Alpinus** Ville.

Gatt. **Ellescus** Steph.

1. Halsschild nach hinten fast eben so stark verschmälert als nach vorn, Schildchen dicht kreideweiss behaart, Kopf schwarz, Flügeldecken roth, fleckig grau behaart, die Schildchengegend und eine Querbinde hinter der Mitte, die nach hinten meist weisslich eingefasst ist, kahl. Lg. 2 mm. Selten. Stabbio, Val Entremont, Aarburg. **Infirmus** Herbst.

— Halsschild nach vorn stark, nach hinten kaum verengt, Schildchen nicht stärker behaart als die Nath 2

2. Rothbraun, grau behaart, die Brust schwarz, öfter auch der Kopf, die Wurzel des Rüssels und die Basis des Bauches, auch der Seitenrand der Flügeldecken, die Nath dichter, ein Fleck auf der vorderen Hälfte der Flügeldecken spärlich behaart, Flügeldecken einfach punktirt-gestreift. Lg. 2—3 mm. Ziemlich selten. Auf Zitterpappeln. Genf, Bern, Basel, Schaffhausen, Zürich. **Scanicus** Payk.

   Var. Gelb, nur die Brust, seltener auch der Kopf schwarz, die graue Behaarung sehr dünn; die Nath, einige Längsstrichel an der Wurzel der Flügeldecken, eine gekrümmte Querbinde in deren Mitte und einige länglichte Punkte vor der Spitze dichter weiss behaart. Wallis. v. **pallidesignatus** Gyll.

— Schwarz, ziemlich dicht grau behaart mit zwei dunklern Punkten hinter der Mitte der Flügeldecken.

Fühler, Schienen und Füsse öfters gelblich. Lg. 2—3 mm. Nicht selten auf Weiden. **Bipunctatus** L.

Gatt. **Lignyodes** Schönh.

Braun, Brust und Hinterleib schwarz, Rüssel, Fühler und Beine gelbroth, das Halsschild, die Nath und die Wurzel der Flügeldecken gelbroth beschuppt. Lg. 3—4 mm. Selten. Genf, Basel, Zofingen. **Enucleator** Panz.

Gatt. **Tychius** Germ.

1. Fühlergeissel mit sieben Gliedern (Tychius in Sp.) 2
— Fühlergeissel mit sechs Gliedern (Miccotrogus Schh.) 22
2. Hinterschenkel mit einem starken Zahn, Rüssel schwach gebogen, abgeplattet, Halsschild breit, stark gerundet; Oberseite kupferroth beschuppt, die Mittellinie des Halsschildes, die Nath und zwei Flecken jederseits weisslich. Unterseite weiss beschuppt, Mittel- und Hinterschenkel beim ♂ gefranst. Lg. 3½—4½ mm. Häufig auf Wiesen. **Quinquepunctatus** L.
— Hinterschenkel nicht oder undeutlich gezähnt . . 3
3. Flügelgecken mit breiten Streifen, die Zwischenräume mit halb aufgerichteten, kurzen, steifen, weissen Börstchen besetzt; Körper schwarz, die Spitze des Rüssels und die Tarsen braun, Rüssel gegen die Spitze verdünnt, Halsschild viel breiter als lang, nach vorn stark, nach hinten sehr wenig verschmälert, Flügeldecken um ⅓ länger als breit, seitlich ziemlich parallel, Unterseite dicht weiss beschuppt. Lg. 2½—4⅓ mm. Selten. Genf. **Striatellus** Schh.
— Flügeldecken anliegend beschuppt oder höchstens mit einzelnen feinen Börstchen 4
4. Körper mit flachen, ovalen oder länglich-ovalen Schuppen bekleidet 5
— Körper mit haarförmigen Schuppen bekleidet . . 11
5. Halsschild viel schmäler als die Flügeldecken, nach hinten nicht oder kaum verschmälert, an den Seiten nicht gerundet 6
— Halsschild wenig schmäler als die Flügeldecken, nach hinten deutlich verschmälert, seitlich gerundet . . 7
6. Hinterschenkel mit einem stumpfen Zähnchen; Körper schwarz, grauweiss beschuppt, zwei breite Streifen

auf der Scheibe des Halsschildes, ein breiter Streifen neben der Nath und öfter noch einer oder zwei der äusseren Zwischenräume braun beschuppt, Fühler an der Wurzel roth. Lg. 3—3½ mm. Selten. Genf, Basel, Schaffhausen, Dübendorf. **Venustus F.**

Var. Flügeldecken einfärbig grau beschuppt.

— Hinterschenkel ungezähnt, Körper schwarz, grauweiss beschuppt, die Spitze des Rüssels, Fühler, Schienen und Füsse röthlich, Flügeldecken fein punktirt-gestreift. Lg. 2⅓—2¾ mm. Selten. Genf, Jura, Schaffhausen. **Genistae Schh.**

7. Flügeldecken mit einer weisslichen Binde, die von den Schultern ausgeht und gegen die Nath gerichtet ist 8

— Flügeldecken ohne deutliche Binde 9

8. Rüssel rostroth, so lang als das Halsschild, gegen die Spitze hin kaum verschmälert, Fühlerkeule schwarz; eiförmig schwarz, gewölbt, unten dicht weiss, oben gelb oder braungelb beschuppt, Fühlerbasis und Beine roth, Halsschild seitlich mässig gerundet, die Dicke des Rüssels gegen die Spitze abnehmend. Lg. 1⅔ bis 2½ mm. Selten. Genf, Schaffhausen. **Medicaginis Ch. Br.**

— Rüssel nur an der Spitze roth, kürzer als das Halsschild, gegen die Spitze verschmälert; schwarz, gewölbt, unten weiss, oben gelb oder braungelb beschuppt, Fühler ganz roth, Halsschild seitlich noch stärker gerundet als beim vorigen, Beine gelbroth. Lg. 1¾—2⅖ mm. Selten. Schaffhausen. **Albo-vittatus Ch. Br.**

9. Körper länglich-oval, Rüssel so lang als das Halsschild und schmal, nach vorn nicht verschmälert, aber an Dicke abnehmend; Körper schwarz, mit weissen, gelblichen oder bräunlichgelben seidenglänzenden Schuppen dicht bedeckt, Halsschild nach vorn stark, nach hinten wenig verschmälert, Flügeldecken kurzoval, von der Mitte an verschmälert, sehr fein gestreift, Fühler, Beine und Rüssel roth, bei den erstern die Keule meist dunkler, die Hinterschenkel haben ein kleines, stumpfes Zähnchen. Lg. 2—2½ mm. (squamulatus Gyll.). Nicht selten. Wallis, Basel, Schaffhausen, Genf. **Planicollis Steph.**

— Rüssel beim ♀ kaum so lang, beim ♂ kürzer als das Halsschild, nach vorn an Breite und Dicke abnehmend 10

10. Körper eiförmig, Flügeldecken sehr kurz; schwarz, unten weiss, oben bräunlichgelb oder grau, oder grünlichgrau beschuppt, Fühler, Rüssel und Beine gelbroth, Halsschild seitlich gerundet, Flügeldecken hinter den Schultern etwas eingeschnürt, fein gestreift, Schenkel ungezähnt. Lg. $1^{3}/_{4}$—$2^{1}/_{3}$ mm. (flavicollis Boh.). Nicht selten in der ebenern Schweiz. Genf, Basel, Schaffhausen. **Curtus** Ch. Br.

— Körper länglich-eiförmig, schwarzbraun, die Spitze des Rüssels, Fühler und Beine röthlich, Beschuppung unten weisslich, oben heller oder dunkler braun oder gelb, gegen die Spitze meist etwas heller, auch die Nath öfter etwas heller, Halsschild wenig breiter als lang, seitlich gerundet, nach hinten deutlich verschmälert, Flügeldecken kurz-oval, die Hinterschenkel mit einem kleinen zahnförmigen Haarbüschel. Lg. $1^{3}/_{4}$—$2^{3}/_{5}$ mm. Nicht selten. Genf, Wallis, Zürich, Tessin, Schaffhausen. **Junceus** Reiche.

Var. Oberseite ganz weiss beschuppt, Rüssel ganz roth.

11. Rüssel auffallend dick und gleich breit von der Wurzel bis zur Insertion der Fühler, dann rasch verschmälert; schwarz, unten weiss oder gelblich, oben hellbraun beschuppt, die Fühler mit Ausnahme der Keule, der vordere Theil des Rüssels und die Beine gelbroth, Halsschild seitlich schwach gerundet, Flügeldecken fein gestreift, die Zwischenräume mit feinen anliegenden Häärchen, die Hinterschenkel undeutlich gezähnt. Lg. $2^{1}/_{4}$—$2^{1}/_{2}$ mm. Sehr selten. Genf. (Berl. Zeitschr. 15, p. 48). **Crassirostris** Kirsch.

— Rüssel von gewöhnlicher Dicke 12

12. Schwarz, Flügeldecken gelbroth mit Ausnahme der Schildchengegend, auch die Spitze des Rüssels, Fühler und Beine; Beschuppung grau, seidenartig; Rüssel an der Insertionsstelle der Fühler stark gekrümmt und von da an verschmälert, Halsschild so lang als breit, vorn etwas gerundet, nach hinten wenig verengt und grob punktirt, schmäler als die Flügeldecken, diese mit etwas vortretenden Schultern, seitlich sehr wenig gerundet, Hinterschenkel mit einem zahnartigen Haarbüschel. Lg. $2^{1}/_{4}$ mm. Sehr selten. Genf. (Ann. de Fr. 1873, p. 488). **Sericatus** Tourn.

— Flügeldecken anders gefärbt, schwarz, höchstens mit hellerer Spitze, oder gestreift 13

13. Vorderschienen am Innenrande mit einem kleinen Zähnchen, das beim ♂ stets deutlich, beim ♀ meist undeutlich ist 14
— Vorderschienen ohne Zähnchen, auch beim ♂ . . 17
14. Halsschild viel schmäler als die Flügeldecken, Körper länglich-oval, dicht beschuppt, Schienen und Füsse stets ganz gelbroth 15
— Halsschild wenig schmäler als die Flügeldecken, Körper länglich, seitlich fast parallel, schwarz, mit weisslichen Schuppen nicht sehr dicht, auf den Flügeldecken reihenweise bekleidet, diese stark punktirt-gestreift, Fühlerkeule schwarz 16
15. Körper länglich-oval, schwarz, grau beschuppt, die Mittellinie des Halsschildes, die Nath und die Unterseite weiss beschuppt, öfter auch sind einzelne Zwischenräume der Flügeldecken ganz oder theilweise weiss beschuppt, der Rüssel nach vorn stark verschmälert, Halsschild vor der Mitte ziemlich stark gerundet, Fühler roth, die Keule dunkel. Lg. 2 bis $2^1/_3$ mm. (lineatulus Steph Bris.). In der Schweiz hie und da. Genf, Wallis. **Schneideri** Herbst.
— Körper verlängter, grauweiss beschuppt, nur die Nath und die Unterseite heller, Halsschild seitlich sehr wenig gerundet, nach hinten sehr wenig verschmälert, Rüssel nach vorn wenig und allmählig verschmälert, Schenkel heller oder dunkler roth, Fühler ganz roth. Lg. $1^4/_5$—$2^1/_5$ mm. Genf, Wallis. Stellenweiss häufig. **Meliloti** Steph.
16. Halsschild seitlich ziemlich stark gerundet, nach hinten stark verschmälert, am Hinterrand weiss, die Wurzel der Schienen schwarz, beim ♂ die Vorderschenkel mit weissen Haaren gefranst, die Vorderschienen am Innenrand gezähnt. Lg. 2—$2^1/_3$ mm. Genf. **Tibialis** Sch.
— Halsschild wenig gerundet, nach hinten wenig verschmälert, Schienen ganz roth, Vorderschienen bei beiden Geschlechtern am Innenrande gezähnt (die Zähnchen mitunter undeutlich). Lg. $1^1/_3$—$1^3/_4$ mm. Genf. **Pygmaeus** Bris.
17. Rüssel nach vorn stark verschmälert; länglich-eiförmig, braunschwarz, unten weiss, oben grauweiss, das Halsschild goldgelb beschuppt, seine Mittellinie und ein Punkt jederseits, sowie die Nath der Flügeldecken weiss beschuppt, Fühler und Beine roth. Lg. 2 bis $2^1/_3$ mm. Sehr selten. Nach Tournier in der Schweiz. **Elegantulus** Bris.

— Rüssel nach vorn wenig und ganz allmählig verschmälert 18
18. Die Mittellinie des Halsschildes ist weiss beschuppt 19
— Die Mittellinie des Halsschildes ist nicht weiss beschuppt 21
19. Körper verlängt-eiförmig, Halsschild kaum breiter als lang, sehr wenig gerundet, röthlich beschuppt, seine Mittellinie, die Stirn, die Nath und die Unterseite, sowie die abwechselnden Zwischenräume weiss beschuppt, die Beine heller oder dunkler braun, manchmal ganz gelbroth, Hinterschenkel mit einem mehr oder weniger deutlichen zahnartigen Haarbüschel. Lg. $2^1/_4$—$2^1/_2$ mm. (Schneideri Bris.). **Lineatulus** Germ.
— Körper kürzer und breiter, länglich eiförmig, Halsschild seitlich stärker gerundet 20
20. Die Nath und die abwechselnden Zwischenräume der Flügeldecken und die Mittellinie des Halsschildes sind weisslich, sowie die Unterseite; der Rest der Oberfläche ist röthlichgrau, seidenglänzend beschuppt, Halsschild viel breiter als lang, seitlich gerundet, wenig schmäler als die Flügeldecken, Beine braun, dünn weisslich behaart. Lg. $2^1/_2$—3 mm. Genf, Tessin, Schaffhausen. **Polylineatus** Germ.

Var. Das ganze Insekt ist weiss beschuppt, ohne hellere Linien.
— Die Nath und die Mittellinie des Halsschildes ein klein wenig weisser als die übrige Beschuppung, die Rüsselspitze, die Fühler ohne die Keule und die Schienen röthlich, die abwechselnden Zwischenräume der Flügeldecken nicht heller beschuppt. Lg. $2^1/_2$ mm. Genf. (ex Tournier, Ann. de Fr. 1873, p. 465). **Arietatus** Tourn.
21. Fühler und Beine ganz roth, Körper schwarz, die Spitze der Flügeldecken mitunter heller, Unterseite weiss, die Oberseite dicht grauweiss oder gelblich beschuppt, die Nath selten etwas heller, Halsschild fast so lang als breit, seitlich mässig gerundet, nach hinten verschmälert, schmäler als die Flügeldecken. Lg. 2—$2^1/_2$ mm. Häufig und bis 3000′ ansteigend. **Tomentosus** Herbst.
— Fühler, Spitze der Schienen und Tarsen roth, gelblichgrau beschuppt, auf den Flügeldecken mitunter unregelmässige Spuren weisser Linien, Rüssel so

lang als Kopf und Halsschild, wenig verschmälert, Halsschild etwas länger als breit, auf der hinteren Hälfte fast parallel, Flügeldecken fast parallel, stark gestreift, Zwischenräume etwas erhaben. Lg. 4 mm. Berner Jura. (ex Tournier, Ann. de Fr. 1873, p. 471).
Brisouti Tourn.

22. Schwarz, Unterseite weiss, Oberseite ziemlich dicht und gleichmässig grau behaart, Rüssel nach vorn verschmälert, seine Spitze, die Schienen und Füsse oder die ganzen Beine, auch die Fühlerwurzel röthlich, Schenkel und Schienen ohne Zahn. Lg. $1^3/_4$—2 mm. Sehr häufig. **Picirostris** F.

Var. Flügeldecken auf der hinteren Hälfte oder gegen die Spitze röthlich. v. **Posticinus** Gyll.

Anm. Da bei der Schwierigkeit der Bestimmung dieser Gattung es leicht möglich ist, dass noch andere, als die bisher nachgewiesenen Arten in der Schweiz vorkommen, so halte ich es für zweckmässig, hier einen Auszug aus der Arbeit von Ch. Brisout über die in Frankreich vorkommenden Arten (Ann. de Fr., 1862) in Uebersetzung wiederzugeben. Dabei habe ich die Arten übergangen, die seither aus der Gattung Tychius ausgeschieden und der Gattung Pachytychius einverleibt worden sind.

1. Hinterschenkel mit starkem, spitzigem Zahn. **Quinque-punctatus** L.
— Hinterschenkel nicht oder sehr stumpf gezähnt mit einem zahnförmigen Haarbüschel 2
2. Körper dicht mit runzligen, ovalen oder länglichovalen Schuppen bedeckt 3
— Körper behaart oder mehr oder weniger dicht mit schmalen, haarförmigen Schuppen bekleidet 15
3. Flügeldecken mit breiten Streifen, die Zwischenräume mit steifen, halbanliegenden Borsten dicht bedeckt. **Striatellus** Schh.
— Flügeldecken mit mittelmässigen oder feinen Streifen, die Zwischenräume höchstens mit einigen zerstreuten sehr feinen Borsten 4
4. Form verlängt, Halsschild fast so breit wie die Flügeldecken 5
— Form oval oder länglich-oval, Halsschild deutlich schmäler als die Flügeldecken 6
5. Flügeldecken lang mit parallelen Seiten. Südfrankreich. **Grenieri** Bris.
(Unten weiss, oben braun beschuppt. 3 Linien des Halsschildes und die Nath, sowie einige zerstreute Flecken weiss beschuppt. Lg. $2^1/_2$—3 mm.)
— Flügeldecken oval, ihre Seiten deutlich gebogen. Südfrankreich. **Argentatus** Chevr.
(Gelblich grau, silberglänzend, mit weisser Binde am Seitenrand; das Halsschild ist bald mehr, bald weniger stark gerundet und in diesem Falle etwas schmäler als die Flügeldecken. Lg. $2^1/_3$ bis $2^2/_3$ mm.)
6. Halsschild viel schmäler als die Flügeldecken, hinten wenig verschmälert, seitlich kaum gerundet 7
— Halsschild wenig schmäler als die Flügeldecken, hinten deutlich verschmälert, seitlich deutlich gerundet 8
7. Fühler ganz gelbroth. **Genistae** Schh.
— Fühler nur an der Wurzel roth. **Venustus** F.

8. Jede Flügeldecke mit einer weissen, vor der Schulter beginnenden und gegen die Nath laufenden Binde 9
— Flügeldecken ohne weisse Binde 10
9. Fühler mit dunkler Keule, Rüssel roth, von der Länge des Halsschildes, in der Breite nach vorn kaum verschmälert. **Medicaginis** Bris.
— Fühler ganz roth, Rüssel gegen die Spitze roth, kürzer als das Halsschild, nach vorn deutlich verschmälert. **Albovittatus** Bris.
10. Rüssel lang und schmal, nach vorn an Breite kaum, an Dicke aber deutlich und allmählig abnehmend 11
— Rüssel mässig lang, nach vorn an Breite und Dicke mehr oder weniger abnehmend 12
11. Rüssel länger als das Halsschild, dieses seitlich ziemlich gerundet, Flügeldecken fein aber deutlich gestreift, die Zwischenräume etwas gewölbt. Südfrankreich. **Suturalis** Bris.
(Färbung sehr veränderlich grau oder bräunlich mit hellerer Nath, das Halsschild ist bald mehr, bald weniger gerundet. Lg. 2—3 mm.)
— Rüssel so lang als das Halsschild, dieses seitlich schwach gerundet, Flügeldecken sehr fein, oft undeutlich gestreift, die Zwischenräume eben (Squamulatus Schh.). **Flavicollis** Steph.
12. Form kurz, oval, Flügeldecken sehr kurz **Curtus** Bris.
— Form länglich-oval, Flügeldecken ziemlich kurz 13
13. Vorder- und Mittelschenkel des ♂ mit langen weissen Schuppen dicht gefranst. Südfrankreich. **Femoralis** Bris.
(Fühler und Beine ganz gelb, Oberseite gelblich, Halsschild leicht gerundet, Hinterschenkel schwach gezähnt. Lg. 2½ mm.)
— Vorder- und Mittelschenkel des ♂ mit kleinen fadenförmigen Schuppen schwach gefranst 14
14. Form schmal, flach; Oberseite gelblich, Fühler, Rüsselspitze, Schienen und Füsse roth, Halsschild seitlich schwach gerundet, Flügeldecken an der Basis schwarz, hinten roth. Südfrankreich. Lg. 2½—2⅔ mm. **Bicolor** Bris.
— Form länglich-oval, Schenkel stets röthlich, Halsschild seitlich deutlich gerundet. **Junceus** Reiche.
15. Rüssel pfriemförmig 16
— Rüssel sehr allmählig nach vorn verschmälert 19
16. Halsschild mit weisser Mittellinie 17
— Halsschild ohne weisse Mittellinie 18
17. Schenkel und Fühlerkeule dunkel (lineatulus Steph., Bris.). **Schneideri** Herbst.
(Die zwei Arten Schneideri Herbst. und lineatulus Germ. hat Brisout verwechselt, ich habe daher, abweichend von ihm, die beiden Arten richtig bezeichnet.)
— Schenkel, Fühler und Beine ganz roth **Elegantulus** Bris.
18. Flügeldecken mit weisser Nath, Fühler roth, Halsschild seitlich schwach gerundet. **Meliloti** Steph.
— Flügeldecken ohne weisse Nath, Fühlergeissel mehr oder weniger dunkel, Halsschild seitlich stark gerundet. Südfrankreich. Lg. 2⅓—3 mm. **Funicularis** Bris.
(Fühler-Wurzel und Keule, Schienen und Füsse roth, die Schenkel keulenförmig und stumpf gezähnt, Flügeldecken vorn dunkel, hinten röthlich.)

19. Halsschild stark gerundet, hinten stark verschmälert, Flügeldecken roth, schwach beschuppt, Fühlerwurzel und Beine roth. Lg. 2—2¼ mm. Südfrankreich. **Rufipennis** Bris.
— Halsschild seitlich mässig gerundet und hinten schwach verschmälert 20
20. Halsschild mit weisser Mittellinie 21
— Halsschild ohne weisse Mittellinie 22
21. Form verlängt, schmal, Halsschild wenig gerundet (Schneideri Bris.). **Lineatulus** Germ.
— Form länglich-oval, ziemlich breit, Halsschild stark gerundet. **Polylineatus** Germ.
22. Fühler roth. **Tomentosus** Herbst.
— Wenigstens die Keule der Fühler dunkel 23
23. Schenkel schwarz 24
— Schenkel roth 26
24. Wurzel der Schienen schwarz, Vorderschienen beim ♂ gezähnt. **Tibialis** Schh.
— Wurzel der Schienen roth 25
25. Vorderschienen bei ♂ und ♀ gezähnt. Lg. 1½—1¾ mm. **Pygmaeus** Bris.
— Vorderschienen nicht gezähnt. Lg. 1⅘ mm. Südfrankreich. **Curvirostris** Bris.
(Rüssel gebogen, schwach verschmälert, Halsschild mässig gerundet, Schenkel ungezähnt.)
30. Halsschild fast länger als breit. Südfrankreich. **Longicollis** Bris.
(Dicht grau beschuppt, Rüssel schwach verschmälert, Fühlerwurzel, Rüsselspitze und Beine roth, Halsschild mässig gerundet, Schenkel dick, ungezähnt. Lg. 2 mm.)
— Halsschild etwas breiter als lang. **Pumilus** Bris.

Subgen. **Miccotrogus** Schh.

1. Vorderschienen des ♂ in der Mitte der Innenseite gezähnt; Körper verlängt, parallel, schwarz, die Fühler mit Ausnahme der Keule, Schienen und Füsse gelbbraun, Flügeldecken rothbraun, Nath und Seitenrand schwärzlich, Unterseite weiss, Oberseite kupferig braun beschuppt, die Schuppen haarförmig. Lg. 2⅓ mm. Genf. **Cuprifer** Schh.
— Vorderschienen bei beiden Geschlechtern ungezähnt; Körper länglich-eiförmig, schwarz, die Fühlerwurzel, die Spitze des Rüssels, die Schienen und Füsse oder die ganzen Beine gelbroth, Oberseite mit grauen, haarförmigen Schuppen ziemlich dicht anliegend bekleidet, die Unterseite weiss beschuppt. Lg. 1½ mm. Häufig. **Picirostris** F.
Var. Die Hinterhälfte der Flügeldecken röthlich. v. **Posticinus** Gyll.

Gatt. **Sibynes** Schh.

1. Flügeldecken an der Wurzel kaum ausgerandet, Halsschild an der Wurzel fast gerade abgeschnitten; das 1. Geisselglied der Fühler halb so lang als der Schaft und doppelt so lang als das 2.; länglich-eiförmig,

schwarz, Rüssel, Fühler und Beine röthlich, oben braun oder graubraun, unten weiss beschuppt, Halsschild vorn eingeschnürt, Flügeldecken fein punktirt-gestreift, die Zwischenräume eben mit einer Reihe kleiner, weisser, halbanliegenden Börstchen. Lg. 2—2 1/2 mm. Selten. Genf. **Sodalis** Germ.

— Flügeldecken an der Wurzel ausgerandet, das 1. Geisselglied der Fühler ist höchstens 1/3 so lang als der Schaft 2

2. Rüssel des ♂ nur 3/4 so lang, der des ♀ ein klein wenig kürzer als das Halsschild 3

— Rüssel des ♂ so lang, der des ♀ länger als das Halsschild 4

3. Schwarz und nur die Tarsen röthlich, Halsschild nach vorn stark, nach hinten kaum verschmälert, wenig kürzer als an der Basis breit, vorn schwach eingeschnürt; Rüssel gekrümmt, Flügeldecken um 1/3 länger als zusammen breit, Beschuppung nicht sehr dicht, oben grau oder grünlichgrau, unten weiss, die Schuppen verlängt. Lg. 2—2 1/2 mm. Selten, Dübendorf, Genf, Schaffhausen. **Fugax** Germ.

— Rüssel noch etwas kürzer, weniger gekrümmt, Schuppen mehr haarförmig. Lg. 2 1/4—2 1/2 mm. Selten. Genf. Vom vorigen wohl nicht specifisch verschieden. **Curtirostris** Tourn.

4. Flügeldecken mit gleichfärbiger Beschuppung . . 5

— Flügeldecken mit weissen Linien oder mit einem gemeinsamen Fleck auf der Nath 7

5. Flügeldecken mit schwacher aber deutlicher Beule vor der Spitze; Körper eiförmig oder kurz eiförmig, Halsschild viel breiter als lang, Flügeldecken wenig länger als breit, Beschuppung haarförmig, unten weiss, oben grünlichgelb oder grau. Selten. Die Mittellinie des Halsschildes und die Nath etwas heller gefärbt. Lg. 2 1/2—3 1/2 mm. Nicht selten. **Canus** L.

— Flügeldecken hinten ohne Beule 6

6. Etwas kleiner und schmäler, Bekleidung etwas mehr schuppenförmig als beim vorigen, Färbung der Schuppen unten weiss, oben grau oder grünlichgrau, mitunter an den Schultern etwas heller, Fühler und Beine schwarz. Lg. 2 1/2—3 mm. Nicht selten. **Viscariae** F.

— Rüsselspitze, Fühler und Schienen, sowie die Spitze der Flügeldecken roth, Schuppen fast haarförmig grau, Gestalt im allgemeinen wie beim vorigen. Lg. 2 mm. Genf. **Grisescens** Tourn.

7. Oberseite braun mit eingestreuten weissen Schüppchen und auf den Flügeldecken die Zwischenräume mit einer Reihe weisser Börstchen, Unterseite und Schildchen weiss beschuppt, Halsschild ziemlich breiter als lang, vorn eingeschnürt, Beine röthlich. Lg. $2^1/_3$ bis $2^1/_2$ mm. Genf. **Potentillae** Germ.

— Oberseite gelblich beschuppt, zwei Längsbinden auf dem Halsschild und ein grosser, bis zur Mitte der Nath reichender Fleck dunkler, Schienen und Füsse röthlich 8

8. Die Schuppen der Flügeldecken etwas haarförmig, ockergelb, doppelt so lang als breit; die dunkeln Flecken der Oberseite schwarz, sammtartig, weisslich eingefasst; Fühlerkeule schwarz. Lg. 1,5—2 mm. Selten. Genf. **Phaleratus** Schh.

— Die Schuppen der Flügeldecken sind $1^1/_2$ mal so lang als breit, graugelb, die dunkeln Flecken braun, schwach vortretend, Fühler ganz roth. Lg. 1,5—1,8 mm. Genf, Basel, Schaffhausen, Zürich, Burgdorf, Aarau, Chur, Wallis. **Primitus** Herbst.

Gatt. **Mecinus** Germ.

1. Körper schwarz oder höchstens gegen die Spitze hin röthlich 2

— Körper schwarz, eine Längsbinde an den Seiten der Flügeldecken rothgelb, Körper fein grau behaart, die Seiten der Flügeldecken und des Halsschildes, sowie die Mittellinie des letzteren und das Schildchen dichter weiss behaart, Schienen und Füsse, mitunter die ganzen Beine gelbroth, Rüssel gebogen, $1^1/_2$ mal (♂) oder $2^3/_4$ mal (♀) so lang als der grösste Durchmesser eines Auges, Kopf und Halsschild dicht punktirt, Flügeldecken punktirt-gestreift mit ebenen, zerstreut punktirten Zwischenräumen. Lg. $2^1/_2$ mm. Selten. Genf, Lugano. **Circulatus** Marsh.

— Flügeldecken dunkelblau oder schwarz mit bläulichem Schimmer; Rüssel gebogen, so lang (♂) oder länger als das Halsschild, dieses wie der Kopf dicht punktirt, Flügeldecken punktirt-gestreift, die Zwischenräume unregelmässig punktirt. Lg. $3^1/_2$—4 mm. In der Schweiz noch nicht gefunden, aber in Deutschland und Frankreich weit verbreitet und darum wohl in der Schweiz nicht fehlend. **Janthinus** Germ.

2. Rüssel gebogen, Halsschild breiter als lang, nicht schmäler als die Flügeldecken, Behaarung gleichmässig, grau, kurz, anliegend, Flügeldecken stark punktirt-gestreift mit stark punktirten Zwischenräumen, Vorderschenkel gezähnt. Lg. $3^{1}/_{2}$—4 mm. Häufig unter Obstbaumrinde. **Pyraster** Herbst.

— Rüssel kurz und gerade, Halsschild schmäler als die Flügeldecken, seine Basis und die Seiten der Brust dicht gelblichweiss behaart, Flügeldecken stark punktirt-gestreift mit fast glatten Zwischenräumen. Lg. $2^{1}/_{2}$—$3^{1}/_{2}$ mm. Selten. Genf, Basel, Schaffhausen. **Collaris** Germ.

Gatt. Gymnetron.

1. Rüssel linienförmig, gegen die Spitze nicht verschmälert, die Behaarung anliegend oder aufgerichtet, aber dann sehr kurz 2
— Rüssel gegen die Spitze verschmälert, kurz, mehr oder weniger deutlich gerinnt 14
2. Flügeldecken hinten gerade abgestutzt, das Pygidium fast ganz bedeckend 3
— Flügeldecken hinten einzeln abgerundet, das Pygidium frei, Halsschild an der Basis gerundet 9
3. Körper gross, verlängt, schwarz, dünn grau behaart, Fühler, Beine, eine breite Längsbinde auf den Flügeldecken und deren Spitze roth, Schenkel mit spitzigem Zahn, Flügeldecken mit kräftigen Punktstreifen. Lg. $2^{3}/_{4}$ mm. Genf. **Elongatus** Chevr.
— Körper klein, oval oder länglich oval, Halsschild hinten fast gerade abgestutzt, Schenkel höchstens beim ♂ gezähnt 4
4. Flügeldecken einfach anliegend behaart, Schenkel bei ♂ und ♀ unzezähnt 5
— Flügeldecken mit kleinen aufgerichteten Börstchen . 7
5. Schwarz, flach, mit weissgrauen, seidenglänzenden Schuppen dicht bekleidet, Beine und Flügeldecken roth, die Nath meist dunkel, Halsschild seitlich leicht gerundet und weiss beschuppt, Flügeldecken fein gestreift. Lg. $1^{3}/_{4}$—$2^{3}/_{4}$ mm. Auf Veronica anagallis nicht selten. Wallis, Basel, Schaffhausen. **Villosulus** Schh.

— Flügeldecken sparsam mit weisslichen Häärchen reihenweise besetzt, roth mit schwarzer Nath oder ganz schwarz, Schenkel bei ♂ und ♀ ungezähnt . . . 6

6. Halsschild und die Seiten der Brust dicht weiss beschuppt, kaum schmäler als die Flügeldecken, nach vorn schwach verengt, schwarz, Fühlerwurzel und Beine roth, die Schenkel mitunter dunkel, Flügeldecken roth, ihre Wurzel, Nath und Ränder schwarz oder nur mit einem rothen Fleck auf der Scheibe oder ganz schwarz, undeutlich punktirt-gestreift. Lg. 1 1/3—2 mm. Auf Veronica beccabunga häufig. Genf, Basel, Schaffhausen, Kt. Zürich, Graubündten, St. Gallen, Wallis. **Beccabungae** L.

— Halsschild nur an den Seiten gelblichweiss beschuppt, viel schmäler als die Flügeldecken, nach vorn schwach verengt, Flügeldecken deutlicher punktirt-gestreift als beim vorigen, Färbung eben so veränderlich wie beim vorigen, Wurzel der Fühler, Schienen und Füsse ebenfalls roth. Lg. 2 mm. Auf Veronica beccabunga häufig. Genf, Waadt, Basel, Zürich, Schaffhausen. **Veronicae** Germ.

7. Flügeldecken mit doppelter Behaarung, d. h. ausser den aufgerichteten Börstchen noch mit feinen anliegenden Häärchen 8

— Flügeldecken ohne anliegende Häärchen, mit weissen Börstchen reihenweise besetzt; schwarz, die Fühlerwurzel und Schienen roth, Tarsen und Flügeldecken schwarz, oder letztere höchstens an der Spitze röthlich, tief punktirt gestreift, Schenkel bei ♂ und ♀ ungezähnt.
♂ Rüssel dicker, behaart. Lg. 1 1/3—1 3/4 mm.
♀ Rüssel dünner, an der Spitze glänzend. Selten, auf sumpfigen Wiesen. Genf, Basel, Zürich, Schaffhausen, Leuk. **Rostellum** Herbst.

8. Vorderschenkel beim ♂ deutlich gezähnt, schwarz, die Fühler roth mit Ausnahme der Keule, die Färbung der Flügeldecken und Beine sehr veränderlich, bald ganz, bald theilweise roth oder ganz schwarz, Halsschild kaum breiter als lang, an der Wurzel gebuchtet. Lg. 1,5—1,8 mm.
♂ Fühler in der Mitte des Rüssels eingelenkt.
♀ Fühler etwas hinter der Mitte des Rüssels eingelenkt. Ziemlich häufig auf Wiesen. Genf, Schaffhausen, Zürich. **Pascuorum** Gyll.

— Vorderschenkel bei ♂ und ♀ ungezähut, Fühler bei ♂ und ♀ nahe der Basis des Rüssels eingelenkt, ihr Schaft sehr kurz, den Vorderrand der Augen kaum überragend, Halsschild kurz und breit, nach vorn verschmälert und an der Wurzel leicht 2 mal gebuchtet, Flügeldecken und Beine roth, auf ersteren die Wurzel, die Nath und 2 schräge, sich an der Nath vereinigende Binden schwarz. Lg. 1½—2 mm. Auf Plantago lanceolata. Selten. Reculet, Basel.
♂ Rüssel kürzer, dicker, behaart.
♀ Rüssel dünn, kahl, glänzend. **Labilis** Herbst.

9. Halsschild nach vorn viel stärker verschmälert als nach hinten, Rüssel fast gerade, Flügeldecken ziemlich dicht, theilweise etwas aufgerichtet grau behaart 10
— Halsschild nach hinten fast ebenso stark verschmälert als nach vorn und wenig breiter als lang, Rüssel stärker gebogen, Flügeldecken nur anliegend behaart 13
10. Rüssel von ungleicher Länge bei ♂ und ♀, beim ♀ wenigstens so lang als der halbe Leib 11
— Rüssel bei ♂ und ♀ fast gleich 12
11. Flügeldecken deutlich punktirt-gestreift, weisslich grau behaart. Lg. 2½—5 mm.
♂ Rüssel fast ganz gerade, von der Länge des Halsschildes, gegen die Spitze ein wenig verschmälert, sehr dicht punktirt, alle Schenkel mit spitzigem Zahn.
♀ Rüssel nur an der Wurzel punktirt, aussen glatt, länger als der halbe Leib, alle Schenkel ohne Zahn. Genf, Wallis, Basel. **Asellus** Gr.
— Flügeldecken undeutlich punktirt-gestreift, gelblichgrün behaart. Vorderschenkel ohne Zahn, Mittel- und Hinterschenkel schwach gezähnt. Lg. 3—3½ mm.
♂ Rüssel dünn, schwach punktirt, so lang als das Halsschild.
♀ Rüssel dünn, schwach punktirt, fast so lang als der halbe Leib. Selten. Auf Verbascum. Locarno. **Thapsicola** Germ.
Var. Flügeldecken roth gefleckt.
12. Flügeldecken stets ganz schwarz, dichter und gröber behaart, Halsschild etwas länger, seitlich schwächer gerundet, mehr konisch, Flügeldecken in den Streifen undeutlich punktirt. Lg. 1½—4 mm. Häufig auf Linaria vulgaris und striata.
♂ Rüssel an der Wurzel dicht behaart, alle Schenkel mit spitzigem Zahn.

♀ Rüssel dünner, glatt, die vordern Schenkel ohne Zahn, die mittlern und hintern mit sehr kleinen Zähnchen. **Netus** Germ.

— Jede Flügeldecke mit einem verlängten rothen Fleck auf der Scheibe; dünn, ziemlich spärlich und fein braun behaart, Halsschild sehr kurz, seitlich sehr stark gerundet, Flügeldecken in den Streifen deutlich punktirt. Alle Schenkel ohne Zahn. Lg. 1¾ bis 2¾ mm. Auf Scrofularia. Genf, Basel, Schaffhausen. **Spilotus** Germ.

Var. Flügeldecken ganz schwarz.

13. Rüssel dick, schwach gebogen, Schenkel gezähnt und nur die Vorderschenkel des ♀ ungezähnt, mit anliegender gelblicher Behaarung, Halsschild quer oval, seitlich gerundet, dicht punktirt; schwarz und nur die Tarsen bräunlich. Lg. 2½—3½ mm. Selten. Genf. **Collinus** Gyll.

— Schwarz, mit kurzer, weisslichgrauer Behaarung, Rüssel dünner, stark gebogen, Schenkel dick, ungezähnt. Lg. 2¼—3½ mm. Auf Linaria vulgaris. Genf, Basel, Schaffhausen, Dübendorf, St. Gallen. **Linariae** Panz.

14. Form oval 15
— Form langoval 18
15. Halsschild viel breiter als lang 16
— Halsschild fast so lang als breit 17

16. Körper breit, mit dichter, grauer Behaarung, Rüssel deutlich gerinnt, Halsschild quer, seitlich stark gerundet, Flügeldecken schwach punktirt-getreift, kaum länger als zusammen breit, Schenkel stark verdickt und ziemlich stark gezähnt. Lg. 2—5 mm. Auf Verbascum. Genf, Wallis. **Teter** F.

Var. Flügeldecken mit schwach rothem Fleck auf der Scheibe.

— Stets kleiner als der vorige, Rüssel kürzer, stärker verschmälert, weniger gefurcht, Schenkel weniger stark, manchmal undeutlich gezähnt, die Behaarung ist mehr weisslichgrau, länger und mehr aufgerichtet, Halsschild etwas weniger quer und etwas gewölbter. Lg. 2—4 mm. Auf Linaria vulgaris. Genf, Bern, Basel, Zürich. **Antirrhini** Germ.

17. Halsschild nach vorn mehr als nach hinten verschmälert, Pubescenz grau, etwas abstehend, Rüssel kurz, pfriemförmig, undeutlich gerinnt, Flügeldecken

deutlich punktirt-gestreift, Schenkel undeutlich gezähnt. Lg. 1³/₄—3 mm. Auf Linaria vulgaris. Genf, Schaffhausen, häufig bei Fully im Kt. Wallis.
Noctis Herbst.

— Halsschild nach vorn und hinten gleich stark verschmälert, gleichmässig stark gerundet, mit sehr reichlicher, weisslichgrauer Pubescenz; Rüssel schwach verschmälert, etwas gebogen; Fühler gelb mit schwarzer Keule, Flügeldecken schwach punktirt-gestreift, mit fast parallelen Seiten, Beine kräftig, gelb und nur die Tarsen schwarz. Schenkel ungezähnt. Lg. 1³/₄—³/₄ mm. Selten. Genf. **Herbarum** Dej.

18. Fein grau behaart und ausserdem mit langen, abstehenden braunen Haaren. Schwarz und nur die Tarsen röthlich, Rüssel gebogen, wenig verschmälert, alle Schenkel gezähnt, bei ♂ stärker als beim ♀; Halsschild kurz, nach vorn mehr als nach hinten verschmälert. Lg. 2¹/₂—4 mm. Selten. Basel.
Pilosus Besser.

Var. Körper mehr oder weniger röthlich.

— Fein und spärlich mit sehr kurzen, grauen Börstchen bekleidet, Körper flach, schwarz, Fühlerwurzel gelb, Rüssel kurz, fast gerade, Halsschild gewölbt, dicht und fein punktirt, Schildchen quer, Flügeldecken tief punktirt-gestreift mit schmalen Zwischenräumen; Schenkel ungezähnt. Lg. 1¹/₃—1¹/₂ mm. (perparvulus Schh.). Basel, Schaffhausen, Zürich, Anzeindaz im Kt. Waadt. **Melanarius** Germ.

Gatt. **Miarus** Steph. (Cleopus Suffr.)

1. Rüssel länger als das Halsschild, zurückgelegt bis hinter die Mittelhüften reichend, Halsschild nur nach vorn verschmälert 2

— Rüssel die Mittelhüften nicht überragend 3

2. Körper kurz-oval, mit grauer, halb aufgerichteter Behaarung, Fühler schwarz, Halsschild breiter als lang, hinten mehr als doppelt so breit als vorn, seitlich mässig gerundet, sehr dicht punktirt. Flügeldecken an der Basis schwach ausgerandet, fast 3 mal so lang als das Halsschild, stark gefurcht, in den Furchen schwach punktirt, Schildchen oval. Schenkel dick, die mittlern und hintern gezähnt, mitunter auch die vordern. Lg. 2¹/₂—5 mm. Selten. Lugano, Martigny. **Longirostris** Gyll.

— Körper kurz-oval, dem vorigen äusserst ähnlich, die Pubescenz braungelb, Halsschild hinten doppelt so breit als vorn, seitlich schwach gerundet, Fühler braun, Flügeldecken an der Basis stärker ausgerandet, zwei mal so lang als das Halsschild, breit gefurcht und in den Furchen deutlicher punktirt, Zwischenräume breit, etwas gewölbt und gerunzelt, Schildchen dreieckig; Schenkel alle gezähnt, mitunter etwas undeutlich (ex Bris.). Lg. 3½—6 mm. Genf, Wengernalp. Auf Rhododendron. **Distinctus** Schh.

3. Körper kurz und breit, Halschild 1½ mal so breit als lang 4

— Körper länglich, Halsschild kaum breiter als lang, nach vorn wenig mehr als nach hinten verengt, schwach gekielt, ziemlich spärlich weiss behaart, Flügeldecken punktirt-gefurcht, seitlich kaum verbreitert, die mittlern und hintern Schenkel schwach gezähnt. Lg. 2¾—3¼ mm. Genf, Neuenburg, Basel, Schaffhausen, Unterwallis. **Plantarum** Schh.

4. Hinterschenkel gezähnt, Flügeldecken fast viereckig, grob punktirt-gestreift, kurz, halb anliegend weissgrau behaart; Rüssel dünn, lang, fast gerade, Halsschild kurz, hinten gerundet. Lg. 2—3¾ mm. Grabs, Mendrisio, Wallis. **Graminis** Gyll.

— Hinterschenkel ungezähnt, Flügeldecken fast anliegend behaart 5

5. Halsschild nach vorn stark, nach hinten schwach gerundet verengt, Rüssel dünn, wenig gebogen, Halsschild schwach punktirt, Flügeldecken grob punktirt-gestreift und reihenweise behaart, vorletztes Abdominalsegment des ♂ tief eingedrückt mit zwei deutlichen Zähnchen. Lg. 1¾—3½ mm. Sehr häufig. **Campanulae** L.

— Halsschild nur nach vorn verengt, Rüssel so lang als das Halsschild, ziemlich gebogen, Halsschild dicht punktirt, Flügeldecken fein punktirt-gestreift, Behaarung mässig dicht, grau. Lg. 2 mm. Schaffhausen, St. Gallen. **Micros** Germ.

Gattung **Cionus** Clairville.

Uebersicht der Untergattungen.

1. Flügeldecken auf der Nath mit zwei runden, scharf begränzten sammtartig schwarzen Flecken, oder

wenigstens mit einem solchen, sei es vorn oder hinten, die Zwischenräume der Streifen von ungleicher Breite, die abwechselnden öfter etwas erhaben; Tarsen mit 2 ungleichen Klauen. **Cionus** Clairv.

— Flügeldecken ohne einen runden, scharf begränzten schwarzen Fleck auf der Nath 2

2. Tarsen mit zwei gleichen Klauen, Oberseite mit anliegender Pubescenz, mit oder ohne abstehende Behaarung. **Platylaemus** Weise.

— Tarsen nur mit 1 Klaue, Oberseite beschuppt. **Stereonychus** Suffr.

Subgen. **Cionus** Clairville.

1. Der vordere Nathfleck ist von derselben Form wie der hintere, rund; die Wurzel der Flügeldecken nicht vertieft 2

— Der vordere Fleck ist gross, mehr viereckig, nicht scharf begränzt, derselbe steht auf einer vertieften Stelle der Flügeldecken und des Halsschildes. Lg. $2^1/_2$—3 mm. Nicht selten, stellenweise sogar häufig, auf Scrophularia. Genf, Basel, Schaffhausen, Zürich, St. Gallen, Wallis, Tessin. **Blattariae** F.

2. Flügeldecken mit anliegender Behaarung, ohne abstehende Borsten, der hintere Nathfleck stets deutlich 3

— Schwarz, die Tarsen und Fühler roth, Körper mit dichter, anliegender, gelblichgrauer Behaarung und mit abstehenden Börstchen, der hintere Nathfleck fehlt sehr oft oder er ist undeutlich; Halsschild kurz, konisch, die abwechselnden Zwischenräume kaum an Breite verschieden, Schenkel gezähnt. Lg. $3^1/_2$ bis 4 mm. Selten. Genf, Wallis, Zürich, Basel, Jorat. **Olens** F.

3. Die breitern Zwischenräume der Flügeldecken fast kahl, daher schwarz und deutlich punktirt, die schmälern dicht mit länglichen schwarzen Borstenflecken besetzt, die nur durch kleine weisse Haarflecke getrennt sind; auf der Nath hinter dem vordern und vor dem hintern schwarzen Borstenfleck ein weiss beschuppter kleiner Fleck 4

— Alle Zwischenräume der Flügeldecken gelblich oder weisslich behaart, die Pubescenz der schmalen weissen (ungeraden) durch kleine schwarze Flecken unterbrochen; die Pubescenz ist fein, nicht schuppenartig 5

4. Halsschild und Hinterbrust dicht weiss beschuppt, höchstens eine zarte Mittellinie des Halsschilds kahler. Lg. 4—5 mm. Häufig überall auf Scrophularia und Verbascum. **Srcophulariae** L.

— Halsschild und Hinterbrust nur an den Seiten gelb behaart, Fühlerkeule verlängt. Lg. 3½—4 mm. Nicht selten, überall (Verbasci F.). **Tuberculatus** Scop.

5. Die schwarzen Nahtflecken sind mit einem dichter behaarten gelben Saum umgeben, die ungeraden Zwischenräume haben nur schwache, oft undeutliche schwarze Flecken, die Pubescenz ist etwas spärlich, die Grundfarbe wenig verdeckend. Lg. 3⅔—4 mm. (Ungulatus Rosh. Germ.). Val Entremont. **Schönherri** Bris.

— Die schwarzen Nahtflecken sind nicht heller umsäumt 6

6. Behaarung sehr dicht, gleichmässig hellgrau, die ungeraden Zwischenräume schwarz gewürfelt, aber nur auf der hinteren Hälfte der Flügeldecken, Fühler, Schienen und Tarsen gelbroth, Halsschild konisch, Rüssel gegen die Spitze nicht verschmälert, bis zur Spitze fein runzlig punktirt. Alle Schenkel mit starkem Zahn. Lg. 4—5 mm. Selten. Genf, Basel, Schaffhausen, Wallis. **Olivieri** Rosenh.

— Die ungeraden Zwischenräume sind von vorn bis hinten schwarz gewürfelt 7

7. Rüssel bei ♂ und ♀ von der Einlenkungsstelle der Fühler an bis zur Spitze verschmälert und glänzend glatt, die ungeraden Zwischenräume der Flügeldecken schwach erhaben. Fühler, Schienen und Tarsen gelbroth, die Pubescenz der Oberseite ist ziemlich dicht, doch nicht so, dass die Grundfarbe ganz davon verdeckt wird. Flügeldecken mit zwei scharf gezeichneten schwarzen Flecken auf der Naht; Halsschild konisch. Lg. 3—4 mm. Nicht selten auf Scrophularia in der ebenern Schweiz und den Alpenthälern. **Hortulanus** Marsh.

— Rüssel bei ♂ und ♀ zylindrisch, gegen die Spitze nicht verschmälert, bis zur Spitze fein gerunzelt und meist fein pubescent. Pubescenz grünlichgelb und mittelmässig dicht; Fühler, Schienen und Tarsen gelb, Naht mit zwei scharf gezeichneten schwarzen Flecken. Halsschild konisch. Lg. 3—4½ mm. (Thapsus F.). Häufig auf Verbascum. **Similis** Müller.

Subgen. **Platylaemus** Weise.

1. Oberseite mit röthlichgrauer Pubescenz und mit abstehenden grauen und schwarzen Haaren; alle Zwischenräume der Flügeldecken gleich breit und gleich erhaben; Fühler, Schienen und Tarsen röthlich, Halsschild quer, seitlich gerundet; Schenkel gezähnt. Lg. 2—2½ mm. Selten. Auf Verbascum. Genf, Kanton Bern, Basel, Schaffhausen. **Solani** F.

— Oberseite mit einfacher, fast anliegender Behaarung von röthlichgrauer Farbe, ohne abstehende Haare, die abwechselnden Zwischenräume erhabener; Fühler und Beine röthlich; Schenkel gezähnt. Lg. 2—2½ mm. Selten. Auf Scrophularia und Verbascum. Genf, Basel, Schaffhausen, Ragatz, Zürich. **Pulchellus** Herbst.

Subgen. **Stereonychus** Suffr.

Halsschild an den Seiten beschuppt, Flügeldecken ziemlich gleichmässig gelblichweiss oder röthlichgelb beschuppt; ein grosser, viereckiger Fleck am vordern Theile der Naht schwarz (kahl), die Zwischenräume gleich breit, eben; Halsschild konisch, Schenkel gezähnt. Lg. 3—3½ mm. Selten. Auf Fraxinus excelsior. Genf, Basel, Schaffhausen, Zürich.
Fraxini de Geer.

Var. b. Flügeldecken an den Seiten und hinten gelblich beschuppt.

Var. c. Flügeldecken kahl mit zerstreuten kleinen, gelblich behaarten Flecken und einer kurzen Querbinde hinter der Mitte. v. **flavoguttatus** Stl.

Gatt. **Nanophyes** Schh.

1. Fühlerkeule mit drei deutlich getrennten Gliedern 2

— Fühlerkeule sehr kurz mit drei miteinander mehr oder weniger verwachsenen Gliedern; blassgelb, nur der Kopf und ein Punkt in der Mitte jeder Flügeldecke schwarz oder braun, die Naht meist röthlich, Flügeldecken kräftig punktirt-gestreift, die Zwischenräume sehr wenig gewölbt, die Schenkel ungezähnt. Lg. 0,5—1 mm. Sehr selten. Wallis. **Pallidulus** Gr.

2. Körper kurz-oval, Halsschild kurz, viel breiter als lang 3

— Körper länglich-oval, Halsschild länglicher . . . 7
3. Körper ganz schwarz und nur die Beine röthlich, Pubescenz sehr fein und spärlich. Schenkel mit einem Dorn, seltener mit zwei Dornen, beim ♀ mitunter unbewehrt. Lg. 1½—2 mm. Sehr selten. Muzzano, Mendrisio. **Annulatus** Gyll.
— Körper wenigstens theilweise hell gefärbt oder mit Binden geziert 4
4. Flügeldecken höchstens so lang als zusammen breit 5
— Flügeldecken deutlich länger als zusammen breit . 6
5. Halsschild schwarz, ein grosser, dreieckiger, schwarzer Fleck nimmt die Wurzel der Flügeldecken ein, und auch die Naht und der umgeschlagene Rand der Flügeldecken sind ganz oder theilweise dunkel; Flecken aus weisser Pubescenz wechseln mit schwarzen Punkten ab; Beine röthlich, die Spitze der Schenkel öfters dunkel, Schenkel ungezähnt. Lg. 1—1⅓ mm. Genf. **Globulus** Germ.
— Noch kürzer als globulus, gelbroth, mit sehr kurzer Pubescenz, die auf den Flügeldecken mehr oder weniger Reihen bildet; ein verlängter brauner Fleck befindet sich auf der Mitte jeder Flügeldecke. Lg. 0,7—1⅓ mm. **Sahlbergi** Gyll.

Var. b. Ganz gelbroth. Selten. Genf. v. **brevicollis** Bris.

Var. c. Flügeldecken gelbroth mit weisslichen Flecken.
— Schwarz oder braunroth, grau pubescent, eine schiefe helle Binde nimmt ihren Ursprung etwas vor der Mitte der Naht und verläuft gegen den Seitenrand, etwas hinter der Schulter; sie ist weisslich behaart; eine zweite Querbinde vor der Spitze ist oft in einzelne schwarze Punkte aufgelöst, Beine gelbroth, die Kniee mitunter schwärzlich, Schenkel ungezähnt. Lg. 1—1⅓ mm. Genf. **Brevis** Boh.
6. Flügeldecken mit einem grossen dreieckigem Fleck an der Wurzel, der sich bis zu ⅓ der Länge an der Naht erstreckt und der meist mit einer Binde weisslicher Häärchen eingefasst ist. Halsschild schwarz, Beine gelb, Schenkel mit einem bis zwei feinen Dornen, die aber oft kaum sichtbar sind. Lg. 1,7—2,3 mm. Genf, Tessin. **Hemisphaericus** Ol.

Var. b. Blassgelb, der Rüssel und zwei Flecken auf dem Scheitel schwarz, Flügeldecken an der Wurzel rothbraun. v. **Ulmi** Germ.

Var. c. Flügeldecken auf dem dreieckigen Raum schwarz gestrichelt, der Rüssel ganz oder theilweise gelbroth.
Var. d. Ganz gelb, Flügeldecken an der Basis kaum bräunlich.

— Gelbroth, glänzend, zwei Flecken auf dem Scheitel; der Rüssel, die Naht und der breite Seitenrand der Flügeldecken schwarz, der 3., 5. und 7. Zwischenraum an der Basis oft mit kurzen, schwarzen Strichelm, Rüssel ziemlich dick, die Mitte der Schienen und die Tarsen dunkel, Schenkel mit 1 oder 2 feinen Dörnchen. Lg. 1,4—2,2 mm. Genf. **Circumscriptus** Aubé.

7. Gelbroth, spärlich graugelb pubescent, Kopf und Fühlerkeule schwarz, mit stark schiefer Binde und verschiedenen Flecken aus weissen Haaren, die Naht unterbrochen schwarz, die Schenkelspitze schwarz und mit 1—2 Dornen. Lg. 1—1,7 mm. Genf. **Chevrieri** Boh.

♂ Rüssel dicker, Kopf und Halsschild kürzer.
♀ Rüssel dünner, Kopf und Halsschild länger. Eine sehr veränderliche Art.
Var. a. Kopf, Rüsselspitze, Wurzel und Spitze der Flügeldecken dunkler oder mit dunkeln Flecken; die helle Pubescenz zu Binden verdichtet. v. **Spretus** Duv.
Var. b. Gelbroth, fleckenweise gelb behaart. Kopf, Rüssel und Fühlerkeule schwarz, Beine gelb. v. **nitidulus** Gyll.
Var. c. Die Naht ein- bis zweimal unterbrochen.
Var. d. Flügeldecken mit dunkler Naht und vielen schwarzen Flecken gewürfelt.
Var. e. Wie d, aber das Halsschild dunkler, ebenso der vordere Theil der Naht und der Seitenrand der Flügeldecken. v. **helveticus** Tourn.
Var. f. Halsschild und Basis der Flügeldecken dunkel, die schwarze Naht mehr oder weniger unterbrochen.

— Schwarz glänzend, mit einer hellen Querbinde im vorderen Drittheil und einer kleinern vor der Spitze, die dichter behaart sind; Beine hell, die Schenkelspitzen dunkler, Schenkel ungezähnt. Lg. 0,7—2 mm. Häufig auf Lythrum salicaria. Färbung sehr veränderlich. **Lythri** F.

Var. a. Der hintere Fleck der Flügeldecken fehlt. v. **angustipennis** Bach.

Var. b. Flügeldecken gelb mit einer schwarzen Binde an der Wurzel, einer solchen an der Spitze.

Var. c. Die Scheibe der Flügeldecken gelb, ein Kreuz oder die unterbrochene Naht und die Ränder mehr oder weniger schwarz v. **salicariae** F.

Var. d. Halsschild ganz oder theilweise gelbroth, Flügeldecken an der Wurzel mehr oder weniger dunkel mit schiefer weisser Binde, die Naht mitunter roth, mitunter die Ränder der Flügeldecken schwarz.

Var. e. Ganz gelbroth und nur Kopf und Rüssel schwarz.

Var. f. Ganz gelbroth oder bloss der Kopf schwarz. v. **epilobii** Chevr.

Gatt. **Orchestes** Illiger.

1. Fühlergeissel mit 6 Gliedern 2
— Fühlergeissel mit 7 Gliedern (Tachyerges) . . . 17
2. Vorderschenkel in der Mitte mit einem kleinen, bei einigen Arten undeutlichen Dorn; Hinterschenkel stark verdickt, winklig oder zahnförmig erweitert, Hinterschienen mehr oder weniger gekrümmt . . . 3
— Vorder- und Hinterschenkel ohne Zahn, die Hinterschienen fast gerade 14
3. Halsschild und Flügeldecken mit grauen oder schwarzen, etwas aufgerichteten Haaren 4
— Oberseite ohne aufgerichtete Haare, Körper länglich 10
4. Fühler in der Mitte des Rüssels eingelenkt . . . 5
— Fühler im hinteren Drittheil des Rüssels eingelenkt 9
5. Oberseite ganz roth 6
— Oberseite roth mit schwarzem Kopf 7
— Oberseite schwarz 8
6. Oberseite ausser den aufstehenden Haaren mit einem dichten, anliegenden gelben Filz bekleidet, an der Wurzel mit einem grossen nach rückwärts zugespitzten, dichter behaarten Fleck; Brust schwarz, Hinterschenkel stark winklig und fein sägeartig gezähnelt. Lg. 3—$3^1/_2$ mm. Häufig auf Eichen. **Quercus** L.

Var. b. Die Behaarung der Oberseite ist gleichmässig.

Var. c. Körper ganz dunkel und nur die Beine theilweise hell gefärbt. Selten. Schaffhausen. v. **depressus** Marsh.

— Oberseite ausser den abstehenden Haaren nur fein behaart, Flügeldecken tief punktirt-gestreift, die Hinterschenkel fein gezähnelt. Lg. 2—2,3 mm. Genf, Waadt, Wallis, Basel, Weissbad. **Rufus** Ol.

7. Der Kopf und zwei Flecken auf jeder Flügeldecke schwarz, einer auf der Scheibe, der andere in der Nähe des Schildchens; Beine schwarz. Lg. $2^1/_2$—3 mm. Auf Erlen und Ulmen. Genf, Wallis, Waadt, Neuchâtel, Basel, Schaffhausen. **Alni** L.

Var. b. Beine gelb und nur die Kniee schwarz, mitunter auch die Hinterschienen.

Var. c. Wie b, die Flügeldecken ohne Flecken (O. Melanocephalus Ol.). v. **ferrugineus** Marsh.

Var. d. Ein Querfleck des Halsschildes schwarz und die Flecken der Flügeldecken zu einer Längsbinde vereinigt. v. **mutabilis** Schh.

8. Körper länglich, Oberseite dicht mit schwarzen und weissen Haaren scheckig besetzt, gewürfelt, die Hinterschenkel unten stark gezähnelt. Lg. $2^1/_2$—3 mm. Die weissen Flecken bilden oft eine Querreihe hinter der Mitte. Nicht selten. Genf, Basel, Schaffhausen, auf Eichen. **Ilicis** F.

9. Körper kurz, ganz schwarz, Flügeldecken stark punktirt-gestreift, sparsam schwarz behaart, hinter dem Schildchen auf der Naht ein länglicher, dicht weiss behaarter Fleck. Lg. 2—$2^1/_2$ mm. Selten. Genf, Vevey. **Jota** F.

10. Fühler in der Mitte des Rüssels eingelenkt, Körper langgestreckt und flach, sehr fein gleichmässig grau behaart, Fühler und Tarsen gelb, Flügeldecken fein punktirt-gestreift. Lg. 2—$2^1/_2$ mm. Gemein auf Buchen. **Fagi** L.

— Fühler hinter der Mitte des Rüssels eingelenkt . . 11

11. Fühler im hinteren Drittheil des Rüssels eingelenkt; Körper röthlich, Brust und Bauch schwarz, mit anliegender Pubescenz nicht sehr dicht, das Schildchen dicht weiss bekleidet, Hinterschenkel, winklig, undeutlich gezähnelt. Lg. $2^1/_2$—$2^3/_4$ mm. (Scutellaris F.). Häufig auf Weiden. **Testaceus** Müll.

Var. b kleiner, schmäler, dichter weiss behaart, Hinterschenkel deutlicher gezähnelt. Genf. v. **albopilosus** Reiche.

Var. c der Stammform ähnlich; auf den Flügeldecken sind fünf grosse, kahle Flecken, zwei auf jeder Flügeldecke und einer mitten auf der Naht. Stellenweise häufig. Wallis, Aarau, Laufenburg, Schaffhausen. v. 5 **maculatus** Chevr.

Var. d. Kopf und Halsschild schwarz, die Flügeldecken mit mehr oder weniger deutlichen Kahlflecken wie bei var. c. (Semirufus Gyll.) Wallis, Bünzen. v. **pubescens** Stev.

— Fühler im hintern 1/4 des Rüssels eingefügt, Körper wenig verlängt, Oberseite schwarz 12

12. Körper klein, Oberseite ziemlich dicht und gleichförmig mit grauer Pubescenz bedeckt, Fühler und Tarsen gelb, Halsschild breit, Flügeldecken fein punktirt-gestreift, Hinterschenkel undeutlich gekerbt. Lg. 1 1/2—2 mm. (tomentosus Gyll). Selten auf Weiden. Genf, Schaffhausen, Aarau, Wallisellen. **Pratensis** Germ.*)

— Körper grösser, ungleichmässig behaart 13

13. Schwarz, mit kurzem, braunem Filz bekleidet, Fühler und Tarsen gelb, ein Fleck am Schildchen und eine abgekürzte Binde hinter der Mitte weiss behaart, Hinterschenkel schwach gezähnelt. Lg. 2 1/3-2 1/2 mm. Sehr selten. Wallis. **Subfasciatus** Gyll.

— Schwarz, Halsschild und Flügeldecken mit halb aufgerichteten braunen Haaren bekleidet, Schildchengegend dicht gelb behaart, Flügeldecken mit einigen wenig deutlichen, schräg verlaufenden Binden aus weissen, anliegenden Haaren, Fühler und Tarsen gelb, Hinterschenkel undeutlich gezähnelt. Lg. 2 bis 2 1/2 mm. Selten. Genf. **Sparsus** Schh.

— Schwarz, das Halsschild, die Basis der Flügeldecken, ein Scutellarfleck, eine Querbinde hinter der Mitte und einige Flecken der Flügeldecken dicht rostroth oder gelb behaart, Fühler und Beine ganz roth; Hinterschenkel undeutlich gezähnelt. Lg. 2 mm. Sehr selten. Genf. **Erythropus** Germ.

14. Flügeldecken gelb mit einer gezackten Querbinde in der Mitte; der Körper ist gelb, Brust und Bauch schwarz. Lg 2—2 1/4 mm. Auf Lonicera. Wallis, Schaffhausen, St. Gallen. **Lonicerae** Herbst.

*) Anm. Sehr nahe verwandt mit O. pratensis ist O. rhamphoides Duv., der einmal bei Genf soll gefunden worden sein, dessen schweizerisches Bürgerrecht mir aber doch zweifelhaft ist.

Er ist dem O. pratensis äuserst ähnlich und unterscheidet sich von ihm durch kleinere, schmälere Gestalt (Lg. 1 1/2 mm.), weniger feine Behaarung, das nach vorn weniger verschmälerte, seitlich weniger gerundete Halsschild, kleineres Schildchen, feiner gestreifte Flügeldecken, die weniger winkligen, noch undeutlicher gezähnelten Hinterschenkel.

— Flügeldecken schwarz 15

15. Flügeldecken ganz gleichförmig fein behaart, ohne Zeichnungen, Beine ganz roth und nur die Hinterschenkel mit einer schwarzen Binde, Flügeldecken punktirt-gestreift. Lg. 2 mm. Häufig auf Weiden und Pappeln. **Populi** F.

— Flügeldecken mit Zeichnungen, Beine nur theilweise hell gefärbt, die Schenkel stets dunkel 16

16. Fühler und Tarsen gelb, die Wurzel der Naht weiss, ebenso zwei quer über die Flügeldecken laufende, aus kleinen weissen oder gelblichen Flecken zusammengesetzte Binden. Lg. 2—2¼ mm. Ziemlich selten; auf Weiden. Genf, Wallis, Neuchâtel, Zürich, Aargau, St. Gallen, Bündten. **Rusci** Herbst.

— Schienen und Tarsen gelb, das Halsschild, eine grosse, die Basis der Flügeldecken einnehmende, nach hinten in zwei Zipfel auslaufende Makel, die Spitze und eine Querbinde vor derselben dicht weiss behaart. Lg. 1¾—2¼ mm. Selten. Auf Eichen und Weiden. Genf, Wallis, Schaffhausen, Basel, Zürich (Signifer Creutz). **Avellanae** Donovan.

17. Flügeldecken einfärbig schwarz 18

— Flügeldecken mit hell behaarter Zeichnung . . . 19

18. Fühler und Beine schwarz, nur das Schildchen und die Brust weiss behaart; Körper breit, Flügeldecken tief punktirt-gestreift. Lg. 2—2½ mm. Nicht selten. Auf Pappeln. **Stigma** Germ.

— Fühler und Schienen gelb, Schildchen schwarz; Flügeldecken an den Schultern schmäler als in der Mitte. Lg. 1,5—1,8 mm. Selten, aber bis 5500′ ansteigend. Genf, Schaffhausen, Zürich, Engadin, Wallis. **Saliceti** F.

19. Hinterschienen an der Spitze ausgerandet, das Schildchen, eine aus weissen Stricheln zusammengesetzte Querbinde vor der Mitte der Flügeldecken und eine schmälere hinter der Mitte weiss. Fühler und Tarsen gelb. Lg. 1,8—2 mm. Genf, Wallis, Schaffhausen, Zürich. **Decoratus** Germ.

— Hinterschienen nicht ausgerandet, zwei Binden der Flügeldecken weiss, die vordere an der Naht gelb 20

20. Fühler gelb, Tarsen schwarz, die hintere Binde kleiner und schwächer. Lg. 1¾—2¼ mm. Häufig auf Weiden. **Salicis** L.

— Fühler und Tarsen gelb, die hintere Binde kräftig. Lg. 2¼–2¾ mm. Selten. Auf Weiden. Wallis, Zürich, Basel. **Rufitarsis** Germ.

Gatt. Rhamphus Clairv.

1. Schwarz, Flügeldecken nicht sehr dicht anliegend grau behaart, ziemlich kräftig punktirt-gestreift, Fühler braun, Halsschild seitlich gerundet, ziemlich dicht punktirt. Lg. 1 mm. Selten. Genf. **Tomentosus** Ol.

— Flügeldecken schwarz oder erzfärbig, unbehaart . 2

2. Körper glänzend schwarz, die Fühler mit Ausnahme der Kolben gelb, Halsschild nicht sehr dicht grob punktirt, seitlich gerundet, Flügeldecken nach hinten ziemlich stark verbreitert, ziemlich grob punktirt-gestreift. Lg. 1–1¼ mm. Nicht häufig auf Birken und Eichen. Genf, Waadt, Kt. Zürich, Schaffhausen, Matt im Kt. Glarus, selbst noch im Engadin. **Flavicornis** Clairv.

— Dunkel erzfärbig, schwächer glänzend, Fühlerwurzel gelb, Halsschild seitlich gerundet, ziemlich dicht und kräftig punktirt, Flügeldecken nach hinten etwas schwächer verbreitert als beim Vorigen, ziemlich fein punktirt-gestreift, die Zwischenräume schmal, schwach querrunzlig. Lg. 1 mm. Selten. Genf, Basel, Aigle. **Aeneus** Schh.

Ceutorhynchini.

1. Die Hinterhüften reichen nicht bis an die Episternen der Hinterbrust, das Metasternum zwischen beiden an das Abdominalsegment anstossend, Prosternum meist mit einer Rüsselfurche, Schildchen undeutlich oder fehlend, Schienen meist ohne Endhaken, Klauen meist gezähnt, Pygidium stets (wenigstens beim ♂) unbedeckt. **Ceutorhynchina** Seidl.

— Die Hinterhüften reichen bis an die Episternen der Hinterbrust, das Metasternum zwischen ihnen nicht an das 1. Abdominalsegment stossend, Prosternum meist ohne, selten mit einer schwachen Rüsselfurche, Vorderhüften von einander entfernt, Schildchen stets deutlich, Schienen mit Endhacken, Klauen einfach, Pygidium bisweilen bedeckt, Körper länglich. **Bariina** Seidl.

1. Ceutorhynchina.

Uebersicht der Gattungen.

1. Die Rüsselfurche erstreckt sich bis auf die Mittel- oder selbst Hinterbrust, die Vorderhüften weit von einander abstehend 2
— Die Rüsselfurche erstreckt sich nicht über die Vorderbrust hinaus und ist undeutlich, oder sie fehlt ganz, die Vorderhüften bisweilen einander berührend 10
2. Tarsen nur mit einer Klaue. **Mononychus** Schh.
— Tarsen mit zwei Klauen 3
3. Hinterrand des Halsschildes einfach, Körperfarbe braun oder röthlich. **Coeliodes** Schh.
— Hinterrand des Halsschildes dicht gezähnelt, Körper schwarz 4
4. Fühlergeissel mit sieben Gliedern 5
— Fühlergeissel mit sechs Gliedern 8
5. Die Rüsselrinne verflacht sich allmählig nach hinten und endigt kurz vor dem Hinterrande der Hinterbrust. **Cnemogonus** Lec.
— Die Rüsselrinne vertieft sich nach hinten und wird von einem hohen, scharfen Rande vor der Mitte der Hinterbrust begrenzt 6
6. Die Schienen zeigen einen deutlichen, mit Stachelborsten besetzten Ausschnitt vor der Spitze. **Allodactylus** Weise.
— Die Schienen sind einfach 7
7. Die Rüsselrinne ist auf der Mittelbrust nicht deutlich begrenzt, sondern breitet sich vor den Mittelhüften flach aus. **Cidnorhinus** Thoms.
— Die Rüsselrinnne ist auf der Mittelbrust schmal und jederseits von einer hohen Leiste eingeschlossen. **Stenocarus** Thoms.
8. Pygidium ganz unbedeckt. **Coeliastes** Weise.
— Pygidium grösstentheils bedeckt und nur seine Spitze frei 9
9. Mittelbrust mit tiefer Rüsselrinne, Augen von den Lappen der Vorderbrust grösstentheils bedeckt, Schienen am Ende mit kurzem Sporn. **Scleropterus** Schh.
— Mittelbrust nicht gerinnt, Halsschild ohne Augenlappen. **Rhytidosomus** Schh.
10. Rüssel kurz und dick 11
— Rüssel lang und dünn 14
11. Fühlergeissel siebengliedrig, Vorderbrust tief ausgerandet, mit deutlicher Rüsselfurche. **Rhinoncus** Schh.

— Fühlergeissel sechsgliedrig 12
12. Vorderhüften dicht aneinanderstehend. **Eubrychius** Thoms.
— Vorderhüften nicht dicht aneinanderstehend, divergirend. 13
13. Fühler in der Mitte des Rüssels eingefügt, die zwei ersten Tarsenglieder verlängt, das dritte viel kürzer und kaum breiter als die zwei ersten; schwach herzförmig. **Litodactylus** R.
— Fühler vor der Mitte des Rüssels eingefügt, das dritte Tarsenglied stark zweilappig und nicht kürzer als die zwei ersten. **Phytobius** Schmidt.
14. Prosternum vorn nicht ausgerandet und ohne Rüsselfurche, Vorderhüften aneinanderstehend, Fühlergeissel sechsgliedrig. **Amalus** Schh.
— Prosternum vorn tief ausgerandet und mit deutlich gerandeter Rüsselfurche 15
15. Körper bucklig, hochgewölbt, die Seiten des Halsschildes stark herabgebogen, Schildchen deutlich. **Orobitis** Germ.
— Körper nicht bucklig, die Seiten des Halsschildes wenig herabgebogen, Schildchen undeutlich . . . 16
16. Körper kurz und plump, Klauen meist gezähnt . . 17
— Körper länglich und ziemlich schlank 18
17. Fühlergeissel mit sechs Gliedern. **Ceutorhynchidius** Duv.
— Fühlergeissel mit sieben Gliedern. **Ceutorhynchus** Schh.
18. Fühlergeissel mit sieben Gliedern, Klauen einfach. **Poophagus** Schh.
— Fühlergeissel mit sechs Gliedern, Klauen gezähnt. **Tapinotus** Schh.

Gatt. **Mononychus** Schönh.

1. Kurz eiförmig, etwas flach, schwarz, ein Nahtfleck am Schildchen und die Unterseite dicht weisslich beschuppt, Fühler roth, Halsschild mit Mittelfurche, Flügeldecken fein gestreift-punktirt. Lg. 5 mm. Nicht selten. Genf, Waadt, Wallis, Basel, Zürich, Schaffhausen, St. Gallen. **Pseudacori** F.
— Kurz eiförmig, weniger flach, mit haarförmigen, gelblichen Schuppen dicht bekleidet, mit weissem Nahtfleck am Schildchen, Halsschild mit schwächerer Mittelfurche, Flügeldecken stärker punktirt-gestreift. Lg. 5—6 mm. Selten. Basel. **Salviae** Hoffm.

Gatt. **Stenocarus** Thoms. (Coeliodes Schh.)

Schwarz, bräunlich beschuppt, Flügeldecken mit einem sammtschwarzen Fleck an der Wurzel der Naht und einem weissen vor der Spitze; die Brust ist dicht weiss, der Bauch spärlich beschuppt, Stirn mit ziemlich tiefer Furche, Hinterhaupt gekielt, Halsschild konisch mit spitzigem Seitenhöcker und starker Mittelfurche, Flügeldecken fein punktirt-gestreift mit ebenen Zwischenräumen, vor der Spitze gehöckert; Schenkel gezähnt. Lg. 3—4 mm. Nicht selten. Wallis, Genf, Basel, Schaffhausen, Glarus. (guttula F.) **Cardui** Herbst.

Var. Kleiner, die Stirne flach, die Höcker des Halsschildes kleiner, die abwechselnden Zwischenräume der Flügeldecken etwas dunkler, der Sammtfleck an der Wurzel der Naht fehlt, dafür meist ein kleiner, weisser Fleck. Mit der Stammform. v. **fuliginosus** Marsh.

Gatt. **Allodactylus** Weise. (Coeliodes Schh.)

Schwarz glänzend, Unterseite weisslich beschuppt, Halsschild kissenförmig gewölbt, mit einem kleinen Höcker an der Seite und stark aufgebogenem Vorderrand, dicht und ziemlich fein punktirt, Flügeldecken punktirt-gestreift mit einer Reihe von Höckern auf den Zwischenräumen; Schenkel schwach gezähnt. Lg. 2—3 mm. (oxiguus Ol.) Nicht selten auf Geranium sylvestre, besonders in den Alpenthälern. Genf, Wallis, Neuenburg, Zürich, Schaffhausen. **Geranii** Pk.

Gatt. **Coeliodes** Schh.

1. Flügeldecken tief punktirt-gestreift, die Zwischenräume schmal und gewölbt, schwarz oder braun, die Flügeldecken und Beine roth, erstere mit einem weissen Schuppenfleck an der Wurzel der Naht und einer Reihe kleiner Börstchen auf den Zwischenräumen, die besonders auf der hintern Hälfte deutlich sind; Schenkel ungezähnt. Lg. 1½—2 mm. Selten. Auf Betula. Genf, Schaffhausen. **Rubicundus** Payk.

— Flügeldecken fein punktirt-gestreift, die Zwischenräume flach 2

2. Hinterschenkel mit kleinem, aber deutlichem Zähnchen 3

— Hinterschenkel ungezähnt, höchstens mit einem kleinen Borstenbüschel an Stelle des Zähnchens 4

3. Körper ganz roth, die Unterseite und drei wellenförmige, scharf begrenzte, schmale Binden der Flügeldecken weiss beschuppt, Halsschild gelblich weiss, nicht sehr dicht beschuppt, an den Seiten mit einem kleinen Höcker, vorn ziemlich stark eingeschnürt. Lg. 3—3½ mm. (Subrufus Herbst.) Selten. Genf, Waadt, Wallis, Basel, Schaffhausen. **Erythroleucus** Gmel.

Var. Brust und Bauch dunkel, fast schwarz.

— Oberseite roth, Unterseite schwarz, Rüssel an der Spitze schwarz, Halsschild kurz, vorn eingeschnürt, mit sehr undeutlichen oder ganz fehlenden Höckern; die Binden der Flügeldecken ähnlich wie beim Vorigen, aber weniger scharf begrenzt. Lg. 2—2½ mm. Sehr selten. Genf, Schaffhausen. **Trifasciatus** Bach.

4. Rüssel an der Spitze roth, kurz eiförmig, röthlich oder braunroth, unten dicht beschuppt, oben mit den drei Binden, wie bei den Vorigen, Halsschild spärlicher weiss beschuppt, ohne Seitenhöcker, vorn schwach eingeschnürt, Schenkel mit einem Borstenbüschel an Stelle des Zähnchens. Lg. 2½—3 mm. Sehr selten. Genf, Neuchâtel, Domleschg, Zürich. **Ruber** Marsh.

— Rüssel schwarz, Körper gelbroth mit den gewöhnlichen 3 Binden, Schenkel ganz ungezähnt und ohne Borstenbüschel, Halsschild mitunter schwach gehöckert, ziemlich stark eingeschnürt. Lg. 2 mm. Häufig auf Eichen. **Quercus** F.

Var. Körper theilweise oder ganz dunkelbraun. Nicht selten. Mit der Stammform.

Gatt. Cnemogonus Lec. (Coeliodes Schh.)

Schwarz, mit kleinen weissen Schüppchen bestreut und einem scharf begrenzten, kreuzförmigen Fleck an der Wurzel der Naht, Halsschild in der Mitte mit einem kleinen Ausschnitt, Schienen von der Wurzel an stark erweitert. Lg. 2,8—3 mm. Häufig auf Epilobium. Genf, Neuchâtel, Basel, Schaffhausen, Zürich, Wallis. **Epilobii** Payk.

Gatt. Cidnorhinus Thoms. (Coeliodes Schh.)

Schwarz, Unterseite, ein Fleck an der Seite der Flügeldecken und einer vor der Spitze weiss beschuppt, einzelne weisse Schüppchen ausserdem über die Oberfläche zerstreut, Schienen und Füsse röthlich; Halsschild seitlich gehöckert, mit schwacher Mittelfurche, Flügeldecken stark punktirt-gestreift, die Schenkel stark gezähnt. Lg. 2—2½ mm. Sehr häufig, überall. (didymus F.) **Quadrimaculatus** L.

Var. b. Die weissen Schuppen an der Oberfläche sind zahlreicher, die weissen Flecken an den Seiten der Flügeldecken stärker. v. **gibbipennis** Germ.

Var. c. Die weissen Flecken an den Seiten der Flügeldecken fehlen ganz. v. **urticae** Germ.

Gatt. **Coeliastes** Weise. (Coeliodes Schh.)

Schwarz, ein kleiner Nahtfleck an der Wurzel und eine schwache Querbinde hinter der Mitte der Flügeldecken weiss beschuppt, ebenso die Unterseite; die Wurzel der Fühler und die Tarsen, mitunter auch die Schienen röthlich; Halsschild mit schwachem Seitenhöcker und aufgebogenem Vorderrand, Flügeldecken tief punktirt-gestreift, die Schenkel gezähnt. Lg. 1½ mm. Stellenweise nicht selten. Auf Lamium album und anderen Lamium-Arten. Genf, Basel, Schaffhausen. **Lamii** Herbst.

Var. Die Seitenhöcker des Halsschilds undeutlich und sein Vorderrand schwächer aufgebogen. v. **punctulum** Germ.

Gatt. **Scleropterus** Schönh.

Schwarz, Schienen und Füsse röthlich, Halsschild bei reinen Exemplaren mit drei schwachen Längslinien, grob punktirt, Flügeldecken tief punktirt-gestreift, die Zwischenräume mit einer Reihe von spitzigen, etwas nach rückwärts gerichteten Höckerchen. Lg. 2,8 mm. In der Schweiz noch nicht nachgewiesen, aber wohl nicht fehlend, da er in Deutschland und dem angrenzenden Oesterreich weit verbreitet ist. **Serratus** Germ.

Gatt. **Rhytidosomus** Schönh.

Schwarz, die Seiten der Brust und ein Fleck an der Wurzel der Naht weiss beschuppt, Halsschild ziemlich grob, etwas höckerig punktirt, Flügeldecken so breit als lang, tief gefurcht; die Zwischenräume schmal, rippenartig und mit einer Reihe von Körnern besetzt. Lg. 1,8—2 mm. Auf Zitterpappeln. Genf, Basel, Schaffhausen, St. Gallen. **Globulus** Herbst.

Gatt. **Rhinoncus** Schönh.

1. Zwischenräume der Flügeldecken mit einer Reihe von Höckerchen besetzt, Flügeldecken scheckig grau beschuppt 2
— Zwischenräume der Fügeldecken ohne regelmässige Höckerreihe 3
2. Schwarz, Fühler und Beine röthlich, Halsschild mit Seitenhöckern, Zwischenräume der Flügeldecken dichter mit Höckern besetzt. Unterseite weisslich beschuppt, ebenso ein Fleck an der Wurzel der Naht. Lg. 2—3 mm. Genf, Waadt, Basel, Zürich. **Castor** F.
— Dem Vorigen sehr ähnlich, kleiner, der Nahtfleck der Flügeldecken fehlend oder sehr klein, die Zwischenräume spärlicher mit Höckern besetzt, Lg. 2 bis $2^1/_2$ mm. Auf Charyophyllum hirsutum selten. Genf, Wallis, Waadt, Basel, Neuchâtel. **Bruchoides** Herbst.
3. Körper kurz und breit, hoch gewölbt, Halsschild viel breiter als lang, mit mehr oder weniger deutlichem Seitenhöcker, Beine roth, Schenkel verdickt . . . 4
— Körper länglich, Halsschild wenig breiter als lang, ohne Seitenhöcker, Schenkel wenig verdickt, Beine roth 5
4. Körper mit bräunlicher und grauer Beschuppung etwas fleckig bekleidet, die Naht und die Unterseite dichter röthlichgrau beschuppt, Halsschild deutlicher gehöckert, dicht punktirt mit schwacher Mittelfurche, Flügeldecken punktirt-gestreift, die Zwischenräume gekörnelt. Lg. 3—$3^1/_2$ mm. Nicht selten. Auf Polygonum amphibium. Genf, Wallis, Basel, Schaffhausen, auch noch im Engadin. **Inconspectus** Herbst.
— Körper schwarz, Beine dunkelroth, ein länglicher Scutellarfleck, der Seitenrand der Fügeldecken und die Unterseite weiss beschuppt, Halsschild dicht punktirt mit schwacher Mittelfurche und ganz undeutlichen Höckerchen an den Seiten, Flügeldecken punktirtgestreift, die Zwischenräume fein runzlig gekörnt.

Lg. 2—$3^{1}/_{2}$ mm. Häufig überall bis 5500' ü. M.
Pericarpius L.

5. Halsschild-Vorderrand in der Mitte mit einer schmalen Ausrandung und jederseits derselben zu einer kleinen Spitze erhoben; ein stumpfer Höcker befindet sich jederseits hinter der Mitte des Halsschildes; dieses ist sehr grob runzlig punktirt, so dass es bei gewisser Beleuchtung als runzlig gekörnt erscheint; Körper gewölbt, Flügeldecken tief punktirt-gestreift mit schmalen, runzligen Zwischenräumen, deren 3., 4. und 5. eine weitläufige Reihe schwacher Höcker zeigt; ein Scutellarfleck und die Unterseite sind weiss beschuppt, die Schienen und Füsse dunkelroth. Lg. $1^{1}/_{2}$—$1^{2}/_{3}$ mm. Sehr selten. Schaffhausen.
Denticollis Gyll.

— Vorderrand des Halsschildes ohne Ausrandung . . 6

6. Rüssel kürzer als der Kopf und nicht doppelt so lang als breit, Körper gewölbt, die Unterseite und mitunter der äusserste Rand der Flügeldecken, sowie ein länglicher Scutellarfleck weiss beschuppt, Flügeldecken sonst schwach weisslich behaart, so dass die schwarze Grundfarbe derselben nicht verdeckt wird, tief punktirt-gefurcht mit schmalen, gerunzelten Zwischenräumen. Einige zerstreute Flecken sind etwas dichter weisslich beschuppt, Schienen und Füsse heller oder dunkler roth; Halsschild breiter als lang, seitlich etwas gerundet, dicht und grobrunzlig punktirt, mit schwacher Mittellinie. Lg. $1^{1}/_{2}$—$2^{1}/_{3}$ mm. Auf Chaerophyllum hirsutum und Weiden. Selten. Genf, Basel, Schaffhausen. **Subfasciatus** Gyll.

Var. Kleiner, länglicher, besonders das Halsschild kaum breiter als lang, Flügeldecken etwas weniger stark gefurcht. Lg. $1^{1}/_{2}$ mm. Lausanne, Unterwallis.
v. **guttalis** Grav.

— Rüssel fast länger als der Kopf, wenigstens doppelt so lang als breit, Körper etwas flach gedrückt, die Unterseite, die Seiten des Halsschildes und der Flügeldecken breit weiss beschuppt, ebenso ein länglicher Scutellarfleck und einige eine Querlinie bildende Flecken hinter der Mitte; die Flügeldecken sind feiner gestreift; mit breitern, flachen Zwischenräumen; dieselben sind von den Schultern bis hinter die Mitte gleich breit, sie sind dichter behaart, so dass die schwarze Grundfarbe etwas gedeckt wird; das Halsschild ist fast so lang als breit, grob runzlig punktirt mit schwacher, weisslich behaarter Mittellinie; Schienen und Füsse schwarz oder dunkelroth. Lg. 3—3½ mm. Auf Polygonum amphibium selten. Basel, Schaffhausen, Zürich. **Albicinctus** Gyll.

Gatt. **Eubrychius** Thoms. (Phytobius Schh.)

Körper kurz und breit, schwarz, dicht gelblich bebeschuppt oder wenigstens Naht und Seiten dichter beschuppt, die Fühler und Beine roth, Halsschild mit vier spitzen Höckerchen, zwei am Vorderrand und jederseits eines hinter der Mitte, viel breiter als lang, Flügeldecken viel breiter als das Halsschild mit stark vorragenden Schultern, der 5. Zwischenraum am Grunde erhabener als die andern. Lg. 2 mm. Auf Wasserpflanzen selten. Genf, Basel, Schaffhausen. **Velatus** Beck.

Gatt. **Litodactylus** Redt. (Phytobius Schh.)

Schwarz, glanzlos, die Wurzel der Fühler und die Beine mit Ausnahme der Knie und Tarsen roth; die Unterseite, die Seiten des Halsschildes und der Flügeldecken, die Schildchengegend und einige verwaschene Flecken der Flügeldecken weisslich beschuppt, Halsschild viel breiter als lang, zwei kleine Höckerchen am Vorderrand und zwei grössere vor der Wurzel, Flügeldecken fein gestreift. Lg. 2¼—2½ mm. Auf Myriophyllum aquaticum und andern Wasserpflanzen, selten. Genf, Basel, Schaffhausen, Lausanne. **Leucogaster** Marsh.

Gatt. **Phytobius** Schh.

1. Klauen einfach 2
— Klauen gezähnt 7
2. Flügeldecken ohne Höckerchen auf den Zwischenräumen, Prosternum ohne Rüsselfurche 3
— Zwischenräume mit Höckerchen, Halsschild mit deutlichen Seitenhöckern 5
3. Vorderrand des Halsschildes ohne Höckerchen, die Seitenhöcker undeutlich, die Mittelfurche schwach; die Seiten, sowie die Unterseite des Körpers weisslich beschuppt, Fühlerschaft, Schienen und Füsse

24

röthlich, Flügeldecken tief gestreift, in den Streifen schwach punktirt, die äussern Zwischenräume und die Spitze mit weiss beschuppten Flecken. Lg. 2 bis $2^1/_2$ mm. Auf Comarum palustre, selten. Genf, Basel, Zürich. **Comari** Herbst.

— Vorderrand des Halsschildes mit deutlichen Höckerchen, Seitenhöcker deutlich 4

4. Die Seiten des Halsschildes und die Unterseite gleichmässig weiss beschuppt, ein schmaler Scutellarfleck braun und hinter ihm ein weisser Punkt, Oberseite braun und grau, etwas fleckig, sparsam beschuppt; Halsschild mit schwacher Mittelfurche, dicht punktirt, Beine roth, die Schenkel oft in der Mitte dunkel. Lg. $2-2^1/_2$ mm. Selten. Genf, Thun. **Notula** Germ.

— Seiten des Halsschildes und die Epimeren der Mittelbrust dicht weiss beschuppt, der übrige Theil der Unterseite schwächer grau beschuppt, Naht an der Wurzel mit einem sammtschwarzen Fleck, Flügeldecken sonst schwach fleckig beschuppt, Halsschild stark gefurcht, Beine röthlich. Lg. $1^1/_2-2$ mm. Selten. Genf, Schaffhausen. **Canaliculatus** Schh.

5. Vorderrand des Halsschildes mit zwei spitzigen, weit auseinander stehenden Höckerchen 6

— Vorderrand des Halsschildes mit einer schmalen Ausrandung, und jederseits derselben mit einem stumpfen Höckerchen; Prosternum ohne Rüsselfurche, Oberseite grau, die Seiten und die Unterseite, sowie ein Scutellarfleck weiss beschuppt, öfter auch die Spitze der Flügeldecken, Schienen roth. Lg $2-2^1/_2$ mm. Selten. Genf, Basel. Schaffhausen, Zürich, Thurgau, St. Gallen. **Granatus** Schh.

6. Halsschild innerhalb des Vorderrandes mit vier Grübchen, Prosternum mit schwacher Rüsselfurche und vorn ausgerandet, Stirn zwischen den Augen tief eingedrückt, Oberseite fleckig grau, Unterseite und die Seiten des Halsschildes weiss beschuppt, Schienen röthlich. Lg. $1^1/_2-2$ mm. Wallis, Genf, Basel, Schaffhausen. **Quadrituberculatus** F.

— Halsschild ohne Grübchen, Prosternum ohne Rüsselfurche, Oberseite grau, die Seiten des Halsschildes und die Unterseite weiss beschuppt, Beine röthlich, Augen vorragend. Lg. 2 mm. Selten. Basel, Schaffhausen. **Velaris** Gyll.

7. Schwarz, sehr spärlich behaart, Zwischenräume der Flügeldecken ohne Höckerchen, Vorderrand des Halsschildes mit zwei spitzigen, weit auseinander stehenden Höckern und zwei spitzigen Höckern am Grunde; Seiten des Halsschildes, ein ziemlich grosser Scutellarfleck und die Unterseite weiss beschuppt, Fühler und Beine röthlich. Lg. $2^1/_2$—3 mm. Selten. Genf, Basel, Schaffhausen. **Quadricornis** Gyll.

— Die äussern Zwischenräume der Flügeldecken sind mit Höckerchen besetzt; Halsschild grob punktirt, vorn mit ziemlich schmalem Ausschnitt und dessen Seiten eckig und spitzig vorspringend; Oberseite sparsam behaart, die Seiten des Halsschildes und die Unterseite, sowie ein kleiner Scutellarfleck weiss beschuppt, Fühler und Beine röthlich. Lg. $1^1/_2$—2 mm. Nicht selten im Kt. Waadt, Wallis, Genf, Basel, Schaffhausen, Zürich, Mels. **Quadrinodosus** Gyll.

Gatt. **Amalus** Schönherr.

Schwarz oder dunkelbraun, Flügeldecken gegen die Spitze meist etwas heller, Beine gelbroth, die Naht der Flügeldecken und die Unterseite weiss beschuppt, Halsschild dicht und grob punktirt, ohne Höcker, Flügeldecken kräftig punktirt-gestreift. Lg. $1^1/_2$ bis 2 mm. Selten. Auf feuchten Wiesen. Genf, Burgdorf, Basel, Schaffhausen. **Scortillum** Herbst.

Gatt. **Orobitis** Germ.

Hochgewölbt, schwarz, die Beine roth, Oberseite kahl, die Unterseite dicht weiss beschuppt, die Flügeldecken dunkelblau, fein gestreift. Lg. 2 mm. Selten. Genf, Kt. Bern, Basel, Aargau, Schaffhausen, Zürich. **Cyaneus** L.

Gatt. **Ceutorhynchidius** Duval.

1. Hinterschenkel mit einem grossen, starken Zahn, Flügeldecken beschuppt und reihenweise mit abstehenden Börstchen besetzt, Halsschild ohne Höcker an den Seiten, Klauen gezähnt 2

— Hinterschenkel mit einem kleinen Zähnchen oder ungezähnt 3

2. Flügeldecken ohne Querwulst vor der Spitze, Halsschild mit abstehenden Borsten besetzt. Lg. 4 mm. Auf Disteln. Siders, Fully. **Horridus** Panz.

— Flügeldecken mit einem gehöckerten Querwulst vor der Spitze, Halsschild anliegend behaart. Oberseite heller oder dunkler roth, selten schwarz. Lg. 2 bis $2^1/_2$ mm. Sehr häufig, auf Wiesen. **Troglodytes** F.

3. Hinterschenkel undeutlich gezähnt, Flügeldecken vor der Spitze stark gehöckert, die Zwischenräume mit abstehenden Borsten, Oberseite röthlich, die Scheibe des Halsschildes und die Naht schwärzlich, Flügeldecken mit kahler Querbinde, Stirn dicht weiss beschuppt. Lg. $1^1/_2$—$1^3/_4$ mm. Sehr selten. Lugano, Aigle. **Frontalis** Bris.

— Oberseite schwarz, oder nur an der Spitze röthlich 4

4. Schenkel mit einem kleinen durch einen Borstenzipfel verstärkten Zahn, Flügeldecken mit einem ziemlich grossen, weissen Scutallarfleck 5

— Schenkel ungezähnt und ohne Borstenzipfel, Klauen einfach, der Scutellarfleck höchstens schwach angedeutet 6

5. Klauen gezähnt, Halsschild an den Seiten und Flügeldecken vor der Spitze mit einer kleinen, höckerigen Beule; schwarz, oben scheckig, unten dicht grau weiss beschuppt, die Wurzel der Naht bis fast zur Mitte dicht weiss beschuppt, Halsschild vor dem Schildchen mit kurzer, tiefer Mittelfurche. Lg. 2 mm. (varicolor Bris.) Sehr selten. Schaffhausen. **Quercicola** Payk.

— Klauen ungezähnt, Halsschild seitlich mit einem einfachen Höckerchen, schwarz, die Flügeldecken an der Spitze, die Schienen und Füsse gewöhnlich mehr oder weniger roth, Oberseite fast kahl, die Mittellinie, das Halsschild und ein Scutellarfleck und die Unterseite mehr oder weniger weiss beschuppt. Lg. 1,8—2,2 mm. (apicalis Gyll.) Selten. Auf Lium angustifolium. Genf, Wallis, Basel, Schaffhausen, Unterwallis **Terminatus** Herbst.

Var. b. Flügeldecken oder der ganze Körper rothgelb, mit Ausnahme von Kopf, Rüssel, Brust und Bauch. Wallis.

6. Halsschild beiderseits deutlich gehöckert, Oberseite schwarz, mässig dicht und auf den Flügeldecken reihenweise grau behaart 7

— Halsschild gar nicht oder sehr undeutlich gehöckert,

an der Wurzel schwach zweimal gebuchtet, Flügeldecken ohne Scutellarfleck 8

7. Halsschild kürzer, sein Hinterrand gerade abgestutzt, der Vorderrand ziemlich stark aufgebogen, auf der vordern Hälfte eine schwache Mittelrinne; der Scutellarfleck der Flügeldecken fehlt oder ist nur schwach angedeutet. Lg. 1,5—1,8 mm. (depressicollis Schh.) Genf, Engadin, Aigle. **Nigrinus** Marsh.

— Halsschild ein wenig länger, an der Wurzel zweimal mässig tief gebuchtet, der Vorderrand schwach aufgebogen, Oberseite etwas dichter beschuppt als beim vorigen, die Naht der ganzen Länge nach etwas dichter beschuppt. Lg 1,3—1,5 mm. Häufig auf Wiesen. Genf, Basel, Schaffhausen, Wallis. **Floralis** Payk.

8. Vorderrand des Halsschildes nicht oder sehr schwach aufgebogen, mit einem sehr schwachen oder ganz ohne Höckerchen und ohne Mittelfurche, die Unterseite, die Wurzel und Seiten der Flügeldecken und die Naht sind etwas dichter beschuppt als die übrige Oberfläche des Körpers. Lg. 1,1—1,5 mm. (C. convexicollis Schh., glaucus Schh., camelinae Schh.) Auf camelina amphibia. Basel Aarau. **Melanarius** Steph.

— Vorderrand des Halsschildes deutlich aufgebogen und dieses meist mit einem sehr schwachen Seitenhöckerchen versehen 9

9. Das 4. Tarsenglied schmal und fast so lang als das 2. und 3. zusammen, Halsschild fast doppelt so breit als lang, mit einer nur hinten deutlichen Mittelrinne, Flügeldecken kaum länger als breit, Oberseite mit schuppenähnlichen, niederliegenden Borsten mehr oder weniger dicht besetzt, die Naht an der Wurzel beschuppt. Hinterrand der Schienen an der Spitze etwas schräg abgeschnitten. Lg. 1,5—1,8 mm. Selten. Zürich, Schaffhausen. **Pulvinatus** Schh.

— Das 4. Tarsenglied ist kaum länger als das 3., Hinterrand der Schienen nicht abgeschrägt, Halsschild $1^1/_2$ mal so breit als lang, Oberseite mit feinen Häärchen bekleidet 10

10. Streifen der Flügeldecken schmal, tief und undeutlich punktirt, Zwischenräume ziemlich dicht, die Naht dichter, die Oberseite grau behaart, die Höckerchen des Halsschildes deutlicher, der Rüssel röthlich, die Schienen blass braungelb, Halsschild quer ohne Mittelrinne. Lg. 1,5—1,8. In der Schweiz noch

nicht nachgewiesen, doch schwerlich fehlend. (Achilleae Schh., erythorhynchus Schh.) **Pyrrhorhynchus** Schh.

— Streifen der Flügeldecken breit, flach, sehr deutlich punktirt, Zwischenräume sparsam behaart, Flügeldecken oft braun, die Höckerchen des Halsschildes sehr undeutlich, Rüssel roth, Beine röthlich gelbbraun, Halsschild dicht punktirt, vorn tief eingeschnürt, Schultern stark vortretend. Lg. 1—1⅛ mm (Postumus Germ.) Genf, Bern, Basel, Zürich. **Pumilio** Gyll.

Gatt. **Ceutorhynchus** Germ.

Uebersicht der Untergattungen.

1. Rüssel kurz und dick, Basalrand der Flügeldecken aufgeworfen, scharfkantig. Subg. **Phrydiuchus** Gozis.

— Rüssel lang und dünn, Basalrand der Flügeldecken nicht aufgeworfen 2

2. Augen flach, bei eingelegtem Rüssel mehr oder weniger vollkommen bedeckt, Halsschild mit deutlichen Augenlappen 3

— Augen gewölbt, bei eingelegtem Rüssel nur am Hinterrande bedeckt, Halsschild beinahe ohne Augenlappen. Subg. **Micrelus** Thoms.

3. Hinterrand der Schienen vor der Spitze ausgerandet und mit einem Zähnchen besetzt. Subg. **Thamiocolus** Thoms.

— Hinterrand der Schienen einfach. Subg. **Ceutorhynchus** i. sp.

Subg. **Phrydiuchus** Thoms.

Halsschild vorn stark eingeschnürt mit stark aufgeworfenem Vorderrand, Schenkel ungezähnt, nur mit einem kleinen Borstenbüschel, Körper breit; Unterseite sparsam grau beschuppt, Flügeldecken mit grauen Häärchen und Börstchen und mit weissem Scutellarfleck. Lg. 3½—4 mm. Sehr selten. Basel. **Topiarius** Germ.

Subg. **Thamiocolus** Thoms.

1. Halsschild gewölbt mit kaum angedeuteten Höckern. Alle Schenkel mit einem grossen, spitzigen Zahn,

Halsschild an der Basis gerade abgestutzt, vorn stark eingeschnürt und mit aufgebogenem Vorderrand, Flügeldecken mit borstenförmigen, fast anliegenden schwarzen Schuppen bedeckt, jederseits hinter der Schulter eine weiss beschuppte Querbinde. Lg. 3,3 bis 3,8 mm. Selten. Basel, Bern. **Viduatus** Gyll.

— Schenkel mit einem kleinen Zähnchen oder ungezähnt, Vorderrand des Halsschildes abgeschnürt, aber nicht aufgebogen 2

2. Rüssel beim ♂ doppelt so lang als der Fühlerschaft und bis zur Spitze punktirt, beim ♀ mehr als doppelt so lang und von der Fühlerinsertion an unpunktirt; die Seiten des Halsschildes oder das ganze Halsschild weiss behaart; auf den Flügeldecken sind alle Zwischenräume mehr oder weniger unterbrochen weiss behaart, nur die Naht und ein kurzer Strich auf dem 6. und 8. Zwischenraum vor der Mitte weiss beschuppt. Lg. 2—$2^1/_2$ mm. Genf, Mendrisio. **Pubicollis** Schh.

— Rüssel beim ♂ $1^1/_2$ mal so lang als der Schaft, beim ♀ doppelt so lang und bis zur Spitze punktirt, die Seiten des Halsschildes weiss behaart, auf den Flügeldecken zahlreiche weiss behaarte Striche, der Scutellarfleck und die Striche auf dem 6. und 8. Zwischenraum weiss beschuppt. Lg. 2—$2^1/_2$ mm. (decoratus Schh.) Zürich. Auf Wiesen. Schaffhausen, Bern, Genf. **Signatus** Gyll.

Subg. **Ceutorhynchus** i. sp.

1. Alle Schenkel mit einem grossen, spitzigen Zahn 2
— Schenkel ungezähnt oder mit einem kleinen Zahn . 3
2. Halsschild seitlich kissenförmig gewölbt ohne scharfe Höcker, höchstens mit einigen Körnchen, Klauen gezähnt . . . . **1. Gruppe.**
— Halsschild jederseits mit einem scharfen Höcker, der unten, vorn und hinten durch die weisse Beschuppung begrenzt wird . . . . **2. Gruppe.**
3. Oberseite matt, mehr oder weniger dicht behaart oder beschuppt, oder wenigstens mit einem weissen Scutellarfleck 4
— Oberseite glänzend, fast kahl . . . . . **6. Gruppe.**
4. Flügeldecken wenigstens mit einem beschuppten Scutellarfleck 5

— Oberseite ohne Schuppen, nur mit borstenähnlichen Häärchen gleichmässig, ziemlich dicht bedeckt **5. Gruppe.**

5. Halsschild fast so breit als die Basis der Flügeldecken . . . . **3. Gruppe.**

— Halsschild viel schmäler als die Flügeldecken, Flügeldecken dicht, meist fleckig beschuppt . **4. Gruppe.**

1. Gruppe.

1. Flügeldecken ohne scharf hervortretende, beschuppte Zeichnung auf der Scheibe 2

— Flügeldecken mit scharf hervortretender, beschuppter Zeichnung auf der Scheibe, Stirn vertieft, Scheitel mit feinem Längskiel 5

2. Schenkel mit sehr grossem Zahn, Vorderrand des Halsschildes in der Mitte ausgerandet, Vorderrand der Flügeldecken etwas erhaben, Scheitel mit Längskiel 3

— Schenkel mit mässig grossem Zahn, Vorderrand des Halsschildes nicht ausgerandet, Flügeldecken mit weissem, oft undeutlichem Scutellarfleck 4

3. Oberseite ziemlich dicht und gleichmässig grau beschuppt, Flügeldecken mit einer schwachen, schief von der Schulter gegen die Scheibe gerichteten Binde, die oft ganz undeutlich und hinten, sowie seitlich mit zahlreichen sehr kleinen Körnchen besetzt ist. Lg. 3½ mm. Selten. Schaffhausen. **Raphani** F.

— Oberseite undicht mit grauen Schuppen besetzt, die hie und da zu schwachen Flecken zusammengedrängt sind, Flügeldecken ohne Körnchen. Lg. 5 mm. (abbreviatulus Redt.). Basel, Livinerthal, Stelvio. **Abbreviatulus** F.

4. Halsschild zur Basis plötzlich verengt mit deutlicher Mittelfurche; Scheitel mit Längskiel, überall dicht grau behaart, die Wurzel der Naht mit schwachem, oft undeutlichem weissem Fleck. Lg. 2,8—3 mm. Auf Borrago officinalis. Genf, Neuchâtel, Basel. **Borraginis** F.

— Halsschild zur Basis nicht verengt, ohne Mittelfurche, Scheitel ohne Kiel, Oberseite sparsam mit grauen Schüppchen gesprenkelt, die Wurzel der Naht dicht weiss beschuppt. Lg. 2,8—3 mm. Selten. Schaffhausen, Basel. **Albosignatus** Schh.

5. Halsschild mit langen, weissen Linien gezeichnet; Flügeldecken theilweise mit Höckern besetzt . . . 6

— Halsschild und Flügeldecken schwarz behaart, mit weiss beschuppten Flecken gezeichnet, Flügeldecken ohne Höcker 7

6. Die äussern Zwischenräume der Flügeldecken, besonders hinten, mit glänzenden Höckerchen besetzt, Halsschild mit starker Mittelfurche, Flügeldecken schwach weisslich gesprenkelt, mit schwachem Scutellarfleck. Lg. 4—4½ mm. Basel, Wallis. **Radula** Schh.

— Nur die äussersten Zwischenräume der Flügeldecken mit kleinen Höckerchen besetzt, Halsschild ohne Mittelfurche, Flügeldecken dunkel behaart mit schmalen weissen Linien netzförmig gezeichnet, Beine schwarz. Lg. 4—4½ mm. (Echii F.) Häufig auf Echium vulgare. **Geographicus** Goeze.

7. Ein länglicher Scutellarfleck, ein Fleck vor der Spitze und eine kurze Binde in der Mitte des 6. bis 8. Zwischenraumes weiss beschuppt, Fühler, Schienen und Füsse roth. Lg. 2—2,8 mm. Nicht selten. Auf Anchusa und Cynoglossum. Genf, Tessin, Basel, Schaffhausen, Zürich, Engadin, St. Gallen, Salvadore, Wallis. **Asperifoliarum** Gyll.

— Ein kreuzförmiger Scutellarfleck, die Unterseite, die Seiten des Halsschildes, ein Fleck an der Spitze der Flügeldecken und ein bindenartiger Fleck an der Seite der Flügeldecken weiss beschuppt, die Füsse roth. Lg. 3,8—4 mm. (3 maculatus Payk., cruciger Bedel). Selten. Auf Echium vulgare. Genf, Neuchâtel, Bern, Basel, Zürich, Schaffhausen, St. Gallen, Mendrisio, Mt. Rosa. **Crucifer** Ol.

2. Gruppe.

1. Klauen gezähnt, Flügeldecken ohne Scutellarfleck, ihre Seiten, sowie die Seiten des Halsschildes und die Unterseite weiss beschuppt, ihre Oberseite braun, grau und weiss gesprenkelt mit Höckern an der Spitze, Halsschild mit Mittelrinne, Tarsen roth. Lg. 3,8 mm. **Pollinarius** Forst.

— Klauen ungezähnt, Flügeldecken mit kreuzförmigem Scutellarfleck 2

2. Vorderrand des Halsschildes gerade, die Wurzel der Naht ist röthlich, die weisse Beschuppung des Halsschildes reicht nicht über die Seitenhöcker hinauf; eine Binde am Seitenrand und ein Fleck an der Spitze der Flügeldecken weiss beschuppt. Lg. 3—3,8

mm. Selten. Auf Nesseln. Genf, Waadt, Puntrut.
Trimaculatus F.

— Der Vorderrand des Halsschilds ist ausgerandet, seine weisse Beschuppung umschliesst den schwachen Seitenhöcker ganz, der kreuzförmige Scutellarfleck ist ganz weiss, ebenso zwei abgekürzte Binden an der Seite und ein Fleck vor der Spitze der Flügeldecken. Lg. 3 mm. Selten. Auf Disteln und Mentha-Arten. Genf, Jorat, Zürich. **Litura** F.

3. Gruppe.

1. Klauen gezähnt, der Vorderrand des Halsschildes stark aufgebogen 2

— Klauen ungezähnt, der Vorderrand des Halsschildes schwach aufgebogen 7

2. Halsschild jederseits mit einem durch eine scharfe Querleiste gebildeten Höcker, Flügeldecken hinten mit grossen, spitzen Höckern besetzt, Hinterschenkel mit deutlichem Zähnchen, Oberseite gleichmässig graubraun behaart, mit weissem Scutellarfleck. Lg. 3—4 mm. (confusus Perr.). Genf, Wallis, Basel, Schaffhausen. **Denticulatus** Schrank.

— Halsschild mit einem kleinen runden Höcker, Hinterschenkel sehr schwach, oft undeutlich gezähnt, Oberseite dicht mit abstehenden braunen Haaren bekleidet, ein kleiner Scutellarfleck und die Unterseite dicht gelblich beschuppt, Flügeldecken punktirtgestreift mit ebenen stark gekörnten Zwischenräumen, an der Spitze einige grössere Körner, Vorderrand des Halsschildes ziemlich stark aufgebogen. Lg. 2 bis 2¹/₃ mm. Sehr selten. Leuk im Wallis.
Pilosellus Gyll.

— Halsschild ohne Höcker, der Scutellarfleck und der Seitenrand der Flügeldecken weiss beschuppt . . 3

3. Basis des Halsschildes und der Flügeldecken fast gerade und etwas erhaben, Hinterschenkel mit deutlichem Zähnchen, Flügeldecken schwarzbraun behaart mit weissem Scutellarfleck 4

— Basis des Halsschildes und der Flügeldecken gebuchtet und nicht erhaben, Schenkel ungezähnt, nur mit einem Borstenzipfel, Halsschild mit 3 weissen Linien 6

4. Pygidium mit einem tiefen Einschnitt, oval; Flügeldecken fein gestreift. Lg. 2—2,8 mm. Häufig. Genf, Rosenlaui, Basel, Schaffhausen, Zürich, Wallis.
Punctiger Sahlb.

— Pygidium ohne Einschnitt 5
5. Körper länglich-oval, weniger gewölbt, Vorderrand des Halsschildes schwächer aufgebogen. Lg. 2,5 mm. Auf Klee häufig bis 5500' ü. M. **Marginatus** Gyll.
— Körper kurz-oval, dem punctiger ähnlich, gewölbter, Vorderrand des Halsschildes stärker aufgebogen, die Streifen der Flügeldecken stärker. Lg. 2⅓—3 mm. Sehr selten. Wallis. **Rotundatus** Bris.
6. Oberseite ziemlich dicht graubraun behaart, nur der grosse Scutellarfleck und die Seiten der Flügeldecken weiss beschuppt, Halsschild ohne Höcker und ohne Grube an der Basis; Fühler, Schienen und Füsse roth. Lg. 3—3½ mm. Selten. Auf Papaver rhoeas. Genf, Jura, Basel, Wallis. **Macula alba** Herbst.
7. Halsschild mit breiten, flachen Seitenhöckern, Oberseite schwarz, die Mittellinie des Halsschildes, die Naht, der Seitenrand der Flügeldecken und einige Linien weiss beschuppt. Lg. 2,5 mm. Selten. Genf, Basel, Zürich. **Suturalis** F.
— Halsschild mit kleinen, mehr spitzigen Seitenhöckern, nur ein kleiner Scutellarfleck und die Unterseite weiss beschuppt, Flügeldecken rothbraun, mässig dicht grau beschuppt mit eingestreuten weissen Schuppen, Beine roth. Lg. 1,5—1,8 mm. (consputus Germ., alboscutellatus Gyll.). Selten. Basel. **Querceti** Gyll.
Var. b. Körper röthlich. Zürich. v. **rubescens** Boh.

4. Gruppe.

1. Klauen einfach, alle Schenkel ungezähnt, Flügeldecken ohne Beule vor der Spitze, Halsschild mit sehr schwach abgeschnürtem, nicht aufgebogenem Vorderrand, seitlich gehöckert, Oberseite schwarz, fein grau behaart, nur ein kleiner Scutellarfleck weiss beschuppt. Lg. 1,3—1,8 mm. (atratulus Gyll.). Selten. Basel. Häufig auf Cochbaria armyrocia bei Siders und Fully im Wallis. **Cochleariae** Gyll.
— Klauen gezähnt, wenigstens die Hinterschenkel mit einem deutlichen Zähnchen, Flügeldecken vor der Spitze mit einer deutlichen, querstehenden, oft gehöckerten und gekörnten Beule 2
2. Flügeldecken und Halsschild mit grauen Schuppen undicht bestreut und mit abstehenden Haaren oder Borsten besetzt, Halsschild gerinnt und ziemlich grob

punktirt, Tarsen roth. Lg. 2,8—3 mm. Häufig auf Reps. Bern, Basel, Schaffhausen, Zürich, Waadt, Wallis. **Quadridens** Panz.

— Flügeldecken nur anliegend behaart und beschuppt 3

2. Flügeldecken grob gestreift, die Zwischenräume kaum doppelt so breit als die Streifen, etwas gewölbt, Halsschild wenig breiter als lang, seitlich schwach gerundet und gehöckert, Oberseite schwarz behaart, die Mittellinie des Halsschildes, ein schmaler Scutellarfleck und ein kleiner Fleck auf dem 6. und 7. Zwischenraum weiss beschuppt. Lg. 1,5—2 mm. Sehr selten. Wallis. **Euphorbiae** Bris.

— Flügeldecken fein gestreift, die Zwischenräume flach, mehr als doppelt so breit als die Streifen, schwarz, braun und weiss fleckig behaart und beschuppt, stets mit einem mehr oder weniger hervortretenden schwarzen **Fleck hinter der Mitte der Naht** 4

4. Halsschild mit schwach gerundeten Seiten und mit kleinen Höckerchen, der Scutellarfleck nur auf dem 1. und 2. Zwischenraum der Flügeldecken befindlich, der seitliche Schuppenfleck weit vor der Mitte, schräg bis zur Schulter hinziehend, beginnt auf dem 6. Zwischenraum, der 3.—5. Zwischenraum auf der vorderen Hälfte ganz ohne weisse Flecken, alle Schenkel deutlich gezähnt 5

— Halsschild seitlich stärker gerundet, der Scutellarfleck mindestens bis auf den 3. Zwischenraum ausgedehnt, der seitliche Schuppenfleck mehr in der Mitte der Flügeldecken-Länge und von der Schulter entfernt bleibend, auf dem 4. oder 5. Zwischenraum beginnend 6

5. Flügeldecken länger als breit, Halsschild an der Basis wenig breiter als lang, Körper etwas länglich, Fühler und Tarsen gelb. Lg. $2^1/_2$—3 mm. Ziemlich selten. Genf, Schaffhausen, Zürich. **Melanostictus** Marsh.

Var. b. Halsschild etwas kürzer, seine Seitenhöcker weniger stark entwickelt. Auf Lycopus europaeus. Basel. v. **Lycopi** Schh.

Var. c. Die Zeichnungen auf den Flügeldecken sind etwas schwächer und verwischter, wodurch aber der weisse Scutellarfleck wiederum schärfer hervortritt. Die Seitenhöcker des Halsschildes sind deutlicher als bei v. Lycopi. Selten. Basel. v. **perturbatus** Gyll.

— Flügeldecken kaum länger als breit, Halsschild an

der Basis viel breiter als lang, Körper kurz, Fühler, Schienen und Tarsen röthlich. Lg. 2½ mm. Selten. Zürich, Schaffhausen. **Angustus** Herbst.

6. Grundfarbe mehr bräunlich, die weissen Zeichnungen der Flügeldecken treten sehr schwach hervor, Halsschild 1½ mal so breit als lang, der abgeschnürte Vorderrand deutlich aufgebogen, die Fühlerkeule halb so lang als die Geissel, Körper schmäler. Schienen und Füsse röthlich. Lg. 1,8—2 mm. (gallicus Gyll.) Selten. Auf Chamomilla vulgaris. Basel, Schaffhausen. **Rugulosus** Herbst.

— Die weissen Zeichnungen der Flügeldecken stechen deutlich gegen die mehr schwarze Grundfarbe ab . 7

7 Der Seitenfleck beginnt schon auf dem 4. Zwischenraum, so dass eine ununterbrochene gebogene Binde vom Scutellarfleck bis zum Seitenrand der Flügeldecken besteht. Fühler, Schienen und Füsse röthlich. Lg. 2 mm. Seiten. Basel, Schaffhausen. **Molitor** Schh.

— Der Seitenfleck beginnt erst auf dem 5. Zwischenraum, so dass er vom Scutellarfleck durch den 4. Zwischenraum getrennt wird 8

8. Körper von breiter, gedrungener Gestalt, Halsschild fast doppelt so breit als lang, der Vorderrand stark aufgebogen, die Fühlerkeule länger als die Geissel, deren 2. Glied kaum kürzer ist als das 1., Fühler und Tarsen röthlich. Lg. 2—2½ mm. Genf, Neuchâtel, Bern, Basel, Schaffhausen, Zürich, St. Gallen, Wallis. **Campestris** Gyll.

— Körper etwas schmäler, Halsschild 1½ mal so breit als lang, der Vorderrand schwächer abgeschnürt und sehr schwach aufgebogen, die Fühlerkeule halb so lang als die Geissel, das 2. Glied dieser letztern etwas kürzer als das 1. Fühler, Schienen und Füsse röthlich. Lg. 2 mm. Selten. Genf, Waadt, Basel, Wallis. **Chrysanthemi** Gyll.

5. Gruppe.

1. Wenigstens die Hinterschenkel mit einem deutlichen Zähnchen 2

— Alle Schenkel ungezähnt 4

2. Scheibe des Halsschildes ohne Höcker, Flügeldecken vor der Spitze ohne Beule, Oberseite gleichmässig ziemlich dicht grau behaart, Vorderrand des Hals-

schildes abgeschnürt und aufgebogen, die Streifen der Flügeldecken mit einer Reihe niederliegender Borsten besetzt. Lg. 3,5—3,8 mm. Häufig auf Cochlearia draba. Genf, Basel, Schaffhausen, Zürich, Wallis. **Napi** Germ.

— Scheibe des Halsschildes mit einem deutlichen Höcker, Flügeldecken vor der Spitze gewöhnlich mit einer schwachen, gekörnten Beule, Vorderrand des Halsschildes abgeschnürt und aufgebogen, Streifen der Flügeldecken mit einer Reihe kleiner niederliegender Börstchen besetzt. Halsschild kaum $1^1/_2$ mal so lang als breit, seine Mittelfurche vorn kaum schwächer als hinten, stark punktirt 3

3. Rüssel viel länger als Kopf und Halsschild, Oberseite ziemlich dicht grau behaart, dadurch grau erscheinend. Lg. $2^1/_2$ mm. Selten. Auf Cochlearia draba. Basel, Zürich, Schaffhausen, Wallis. **Rapae** Schh.

— Rüssel nicht länger als Kopf und Halsschild, Oberseite schwarz, fein und spärlich behaart, Unterseite mässig dicht, die Epimeren der Mittelbrust dicht weiss beschuppt. Lg. 2,5—2,7 mm. (Alanda Germ., sulcicollis Gyll., nec. Payk.) Häufig überall auf Cruciferen, namentlich auf Reps. **Pleurostigma** Marsh.

4. Klauen gezähnt 5

— Klauen ungezähnt, Halsschild mit deutlichem Seitenhöcker und deutlich abgeschnürtem und aufgebogenem Vorderrand, Oberseite dicht grau behaart . . 7

5. Halsschild mit deutlichen, schwachen Seitenhöckern, Flügeldecken nach hinten schwächer (bis zur deutlichen Beule vor der Spitze ziemlich geradlinig) verengt, jeder Streifen mit einer Reihe Häärchen besetzt, Körper etwas länglich, Halsschild wenig breiter als lang. Lg. 1,5 mm. Genf, Aarau, Schaffhausen, Zürich, Wallis. **Nanus** Gyll.

— Halsschild mit sehr schwachem oder gar keinem Seitenhöcker, Flügeldecken nach hinten gerundet verengt, ohne Höcker vor der Spitze, Streifen unbehaart, Körper kurz und breit, Halsschild mehr als $1^1/_2$ mal so breit als lang 6

6. Halsschild mit schwachen Seitenhöckern und ziemlich starker Mittelfurche. Lg. 2,8—3 mm. Ziemlich häufig. Jura, Basel, Schaffhausen. **Syrites** Germ.

— Halsschild ohne Höcker, mit sehr schwacher Mittelfurche. Lg. 1,5—1,8 mm. Selten. Genf. **Constrictus** Marsh.

7. Streifen der Flügeldecken mit einer Reihe niederliegender Häärchen besetzt, Halsschild wenig breiter als lang mit schwächer gerundeten Seiten und deutlicher Mittelfurche. Lg. 2—2½ mm. Häufig auf Cruciferen. **Assimilis** Payk.
— Streifen der Flügeldecken kahl, Halsschild fast 1½ mal so breit als lang, mit stark gerundeten Seiten. Lg. 1—1⅓ mm. Val Entremont im Wallis. **Parvulus** Bris.

6. Gruppe.

1. Klauen gezähnt 2
— Klauen ungezähnt, Kopf und Halsschild anliegend behaart 7
2. Flügeldecken mit kleinen, halb aufgerichteten Häärchen besetzt 3
— Kopf, Halsschild und Flügeldecken fein anliegend behaart (Flügeldecken mehrreihig), Oberseite blau oder grün, glänzend 6
3. Halsschild und Kopf mit kleinen, halbaufgerichteten Häärchen besetzt, die auf dem Halsschild vorwärts gerichtet sind, Mittel- und Hinterbrust undicht mit (nicht über die grossen Punkte hinausragenden) weissen Schuppen. 4
— Kopf und Halsschild niederliegend behaart, Mittel- und Hinterbrust dicht weiss beschuppt. Rüssel ohne Kiellinien, Zwischenräume der Flügeldecken mit einer Reihe Körner und Häärchen besetzt, Schenkel kaum gezähnt. Lg. 2—2,3 mm. (coerulescens Gyll.) Selten. Aigle, Neuchâtel, Bern, Schaffhausen. Auf Reseda und Synapis. **Chalybaeus** Germ.
4. Rüssel im Basaltheil mit 3 Kiellinien 5
— Rüssel ohne Kiellinien, Flügeldecken mit einer Reihe Körner und einer Reihe weisser Börstchen, Schenkel kaum gezähnt, Halsschild mit sehr stumpfen, etwas undeutlichen Höckern, feiner punktirt, Streifen der Flügeldecken feiner, fein punktirt, Oberseite schwarz oder blauschwarz. Lg. 1,5 mm. (atomus Schh.) Genf, Tessin, Basel, Schaffhausen Zürich. Auf Klee. **Setosus** Schh.
5. Zwischenräume der Flügeldecken körnig oder runzlig punktirt, Oberseite schwarz oder schwarzbraun, wenig glänzend 6
— Zwischenräume der Flügeldecken mit einer glatten Punktreihe, Oberseite blau, glänzend, Fühlerschaft zur Spitze allmählig verdickt, Rüssel nur bis zur

Einlenkung der Fühler punktirt. Lg. 2—2,8 mm. (Cyanipennis Germ.) Wallis, Genf, Zürich, Schaffhausen. **Sulcicollis** Payk.

6. Fühlerschaft zur Spitze allmählig verdickt, Rüssel bis gegen die Spitze punktirt, Zwischenräume der Flügeldecken runzlig punktirt, die Epimeren der Mittelbrust und oft ein kleiner Scutellarfleck dicht weiss beschuppt, bisweilen auch in den Streifen der Flügeldecken eine Reihe niederliegender schuppenförmiger Börstchen. Tarsen gelb. Lg. 2½—2,8 mm. (tarsalis Schh.) Genf, Basel, Schaffhausen. **Picitarsis** Schh.

— Dem vorigen äusserst ähnlich, etwas kleiner, Halsschild etwas feiner punktirt, mit stärkerer Mittelfurche, die Schenkel etwas schwächer gezähnt. Lg. 2⅓—2½ mm. Selten. Basel, Bünzen. **Tibialis** Schh.

— Fühlerschaft an der Spitze plötzlich verdickt, Rüssel nur bis zur Einlenkung der Fühler punktirt, Zwischenräume der Flügeldecken flach gekörnt, Streifen mit kleinen, niederliegenden Börstchen besetzt. Tarsen schwarz. Lg. 1,5—1,8 mm. Wallis (?). **Hirtulus** Germ.

6. Halsschild dicht und mässig stark punktirt, Rüssel gekielt, Körper kurz. Lg. 2—2½ mm. Elsass. **Ignitus** Germ.

— Halsschild grob punktirt, die äussern Zwischenräume der Flügeldecken vor der Spitze kaum gekörnt, Brust dicht weiss beschuppt, Streifen der Flügeldecken tief und scharf, Halsschild viel breiter als lang, mit gerundeten Seiten, Mittel- und Hinterschenkel mit ziemlich starkem Zahn. Lg. 3 mm. Tessin (?). **Barbareae** Suffr.

7. Zwischenräume der Flügeldecken (besonders die äussern zweireihig) mit etwas dicken, weissen Häärchen besetzt, Oberseite schwarz mit blauen Flügeldecken, glänzend. Lg. 2—2½ mm. (obscure cyaneus Schh.) Selten. Bern. **Scapularis** Schh.

— Zwischenräume der Flügeldeken sehr fein behaart 8

8. Halsschild mit einer schwachen Mittelfurche, Flügeldecken schwach gewölbt, Oberseite stark glänzend, blau oder grün metallisch. Lg. 1½—2 mm. Häufig auf Cardamine amara. **Erysimi** F.

— Halsschild ohne Mittelfurche, stark gewölbt, Oberseite mässig glänzend, schwarzblau. Lg. 1,2—1,5 mm. Häufig auf Cruciferen. Genf, Bern, Basel, Schaffhausen, Zürich. **Contractus** Marsh.

Subg. Micrelus Thoms.

Spitze des Halsschildes nicht eingeschnürt, Vorderrand nicht aufgebogen, Seitenhöcker stark und spitz, Flügeldecken kurz gerundet, ohne Schwiele vor der Spitze, die Zwischenräume schmal, stark gekörnt, mit einer Reihe aufstehender Börstchen, Nath an der Basis weiss beschuppt, Beine roth, oft auch ein Theil des Rüssels. Lg. 1,5 mm. Auf Erica vulgaris nicht selten. **Ericae** Gyll.

Gatt. Poophagus Schh.

Schenkel ungezähnt, Körper langgestreckt, Flügeldecken parallel mit vorspringenden Schultern, dicht grau beschuppt, ein weiter Ring um das Schildchen und ein Querfleck vor der Spitze dunkler, auch die Scheibe des Halsschildes. Lg. 3—3½ mm. Genf. **Sisymbrii** F.

Schenkel mit kleinem Zähnchen, Körper länglich-oval, die Flügeldecken viel breiter als beim vorigen; grün erzfärbig, unten dicht, oben spärlicher grau beschuppt, Rüssel und Beine roth, die Spitze der Schenkel dunkler. Lg. 3 mm. Auf Nasturtium officinale. Selten. Genf. **Nasturtii** Germ.

Gatt. Tapinotus Schh.

Länglich-oval, dicht kreideweiss beschuppt mit einer breiten schwarzen Querbinde in der Mitte der Flügeldecken, oft auch einer kleinern vor der Spitze, Fühler und Beine hell gefärbt, Flügeldecken mit einer kleinen Schwiele vor der Spitze. Lg. 3—4 mm. Auf Lysimachia vulgaris und Colchicum autumnale. Ziemlich selten. Genf, Zürich, Basel, Schaffhausen, am Hallwyler-, Pfäffiker- und Katzensee. **Sellatus** F.

2. Bariina.

1. Vorderhüften aneinander stossend, Augen einander genähert, Schenkel gezähnt, Hinterrand des Halsschildes in der Mitte gegen das Schildchen vorgezogen. Rüssel gebogen. **Coryssomerus** Schh.

— Vorderhüften getrennt, Augen nicht genähert, Hinterrand des Halsschildes fast gerade 2

25

2. Pygidium frei, Rüssel durch eine Querfurche von der Stirn getrennt, das 2. Geisselglied der Fühler kaum länger als das 3. **Baris** Schh.
— Pygidium bedeckt, Rüssel nicht durch eine Querfurche von der Stirn getrennt, das 2. Geisselglied viel länger als das 3. **Limnobaris** Bed.

Gatt. **Coryssomerus** Schh.

Körper länglich-oval, dicht grau, etwas fleckig beschuppt, Schienen und Füsse roth, Halsschild conisch, vorn stark eingeschnürt, alle Schenkel gezähnt, Schienen an der Spitze mit einem kleinen Hornhaken. Lg. $2^1/_2$—3 mm. Selten. Auf feuchten Wiesen. Genf, Waadt, Schaffhausen. **Capucinus** Beck.

Kleiner als der vorige, mehr braun beschuppt, 3 Linien über das Halsschild und die Naht heller gefärbt. Lg. $2^1/_3$ mm. Sehr selten. Genf. (Wohl nur Variation des vorigen). **Ardea** Germ.

Gatt. **Baris** Germ. (Baridius Schh.)

1. Oberseite schwarz mit einer aus weissen Schuppen gebildeten Xförmigen Zeichnung auf den Flügeldecken, Halsschild fast länger als breit mit fast parallelen Seiten, sehr fein und nicht dicht punktirt, Flügeldecken fein gestreift. Lg. $2^1/_4$—$2^1/_2$ mm. Sehr selten. Genf. **Spoliatus** Schh.
— Oberseite schwarz oder theilweise roth, ohne Zeichnung 2
— Oberseite blau oder grün mit Metallglanz 4
2. Halsschild sehr grob und ziemlich dicht punktirt, in jedem Punkte steht ein weisses Börstchen, etwas breiter als lang, Flügeldecken mehr als $1^1/_2$ mal so lang als breit, die Streifen vorn breiter und tiefer als hinten, die Zwischenräume mit einer Reihe feiner, etwas querer, haartragender Pünktchen, Oberseite fein chagrinirt. Lg. 3—4,3 mm. Auf Artemisia campestris. Selten. Genf, Basel, Schaffhausen, Wallis. **Artemisiae** Herbst.
— Halsschild weniger grob punktirt, spiegelglänzend, Flügeldecken stark glänzend, äusserst fein chagrinirt, die Streifen ziemlich fein 3
3. Halsschild überall ziemlich dicht punktirt, Oberseite

schwarz, die Spitze der Flügeldecken roth. Lg. 3 bis 3,5 mm. Selten. Genf, Wallis, Aigle. **Analis** Ol.

— Halsschild an den Seiten etwas dichter und gröber, auf der Scheibe sehr sparsam und fein punktirt, länger als breit, Oberseite ganz schwarz, glänzend, Flügeldecken fein gestreift. Lg. 2,8—4,3 mm. Selten. Genf, St. Bernhard, Aigle, Unterwallis, Chur. **Picinus** Germ.

4. Unterseite des Halsschildes grob längsrunzlig . . 5

— Unterseite des Halsschildes mit getrennten Punkten 7

5. Halsschild länger als breit, ziemlich fein und zerstreutpunktirt, Flügeldecken in der Mitte schwach gerundet erweitert, stark gestreift und in den Streifen (oft etwas undeutlich) punktirt, die Zwischenräume mit einer feinen Punktreihe. Lg. $3^1/_2$—4 mm. Selten. Genf, Neuchâtel, Basel. **Lepidii** Germ.

— Halsschild nicht länger oder kürzer als breit, ziemlich grob punktirt, Flügeldecken mehr parallel . . 6

6. Halsschild so lang als breit, auf der Scheibe grob, nach den Seiten hin, besonders in den Hinterecken, fein punktirt, die glatte Mittellinie breit; Flügeldecken fein gestreift, die äussern Streifen, besonders auf der vordern Hälfte, deutlich aber fein punktirt, die Zwischenräume äusserst fein punktirt. Lg. $3^1/_2$ bis 4 mm. Genf, Wallis, Bern, Basel, Schaffhausen, Zürich. **Coerulescens** Scop.

Var. Zwischenräume unpunktirt v. **Chloris** F.

— Halsschild breiter als lang, gleichmässig grob punktirt, fast ohne glatte Mittellinie, die Flügeldecken ziemlich stark gestreift und in den Streifen deutlich punktirt. Lg. $3^1/_2$—4 mm. Selten, Wallis. **Fallax** Bris.

7. Schenkel dicht weisslich beschuppt oder behaart, die Flügeldecken sind wenig breiter als das Halsschild, seitlich fast parallel, grün, Halsschild oben fein und zerstreut, auf der Unterseite sparsam punktirt, Flügeldecken fein punktirt-gestreift. Lg. 3—4 mm. Selten. Genf, Basel. **Cuprirostis** F.

— Schenkel fast unbehaart, Flügeldecken deutlich breiter als das Halsschild, mit etwas gerundeten Seiten . 8

8. Halsschild mit parallelen Seiten auf der hintern Hälfte, von da an nach vorn allmählig verengt, fast länger als breit, dicht und mässig grob punktirt, Flügeldecken stark gestreift, die Zwischenräume sehr

deutlich punktirt. Lg. 4—4½ mm. (punctatus Schh., picicornis Bed.). Auf Reseda lutea nicht selten. Genf, Bern, Neuchâtel, Schaffhausen, Zürich, St. Gallen, Waadt, Wallis. **Abrotani** Germ.

— Halsschild an der Basis am breitesten, von da an nach vorn stark verschmälert, Flügeldecken fein gestreift, die Zwischenräume fast unpunktirt 9

9. Halsschild mässig dicht punktirt, Streifen der Flügeldecken bis hinten gleich fein, die Zwischenräume bis hinten breit und flach, sehr fein punktirt. Lg. 3½—6 mm. Genf, Aarau, Basel, Schaffhausen, Wallis. **Chlorizans** Germ.

— Halsschild mässig dicht punktirt, Streifen der Flügeldecken an der Spitze tiefer und daselbst die Zwischenräume etwas gewölbt, undeutlich punktirt. Lg. 2—3 mm. Genf. **Villae** Schh.

Gatt. **Limnobaris** Bed.

Oberseite schwarz und spärlich fein behaart, Unterseite mit Ausnahme des Halsschildes dicht weiss beschuppt, Flügeldecken wenig breiter als das Halsschild, tief punktirt-gestreift, Körper langgestreckt, Halsschild stark und ziemlich dicht punktirt. Lg. 3½—4½ mm. Sehr häufig auf nassen Wiesen und im Röhricht. **T. album** L.

Fam. **Calandrini.**

Epimeren des Mesothorax nach oben abgestutzt, Körper gross. **Sphenophorus** Schh.

Epimeren des Mesothorax nach oben zugespitzt, Körper klein. **Calandra** Clairv.

Gatt. **Sphenophorus** Schh.

1. Schwarz, das 2. Glied der Fühlergeissel bedeutend kürzer als das 1., nicht länger als breit, die abwechselnden Zwischenräume der Flügeldecken schmäler, alle ein- bis dreireihig punktirt, jeder Punkt mit einem kleinen Schüppchen. Lg. 8—10 mm. (abbreviatus Redt., striato-punctatus Bedel). Genf, Waadt, Schaffhausen, Wallis. **Mutilatus** Laich.

— Schwarz, das 2. Geisselglied fast so lang als das 1., deutlich länger als breit, die Streifen der Flügeldecken alle gleich breit 2

2. Die Punkte der Flügeldecken sind ohne Schuppen, Oberfläche glänzend, nicht tief punktirt-gestreift, die Zwischenräume zerstreut (1—2 reihig) punktirt. Lg. 14—15 mm. Selten. Genf. **Piceus** Pall.
— Die Punkte der Flügeldecken tragen alle ein kleines Schüppchen, so dass reine Exemplare wie bereift erscheinen; die Punktirung des Halsschildes und der Flügeldecken ist etwas stärker als beim vorigen, dichter, 1—3 reihig. Lg. 14—17 mm. (piceus Redt.) Selten. Genf, Neuchâtel, Wallis, Basel. **Abbreviatus** F.

Gatt. **Calandra** Clairv.

Flügeldecken kaum länger als das Halsschild.

1. Die Episternen der Hinterbrust sind schmal und einreihig punktirt, dunkelbraun oder schwarz, Halsschild nicht sehr dicht mit groben, länglichen Punkten besetzt; Flügeldecken tief gestreift, in den Streifen schwach punktirt. Lg. 3—4 mm. Häufig im Getreide. **Granaria** L.
— Die Episternen der Hinterbrust sind breit und verworren punktirt, dunkelbraun, Halsschild dicht mit runden Punkten besetzt, Flügeldecken tief gestreift und in den Streifen dicht und stark punktirt, die Zwischenräume kielförmig erhaben und mit Börstchen besetzt. Flügeldecken mit einigen helleren Flecken. Lg. $2^1/_2$—3 mm. Häufig im Reis. **Oryzae** L.

Fam. **Cossonini.**

1. Tarsen deutlich 5gliedrig, die Glieder schmal, Fühlergeissel 4gliedrig, Rüssel dick. **Dryophthorus** Schh.
— Tarsen deutlich 5gliedrig, Fühlergeissel 7gliedrig . 2
2. Hinterbrust sehr kurz, Hinterhüften durch einen sehr breiten Fortsatz des 1. Bauchsegmentes getrennt, Schildchen nicht sichtbar. **Cotaster** Motsch.
— Hinterbrust länglich, der Fortsatz des 1. Bauchsegmentes zwischen den Hinterhüften viel schmäler . 3
3. Vorderhüften ziemlich weit auseinanderstehend, Körper etwas flach, Rüssel von der Einlenkungsstelle der Fühler an verbreitert und flach. **Cossonus** Schh.
— Vorderhüften einander genähert, Körper cylindrisch 4
4. Schildchen nicht sichtbar, die 2 ersten Geisselglieder verlängert, Flügeldecken mit etwas gerundeten Seiten. **Phloeophagus** Schh.

— Schildchen deutlich, nur das 1. Geisselglied verlängert, Körper parallelseitig 5
5. Fühlerfurche nahezu die Augen berührend und den Vorderrand des Rüssels erreichend, Rüssel kurz und dick, Augen gewölbt, rund, vorstehend. **Eremotes** Woll.
— Fühlerfurche kurz, weit vor den Augen und dem Vorderrand des Rüssels abgekürzt, Rüssel kurz und dick, Augen nicht vorstehend. **Brachytemnus** Woll.
— Fühlerfurche weniger schräg, die Augen fast berührend, weit vom Vorderrand des Rüssels abgekürzt, Rüssel cylindrisch, viel schmäler als der Kopf. **Rhyncholus** Steph.

Gatt. Dryophthorus Schh.

Langgestreckt, schwarz, unbehaart, Halsschild etwas länger als breit, vorn eingeschnürt, dicht und ziemlich fein gekörnt, Flügeldecken doppelt so lang als breit, im vorderen Drittheil am breitesten, tief punktirt-gestreift, die Zwischenräume schmal, leistenartig erhaben. Lg. 3—4 mm. Aigle, Genf, Basel, Schaffhausen (unter Ameisen), Zürich. **Lymexylon** Schh.

Gatt. Cossonus Schh.

1. Rüssel fast doppelt so lang als der Kopf, sein schmaler Theil doppelt so lang als der verbreiterte, Halsschild fein zerstreut-punktirt, Flügeldecken fein gestreift, die Zwischenräume viel breiter als die Streifen. Lg. 4½—6 mm. (ferrugineus Clairv.). Genf, Basel, Schaffhausen, in faulen Nussbaumstämmen. **Parallelopipedus** Herbst.
— Rüssel kaum länger als der Kopf, sein schmaler Theil höchstens 1½ mal so lang als der breitere, Halsschild ziemlich grob punktirt, Flügeldecken grob punktirt-gestreift, die Zwischenräume nicht breiter als die Streifen 2
2. Rüssel etwas länger als der Kopf, sein schmaler Theil 1½ mal so lang als der breitere, Halsschild unregelmässig punktirt, an der Wurzel mit zwei Längseindrücken. Lg. 4½—5 mm. (planatus Bedel). Genf, Wallis, Neuchâtel, Basel, Schaffhausen, Zürich, St. Gallen. **Linearis** F.

— Rüssel so lang als der Kopf, dick, der schmale Theil kürzer als der verbreiterte, Halsschild gleichmässig punktirt mit glatter Mittellinie. Lg. 5—6 mm. Genf, Wallis. **Cylindricus** Sahlb.

Gatt. **Cotaster** Motsch.

Halsschild länger als breit, nach vorn und hinten gleichmässig verengt, seitlich schwach gerundet, dicht punktirt, Flügeldecken tief punktirt-gestreift, die Zwischenräume schmal, gewölbt, die abwechselnden mit einer Reihe abstehender Börstchen. Lg. 2,8—3 mm. (♀ cuneipennis Aubé). Basel. **Uncipes** Schh.

Gatt. **Phloeophagus** Schh.

Oberseite behaart, Episternen der Hinterbrust nicht sichtbar, Rüssel deutlich abgesetzt, an der Wurzel nicht breiter als an der Spitze, länger als der Kopf, Augen flach, Halsschild grob und dicht punktirt, Flügeldecken grob punktirt-gestreift, Zwischenräume mit feiner Punktreihe und einer Reihe abstehender Börstchen besetzt. Lg. $3^1/_2$—4 mm. Genf, Saas, Lausanne. (Sculptus Schh., pilosus Buch.) **Spadix** Herbst.

— Oberseite kahl, Episternen der Hinterbrust sichtbar, Halsschild feiner punktirt, die Flügeldecken feiner gestreift, in den Streifen fein punktirt. Lg. $3^1/_2$—4 mm. Genf. **Aeneopiceus** Schh.

Gatt. **Eremotes** Wollaston.

1. Zwischenräume der Streifen auf den Flügeldecken fast kielförmig erhaben mit einer sehr feinen Punktreihe, die Punkte der Streifen gross, viereckig, Fühler sehr dick. Rüssel so lang als der Kopf von den Augen bis zum Vorderrand des Halsschildes, dieses länger als breit, stark punktirt, Rüssel sehr dick. Lg. $4^1/_2$ mm. (caucasicus Hochh., elongatus Gyll.). Selten. Genf, Basel, Engelberg. **Planirostris** P.

— Zwischenräume der Streifen einfach, mindestens so breit als die Streifen, Halsschild fein punktirt . . 2

2. Käfer gross, Rüssel so lang als breit, Halsschild viel länger als breit, Flügeldecken mehr als doppelt so lang als zusammen breit, die Punkte in den Streifen

viereckig. Lg. $3^1/_2$—8 mm. (chloropus F.). Wallis, Basel, Schaffhausen, Zürich, Engadin. **Ater** L.

— Käfer klein, Rüssel viel breiter als lang, Halsschild wenig länger als breit, Flügeldecken nicht doppelt so lang als breit, die Punkte in den Streifen rund. Lg. $2^1/_2$ mm. Genf, Waadt, Neuchâtel. **Punctulatus** Boh.

Gatt. **Brachytemnus** Woll.

Schwarz, die Fühler und Tarsen rostroth; Rüssel dicht, Stirn spärlich, Halsschild sehr grob punktirt, Fühler kurz, letztes Glied kurz conisch, an der Spitze abgestutzt und behaart. Flügeldecken mit grossen viereckigen Punkten. Lg. $3^1/_2$ mm. Genf, Waadt, Wallis, Kt. Zürich, Schaffhausen, St. Gallen. **Porcatus** Germ.

Gatt. **Rhyncholus** Steph.

1. Fühlergeissel 6gliedrig; Zwischenräume der Flügeldecken nach oben mit feiner leistartiger Kante, welche gegen die Spitze durch Punkte unterbrochen wird, wodurch die Flügeldecken daselbst rauh oder fein gehöckert erscheinen, Körper dunkelbraun. Lg. 3 mm. Genf. (exiguus Boh.). **Culinaris** Germ.

— Fühlergeissel 7gliedrig, Zwischenräume der Flügeldecken einfach ohne gehöckerte Spitze 2

2. Alle Schenkel sehr stark verbreitert, in der Mitte ihrer Unterkante, besonders an den Vorderschenkeln, mit stumpfem Zahn, Augen oval, flach, Fühler dünn, Keule conisch, an der Spitze abgestutzt. Lg. 3—4 mm. (Hopffgarteni Stl.) Genf, Wallis, Zürich, Schaffhausen. **Truncorum** Germ.

— Schenkel normal, nicht stark verbreitert, ohne Zahn, Augen etwas vorstehend, die Fühlerfurche schräg zum Unterrand der Augen verlaufend, Halsschild an den Seiten gerundet, ziemlich grob und dicht punktirt, Flügeldecken mit starken Punktstreifen und deutlicher Punktreihe. Lg. 3—$3^1/_2$ mm. (cylindrirostris Ol.) Genf, Bern. **Lignarius** Schh.

Fam. **Apionidae.**

Die Trochanter aller Schenkel gross, die Schenkel ihrer Spitze gerade eingefügt, Mittelhüften kugelig oder etwas zapfenförmig vorragend, Pygidium bedeckt. **Apionina.**

Die Trochanter klein, die Schenkel ihnen schräg einfügt, Mittelhüften flach und etwas quer, Mandibeln mit gezähntem Aussenrand. **Rhynchitina.**

Apionina.

Fühlerkeule fast geringelt, Rüssel rundlich und meist ciemlich lang, Hinterhüften nicht bis an die Flügeldecken reichend, diese gestreift, Klauen meist am Grunde gezähnt. **Apion** Herbst.

Gatt. **Apion** Herbst.

1. Rüssel von ungleicher Dicke; vorn ahlförmig verschmälert, Klauen stark gezähnt. **1. Gruppe.**
— Rüssel von gleichmässiger Dicke, cylindrisch oder fadenförmig, an der Einlenkungsstelle der Fühler öfter zahnförmig oder stumpf erweitert, Klauen meist einfach 2
2. Rüssel auf der Unterseite ohne Fühlerfurche oder Gruben, an der Basis jederseits zahnförmig erweitert, Oberseite des Körpers mit mehr oder weniger dichter glänzender oder schuppenförmiger Behaarung. **2. Gruppe.**
— Rüssel auf der Unterseite mit Fühlerfurchen oder Gruben versehen 3
3. Der ganze Körper roth, fein behaart. **3. Gruppe.**
— Körper schwarz, Fühler und Beine oft andersfärbig 4
4. Halsschild rundlich, fast kugelig, Flügeldecken beim ♀ blau, beim ♂ schwarz wie der übrige Körper. **4. Gruppe.**
— Halsschild nicht kugelig 5
5. Fühler an der Basis oder zwischen Basis und Mitte des Rüssels eingelenkt. 6
— Fühler in der Mitte des Rüssels eingelenkt, oder wenigstens der Mitte näher als der Wurzel . . . 7
6. Fühler kräftig, an der Basis des Rüssels eingelenkt, ihr Schaft kurz und dick, Rüssel an der Basis zahnförmig erweitert. **5. Gruppe.**
— Fühler dünner, ihr Schaft dünn oder verlängert, Rüssel ohne Erweiterung. **6. Gruppe.**
7. Beine ganz oder theilweise roth oder gelb, Körper kahl. **7. Gruppe.**

— Beine schwarz, selten roth, dann aber der Körper dicht behaart 8
8. Der ganze Körper schwarz oder leicht erzglänzend, kahl oder behaart. 9
— Flügeldecken blau oder grün . . . 11
9. Oberseite kahl. **8. Gruppe.**
— Oberseite deutlich behaart 10
10. Rüssel wenigstens beim ♀ dünn, glatt und glänzend. **9. Gruppe.**
— Rüssel dick, matt, höchstens von der Einlenkung der Fühler an etwas glänzend. **10. Gruppe.**
11. Rüssel dick und kurz, höchstens so lang als das Halsschild. **11. Gruppe.**
— Rüssel länger als das Halsschild 12
12. Vorderschienen des ♂ an der Spitze einwärts gekrümmt. **12. Gruppe.**
— Vorderschienen bei ♂ und ♀ gerade 13
13. Körper kahl oder nur sehr fein und deutlich behaart. **13. Gruppe.**
— Körper deutlich, mehr oder weniger dicht behaart. **14. Gruppe.**

1. Gruppe.

1. Rüssel von der Basis bis zur Mitte ziemlich gleich dick, dann rasch gegen die Spitze verengt, auf der Unterseite vor der Einlenkungsstelle der Fühler höcker- oder sackförmig erweitert 2
— Rüssel von der Basis zur Spitze mehr allmählig verjüngt, auf der Unterseite ohne höckerartige Auftreibung, Oberseite ziemlich matt, sehr sparsam behaart 5
2. Flügeldecken schwarzblau, dünn und fein behaart, Rüssel, Fühler und Beine schwarz. Lg. 3 mm. Häufig auf Wiesen (cyaneum Panz.). **Pomonae** F.
— Flügeldecken schwarz, matt, deutlich weisslich behaart 3
3. Rüssel vom Höcker bis zur Spitze allmählig verjüngt 4
— Rüssel vor dem Höcker plötzlich verjüngt und dann bis zur Spitze gleichmässig dünn, gerade und glänzend, Flügeldecken eiförmig, dünn behaart, Basis des 1. Fühlergliedes röthlich. Lg. 3 mm. (Dietrichi Bremi). Auf Orobus vernus. Genf, Zürich, Schaffhausen, Tessin. **Opeticum** Bach.

4. Flügeldecken kurz eiförmig, dicht weissgrau behaart, der Rüssel vom Höcker bis zur Spitze oben und unten geradlinig stark verjüngt, der Höcker auf der Unterseite beim ♀ nicht viel schmäler als beim ♂, Fühler beim ♀ an der Basis, beim ♂ ganz gelb. Lg. 2—2½ mm. Auf Vicia cracca und multiflora häufig. **Craccae** L.

— Flügeldecken eiförmig, dünn behaart, der Rüssel vom Höcker zur Spitze oben und unten krummlinig verjüngt, der Höcker beim ♀ viel schwächer als beim ♂, das 1. und 2. Fühlerglied roth. Lg. 2½ mm. Auf Vicia cracca. Zürich, Schaffhausen, Tessin, St. Bernhard, Aigle. **Cerdo** Gerst.

5. Rüssel ziemlich gerade, beim ♂ und ♀ von der Basis an allmählig verjüngt, beim ♂ von der Mitte an ahlförmig verjüngt, Flügeldecken eiförmig, schwarz, die Tarsen beim ♂ und ♀ schwarz. Lg. 2½ mm. (Marshami Steph.). Ziemlich häufig auf Lathyrus pratensis. Siders, Lausanne. **Subulatum** Kirby.

— Rüssel mit stark gebogenem Rücken, beim ♀ nur das Enddrittheil, beim ♂ nur die Spitze ahlförmig verjüngt, Flügeldecken länglich-eiförmig, schwarzblau, die Tarsen beim ♂ röthlich. Lg. 3 mm. Auf Vicia sepium und Lathyrus pratensis nicht selten. **Ochropus** Germ.

2. Gruppe.

1. Oberseite mit ziemlich dichter, gleichmässig weisslicher Schuppen-Behaarung 2

— Flügeldecken braun oder gelbbraun behaart mit weissen Längsstreifen auf der Scheibe, Beine rothgelb mit schwarzer Schenkelbasis 3

2. Die Schüppchen dichter, gröber, auf den Flügeldecken schräg gegen einander gestellt, Rüssel fast so lang als der Körper (♀) oder etwas länger als Kopf und Halsschild (♂), fast gerade, Beine schwarz oder gelb. Lg. 2,5 mm. (Ilicis Kirby). Auf Ulex europaeus und nanus. Waadt, Wallis. **Ulicis** Forst.

— Die Schüppchen sind feiner und länger, mehr haarförmig, auf den Flügeldecken reihenweise gestellt, Rüssel gebogen, so lang als Kopf und Halsschild, Beine wie bei Ulicis. Lg. 1,5—2 mm. Auf Genista sagittalis und germanica nicht selten. **Difficile** Herbst.

3. Rüssel so lang als Kopf und Halsschild, schwach gebogen, die Erweiterung klein, Halsschild mit stark gerundeten Seiten, Flügeldecken kurz eiförmig, mit etwas metallisch schimmernder Behaarung, jede mit einer breiten, geraden, weissen Längsbinde. Lg. 1,5 bis 2 mm. Häufig auf Genista sagittalis, anglica, tinctoria, germanica. **Genistae** Kirby.

— Rüssel kürzer als Kopf und Halsschild, gerade, sehr dünn, die Erweiterung gross, Halsschild mit fast geraden Seiten, Flügeldecken länglich, hinten seitlich zusammengedrückt, braun behaart, jede mit einer weissen, von den Schultern schräg zur Naht hin verlaufenden Schuppenbinde. Lg. 2,5—2,8 mm. Auf Spartium scoparium, selten. Genf, Tessin, Zug. **Fuscirostre** F.

3. Gruppe.

1. Kopf verlängert 2

— Kopf kurz 5

2. Rüssel gerade, beim ♀ ziemlich dünn und glänzend, etwas länger als das Halsschild, Kopf schwach verlängert, Halsschild beinahe cylindrisch, dicht und fein punktirt, Basaleindruck meist undeutlich, Flügeldecken länglich eiförmig. Lg. $2^1/_2$ mm. Auf Rumex acetosella und Teucrium scorodonia, selten. Genf, Burgdorf. **Sanguineum** De Geer.

— Rüssel dick, kurz, gekrümmt, Flügeldecken tief gekerbt-gestreift mit schmalen erhabenen Zwischenräumen 3

3. Der Raum zwischen den Augen ist kleiner als die Länge der Schläfen, Halsschild etwas quer, an den Seiten gerundet, vor der Spitze eingeschnürt, mit schwach aufgebogenem Vorderrand, an der Basis mit tiefem Längseindruck. Lg. 3—3,8 mm. Nicht selten. Auf Rumex-Arten. **Miniatum** Germ.

— Der Raum zwischen den Augen ist so gross als die Länge der Schläfen 4

4. Hell blutroth, der Rüssel etwas dünner, beim ♀ so lang als das Halsschild, Scheitel und Schläfen dicht und fein punktirt, Halsschild quadratisch, fast cylindrisch, nach vorn kaum verengt, mit undeutlichem Basaleindruck, Flügeldecken länglich eiförmig. Lg. 2,8—3,5 mm. Häufig auf Teucrium scorodonia und Rumex acetosella. Noch im Engadin bei 5000′ ü. M. **Frumentarium** L.

— Dunkel blutroth, Rüssel dicker, beim ♀ kaum so lang als das Halsschild, Seiten und Schläfen grob und dicht punktirt, Halsschild so lang als breit, an den Seiten schwach gerundet, nach vorn und hinten gleichmässig schwach verengt, mit deutlichem Basalstrich, Flügeldecken kurz eiförmig. Lg. 3—3,8 mm. Häufig in Waadt und Wallis auf Rumex obtusifolius, Genf, Aarau, Zürich. **Cruentatum** Walt.

5. Scheitel dicht punktirt, die Schläfen glatt, Rüssel bei ♀ dünn, stark gekrümmt, länger als das Halsschild, dieses quer, vorn kaum verengt, Flügeldecken länglich eiförmig, an den Seiten fast gerade. Lg. 2 mm. Sehr selten. Simplon. **Rubens** Steph.

4. Gruppe.

1. Flügeldecken kurz eiförmig, fein behaart, fast oval, Rüssel beinahe gerade, an der Spitze dünner als an der Basis, Halsschild dicht und fein punktirt, mit feinem Basalstrichelchen, Rüssel beim ♂ kaum länger als das Halsschild, beim ♀ 1½ mal so lang, Fühler nahe der Basis des Rüssels eingefügt. Lg. 2 mm. Selten. Auf Hieracium umbellatum und Leontodon autumnale. Genf, Waadt, Basel. **Hookeri** Kirby.

— Flügeldecken kugelig eiförmig, glänzend, glatt, Rüssel gebogen, gleich dick 2

2. Halsschild sparsam mit länglichen groben Punkten besetzt, über dem Schildchen stark gefurcht, Rüssel des ♂ doppelt so lang als das Halsschild, beim ♀ 3 mal so lang, Fühler in der Mitte des Rüssels eingefügt. Lg. ♀ 3 mm., ♂ 2½ mm. (Sorbi F., Sahlbergi Gyll.). Auf Anthemis arvensis, ziemlich selten. Schaffhausen. **Laevigatum** Payk.

— Halsschild ziemlich dicht punktirt, ohne Eindruck, Rüssel beim ♂ 1½ mal so lang als das Halsschild, beim ♀ doppelt so lang als dasselbe, Fühler im hintern Drittheil des Rüssels eingelenkt. Lg. 2—2½ mm. Auf Hieracium. Selten. Genf, Kt. Zürich, Schaffhausen. **Dispar** Germ.

5. Gruppe.

1. Rüssel an der Basis zahnartig erweitert 2

— Rüssel an der Basis nur stumpf erweitert, nicht zahnartig 4

2. Flügeldecken metallisch grün oder blau, die breite Stirn zwischen den Augen dicht und fein längsgestrichelt; Halsschild fast länger als breit, nach vorn schwach verengt, mässig dicht und fein punktirt, Flügeldecken fein punktirt-gestreift, die flachen Zwischenräume doppelt so breit als die Streifen . . . 3

— Flügeldecken schwarz, langgestreckt, schmal, mit parallelen Seiten, Stirn runzlig punktirt, Halsschild cylindrisch, nach vorn nicht verengt, weitläufig und kräftig punktirt, Flügeldecken tief punktirt-gestreift, die gewölbten Zwischenräume kaum so breit als die Streifen. Lg. 2,3 mm. (Barnvillei Wenk.). Genf, Zürich, Schaffhausen. **Armatum** Gerst.

3. Flügeldecken eiförmig, fein, dünn und hinfällig behaart. Lg. 2—2,8 mm. (carduorum Kirby, gibbirostre Gyll., dentirostre Gerst.). Genf, Waadt, Wallis, Zürich. **Cyaneum** De Geer.

— Flügeldecken lang eiförmig, dichter, länger und gröber behaart, Rüssel des ♀ bisweilen länger. Lg. 2,5—3 mm. Aarau, Tessin. **Basicorne** Ill.

4. Flügeldecken glänzend metallisch blau oder grün, Halsschild dicht, grob und runzlig punktirt . . . 5

— Flügeldecken matt, schwarzblau, Halsschild cylindrisch 6

5. Körper grün oder blaugrün, die Punkte des Halsschildes zu Längsrunzeln zusammenfliessend, Flügeldecken mit abstehenden Borsten auf den reihenweise punktirten Zwischenräumen. Lg. 2—2½ mm. Genf, Jura, Tessin. **Rugicolle** Germ.

— Oberseite kahl, Körper schwarz, Flügeldecken metallisch blau oder grün, Halsschild tief, grob, etwas runzlig punktirt, Flügeldecken tief gestreift mit flachen, 2reihig fein punktirten Zwischenräumen. Lg. 2½—3 mm. Häufig auf Onopordum acanthium und Rumex. **Onopordi** Kirby.

6. Rüssel fast länger als Kopf und Halsschild, dieses dicht und stark punktirt, länger als breit, Flügeldecken in der Mitte deutlich erweitert, stark punktirt-gestreift, Zwischenräume schmal mit äusserst feiner Punktreihe. Lg. 3—3½ mm. Selten, auf Arctium lappa. Zürich, Aigle, Lolly. **Penetrans** Germ.

— Rüssel fast kürzer als Kopf und Halsschild, dieses weitläufiger, kräftig punktirt, Flügeldecken mit fast geraden Seiten, die Vorderschienen des ♂ an der

Spitze plattgedrückt und schaufelartig erweitert. Lg. 2½—3 mm. Häufig in Waadt und Wallis auf Carlina vulgaris. Genf. **Caullei** Wenk.*)

6. Gruppe.

1. Körper ganz schwarz, höchstens die Schienen und die Spitzen der Vorderschenkel gelb 2
— Beine ganz oder wenigstens die Schenkel roth . . 9
2. Stirn mit einem Vförmigen Eindruck, Halsschild hinten gerade abgestutzt, etwas länger als breit, nach vorn schwach verengt, Flügeldecken länglich eiförmig, fein gestreift, in den Streifen undeutlich punktirt, die flachen Zwischenräume mehr als doppelt so breit als die Streifen. Lg. 1,8—2 mm. (stolidum Gyll.). Genf. (?) **Confluens** Kirby.
   Var. Halsschild so lang als breit oder schwach quer, etwas cylindrisch, Flügeldecken eiförmig, ziemlich tief punktirt-gestreift, die Zwischenräume nur wenig breiter als die Streifen (confluens Gyll.). Häufig auf Chrysanthemum leucanthemum. Genf, Waadt, Basel, Kt. Zürich, Lägern, Siders. v. **stolidum** Germ.
— Stirn ohne Eindruck 3
3. Körper grau, auf den Flügeldecken reihenweise behaart, Flügeldecken schwarz 4
— Körper sehr dünn oder gar nicht behaart, Flügeldecken blau 8
4. Körper kurz, gedrungen, Halsschild quer, nach vorn stark verengt, Flügeldecken kurz eiförmig 5
— Körper länglich oder länglich-oval, Halsschild nach vorn leicht verengt, vor der Spitze eingeschnürt, Flügeldecken länglich eiförmig 6
5. Körper dünn behaart, Halsschild stark punktirt, Flügeldecken mit stumpfwinklig vorstehenden Schultern, Streifen gedrängt punktirt, die Zwischenräume so breit wie die Streifen (incrassatum Germ., loti Gyll.).

---

*) Anm. Hierher scheint zu gehören, von Hrn. Pfr. Rätzer im Val Entremont gefunden:

A. obtusum Desbr., der mir unbekannt ist; die Beschreibung von Desbr. in den Mittheilungen II., p. 217 ist auch so kurz, dass ich ihn nicht mit Sicherheit einreihen kann. Dieselbe lautet:

Ovale, peu pubescent, noire, elytres bleues; tête sans impression, densement ponctuée; rostre épais, obtusement denté de chaque coté; prothorax subtransversal, assez densement et fortement ponctué; elytres ovales, peu allongées, striées-ponctuées, avec les interstries plans; obtusement arrondis par derrière, pattes noires. Lg. 1—6 mm. — Mt. Cenis.

Lg. 2—2,3 mm. Nicht selten, auf Rumex acetosa, Salix caprea, Thymus serpyllum. Genf, Waadt, Zürich, Wallis. **Vicinum** Kirby.

— Körper dicht behaart, Halsschild fein punktirt, Flügeldecken mit stumpf abgerundeten Schultern Lg. 1—1,3 mm. Nicht selten auf Thymus serpyllum. **Atomarium** Kirby.

6. Vorder- und Mittelschienen roth, beim ♂ auch noch die Spitze der Vorderschienen und die Fühlerbasis, Rüssel so lang als Kopf und Halsschild, Flügeldecken grob dreireihig behaart. Lg. 2—2½ mm. (Millum Bach.). Selten. Genf, Jura. **Flavimanum** Schh.

— Beine ganz schwarz, mitunter die Vorder- und Mittelschienen beim ♂ röthlich 7

7. Fühler näher der Mitte des Rüssels eingefügt, Rüssel beim ♀ länger als Kopf und Halsschild, Stirn zwischen den Augen fein gestrichelt, Flügeldecken länglich, parallel, mit weissen Schuppenhaaren reihenweise besetzt; Fühler beim ♂ bis auf die Keule gelb, Flügeldecken ziemlich fein gestreift, die Zwischenräume eben, so breit oder breiter als die Streifen. Lg. 2 bis 2,6 mm. (Millum Gyll., incanum Boh.). Nicht selten auf Salvia pratensis. Schaffhausen, Macugnaga, Wallis. **Elongatum** Germ.

— Fühler nahe der Wurzel eingefügt, Stirn runzlig punktirt, Rüssel kürzer als Kopf und Halsschild, Halsschild viereckig fein chagrinirt und dicht punktirt, Flügeldecken sehr fein behaart, ziemlich stark punktirt-gestreift, die Zwischenräume etwas schmäler als die Streifen. Lg. 1—1½ mm. Selten auf Thymus serpyllum. Genf. **Parvulum** Muls.

8. Fühler nahe der Wurzel eingefügt, Körper oval, fein und sparsam behaart, Rüssel so lang als Kopf und Halsschild, gekrümmt, fein und zerstreut punktirt, die Punkte hie und da zu Längsrunzeln zusammenfliessend, Stirn sehr schwach längsgestrichelt, Halsschild viereckig, äusserst fein gerunzelt mit zertreuten feinen Punkten, Flügeldecken blau, oval, stark gewölbt, seitlich schwach gerundet, die grösste Breite etwas hinter der Mitte, fein gestreift und in den Streifen etwas undeutlich punktirt, Zwischenräume breit und flach, Beine schwarz. Lg. 2—2½ mm. Selten. Bern. **Laevigatum** Kirby.

Var. Beine braun. v. **brunipes** Boh.

— Fühler etwas näher der Mitte des Rüssels eingefügt, Körper oval, fein behaart, Rüssel dick und dicht runzlig punktirt, stark gekrümmt, Stirn grob punktirt mit einer Längsfurche, Fühlerwurzel gelb, Halsschild sehr dicht und ziemlich grob punktirt, so lang als breit, Hinterecken scharf vortretend, Vorderrand mit einem Kranze weisser Börstchen, Flügeldecken oval, die Zwischenräume doppelt so breit als die punktirten Streifen, Beine schwarz. Lg. 3,3—3,6 mm. Selten. Auf Althea rosea und chinensis. Zürich. **Curvirostre** Gyll.

9. Flügeldecken braun oder gelbbraun, ebenso die Beine, Oberseite dicht behaart, Rüssel fast gerade . . . 10

— Oberseite schwarz oder metallglänzend 11

10. Körper eiförmig, dicht wollig weiss behaart, Flügeldecken mit Ausnahme ihrer Wurzel, Fühler und Beine rothgelb, Rüssel kurz und dick. Lg. 2—$2^1/_2$ mm. Auf Malven und Althea rosea in der Süd- und Westschweiz nicht selten. **Malvae** F.

— Körper länglich, Oberseite braun, dicht gelblichweiss behaart, mit 2 kahlen Querbinden auf den Flügeldecken, das Halsschild hinten tief 2buchtig, Rüssel etwas länger als beim vorigen. Lg. 2 mm. (Lythri Panz., urticarium Bedel). Häufig auf Nesseln. **Vernale** Payk.

11. Rüssel schwach gebogen, Flügeldecken fein gestreift, Zwischenräume flach und breit, Beine gelb . . . 12

— Rüssel stark gebogen, Flügeldecken tief punktirtgestreift mit schmalen Zwischenräumen und leichtem Metallglanz 13

12. Rüssel beim ♂ kürzer als Kopf und Halsschild und von der Mitte an roth, beim ♀ etwas länger als Kopf und Halsschild und schwarz, Halsschild breiter als lang, Flügeldecken mehr oder weniger breit, Unterseite des Körpers dicht weiss behaart, Flügeldecken metallisch dunkelgrün, sparsam behaart. Lg. 2—$2^1/_2$ mm. Häufig auf Malven. **Rufirostre** F.

— Rüssel beim ♂ etwas länger als Kopf und Halsschild, beim ♀ fast so lang als der Körper, Halsschild so lang als breit, Flügeldecken langgestreckt, Körper schwarz, oben und unten ziemlich dicht weiss behaart, Fühler, Trochanter und Tarsen schwarz. Lg. $2^1/_2$—$3^1/_2$ mm. Selten. Siders. **Longirostre** Ol.

13. Flügeldecken länglich, schwarzblau, Beine ganz roth oder nur die Tarsen schwarz 14

26

— Flügeldecken kugelig eiförmig, blau oder grün, ziemlich dünn und hinfällig grau behaart, Beine schwarz und nur die Schenkel gelbroth, Stirn zwischen den Augen gestrichelt, Halsschild conisch, tief und nicht dicht punktirt. Lg. 1,8—2,8 mm. Nicht selten. Auf Medicago sativa. Genf, Waadt, Basel. **Flavofemoratum** Herbst.

14. Langgestreckt, schwarz mit schwachem Metallglanz, dünn fein und hinfällig behaart, die Behaarung manchmal auf 2 Wische an der Basis der Flügeldecken beschränkt, Stirn gerunzelt mit einem oft undeutlichen Streifen, Rüssel gebogen, kaum so lang als Kopf und Halsschild, Halsschild viereckig, fein und dicht punktirt, Flügeldecken länglich-eiförmig, ihre Zwischenräume kaum breiter als die Streifen, der 3. Zwischenraum an der Basis gegen das Schildchen hin verbreitert, Fühler und Beine gelb, die Tarsen schwarz. Lg. 2,5—2,7 mm. (geniculatum Germ.). Auf Mercurialis perennis. Genf, Neuchâtel, Bern. **Pallipes** Kirby.

— Dem vorigen sehr ähnlich, kleiner und kürzer, gewölbter, die Behaarung viel dichter und weniger hinfällig, Rüssel kürzer, Halsschild seitlich mehr gerundet, an der Wurzel stärker zweibuchtig, Flügeldecken etwas mehr metallisch, meist mit einem breiten kahlen Querfleck in der Mitte, Tarsen fast immer gelb. Lg. 1,7—2,2 mm. Auf Mercurialis annua. Waadt, Wallis. **Semivittatum** Gyll.

7. Gruppe.

1. Beine ganz gelb oder nur die Tarsen schwarz . . 2
— Beine gelb, Tarsen, Mittel- und Hinterschienen ganz oder theilweise schwarz 4
2. Flügeldecken kurz eiförmig, Halsschild breiter als lang, Rüssel beim ♂ und ♀ kürzer als Kopf und Halsschild, beim ♂ mit rother Spitze, Fühler roth mit schwarzer Keule. Lg. 1,8—2,2 mm. (Waterhousi Boh.). Auf Trifolium repens und procumbens, bis 6000′ ü. M. Ziemlich selten. Genf, St. Bernhard, Tessin, Lägern, Zürich, Schaffhausen, Wallis. **Nigritarse** Kirby.
— Flügeldecken lang eiförmig, Halsschild länger als breit, Rüssel schwarz, Stirn fein gestreift, Hüften der Vorderbeine beim ♂ gelb, beim ♀ schwarz . 3

3. Halsschild kaum länger als breit, Fühler gelb mit schwarzer Kolbe, Rüssel so lang als Kopf und Halsschild, die Tarsen schwarz. Lg. 1,7—2,3 mm. Sehr häufig auf Trifolium repens und pratense. **Flavipes** F.
— Halsschild entschieden länger als breit, überhaupt ist die Gestalt noch verlängter als beim vorigen, die Fühler sind ganz gelb, öfter auch die Tarsen, der Rüssel länger als Kopf und Halsschild, die Beine sind auffallend länger als beim vorigen. Lg. 2 bis $2^1/_3$ mm. Auf Trifolium medium. Selten. Kt. Zürich, Schaffhausen, sehr häufig bei Siders und Martigny (Favre). **Gracilipes** Dietr.
4. Fühler mit einem gelben Ring 5
— Fühler ganz schwarz oder braun 8
5. Fühler des ♂ abnorm gebildet 6
— Fühler bei ♂ und ♀ einfach, Flügeldecken länglich eiförmig, Halsschild länger als breit 8
6. Flügeldecken lang eiförmig, Halsschild fast cylindrisch, nach vorn leicht verengt, Vorderhüften schwarz, Fühler des ♂ röthlich mit bräunlicher Spitze, das 1. Glied verlängert, keulenförmig verdickt, das 2. Glied klein rundlich, das 3. und 4. viel breiter, die folgenden schmäler und länger als breit, die Keule nicht deutlich abgesetzt, die Vorderschienen Sförmig gekrümmt, das 1. Glied der Vordertarsen stark verlängert, an der Spitze nach innen lang hakenförmig gekrümmt, die Hinterschienen nach innen gebogen, die Hintertarsen stark verbreitert. 2,3—2,6 mm. Selten. Auf Polygonum hydropiper. Genf. **Difforme** Ahr.
— Flügeldecken kurz eiförmig, Halsschild in der Mitte fast eckig erweitert, Vorderhüften gelb, Fühler des ♂ schwarz, zwischen dem 5. und 6. Glied gekniet, das 2. Glied gelb, verlängert, an der Spitze birnförmig verdickt, das 2. bis 5. Glied klein, das 6. so lang als das 3. bis 5. zusammen, die Keule deutlich abgesetzt, die 2 ersten Glieder der Vordertarsen an der Spitze innen in einen spitzen, hackenförmigen Zahn ausgezogen. Lg. 2—2,3 mm. Selten. Auf Trifolium arvense, in der ebenern Schweiz. **Dissimile** Germ.
7. Halsschild kaum länger als breit, dicht und kräftig, etwas runzlig punktirt, Vorderhüften gelb, Vorderschienen beim ♂ an der Spitze etwas einwärts gebogen, Rüssel stark gebogen. Lg. $2—2^1/_3$ mm.

(Bohemanni Schh.) Ziemlich häufig auf Trifolium pratense. **Varipes** Germ.

— Halsschild deutlich länger als breit, fein und zerstreut punktirt, Vorderhüften gelb, Rüssel fast gerade, Stirn zwischen den Augen mit 2—3 Längseindrücken. Lg. 2½—2,8 mm. Selten. Schaffhausen, Tessin. **Laevicolle** Kirby.

8. Fühler dünn, lang und schlank, Glied 2 und 3 stark verlängert, 8. noch länger als breit, an der Basis gelb oder gelbbraun, Flügeldecken länglich eiförmig, tief punktirt-gestreift 9

— Fühler kürzer und etwas dicker, ganz schwarz, Glied 2 und 3 wenig verlängert, das 8. Glied leicht quer, alle Trochanter und die Mittel- und Hinterhüften dunkelbraun, Stirn zwischen den Augen eingedrückt und sehr fein gestrichelt, Rüssel sehr schwach gebogen, Halsschild kaum länger als breit, dicht und fein punktirt mit einem kurzen Längsgrübchen vor dem Schildchen, Flügeldecken eiförmig. Lg. 1,5 bis 2 mm. (aestivum Germ.). Häufig auf Trifolium pratense. **Trifolii** L.

Var. Nur die Schenkel in der Mitte rothgelb, Rüssel beim ♂ und ♀ etwas länger. Mendrisio. v. **ruficrus** Germ.

9. Das 3. Fühlerglied deutlich länger als das 4., Rüssel sehr schwach gebogen 10

— Fühlerwurzel gelb, das 3. Fühlerglied kaum länger als das 4., Rüssel mässig stark gebogen, Stirn vorn zwischen den Augen eingedrückt, punktirt und längsgestrichelt, Rüssel bei ♂ und ♀ bis zur Mitte mit feinem Längskiel. Halsschild länger als breit, sehr dicht, ziemlich fein, zusammenfliessend punktirt, mit feinem Längsstrich vor dem Schildchen. Lg. 1,5 bis 2 mm. Häufig auf Klee bis 6000′ ü. M. **Assimile** Kirby.

10. Stirn mit feinen, geradlinigen Längskielen, Rüssel bis zum Fühleransatz gekielt, beim ♂ an der Basis erweitert und nach vorn verjüngt, Halsschild länger als breit, mit groben, länglichen, hie und da zusammenfliessenden Punkten wenig dicht besetzt, vor dem Schildchen mit einem feinen Längsstrich. Lg. 2 bis 2½ mm. (ononidis Gyll., nec Kirby, Bohemanni Thoms., Bed. nec Schh.). Auf Ononis repens, selten. Genf, Schaffhausen. **Ononicola** Bach.

— Stirn mit hie und da zu Längsrunzeln zusammenfliessenden Punkten besetzt, Rüssel bei ♂ und ♀ an der Basis nicht dicker als an der Spitze, Halsschild länger als breit mit ziemlich feinen, runden, nicht zusammenfliessenden Punkten wenig dicht besetzt, mit einer hinten stark vertieften Längsfurche. Lg. 2 bis 2½ mm. (fagi Kirby, nec L.). Häufig auf Trifolium pratense. **Apricans** Herbst.

8. Gruppe.

1. Rüssel dünn, fadenförmig, Oberseite matt glänzend, Rüssel beim ♀ länger als Kopf und Halsschild, dieses quadratisch, cylindrisch, fein und sparsam punktirt, Flügeldecken kurz eiförmig, tief punktirt-gestreift mit ziemlich breiten, fast flachen Zwischenräumen. Lg. 1,3—1,5 mm. (morio Germ.). Genf, Zürich, Schaffhausen, Wallis. **Filirostre** Kirby.
— Rüssel dick und kräftig, Flügeldecken mit groben, tiefen Kettenstreifen und erhabenen Zwischenräumen 2
2. Halsschild länger als breit, cylindrisch, fein und sparsam punktirt, vor der Mitte kurz und leicht eckig erweitert, mit einer tiefen Längsgrube vor dem Schildchen; Oberseite lebhaft glänzend, Rüssel beim ♀ so lang als Kopf und Halsschild. Lg. 2,5—2,8 mm. Auf Lotus corniculatus v. major häufig. **Ebeninum** Kirby.
— Halsschild kaum so lang als breit, in der Mitte gerundet, nach vorn schwach verengt, dicht und grob punktirt, Oberseite mit geringem Glanz, Rüssel des ♀ kürzer als Kopf und Halsschild. Lg. 1,5—1,8 mm. (velox Kirby). Häufig auf Weiden. Noch im Engadin. **Minimum** Herbst.

9. Gruppe.

1. Flügeldecken kaum länger als breit 2
— Flügeldecken eiförmig oder länglich, Augen weniger vorstehend und kleiner 5
2. Körper keilförmig, Flügeldecken hinten kugelig erweitert, tief punktirt-gefurcht 3
— Flügeldecken kurz eiförmig, Stirn breit, zwischen den stark vorstehenden grossen Augen deutlich gestrichelt, Halsschild leicht quer, vorn schwach eingezogen 4
3. Scheitel hinten glatt, Halsschild fast breiter als lang, nach vorn verengt, meist mit tiefem Basalstrich. Lg. 2,8 mm. (Pisi Germ., atratulum Germ.). Selten, auf Genista sagittalis und Ulex europaeus, aber durch die ganze ebenere Schweiz. **Striatum** Kirby.

— Scheitel hinten grob runzlig punktirt, Halsschild fast länger als breit, nach vorn und hinten gleichmässig verengt, ohne oder mit schwachem Eindruck vor dem Schildchen. Lg. 2—2,8 mm. (betulae Schh.). Nicht selten auf Spartium scoparium in der ebeneren Schweiz. **Immune** Kirby.

4. Beine roth, Körper dicht weisslich behaart, bisweilen die Mitte der Hinterschienen schwarz. Lg. 1,5—1,8 mm. Häufig auf Vicia cracca, selbst noch im Engadin. **Viciae** Payk.

— Beine schwarz, Körper weniger dicht, zart behaart, Rüssel beim ♂ etwas länger, beim ♀ nicht ganz doppelt so lang als das Halsschild, Fühler beim ♀ fast bis zur Hälfte, beim ♂ ganz roth. Lg. 1,5—1,8 mm. Häufig auf Latyrus pratensis. **Ervi** Kirby.

5. Körper dicht weissgrau behaart 6
— Körper fein und wenig dicht behaart 7
6. Stirn zwischen den Augen quer eingedrückt, Halsschild fast doppelt so breit als lang, Flügeldecken breit eiförmig, fein gestreift punktirt. Lg. 1,5—1,8 mm. (civicum Germ., salicis Schh.). Nicht selten Weiden. **Pubescens** Kirby.

— Stirn zwischen den Augen leicht gewölbt, Halsschild sehr wenig breiter als lang, Flügeldecken langgestreckt eiförmig. Lg. 1,8—2 mm. (tenue Gyll.). Auf Trifolium pratense häufig in der ebeneren Schweiz. **Seniculus** Kirby.

7. Körper sparsam und hinfällig, nur die Augenränder und die Seiten der Brust dicht weiss behaart, Flügeldecken länglich eiförmig, schwarz mit Erzglanz, grob punktirt-gestreift, mit schmalen, gewölbten Zwischenräumen. Lg. 1,8—2 mm. (triste Germ., superciliosum Gyll., Eppelsheimi Faust). Selten und nur in der südlichen Schweiz. Genf, Mendrisio. **Simile** Kirby.

— Körper gleichmässig fein behaart, Halsschild fast cylindrisch 8
8. Flügeldecken länglich eiförmig, gewölbt, Kopf schmal, Stirn deutlich gestrichelt, Halsschild so lang als breit, dicht und kräftig punktirt, Rüssel beim ♂ so lang, beim ♀ länger als Kopf und Halsschild. Lg. 2,8 bis 3 mm. (loti Kirby, modestum Germ.). Auf Lotus corniculatus. Genf, Wallis, Basel, Aargau, Zürich, Schaffhausen. **Augustatum** Kirby.

— Flügeldecken langgestreckt, nach hinten etwas erweitert, auf dem Rücken flachgedrückt, Kopf sehr schmal, Stirn undeutlich gerunzelt, Halsschild fast länger als breit, sparsam und fein punktirt, Rüssel beim ♂ kürzer, beim ♀ so lang als Kopf und Halsschild. Lg. 1,5—2 mm. Häufig auf Melilotus und Medicago sativa. **Tenue** Kirby.

10. Gruppe.

1. Rüssel dick, wenig fein punktirt, wenig glänzend, beim ♀ länger als Kopf und Halsschild, Flügeldecken länglich eiförmig 2
— Rüssel dick, hinten matt, in der vordern Hälfte oder nur an der Spitze glänzender, kürzer als Kopf und Halsschild 4
2. Kopf breit, mit kurzem Scheitel und mehr vorstehenden Augen, Rüssel beim ♂ so lang, beim ♀ etwas länger als Kopf und Halsschild, beim ♂ vor der Spitze plattgedrückt erweitert, an der Spitze wieder verengt, Oberseite dünn behaart, Halsschild grob punktirt, mit stärkerem Längseindruck vor dem Schildchen. Lg. 1,8—2 mm. (Platalea Germ.). Auf Vicia cracca. Genf, Schaffhausen, St. Gallen, Fully, Aigle. **Unicolor** Thoms.
— Kopf schmal, mit grossen, flachen Augen und langem Scheitel 3
3. Rüssel um die Hälfte schmäler als der Kopf, beim ♀ so lang, beim ♂ etwas kürzer als Kopf und Halsschild, Oberseite dicht grau behaart, Halsschild mit feiner, durchgehender Mittellinie. Lg. 1,8—2 mm. (furvum Sahlb.). Auf Ononis spinosa nicht selten. **Ononis** Kirby.
— Rüssel nur sehr wenig schmäler als der Kopf, beim ♂ so lang, beim ♀ viel länger als Kopf und Halsschild, Oberseite weniger dicht behaart, Halsschild mit feinem Basalstrich. Lg. 2,5 mm. (aethiops Gyll.). Auf Vicia cracca. Genf, Schaffhausen, Zürich, St. Gallen, Rheinthal, Chamouny. **Gyllenhali** Kirby.
4. Flügeldecken an der Basis kaum breiter als der Hinterrand des Halsschildes 5
— Flügeldecken an der Basis deutlich breiter als das Halsschild 7
5. Kopf breiter als lang, Flügeldecken punktirt-gestreift, Halsschild quadratisch, cylindrisch, Stirn zwischen

den Augen äusserst dicht und fein längsgeritzt, Halsschild dicht und fein punktirt, mit unbestimmtem Basaleindruck, Flügeldecken eiförmig, nach hinten stark erweitert. Lg. 1,8—2,5 mm. (curtirostre Germ., brevirostre Gyll.). Häufig auf Rumex acetosa. **Humile** Germ.

— Kopf so lang als breit, Rüssel sehr kurz, kürzer als das Halsschild, dieses länger als breit, cylindrisch, Flügeldecken länglich eiförmig, hinter der Mitte kurz erweitert, tief punktirt-gestreift, mit schmalen, kielförmigen Zwischenräumen 6

6. Rüssel wenig kürzer als das Halsschild, dreimal so lang als breit, Fühler im Basaldrittel eingelenkt, Oberseite bronceglänzend, äusserst fein und dünn behaart. Lg. 1,3—1,5 mm. Nicht selten auf Helianthemum vulgare. **Aciculare** Germ.

— Rüssel kaum länger als der Kopf, doppelt so lang als breit, Fühler nahe der Mitte eingelenkt, Oberseite schwarz, matt, sparsam aber deutlich behaart. Lg. 1,5—1,8 mm. Auf Hypericum perforatum und Astragalus glycyphyllus. Genf, Waadt, Wallis, Zürich, Schaffhausen. Ziemlich selten. **Simum** Germ.

7. Körper eiförmig, dicht weisslich behaart, Flügeldecken mit mattem Erzglanz, Kopf kurz, Stirn runzlig punktirt, Halsschild quer, nach vorn leicht verschmälert, Flügeldecken kurz eiförmig, punktirt-gestreift mit flachen, gerunzelten Zwischenräumen. Lg. 1,5—1,8 mm. Nicht selten auf Hypericum hirsutum und perforatum. Waadt, Wallis, Genf, Zürich. **Brevirostre** Herbst.

— Körper länglich, äusserst dünn und fein, kaum sichtbar behaart, ganz schwarz, Kopf länger als breit, Stirn wenig dicht und fein punktirt, mit einem einzigen vertieften Längsstrich zwischen den Augen, Halsschild an den Seiten stark gerundet, sehr gewölbt, kräftig und fast weitläufig punktirt, mit tiefem Basalgrübchen, Flügeldecken länglich eiförmig, fein gestreift-punktirt, mit breiten, flachen Zwischenräumen. Lg. 1,5—1,8 mm. (interstitiale Schh., tumidicolle Bach.). Selten auf Sedum album und reflexum. Genf, Waadt, Tessin, Schaffhausen. **Sedi** Germ.

11. Gruppe.

1. Körper länglich, Flügeldecken mit feinen Punktstreifen 2

— Körper kurz eiförmig 3

2. Rüssel etwas länger als das Halsschild, Kopf deutlich schmäler als das Halsschild, mit wenig vorstehenden Augen, wie dieses grob und dicht punktirt, Halsschild mit kleinen Basalgrübchen, Flügeldecken mit breiten, flachen Zwischenräumen. Lg. 2,8—3 mm. Häufig auf Rumex acetosa und obtusifolius. **Violaceum** Kirby.

— Rüssel kürzer als das Halsschild, Kopf fast so breit als das Halsschild, mit vorstehenden Augen und wie dieses äusserst dicht und fein punktirt, Halsschild mit einer längern Basalrinne, Flügeldecken mit schwach gewölbten Zwischenräumen. Lg. 2,8—3 mm. Selten, auf Rumex hydrolapathum. Genf, Rheinthal. **Hydrolapathi** Kirby.

3. Stirn und Halsschild dicht und deutlich punktirt, Halsschild quadratisch, fast cylindrisch, Flügeldecken kurz eiförmig, blau, grün, violett, kupferig, selten schwarz. Lg. 1,8—2 mm. (violaceum Gyll., Rumicis Kirby, Spartii Kirby). Ziemlich häufig auf Spartium scoparium. Genf, Waadt, Wallis, Schaffhausen, Zürich, St. Gallen. **Marchicum** Herbst.

— Stirn und Halsschild stärker und weniger dicht punktirt, Halsschild quer, an den Seiten gerundet, Flügeldecken kugelig eiförmig, wie bei marchicum gefärbt. Lg. 1,8—2 mm. Auf Spartium scoparium nicht häufig. Genf, Waadt, Wallis. **Affine** Kirby.

12. Gruppe.

1. Flügeldecken länglich eiförmig, ziemlich dicht und fein grau behaart, tief punktirt-gestreift, mit leicht gewölbten Zwischenräumen, bläulich, grünlich oder broncefarben, Kopf und Halsschild dicht und fein punktirt, Schildchen verlängert. Lg. 2,5—2,8 mm. (compressum Ill., oxurum Germ.). Häufig auf Malva sylvestris und Althea rosea. **Radiolus** Kirby.

2. Stirn mit einem vertieften Längsgrübchen, Kopf und Halsschild glänzend, weitläufig punktirt, Schildchen buckelig, eiförmig, Flügeldecken fein gestreift, mit breiten, flachen Zwischenräumen, blau, grün oder erzglänzend. Lg. 2,5—2,8. Häufig auf Malven. **Aeneum** F.

— Stirn ohne Längsgrübchen, Kopf und Halsschild matt, dicht und grob punktirt, Schildchen stark verlängert,

lang und schmal dreieckig zugespitzt, mit 2 Höckerchen an der Basis, Flügeldecken fast glatt, tief punkttirt-gestreift, mit kaum gewölbten Zwischenräumen, blau. Lg. 3—4 mm. Nicht selten. Genf.
Validum Germ.

13. Gruppe.

1\. Stirn mit 3 Längsgrübchen oder mit 3 getrennten Kielstrichen 2
— Stirn punktirt, gerunzelt oder gestrichelt 6
2\. Stirn mit 3 tiefen, durch erhabene Fältchen getrennte Längsgrübchen, Augen flach, nicht vorstehend, Oberseite glänzend glatt, Rüssel viel länger als Kopf und Halsschild, dieses leicht quer, fast cylindrisch, fein und zerstreut-punktirt, mit einer langen, tief ausgehöhlten Grube vor dem Schildchen, Flügeldecken äusserst fein punktirt-gestreift, mit breiten, flachen Zwischenräumen. Lg. 2,5—2,8 mm. Auf Statice armeria, selten. Lausanne. **Sulcifrons** Herbst.
— Stirn mit 3 getrennten Kielstrichen 3
3\. Kopf sehr schmal und lang, Augen flach, nicht vorstehend, Halsschild schmal, cylindrisch, länger als breit, fein und weitläufig punktirt, mit einem Längsstrich vor dem Schildchen, Flügeldecken viel breiter als das Halsschild, eiförmig, stark gewölbt, ziemlich tief punktirt-gestreift. Lg. 3 mm. In der Schweiz noch nicht mit Sicherheit nachgewiesen. Tessin (?)
Gracilicolle Schh.
— Kopf nicht sehr schmal 4
4\. Kopf breit, Augen gross, vorstehend, Flügeldecken verkehrt eiförmig 5
— Kopf schmäler, Augen weniger vorstehend, Rüssel lang, dünn, gleich dick, Halsschild so lang als breit, vorn eingezogen mit ganzer Mittelrinne, Flügeldecken nicht stark bauchig, Kopf auf der Unterseite mit 2 rückwärts gerichteten Zähnchen. Lg. 2,3—2,7 mm. Auf Trifolium medium und pratense. Genf, Waadt, Bern, Schaffhausen, Wallis. **Elegantulum** Germ.
5\. Oberseite glatt, metallglänzend, Halsschild schwarzblau, Rüssel schwarz, matt, so lang als Kopf und Halsschild, dieses leicht quer, nach vorn verengt, fein und sparsam punktirt mit deutlichem Basalgrübchen, Flügeldecken tief punktirt-gestreift, mit breiten, flachen Zwischenräumen. Lg. 2,8 mm. (sul-

cifrons Kirby, Paykulli Gozis). Auf Vicia sepiun nicht selten. Siders, Genf, Bern, Waadt, Basel, Schaffhausen, St. Gallen, selbst noch in Engelberg. **Punctigerum** Payk.

— Der ganze Körper mit Ausnahme des Rüssels glänzend grün oder blau, glatt, Rüssel lang, dünn, glänzend, länger als Kopf und Halsschild, Stirn zwischen den Augen mit drei gröberen Strichen oder Längsrunzeln, Halsschild vorn eingezogen, mit einer bis über die Mitte reichenden Längsfurche. Lg. 2—2,5 mm. (saeculare Gozis). Auf Astragalus glyciphyllus, selten. Genf, Waadt, Zürich, Basel, Schaffhausen. **Astragali** Payk.

6\. Kopf schmal, Augen nicht oder wenig vorstehend, Flügeldecken eiförmig, tief punktirt-gestreift . . . 7

— Kopf breit und kurz, Augen vorstehend, Stirn zwischen den Augen punktirt 8

7\. Stirn punktirt-gerunzelt, Augen flach, Halsschild kaum breiter als lang, fast cylindrisch, dicht und kräftig punktirt, mit undeutlichem Basalgrübchen, Flügeldecken vorn doppelt so breit als das Halsschild, die Streifen sparsam punktirt. Lg. 2—2,3 mm. (marchicum Gyll.). Nicht selten auf Vicia sepium. Genf, Wallis, Basel, Schaffhausen, Andermatt. **Aethiops** Herbst.

— Stirn fein gestrichelt, Augen wenig vorstehend, Halsschild matt grünlich erzglänzend, viel breiter als lang, vor der Spitze der ganzen Breite nach und vor der Mitte jederseits quer eingedrückt, fein und sparsam punktirt, mit tiefer Längsgrube vor dem Schildchen. Lg. 2,5—2,7 mm. (Schmidti Bach.). Ziemlich selten. Genf, Dübendorf im Kt. Zürich. **Punctirostre** Schh.

8\. Der ganze Körper metallisch grün oder blau, die Unterseite mit den Beinen schwarz, Stirn einzeln punktirt, manchmal mit 1 oder 2 schwachen Furchen, Halsschild so lang als breit, fast cylindrisch, fein und wenig dicht punktirt, mit schwachem Basaleindruck, Flügeldecken eiförmig, längs der Naht flachgedrückt, tief punktirt-gefurcht, mit gewölbten Zwischenräumen. (Lg. 1,5—2 mm. (marchicum Kirby, aeneocephalum Gyll.). Sehr häufig auf Wiesen und im Schilf. **Virens** Herbst.

— Schwarz mit blauen Flügeldecken, Stirn und Halsschild wenig dicht, grob punktirt, Halsschild quer, vorn etwas eingezogen, mit tiefer Basalgrube, Flügeldecken kugelig eiförmig, hoch gewölbt, tief punktirt-gefurcht, die schwach gewölbten Zwischenräume kaum breiter als die Streifen. Lg. 2—2½ mm. Häufig auf Vicia sepium und Trifolium-Arten überall. **Pisi** F.

Var. Stirn und Halsschild wenig feiner, aber dichter punktirt. Mit der Stammform. var. **cyanipenne** Schh.

14. Gruppe.

1. Langgestreckt, schmal, Rüssel schmal, zwischen den Augen punktirt-gestreift, Halsschild quadratisch, dicht und ziemlich grob punktirt, Flügeldecken langgezogen eiförmig, tief punktirt-gestreift, mit deutlich punktirten Zwischenräumen. Lg. 2,8—3 mm. (angustatum Gyll.). Selten, auf Melilotus. Genf, Zürich, Schaffhausen. **Meliloti** Kirby.

— Körper eiförmig oder länglich eiförmig 2

2. Stirn zwischen den Augen vertieft 3

— Stirn zwischen den Augen flach oder kaum eingedrückt 4

3. Kopf lang, hinter den Augen eingeschnürt und dann nach hinten erweitert, Stirn sehr schmal, stark eingedrückt mit 2 Längsstrichen, Halsschild quer, fast cylindrisch, ziemlich dicht, kräftig punktirt, hinten mit feiner Längslinie, Flügeldecken fast länglich eiförmig. Lg. 2,5—2,8 mm. Selten, auf Lathyrus heterophyllus und latifolius. Genf, Basel, Wallis, Schaffhausen. **Columbinum** Germ.

— Kopf nicht verlängert, Stirn weniger tief eingedrückt, mit einigen tiefern und schwächern Streifen, Halsschild stark quer, vorn eingezogen, grob und wenig dicht punktirt, mit tiefer, durchgehender Mittellinie, Flügeldecken kurz eiförmig. Lg. 2½ mm. Nicht selten auf Vicia cracca, auch in den Bergen, Leuk, Puschlav, Bagnethal. **Spencei** Kirby.

4. Kopf und Halsschild trüb erzglänzend 5

— Kopf und Halsschild schwarz 6

5. Dicht fein und kurz behaart, Kopf fast so breit als das Halsschild vorne, zwischen den Augen äusserst fein gestrichelt, Rüssel nur an der Spitze glänzend, beim ♂ kurz und dick, Halsschild conisch, wenig breiter als lang, fein und dicht punktirt, Flügeldecken eiförmig mit parallelen Seiten, fein gestreift. Lg. 2 mm. (Waltoni Steph.). Genf, Waadtländer Alpen (bis 6000′ ü. M.), Schaffhausen. **Curtisi** Steh.

— Dem vorigen äusserst ähnlich, grösser, die Augen grösser, die Punktirung des Halsschildes gröber und weniger dicht, deutlichere grünliche Broncefarbe des ganzen Körpers. Lg. 2—3 mm. Auf juniperus communis und pinus sylvestris. Genf, Wallis. **Juniperi** Boh.*)

6\. Halsschild kaum breiter als lang, nach vorn wenig verengt, sehr dicht und grob punktirt (die Punkte durch die sparsame Behaarung nicht verdeckt), mit kurzem Basalstrich, Flügeldecken ziemlich kurz eiförmig, fein und sparsam behaart, Kopf zwischen den Augen gestrichelt, Rüssel beim ♂ und ♀ matt, Fühler schwarz, höchstens das 1. Glied an der Basis röthlich. Lg. 2½ mm. (reflexum Schh., translatitium Schh.). Häufig auf Hedysarum onobrychis bis 6000′ ü. M., noch im Engadin. **Livescerum** Schh.

— Halsschild breiter als lang, nach vorne verengt, dicht und fein punktirt, die Punkte durch die Behaarung undeutlich, Rüssel des ♀ wenigstens in der vordern Hälfte glänzend, Oberseite ziemlich dicht grau behaart, Kopf zwischen den Augen gestrichelt . . . 7

7\. Flügeldecken kurz eiförmig, Rüssel des ♀ in der vordern Hälfte glänzend, die 2 ersten Fühlerglieder rothbraun. Lg. 1,5—2 mm. Nicht selten, auf Coronilla varia in der ebeneren Schweiz. **Pavidum** Germ.

— Flügeldecken lang eiförmig, Rüssel des ♀ glänzend, dünn, Fühler beim ♀ mit 2 rothen Wurzelgliedern, beim ♂ bis auf die Keule roth, Vorderschienen des ♂ verdreht flachgedrückt und beiderseits ausgebuchtet. Lg. 2,8 mm. Selten auf Erbsen und verschiedenen Bäumen. Genf, Neuchâtel, Zürich, Matt, Aigle, Val Ferret, Bagnethal. **Vorax** Herbst.

2. Rhynchitina.

Uebersicht der Gattungen.

1\. Schienen unbewehrt oder mit kleinen Höckerchen, Klauen gespalten, Fühler mit lose gegliederter Keule, Oberseite meist metallisch. **Rhynchites** Herbst.

— Schienen mit einem starken Haken an der Spitze, Klauen einfach, am Grunde verwachsen, Rüssel dick und kurz 2

*) Anm. Diese Art ist auch dem A. pavidum sehr ähnlich, unterscheidet sich von ihm durch dunklere Flügeldecken, dickeren, gegen die Spitze hin nicht verschmälerten Rüssel, längeres Halsschild, feinere Streifen mit breiten Zwischenräumen und die Broncefarbe des Körpers.

2. Kopf hinten nicht eingeschnürt, Fühlerkeule lose gegliedert. **Attelabus** L.
— Kopf hinten stark eingeschnürt, Halsschild vorn stark verengt, Fühlerkeule fast gegliedert, Schildchen quer. **Apoderus** Ol.

Gatt. **Rhynchites** Schneid.

Uebersicht der Untergattungen.

1. Hinterhüften kurz, nach aussen nicht an die Episternen der Hinterbrust reichend, so dass der 1. Bauchring seitlich an die Hinterbrust stösst, Episternen der Hinterbrust breit, Flügeldecken mit sehr deutlichen Epipleuren. Subg. **Byctiscus** Thoms.
— Hinterhüften lang, bis an die Episternen der Hinterbrust reichend und das 1. Bauchsegment seitlich ganz von der Hinterbrust trennend, Episternen der Hinterbrust schmal, Epipleuren der Flügeldecken undeutlich oder fehlend 2
2. Flügeldecken verworren punktirt, ohne deutliche Streifen, lang abstehend behaart. Subg. **Lasiorhynchites** Jeck.
— Flügeldecken deutlich punktirt-gestreift 3
3. Ueber dem Schildchen kein abgekürzter Punktstreifen, Flügeldecken stark punktirt-gestreift, $1^1/_2$ mal so lang als breit. Subg. **Involvulus** Schrank.
— Ueber dem Schildchen ein abgekürzter Punktstreifen 4
4. Kopf hinten nicht oder kaum einpeschnürt, Hinterschenkel nie verdickt, nur das Pygidium hornig . 5
— Kopf hinten eingeschnürt, Pygidium und Propygidium hornig. Subg. **Deporaus** Sam.
5. Flügeldecken stark punktirt-gestreift, höchstens kurz abstehend einfach behaart. Subg. **Coenorhinus** Thoms.
— Flügeldecken fein punktirt-gestreift, mehr als $1^1/_2$ mal so lang als breit, mit langen ungleichen Haaren besetzt. Subg. **Rhynchites** i. sp.

Subg. **Byctiscus** Thoms.

Flügeldecken dicht grob gereiht-punktirt, Halsschild stark gerundet, fein punktirt, beim ♂ jederseite mit einem nach vorn gerichteten Dorn, Oberseite unbehaart, metallisch glänzend.

1. Stirn grob runzlig punktirt, flach eingedrückt, Ober- und Unterseite gleich gefärbt, blau oder grün. Lg.

4—6 mm. (violaceus Scopoli, alni Müll., betulae Bed.). Häufig auf Weiden und Weinreben. **Betuleti** F.

— Stirn ziemlich fein punktirt, mit tiefer Längsfurche zwischen den Augen, Oberseite grün, Unterseite blau. Lg. 4 mm. Häufig auf Zitterpappeln. **Populi** L.

Subg. **Lasiorhynchites** Jeck.

1. Rüssel cylindrisch, mindestens 3 mal so lang als breit 2

— Rüssel flach gedrückt, doppelt so lang als breit, kaum länger als der Kopf, Augen gewölbt, Oberseite blau, feiner punktirt, Flügeldecken mit sehr schwachen Streifen. Lg. 4—6 mm. (ophthalmicus Steph.) Selten. Auf Eichen. Genf, Waadt, Wallis, Bern, Schaffhausen, Zürich. **Sericeus** Herbst.

2. Rüssel dick, wenig länger als Kopf und Halsschild zusammen, Oberseite stark punktirt, metallisch kupferig oder blau, Halsschild beim ♂ mit einem nach vorn gerichteten Dorn. Lg. 6—9 mm. Selten. Genf, Wallis, Tessin, Zürich, Schaffhausen, St. Gallen. **Auratus** Scop.

— Rüssel ziemlich dünn, länger als Kopf und Halsschild, dieses bei ♂ und ♀ unbewehrt. Lg. 4—6 mm. Häufiger als der vorige und über die ganze ebenere Schweiz verbreitet. **Bacchus** L.

Subg. **Involvulus** Schrank.

Oberseite kurz und mehr oder weniger sparsam abstehend behaart, Rüssel schwach gebogen.

1. Der 9. Punktstreif reicht nur bis zur Mitte und fliesst dort mit dem 10. zusammen 2

— Der 9. Punktstreif ist beinahe bis zur Spitze vom 10. deutlich getrennt, Rüssel beim ♀ so lang, beim ♂ etwas kürzer als Kopf und Halsschild 3

2. Halsschild und Zwischenräume der Flügeldecken ziemlich stark punktirt, Ober- und Unterseite dunkel kupferroth, Rüssel viel (♂) oder etwas (♀) kürzer als Kopf und Halsschild zusammen. Lg. 3—3,8 mm. Häufig auf Kirschbäumen, Weissdorn. **Cupreus** L.

— Ganz schwarz, Halsschild und Zwischenräume der Flügeldecken fein und schwach punktirt, Rüssel bei beiden Geschlechtern länger als Kopf und Halsschild. Lg. 2,8 - 3 mm. Auf Helianthemum vulgare. Selten. Basel, Schaffhausen, Zürich. **Aethiops** Bach.

3. Alle Punktstreifen der Flügeldecken fein und schwach, der 9. reicht nur bis nahe zur Spitze, die Zwischenräume dicht punktirt, Kopf und Halsschild gröber punktirt als die Flügeldecken, Körper mit ungleich langen Haaren besetzt. Lg. 4—5 mm. Val Entremont. **Parellinus** Schh.

— Alle Punktstreifen bis hinten tief und stark, der 9. die Spitze erreichend, die Zwischenräume der Flügeldecken nur mit einer Punktreihe, Oberseite mit kurzen, abstehenden Haaren gleichmässig besetzt. Lg. 2,8—3 mm. (Alliariae Thoms., coeruleus Bed.). Genf, Wallis, Tessin, Basel, Schaffhausen, Zürich, St. Gallen. **Conicus** Gyll.

Subg. **Coenorhinus** Thoms.

1. Flügeldecken $1^1/_4$ mal so lang als breit, deutlich und gleichmässig kurz abstehend behaart 2

— Flügeldecken fast zweimal so lang als breit, der 9. Punktstreif reicht bis zur Spitze, Halsschild dicht punktirt, mit schwach gerundeten Seiten, Oberseite sehr kurz, oft undeutlich behaart 6

2. Rüssel beim ♂ etwas länger als Kopf und Halsschild, beim ♀ fast so lang als der Körper, kupferfarbig, der 9. Punktstreif reicht nur bis zur Mitte . . . 3

— Rüssel nicht (♂) oder wenig (♀) länger als Kopf und Halsschild zusammen, Ober- und Unterseite blau . 4

3. Kopf und Halsschild mässig dicht, ziemlich fein punktirt, Zwischenräume der Flügeldecken viel breiter als die Streifen, gewölbt und deutlich punktirt, Flügeldecken roth mit dunkler Naht, Oberseite ziemlich stark behaart. Lg. 2,7—3,8 mm. (Bicolor Rossi, purpureus Thoms.). Häufig auf blühendem Weissdorn. Genf, Wallis, Basel, Schaffhausen, Waadt, Tessin, Bündten, Zürich. **Aequatus** L.

— Kopf und Halsschild fein und sehr dicht punktirt, Zwischenräume der Flügeldecken schmäler als die breiten Punkte der kaum vertieften Streifen, Flügeldecken wie der Körper grünlich erzfärbig, glänzend, sparsam behaart. Lg. $1^1/_2$—3 mm. (longirostris Bach.). Nicht selten auf blühenden Sträuchern. Genf, Schaffhausen, Basel, Unterwallis. **Aeneovirens** Marsh.

Var. Flügeldecken blaugrün. Mit der Stammform. v. **fragariae** Schh.

4. Rüssel bei ♂ und ♀ etwas kürzer als Kopf und Halsschild zusammen, an der Einlenkung der Fühler deutlich gebogen, Kopf hinten mit schwacher Einschnürung, Halsschild seitlich kaum gerundet, Zwischenräume der Flügeldecken kaum breiter als die Streifen, gewölbt und kaum punktirt, sparsam behaart, der 9. Streif reicht kaum bis über die Mitte. Lg. 2—2½ mm. Genf, Basel, Schaffhausen, Zürich. **Pauxillus** Germ.

— Rüssel beim ♂ kürzer, beim ♀ länger als Kopf und Halsschild, dieses mit deutlich gerundeten Seiten, sehr dicht und fein punktirt, Flügeldecken dicht abstehend behaart, der 9. Streif der Flügeldecken reicht bis über die Mitte hinaus 5

5. Die Zwischenräume der Flügeldecken sind wenig breiter als die Streifen, gewölbt, unpunktirt, der 9. Streif reicht bis zur Spitze, Rüssel nicht oder schwach gekielt. Lg. 1½—2½ mm. Häufig auf Eichen. Genf, Neuchâtel, Basel, Schaffhausen, Zürich, Tessin, St. Gallen. **Germanicus** Herbst.

— Die Zwischenräume der Flügeldecken sind viel breiter als die Streifen, flach, deutlich (verworren 2reihig) punktirt, der 9. Streif reicht nicht ganz bis zur Spitze, Rüssel an der Basis stark gekielt. Lg. 2,8—3 mm. (interpunctatus Steph., Dbr.). Selten. Genf, Schaffhausen. **Alliariae** Gyll.

6. Vorderschienen ohne Hornhaken an der Spitze, Scutellarstreif verworren und undeutlich, Augen bei ♂ und ♀ klein, Halsschild cylindrisch, zerstreuter als bei tomentosus und etwas gröber punktirt, Rüssel beim ♂ nicht länger als der Kopf, beim ♀ gekrümmt, erst an der Spitze erweitert, Kopf schmal, die äussern Streifen der Flügeldecken nicht ganz bis zur Basis reichend. Lg. 2—3 mm. (planirostris F.). Selten. Wallis, Schaffhausen. **Nanus** Payk.

— Vorderschienen an der Spitze mit einem deutlichen, nach innen gekrümmten Haken, Scutellarstreif regelmässig, Augen beim ♂ gross und vorragend, Halsschild fein und zerstreut punktirt, der Rüssel von der Wurzel bis zur Spitze allmählig verbreitert. Lg. 2½—3 mm. (planirostris Dbr.). Häufiger als der vorige. Schaffhausen, Wallis, Engadin. **Tomentosus** Schh.

Subg. **Rhynchites** i. sp.

Rüssel kurz und gerade, Kopf und Halsschild ziemlich fein punktirt, Kopf und Unterseite blau, Oberseite mit langen etwas geneigten und meist mit noch längern gerade abstehenden Haaren mässig dicht besetzt, die Epipleuren der Flügeldecken breit aber nicht herabgebogen.

1. Oberseite blau, Rüssel dick, etwas kantig 2

— Halsschild und Flügeldecken gelb, der 9. Streif der Flügeldecken nicht bis zur Mitte reichend, die übrigen Streifen bis zur Spitze deutlich, Rüssel ziemlich dünn und rund. Lg. 4—5 mm. Selten. Siders auf Fichten, Susten, Basel. **Coeruleocephalus** Schall.

2. Der 9. Streif der Flügeldecken reicht bis $^3/_4$ der Länge, alle Punktstreifen verschwinden auf der hinteren Wölbung, die Flügeldecken sind dort nur verworren punktirt. Lg $4^1/_2$—$5^1/_2$ mm. (cyanicolor Schh., cavifrons Schh.). Nicht selten. Genf, Neuchâtel, Wallis, Basel, Schaffhausen. **Pubescens** F.

— Der 9. Streif reicht kaum über die Mitte hinaus, die übrigen sind bis zur Spitze deutlich. Lg. 4 mm. Burgdorf, Chur, Mels, Wallis, Schaffhausen, Lugano (ophthalmicus Redt.). **Comatus** Schh.

Subg. **Deporaus** Sam.

1. Flügeldecken $1^1/_4$ mal so lang als breit, ziemlich grob punktirt-gestreift, mit einem verworren punktirten Scutellarstreif; Rüssel kürzer als der Kopf, breit, Kopf und Halsschild dicht runzlig punktirt, Oberseite dunkelblau, kurz abstehend behaart, Hinterschenkel nicht verdickt, das 1. Glied der Hintertarsen kaum länger als das folgende. Lg. $3^1/_2$—4 mm. Selten. Genf, Basel, Schaffhausen, Gadmenthal, St. Gallen, Zürich, Wallis. **Tristis** F.

— Flügeldecken $1^1/_2$—2 mal so lang als breit, ohne Scutellarfleck, Kopf und Halsschild fein punktirt, Rüssel flach zur Spitze erweitert, so lang als der Kopf 2

2. Halsschild nicht breiter als der Kopf, Körper ziemlich flach und schmal, Flügeldecken parallelseitig, doppelt so lang als breit, fein punktirt-gestreift, Oberseite schwarzblau, kaum behaart, Hinterschenkel

nicht verdickt, das 1. Glied der Hintertarsen so lang als die andern Glieder zusammen. Lg. 3 mm. Selten. Dübendorf, Schaffhausen. **Megacephalus** Germ.

— Halsschild etwas breiter als der Kopf, Körper hinten hoch gewölbt und verbreitert, Oberseite schwarz, dicht kurz abstehend behaart, Hinterschenkel beim ♂ verdickt. Lg. 3—3½ mm. Häufig überall bis 4000′ ü. M. **Betulae** L.

Gatt. **Attelabus** L.

Halsschild breit, stark gewölbt, fein und zerstreut punktirt, Flügeldecken fein punktirt-gestreift, so lang als zusammen breit, Oberseite roth, Kopf und Unterseite schwarz. Lg. 3—4 mm. (nitens Scop.) Häufig überall. **Curculionoides** L.

Gatt. **Apoderus** Ol.

Flügeldecken roth, Kopf und Unterseite schwarz, Halsschild vorn eingeschnürt.

1. Flügeldecken grob punktirt-gestreift, matt, die Zwischenräume runzlig punktirt, Halsschild meist roth, selten ganz oder theilweise schwarze Beine. Lg. 6—7 mm. Sehr selten. Simplon. **Coryli** L.

Var. 3. Die Schenkel mit Ausnahme der Spitze roth. Sehr häufig überall. v. **avellanae** L.

Var. 3. Die ganzen Beine nebst den Hüften gelbroth. Maengnaga.

— Flügeldecken fein und sparsam gereiht-punktirt, die Zwischenräume unpunktirt, flach, Halsschild und Seiten stets schwarz. Lg. 3—4 mm. (intermedius Ill.). Selten. Auf Spiraea ulmaria. Genf, Pfäffikersee, Bünzenmoos bei Lenzburg. **Erythropterus** Gmel.

Fam. **Rhinomaceridae.**

Uebersicht der Gattungen.

1. Oberlippe mehr oder weniger gross und sehr deutlich; Rüssel kürzer als das Halsschild, mehr oder weniger flach, Fühler in oder vor der Mitte eingelenkt, Epipleuren der Flügeldecken schwach und nur vorn abgesetzt 2

— Oberlippe sehr klein und etwas undeutlich, Rüssel länger als das Halsschild, in der Mitte rundlich,

Fühler hinter der Mitte eingelenkt, Epipleuren scharfkantig abgesetzt, Klauen einfach. **Diodyrhynchus** Schh.

2. Vorderhüften durch einen Fortsatz des Brustbeins getrennt, Tarsen deutlich 4gliedrig, Klauen gespalten, Flügeldecken einzeln abgerundet, Rüssel kurz und dick, Fühler in der Mitte eingelenkt. **Nemonyx** Redt.

— Vorderhüften aneinanderstehend, Tarsen scheinbar 3gliedrig, indem das 3. Glied tief in das 2. eingesenkt ist, so dass nur seine zwei grossen Lappen vorragen, Klauen einfach, Rüssel an der Spitze flach und breit, in der Mitte rundlich und schmal, Fühler in seiner Mitte eingelenkt. **Rhinomacer** F.

Gatt. **Nemonyx** Redt.

Schwarz, zwischen Stirn und Rüssel ein tiefer Eindruck, Halsschild mit schwach gerundeten Seiten, ziemlich lang, Flügeldecken deutlich breiter als das Halsschild, dicht punktirt, Oberseite undeutlich punktirt, dicht abstehend kurz grau behaart. Lg. 5—6 mm. Selten. Genf, Wallis, Basel, Burgdorf, Schaffhausen. **Lepturoides** F.

Gatt. **Rhinomacer** F.

Stirn ohne Eindruck, Halsschild mit schwach gerundeten Seiten, ziemlich lang, Flügeldecken wenig breiter als das Halsschild, Oberseite braun, fein punktirt, ziemlich dicht grau behaart. Lg. 3—4 mm. Selten. Genf, Lausanne, Schaffhausen, Lägern, Wallis. **Attelaboides** F.

Gatt. **Diodyrhynchus** Schh.

Stirn ohne Eindruck, Halsschild kurz und breit, mit gerundeten Seiten, fein punktirt, Flügeldecken wenig breiter als das Halsschild, grob punktirt, Oberseite braun, ziemlich fein und sparsam punktirt behaart. Lg. 3½—4 mm. Nicht selten in der ebenern Schweiz, besonders auf Nadelholz, häufig bei Sitten und Siders. **Austriacus** L.

Fam. **Anthribidae.**

Uebersicht der Gattungen und Unterabtheilungen.

1. Das 3. Tarsenglied nicht breiter als das 2., 2lappig, das 2. breit, ausgeschnitten und das 3. mehr oder weniger aufnehmend, Flügeldecken gestreift . . . 2

— Das 3. Tarsenglied viel breiter als das 2., das 2. schmal, nicht ausgerandet, Flügeldecken ungestreift, Fühler unter dem Seitenrand des Rüssels eingelenkt, mit lose gegliederter Keule, Basis des Halsschildes mit hohem Hinterrand, dicht an die Flügeldecken anschliesseud, Rüssel kurz, nach vorn verschmälert, Vorderhüften einander genähert. **Urodontini.**

2. Fühler unter dem Seitenrand des Rüssels eingelenkt. **Anthribini.**

— Fühler frei auf der Basis des Rüssels vor den Augen eingefügt, Rüssel sehr kurz. **Araeocerini.**

1. Anthribini.

Uebersicht der Gattungen.

1. Vor dem Hinterrand des Halsschildes, in einiger Entfernung von den Flügeldecken, befindet sich eine Querleiste, die seitlich in den Seitenrand übergeht oder aufhört 2

— Die Querleiste des Halsschildes steht als hoher Hinterrand an der Basis des Halsschildes, legt sich an die Flügeldecken an und stösst seitlich im rechten Winkel an den Seitenrand 3

2. Die Querleiste des Halsschildes ist in der Mitte unterbrochen und hier dem Hinterrand genähert, sein Seitenrand dicht hinter der Mitte stark erweitert, Rüssel so breit als der Kopf, die Augen weit auseinanderstehend, klein, vorspringend, Fühler kurz mit ziemlich lose gegliederter Keule. **Platyrhinus** Clairv.

— Die Querleiste ist dem Hinterrand parallel und nicht unterbrochen, Seiten des Halsschildes ziemlich geradlinig, höchstens hinten etwas erweitert, Augen gross, flach, auf der Stirn einander genähert. **Tropideres** Schh.

3. Rüssel so breit als der Kopf, mit ziemlich parallelen Seiten, Körper gestreckt, Vorderhüften ziemlich weit von einander abstehend, Fühler dick und lang. **Anthribus** Geoffr.

— Rüssel kurz, dreieckig, Vorderhüften genähert, Körper kurz und dick, Fühler kurz und dünn. **Brachytarsus** Schh.

Gatt. Platyrhinus Clairv.

Halsschild und Flügeldecken in der Mitte der Länge nach eingedrückt, Halsschild-Eindruck mit groben

Runzeln, Flügeldecken gestreift-punktirt, Oberseite schwarz, Kopf, Bauch und Flügeldeckenspitze dicht weiss behaart. Lg. $9^1/_2$—13 mm. Hie und da in der ebenern Schweiz, auch in den Thälern.

Latirostris F.

Gatt. **Tropideres** Schh.

1. Augen seitlich stehend, die Stirn zwischen ihnen kaum schmäler als der Rüssel (Subg. Enedreutes Schh.) 2

— Augen auf der Stirn einander genähert, Stirn stark gewölbt (Tropideres i. sp.) 3

2. Rüssel kaum so lang als breit, an der Basis wenig verschmälert, Halsschild mit zwei starken Borstenzipfeln in der Mitte der Scheibe, Oberseite braun und grau scheckig behaart, mit Borstenhöckern auf den Flügeldecken und einem grossen, queren schwarzen Sammtflecken auf der Naht hinter der Mitte. Lg. 4—5 mm. Selten. Genf, Basel, Schaffhausen, Bündten. **Sepicola** F.

— Rüssel länger als breit, an der Wurzel verschmälert, Halsschild und Flügeldecken ohne Borstenzipfel, letztere einfach grau fleckig behaart. Lg. 3 mm. (Edgreni Schh.) Selten. Genf. **Undulatus** Schh.

3. Rüssel nicht breiter als lang, in der Mitte etwas verschmälert, Augen gross, um ihren Durchmesser von einander entfernt, Kopf ausser dem Scheitel dicht weiss behaart 4

— Rüssel breiter als lang, in der Mitte nicht verschmälert 5

4. Fühler kaum länger als der Kopf, Oberseite schwarz, ein grosser, seitlich ausgerandeter Fleck am Ende der Naht dicht weiss behaart. Lg. 5—6 mm. Genf, Basel, Schaffhausen, Waadt, Bern, Zürich, Chur. **Albirostris** Herbst.

5. Fühler kräftig, länger als der halbe Leib, die Keule sehr lose gegliedert, die Querleiste des Halsschildes ist gerade, Oberseite schwarz und grau scheckig behaart, der 3. und 5. Zwischenraum der Flügeldecken mit Borstenbüscheln, der breite Rüssel, die Spitze der Flügeldecken und das Pygidium dicht weiss behaart. Lg. 4—5 mm. Genf, Tessin, Bern, Basel, Schaffhausen, Zürich. **Niveirostris** F.

— Fühler dünn und kurz, die Keule schwach gegliedert, die Querleiste des Halsschildes ist auf beiden Seiten gebogen, Oberseite fein grau, etwas scheckig behaart, Flügeldecken ohne Borstenbüschel. Lg. 2—3 mm. (cinctus Payk., maculosus Muls.). Sehr selten. Genf. **Marchicus** Herbst.

Gatt. **Anthribus** Fabr.

Schwarz, dicht graubraun behaart, der Rüssel und der Kopf, eine sehr breite Binde vor der Spitze der Flügeldecken und ein kleiner Querfleck vor der Mitte der Flügeldecken dicht weiss behaart, auf dem Halsschild und auf dem 3. Zwischenraum der Flügeldecken einige Borstenhöcker. Lg. 7—9 mm. Ziemlich selten. Genf, Wallis, Tessin, Neuenburg, Jura, Bern, Basel, Schaffhausen, Zürich, Engelberg, Matt, St. Gallen. **Albinus** L.

Gatt. **Brachytarsus** Schh.

1. Halsschild mit schwachem Seitenrand, der 3., 5. und 7. Zwischenraum der Flügeldecken erhabener und mit schwarzen Borstenhöckerchen besetzt, Flügeldecken schwarz und roth gefleckt. Lg. 2,5—4 mm. (scabrosus F.). Genf, Waadt, Neuenburg, Basel, Schaffhausen, Unterwallis. **Fasciatus** Forst.

— Der Seitenrand des Halsschildes ist nur hinten scharf, Flügeldecken ohne Borstenhöcker, schwarz und weiss fleckig behaart. Lg. 2—3 mm. (varius F.). Nicht selten auf Schilf und Weiden, auch auf Nadelholz bis 3000′ ü. M. **Nebulosus** Forst.

Araeocerini.

1. Fühler so lang als der halbe Körper, Vorderhüften von einander getrennt, Basis des Halsschildes mit hohem Hinterrand dicht an die Flügeldecken anschliessend. **Araeocerus** Schh.

— Fühler kaum so lang als das Halsschild, Vorderhüften aneinanderstossend, Basis des Halsschildes mit dem hohen Hinterrand fast an die Flügeldecken stossend. **Choragus** Kirby.

Gatt. **Araeocerus** Schh.

Seitenrand des Halsschildes bis zur Mitte nach vorn reichend, mit dem Hinterrand scharf rechtwinklig zusammenstossend, Oberseite dunkelbraun, mit scheckiger, gelbbrauner Behaarung. Lg. 3 mm. (coffeae F.). Basel, mit Kaffebohnen importirt. **Fasciculatus** Dep.

Gatt. **Choragus** Kirby.

Augen seitlich, auf der Stirn einander nicht genähert, Fühler den Hinterrand des Halsschildes wenig überragend, Oberseite schwarz, fein behaart, Flügeldecken punktirt-gestreift.

1. Die scharf rechtwinkligen Hinterecken des Halsschildes haben einen ganz kurzen Ansatz eines Seitenrandes, die Seiten des Halsschildes schwach gerundet, die Zwischenräume der Flügeldecken etwas gewölbt, glänzend, undeutlich punktirt. Lg. 1,3 mm. Genf. **Piceus** Schaum.

— Die scharf rechtwinkligen Hinterecken des Halsschildes sind seitlich nicht gerandet, die Seiten des Halsschildes fast gerade, die Zwischenräume der Flügeldecken flach, matt, deutlich mehrreihig punktirt. Lg. 1,5—1,8 mm. Genf. In morschen Weissdornästen. **Scheppardi** Kirby.

Urodontini.

1. Fühler 11gliedrig mit 3gliedriger Keule. **Urodon** Schh.

Gatt. **Urodon** Schh.

1. Oberseite dicht grau behaart, Vorderschenkel gelb, Hinterschenkel des ♂ unten winklig erweitert, Nahtstreif am Ende etwas sichtbar. Lg. 2 mm. Häufig auf Reseda lutea. **Rufipes** Ol.

— Oberseite fein und spärlich behaart, der Nahtstreif sichtbar 2

2. Flügeldecken gleichmässig fein und dicht behaart, Fühlerwurzel und Vorderschienen gelb. Lg. 2—2,3 mm. Selten. Genf. **Conformis** Suffr.

— Die Naht der Flügeldecken, die Hinterecken des Halsschildes und die Unterseite dicht weiss behaart. Lg. 2,5—2,8 mm. Auf Reseda lutea. Genf, Basel, Schaffhausen, Siders, Martigny, Aigle. **Suturalis** F.

Fam. **Bruchidae.**

Kopf herabgebogen, von oben nicht sichtbar.

1. Kopf hinten nicht eingeschnürt, hinter den Augen

nur allmählig verschmälert, Seitenrand des Halsschildes bis vorn scharf. **Spermophagus** Stev.
— Kopf hinter den Schläfen eingeschnürt, Seitenrand des Halsschildes nur scharfkantig. **Bruchus** L.

Gatt. **Spermophagus** Stev.

Körper kaum länger als breit, schwarz, glänzend, sehr fein grau behaart. Lg. 1,5—2 mm. Häufig auf Disteln. **Cardui** Stev.

Gatt. **Bruchus** L. (Mylabris Geoffr.)

1. Halsschild mehr oder weniger quer, nach vorn bogig verengt, die Seiten nach vorn zugerundet, meist mit einem Zähnchen in der Mitte des Seitenrandes und oft hinter demselben ausgerandet, Mittelschienen des ♂ mit einem 2spitzigen Dorn. **1. Gruppe.**
— Halsschild mehr oder weniger conisch, nach vorn geradlinig oder schwach gerundet verengt, Seitenrand ohne Zähnchen und nicht ausgerandet, Mittelschienen des ♂ mit einem einfachen Dorn. **2. Gruppe.**

1. Gruppe.

1. Halsschild fast doppelt so breit als lang, von den Zähnchen zur Basis nicht verbreitert, Hinterschenkel mehr oder weniger gezähnt 2
— Halsschild höchstens $1^1/_2$ mal so breit als lang, von dem Zähnchen zur Basis deutlich verbreitert . . . 7
2. Seitenrand des Halsschildes dicht vor der Mitte mit einem scharfen, spitzigen Zahn, Pygidium mit 2 grossen, schwarzen Flecken, Vorderschienen und Vordertarsen gelb, Vorderschenkel und Mittelbeine schwarz, die ersten Fühlerglieder mehr oder weniger gelb, ein Fleck vor dem Schildchen und eine Schrägbinde aus Flecken auf den Flügeldecken weiss behaart, Hinterschenkel mit starkem spitzigem Zahn. Lg. $3^1/_2$—$4^1/_2$ mm. (Pisorum L.). Häufig. **Pisi** L.
— Seitenrand des Halsschildes in der Mitte mit einem kleinen, oft undeutlichen Zähnchen 3
3. Vorderbeine gelb, Mittelbeine schwarz, die Spitze der Schienen und die Tarsen roth, Hinterschenkel scharf gezähnt 4
— Vorder- und Mittelbeine gelb, die Mittelschenkel an der Basis schwarz 5

4. Pygidium mit 2 dunkeln Längsbinden, Flügeldecken mit ziemlich scharfen weissen Fleckchen besetzt. Lg. 2,8 mm. In der Schweiz bisher nicht gefunden. **Lentis** Schh.
— Pygidium ohne dunkle Flecken, Flügeldecken gleichmässig grau behaart, höchstens mit undeutlichen weissen Punkten bestreut. Lg. 3 mm. In der Schweiz bis jetzt nicht gefunden. **Tristiculus** Schh.*)
5. Halsschild mit grossem, spitzigem Zahn. Vorderschenkel ganz gelb, Mittelschenkel nur an der Basis schwarz, Fühlerwurzel gelb. Lg. 3 mm. Selten. Genf, Basel, Aigle. **Sertatus** Ill.
— Halsschild mit kleinem stumpfem Zahn, Mittelschienen des ♂ an der Spitze zweizähnig, Pygidium gleichförmig grau behaart 6
6. Vorderschenkel gelb mit dunkler Wurzel, Mittelschenkel bis gegen die Mitte schwarz mit gelber Wurzel. Lg. 2,8—8 mm. (rufipes Baudi nec Herbst.). Selten. Schaffhausen, Wallis. **Nubilus** Schh.
— Vorderschenkel ganz gelb, Mittelschenkel an der Basis schwarz, Fühler beim ♂ ganz gelb, beim ♀ mit schwarzer Spitze. Lg. 1,5—2 mm. Stellenweise häufig auf blühenden Sträuchern. Genf, Waadt, Basel, Zürich, St. Gallen, Tessin, Wallis. **Luteicornis** Ill.
7. Seiten des Halsschildes mit einem scharfen, spitzigen Zahn, Hinterschenkel mit einem mässig grossen, spitzigen Zahn, Pygidium mit 2 grossen schwarzen Flecken, die ersten Fühlerglieder gelb, ein Fleck vor dem Schildchen und mehrere auf den Flügeldecken weiss behaart 8
— Seiten des Halsschildes mit einem kleinen, durch die Behaarung oft verdeckten Zähnchen 9
8. Vorderbeine gelb. Lg. 3 mm. Genf, Waadt, Schaffhausen. **Flavimanus** Schh.
— Beine ganz schwarz. Lg. 2,8 mm. Selten. Genf, Schaffhausen. **Nigripes** Schh.
9. Vorderbeine ganz oder theilweise gelb 10
— Beine ganz schwarz, Fühler so lang als der halbe Leib, vom 6. Glied an verdickt, Oberseite ziemlich dicht, gleichmässig grau behaart; Schenkel ungezähnt.

*) Anm. Diese letztern 2 Arten sind in der Schweiz noch nicht nachgewiesen; ich führe sie dennoch auf, da sie in den benachbarten Ländern vorhanden sind und bei uns ohne Zweifel nicht fehlen.

Lg. 3—3½ mm. Genf, Tessin, Bern, Schaffhausen, Martigny, Lausanne. **Pubescens** Germ.

10. Flügeldecken mit ziemlich parallelen Seiten, beim ♂ die Mittelschenkel nach unten stark erweitert, die Mittelschienen mit scharfer Hinterkante und einem Endhaken; die Wurzel der Fühler und die Vorderschienen nebst Knien und Tarsen gelb. Lg. 4—4½ mm. Auf Reps und Latyrus sylvestris ziemlich häufig. Genf, Basel, Zürich, Schaffhausen, Wallis. **Rufimanus** Schh.

— Flügeldecken mit etwas gerundeten Seiten, beim ♂ die Mittelschenkel schwach erweitert, die Mittelschienen mit einem Enddorn und einem starken Zahn innen vor der Spitze. Die Fühlerwurzel und die Vorderbeine gelb, zwei Punkte auf der Scheibe des Halsschildes, ein Fleck vor dem Schildchen und mehrere kleine Flecken auf den Flügeldecken weisslich behaart. Lg. 2,8 mm. (atomarius L.). Häufig auf Orobus vernus. Genf, Wallis, Tessin, Neuenburg, Jura, Basel, Schaffhausen. **Granarius** L.

2. Gruppe.

1. Hinterschenkel mit einem starken Zahn, Vorderbeine gelb, Mittelbeine schwarz, Oberseite gleichmässig grau behaart. Lg. 2 mm. Im Samen von Latyrus pratensis nicht selten. Basel, Schaffhausen, Wallis. **Loti** Payk.

— Hinterschenkel ungezähnt und nur auf der Innenseite mit einem mehr oder weniger deutlichen Zähnchen 2

2. Hinterschenkel deutlich gezähnt 3

— Hinterschenkel nicht oder ganz undeutlich gezähnt 5

3. Der 4. Zwischenraum der Flügeldecken ohne Höcker an der Basis, Fühler nicht länger als Kopf und Halsschild, nicht gesägt, schwarz mit gelber Basis, Körper länglich-eiförmig, regelmässig kegelförmig, 1½ mal so breit als lang, Vorder- und Mittelschienen gelb, Oberseite grau behaart, oft durch längliche helle Strichel fleckig. Lg. 2 mm. In Orobus-Arten, namentlich Orobus vernus. Genf, Tessin, Wallis, Schaffhausen, Aigle. **Seminarius** L.

— Der 4. Zwischenraum an der Basis mit einem Höcker 4

4. Fühler und Beine schwarz, Flügeldecken grünlich behaart. Lg. 2,5 mm. Genf, Wallis, Neuchâtel, Schaffhausen. **Olivaceus** Germ.

— Wurzel der Fühler an der Unterseite, Vorder- und Mittelschienen an der Spitze roth. Oberseite grau behaart. Lg. 1,5 mm. Aigle, Lully. **Varipes** Schh.

5. Der 4. Zwischenraum der Flügeldecken an der Basis mit einem Höcker 6
— Der 4. Zwischenraum der Flügeldecken an der Basis ohne Höcker 7
6. Fühler beim ♀ so lang, beim ♂ länger als der halbe Leib, Halsschild kegelförmig mit etwas gerundeten Seiten, Oberseite schwarz mit einem grossen, ausgezackten, weiss behaarten Fleck auf den Flügeldecken. Lg. 2,5—2,8 mm. (Marginellus F.). Auf Artragulus glyciphyllus nicht selten. Genf, Basel, Zürich, Schaffhausen. **Marginalis** F.

— Fühler kaum länger als der halbe Leib, etwas gesägt, Oberseite gleichmässig fein behaart 7
7. Verlängter, dichter pubescent, Fühler beim ♂ weniger tief gesägt. Lg. 2—2,5 mm. (Cisti Redt., 1874). **Canus** Germ., Redt.

— Etwas kürzer, schwächer pubescent, Fühler beim ♂ tiefer gesägt, Lg. 1,8 mm. Selten. Genf, Vispi, Schaffhausen. **Debilis** Gyll.

8. Körper länglich eiförmig, Halsschild wenigstens so lang als der halbe Leib, beim ♂ stärker und oft gesägt 9
— Körper kurz eiförmig, Fühler kaum länger als Kopf und Halsschild, Halsschild wenig kegelförmig, seitlich vor der Mitte gerundet, sehr dicht punktirt, Oberseite gleichförmig graubraun behaart, Beine schwarz, Fühlerwurzel roth. Lg. 2 mm. (Villosus Baudi, ater Redt., 1874). Basel, Martigny, Aigle. **Cisti** F., Payk.

9. Fühler und Beine wenigstens theilweise hell gefärbt 10
— Fühler und Beine ganz schwarz 12
10. Fühler gelb, höchstens in der Mitte schwarz, alle Beine gelb mit schwarzer Schenkelbasis 11
— Nur die Wurzel der Fühler und die 4 vordern Beine gelb, letztere mit schwarzer Schenkelwurzel, Mittelschenkel bis gegen die Spitze schwarz, Fühler breit, zusammengedrückt, Oberseite schwarz mit gleichmässiger feiner grauer Behaarung. Lg. 1,5—1,8 mm. Selten. Waadt, Schaffhausen. **Pusillus** Germ.

11. Fühler in der Mitte vom 5.—8. Glied schwarz, die Hintertarsen meist schwarz, Flügeldecken breit, weiss

und schwarz gefleckt. Lg. 2,5 mm. (Inspergatus Schh.) Basel, Tessin, Wallis. **Varius** Ol.

— Fühler und Tarsen ganz gelb, Fühler besonders beim ♂ verbreitert und beidseitig gesägt, Flügeldecken braun und weiss fleckig behaart. Lg. 2,8 mm. Dübendorf im Kanton Zürich, Macugnaga, Vallorcia im Wallis. **Imbricornis** Panz.

12. Pubescenz dicht grau oder etwas gelblich, Halsschild um 1/3 breiter als lang, mit tiefer, etwas runzliger Punktirung. Lg. 1,5—1,8 mm. Selten. Genf, Basel, Schaffhausen. **Pygmaeus** Boh.

Fam. Scolytidae.

1. Das 1. Tarsenglied länger als die Schiene, alle Glieder einfach, Oberlippe vorhanden, Augen gewölbt, rundlich. **Platypini.**

— Das 1. Tarsenglied kurz, Oberlippe fehlend, Augen flach, länglich oder rinnenförmig oder getheilt . . 2

2. Abdomen nach hinten stark aufsteigend, Flügeldecken bis zur Spitze fast horizontal, Mittelhüften weit auseinanderstehend. **Scolytini.**

— Abdomen horizontal, Flügeldecken an der Spitze herabgewölbt 3

3. Kopf von oben sichtbar, Basalrand der Flügeldecken mehr oder weniger aufgeworfen, Mittelhüften ziemlich weit auseinander stehend, das vorletzte Tarsenglied meist herzförmig oder zweilappig, Aussenrand der Vorderschienen gezähnelt, Fühlerkeule 3—4-gliedrig, Geissel 5—7gliedrig. **Hylesinini.**

— Kopf von oben nicht sichtbar, Basalrand der Flügeldecken nicht aufgeworfen, Mittelhüften wenig von einander entfernt, das vorletzte Tarsenglied einfach, Fühlergeissel 2—5gliedrig. **Tomicini.**

Hylesinini.

Uebersicht der Gattungen.

1. Augen nicht getheilt, höchstens ausgerandet, Fühlerkeule geringelt, 3. Tarsenglied herzförmig oder zweilappig 2

— Augen getheilt, Fühlergeissel 5gliedrig, nach der Spitze breiter, Keule ungeringelt, 3. Tarsenglied einfach. **Polygraphus** Er.

2. Vorderhüften ganz oder fast ganz aneinanderstossend, Fühlergeissel nach aussen verbreitert, die Keule kurz eiförmig 3
— Vorderhüften durch einen Fortsatz des Prosternums getrennt, Fühlerkeule gestreckt, die Geissel nach aussen kaum verbreitert, Basalrand der Flügeldecken aufgeworfen 6
3. Fühlergeissel 7gliedrig, Basalrand der Flügeldecken nicht aufgeworfen, Streifen tief, grob punktirt. **Hylastes** Er.
— Fühlergeissel 5gliedrig, Basalrand der Flügeldecken aufgeworfen, Streifen tief 4
4. Fühlergeissel 6gliedrig, das vorletzte Glied herzförmig oder zweilappig, Streifen der Flügeldecken fein. **Hylurgus** Latr.
— Fühlergeissel 5gliedrig 5
5. Das 1. Tarsenglied viel länger als das 2., das vorletzte zweilappig, Augen nicht ausgerandet, Oberseite lang abstehend behaart. **Dendroctonus** Er.
— Das 1. Tarsenglied viel kürzer als das 2., das vorletzte schwach herzförmig, Augen vorn tief ausgerandet, Halsschild und Flügeldecken schuppenförmig behaart. **Carphoborus** Eichh.
6. Augen vorn tief ausgerandet, die Tarsen schwach herzförmig, Fühlergeissel 5gliedrig, die Keule 3-gliedrig. **Phloeosinus** Chap.
— Augen nicht ausgerandet 7
7. Fühlerkeule nicht flachgedrückt, die Geissel 5—6-gliedrig, das 3. Tarsenglied schwach herzförmig. **Xylechinus** Chap.
— Fühlerkeule etwas flach gedrückt, Geissel 7gliedrig, das 3. Tarsenglied breit, mehr oder weniger zweilappig. **Hylesinus** F.

Gatt. Hylastes Er.

1. Mesosternum zwischen den Mittelhüften einfach, das 3. Tarsenglied herzförmig und ziemlich schmal . . 2
— Mesosternum zwischen den Mittelhüften als rundlicher Höcker vorragend, das vorletzte Tarsenglied zweilappig und ziemlich breit, Halsschild breiter als lang, nach vorn stark verengt, Flügeldecken deutlich behaart, oft braun. Subg. **Hylurgops** Lec.
2. Die Basis der Flügeldecken ganz oder fast gerade abgestutzt, Prosternum zwischen den Vorderhüften nur vorn breit, hinten schmal. Subg. **Hylastes** i. sp.

— Die Basis der Flügeldecken einzeln schwach gerundet, die Basis des Halsschildes dadurch etwas zweibuchtig, der Fortsatz des Prosternums zwischen den Vorderhüften bis hinten breit Subg. **Hylastinus** Bed.

Subg. **Hylastes** i. sp.

1. Rüssel mit feinem, jederseits durch eine Grube begrenztem Längskiel 2
— Rüssel ohne Längskiel 3
2. Halsschild länger als breit mit ziemlich geraden Seiten und mit glatter Mittellinie, Rüssel mit langem Längskiel; Körper gestreckt, schmal, Flügeldecken mehr als doppelt so lang als breit, an der Basis gerade mit rechtwinkligen Schultern. Lg. 4—4½ mm. Auf Pinus sylvestris. Häufig bis 6000' ü. M. **Ater** Payk.
— Halsschild nicht länger als breit, in der Mitte am breitesten, mit undeutlicher glatter Mittellinie, Rüssel mit sehr kurzem Längskiel; Flügeldecken 1¾ mal so lang als breit mit etwas abgerundeten Schultern und an der Basis nicht ganz gerade abgestutzt, Körper gedrungener. Lg. 3½—4½ mm. Auf Fichten. Genf, Wallis, Basel, Schaffhausen, Zürich; bis 5500' ansteigend, noch im Engadin. **Cunicularius** Er.
3. Halsschild nicht gekielt, 1½ mal so lang als breit, mit länglichen Punkten dicht besetzt, meist mit glatter Mittellinie, Körper langgestreckt, schmal, Flügeldecken mehr als doppelt so lang als breit, an der Wurzel gerade abgestutzt mit rechtwinkligen Schultern. Lg. 3½ mm. (variolosus Perr.). Selten. Genf, Schaffhausen, Zürich, Engadin, Val Entremont. **Linearis** Er.
— Halsschild mit feinem Mittelkiel 4
4. Rüssel ohne vertiefte Mittellinie, schwarz oder rothbraun, Halsschild etwas länger als breit, sehr dicht punktirt, Flügeldecken 1¾ mal so lang als zusammen breit, ihre Zwischenräume vorn mit unregelmässiger Doppelreihe, hinten mit einfacher Reihe von Körnern. Lg. 2,5—2,8 mm. Auf Kiefern. Genf, Basel, Dübendorf, Schaffhausen, Matt im Kanton Glarus **Opacus** Er.
— Rüssel an der Basis mit vertiefter Mittellinie . . 5
5. Zwischenräume der Flügeldecken vorn mit einer unregelmässigen Doppelreihe, hinten mit einfacher Reihe von Körnchen, Halsschild kaum so lang als breit, sehr dicht und ziemlich kräftig punktirt. Lg. 2½ bis 3 mm. Häufig an Tannen. **Angustatus** Herbst.

— Zwischenräume der Flügeldecken bis vorn mit einer einfachen Körnerreihe, Halsschild fast länger als breit, sehr dicht punktirt. Lg. 2—2½ mm. Häufig unter Tannenrinde. **Attenuatus** Er.

Subg. **Hylastinus** Bed.

Das 1. und 2. Glied der Fühlerkeule gleich gross, die beiden folgenden sehr klein, Halsschild nach vorn stark verengt, lederartig gerunzelt; Streifen der Flügeldecken mit grossen Punkten. Lg. 1,8—2,2 mm. (obscurus Bedel). Auf Trifolium pratense. Genf, Wallis, Aarau, Basel, Schaffhausen. **Trifolii** Müll.

Subg. **Hylurgops** Lec.

1. Rüssel mit kräftigem Längskiel, von der Stirn durch eine tiefe Querfurche getrennt, Halsschild mit schwach erhabener Mittelline. Lg. 4—4½ mm. (tenebrosus Sahlb.). Wallis, Gadmen, Ormontthal, Basel. **Decumanus** Er.

— Rüssel mit undeutlichem Längskiel, durch eine schwache Querfurche von der Stirn getrennt, Halsschild mit deutlichem Mittelkiel. Lg. 3 mm. Auf Nadelholz. Nicht selten bis 3500′ ü. M. **Palliatus** Gyll.

Gatt. **Hylurgus** Latr.

1. Prosternum vor den Mittelhüften fast so lang als diese, das vorletzte Tarsenglied herzförmig. *Hylurgus* i. sp.

Halsschild dicht punktirt, Flügeldecken tief runzlig gekörnt, matt, mit sehr schwachen, nach hinten etwas tiefen Streifen und gelblicher Behaarung. Lg. 5 mm. Selten. Im Jura, der Westschweiz, Wallis. **Ligniperda** F.

— Prosternum ganz kurz, 3. Tarsenglied 2lappig, Fühlerkeule eichelförmig. (Blastophagus Eichh., Olim.). *Myleophilus* Eichh.

Halsschild zerstreut-punktirt, Flügeldecken ziemlich fein gestreift-punktirt, die Zwischenräume nach hinten gekörnt 2

2. Der 2. Zwischenraum der Flügeldecken hinten auf der abschüssigen Stelle vertieft, ohne Körner. Lg. 3½—4 mm. Sehr häufig. **Piniperda** L.

— Der 2. Zwischenraum der Flügeldecken hinten nicht vertieft, mit Körnern besetzt. Lg. 3¼—3¾ mm. Etwas seltener als der vorige. **Minor** Hartig.

Gatt. Dendroctonus Er.

Das vorletzte Tarsenglied zweilappig, Fühlerkeule rundlich eiförmig, Halsschild etwas breiter als lang, nach vorn verengt, dicht und ziemlich fein, etwas ungleich punktirt, Flügeldecken mit breiten, flachen Punktstreifen, Zwischenräume runzlig gekörnt, Oberseite lang, aber nicht dicht behaart. Lg. 6—7 mm. (ligniperda Payk. nec F.). Auf Fichten. Ziemlich selten; Genf, Weissenburg, Schaffhausen, Chur. **Micans** Kug.

Gatt. Carphoborus Eichh.

Die Naht und der 3. Zwischenraum der Flügeldecken hinten kielartig erhaben und mit dem kielartigen Seitenrand verbunden, Stirn in der Mitte, beim ♂ mit 2 Höckern, beim ♀ mit einem glatten Fleck. Dunkelbraun, Fühler und Füsse gelb, Halsschild so breit als lang, nach vorn verengt, sehr fein gekörnt und wie die Flügeldecken mit feinen grünen Schüppchen bekleidet, Basis der Flügeldecken aufgeworfen. Lg. 1,3—1,5 mm. Sehr selten. Wallis. **Minimus** F.

Gatt. Xylechinus Chap.

Fühlergeissel 5gliedrig, das 3. Tarsenglied schwach herzförmig, Halsschild kaum länger als breit, vorn wenig eingeschnürt, sehr fein und dicht punktirt mit Schuppenhäärchen, Flügeldecken mit aufgeworfenem Wurzelrand, punktirt-gestreift, die Zwischenräume eben mit einer Reihe aufgerichteter Börstchen. Lg. 2 mm. Sehr selten. Genf. **Pilosus** Ratz.

Gatt. Polygraphus Er.

Braun, Oberseite mit schuppenförmigen Börstchen ziemlich dicht besetzt, Stirn zottig behaart, Halsschild breiter als lang, nach vorn verengt mit schwachem Mittelkiel, sehr fein und dicht behaart, Flügeldecken fein gestreift. Lg. 1,5—2 mm. Nicht selten. Wallis, Zürich, Schaffhausen, Engadin. **Pubescens** F.

Gatt. **Phloeosinus** Chap.

Kurz oval, braun, gelblich behaart, Stirn beim ♂ tief ausgehöhlt, beim ♀ gewölbt, Halsschild viel breiter als lang, nach vorn stark verengt, hinten vor dem Schildchen ein ganz kurzer Kiel, sehr dicht punktirt, Flügeldecken um $^1/_4$ länger als breit mit aufgeworfenem, gekerbtem Basalrand, gestreift, Zwischenräume fast eben, sehr fein runzlig punktirt, mit kurzen Börstchen besetzt. Lg. 1,5 mm. Sehr selten. Auf Sequoia gigantea, Thuja und Juniperus. Basel, Lausanne. **Thujae** Perris.

Gatt **Hylesinus** F.

1. Abdomen deutlich aufsteigend, Episternen der Hinterbrust $2^1/_2$—3 mal so lang als breit, Basis der Flügeldecken einzeln gerundet und über die Basis des Halsschildes übergreifend (Hylesinus i. sp.).
Fühler ganz seitlich eingelenkt, die Einlenkung von oben nicht sichtbar 2

— Abdomen horizontal, Episternen der Hinterbrust 3 bis 4 mal so lang als breit, Basis der Flügeldecken fast gerade abgestutzt (Subgenus Pteleobius Bedel).
Fühler etwas auf die Stirn gerückt, ihre Einlenkung von oben sichtbar, Fühler braun oder gelb beschuppt mit einer weiss beschuppten eckigen Schrägbinde vor der Mitte zur Naht. Lg. 1,5—1,8 mm. Selten. Genf, Basel. **Vittatus** F.

2. Fühlerkeule so lang als die Geissel, Schaft und Geissel mit langen Haaren gefranst, Flügeldecken vorn einzeln abgerundet und über die Basis des Halsschildes übergreifend, Halsschild breiter als lang, gewölbt, Flügeldecken tief punktirt-gestreift, die Zwischenräume gehöckert und mit schwärzlichen Börstchen reihenweise besetzt. Lg. 4—5 mm. Auf Eschen und Eichen. Selten. Genf, Vevey, Siders, Basel, Zürich, St. Gallen. **Crenatus** F.

— Fühlerkeule doppelt so lang als die Geissel, Schaft und Geissel ohne lange Haare 3

3. Basis des Halsschildes durch das Uebergreifen der Flügeldeckenbasis stark zweibuchtig erscheinend, Oberseite unbeschuppt, Flügeldecken mit halb aufstehenden schwarzen Börstchen besetzt, längs der Naht dichter gelblich behaart; Körper kurz eiförmig.

Lg. $2^1/_2$ mm. Auf Syringa vulgaris bei Lausanne verwüstend aufgetreten. **Oleiperda** F.

— Basis des Halsschildes durch das Uebergreifen der Flügeldecken schwach zweibuchtig erscheinend, Oberseite scheckig beschuppt. Lg. 2,6—3 mm. (varius F.). Häufig in Eschen. **Fraxini** F.

Scolytini.

Kopf von oben sichtbar, das 3. Tarsenglied zweilappig, Vorderschienen mit plattem Aussenrand, an der Spitze aussen mit einem Endhaken, Fühlergeissel 7gliedrig. **Scolytus** Geoff.

1. Das 2. Abdominalsegment bei ♂ und ♀ ohne Höcker und ohne Längskiel 2

— Das 2. Abdominalsegment bei ♂ und ♀ mit einem Höcker bewaffnet, das 3. und 4. Glied bei ♂ und ♀ ohne Höcker 7

2. Scheibe des Halsschildes seitlich undicht und ziemlich fein punktirt 3

— Scheibe des Halsschildes seitlich dicht und grob punktirt, die Zwischenräume der Punkte nicht grösser als diese, die Punktreihe der Zwischenräume der Flügeldecken eben so stark und eben so vertieft als die Streifen, alle Abdominalsegmente bei ♂ und ♀ ohne Höcker, die Stirn beim ♂ dicht behaart . . 5

3. Flügeldecken tief punktirt-gestreift, die Zwischenräume glatt mit einer sehr feinen Punktreihe, das 3. und 4. Abdominalsegment bei ♂ und ♀ mit einem kleinen spitzen Höcker am Rande, Stirn bei ♂ und ♀ kurz und dicht behaart, ohne Längskiel. Lg. 3,5 bis 4 mm. (scolytus F. Er., destructor Redt. nec Er., Geoffroyi Eichh.). Nicht selten an Obstbäumen. **Ratzeburgi** Thoms.

— Flügeldecken schwach punktirt-gestreift, die Zwischenräume mit einer nicht viel feineren Punktreihe 4

4. Die Naht der Flügeldecken nur am Schildchen vertieft, die Punktreihen der Zwischenräume fast ebenso stark und ebenso vertieft wie die Streifen. Halsschild fast kugelig gewölbt, die obere Fläche der Mandibeln glänzend, am Innenrande concav, Stirn beim ♂ im Umkreis mit gelben Haaren besetzt, beim ♀ gewölbt, das 4. Abdominalsegment beim ♂ mit einem breit gedrückten Höcker; Flügeldecken braun.

Lg. 2—2½ mm. Nicht selten. Genf, Basel, Jura, Schaffhausen, Dübendorf, St. Gallen. **Pygmaeus** Herbst.

— Die Naht der Flügeldecken bis gegen die Mitte hin eingedrückt, die Punktreihe der Zwischenräume deutlich feiner als die Streifen, Mandibeln auf der obern Fläche durchweg convex, matt, Abdomen beim ♂ und ♀ ohne Höcker, Flügeldecken schwarz. Lg. 3,5—4 mm. Auf Obstbäumen nicht selten. **Pruni** Ratz.

Var. b. Halsschild etwas länglicher, nach vorn allmähliger verschmälert, die Punktreihen der Zwischenräume fast eben so stark als die Streifen. v. **pyri** Ratz.

Var. c. Flügeldecken braun. v. **castaneus** Ratz.

5. Zwischenräume der Flügeldecken glatt und mit regelmässigen Punktreihen besetzt, Halsschild überall dicht und tief, auf der Scheibe etwas feiner punktirt, Oberseite schwarz. Lg. 3—3½ mm. Selten. Zürich. **Carpini** Ratz.

— Zwischenräume der Flügeldecken durch schräge Nadelrisse runzlig 6

6. Die Punkte auf dem Halsschild sind rund und in der Mitte fein, dieses breiter als lang, Flügeldecken schwarz mit röthlicher Spitze, matt, ziemlich dicht behaart, selten roth, beim ♂ die Stirn behaart und am Vorderrand mit 2 dornförmigen Borsten. Lg. 3 bis 4 mm. (pygmaeus Gyll., carpini Redt.). Basel, in Eichen. Selten. **Intricatus** Ratz.

— Die Punkte auf dem Halsschild länglich, hin und wieder zusammenfliessend, Flügeldecken etwas matt, schwarz mit brauner Spitze, Fühler und Beine röthlichbraun. Lg. 2—2½ mm. Ziemlich selten, auf Kirsch- und Pflaumenbäumen. Wallis, Basel, Schaffhausen, Zürich. **Rugulosus** Ratz.

7. Das 2. Abdominalsegment an der Basis mit einem grossen, horizontalen, kegelförmigen Höcker; Flügeldecken ebenso glänzend als das Halsschild, kaum behaart, alle Punktstreifen der Flügeldecken regelmässig, durch schmale, regelmässige, nirgends zusammenfliessende, bisweilen fast rippenförmig erhabene Zwischenräume getrennt, Flügeldecken oft braun. Lg. 2—3 mm. (Ulmi Redt.). Basel. **Multistriatus** Marsh.

— Das 2. Abdominalsegment hinter der Basis mit einem rundlichen Höcker, Flügeldecken matt glänzend, die

Zwischenräume durch schräge Risse runzlig. Lg. 2½—3 mm. Nach Fankhäuser in der Schweiz aufgefunden. **Kirschi** Skal.

Platypini.

Kopf vom Halsschild nicht bedeckt, Vorderschienen aussen mit Querleisten, Körper lang, cylindrisch.

Gatt. **Platypus** Herbst.

Halsschild länger als breit, cylindrisch, Flügeldecken gestreift, an der Spitze schwach eingedrückt, beim ♂ mit einem kleinen stumpfen Dorn am Seitenrand vor der Spitze. Lg. 5 mm. Ziemlich selten, in Eichenrinde. Genf, Wallis, Waadt, Basel, Zürich, Schaffhausen, St. Gallen. **Cylindrus** Fabr.

Tomicini.

1\. Augen nicht getheilt, das letzte Glied der Kiefertaster meist ungestreift, Nahtstreif der Flügeldecken meist stark vertieft, ihre Basis nicht aufgeworfen, die 3 ersten Tarsenglieder fast gleich lang . . . 2

— Augen getheilt, Fühlergeissel viergliedrig, Keule ungeringelt, flach, nach der Spitze breiter, das letzte Glied der Kiefertaster mit parallelen Längsstrichen, Nahtstreif der Flügeldecken schwach vertieft. **Xyloterus** Er.

2\. Fühlerkeule ungeringelt, viel länger als die kurze, zweigliedrige Geissel, Kopf mit sehr kurzem Rüssel, Halsschild gleichmässig punktirt, ohne Querrunzeln. **Crypturgus** Er.

— Fühlerkeule wenig geringelt, Geissel 4—5gliedrig . 3

3\. Halsschild vorn mit einem rauhen Höckerfleck, an der Basis gerandet, meist breiter als lang, Fühlergeissel meist 4gliedrig, Keule 4gliedrig, deutlich geringelt **Cryphalus** Er.

— Halsschild vorn meist querrunzlig, aber ohne abgegrenzten Höckerfleck, in der Regel länger als breit (Ausn. einige Xyleborus ♂), Fühlergeissel 5gliedrig, Flügeldecken an der Spitze meist eingedrückt und beim ♂ bewaffnet. **Tomicus** Latr.

Gatt. **Crypturgus** Er.

1. Flügeldecken punktirt-gestreift mit ziemlich glatten Zwischenräumen, Halsschild nach vorn und hinten verengt, zerstreut-punktirt, Oberseite glänzend, sparsam behaart, bisweilen der ganze Körper hellbraun. Lg. 0,8 mm. Häufig unter Tannenrinde bis 3000′ ü. M. **Pusillus** Gyll.

— Flügeldecken gekerbt-gestreift, mit etwas gerunzelten Zwischenräumen, an der Spitze gelb behaart, Halsschild nach vorn schwach, nach hinten kaum verengt, dicht punktirt, Oberseite matt, fein behaart. Lg. 1 mm. (tenerrimus Sahlbg.) Selten. Basel, Dübendorf. **Cinereus** Herbst.

Gatt. **Cryphalus** Er.

1. Fühlergeissel 4gliedrig 2
— Fühlergeissel 5gliedrig. Subg. **Trypophloeus** Fairm.*)

2. Fühlerkeule mit geraden oder kaum gekrümmten Quernähten, Körper kurz walzenförmig. Subg. **Cryphalus** i. sp.

— Fühlerkeule mit stark bogenförmigen Nähten, Körper gestreckt walzenförmig. Subg. **Ernoporus** Thoms.

Subg. **Cryphalus** i. sp.

1. Augen nicht ausgerandet, Halsschild am Vorderrand mit 4 kleinen Hörnchen und auf der vorderen Hälfte mit 3 leistenähnlichen Körnerreihen, Flügeldecken

*) Anm. Diese Untergattung ist in der Schweiz bis jetzt nicht gefunden, da aber die betreffenden Arten in Deutschland weit verbreitet sind, so dürften sie wohl auch in der Schweiz nicht fehlen; ich gebe daher in Kürze die Diagnose:

Subg. **Trypophloeus** Fairm.

Der Höckerfleck nimmt fast den ganzen vorderen Theil des Halsschildes ein, hinter ihm ist das Halsschild fein punktirt.

1. Flügeldecken nur nach aussen deutlich, neben der Naht nicht gestreift-punktirt, auf der Spitze mit einer (beim ♂ stärkeren) Beule, Halsschild mit mehr oder weniger leistenähnlichen, concentrisch gebogenen Körnerreihen. Lg. 1,3—2 mm. (asperatus Gyll. ex parte). **Binodulus** Ratz.

— Flügeldecken überall mit deutlichen Punktreihen, die wenig gröber sind als die Punkte der Zwischenräume, vor der Spitze eine kleine Beule. **Granulatus** Ratz.

überall mit deutlichen Punktreihen, die gröber sind als die Punkte der Zwischenräume, mit hellen schuppenförmigen Börstchen reihenweise besetzt. Lg. 1 mm. (Ratzeburgi Ferrari). Unter Lindenrinde. Genf, Unterengadin. **Tiliae** Panz., Ratz.

— Augen vorn schwach ausgerandet, Halsschild am Vorderrand ohne Zähnchen 2

2\. Flügeldecken mit langen abstehenden Haarbörstchen reihenweise besetzt, ausserdem mit kurzen Schuppenhäärchen bestäubt, Halsschild fast doppelt so breit als lang, gleichmässig nach vorn verschmälert. Lg. 1,5—2 mm. Nicht selten, unter Weisstannenrinde. Thun, Basel, Schaffhausen. **Piceae** Ratz.

— Flügeldecken ohne lange abstehende Haarbörstchen 3

3\. Flügeldecken nicht oder undeutlich punktirt-gestreift, Körper gedrungen, cylindrisch, Halsschild weitläufig, kaum concentrisch gekörnt. Lg. 2 mm. Selten, unter Nadelholz- und Nussbaumrinde. Genf, Basel. **Asperatus** Gyll. Ratz.

— Flügeldecken deutlich und ziemlich stark punktirt-gestreift, cylindrisch gewölbt, fast doppelt so lang als das Halsschild, dieses $1^1/_4$ mal so breit als lang. Lg. 1,7—2 mm. Selten. Basel, Schaffhausen, Chandolin. **Abietis** Ratz.

Subg. **Ernoporus** Thoms.

Körper langgestreckt, Halsschild klein, nicht breiter als lang, am Vorderrand mit 2 sehr kleinen Körnchen, Flügeldecken $2^1/_2$ mal so lang als das Halsschild, ohne Punktstreifen, nur an den Seiten gestreift-punktirt, Oberseite schwarz, matt, mit fast schuppenförmigen grauen Börstchen dicht bekleidet. Lg. 1,7—2 mm. Selten. Unter Buchenrinde. Bündten. **Fagi** Nördl.

Gatt. **Tomicus** Latreille (Ips de Geer).

Uebersicht der Untergattungen.

1\. Vorderschienen schmal, nach der Spitze nicht erweitert, schwach gezähnelt, die Vordertarsen nicht einlegbar, Fühlerkeule mit geradlinigen Nähten, Prosternum vorn bis fast an die Vorderhüften ausgeschnitten, Flügeldecken an der Spitze mit tief eingedrückter Naht, das 1. Glied der Lippentaster nicht blasenartig verdickt 2

— Vorderschienen nach aussen beträchtlich verbreitert, aussen stark gezähnelt, die Vordertarsen einlegbar, Halsschild an der Basis ungerandet 3

2. Basis des Halsschildes gerandet, Prosternum mit einem zwischen die Vorderhüften hineinragenden spitzen Fortsatz, Flügeldecken hinten neben der Naht vertieft. Subg. **Pityophthorus** Eichh.

— Basis des Halsschildes in der Mitte ungerandet, Prosternum ohne Fortsatz, Flügeldecken an der Spitze beim ♂ mit 2—3 Zähnchen, beim ♀ mit ebenso vielen Höckerchen oder einfach. Subg. **Pityogenes** Bedel.

3. Flügeldecken an der Spitze mehr oder weniger tief eingedrückt und wenigstens beim ♂ mit Zähnchen bewaffnet, Prosternum mit einem spitzen Fortsatz zwischen den Vorderhüften, Fühlerkeule mehr oder weniger comprimirt, das 1. Glied der Lippentaster nicht blasenförmig 4

— Flügeldecken an der Spitze nicht eingedrückt, höchstens abgeschrägt und mit eingedrückter Naht, nie gezähnt, höchstens mit Höckerchen bewaffnet . . 5

4. Fühlerkeule mit kreuzförmig gekrümmten Nähten, das 1. Glied kreisrund, die folgenden sichelförmig, das 2. Glied der Lippentaster nicht grösser als das 1. Subg. **Xylocleptes** Ferr.

— Fühlerkeule mit schwach geschwungenen oder geraden Nähten, das 2. Glied der Lippentaster grösser als das 1. Subg. **Tomicus** i. sp.

5. Fühlerkeule nur auf der Vorder- und Hinterfläche durch undeutliche, gekrümmte Quernähte geringelt, kreisrund, an der Spitze nicht schwammig, das 2. bis 5. Geisselglied quer, aber zur Keule nicht breiter werdend, Prosternum vorn bis an die Vorderhüften ausgeschnitten. Subg. **Taphrorhychus** Eichh.

— Fühlerkeule nur auf der Vorderfläche geringelt, auf der Hinterfläche verdeckt das 1. vergrösserte Glied die folgenden, an der Spitze schwammiger ganz . . 6

6. Alle Glieder der Fühlergeissel länger als breit, zur Keule nicht breiter werdend, diese klein, nicht länger als die Geissel, Mesosternum zwischen den Mittelhüften nicht höckerig vorragend. · Subg. **Thamnurgus** Eichh.

— Das 3.—5. Glied der Fühlergeissel quer und zur Keule hin stark breiter werdend 7

7. Mesosternum zwischen den Mittelhüften höckerartig vorragend, Flügeldecken an der Spitze nicht abgeschrägt und höchstens mit ganz kleinen Körnchen besetzt, das 1. Glied der Lippentaster nicht blasenförmig verdickt 8

— Mesosternum einfach, Flügeldecken hinten mehr oder weniger abgeschrägt und mit einigen Höckerchen bewaffnet, das 1. Glied der Lippentaster meist blasenförmig aufgetrieben; ♂ ungeflügelt, vom ♀ sehr verschieden 9

8. Das ♂ ist vom ♀ wenig verschieden.
Subg. **Dryocoetes** Eichh.

— Das ♂ ist kurz und dick, fast kugelförmig, ungeflügelt, vom ♀ sehr verschieden.
Subg. **Coccotrypes** Eichh.

9. Das ♂ ist kleiner und flacher als das ♀.
Subg. **Xyleborus** Eichh.

— Das ♂ ist ganz kurz, aber dick und fast kugelig.
Subg. **Anisandrus** Ferr.

Subg. **Pityophthorus** Eichh.

1. Spitzenrand der Flügeldecken am Nahtwinkel abgerundet 2

— Spitzenrand der Flügeldecken am Nahtwinkel deutlich vorgezogen, der Seitenrand der abgeschrägten Spitzenfläche der Flügeldecken mit borstentragenden Körnchen besetzt und ebenso allmählig abfallend als die Naht, diese nicht tiefer liegend als der Seitenrand, Flügeldecken fein punktirt-gestreift. Lg. 1,3 bis 1,8 mm. (pityographus Ratz.). Selten. Auf Fichten und Tannen. Genf, Basel, Zürich. **Micrographus** Gyll.

2. Flügeldecken sehr fein punktirt-gestreift und ohne Höckerchen am Hinterabsturz. Lg. 1,5—1,9 mm. Sehr selten. Grindelwald. **Henscheli** Leitner.

— Flügeldecken ziemlich grob punktirt-gestreift, auf der abgeschrägten Spitzenfläche mit borstentragenden Höckerchen, diese Fläche mit breitem, glattem, ausgehöhltem Nahtstreif, Stirn beim ♀ im Umkreis graugelblich behaart. Lg. 1,5—2 mm. Selten. Auf Pinus-Arten. Genf, Gadmen, Schaffhausen, Macugnaga.
Lichtensteini Ratz.

— Dem vorigen äusserst ähnlich, aber kleiner, die abgeschrägte Fläche der Flügeldecken fein, aber deutlich gerunzelt, der Nahtstreif kaum vertieft und die beiden Seitenfurchen an der Spitze weniger deutlich, schmäler und mit weniger deutlichen borstentragenden Höckerchen versehen. Lg. 1,5 mm. Sehr selten. Wallis. **Ramulorum** Perrés.

Subg. **Pityogenes** Bed.

1. Flügeldecken sehr fein gereiht-punktirt, die Zwischenräume glatt, Stirn beim ♀ vertieft, Flügeldecken auf der Spitze neben dem stark ausgehöhlten Nahtstreifen mit 3 starken Zähnen beim ♂, und mit Höckerchen beim ♀. Lg. 1,8—2,2 mm. (♂ Xylographus Sahlb). Selten, unter Fichtenrinde. Genf, Waadt, Wallis, Gadmenthal, Basel, Dübendorf, Sargans. **Chalcographus** L.

— Flügeldecken ziemlich stark gereiht-punktirt, die Zwischenräume mit einer feinen Punktreihe; beim ♂ trägt die abgeschrägte Spitzenfläche der Flügeldecken oben jederseits am Seitenrand einen hakenförmigen Zahn, beim ♀ zeigt sie nur die stark vertieften Nahtstreifen 2

2. Der Seitenrand der Spitzenfläche der Flügeldecken des ♂ ist unterhalb des Höckers mit mehreren börstchentragenden Kerbzähnchen besetzt. Lg. 2 mm. (bidens F.). Nicht selten, im Engadin unter Lärchenrinde, Genf, Wallis, Waadt, Basel, Zürich, Schaffhausen. **Bidentatus** Herbst.

— Der Seitenrand der Spitzenfläche der Flügeldecken des ♂ unterhalb des oberen Hakenzahnes glatt und nur in der Mitte mit einem scharfen, kegelförmigen Zähnchen besetzt; bisweilen ist noch ein drittes kräftiges Zähnchen vorhanden (Var. bistridentatus Eichh.). Lg. 2—2,3 mm. Selten. Engadin, Wallis, Schaffhausen. **Quadridens** Hartig.

Subg. **Xylocleptes** Ferrari.

Halsschild mit glatter Mittellinie, die abgeschrägte Spitzenfläche der Flügeldecken beim ♂ glatt, glänzend und jederseits am Seitenrand über der Mitte mit einem starken kegelförmigen Zahn bewaffnet, beim ♀ mit erhöhter Naht, vertieftem Nahtstreif und

einigen Körnchenreihen besetzt. Lg. 2,8—3 mm. Häufig, in den Stengeln von Clematis vitalba. Genf, Waadt, Wallis, Basel, Zürich, Schaffhausen.
Bispinus Ratz.

Subg. **Tomicus** i. sp.

1. Fühlerkeule mit buchtigen Nähten 2
— Fühlerkeule mit geraden oder wenig gebogenen Nähten, nur der 1. Ring glänzend 6
2. Flügeldecken an der abgeschrägten Spitzenfläche jederseits mit 4—6 Zähnchen besetzt, der 1. und 2. Ring der Fühlerkeule glänzend 3
— Flügeldecken an der abgeschrägten Spitzenfläche jederseits mit 3 Zähnen besetzt, Fühlerkeule rundlich, nur 1 Ring glänzend, Halsschild ohne glatte Mittellinie, die Naht auf der abgeschrägten Spitze der Flügeldecken kaum erhaben, von den Zähnchen ist das unterste am grössten und steht etwa in der Mitte des Randes, Körper kurz cylindrisch. Lg. 2,6—3 mm. Selten; unter Kiefernrinde in den Alpen, noch seltener in tiefern Gegenden. Schaffhausen und Siders.
Acuminatus Gyll.
3. Spitze der Flügeldecken jederseits mit 6 starken Zähnen besetzt, der 4. am längsten, Flügeldecken grob gereiht-punktirt, die inneren Zwischenräume ohne Punktreihe. Lg. 6—7 1/2 mm. (B. stenographus Dft.). Stellenweise häufig. Basel, Schaffhausen, Dübendorf, St. Gallen, Siders, Thun, Saas, Waadt, auch in den Alpen und im Jura, Wallis. **Sexdentatus** Börner.
— Spitze der Flügeldecken jederseits mit 4 deutlichen Zähnchen besetzt, das 3. am längsten; Flügeldecken mit etwas weniger groben Punktstreifen 4
4. Stirn mit einem Höckerchen, die Zwischenräume der Punktstreifen der Flügeldecken auf dem Rücken gewölbt und glatt, die innern hinten mit einer feinen Punktreihe, die abgeschrägte Spitzenfläche mehr oder weniger matt. Lg. 4—5 mm. (8 dentatus Gyll.). Sehr häufig auf Tannen und Kiefern, überall.
Typographus Z.
— Stirn ohne Höcker, Körper verlängter, mehr cylindrisch, die Zwischenräume der Flügeldecken eben, auch auf der Scheibe und mit einer deutlichen Punktreihe, die Eindruckstelle glänzend 5

5. Flügeldecken fast gekerbt-gestreift, Körper cylindrisch, grösser als der folgende (5 mm. und mehr), Pubescenz dicht, lang und grau, Stirn sehr dicht körnig punktirt. In allen Alpenthälern, 3000—5800′ ü. M. Engadin, Gadmenthal, Simplon, St. Bernhard, Macugnaga. **Cembrae** Heer.

— Flügeldecken weniger tief punktirt-gestreift, die Punkte der Streifen von einander entfernt, Zwischenräume eben und querrunzlig, Pubescenz fein und spärlich, Stirn weniger deutlich punktirt, Halsschild nach vorn deutlich verschmälert. Lg. 4 mm. Sehr selten. Tavetsch. (xylographus Redt.). **Amitinus** Eichh.

6. Halsschild wenig länger als breit, Fühlerkeule kreisrund 7

— Halsschild fast doppelt so lang als breit mit breiter, glatter Mittellinie; Fühlerkeule breiter als lang, mit gebogenen Nähten; Körper langgestreckt. Lg. 3—5 mm. (oblitus Perris). Sehr selten. Leuk. **Longicollis** Gyll.

7. Der unterste grössere Zahn der abgeschrägten Spitzenfläche der Flügeldecken steht in der Mitte des Seitenrandes und dem vorhergehenden nahe, Halsschild kaum länger als breit, hinten stärker punktirt mit glatter Mittellinie, Flügeldecken grobrunzlig punktirt-gestreift, die Spitze schräg abgestutzt mit stumpfen Zähnen, Körper kurz walzenförmig. Lg. 3—4 mm. Sehr selten. Auf Pinus sylvestris; Ardon im Wallis. **Proximus** Eichh.

— Der unterste grössere Zahn der abgeschrägten Spitze der Flügeldecken steht nahe am Spitzenrande und vom vorhergehenden entfernt, der Nahtstreif gefurcht, Körper abstehend behaart 8

8. Fühlerkeule mit 3 deutlichen Nähten, Flügeldecken fein oder mässig grob, nach hinten nicht gröber punktirt, der Nahtstreif gefurcht, Körper abstehend behaart 9

— Fühlerkeule mit zwei deutlichen Nähten, Flügeldecken sehr grob, nach hinten grubig punktirt, die eingedrückte Spitze der Flügeldecken schmäler als die Flügeldecken, Körper abstehend behaart, ziemlich kurz cylindrisch, ♀ mit dicht gelbbehaartem Scheitel. Lg. $2^1/_2$—3 mm. Selten, auf Nadelholz. Waadt, Jorat, Neuchâtel, Basel, Schaffhausen, Tharasp. **Curvidens** Germ.

9. Die eingedrückte Spitze der Flügeldecken wenig schmäler als die Flügeldecken, diese ziemlich grob gestreift-punktirt, die Zähne stehen auf dem Seitenrand des Eindrucks, Fühlerkeule mit geraden Nähten, Halsschild hinten mässig punktirt. Lg. 3—3½ mm. Sehr häufig bis 3500′ ü. M. **Laricis** F.
— Die eingedrückte Spitze der Flügeldecken viel schmäler als die Flügeldecken, die Zähne stehen neben dem Seitenrand des Eindrucks näher zur Naht, Flügeldecken fein punktirt-gestreift, Fühlerkeule mit gebogenen Nähten, Halsschild hinten sehr dicht punktirt. Lg. 2,6—3 mm. (♂ nigritus Gyll.). Genf, Waadt, Sisselen im Kt. Bern. **Suturalis** Gyll.

Subg. Taphrorychys Eichh.

Die abgeschrägte Spitzenfläche der Flügeldecken am Seitenrand nicht gezähnelt, Flügeldecken fein punktirt-gestreift, die Zwischenräume dicht gereiht-punktirt, Halsschild von der Basis an nach vorn gerundet verengt, Stirn beim ♀ dicht gelb behaart. Lg. 2 bis 2½ mm. (fuscus Gyll.). Selten, in Rothbuchen, Weissbuchen und Nussbäumen. Basel. **Bicolor** Herbst.

Subg. Thamnurgus Eichh.

Halsschild an der Basis am breitesten, nach vorn gerundet verengt, grob punktirt, Flügeldecken grob undeutlich gereiht-punktirt, die abgeschrägte Spitzenfläche fast eben, deutlich punktirt, Körper lang weisslich behaart. Lg. 1,5—2 mm. In den Stengeln von Teucrium scorodonia, Origanum vulgare, Lamium album, Betonica officinalis und anderen Labiaten. In der Schweiz noch nicht nachgewiesen, aber sicher vorhanden. **Kaltenbachi** Bach.

Subg. Dryocoetes Eichh.

1. Flügeldecken fein punktirt-gestreift, der Nahtstreif von der Basis bis zur abgeschrägten Spitze fast gleich stark vertieft, die Zwischenräume mit einer feinen Punktreihe 2
— Flügeldecken mit tiefen Kerbstreifen, die Naht tief gefurcht, besonders nach hinten, Halsschild hinten plötzlich verengt, Körper lang behaart. Lg. 2,3—3 mm.

Selten, auf Eichen und Kastanien. Genf, Jura, Wallis, Neuchâtel, Schaffhausen, Dübendorf, Matt. **Villosus** F.

2. Der Nahtstreif auf der abgeschrägten Spitze der Flügeldecken nicht stärker eingegraben und die Naht nicht erhaben; Halsschild in der Mitte am breitesten, dicht mit grossen Punkten besetzt, mit etwas erhöhter Mittellinie. Lg. 3—4 mm. (villosus Gyll.). Nicht selten auf Tannen und Kiefern. Neuchâtel, Basel, Gadmen, Schaffhausen. **Autographus** Ratz.

— Der Nahtstreif auf der abgeschrägten Spitze der Flügeldecken tief eingegraben und die Naht erhaben, Halsschild seitlich schwach gerundet, nach vorn verschmälert, die Hinterecken abgerundet, mit schuppenartigen Runzeln auf der Scheibe dicht besetzt, mit vorn abgekürzter Mittellinie. Lg. 2—2,3 mm. (Marshami Rye.). Auf Erlen. Sehr selten. **Alni** Georg.

Subg. **Coccotrypes** Eichh.

Flügeldecken sehr dicht gereiht-punktirt, dicht abstehend behaart, hinten einfach gewölbt, matt, Halsschild dicht granulirt-punktirt, nach vorn verschmälert. Lg. 2—2½ mm. Schaffhausen. ♂ viel kleiner, Flügeldecken weniger gewölbt, eirund. In Magazinen der Früchtenhändler, wahrscheinlich importirt.
Dactyliperda F.

Subg. **Xyleborus** Eichh.

Halsschild walzenförmig mit fast geraden parallelen Seiten, der Vorderrand beim ♀ gerundet, beim ♂ selten mit Eindruck und Zähnchen, dann die Oberseite gelb.

1. Zwischenräume der Flügeldecken fast querrunzlig, auf der abgeschrägten Spitze die Naht und der 3. Zwischenraum gehöckert, der 2. vertieft, Halsschild auf der Mitte der Scheibe mit einem runden Höckerchen, hinten fein punktirt, Körper cylindrisch. Lg. 3 mm. (♂ unbekannt), (alni Muls.). Sehr selten. Auf Birken und Zitterpappeln. Unterwalden. **Pfeili** Ratz.

— Zwischenräume der Flügeldecken nicht querrunzlig, mehr oder weniger regelmässig gereiht-punktirt . . 2

2. Die abgeschrägte Spitze der Flügeldecken deutlich flach gedrückt und mit 1—2 Reihen Höckerchen pa-

rallel der Naht, Halsschild viel länger als breit, hinten fein punktirt, Oberseite bei ♂ und ♀ rothbraun, Flügeldecken fein gestreift, die Zwischenräume mit noch feinerer Punktreihe. ♂ kürzer, Halsschild tief ausgehöhlt, nach vorn in ein kleines rückwärts gekrümmtes Horn verlängert. Lg. ♂ 2 bis 2,3, ♀ 2,3 bis 3,2 mm. Selten, auf Eichen. Genf, Basel, Schaffhausen, Dübendorf. **Monographus** F.

Die abgeschrägte Spitze der Flügeldecken kaum flachgedrückt, mit mehreren Reihen Höckerchen parallel der Naht, Flügeldecken sehr fein punktirt, Halsschild länger als breit 3

Spitze der Flügeldecken mit spitzen Höckerchen besetzt, diese fein gestreift, die Zwischenräume mit noch feinerer Punktreihe, Halsschild länger als breit, etwas vor der Mitte der Scheibe mit einem schwachen Querwulst, hinten kaum punktirt, schwarz oder braun, dünn behaart. Lg. 2—2½ mm.

♂ kurz, heller braun, länger behaart, buckelig, Halsschild ohne Wulst. Auf Laubhölzern und Obstbäumen. Genf, Aarau, Basel, Schaffhausen, Nürenstorf. **Saxeseni** Ratz.

Spitze der Flügeldecken mit Körnchen besetzt, diese fein punktirt-gestreift, die Zwischenräume mit einer noch feineren Punktreihe, Halsschild ohne Querwulst, hinten deutlich punktirt, beim ♂ vorn ausgehöhlt und in ein stumpfwinklig aufgebogenes Höckerchen vorgezogen, Körper langgestreckt, röthlichbraun. Lg. ♂ 2, ♀ 2,3—2,6 mm. Auf Eichen. **Dryographus** Er.

Subg. **Anisandrus** Ferrari.

♀ Plump und kurz cylindrisch, dunkelbraun, grau behaart; Fühler, Schienen und Tarsen röthlich, Halsschild kugelig, hinten glatt, Flügeldecken fein punktirt-gestreift bis zur Spitze, 1½ mal so lang das Halsschild, die Zwischensäume mit noch feinerer Punktreihe, die sich gegen die Spitze in Körnchen verwandelt, 7. Zwischenraum an der Spitze fein gekielt. Lg 3 mm.

♂ Viel breiter, kugelig oval, Flügeldecken kaum länger als das Halsschild, stark gewölbt, lang behaart, an der flachgedrückten Spitze mit einigen Körnchen, Beine verlängt. Lg. 2 mm. Selten. Basel, Aarau, Schaffhausen, Dübendorf, St. Gallen, Stammheim im Kanton Zürich, Lugano. Auf Pflaumenbäumen. **Dispar** F.

Gatt. Xyloterus Er.

Stirn beim ♂ ausgehöhlt, Flügeldecken meist mit schwarzem Rande.

1. Nahtstreif auf der abfallenden Spitze der Flügeldecken sehr wenig vertieft, Fühlerkeule ohne scharfe Ecke 2

— Nahtstreif auf der abfallenden Spitze der Flügeldecken tief, furchenförmig, Fühlerkeule an der Spitze schräg abgestutzt, der eine Winkel gerundet, der andere in eine spitze Ecke ausgezogen, Flügeldecken ohne schwarzen Längsstrich auf der Mitte der Flügeldecken. Lg. 3½ mm. (limbatus F.). **Domesticus** L.

Normalfärbung schwarz, Flügeldecken, Fühler und Tarsen gelb, die Naht der Flügeldecken und ihr Seitenrand und die Spitze schwarz.

Var. a. Beine blassgelb.

Var. b. Halsschild an den Seiten und an der Wurzel gelb, ebenso die ganzen Flügeldecken und Beine.

Var. c. Halsschild gelb, mit einem schwarzen Fleck auf der Mitte der Scheibe.

Var. d. Der schwarze Fleck an der Spitze der Flügeldecken ist undeutlich.

Ziemlich selten, bis 6000′ ansteigend. In Buchen. Gadmen, Basel, Burgdorf, Zürich, Chur, Montreux, Engadin.

2. Fühlerkeule an der Spitze ganz gerundet, Basis des Halsschildes schwarz, Flügeldecken mit schwarzem Längsstreif auf der Scheibe. Lg. 2,8—3 mm. Ueberall und bis 6000′ ansteigend. **Lineatus** Ol.

Var. a. Flügeldecken gelb mit schwärzlichem Seitenrand.

Var. b. Halsschild und Flügeldecken braungelb, diese mit schwärzlichem Seitenrand.

Var. c. Körper ganz gelb und nur der Kopf und der Seitenrand des Halsschildes gelb.

— Fühlerkeule an der Spitze abgestutzt, der eine Winkel gerundet, der andere rechtwinklig, gelbbraun, die Seiten des Halsschildes und eine oft abgekürzte Binde auf der Scheibe, die Naht, der Seitenrand und eine Längsbinde der Flügeldecken schwarz. Lg. 3,5 mm. (quercus Eichh.). Burgdorf, Schaffhausen, Genf, Wallis. **Signatus** F.

Var. a. Flügeldecken schwarz, ein Fleck in der Schildchengegend und manchmal ein schwacher Längsstreif auf der Scheibe gelb.
Var. b. Flügeldecken gelb, die schwarze Längsbinde abgekürzt, die Seiten ganz gelb.
Var. c. Flügeldecken ganz gelb oder höchstens die Vorderecken des Halsschildes und der Seitenrand der Flügeldecken etwas dunkler.

Fam. Cerambycidae.

1. Vorderschienen ohne schräge Rinne, Endglied der Taster mehr oder weniger abgestutzt, Kopf mehr oder weniger geneigt 2
— Vorderschienen innen mit einer schrägen Rinne, Endglied der Tarsen lanzetförmig oder zugespitzt, Kopf senkrecht, hinten nicht oder allmählig eingeschnürt, Fühler in einer Ausrandung der Augen stehend, Vorderhüften nicht vorragend. **Lamiini.**
2. Prosternum hinter den Vorderhüften in einen kurzen Fortsatz verlängert, Halsschild mit deutlichem, meist scharfem und oft gezacktem Seitenrand, Körper meist flach und breit. **Prionini.**
— Prosternum ohne Fortsatz hinter den Vorderhüften, Halsschild ohne Seitenrand, Körper nicht flach . . 3
3. Kopf hinten nicht oder allmählig und schwach eingeschnürt, Vorderhüften nicht zapfenförmig vorragend (Ausnahme Obrium). **Cerambycini.**
— Kopf hinten halsförmig verengert, Fühler auf der Stirn eingefügt, Augen meist nicht ausgerandet, Vorderhüften meist zapfenförmig vorragend. **Lepturini.**

1. Prionini.

1. Seitenrand des Halsschildes scharf, Episternen der Hinterbrust hinten abgestutzt 2
— Seitenrand des Halsschildes stumpf, Episternen der Hinterbrust zugespitzt 3
2. Seitenrand des Halsschildes fein gezähnelt, mit einem stärkeren Zahn hinter der Mitte, Fühler dünn, nicht gesägt, beim ♂ länger als der Körper, die Glieder viel länger als breit. **Ergates** Serv.
— Seitenrand des Halsschildes mit 3 starken, spitzen Zähnen, Fühler dick, gesägt, beim ♂ länger, beim

♀ kürzer als der halbe Leib, die äussern Glieder kaum doppelt so lang als breit. **Prionus** Geoffr.

3\. Halsschild mit zottiger Behaarung und mit einem spitzigen Dorn in der Mitte, Fühler beim ♀ so lang, beim ♂ etwas länger als der halbe Leib. **Tragosoma** Serv.

— Halsschild nur mit zahnförmig vorspringenden Hinterecken, ohne zottige Behaarung, Fühler beim ♀ länger als der halbe, beim ♂ länger als der ganze Leib. **Aegosoma** Serv.

Gatt. **Prionus** Geoffr.

Braun, Kopf viel schmäler als das Halsschild, dieses doppelt so breit als lang, nicht sehr dicht, die Flügeldecken dichter, etwas runzlig punktirt, Flügeldecken doppelt so lang als breit und viel breiter als das Halsschild, mit 3 schwach angedeuteten Längslinien. Lg. 24—40 mm. An alten Baumstöcken. Nicht häufig, aber über die ganze ebenere Schweiz verbreitet. **Coriarius** L.

Gatt. **Ergates** Serv.

Braun, Kopf viel schmäler als das Halsschild, dieses doppelt so breit als lang, beim ♀ grob gerunzelt, beim ♂ fein runzlig punktirt mit einem glänzenden Fleck jederseits der Mittellinie und einem kleinern mehr linienförmigen zwischen diesem und dem Seitenrand, Flügeldecken beim ♂ kaum so breit, beim ♀ breiter als das Halsschild, gerunzelt, mit 2 erhabenen Linien, doppelt so lang als breit. Lg. 27—47 mm. Selten. Wallis und Waadt. **Faber** L.

Gatt. **Tragosoma** Serv.

Halsschild mit den Seitendornen doppelt so breit als lang, ziemlich dicht punktirt, Flügeldecken grob und nicht sehr dicht punktirt, viel breiter als das Halsschild, mit mehreren erhabenen Längslinien. Lg. 23—30 mm. Sehr selten. Wallis, Bern, Gadmenthal, Basel. **Depsarium** L.

Gatt. **Aegosoma** Serv.

Kopf und Halsschild braun, Flügeldecken heller braun, Beine röthlich, Halsschild doppelt so breit als lang, nach vorn stark verschmälert, die Hinterecken spitzig vortretend, Flügeldecken mit 3—4 erhabenen Längslinien, dicht und fein gekörnt und fein anliegend behaart. Lg. 32—48 mm. Selten. Wallis, Waadt, Genf, Basel, Bern, Zürich. **Scabricorne** Scop.

2. Cerambycini.

1. Vorderschienen mit gezähneltem Aussenrand, an der Spitze in einen Zahn ausgezogen, Fühler sehr kurz, kaum länger als das Halsschild mit breiten Gliedern, deren Poren auf der Unterseite auf eine kleine Fläche zusammengedrückt sind. **1. Spondylina.**
— Vorderschienen mit glattem Aussenrand, Fühlerglieder einfach 2
2. Hinterschenkel nicht lang abstehend behaart, selten mit abstehenden Haaren, dann aber entweder ausserdem dicht anliegend behaart oder sehr schmal, Gelenkhöhlen der Vorderhüften nach hinten nie ganz geschlossen 3
— Hinterschenkel lang abstehend behaart ohne dichte anliegende Behaarung, alle Schenkel gekeult. **5. Callidiina.**
3. Hinterschenkel kurz, alle Schenkel keulenförmig. **2. Tetropiina.**
— Hinterschenkel lang, meist die Spitze des Hinterleibs erreichend, alle Schenkel schmal, selten etwas keulenförmig 4
4. Halsschild seitlich gerundet, Gelenkhöhlen der Vorderhüften seitlich mit einem offenen Spalt, so dass die Trochantinen der Vorderhüften sichtbar sind, selten geschlossen (Cytus), dann aber die Fühler kürzer als der Körper, Halsschild meist so breit als die Flügeldecken. **3. Clytina.**
— Halsschild seitlich mit einem Dorn oder Höcker, selten gerundet (einige Purpuricenus), dann aber die Gelenkhöhlen der Vorderhüften seitlich geschlossen und die Fühler länger als der Körper. **4. Cerambycina.**

1. Spondylina.

Gatt. Spondylis F.

Schwarz, Halsschild fast kugelförmig, so breit als die Flügeldecken, dicht runzlig punktirt, Flügeldecken mit gröbern und feinern Punkten und 3 Längsrippen, walzenförmig, doppelt so lang als breit. Lg. 13—22 mm. Ziemlich häufig überall. **Buprestoides** L.

2. Tetropina.

1. Fühler nahe der Basis der Mandibeln eingelenkt, Gelenkhöhlen der Vorderhüften seitlich mit einer offenen Spalte, Halsschild breiter als lang, mit gerundeten Seiten, Kopf hinter den Augen nicht eingeschnürt 2
— Fühler auf der Stirn, von den Mandibeln entfernt eingelenkt, Augen mässig grob facettirt 4
2. Augen schwach ausgerandet, Schenkel schwach gekeult 3
— Augen fast getheilt, fein facettirt, Schenkel stark gekeult, Fühler länger als das Halsschild, das 3. Glied $1^1/_2$ mal so lang als das 2. **Tetropium** Kirby.
3. Augen fein facettirt, Fühler wenig länger als das Halsschild, das 3. Glied $1^1/_2$ mal so lang als das 2. **Asemum** Esch.
— Augen sehr grob facettirt, Fühler doppelt so lang als das Halsschild, das 3. Glied doppelt so lang als das 2., Hinterecken des Halsschildes abgerundet. **Criocephalus** Muls.
4. Gelenkhöhlen der Vorderhüften seitlich mit einer offenen Spalte, hinten fast geschlossen, Halsschild nicht länger als breit, Körper nicht sehr schmal. **Saphanus** Serv.
— Gelenkhöhlen der Vorderhüften seitlich geschlossen, hinten ganz offen, Körper linear, Halsschild viel länger als breit. **Gracilia** Serv.

Gatt. Asemum Esch.

Halsschild hinter der Mitte am breitesten, auf der Scheibe mit einigen flachen Eindrücken, nicht runzlig punktirt, matt, kurz abstehend behaart, Flügeldecken mit 2—3 rippenförmigen Streifen, fein lederartig gerunzelt und anliegend behaart, Oberseite schwarz. Lg. 12—18 mm. Nicht sehr selten auf Nadelholz, bis 6000′ ü. M. Genf, Waadt, Wallis, Gadmenthal, Aarau, Basel, Schaffhausen, Rheinthal, Engadin. **Striatum** L.

Var. Flügeldecken braun. v. **agreste** F.

Gatt. Criocephalus Muls.

Augen fein und sparsam behaart, 3. Glied der Hintertarsen fast bis auf den Grund gespalten. Braun, fein anliegend behaart; Flügeldecken zwischen der weitläufigen Punktirung äussert fein granulirt mit 2 bis 3 schwach hervortretenden Längslinien und spitzig ausgezogenen Nahtwinkeln; Kopf und Halsschild dicht punktirt, letzteres mit 2 schwachen, gebogenen Längseindrücken. Lg. 13—25 mm. In der ebenern Schweiz und den Alpenthälern. Ueberall nicht sehr selten.
Rusticus L.

Gatt. Tetropium Kirby.

(Criomorphus Muls., Isarthron Redt.)

Halsschild glänzend, auf der Scheibe fein und weitläufig punktirt, an der Seite stark gerundet, sehr fein und dicht gekörnt, Flügeldecken mit 2 ganz schwachen Längslinien. Schwarz, mit braunen Flügeldecken, Fühler und Beine heller. Lg. 10—16 mm. Ziemlich selten; auf Nadelholz und bis 6000′ ansteigend, noch im Engadin und bei Engelberg.
Luridum L.

Var. a. Flügeldecken ganz schwarz. Mit der Stammform. v. **fulcratum** F.

Var. b. Der ganze Käfer schwarz. Mit der Stammform. v. **aulicum** F.

Gatt. Saphanus Serv.

Schwarz oder pechbraun, glänzend, fein behaart, Kopf und Halsschild dicht und grob punktirt, letzteres mit glatter Mittellinie, das Endglied der Kiefertaster dreieckig; Flügeldecken feiner und weitläufiger punktirt als das Halsschild, nach innen gewöhnlich mit einigen schwach vertieften Streifen, beim ♀ nach hinten schwach verbreitert. Lg. 15—18 mm. Sehr selten. Matt. **Piceus** Laich.

Gatt. Gracilia Serv.

Braun, glanzlos, linear, Halsschild $1^1/_2$ mal so lang als breit, Kopf und Halsschild äussert fein und dicht, die

Flügeldecken weitläufig, fein punktirt, auf dem Rücken flach gedrückt. Lg. $4^1/_2$—5 mm. In altem Weidengeflecht. Stellenweise häufig. Genf, Basel, Schaffhausen, Wallis. **Pygmaea** F.

3. Clytina.

1. Gelenkhöhlen der Vorderhüften seitlich mit einem offenen Spalte, so dass die Trochantinen der Vorderhüften sichtbar sind, Augen grob facettirt, Halsschild breiter als lang, mit stark gerundeten Seiten . . 2
— Gelenkhöhlen der Vorderhüften geschlossen, Augen fein facettirt, Fühler kürzer als der Körper. **Clytus** F.
2. Stirn zwischen den Fühlern jederseits zu einem gezahnten Höcker aufgetrieben, Fühler so lang (♀) oder länger (♂) als der Körper (Solenophorus Muls.). **Stromatium** Serv.
— Stirn zwischen den Fühlern einfach, Fühler kürzer (♀) oder so lang (♂) als der Körper. **Hesperophanes** Muls.

Gatt. Stromatium Serv.

Ganz bräunlichgelb mit kurzer, anliegender und ausserdem mit spärlicher abstehender Behaarung; fein und dicht punktirt, Flügeldecken vorn fein zerstreut gekörnt. Halsschild des ♂ mit 2 grossen sammtartigen Flecken an den Seiten und mit 2 ähnlichen Querflecken auf der Unterseite. Lg. 16—25 mm. (strepens F.). In der Schweiz noch nicht nachgewiesen, dürfte aber wohl im Tessin vorkommen. **Unicolor** Ol.

Gatt. Hesperophanes Muls.

Halsschild anliegend grau behaart mit einem Kiel hinter der Mitte, ohne nackte Hohlpunkte. Oberseite röthlichgelb, fein gelbgrau behaart, die Flügeldecken hinter der Mitte mit einem bräunlichen, nach hinten verwaschenen, nach vorn scharf begrenzten Fleck. Lg. 15—20 mm. (mixtus F.). Sehr selten. Genf. **Pallidus** Ol.

Gatt. Clytus Laich.

1. Das 1. Glied der Hintertarsen viel länger als das 2. und 3. zusammen 2

— Das 1. Glied der Hintertarsen wenig länger als das 2. und 3. zusammen, Schildchen dreieckig, Flügeldecken zu beiden Seiten desselben mit einem Höcker. Subg. **Anaglyptus** Muls.

2. Schildchen quer 3

— Schildchen dreieckig, Flügeldecken zu beiden Seiten desselben mit einem Höcker. Subg. **Cyrtoclytus** Ganglb.

3. Die Fühlerglieder vom 3. oder 6. an ausgerandet, mit ausgezogenem Spitzenwinkel. Subg. **Plagionotus** Muls.

— Alle Fühlerglieder an der Spitze gerade abgeschnitten mit abgerundeten Ecken 4

4. Der sichtbare Theil der Episternen der Hinterbrust 2—3 mal so lang als breit, vorn 2—5 mal so breit als die Epipleuren der Flügeldecken, Stirn wenigstens neben der Fühlerwurzel gekielt 5

— Der sichtbare Theil der Episternen der Hinterbrust 4 mal so lang als breit, vorn höchstens $1^1/_2$ mal so breit als die Epipleuren der Flügeldecken, nach hinten etwas erweitert, Stirn ganz ohne Längskiele, Halsschild länglich, meist fein punktirt, selten gekörnt. Subg. **Anthoboscus** Chevr.

5. Stirn mit zwei kielförmig erhabenen Längslinien neben den Augen, vor der Fühlerwurzel bis zur Basis der Mandibeln und ausserdem meist auf der Mitte der Stirn ein doppelkieliger Höcker, Halsschild stark rauh gekörnt, Flügeldecken ohne aufstehende Haare 6

— Stirn nur neben der Fühlerwurzel gekielt, sonst ganz ohne Längskiele. Subg. **Sphegestes** Chevr.

6. Episternen der Hinterbrust kaum doppelt so lang als breit, vorn 6 mal so breit als die Epipleuren der Flügeldecken, nach hinten deutlich verschmälert, Stirn mit einem doppelkieligen Höcker in der Mitte, Halsschild mit grau behaarten Längsbinden, Flügeldecken mit grauen, anliegenden Häärchen fleckig besetzt, die zu mehreren mehr oder weniger abstehend behaarten Längs- und Querbinden verdichtet sind. Subg. **Xylotrechus** Chevr.

— Episternen der Hinterbrust kaum doppelt so lang als breit, nach hinten kaum verschmälert, Stirn bald mit, bald ohne Höcker in der Mitte, Halsschild nur am Vorder- und Hinterrand mit einem in der Mitte unterbrochenen Saum, Flügeldecken mit mehr oder weniger schmalen, gelb behaarten Querbinden, die erste auf der Schulter abgekürzt, die zweite nach vorn zum Schildchen gebogen, die dritte vor der Spitze, die vierte auf der Spitze. Subg. **Clytus** i. sp.

Subg. **Plagionotus** Muls.

1. Oberseite schwarz mit gelben Querbinden, Halsschild $1^1/_3$ mal so breit als lang, Fühler dick und länger als der halbe Leib 2

— Halsschild so lang als breit, eine Querbinde am Vorder- und Hinterrand des Halsschildes, die Flügeldecken mit vier Querbinden, von denen die erste an der Naht nur wenig gegen das Schildchen vorgezogen ist, die dritte ist nach vorn ausgebuchtet, der ganze Kopf und die ganzen Episternen der Hinterbrust sind gelb behaart. Lg. 8—16 mm. Selten. Genf. Wallis, Chur. (arcuatus Schrank, aulicus Laich.). **Floralis** Pallas.

2. Der Vorderrand und eine Querbinde des Halsschildes, vier Querbinden und die Spitze der Flügeldecken gelb behaart, die zwei hintern Querbinden sind breiter und lassen nur schmale dunkle Querbinden übrig. Unterseite dunkelbraun und fein weisslich abstehend behaart, ebenso Kopf und Halsschild, der breite Hinterrand der Bauchsegmente und die Spitze der Episternen der Hinterbrust dicht gelb behaart. Lg. 13 bis 17 mm. Selten, auf Eichen. Genf, Waadt, Wallis, Basel, Schaffhausen, Jorat. **Detritus** L.

— Der Vorderrand und zwei Schrägflecken auf dem Halsschild, das Schildchen, ein Fleck neben und einer hinter demselben, drei schmale nach vorn convexe Binden der Flügeldecken, von denen die erste an der Naht unterbrochen ist, und deren Spitze, Fühler, Bauch und Beine gelb; die Keule der Vorder- und Mittelschenkel gewöhnlich dunkel. Lg. 16—22 mm. Häufiger als der vorige. Genf, Wallis, Bern, Basel, St. Gallen. **Arcuatus** L.

Subg. **Xylotrechus** Chevr.

Oberseite schwarz, mit gelblichgrauen Binden, Halsschild mit vier Längsbinden, von denen die innern oft unterbrochen sind oder fehlen, Flügeldecken meist mit zwei mehr oder weniger deutlichen, stark gekrümmten, feinen Querbinden; der übrige Körper schwarz. Lg. 9—13 mm. (liciatus L., hafniensis F.). Selten. Wallis, Jura, Aargau, Basel, Schaffhausen, Zürich. **Rusticus** L.

Subg. **Clytus** i. sp.

1. Stirn mit einer erhabenen, zweikieligen Beule in der Mitte, Scheibe des Halsschildes grobkörnig, dieses hinter der Mitte am breitesten. Schwarz, Fühler und Beine röthlich; auf dem Halsschild eine in der Mitte unterbrochene Binde am Vorderrand, zwei kleine Flecken am Seitenrand und zwei grosse Basalflecken gelb behaart, ebenso das Schildchen, drei Binden und die Spitze der Flügeldecken, von denen die erste eine gerade Querbinde ist; die zweite beginnt am oder etwas hinter dem Schildchen, bildet dann einen grossen Bogen nach hinten und aussen, die dritte ist quer, der Aussenwinkel ist hinten in einen kurzen Dorn ausgezogen. Lg. 9—12 mm. Selten. Genf (antilope Gyll.). **Arvicola** Ol.

— Stirn ohne Mittelbeule, mit schwachen Längskielen in der Nähe der Augen, Halsschild in der Mitte am breitesten, vorn grob quer gekörnt, Flügeldecken hinten mit spitzem Aussenwinkel, ihre Binden sind schmal, denen der vorigen Art ähnlich, doch ist die erste Binde auf einen schräggestellten Punkt reducirt, die dritte ist etwas schräg; Fühler und Beine gelb, die Schenkelkeule dunkel. Lg. 8—10 mm. (arietis F., arvicola Redt.). Selten. Genf. **Antilope** Schh., **Muls.**

Subg. **Sphegestes** Chevr.

Flügeldecken an der Spitze abgerundet oder mit stumpfem Aussenwinkel, Beine gelb mit dunkeln Schenkeln.

1. Halsschild und Fügeldecken mit langen, abstehenden Haaren besetzt, Halsschild gleichmässig gerundet, in der Mitte am breitesten, am Vorder- und Hinterrand mit gelbem Saum, letzterer in der Mitte unterbrochen, Flügeldecken an der Spitze abgestutzt mit stumpfen Aussenecken, ihre Spitze und drei Binden gelb, die zweite Binde reicht an der Naht nicht bis zur Höhe der ersten 2

— Halsschild und Flügeldecken ohne abstehende Haare, Halsschild nur an der Basis verengt, an der Spitze mit stark unterbrochenem gelbem Saum, an der Basis mit zwei gelben Flecken. Flügeldecken an der Spitze einzeln abgerundet, mit vier Querbinden, deren erste von der Basis entfernt, kurz und sehr schräg ist, die zweite längs der Naht fast bis zum Schildchen reichend, die dritte etwas schräg, die vierte vor der Spitze sehr schräg; Beine gelb. Lg. 10—14 mm. In der Schweiz noch nicht gefunden, aber wohl nicht fehlend, da er in Mitteleuropa ziemlich verbreitet ist. **Tropicus** Panz.

2. Oberseite matt, fein und dicht punktirt, anliegend behaart, die Episternen der Hinterbrust bis zur Hälfte gelb behaart 3

— Oberseite glänzend, grob punktirt, Flügeldecken auf den schwarzen Stellen grob, nur halbanliegend behaart, an der Basis wie das Halsschild mit abstehenden Haaren, Episternen der Hinterbrust fast ganz gelb behaart; die erste, abgekürzte Querbinde der Flügeldecken deutlich schrägstehend, im übrigen die Zeichnung wie bei arietis L.; Fühler ganz gelb. Lg. 6½—9 mm. (temesiensis Germ., gazella Muls.). Häufig im Kanton Waadt und Wallis, auf Blüthen. Genf, Bern, Graubünden. **Rhamni** Germ.

3. Fühler gegen die Spitze etwas verdickt und vom sechsten Glied an schwarz, die erste Binde der Flügeldecken ganz querstehend und stark abgekürzt, die dritte quer und gleichbreit, der Vorder- und Hinterrand des Halsschildes, ein Fleck an der Unterseite desselben und das Schildchen, der Hinterrand der Unterleibsringe und das Pygidium ebenfalls gelb beschuppt. Lg. 8—14 mm. (gazella F.). Häufig auf Blüthen bis 3200′ ü. M. **Arietis** L.

— Fühler gegen die Spitze nicht verdickt, einfärbig gelb, die Schenkel aller Beine schwärzlich, die Zeichnung der der vorigen Art ähnlich, doch ist die erste Binde stark schräg gestellt und das Pygidium nur an der Spitze gelb behaart, die dritte Binde ist nach aussen verschmälert. Lg. 8—14 mm. Selten. Wallis, Mt. Rosa, Macugnaga. **Lama** Muls.

Subg. **Anthoboscus** Chevr. (Clytanthus Gglb.).

1. Flügeldecken dicht gelb oder graugelb behaart, mit schwarzen Querbinden oder Flecken; Halsschild an

den Seiten mit zerstreuten nackten Punkten, deren jeder ein ziemlich langes, abstehendes Haar trägt. Flügeldecken an der Spitze abgestutzt, mit spitzig ausgezogenem Aussenwinkel 2

— Flügeldecken schwarz mit weissen Binden, die erste auf der Schulter sehr abgekürzt oder fehlend, die zweite vom Schildchen ausgehend und nach aussen gebogen; Halsschild etwas länger als breit . . . 4

2\. Kopf vor den Augen länger, eine Querbinde hinter der Mitte des Halsschildes, eine ringförmige Binde um die Schulterbeule und zwei durchgehende Binden hinter der Mitte der Flügeldecken schwarz. Lg. 10 bis 12 mm. (Verbasci Muls. 1862). **Ornatus** Herbst.

— Kopf vor den Augen sehr kurz, Flügeldecken mit schwarzen Flecken oder an der Naht unterbrochenen Querbinden 3

3\. Schwarz, Ober- und Unterseite dicht grünlichgelb behaart, ein grosser mittlerer, hinten ausgebuchteter und zwei kleinere, seitliche Flecken auf dem Halsschild, ein Längsfleck an der Schulter, eine Cförmig gebogene Binde innerhalb derselben, und zwei weder die Naht noch den Seitenrand erreichende Querbinden auf jeder Flügeldecke schwarz. Die Cförmige Binde bildet mit dem Schulterfleck einen zweimal unterbrochenen Ring. Die erste Querbinde befindet sich etwa in der Mitte der Flügeldecken, die zweite bildet einen von der Spitze ziemlich weit entfernten querovalen oder rundlichen Fleck. Lg. 10—15 mm. (Herbsti Brahm, sulphureus Schaum). In der südlichen Schweiz von Genf bis Bündten nicht selten auf Doldenblüthen und Disteln, selten in der nördlichen Schweiz, Zürich. **Verbasci** L.

— Schwarz, die Oberseite mit dichtem, gelbgrünem Tomente bekleidet, Unterseite weniger dicht behaart, ein kleiner Schulterfleck und drei grössere rundliche Flecken längs der Naht auf jeder Flügeldecke schwarz, unbehaart. Lg. 12—16 mm. (4 punctatus F.). Selten. Wallis, Tessin, Roveredo, Jura. **Glabromaculatus** Göze.

4\. Halsschild, Fühler und Beine roth, Halsschild fein punktirt mit einzelnen abstehenden Haaren, mitunter dunklem Mittelfleck, Flügeldecken mit einer vom Schildchen ausgehenden und nach aussen gebogenen und einer nach vorn convexen weissen Binde hinter der Mitte, an der Spitze einzeln abgerundet. Fühler gelb. Lg. 8—12 mm. (aegyptiacus F.) Selten. Wallis. **Trifasciatus** F.

— Halsschild wie der übrige Körper schwarz, Flügeldecken an der Spitze schräg abgestutzt mit spitzigem Aussenwinkel 5

5. Die dritte Binde der Flügeldecken ist quer und breit, Halsschild hinten seitlich mit grossen Punkten besetzt und mit einer weissen Querbinde auf der hintern Hälfte, abstehend behaart; ein Schulterpunkt, eine vom Schildchen ausgehende und im Bogen nach aussen gerichtete Binde der Flügeldecken ist weisslich bebehaart. Lg. 8—22 mm. (plebejus F.). Häufig auf Blüthen. **Figuratus** Scop.

— Die dritte Binde der Flügeldecken ist schräg und sehr schmal, nach vorn gerichtet, Halsschild runzlig punktirt mit einzelnen abstehenden Haaren. Lg. 6 bis 9 mm. Häufig auf Doldenblüthen. **Massiliensis** L.

Subg. **Caloclytus** Fairm.

Schwarz oder braunschwarz, auf jeder Flügeldecke ein Fleck innerhalb der Schulter, ein zweiter an der Naht hinter dem Schildchen, ein dritter am Seitenrand, zwei Querbinden und die Spitze weiss oder gelb, Halsschild mit drei gelblichen Längsstreifen, Fühler und Beine gelb. Lg. 13—18 mm. (Semipunctatus F., Stierlini Tourn.). Genf, Berner-Alpen. **Speciosus** Schneid.

Subg. **Cyrtoclytus** Ganglb.

Oberseite schwarz, die Ränder des Halsschildes, drei ziemlich schmale Binden der Flügeldecken und deren Spitze gelb behaart; die erste Binde läuft vom Schildchen schräg nach aussen, die zweite noch schräger und stärker gekrümmt, die dritte hinter der Mitte nach vorn convex gebogen. Lg. 11—14 mm. Selten. Prättigau im Kt. Graubünden. **Capra** Germ.

Subg. **Anaglyptus** Muls.

1. Drittes bis sechstes Fühlerglied an der Spitze nach innen höchstens in einen kurzen Dorn ausgezogen, Flügeldecken an der Spitze schief nach innen abgestutzt mit mehr oder minder stumpfem, abgerun-

detem Aussenwinkel; schwarz, die vordere Hälfte der Flügeldecken rothbraun, die Spitze der graugeringelten Fühler röthlichgelb, das Schildchen, die Spitze der Flügeldecken, drei schmale Binden auf jeder derselben und der mittlere Theil des Nahtrandes weiss behaart; Kopf und Halsschild kurz anliegend grau behaart, und ausserdem wie die Wurzel und Spitze der Flügeldecken mit zerstreuten, abstehenden langen Haaren bekleidet. Lg. 9—12 mm. Häufig auf Blüthen. **Mysticus** L.

Var. b. Die Grundfarbe der Flügeldecken auch auf der vordern Hälfte schwarz, sonst wie die Stammform, etwas seltener als diese. v. **hieroglyphicus** Muls.

— Das 3. bis 6. Fühlerglied an der Spitze in einen langen Dorn ausgezogen; schwarz, der grösste Theil der Fühler, die Wurzel der Schenkel, Schienen und Tarsen gelb; Flügeldecken an der Spitze aussen in einen langen, zugespitzten Dorn ausgezogen; ihre Zeichnung ähnlich wie bei mysticus, doch erstrecken sich die zwei ersten Binden weiter nach vorn und der Zwischenraum zwischen zweiter und dritter Binde ist ebenfalls weiss behaart. Lg. 9—13½ mm. Selten. Tessin, Mt. Rosa, Basel. **Gibbosus** F.

4. Cerambycina.

1. Augen grob facettirt, Prosternum an der Spitze erweitert, Gelenkhöhlen der Vorderhüften seitlich geschlossen. Fühler vom fünften oder sechsten Glied an nach aussen scharfkantig. **Cerambyx** L.

— Augen fein facettirt, Prosternum an der Spitze nicht erweitert 2

2. Das erste Fühlerglied mit scharf kantigem, oft gezähntem Spitzenrand, die Fühlerglieder vom vierten an mit drei scharfen Längskanten, Gelenkhöhlen der Vorderhüften seitlich geschlossen, Halsschild seitlich mit starkem Dorn. **Aromia** Serv.

— Das erste Fühlerglied mit stumpfem Spitzenrand, alle Fühlerglieder rundlich 3

3. Gelenkhöhlen der Vorderhüften seitlich mit einer offenen Spalte, so dass die Trochantinen der Vorderhüften sichtbar sind, Halsschild mit einem höher als der eigentliche stumpfe Seitenhöcker stehenden spitzen Dorn, mehrere Fühlerglieder mit einem dicken Borstenbüschel an der Spitze. **Rosalia** Serv.

— Gelenkhöhlen der Vorderhüften seitlich geschlossen, Halsschild höchstens mit einem mehr oder weniger dornförmigen Seitenhöcker, Fühler einfach, ohne Borstenbüschel. **Purpuriceeus** Fisch.

Gatt. **Cerambyx** L.

1. Nahtwinkel der Flügeldeckenspitze zahnartig vorspringend, Flügeldecken nach hinten stark verengt, nach hinten bräunlich, Fühler beim ♂ viel länger als der Körper, das dritte bis fünfte Glied wenigstens doppelt so lang als an der Spitze breit, Halsschild mit unregelmässig gefalteter, grobhöckeriger Oberfläche. Lg. 40—50 mm. (heros Scop.). In der südlichen Schweiz häufig, selten in der nördlichen Schweiz. **Cerdo** L.

— Nahtwinkel der Flügeldeckenspitze stumpf oder abgerundet, Halsschild mit querfaltiger Sculptur . . 2

2. Flügeldecken gegen die Spitze rothbraun, die Fühler des ♂ länger als der Körper, ihr drittes bis fünftes Glied kurz und stark kantig verdickt. Lg. 36—45 mm. Selten. Tessin. **Miles** Bon.

— Flügeldecken ganz schwarz, nach hinten kaum verengt, die Fühler des ♂ wenig länger als der Körper, ihr drittes bis fünftes Glied an der Spitze nur schwach verdickt. Halsschild mit sechs bis acht Querfalten. Lg. 18—28 mm. (cerdo Scop.). Häufig in der ebenern Schweiz und in den Alpenthälern. **Scopolii** Fuessli.

Var. Scheibe des Halsschildes unregelmässig gerunzelt, seine Seiten mit Querfalte, wie bei der Stammform. Scheint in der nördlichen Schweiz die Stammform zu vertreten. v. **helveticus** Stl.

Gatt. **Aromia** Serv.

Metallisch grün und erzfärbig, Flügeldecken grün oder blau, dicht und fein runzlig punktirt mit einigen schwach erhabenen Längslinien, Halsschild mit veränderlicher Sculptur. Lg. 17—18 mm. An alten Weidenstöcken. Nicht selten in der ebenern Schweiz und den Alpenthälern bis 3000′ ü. M. **Moschata** L.

Gatt. **Rosalia** Serv.

Oberseite dicht und fein anliegend bläulichgrau behaart, ein Fleck am Vorderrande des Halsschildes, auf den Flügeldecken ein grosser Fleck hinter der Schulter, eine breite Querbinde in der Mitte und ein Fleck vor der Spitze sammtschwarz. Lg. 20—36 mm. Selten, auf Buchen. Waadt, Wallis, Jura, Gadmenthal, Pfeffers, Matt, Basel, Schaffhausen. **Alpina** L.

Gatt. **Purpuricenus** Fisch.

Halsschild mit stark entwickelten Seitenhöckern. Schwarz, die Flügeldecken roth mit einem grossen, gemeinschaftlichen schwarzen Fleck. Lg. 14—20 mm. Stellenweise nicht selten, auf Weiden. Genf, Wallis, Tessin, Bündten, Ragatz, Basel. **Köhleri** L.

Var. Halsschild mit rothen Flecken. Basel, Bellinzona.
Var. Flügeldecken ganz roth. Lugano.

5. Callidiina.

1. Flügeldecken nicht verkürzt 2
— Flügeldecken stark verkürzt 7
2. Gelenkhöhlen der Vorderhüften hinten nicht geschlossen 3
— Gelenkhöhlen der Vorderhüften hinten geschlossen 5
3. Oberseite der Vorderhüften seitlich mit einem offenen Spalt, so dass die Trochantinen der Vorderhüften sichtbar sind, Augen fein facettirt, Fühler auf der Stirn eingelenkt, Halsschild breiter als lang, Schenkel stark gekeult 4
— Schenkel schwach gekeult, Prosternum zwischen den Vorderhüften schmal, Fühler lang, ihr drittes Glied so lang als das vierte, Hinterschenkel kürzer als der Hinterleib. **Anisarthron** Redt.
4. Prosternum zwischen den Vorderhüften so breit als die Hüften, Fühler kurz, ihr drittes Glied mehr als doppelt so lang als das vierte, Hinterschenkel kürzer als der Hinterleib. **Hylotrupes** Serv.
— Prosternum zwischen den Vorderhüften viel schmäler als die Hüften, Fühler lang, Hinterschenkel oft so lang wie der Hinterleib. **Callidium** F.
5. Vorderhüften zapfenartig vorragend und an einander stehend, Augen grob facettirt, stark ausgerandet, Halsschild viel länger als breit und schmäler als die Flügeldecken, seitlich mit einem stumpfen Höcker. **Obrium** Latr.

— Vorderhüften kugelig, wenig vorragend, getrennt, fein facettirt, Halsschild wenig schmäler als die Flügeldecken 6

6. Halsschild länger als breit, seitlich gerundet, ohne Schwielen, Flügeldecken nach hinten kaum verengt, Fühler kürzer als der halbe Körper. **Deilus** Serv.

— Halsschild breiter als lang, mit drei glatten Höckern, Flügeldecken nach hinten stark verschmälert, Fühler länger als der halbe Leib. **Stenopterus** Ol.

7. Augen stark ausgerandet, Halsschild fast so lang (♀) oder länger als der Körper, Kiefertaster wenig länger als die Lippentaster, Halsschild an den Seiten schwach gehöckert. **Molorchus** F.

Gatt. **Hylotrupes** Serv.

Halsschild mehr als $1^1/_2$ mal so breit als lang mit stark gerundeten Seiten und zwei glänzenden, flachen Höckern auf der Scheibe, seitlich dicht weiss wollig behaart, Flügeldecken glänzend mit einigen weisswollig behaarten Flecken. Lg. 9—20 mm. Häufig im Nadelholz, an Häusern. **Bajulus** L.

Var. b. Flügeldecken braun (unausgefärbt).
v. **lividus** Muls.

Gatt. **Callidium** F.

1. Vorderhüften durch einen breiten Fortsatz des Prosternums, Mittelhüften durch einen parallelen Fortsatz des Mesosternums getrennt 2

— Vorderhüften aneinanderstossend, Mesosternum zwischen den Mittelhüften nach hinten verengt . . . 3

2. Flügeldecken mit etwas flachem Rücken und stark vortretenden Schultern, hinter diesen etwas verengt, Halsschild seitlich stark gerundet, Oberseite matt, dicht und stark punktirt, das dritte Fühlerglied deutlich länger als das vierte. Subg. **Rhopalopus** Muls.

— Flügeldecken mit etwas gewölbtem Rücken und wenig vortretenden Schultern, drittes Fühlerglied kaum länger als das vierte, Halsschild mit mehreren glänzenden glatten Flecken. Subg. **Semanotus** Muls.

3. Seiten des Halsschildes winkelig erweitert.
Subg. **Pyrrhidium** Fairm.

— Seiten des Halsschildes gerundet 4

4. Halsschild gleichmässig punktirt oder gekörnt, Fühler bei ♂ und ♀ kürzer als der Körper 5
— Halsschild ungleichmässig punktirt, mit glatten, erhabenen Stellen, Fühler beim ♂ länger als der Körper. Subg. **Phymatodes** Muls.
5. Augen ausgerandet. Subg. **Callidium** i. sp.
— Augen ganz getheilt. Subg. **Poecilium** Fairm.

Subg. **Rhopalopus** Muls.

1. Das dritte bis zehnte Fühlerglied an der Spitze nach aussen und innen in einen Dorn ausgezogen, Halsschild an den Seiten stumpfeckig erweitert, Beine schwarz, Schildchen sparsam behaart 2
— Das dritte bis zehnte Fühlerglied an der Spitze nicht dornartig ausgezogen, Halsschild, Wurzel der Flügeldecken und Unterseite lang abstehend behaart, Schildchen dicht behaart, Oberseite schwarz, matt, Flügeldecken an der Basis stärker, nach hinten sehr fein runzlig gekörnt 3
2. Halsschild mit ganz glattem, fein zerstreut punktirtem Mittelfelde, an den Seiten grob runzlig punktirt, Flügeldecken grün erzfärbig, vorn sehr grob, hinten grob runzlig punktirt und aus jedem Punkt ein schwarzes Haar entspringend. Lg. 18—24 mm. Sehr selten. Genf, Gadmen. **Hungaricum** Herbst.
— Halsschild überall runzlig punktirt, mit langen abstehenden Haaren besetzt, Flügeldecken fein anliegend behaart, Oberseite schwarz, etwas matt. Lg. 16—22 mm. Selten. Genf, Tessin, Aargau. **Clavipes** F.
3. Halsschild an den Seiten winkelig erweitert, Beine schwarz. Lg. 7—10 mm. (clavipes Gyll.) In der Schweiz noch nicht nachgewiesen, aber wohl kaum fehlend, da er in Italien und Deutschland weit verbreitet ist. **Macropus** Germ.
— Halsschild an den Seiten stumpf erweitert, Schenkel bis auf die Basis roth. Lg. 8—11 mm. Genf, Waadt, Wallis, Basel, Schaffhausen, Zürich, St. Gallen. **Femoratus** L.

Subg. **Semanotus** Muls.

1. Dunkel erzfärbig, die vordere Hälfte der Flügeldecken mit Metallglanz fein und anliegend behaart,

die Seiten des Halsschildes fein, seine Scheibe grob runzlig punktirt, wie der Kopf und die Unterseite mit spärlicher lang abstehender Behaarung, Flügeldecken vorn grob, hinten fein runzlig punktirt, Fühler, Beine und Unterseite braun. Lg. 10—14 mm. Sehr selten. Wallis, Genf, Lenk im Simmenthal. **Coriaceus** Payk.

— Schwarz oder pechbraun, die Flügeldecken mit zwei zackigen, an der Naht unterbrochenen, weisslichen Querbinden, die Wurzel der Schenkel, Schienen und Tarsen hellbraun, Flügeldecken grob und tief, aber nicht dicht punktirt, fein anliegend behaart, an der Wurzel und an der Naht lange, abstehende Haare. Lg. 7—14 mm. Genf, Wallis, Jura, Chur. **Undatus** L.

Subg. **Pyrrhidium** F.

Schwarz, die Flügeldecken roth, Halsschild fein punktirt, die ganze Oberseite mit rothem, sammtartigen Tomente dicht bedeckt. Lg. 9—11 mm. Selten, auf Buchen und Eichen. Genf, Jura, Tessin, Basel. **Sanguineum** L.

Subg. **Callidium** i. sp.

1. Oberseite stets einfärbig, Halsschild gleichmässig dicht oder runzlig punktirt 2

— Halsschild fein und sparsam gekörnt, Flügeldecken tief und grob punktirt, Körper blau mit spärlicher, langer, abstehender Behaarung, Basis der Schenkel, Schienen und Tarsen gelb. Lg. 6—8 mm. Sehr selten; auf Blüthen. Genf, Waadt, Wallis, Jura, Basel, Schaffhausen. **Rufipes** F.

2. Halsschild viel breiter als lang 3

— Halsschild so lang als breit, stark und dicht punktirt, Körper mit spärlicher, abstehender Behaarung, Oberseite gelbbraun, die Flügeldecken bisweilen mit grünlich metallischem Schimmer, Fühler und Beine braun, drittes und viertes Fühlerglied gleich lang. Lg. 7—9 mm. (Castaneum Redt.). Sehr selten. Genf, Val Ferret. **Glabratum** Chevr.

3. Oberseite braun erzfarbig oder metallisch grün, Flügeldecken von der Mitte an flach ausgebreitet und mit grossen verästelten Runzeln bedeckt, Halsschild sehr dicht und ziemlich fein, an der Basis runzlig punktirt. Lg. 11—13 mm. (dilatatum Payk). Selten,

aber weit verbreitet. Genf, Wallis, Mt. Rosa, Jura, Bern, Basel, Uetliberg, St.Gallen, Engadin. **Aeneum** De Geer.

— Oberseite dunkelblau. Flügeldecken an den Seiten gewölbt, grob gerunzelt und gekörnt, Halsschild sehr grob zusammenfliessend punktirt. Lg. 11—13 mm. Häufig überall bis 6000′ ü. M. **Violaceum** L.

Var. Flügeldecken grünlich. Wallis. v. **Virescens** Favr.

Subg. Poecilium Fairm.

Schwarz oder braun, die Wurzel der Flügeldecken und die Beine bis auf die Schenkel röthlichgelb, auf den Flügeldecken zwei weisse Querbinden, bisweilen die Flügeldecken schwarz, Halsschild fein, Basis der Flügeldecken grob punktirt. Lg. 4—6 mm. Genf, Waadt, Wallis, Basel, Schaffhausen, Tessin. **Alni** L.

Subg. Phymatodes Muls.

1. Flügeldecken fein und weitläufig punktirt, zwischen den Punkten in der Regel fein chagrinirt, Halsschild auf der Scheibe zerstreut punktirt, seitlich gekörnt, mit drei glatten Schwielen. Färbung sehr veränderlich; als Stammform werden die Stücke betrachtet, die rothgelb sind, Scheitel, Brust und Schenkelkeulen schwarz, Flügeldecken blau. Lg. 8—14 mm. (testaceus L.). Ziemlich häufig überall. **Variabilis** L.

Var. b. Halsschild und Hinterleib nur theilweise hell gefärbt. Genf, Wallis. v. **fennicus** L.

Var. c. Flügeldecken bis auf die violette Spitze rothgelb. v. **praeustus** F.

Var. d. Pechschwarz, die Stirn, Flügeldecken und die drei letzten Bauchsegmente gelb. v. **analis** Redt.

Var. e. Flügeldecken ganz gelb. v. **testaceus** F.

— Flügeldecken tief und ziemlich dicht punktirt . . 2

2. Das Mesosternum reicht bis zur Mitte der Mittelhüften, Flügeldecken nicht sehr dicht punktirt, die Zwischenräume der Punkte so gross als die Punkte, Halsschild mit fünf glatten Schwielen, Körper röthlichgelb. Lg. 7—13 mm. Nach Tournier bei Genf. (?) **Puncticollis** Muls.

— Das Mesosternum reicht bis zum Metasternum, Flügeldecken grob und dicht runzlig punktirt, Halsschild mit drei bis fünf glatten Schwielen, Oberseite schwarz oder braun mit helleren Schultern; oft breitet sich die helle Färbung weiter aus. Lg. 6—9 mm. (abdominalis Bon., humeralis Com.). In der Schweiz noch nicht nachgewiesen, aber wahrscheinlich doch vorhanden. **Pusillus** F.

Gatt. **Anisarthron** Redt.

Schwarz, Halsschild etwas breiter als lang, mit schwach gerundeten Seiten und wie die Wurzel der Flügeldecken abstehend behaart, Flügeldecken gelbbraun, fein punktirt, Fühler und Beine schwarz. Lg. 7—9 mm. Sehr selten. Bündten, Chamouny. **Barbipes** Charp.

Gatt. **Obrium** Latr.

Der ganze Körper gelb, Halsschild länger als breit, mit einem stumpfen Höcker an der Seite, Kopf mit den Augen breiter als das Halsschild, Oberseite sparsam gelb behaart.

1. Mesosternum zwischen den Mittelhüften ziemlich schmal und hinten abgestutzt, Halsschild sehr sparsam punktirt, Schenkel meist schwarz. Lg. 7—9 mm. Selten. Wallis. **Cantharinum** L.

— Mesosternum zwischen den Mittelhüften ganz schmal und zugespitzt, Halsschild auf der vordern Hälfte ziemlich dicht punktirt. Beine gelb. Lg. 4½—6 mm. Nicht selten auf Blüthen, namentlich auf Spiraea aruncus und Weissdorn, in der ebenern Schweiz und den Alpenthälern. **Brunneum** F.

Gatt. **Deilus** Serv.

Metallisch graugrün oder broncefarbig, Halsschild länger als breit, Flügeldecken lang und schmal mit einem Längskiel von der Schulter bis zur Spitze, Schildchen weiss behaart, Oberseite grob punktirt. Lg. 7—10 mm. Selten. Tessin. **Fugax** Ol.

Gatt. **Stenopterus** Ol.

1. Das erste Fühlerglied aussen ohne Längsfurche, Oberseite schwarz, der Vorder- und Hinterrand des Halsschildes, das Schildchen und einige Flecken auf der

Unterseite dicht goldgelb behaart, Flügeldecken gelbbraun, mit schwarzer Basis, Halsschild mit drei glatten Schwielen, die zwei ersten Fühlerglieder und die Spitze der Vorder- und Mittelschenkel, meist auch die äusserste Spitze der Flügeldecken schwarz; der gelbe Rand des Halsschildes in der Mitte mehr oder weniger unterbrochen. Lg. 9—14 mm. Ziemlich häufig auf Blüthen. **Rufus** L.

— Das erste Fühlerglied aussen mit einer tiefen Furche; schwarz, Flügeldecken braungelb mit schwarzer Spitze, Beine röthlichgelb, die Keulen der Schenkel, die Spitze der Schienen und die Tarsen schwarz. Lg. 9—12 mm. (ater L., ustulatus Muls.). Selten. Genf. **Praeustus** F.

Var. ♀. Flügeldecken um das Schildchen herum oder ganz schwarz. Rigi.

Gatt. **Molorchus** Fabr. (Necydalis L.)

1. Augen von der Basis der Mandibeln entfernt, drittes Fühlerglied viel länger als das erste, Fühler des ♂ zwölfgliedrig, Flügeldecken mit einer erhabenen weissen Schräglinie (Coenoptera Thoms.). Schwarz, die Fühler und Beine mit Ausnahme der dunkeln Schenkelkeulen und die Flügeldecken rothbraun. Halsschild fast doppelt so lang als an der Basis breit, auf der Oberseite mit einigen glatten Längs-Erhabenheiten, beiderseits in der Mitte mit einem mehr oder minder deutlichen Seitenhöcker, Flügeldecken viel länger als das Halsschild, tief zerstreut punktirt. Lg. 6—13 mm (M. dimidiatus F., ceramboides De Geer). Häufig auf Blüthen. **Minor** L.

— Augen der Basis der Mandibeln genähert, drittes Fühlerglied kürzer oder höchstens so lang als das erste, Fühler elfgliedrig, Flügeldecken ohne weisse Linie, viel länger als das Halsschild 2

2. Halsschild mit glatten Längs-Erhabenheiten, hinter dem Vorderrand eingeschnürt (Linomius Muls). Dunkelbraun, Fühler und Beine röthlich, Flügeldecken braun, Halsschild grob und dicht punktirt. Lg. $5^1/_2$ bis 8 mm. Nicht selten auf Blüthen. **Minimus** Scop.

— Halsschild ohne platte Längs-Erhabenheiten, hinter dem Vorderrand nicht eingeschnürt (Sinolus Muls.). Schwarz, die Fühler und Beine röthlichbraun, Flügeldecken bräunlichgelb mit dunkler Spitze, Halsschild glänzend, stark, aber ziemlich weitläufig punktirt. Lg. 5—6 mm. Selten. Genf. · **Kiesenwetteri** Muls.

3. Lepturini.

1. Flügeldecken stark verkürzt, Kopf hinten eingeschnürt, Augen ausgerandet, Vorderhüften getrennt, Halsschild mit zwei Querfurchen und einem stumpfen Höcker, Abdomen an der Basis viel dünner als die Hinterbrust. **Necydalis** L.
— Flügeldecken nicht verkürzt 2
2. Seiten des Halsschildes mit einem Dorn oder Höcker, seine Spitze abgeschnürt, die Hinterecken stumpf . 3
— Seiten des Halsschildes ohne Dorn oder Höcker, selten mit einem kleinen Höcker, dann aber die Hinterecken spitz ausgezogen 11
3. Vorderhüften durch ein ziemlich breites Prosternum getrennt, Augen schwach ausgerandet, fein facettirt, Fühler die Basis des Halsschildes kaum überragend, dieses mit scharfen Seitendornen, das erste Glied der Hintertarsen kurz und breit. **Rhagium** F.
— Vorderhüften durch ein schmales Prosternum wenig getrennt 4
4. Kopf hinter den Augen mit starken Schläfen und plötzlich eingeschnürt, Halsschild mit starken Seitenhöckern, Augen mit einer kleinen, ziemlich tiefen Ausrandung, Seitenhöcker des Halsschildes stumpf. **Rhamnusium** Latr.
— Kopf hinter den Augen allmählig verengt, selten mit deutlichen, kleinen Schläfen, dann aber entweder die Hinterschienen an der Spitze mit einem Ausschnitt, oder das Halsschild mit schwachen, stumpfen Höckern 5
5. Hinterschienen an der Spitze mit einer deutlichen Ausrandung, an deren Anfang die Endspornen stehen, Flügeldecken an der Spitze schräg abgestutzt . . 6
— Hinterschienen an der Spitze nicht oder sehr schwach ausgerandet, so dass die Enddornen am Ende stehen 7
6. Gelenkhöhlen der Vorderhüften hinten ganz geschlossen, Mittel- und Hinterschenkel innen gezähnelt, mit einem stärkeren Zahn vor der Spitze. **Acimerus** Serv.
— Gelenkhöhlen der Vorderhüften hinten offen, Mittel- und Hinterschenkel einfach. **Toxotus** Serv.

7. Kopf hinter den Augen allmählig verengt, Augen ausgerandet 8
— Kopf mit kleinen, deutlichen Schläfen, Halsschild mit sehr stumpfen Seitenhöckern 9
8. Fühler etwas hinter dem Vorderrand der Augen eingelenkt, Halsschild mit starken, etwas scharfen Seitenhöckern. **Oxymirus** Muls.
— Fühler etwas vor dem Vorderrand der Augen eingelenkt, Halsschild mit schwachen, oder sehr stumpfen Seitenhöckern. **Pachyta** Serv.
9. Fühler etwas vor dem Vorderrand der Augen eingelenkt, Augen nicht ausgerandet, Flügeldecken an der Spitze zusammen abgerundet, blau oder grün, das dritte Fühlerglied viel kürzer als das erste, Halsschild mit tiefer Mittelfurche. **Gaurotes** Lec.
— Fühler etwas hinter dem Vorderrand der Augen eingelenkt, Augen deutlich ausgerandet, Flügeldecken an der Spitze etwas abgestutzt, Körper schmal . . 10
10. Augen der Basis der Mandibeln nahe gerückt, Halsschild in der Mitte hochgewölbt. **Pidonia** Muls.
— Augen von der Basis der Mandibeln sehr weit abstehend, Halsschild in der Mitte niedergedrückt. **Nivellia** Muls.
11. Kopf hinter den Augen allmählig verengt, ohne abgesetzte Schläfen, Augen nicht oder kaum ausgerandet, Halsschild mit stumpfen Hinterecken, das dritte Glied der Hintertarsen bis weit über die Mitte gespalten. **Acmaeops** Lec.
— Kopf hinter den Augen mit deutlichen, scharf eingeschnürten Schläfen 12
12. Fortsatz des Prosternums zwischen den Vorderhüften an der Spitze nicht erweitert, Halsschild mit stumpfen Hinterecken, Flügeldecken an der Spitze abgerundet, Augen der Basis den Mandibeln sehr nahestehend, kaum ausgerandet, das erste Glied der Hintertarsen kaum länger als die zwei folgenden zusammen. **Cortodera** Muls.
— Fortsatz des Prosternums zwischen den Vorderhüften erweitert 13
13. Augen der Basis der Mandibeln sehr nahe gerückt, deutlich ausgerandet, Hinterecken des Halsschildes stumpf, Flügeldecken an der Spitze abgerundet, das erste Glied der Hintertarsen $1^1/_2$—2 mal so lang als die zwei folgenden zusammen. **Grammoptera** Serv.

— Augen von der Basis der Mandibeln entfernt . . 14
14. Halsschild mit stumpfen oder nur kurz vortretenden Hinterecken 15
— Halsschild mit lang ausgezogenen, spitzigen Hinterecken, die sich an die Schultern der Flügeldecken anlegen, gegen die Spitze stark verschmälert und abgeschnürt, Flügeldecken nach hinten verengt und an der Spitze meist abgestutzt. **Strangalia** Serv.
15. Flügeldecken mit abgerundeter Spitze, Augen deutlich ausgerandet, das erste Glied der Hintertarsen bedeutend länger als die zwei folgenden zusammen. **Julodia** Muls.
— Flügeldecken an der Spitze abgestutzt. **Leptura** L.

Gatt. **Necydalis** L.

Schwarz mit goldglänzender Behaarung, Fühler ganz (♀) oder nur an der Wurzel (♂) gelb.

1. Halsschild kaum länger als breit, überall dicht gelb behaart, etwas vor der Mitte am breitesten, Flügeldecken ebenfalls goldig behaart, besonders an der Wurzel und Spitze, Beine gelb, die Spitze der Hinterschenkel meist etwas dunkler, Hinterschienen etwas gebogen, gegen die Spitze dunkel. Lg. ♂ 22—27 mm., ♀ 27—30 mm.
♂ Das zweite und dritte Bauchsegment und der Hinterrand des ersten gelb. Letztes Bauchsegment der ganzen Länge nach tief eingedrückt.
♀ Der Hinterrand der zwei ersten Bauchsegmente breit, der zwei folgenden schmal gelb gefärbt. Sehr selten, auf Eichen, Buchen und Ulmen. (Ulmi Chevr., Major Guér., abbreviata Panz.). Basel, Genf. **Panzeri** Harold.
— Halsschild länger als breit, spärlicher und nur an den Seiten gelb behaart, etwas hinter der Mitte am breitesten, Flügeldecken an der Spitze gleichfärbig, oder mit einem dunkleren Fleck. Beine gelb, die Hinterschenkel mit schwarzer Spitze, die Hinterschienen gerade. Lg. ♂ 19—24, ♀ 22—32 mm.
♂ Erstes und zweites Bauchsegment und die Wurzel des dritten gelb; letztes Bauchsegment nur an der Spitze eingedrückt.
♀ Bauchsegmente schwarz, Wurzel und Seiten der zwei ersten Segmente gelblich gefleckt. Auf Weiden und Pappeln. Selten. (Abbreviata F., salicis Muls.) **Major** L.

Gatt. **Rhagium** Fabr.

1. Mit langen, stark vortretenden und stark eingeschnürten Schläfen (Stenocorus Kolbe) 2
— Schläfen kurz, wenig vortretend und schwach abgegeschnürt, Flügeldecken mit drei stark erhabenen Längsrippen, von denen die beiden äussern nach hinten vereinigt sind. Schwarz, Kopf und Halsschild anliegend grau behaart, letzteres wie das Schildchen mit kahler Mittellinie; Flügeldecken blassgelb mit fleckiger grauer Behaarung, die Längsrippen, zwei mehr oder weniger vollständige Querbinden und einige zerstreute Flecken unbehaart, schwarz, Schenkel und Schienen an der Basis rothgelb. Lg. 12 bis 15 mm. (indagator F., investigator Muls.). Nicht selten. Häufig in der Niederung, selten in den Bergen, doch bis 5500′ steigend (Rigi). **Inquisitor** L.
2. Oberseite mit dichter fleckiger Behaarung, Flügeldecken mit zwei rothen oder gelben Querbinden . 3
— Jede Flügeldecke mit 3—4 erhabenen Linien und zwei rothen Schrägbinden, die erste nahe der Wurzel, die andere, gebogene, nahe der Spitze, beide bei der dünnen und sparsamen Behaarung deutlich vortretend. Lg. 14—18 mm. (ornatum F., ecoffeti Muls.). Nicht selten in der Niederung und bis in die alpine Region ansteigend. **Bifasciatum** F.
3. Jede Flügeldecke neben dem Schildchen eingedrückt und zwischen diesem Eindruck und der Schulterfurche ein ziemlich starker Höcker, Schildchen an der Basis mit einem kleinen dreieckigen kahlen Fleck, Oberseite gleichmässig scheckig gelb behaart. Lg. 14—18 mm. (mordax F., scrutator Ol.). Selten, an Eichen und Nadelholz in der ebenern Schweiz. **Sycophanta** Schrk.
— Flügeldecken zwischen Schildchen und Schulterfurche gleichmässig gewölbt, jenes an der Spitze kahl, Oberseite scheckig gelb behaart; zwischen den rothen Querbinden am Aussenrand ein kahler, schwarzer Fleck. Lg. 11—22 mm. (inquisitor F.). Häufig in der ebenern Schweiz, selten in den Alpen. **Mordax** Deg.

Gatt. **Rhamnusium** Latr.

Rothgelb, die Mittel- und Hinterbrust und gewöhnlich auch die Spitze der Fühler schwarz, die Flügeldecken mit Ausnahme der vorderen Parthie des Seitenrandes blau, Scheitel und Halsschild fast unpunktirt, die Flügeldecken dicht und stark, etwas runzlig punktirt. Lg. 16–22 mm. (Rhagium salicis F., Stenocorus ruficollis Herbst.). Selten, auf Weiden und Ulmen. Genf, Wallis, Lausanne, Basel, Schaffhausen, Bern, Zürich. **Bicolor** Schrk.

Var. Flügeldecken ganz gelb oder gelblichgrau, mit oder ohne bläulichen Schimmer. Mit der Stammform. Seltener. v. **Glaucopterum** Schall.

Gatt. **Oxymirus** Muls. (Toxotus Serv.).

Nahtwinkel der Flügeldecken in eine Spitze ausgezogen, die Flügeldecken mit zwei mehr oder minder deutlich erhabenen Längslinien, die Oberseite sparsam, die Unterseite dichter behaart, ♂ ganz schwarz, nur Mund- und Fühlerwurzel gelblich.

♀ Schwarz, der Mund, die Fühlerwurzel, Schienen und Tarsen gelblich, Flügeldecken röthlich gelbbraun, ein breiter Streifen an der Naht und eine breite Längsbinde von der Schulter bis zur Spitze schwarz. Lg. 16—23 mm. Häufig in den Alpen und dem Jura von 3000—6000′ ü. M. **Cursor** L.

Var. Farbe ganz gelb. Sehr selten. Gadmenthal. v. **Verneuili** Muls.

Gatt. **Toxotus** Serv.

Halsschild mit stumpfen Seitenhöckern, vorn eingeschnürt, Kopf so breit als das Halsschild.

1. Das dritte Fühlerglied kürzer als das fünfte, Oberseite fein und runzlig punktirt, mit eingestreuten grösseren Punkten.

♂ Schwarz mit rothem Schulterfleck und rothem Abdomen, Halsschild etwas länger als breit, Flügeldecken nach hinten stark verengt (Leptura humeralis F.).

♀ Unterseite ganz schwarz, Flügeldecken gelb oder (selten) schwarz, Halsschild kaum länger als breit, Lg. 13—19 mm. Selten. Sitten, Basler Jura, Randen bei Schaffhausen. **Quercus** Göze.

— Drittes Fühlerglied länger als das fünfte, Oberseite fein und dicht punktirt mit eingestreuten grössern Punkten, gelb behaart, Halsschild länger als breit.

Kopf, Halsschild und Brust schwarz, die Wurzel der Fühler, der grösste Theil der Beine und die Flügeldecken gelb, diese nach hinten in geringerer oder grösserer Ausdehnung schwarz, selten sind die Flügeldecken ganz gelb oder ganz schwarz. Lg. 15 bis 24 mm. Häufig in der ebenern Schweiz.
♂ Abdomen röthlich gelbbraun **Meridianus** L.
♀ Abdomen ganz oder wenigstens an der Basis schwarz.

Gatt. **Acimerus** Serv.

Schwarz, stark runzlig punktirt, der Kopf, das Halsschild, Schildchen und die Unterseite mit dichter, gelber Behaarung (Rhagium cinctum F.).
♂ Flügeldecken einfärbig rothbraun. Lg. 15—22 mm.
♀ Flügeldecken rothbraun oder schwarz mit einer gelben Querbinde in der Mitte, Abdomen häufig braun oder mit röthlichem Rande der Segmente. Lg. 20—24 mm. Sehr selten. Graubündten.
Schäfferi L.

Gatt. **Pachyta** Serv.

Das dritte Glied der Hintertarsen nicht bis zur Mitte getheilt, das erste zusammengedrückt, an der Spitze nicht breiter als an der Basis, Augen ziemlich tief ausgerandet, Halsschild mit starken Seitenhöckern, schwarz, grau behaart, Flügeldecken mit scharf abgerundeter Spitze, Körper breit, nach hinten verengt.
Subg. **Pachyta** i. sp.

Das dritte Glied der Hintertarsen bis über die Mitte gespalten, das erste an der Spitze breiter als an der Basis, mit filziger Sohle, Augen ganz schwach ausgerandet, Halsschild mit stumpfen oder schwachen Seitenhöckern, schwarz, fein und dicht behaart, Flügeldecken mit rundlich abgestutzter Spitze, nach hinten wenig verengt. Subg. **Brachyta** Fairm.

Subgatt. **Pachyta** i. sp.

Drittes Fühlerglied fast doppelt so lang als das vierte, Flügeldecken dicht und grob punktirt.
♂ Schwarz, die Flügeldecken gelbbraun, der Aussenrand, die äusserste Spitze und der hintere Theil

des Nahtrandes öfter schwarz. Lg. 11—15 mm. (P. spadicea Payk.).
♀ Flügeldecken gelb, jede mit zwei grossen, unregelmässigen, etwas verwachsenen, bald grösseren, bald kleineren schwarzen Flecken. Lg. 14—19 mm. Sehr selten. Wallis, Waadt, Splügen, Davos, Sedrun. **Lamed** L.

— Drittes Fühlerglied wenig länger als das vierte, schwarz, Flügeldecken gelb, jede mit zwei grössern schwarzen Flecken, von denen hie und da die vordern oder die hintern fehlen. Lg. 11—19 mm. Häufig in den Niederungen und bis in die alpine Region. **Quadrimaculata** L.

Subg. **Brachyta** Fairm.

1. Erstes Glied der Hintertarsen breit, nicht länger als die zwei folgenden zusammen, Fühler und Beine ganz schwarz, die Flügeldecken gelb mit schwarzen Zeichnungen oder ganz schwarz. Lg. 11—15 mm. **Interrogationis** L.

Var. a. Flügeldecken gelb mit sechs schwarzen Flecken, einer am Schildchen, zwei auf der Naht und drei am Seitenrand. Nicht selten. v. **12 maculata** F.

Var. b. Flügeldecken gelb mit vier schwarzen Flecken, gemeinschaftlich am Schildchen, drei am Seitenrand und eine gebogene Linie, welche den zweiten Randfleck einschliesst. v. **interrogationis** i. sp.

Var. c. Flügeldecken gelb, Fleck am Schildchen, einer an der Schulter, einer in der Mitte am Seitenrand und einer an der Spitze, sowie die gebogene Linie wie bei Var. b, der Fleck am Schildchen fehlt öfter. v. **curvilineata** Muls.

Var. d. Flügeldecken schwarz, die Naht, die Spitze und zwei bis vier Flecken am Seitenrand gelb. v. **marginella** F.

Var. e. Flügeldecken ganz schwarz. v. **ebenina** Muls.

In allen Schweizer Alpen häufig von 3500—5000′ über Meer. Die dunkeln Varietäten sind durchschnittlich etwas häufiger als die hellen.

— Erstes Glied der Hintertarsen schlank, viel länger als die zwei folgenden zusammen. Flügeldecken uneben, vorn mit einigen seichten Längsfurchen, hinten mit seichten, rundlichen Vertiefungen. Kopf und Halsschild fein und dicht, die Flügeldecken etwas gröber runzlig punktirt. Schwarz mit rothen Beinen, an denen die äusserste Spitze der Schenkel und Schienen schwarz ist, Flügeldecken mit gelbgerandeter Wurzel und kleinen netzförmig zusammenfliessenden gelben Flecken auf der hinteren Hälfte (reticulata F.). Lg. 10—12 mm. **Clathrata** F.

Var. b. Beine ganz schwarz.

Var. c. Die gelben Zeichnungen der Flügeldecken fehlen ganz oder fast ganz. Sehr selten. Mt. Rosa, Berisal. v. **nigrescens** Gredl.

Gatt. **Gaurotes** Le Conte.

Körper schwarz, Flügeldecken blau oder grün, Halsschild und Abdomen roth; erstes Glied der Hintertarsen nicht länger als die zwei folgenden zusammen, Halsschild hoch gewölbt, Kopf grob und dicht, das Halsschild weniger dicht, Flügeldecken grob und dicht, hinten schwächer punktirt. Lg. 9—11 mm. Häufig überall. **Virginea** L.

Var. Halsschild schwarz. Nicht selten. v. **nigricollis** Bielz.

Gatt. **Pidonia** Muls.

Das erste Glied der Hintertarsen länger als die zwei folgenden zusammen, Kopf und Halsschild fein und dicht punktirt, Halsschild vorn und hinten eingeschnürt, dazwischen hoch gewölbt mit vertiefter Mittellinie, Flügeldecken ziemlich stark, aber nicht dicht punktirt. Röthlichgelb, Kopf und Halsschild dunkler, Unterseite braun, Beine röthlichgelb, die Spitze der Hinterschenkel und die Hinterschienen mit Ausnahme der Wurzel schwarz. Lg. 9—11 mm. Selten, aber über den grössten Theil der ebenern Schweiz und den Jura verbreitet. **Lurida** F.

Gatt. **Acmaeops** Le Conte.

1. Fühler in einer Linie mit dem Vorderrand der Augen eingefügt, Halsschild bis an den Vorderrand gewölbt, Spitze der Flügeldecken rundlich abgestutzt (Subg. Dinoptera Muls.), Halsschild und Abdomen roth, Oberseite fein und abstehend dunkel behaart. Lg. 7

bis 9 mm. Sehr häufig in den Niederungen bis 3000′ ü. M. **Collaris** L.

Var. Mit schwarzem Halsschild. Seltener als die Stammform.

— Fühler vor den Augen eingefügt, Halsschild hinter dem Vorderrande eingeschnürt, Halsschild mit vertiefter Mittellinie, ziemlich fein, aber zerstreut-punktirt; Flügeldecken an der Nahtspitze rechtwinklig, am Aussenwinkel abgerundet 2

2. Oberseite schwarz mit dichter, grünlicher Behaarung, und ausserdem das Halsschild mit langen abstehenden weissen Haaren, Stirn dicht und tief punktirt. Lg. 8—10 mm. Sehr selten. Saas, Glarus, Chamouny. **Smaragdulus** F.

— Oberseite ohne grünliche Behaarung 3

3. Augen fast um ihren ganzen Durchmesser von der Basis der Mandibeln entfernt, erstes Glied der Hintertarsen viel länger als die zwei folgenden Glieder zusammen, Stirn dicht und tief punktirt, Flügeldecken bräunlichgelb, ein schiefer Schulterstreifen, ihre Spitze und die Naht häufig schwärzlich. Lg. 7—11 mm. (strigilata F.). Selten. Salève bei Genf, Chamouny, Walliser- und Bündtneralpen. **Pratensis** Leach.

— Augen nur um $^{2}/_{3}$ ihres Durchmessers von der Basis der Mandibeln entfernt, Wangen daher viel kürzer als bei der vorigen Art, erstes Glied der Hintertarsen wenig länger als die zwei folgenden Glieder zusammen; Stirn dicht, aber ziemlich fein punktirt, Flügeldecken schwarz mit gelbem Seitenrand oder ganz gelb. Lg. 8—9 mm. Sehr selten. Davos. **Septentrionis** Thoms.

Var. Flügeldecken ganz schwarz. Sehr selten. Simplon, Davos. v. **simplonicus** Stl.

Gatt. **Cortodera** Muls.

Endglied der Kiefertaster gegen die Spitze nicht erweitert, Abdomen schwarz, Beine theilweise gelb.

1. Halsschild ohne glatte Mittellinie, schwarz mit gelblichgrauer Behaarung, Flügeldecken an der Basis jederseits mit zwei gelbrothen Flecken, Beine gelb, die Tarsen, die Spitze der Schenkel und die Hinterschienen schwarz. Lg. 9—10 mm. Sehr selten (humeralis Schall.). **Quadriguttata** F.

Var. b. Flügeldecken gelb mit schwärzlicher Naht, Beine gelb und nur die Spitze der Hinterschenkel schwarz. Selten. Wallis, Weissenburg, Schaffhausen. v. **suturalis** F.

Var. c. Flügeldecken gelb, Seiten des Halsschildes mit einem kleinen Zähnchen vor der Mitte. Sehr selten. Wallis. v. **spinosula** Muls.

— Halsschild in der Mitte der Länge nach vertieft mit glatter Mittellinie, Oberseite schwarz, die Flügeldecken länger und viel feiner punktirt als beim vorigen. Lg. 9—10 mm. (monticola Abeille). Sehr selten. Siders, Simplon. **Femorata** F.

Var. b. Flügeldecken gelb. Mit der Stammform.

Gatt. **Grammoptera** Serv.

1. Prosternum nur bis zur Mitte der Vorderhüften reichend, die Naht zwischen Stirn und Kopfschild gerade, vor dem Vorderrand der Augen gebogen, der eingeschnürte Theil hinter dem Scheitel glatt. Subg. **Allosterna** Muls.

— Prosternum schmal, aber zwischen den Vorderhüften hindurch reichend, die Naht zwischen Stirn und Kopfschild in der Mitte weiter nach hinten vorgezogen als der Vorderrand der Augen, der eingeschnürte Theil hinter dem Scheitel punktirt, matt. Subg. **Grammoptera** i. sp.

Subgen. **Allosterna** Muls.

Schwarz, die Flügeldecken braun, die Naht, ihr Seitenrand und die Spitze schwarz, Beine gelbbraun, die Hinterschenkel gegen die Spitze schwärzlich, Körper gelblich behaart, die Fühler meist pechbraun. Lg. 6—8 mm. (Carvis F.). Häufig überall bis 5500′ ü. M. **Tabacicolor** Dej.

Subg. **Grammoptera** i. sp.

1. Beine ganz gelb und nur die Tarsen schwarz, Fühler braun, das erste Glied gelb, Körper schwarz, Halsschild und Flügeldcken mit goldgelben Schuppenhaaren bekleidet, Kopf und Flügeldeckenspitze kahl und daher blass erscheinend. Lg. 6—7 mm. (praeusta F.). Ziemlich selten. Genf, Waadt, Wallis, Bern,

Neuchâtel, Basel, Schaffhausen; auf Spiräen und Doldenpflanzen. **Ustulata** Schaller.

— Beine theilweise oder ganz schwarz 2

2. Alle Fühlerglieder an der Wurzel gelb, Beine gelb, die Spitze der Schenkel, Tarsen und Hinterschienen schwarz, Halsschild und Flügeldecken mit graugelber kurzer Behaarung. Lg. 4½—6 mm. Häufig überall. **Ruficornis** F.

— Fühler schwarz, nur gegen die Spitze bisweilen röthlich; schwarz, Halsschild und Flügeldecken fein grau behaart ohne gelblichen Schimmer; beim ♂ die zwei bis drei letzten Abdominalsegmente und die Wurzel der Schenkel gelb. Lg. 6—9 mm. (G. analis Panz., femorata Muls.). Selten. Genf, Wallis, Neuchâtel, Schaffhausen. **Variegata** Germ.

Judolia Muls.

1. Scheitel nach hinten stark abfallend, Halsschild hoch gewölbt mit einem schwachen Quereindruck jederseits an der Basis, Flügeldecken mit gewölbtem Rücken und hinten ziemlich stark verengt . . . 2

— Scheitel nach hinten nur flach niedergedrückt, Halsschild mässig gewölbt, gleichmässig kurz abstehend behaart, Flügeldecken mit ziemlich flachem Rücken, nach hinten wenig verengt, mässig dicht punktirt, schwach glänzend, schwarz, drei mehr oder weniger breite und gezackte Querbinden gelb, die erste dicht hinter der Basis. Lg. 8—11 mm. (3 fasciata F.). Selten. Wallis, Pfäfferz, Engadin. **Sexmaculata** L.

2. Flügeldecken in den Schultern fast doppelt so breit als das Halsschild, sehr dicht, ziemlich grob punktirt, rothgelb, zwei Flecken nahe der Basis, einer in der Mitte und die Spitze schwarz, Halsschild ziemlich dicht gelb behaart. Lg. 8—12 mm. (8 maculata Schall., F.). Sehr häufig bis 5000′ ü. M. **Cerambyciformis** Schrk.

— Flügeldecken in den Schultern nur 1½ mal so breit als das Halsschild, mässig dicht, hinten körnig punktirt, glänzend, schwarz, mit drei breiten rothen Querbinden, Halsschild grau behaart. Lg. 7—10 mm. (6 maculata F.). Selten. Chamouny, Wallis, Engadin. **Erratica** Dalm.

Leptura L.

1. Halsschild bis zum Vorderrande gewölbt, ohne Einschnürung hinter der Spitze 2
— Halsschild mit einer Einschnürung hinter der Spitze, Flügeldecken mit schwach abgestutzten, etwas ausgerandeten Spitzen. Subg. **Leptura** i. Sp.
2. Fühler dünn, Hinterschienen mit kurzen Endspornen, Flügeldecken langgestreckt mit parallelen Seiten, an der Spitze abgestutzt, Halsschild länger als breit, vor der Basis schwach eingeschnürt, dicht grob punktirt, Kopf hinter den Augen eingeschnürt, die Schläfen etwas spitz nach hinten vortretend. Subg. **Anoplodera** Muls.
— Fühler dick, Hinterschienen mit langen Endspornen, Flügeldecken nach hinten verengt, an der Spitze rundlich abgestutzt, Schläfen klein und gerundet. Subg. **Vadonia** Muls.

Subg. Anoplodera Muls.

1. Oberseite schwarz und ziemlich dicht und stark punktirt, die äussere Spitze abgerundet, Beine roth, nur die Tarsen und die Spitzen der Schienen schwarz. Lg. 9—11 mm. Ziemlich selten. Genf, Wallis, Jura, Schaffhausen. **Rufipes** Schall.
— Oberseite schwarz, ein Punkt neben dem Schildchen, einer in der Mitte und einer vor der Spitze gelbroth; Oberseite feiner und weitläufiger punktirt, Beine schwarz. Lg. 8—11 mm. Ziemlich selten. Westschweiz, Zürich, Schaffhausen. **Sexguttata** Schall.
Var. Die beiden vordern Flecken verbunden mit der Stammform. v. **exclamationis** F.

Sub. Vadonia Muls.

Körper schwarz, Flügeldecken einfärbig röthlichgelb, die Oberseite gelblich behaart; Halsschild länger als breit, ohne Quereindruck vor der Basis, grob und nicht dicht punktirt, Flügeldecken sparsam grob punktirt. ♂ vor den Hinterhüften mit zwei Längswülsten. Lg. 7—9 mm. Ziemlich selten. Genf, Wallis, Neuchâtel, Schaffhausen; auch im Jura und in den Alpen. **Livida** F.

Subg. **Leptura** i. sp.

1. Der äussere Spitzenrand der Flügeldecken ist abgerundet, Halsschild am Grunde mit schwachem Quereindruck und ziemlich tiefer Mittelfurche, Fühler schwarz, die Glieder vom 3. an mit gelber Wurzel, Beine schwarz, der ganze Körper dicht grünlich behaart. Lg. 15—20 mm. Häufig in den Alpen und Voralpen bis zur Baumgrenze; selten in der Ebene und in den Thälern. **Virens** L.

— Der äussere Spitzenrand der Flügeldecken ist recht- oder spitzwinklig 2

2. Der äussere Spitzenrand der Flügeldecken ist rechtwinklig, die Fühler schwarz, vom 5. bis 8. Glied an der Wurzel gelb 3

— Der äussere Spitzenrand der Flügeldecken ist spitzwinklig, Fühler ganz schwarz oder roth mit schwarzer Wurzel 5

3. Behaarung halbanliegend, ganz dunkel, Flügeldecken rothbraun.
♂ Hintertarsen so lang als die Schienen; diese nur an der äussersten Wurzel verdünnt, Furche des Metasternum hinten viel tiefer und jederseits derselben eine ziemlich grosse dreieckige Bürste von schwarzen Haaren, die sich deutlich von der übrigen Pubescenz abhebt, 5. Bauchring gegen die Spitze niedergedrückt, breit gestutzt und bewimpert, der 6. unten ausgehöhlt, schwach ausgerandet und stark zottig bewimpert, das Pygidium etwas überragend; dieses gewölbt, seitlich schmal gerandet, an der Spitze abgestutzt.
♀ Hintertarsen kürzer als die Schienen, diese schmal, von der Spitze bis zur Basis verschmälert; Furche des Metasternum einfach und der ganzen Länge nach schwach. Der 5. Bauchring hinten niedergedrückt, breit abgestutzt, der 6. verborgen. Pygidium schwach convex, seitlich mit breiten Furchen, an der Spitze abgestutzt.
Von L. maculicornis unterscheidet sich diese Art ferner durch etwas kräftigere Fühler und Beine, diese sind auch etwas kürzer, 5.—8. Fühlerglied etwas weniger verlängt, das 5. und 7. an der Wurzel weniger deutlich weiss gefärbt. Die Flügeldecken zeigen mitunter einen dunkeln Fleck an der Spitze. Lg. 9—11 mm. (Revue d'entomologie 1886, 11, p. 324.) Simplon, Freiburger Alpen, Davos. **Simplonica** Rey.

— Behaarung dunkel mit gelblichem Schimmer, besonders am Halsschild und der Wurzel der Flügeldecken. Flügeldecken gelbbraun 4

4. Flügeldecken 2½ Mal so lang als das Halsschild, ziemlich stark punktirt, wenig glänzend, an der Spitze und am umgeschlagenen Seitenrand dunkler, an der Spitze schief abgestutzt.
♂ Analsegment mit schwachem Eindruck, an der Spitze abgestutzt, letztes Fühlerglied fast so lang als die zwei vorhergehenden zusammen, hinter der Mitte etwas eingeschnürt, Hinterschienen einfach, Flügeldecken nach hinten schwach verschmälert mit gleichmässig kurzer, dunkler, halbanliegender Behaarung bekleidet.
♀ Analsegment und Hinterschienen wie beim ♂, letztes Fühlerglied ein zugespitztes Oval bildend, viel kürzer als die zwei vorhergehenden Glieder, kaum eingeschnürt hinter der Mitte, Flügeldecken nach hinten kaum verschmälert, Behaarung wie beim ♂.
Maculicornis Deg.

— Flügeldecken wenigstens drei Mal so lang als das Halsschild, nicht stark punktirt, glänzend, grösser als der vorige.
♂ Analsegment ausgehöhlt, mit einem Zahn jederseits, letztes Fühlerglied weniger lang als die zwei vorhergehenden zusammen, hinter der Mitte kaum eingeschnürt, Hinterschienen stärker als die mittleren, im ersten Drittheil ihres Aussenrandes mit stumpfem Winkel; Flügeldecken nach hinten ziemlich stark verschmälert, die Behaarung nach der Wurzel hin gelblich, weicher, länger und mehr abstehend.
♀ Analsegment mit einfachem Eindruck an der Spitze, letztes Fühlerglied oval, zugespitzt, etwas länger als das vorletzte, kaum eingeschnürt; Hinterschienen nicht stärker als die mittleren, von der Wurzel bis zur Spitze gleichmässig verbreitert; Flügeldecken nach hinten leicht verschmälert, die Behaarung nach der Wurzel hin kaum länger und abstehender.
Von maculicornis verschieden durch bedeutendere Grösse, schlankere Form, glänzendere, einfärbige Flügeldecken, die nach hinten mehr zugespitzt und beim ♂ nach der Wurzel hin länger und abstehender behaart sind. Lg. 10—12 mm. (Revue d'entomol. 1886, 9, pag. 276). Simplon, Val Annivier. **Hybrida** Fairm.

5. Beine einfärbig schwarz, Flügeldecken nicht gesägt 6

— Beine ganz oder theilweise hellgefärbt 10

6\. Körper ganz schwarz, sehr fein grau behaart, das Schildchen dicht silberweiss behaart, Oberseite dicht und grob punktirt, Halsschild sehr wenig flach gedrückt. Lg. 13—18 mm. Ziemlich selten. Walliser Alpen, Jura, Chamonny, Matt, Pfeffers, Graubünden. **Scutellata** F.

— Flügeldecken ganz oder theilweise hell gefärbt (einzig die var. der L. dubia ist ganz schwarz, aber durch geringe Grösse und feine Punktirung leicht von scutellata zu unterscheiden) 7

7\. Halsschild lang abstehend behaart, meist mit einem schwachen Quereindruck an der Basis, vor derselben gleichmässig gewölbt 8

— Halsschild mit kurzer, nach hinten gerichteter Behaarung, mit starkem Quereindruck, in der Mitte hoch gewölbt, vorn stark abgeschnürt, Flügeldecken roth, die Spitze und ein dreieckiger Fleck auf der Naht schwarz. Lg. 11—16 mm. Selten und nur in der Südwestschweiz, Wallis, Waadt, Jura, Bern. **Hastata** Sulz.

8\. Fühler nur $1^1/_2$ Mal so weit von einander entfernt, als die Augen von der Basis der Mandibeln, Halsschild mit stärkerem Eindruck, in der Mitte hoch gewölbt, sehr grob nicht ganz dicht punktirt, nur abstehend behaart, Flügeldecken bei ♂ und ♀ gelb mit schwarzer Spitze, Oberseite gelb behaart. Lg. 10—12 mm. (tomentosa F.) Häufig überall. **Fulva** De Geer.

— Fühler doppelt so weit von einander entfernt, als die Augen von der Basis der Mandibeln, Halsschild schwach gewölbt, mit schwachem Eindruck an der Basis, ganz dicht, weniger grob punktirt, matt, mit doppelter Behaarung 9

9\. Kürzer und gewölbter als die folgende Art, Halsschild mit deutlich gerundeten Seiten, die kurze Behaarung anliegend, schwarz, die Flügeldecken beim ♂ gelb, die Spitze und bisweilen der Seitenrand schwarz, beim ♀ einfärbig roth. Lg. 9—11 mm. Häufig in den Alpen und Voralpen, seltener in der Ebene. **Sanguinolenta** L.

— Halsschild mit sehr schwach gerundeten Seiten, die kurze Behaarung abstehend, Flügeldecken etwas länglicher und flacher als bei der vorigen Art. Körper schwarz. Lg. 9—13 mm. (limbata Laich. cincta F.) ♂ Flügeldecken gelb, die Spitze und ein mehr oder weniger breiter Saum an den Seiten der Flügeldecken schwarz.

♀ Flügeldecken roth mit schmalem schwarzem Saum. **Dubia** Scop.

Var. a. ♀ Flügeldecken mit einer breiten schwarzen Binde neben der Naht, die bis zur Spitze reicht. Bern, Brünig, Wallis. v. **Melanota** Feld.

Var. b. ♀ Flügeldecken gleichmässig hellbraun (ochracea Rey.). Savoyen, Wallis. v. **Reyi v. Heyden.**

Var. c. Flügeldecken ganz schwarz. Bern, Weissenburg, Chandolin.

Häufig in den Alpen, seltener in der Ebene.

10. Halsschild mit ziemlich flacher Scheibe, fein runzlig punktirt, schwarz, Schienen und Tarsen gelbroth, Flügeldecken fein punktirt und fein behaart, ♂ Flügeldecken gelbbraun, Halsschild schwarz.
♀ Flügeldecken und Halsschild roth. Lg. 14—18 mm. (rubrotestacea Ill.). Häufig in den Alpen, seltener in der Ebene. **Testacia L.**

— Schwarz, die Flügeldecken, die Vorderbeine mit Ausnahme der Schenkelbasis, die Schienen und Tarsen der Mittelbeine, beim ♂ häufig auch die Spitze der Mittelschenkel und Hinterschienen, sowie die Fühler mit Ausnahme der Basalglieder roth, Kopf und Halsschild dicht, die Flügeldecken viel gröber, aber weniger dicht punktirt. Lg. 12—15 mm. Sehr selten. Susten, Waadtländer- und Savoyer-Alpen (rufipennis Muls.). **Erytroptera** Hagenb.

Gatt. **Strangalia** Serv.

1. Halsschild an der Spitze deutlich eingeschnürt . . 2
— Halsschild an der Spitze nicht eingeschnürt, höchstens mit etwas verdicktem Vorderrand 7
2. Die letzten sechs Fühlerglieder mit einem seichten, namentlich beim ♂ deutlichen Grübchen vor der Spitze; Fühler kaum weiter von einander entfernt als die Augen von der Basis der Mandibeln; schwarz, die äussere Hälfte der Fühler und die Beine, mit Ausnahme der Spitze der Hinterschenkel, sowie vier fast gleich breite Querbinden der Flügeldecken gelb, Flügeldecken sehr schmal.
♂ Analsegment sehr lang und schmal, gegen die Spitze wenig verengt, mit tiefer Längsfurche. Lg. 11—13 mm. Häufig in der Westschweiz, selten in Nord- und Ostschweiz. **Attenuata L.**

— Die Fühlerglieder auch beim ♂ ohne Grübchen, Analsegment des ♂ konisch 3

3. Halsschild breiter als lang, Schildchen länglich dreieckig, Spitze der Flügeldecken mit spitzem Aussen- und Nahtwinkel, Halsschild ziemlich dicht, etwas rauh punktirt, Flügeldecken schwarz mit vier gelben Querbinden 4

— Halsschild länger als breit, Schildchen länglich dreieckig . . . . . , ... 5

4. Halsschild am Vorder- und Hinterrand dicht goldglänzend behaart, die Querbinden der Flügeldecken etwas schräg, aber nicht gezackt. Lg. 13—18 mm. Selten. In der Westschweiz.
♂ Beine theilweise, d. h. Schenkelspitze und Schienen roth, die Fühler schwarz.
♀ Beine, mit Ausnahme der Schenkelwurzel, und die Fühler roth. **Aurulenta F.**

— Halsschild mit gleichmässig grauer, etwas gelblich schimmernder Behaarung, die gelben Querbinden der Flügeldecken gerade, aber etwas gezackt, Beine und Fühler schwarz und nur die Spitze der letzteren beim ♀ roth. Lg. 13—18 mm. Nicht selten und fast über die ganze Schweiz verbreitet. **Quadrifasciata L.**

5. Halsschild wenig länger als breit, mit deutlich gerundeten Seiten, Aussenwinkel der Flügeldeckenspitze fast rechtwinklig, Fühler doppelt so weit von einander entfernt, als die Augen von der Basis der Mandibeln. Körper ganz schwarz. Lg 12—15 mm. (aethiops Ganglb.). Nicht selten. Genf, Basel, Schaffhausen, St. Gallen. **Atra Laich.**

— Halsschild viel länger als breit, Aussenwinkel der Flügeldecken spitz **6**

6. Halsschild an den Seiten in der Mitte mit ziemlich starkem Höcker, Nahtwinkel der Flügeldecken scharf rechtwinklig, die Wurzel der Fühlerglieder, die Beine bis auf die Tarsen, die Spitze der Schienen und der Hinterschenkel und die Flügeldecken gelb, bei letzteren die Spitze und drei Binden schwarz, von denen die vorderste gewöhnlich unterbrochen ist. Uebrigens ist die schwarze Zeichnung der Flügeldecken sehr veränderlich. Lg. 13—18 mm. Sehr häufig und bis 5000 Fuss ansteigend; noch bei Davos. **Maculata Poda.**

♂ Hinterschienen in der Mitte des Innenrandes mit schwachem Zahn. ♀ Spitze des Hinterleibes gelb.

— Halsschild ohne Höcker, mit fast geraden Seiten, Nahtwinkel der Flügeldecken stumpf, Fühler einfärbig, Flügeldecken schwarz mit vier gelben Querbinden, Fühler 1½ Mal so weit von einander entfernt als die Augen von der Basis der Mandibeln, die erste Linie der Flügeldecken ist knieförmig gebogen, die drei übrigen nach aussen stark verschmälert. Lg. 12—16 mm. (annularis F.) Ziemlich selten. Glarus, Basel, Schaffhausen, Wallis. **Arcuata** Panz.

♂ Fühler zur Hälfte, die Beine theilweise gelb.
♀ Fühler und Beine ganz gelb.

7. Halsschild breiter als lang 8

— Halsschild länger als breit, Flügeldecken nach hinten verengt mit spitzem Aussenwinkel 9

8. Halsschild mit ziemlich starken Seitenhöckern vor der Mitte, Flügeldecken nach hinten schwach verengt, rauh punktirt, Körper roth, die Brust, die Fühler mit Ausnahme der Basis, Flügeldecken und Tarsen schwarz. Lg. 10—14 mm. (villica F.) Selten. Genf, Wallis, Lausanne, Zürich, Aarau, Schaffhausen, Bündten. **Revestita** L.

Var. b. Flügeldecken ganz gelb.

— Halsschild mit sehr schwachen Seitenhöckern, an der Basis kaum schmäler als die Schultern der Flügeldecken, diese mit breiten Schultern, nach hinten stark und geradlinig verengt, ihr äusserer Spitzenwinkel sehr spitz. Körper schwarz. Lg. 12—18 mm. (obscura Payk.) Sehr selten. Dübendorf, Bergün.

♂ Flügeldecken und Wurzel der Schienen gelb.
♀ Flügeldecken roth, selten schwarz. **Pubescens** F.

9. Kopf, Halsschild, Fühler, Brust und Beine schwarz 10

— Körper röthlich gelbbraun, gewöhnlich das erste Fühlerglied, der Kopf ausser dem Scheitel, ein länglicher Fleck und die Hinterecken des Halsschildes, die Brust, die Spitze des Hinterleibes, ein Theil der Hinterbeine und 7 Flecken auf den Flügeldecken schwarz. Lg. 8—11 mm. Sehr selten. Tessin. **Septempunctata** F.

10. Halsschild fein und undeutlich punktirt, Flügeldecken schwarz, Bauch roth, beim ♂ an der Wurzel schwarz. Lg. 7—9 mm. Sehr häufig. **Nigra** L.

— Halsschild deutlich punktirt, der Vorderrand deutlich gerandet, Flügeldecken roth mit schwarzer Zeichnung 11

11. Halsschild sehr dicht und grob punktirt, etwas matt, Bauch schwarz, Flügeldecken roth mit schwarzer Zeichnung. Lg. 7—9 mm. Häufig überall bis 6000′ über Meer.
♂ der schmale Seitenrand, die Naht und Spitze der Flügeldecken schwarz
♀ der schmale Seitenrand, die breite Naht und Spitze der Flügeldecken schwarz. **Melanura** L.

— Halsschild sparsam punktirt, glänzend, Bauch fast ganz roth, Flügeldecken roth, die Naht schmal, schwarz gesäumt. Lg. 7—9 mm. Häufig in der ebeneren Schweiz.
♂ die Spitze der Flügeldecken etwas gedunkelt.
♀ die Spitze breit und eine mit ihr zusammenhängende Querbinde hinter der Mitte schwarz. **Bifasciata** Müller.

4. Lamiini.

1. Halsschild seitlich mit einem Dorn bewaffnet . . 2

— Halsschild ohne Dorn, höchstens mit ganz schwachen Höckern, Schenkel nicht keulenförmig verdickt, Fühler meist bewimpert 12

2. Das erste Fühlerglied verdickt, an der Spitze seitlich mit einer kleinen, scharfkantig umgränzten Fläche, die Schenkel nicht keulenförmig 3

— Das erste Fühlerglied ohne abgegränzte Fläche neben der Spitze 5

3. Gelenkhöhlen der Vorderhüften nach hinten offen, Metasternum lang, das dritte Fühlerglied viel länger als das erste, Fühler beim ♂ viel länger als der Körper, einfärbig, beim ♀ an der Basis jedes Glied heller gefärbt und dicht grau behaart, Flügel vorhanden, die Flügeldecken an der Naht nicht verwachsen. **Monochammus** Latr.

— Gelenkhöhlen der Vorderhüften hinten geschlossen, Metasternum kurz 4

4. Flügeldecken an der Naht nicht verwachsen, mit deutlichen Schultern, Flügel vorhanden, das erste Fühlerglied so lang als das dritte. **Lamia** F.

— Flügeldecken an der Naht verwachsen, Flügel fehlen, das erste Fühlerglied länger als das dritte. **Morimus** Serv.

5. Fühler nicht abstehend bewimpert 6

— Fühler abstehend bewimpert, nicht oder wenig länger als der Körper 8

6. Gelenkhöhlen der Vorderhüften seitlich mit einer offenen Spalte, in welcher die Trochantinen sichtbar sind, Schenkel nicht keulenförmig, Flügel fehlen. **Dorcaddon** Dalm.

— Gelenkhöhlen der Vorderhüften seitlich fast ganz geschlossen, Trochantinen nicht sichtbar, Flügel vorhanden, Schenkel keulenförmig 7

7. Legeröhre des ♀ lang vorgestreckt, Fühler beim ♀ $1^1/_2$—2 Mal, beim ♂ $2^1/_2$—5 Mal so lang als der Körper, Halsschild meist auf der Scheibe vor der Mitte mit vier kleinen, gelblich behaarten flachen Höckerchen. **Acanthocinus** Steph.

— Legeröhre des ♀ kurz, Fühler bei ♂ und ♀ wenig länger als der Körper, Halsschild ohne Höckerchen. **Leiopus** Serville.

8. Vorderhüften aneinanderstehend, seitlich geschlossen, die Seitendornen des Halsschildes stehen hinter der Mitte und sind etwas nach hinten gerichtet, Fühler einfärbig, das dritte Glied so lang als das vierte. **Exocentrus** Muls.

— Vorderhüften getrennt, die Seitendornen des Halsschildes stehen ziemlich in der Mitte und sind nicht nach hinten gerichtet, Fühler schwarz und weiss geringelt 9

9. Metasternum ziemlich lang, die Mittelhüften sind den Vorderhüften viel näher als den Hinterhüften . . 10

— Metasternum kurz, Mittelhüften den Hinterhüften näher, Augen grob facettirt, das vierte Fühlerglied etwa halb so lang als das dritte und $1^1/_2$ Mal so lang als das fünfte, Fühler ohne Borstenbüschel. **Parmena** Serv.

10. Mesosternum nach hinten dreieckig zugespitzt, Fühler innen dicht bewimpert, ihr 1. Glied gegen die Spitze hin nicht verdickt 11

— Mesosternum nach hinten erweitert, Fühler innen sparsam bewimpert, ihr erstes Glied an der Spitze keulenförmig verdickt, Augen fein facettirt, Halsschild breiter als lang, Flügeldecken gegen die Spitze zu verengt, Schenkel gegen die Spitze keulenförmig, Oberseite ohne abstehende Haare und ohne Borstenbüschel, das dritte Fühlerglied kürzer als das vierte, das erste Glied der Hintertarsen $1^1/_2$ Mal so lang als das zweite. **Acanthoderes** Serv.

11. Augen grob facettirt, Halsschild länger als breit, Flügeldecken schmal, zur Spitze nicht verengt, Schenkel an der Spitze gekeult, Oberseite mit abstehenden Haaren und ohne Borstenbüschel. **Belodera** Thoms.
— Augen fein facettirt, Halsschild breiter als lang, Flügeldecken gegen die Spitze zu verengt, Schenkel an der Spitze gekeult, Oberseite mit abstehenden Haaren und Borstenbüscheln, drittes Fühlerglied kürzer als das vierte, erstes Glied der Hintertarsen kaum länger als das zweite. **Pogonocherus** Latr.
12. Klauen einfach oder nur mit einer stumpfen Ecke an der Basis 13
— Klauen gespalten oder spitz gezähnt 16
13. Das erste Fühlerglied verdickt, an der Spitze seitlich eine kleine, scharfkantig begrenzte Fläche, Fühler nur mit elf deutlichen Gliedern, das dritte länger als das vierte, Flügeldecken kaum zweimal so lang als breit, viel breiter als das Halsschild. **Mesosa** Serv.
— Das erste Fühlerglied ohne begrenzte Fläche an der Spitze 14
14. Fühler deutlich zwölfgliedrig, Episternen der Hinterbrust parallelseitig 15
— Fühler nur mit elf deutlichen Gliedern 16
15. Fühler bewimpert, deutlich gegliedert, Körper mässig gestreckt, die Hinterschenkel erreichen wenigstens den Hinterrand des zweiten Abdominalsegmentes. **Agapanthia** Serv.
— Fühler unbewimpert, die Glieder schwer zu unterscheiden, Körper sehr gestreckt, die Hinterschenkel erreichen kaum den Hinterrand des ersten Abdominalsegmentes. **Calamobius** Geer.
16. Augen ziemlich grob facettirt, tief ausgerandet, Halsschild so lang als breit, ohne Seitenhöcker, nach hinten und vorn ziemlich gleich stark verengt, Flügeldecken gegen die Spitze nicht verengt, die Spitze selbst abgerundet, Fühler einfärbig, das erste Glied viel kürzer als das zweite. **Anaesthetis** Muls.
— Augen fein facettirt, Episternen der Hinterbrust nach hinten verengt, Flügeldecken an der Spitze abgerundet, Augen schwach gewölbt, Klauen einfach. **Saperda** F.
17. Klauen nur mit einem kleinen spitzigen Zähnchen an der Basis, Augen ganz getheilt, Halsschild an der

Basis eingeschnürt, Flügeldecken gegen die Spitze hin nicht verengt, Abdomen so lang als Kopf und Brust zusammen, Hinterschenkel bis ans Ende des zweiten Segmentes reichend. **Tetrops** Steph.

— Klauen gespalten, d. h. mit einem wenigstens bis zur Mitte reichenden Zahn, Augen meist nicht getheilt 18

18. Abdomen länger als Kopf und Brust zusammen, die Hinterschenkel reichen nicht über das zweite Bauchsegment, Augen nicht getheilt. **Oberea** Muls.

— Abdomen nicht länger als Kopf und Brust zusammen, die Hinterschenkel reichen bis ans Ende des dritten oder vierten Bauchsegmentes 19

19. Fühler dünn, Flügeldecken nach hinten nicht verengt, an der Spitze einzeln abgerundet, der Zahn der Klauen reicht wenig über die Mitte. **Stenostola** Muls.

— Fühler kräftig, Flügeldecken an der Spitze meist abgestutzt, nach hinten mehr oder weniger verengt, der Zahn der Klauen reicht fast bis zur Spitze. **Phytoecia** Muls.

Gatt. **Monochammus** Latr.

Fühler beim ♂ doppelt so lang als der Körper, ganz schwarz, beim ♀ wenig länger als der Körper, die einzelnen Glieder vom dritten an grau geringelt, Vordertarsen beim ♂ stark erweitert, Flügeldecken dicht punktirt, an der Wurzel gekörnt.

1. Schildchen dicht gelb behaart, Flügeldecken nach hinten stark verengt mit einem Quereindruck im ersten Drittheil, beim ♂ gleichmässig fein behaart, beim ♀ mit gelben Tomentflecken. Lg. 26—32 mm. In den Voralpen nicht selten. Wallis, Genf, Bündner- und Glarner-Alpen, Dübendorf, Kurfürsten. (Mulsanti Seidl.) **Sartor** F.

— Schildchen dicht behaart, mit kahler Mittellinie oder kahlem Fleck an der Basis, Flügeldecken ohne Eindruck 2

3. Schildchen nur an der Basis mit einem dreieckigen kahlen Fleck, Flügeldecken vorn gekörnt, in der Mitte dicht, nach hinten zerstreut und mehr oder weniger in Reihen punktirt, nach hinten wenig verengt, bei ♂ und ♀ mit schwachen Tomentflecken, schwarz mit Bronceschimmer, Fühler und Beine rothbraun. Lg. 16—25 mm. Selten. Wallis. **Galloprovincialis** Ol.

Var. Fühler und Beine ganz schwarz v. **pistor** Germ.
— Schildchen der ganzen Länge nach in der Mitte kahl, Flügeldecken nach hinten wenig verengt, bis zur Spitze hin dicht punktirt, Flügeldecken beim ♀ stets mit zahlreichen Tomentflecken, beim ♂ mit sparsameren oder auch gar keinen Flecken. Lg. 18—24 mm. In den Alpenthälern häufig und bis 6000′ ü. M. ansteigend, in der ebeneren Schweiz selten. **Sutor** L.

Gatt. **Lamia** F.

Schildchen fein behaart mit kahler Mittellinie, Flügeldecken gekörnt und sparsam fein behaart, Fühler bei ♂ und ♀ kürzer als der Körper, Oberseite schwarz. Lg. 16—27 mm. Häufig in der ebeneren Schweiz und in den Thälern. **Textor** L.

Gatt. **Morimus** Serv.

1. Fühler kürzer als der Körper, ihr erstes Glied länger als das dritte. Subgen. **Herophila** Muls.
— Fühler beim ♀ wenig, beim ♂ länger als der Körper, ihr erstes Glied kürzer als das dritte. Subgen. **Morimus** Serv.

Subgen. **Herophila** Muls.

Mit braunem Toment dicht bedeckt, jede Flügeldecke mit zwei sammetschwarzen Tomentflecken, deren erster im ersten Drittel, der zweite hinter der Mitte sich befindet. Lg. 14—16 mm. Selten. Lugano. (funestus F.) **Tristis** L.

Subgen. **Morimus** Serv.

Fühler beim ♂ $1^1/_2$—2 Mal so lang als der Körper, schwarz mit grauem oder graubräunlichem Toment, Flügeldecken mit vier braunen, wie bei tristis angeordneten, aber unregelmässigern und viel weniger in die Augen fallenden Tomentflecken. Lg. 19—34 mm. (lugubris F.) Sehr selten. Genf, Lugano. **Asper** Sulzer.

Gatt. **Dorcadion** Dalm.

1. Flügeldecken langgestreckt, Körper ganz schwarz, Kopf mit Stirnfurche, Halsschild ziemlich dicht, an

den Seiten dichter punktirt, Flügeldecken mit bis zur Mitte reichender Schulterkante, mit schwachem Eindruck innerhalb derselben, Punktirung mässig dicht, nach hinten viel schwächer werdend. Lg. 15 bis 20 mm. (morio F.) Sehr selten. Schaffhausen. **Aethiops** Scop.

— Flügeldecken viel kürzer, Kopf und Halsschild kahl, sehr dicht punktirt, ersterer mit vertiefter Mittellinie, letzterer mit feiner, glatter Mittellinie, Fühler grau geringelt, Flügeldecken mit einfärbigem, weissem, dichtem Toment bekleidet. Lg. 12—18 mm. Genf, Waadt, Basel, Schaffhausen, St. Gallen. **Fuliginator** L.

Var. Toment der Flügeldecken braun, eine kaum bis zur Mitte reichende Rückenbinde weiss, Naht und Seitenbinde ganz. Schaffhausen. Selten. v. **navaricum** Muls

Gatt. **Acanthocinus** Steph.

1. Das erste Glied der Hintertarsen so lang als die übrigen zusammen 2

— Das erste Glied der Hintertarsen länger, als die übrigen zusammen, Flügeldecken ohne Rippen. Die Basis, eine Querbinde in der Mitte und die Spitze grau behaart, mit kahlen schwarzen Punkten, Fühler beim ♀ 1½ Mal, beim ♂ vier Mal so lang als der Körper, die Glieder an der Wurzel grau, an der Spitze schwarz. Lg. 9—11 mm. Selten. Bern, Aarau, Basel, Schaffhausen, Dübendorf, Matt, auch in den Alpen. **Griseus** F.

2. Flügeldecken ohne oder nur mit Spuren von Rippen, gleichmässig grau behaart, nur hinter der Mitte eine dunklere, etwas schräge Querbinde, Fühler beim ♀ zwei Mal, beim ♂ fünf Mal so lang als der Körper, das erste Glied an der Spitze und Aussenseite, die andern an der Spitze schwarz. Lg. 13—18 mm. Häufig in der ebeneren Schweiz. **Aedilis** L.

— Auf jeder Flügeldecke vier Rippen, die Naht und der Seitenrand erhaben und mit schwarzen Borstenflecken besetzt, Oberseite fleckig grau behaart, Flügeldecken mit einer dunkeln Querbinde der hinter Mitte. Lg. 11—13 mm. (costatus F., nebulosus Schrank). Selten. **Atomarius** F.

Gatt. **Leiopus** Serville.

1. Die Seitendornen des Halsschildes stehen nur wenig hinter der Mitte und sind wenig nach hinten gerichtet, das erste Glied der Hintertarsen ist reichlich so lang als die übrigen Glieder zusammen und einfärbig grau behaart, Flügeldecken an der Spitze etwas abgestutzt, schwarz, eine gerade Querbinde dicht vor der Mitte und die Spitze weisslichgrau behaart und mit grossen schwarzen Punkten besetzt, die Fühlerglieder röthlich mit schwarzer Spitze. Lg. 6—7 mm. Sehr selten. Saas im Wallis. **Punctulatus** Payk.

— Die Seitendornen des Halsschildes stehen im hintern Drittel und sind deutlich nach hinten gerichtet, das erste Glied der Hintertarsen ist kaum so lang als die übrigen zusammen und grau mit schwarzer Spitze, Flügeldecken an der Spitze einzeln abgerundet, braun behaart, mit einigen dunkel gewürfelten schwachen grauen Rippen, einer breiten grauen Querbinde in der Mitte, weissem Fleck an der Spitze mit Kahlpunkten und weissen Flecken an der Wurzel, Fühler weiss geringelt. Lg. 6—8 mm. Ziemlich häufig bis 3500′ ü. M. **Nebulosus** L.

Gatt. **Exocentrus** Muls.

1. Flügeldecken mit drei oder vier mehr oder weniger vollständigen Längsreihen kleiner Tomentflecken oder Punkte, braun mit weisslichem Toment bekleidet und mit einer nackten und daher dunkleren, zackigen Querbinde hinter der Mitte; die in Längsreihen gestellten Wimperhaare aus einfachen Punkten entspringend, Halsschild an der breitesten Stelle doppelt so breit als lang. Lg. 5—8 mm. Selten. Monte Rosa. **Adspersus** Muls.

— Flügeldecken ohne Längsreihen weisser Tomentflecken 2

2. Augen mässig grob facettirt, von normaler Grösse 3

— Augen sehr grob facettirt, gross, auf der Stirne einander genähert, ihr Unterrand in sehr geringer Entfernung von der Basis der Mandibeln. Röthlichbraun, anliegend weisslich behaart, die Flügeldecken wie bei Stierlini hinter der Mitte mit einem breiten, durch den Nahtsaum getrennten, auf jeder Flügeldecke einen nach vorne convexen Bogen bildenden, kahlen, dunkelbraunen Querbinde und ausserdem mit unreglmässigen Reihen kahler, die abstehenden Wimpern tragender Punkte. Lg. 5—6 mm. Selten. Siders. **Punctipennis** Muls.

Var. Kleiner, dunkler gefärbt. Emmenthal.

3. Heller oder dunkler röthlich-braun oder gelbbraun, die Flügeldecken anliegend weiss behaart, eine Querbinde hinter der Mitte und ein im vordern Drittel befindlicher seitlicher Längsfleck kahl und daher dunkler, die Wimpernhaare der Flügeldecken grösstentheils aus einfachen Punkten entspringend, Halsschild an der breitesten Stelle höchstens $1^1/_2$ Mal so breit als lang. Lg. $4—5^1/_2$ mm. Genf, im Wallis häufig, Waadt, Basel, Domleschg. **Lusitanus** L.

— Heller oder dunkler röthlichbraun, die Flügeldecken anliegend weisslich behaart, ein undeutlicher 3ckiger Fleck an ihrer Wurzel jederseits des Schildchens, eine breite, auf jeder Flügeldecke einen nach vorn convexen Bogen bildende, durch den schmalen Nahtsaum getheilte Querbinde hinter ihrer Mitte und ein undeutlicher Querfleck vor der Spitze kahl und daher dunkler, die Wimperhaare wenigstens auf der hintern Hälfte der Flügeldecken aus denudirten gehöften Punkten entspringend, Halsschild an der breitesten Stelle doppelt so breit als lang. Lg. 4—6 mm. In der Schweiz noch nicht nachgewiesen, aber kaum fehlend, da er in Deutschland und Oesterreich vorkommt. **Stierlini** Ganglb.

Gatt. **Belodera** Thoms.

Flügeldecken an der Spitze fast abgestutzt, Oberseite dicht anliegend gelblichgrau, auf den Flügeldecken hie und da fleckig behaart. Röthlichbraun, die Fühlerglieder, vom vierten anfangend, gegen die Spitze hin schwärzlich. Lg. 6,5—9 mm. (Foudrasi Muls., Deroplia obliquetruncata Rosenh.). Selten. Martigny im Wallis. **Genei** Arrag.

Gatt. **Pogonocherus** Latr.

1. Der äussere Spitzenwinkel der Flügeldecken nicht zahn- oder dornartig ausgezogen, stumpf oder abgerundet, bisweilen etwas spitzig vortretend, jede mit drei Längsrippen und zwei bis vier schwarzen Borsten-

büscheln, in der Mitte des Halsschildes jederseits ein schwaches kahles Höckerchen 2

— Der äussere Spitzenwinkel, bisweilen auch der Nahtwinkel der Flügeldecken zahnartig ausgezogen . . 4

2. Scheitel ohne schwarze Borstenhöckerchen, Halsschild auf der Mittellinie mehr oder weniger kahl, Flügeldecken grau behaart, mit einer kahlen dunklen Schrägbinde, die unter der Schulter beginnt und sich gegen die Mitte hinaufzieht 3

— Scheitel mit zwei schwarzen Borstenhöckerchen, Halsschild auf der Mittellinie nicht kahl, an der Basis so breit als an der Spitze, die ganze Oberseite stark beborstet, Flügeldecken etwas scheckig grau und braun behaart, nahe der Basis eine etwas schräge, weiss behaarte Querbinde, die nach hinten mehr oder weniger schwarz begränzt ist. Lg. 5—5½ mm. (fascicularis Panz.) Basel, Schaffhausen, Jura, Wallis, Zürich, Tarasp. **Fasciculatus** De Geer.

3. Halsschild an der Basis deutlich schmäler als an der Spitze, Schildchen weiss beharrt, Flügeldecken auch vor der Spitze mit tiefen eingestochenen Punkten besetzt. Oberseite sehr schwach mit kleinen aufstehenden Börstchen besetzt. Lg. 4—4,5 mm. (multipunctatus Georg, ovatus Ganglb. nec. Muls.). Sehr selten. Thun, Genf, St. Gallen. **Scutellaris** Muls.

— Halsschild an der Basis kaum schmäler als an der Spitze, Schildchen grau behaart, die ganze Oberseite mit langen, abstehenden Borsten ziemlich dicht besetzt. Lg. 4—5½ mm. (ovalis Gmel.) Wallis, Zürich, Schaffhausen, Dusnang, Berneck.
Ovatus Goeze, Muls.

4. Fühlerglieder vom 3. an an der röthlichen Basis alle nur kurz weiss geringelt 5

— 4. Fühlerglied bis zur Hälfte, die folgenden wie das 3. an der Basis nur kurz geringelt, Nahtwinkel und Aussenwinkel der Flügeldecken zahnartig ausgezogen; schwarz, die Wurzel der Fühlerglieder, ein grosser Theil der Beine, die Spitze der Flügeldecken und bisweilen auch der Vorder- und Hinterrand des Halsschildes röthlich. Kopf und Halsschild rothbraun und weisslich, scheckig tomentirt, Halsschild ohne glatte Mittelschwiele, Flügeldecken hinter der Basis nur mit einem sehr flachen Buckel ohne schwarzes Haarbüschel, auf der vordern Hälfte mit einer breiten, die Basis nicht erreichenden, dicht weiss behaarten, hinten schwärzlich begrenzten Querbinde, an der Basis und hinten röthlichbraun tomentirt, schwarz und weiss gefleckt, die Innenrippe mit drei längsgestellten Haarbüscheln. Lg. 6—7 mm. (hispidulus Pill., hispidus F.) Nicht selten. Genf, Waadt, Wallis, Bern, Zürich, Schaffhausen, Basel, St. Gallen, Bündten. **Bidentatus** Thoms.

5. Oberseite mit langen Wimperhaaren, Schildchen schwarz tomentirt mit weisser Mittellinie, Innenrippe der Flügeldecken mit 3—4 Haarbüscheln, Halsschild in der Mitte mit einem kahlen Punkt. Flügeldecken hinter der Basis mit einem ziemlich vorspringenden, ein schwarzes Haarbüschel tragenden Höckerchen, Flügeldecken auf der vordern Hälfte mit einer weisslichen, hinten schwärzlich begrenzten, halbkreisförmigen Binde, Innenrippe hinter der Mitte mit drei längsgestellten Haarbüscheln. Lg. 7 mm. Sehr selten. Siders. **Caroli** Muls.

— Oberseite mit spärlichen, kurzen Wimperhaaren, Nahtwinkel der Flügeldecken nicht zahnartig ausgezogen, Flügeldecken hinter der Basis mit einem ziemlich starken, ein schwarzes Haarbüschel tragendes Höckerchen, hinter demselben breit und tief eingedrückt, bis zur Spitze stark und tief punktirt. Halsschild ohne glatte Mittellinie, in der Mitte längsrunzlig, auf der Scheibe mit zwei starken, glänzend glatten Querhöckerchen. Rothbraun, Kopf, Halsschild und Unterseite schwarzfleckig oder in grösserer Ausdehnung schwarz, die Flügeldecken mit einer schwarzen Schrägbinde hinter dem Eindruck und mit schwarzer Spitze, mitunter fast ganz schwarz oder dunkelbraun. Oberseite ziemlich dünn graugelb tomentirt, das Toment im Schrägeindruck der Flügeldecken und vor der Spitze dichter, das Schildchen schwarz tomentirt. Die Längsrippen der Flügeldecken stark vortretend und die Naht und Seitensaum dichter weisslich behaart und braun gefleckt, die Innenrippe mit zwei längsgestellten schwarzen Haarbüscheln. Lg. 4—6 mm. (dentatus Fourc., pilosus F.) **Hispidus** Schrank.

Gatt. **Acanthoderes** Serv.

Schwarz, Flügeldecken auf dem Rücken ziemlich gewölbt, mit vortretenden rechtwinkligen Schultern, scheckig grau behaart mit drei mehr oder weniger deutlichen dunklen Querbinden, Schildchen halbkreisförmig, Fühler weisslich geringelt, das 1. Glied mit einem weisslichen Ring in der Mitte und weisser Spitze, Halsschild und Flügeldecken tief und weitläufig punktirt, die Punkte gegen die Spitze schwächer. Lg. 10—13 mm. (nebulosus De Geer, varius F.) Ziemlich selten. Waadt, Wallis, Jura, Bern, Basel, Schaffhausen, St. Gallen, Bündten. **Clavipes** L.

Gatt. **Mesosa** Serv.

1. Mesosternum höckerartig vorspringend, Halsschild dicht runzlig punktirt, mit vier schwarzen, gelb gesäumten Sammtflecken, die Flügeldecken mit vier eben solchen Flecken. Lg. 12—14 mm. Nicht sehr selten und über die ganze Schweiz verbreitet. **Curculionoides** L.

— Mesosternum kaum höckerartig vorspringend. Halsschild tief und weitläufig punktirt, braun behaart, mit vier unterbrochenen, mehr oder weniger undeutlichen kahlen, schwarzen Längslinien, Flügeldecken mit einer weissen Querbinde in der Mitte und einer gezackten schwarzen Querbinde hinter derselben. Lg. 9—11 mm. (nebulosa F.) Ziemlich selten, aber über die ganze Schweiz verbreitet. **Nubila** Ol.

Gatt. **Agapanthia** Serv.

Halsschild ohne querrunzlige Sculptur.

1. Oberseite schwarz oder dunkel metallisch mit gelblicher Behaarung, Halsschild und Scheitel mit gelb behaarter Mittellinie, Flügeldecken ohne weissbehaarte Naht 2

— Oberseite blau oder grün metallisch, ohne gelbes Toment, das Schildchen, oder auch die Mittellinie des Halsschildes und der Flügeldecken dicht weiss behaart 3

2. Flügeldecken scheckig gelb behaart, Fühler röthlich, jedes Fühlerglied vom 3. an mit schwarzer Spitze, das 3., 4. und 5. auch mit schwarzen Haarbüscheln an der Spitze, das 1 an der Oberseite sparsam gelb behaart. Lg. 15—20 mm. (cardui F. nec L., lineatocollis Muls. nec Donov.) Selten auf Disteln und Aconit. Genf, Aarau, Dübendorf, Glarner Alpen bis 3000′ über Meer. **Dahlii** Richter.

— Flügeldecken scheckig gelb behaart, Fühler schwarz, das 3. Glied und die folgenden bis über die Mitte weiss behaart, das 1. an der Vorderseite nicht gelb behaart, das 3.—5. an der Spitze ohne Haarbüschel, aber an der Innenseite mit zahlreichen Wimperhaaren. Lg. 13—16 mm. (angusticollis Gyll., villoso-viridescens De Geer). Ziemlich selten, auf Disteln; über die ganze Schweiz verbreitet, auch in den Alpen. **Lineatocollis** Donov.

3. Körper blau oder grün, Oberseite mit langen abstehenden schwarzen Haaren, das Schildchen dicht weiss behaart, Fühler mit sehr kurzem, weisslichem Ring an der Wurzel; Oberseite dicht und ziemlich fein punktirt, Halsschild kaum länger als breit. Lg. 8 bis 11 mm. (micans Pz., violacea Ol., coerulea Schönh.) Auf Salvia pratensis. Selten, aber über die ganze Schweiz verbreitet. **Cyanea** Herbst.

— Flügeldecken mit weiss tomentirter Nahtbinde und weisser Mittellinie und zwei Seitenlinien des Halsschildes, die Farbe ist dunkel erzfärbig, dunkel olivengrün oder dunkelblau, Fühler schwarz, das 3. und 4. Glied bis über die Mitte, die folgenden bis zur Mitte weissgrau geringelt, Flügeldecken mit dünner, anliegender, gelblichgrauer Behaarung. Lg. 7—12 mm. (suturalis Muls.) **Cardui** L.

Gatt. **Calamobius** Guér.

Mittelbinde auf Scheitel und Halsschild, eine Seitenbinde auf letzterem, das Schildchen und die Naht auf den Flügeldecken weiss behaart, Körper sehr schmal, Oberseite ziemlich kräftig punktirt, Halsschild vollkommen cylindrisch, länger als breit. Lg. 5—11 mm. Sehr selten. Basel. **Gracilis** Creutzer.

Gatt. **Anaesthetis** Mulsant.

Schwarz, die Flügeldecken bräunlichgelb, mitunter auch das Halsschild bräunlich, der Kopf feiner, Halsschild und Flügeldecken grob und ziemlich gedrängt punktirt, aus jedem Punkt ein niederliegendes gelbgraues Haar entspringend. Unterseite schwarz, sehr dünn grau behaart und äusserst fein punktirt, das Metasternum mit grossen, groben Punkten. Lg. $5^1/_2$ bis 8 mm. Nicht selten. Genf, Waadt, Wallis, Schaffhausen, Jura, Glarus, Bündten. **Testacea** F.

Gatt. **Saperda** Fabr.

1. Stirn zwischen den Fühlern tief gefurcht, Flügeldecken mit groben, tiefen Punkten besäet, die trotz der dichten Behaarung schwarz bleiben, beim ♂ nach hinten deutlich verschmälert, Fühler vom 3. Glied an grau behaart, die vorletzten mit schwarzer Spitze 2
— Stirn zwischen den Fühlern nicht vertieft 3
2. Flügeldecken mit einem kleinen Zähnchen endigend, in den Schultern fast doppelt so breit als das Halsschild, die letzten Fühlerglieder grau (Subg. Anaerea Muls.). Oberseite gelblich behaart, Flügeldecken beim ♂ hinter der Schulter verschmälert, beim ♀ fast gleichbreit. Lg. 22—27 mm. Nicht selten. Auf Pappeln. **Carcharias** L.
— Flügeldecken an der Spitze einzeln abgerundet, in den Schultern kaum $1^1/_2$ mal so breit als das Halsschild, die letzten Fühlerglieder mit schwarzer Spitze. (Subg. Amilia Muls.) Oberseite grau behaart, Flügeldecken beim ♂ nach hinten kaum mehr verengt als beim ♀. Lg. 18 mm. Sehr selten, auf Salix caprea. Basel, Domleschg. **Phoca** Fröhl.
3. Stirn vor den Fühlern der Länge nach etwas gewölbt, Flügeldecken dicht mit groben Punkten besetzt, welche durch die nur fleckige Behaarung nicht verdeckt werden, Fühlerglieder grau mit schwarzer Spitze. (Subg. Compsidia Muls.) 4
— Stirn vor den Fühlern ganz flach, Augen von der Basis der Mandibeln weiter entfernt als bei den vorigen, Flügeldecken sparsam punktirt, die Punkte von der dichten Behaarung fast ganz verdeckt. (Subg. Saperda i. sp.) 5
4. Augen vor den Fühlern $1^1/_2$ Mal so weit auseinander stehend als hinter den Fühlern, Oberseite schwarz, fein grau behaart, drei Längslinien auf dem Halsschild, wovon die mittlere meist abgekürzt und undeutlich ist und fünf in eine unregelmässige Reihe gestellte kleine Flecken auf den Flügeldecken gelb behaart. Lg. 9—14 mm. Häufig auf Pappeln. **Populnea** L.
— Augen vor den Fühlern 2 Mal so weit von einander entfernt als hinter den Fühlern, Oberseite schwarz, die Naht, fünf mit ihr zusammenhängende, hakige Erweiterungen derselben darstellende Flecken und sechs bis acht Flecken auf den Flügeldecken, sowie

der Kopf und das Halsschild dicht grünlichgelb behaart, ein dreieckiger Fleck auf dem Scheitel, ein grosser medianer Fleck auf dem Halsschild und zwei kleinere seitliche schwarz, d. h. kahl. Mittelschienen besonders beim ♂ stark gekrümmt. Lg. $13\frac{1}{2}$—18 mm. Ziemlich selten, in den Bergen häufiger als in der Ebene. **Scalaris** L.

5. Fühlerglied vom dritten an grau mit schwarzer Spitze, Flügeldecken dicht gelblichgrau behaart, ein Strich von der Schulter an bis zur Mitte der Flügeldecken und fünf runde Flecken neben der Naht und einer am Seitenrand vor der Mitte, ferner neun Flecken auf dem Halsschild, ein kleiner in der Mitte und vier auf jeder Seite schwarz; Unterseite dicht weiss behaart. Lg. 18—20 mm. (Seidlii Fröhl.) Selten, in den Alpenthälern etwas häufiger, Wallis, Engadin, Aargau. Die Larve lebt an Zitterpappeln. **Perforata** Pallas.

— Fühler einfärbig, Flügeldecken dicht grau oder grünlich behaart, nur mit runden, schwarzen, der Naht parallel stehenden Flecken besetzt 6

6. Jede Flügeldecke mit sechs in einer unregelmässigen Längslinie stehenden schwarzen Flecken, Halsschild auf der Mitte der Scheibe mit vier schwarzen Flecken, die Abdominalsegmente jederseits mit einem kahlen schwarzen Fleck. Lg. 15—20 mm. Auf Ulmen. Selten. Genf, Sitten, Chamouny. **Punctata** L.

— Jede Flügeldecke mit vier in gerader Linie stehenden schwarzen Flecken, Halsschild mit vier eine unregelmässige Querreihe bildenden Flecken, Abdominalsegmente ohne seitliche Flecken. Lg. 12—17 mm. (tremulae F.) Selten, auf Pappeln und Linden. Wallis, Basel, Schaffhausen, Bündten. **Octopunctata** L.

Gatt. **Tetrops** Stephens (Polyopsia Muls.).

1. Schwarz, die Fühler gelb, oft mit bräunlicher Spitze, Beine meist ganz gelb; Kopf und Halsschild mit abstehenden, die Flügeldecken gelb mit anliegenden weisslichen Haaren bekleidet, ihre Spitze schwarz, Punktirung auf dem Kopf und Halsschild fein, auf den Flügeldecken dichter und gröber, Halsschild vor dem Hinterrand eingeschnürt. Lg. $3\frac{1}{2}$ bis 4 mm. Häufig überall. **Praeusta** L.

Var. Flügeldecken ganz schwarz. St. Bernhard.
v. **nigra** Kr.*)

Gatt. **Oberea** Muls.

1. Augen gross, ihr Unterrand von der Basis der Mandibeln wenig entfernt, Flügeldecken an der Spitze ausgerandet, mit rechtwinkligem oder spitzigem Aussenwinkel 2
— Augen klein, ihr Unterrand von der Basis der Mandibeln entfernt, Flügeldecken an der Spitze abgerundet 4
2. Halsschild roth mit zwei schwarzen Punkten, Schildchen roth, Flügeldecken dicht grau anliegend behaart, Unterseite ganz oder grösstentheils gelb . . 3
— Die ganze Oberseite schwarz, Flügeldecken grob punktstreifig, sehr fein und sparsam, an der Wurzel abstehend behaart, Unterseite schwarz, die Beine gelb. Lg. 13—16 mm. Ziemlich selten. Genf, Waadt, Wallis, Tessin, Basel, Zürich, Schaffhausen, Matt, Bündten. **Linearis** L.
3. Flügeldecken ganz schwarz, mit grossen, in regelmässige Reihen gestellten Punkten, die zwei Punkte des Halsschildes stehen in der Mitte der Scheibe, Unterseite ganz gelb. Länge 16—20 mm. Nicht selten. Auf Weiden. Genf, Waadt, Wallis, Basel, Schaffhausen, Bern, Zürich, St. Gallen, Thurgau, Appenzell. **Oculata** L.
— Flügeldecken neben dem Schildchen gelb, fein, etwas unregelmässig gereiht punktirt, die zwei Punkte des Halsschildes stehen mehr seitlich und näher der Basis, Unterseite gelb, die Seiten der Brust, die Mitte der drei ersten Bauchsegmente und ein Fleck an der Spitze des letzten Segmentes schwarz. Lg. 16—18 mm. Auf Berberis und Lonicera nicht selten. Genf, Waadt, Wallis, Kt. Bern, Basel, Schaffhausen, Zürich, St. Gallen, Engadin. **Pupillata** Gyll.
4. Beine und die letzten Abdominalsegmente roth . . 5
— Beine und die Unterseite ganz schwarz, der Kopf röthlichgelb, an der Basis schwarz, das Halsschild gelb mit schwarzer Basis und mit zwei erhabenen glänzenden schwarzen Punkten auf der Scheibe, Flü-

*) Anm. Die im Caucasus einheimische F. gilvipes unterscheidet sich von dieser v. nigra durch gröbere Punktirung der Flügeldecken.

geldecken tief punktirt, die Wurzel der Schienen gelb. Lg. 10 mm. Längenmoos im Kt. Aargau, Zürich. Auf Pinus mughus. **Bipunctata** Panz.

5. Flügeldecken mit drei regelmässigen Reihen deutlicher Punkte, die vom hintern Drittheil an schwächer und unregelmässiger werden. Schwarz, der Mund, die Beine, die zwei letzten Abdominalsegmente, das drittletzte in der Mitte schwarz, der Kopf und die Scheibe des Halsschildes roth. Kopf, Halsschild, Flügeldecken, Basis und Brust mit grauen, etwas abstehenden, ziemlich langen Haaren dicht bedeckt, der Rest der Flügeldecken ist fein grau anliegend behaart. Lg. 9—14 mm. Selten, auf Euphorbia cyparissias. Genf, Wallis, Schaffhausen. **Erythrocephala** F.

Var. a. Halsschild am Vorder- und Hinterrand schwarz.

Var. b. Halsschild ganz schwarz.

Var. c. Kopf und Halsschild schwarz, bei ersterem jederseits vor den Augen ein rother Fleck, mitunter ist auch der Epistom ganz oder theilweise roth. Bei Siders häufig. v. **nigriceps** Muls.*)

Gatt. **Stenostola** Redt.

Halsschild hinten etwas schmäler als vorn, dicht und fein punktirt, Flügeldecken grob und dicht verworren punktirt, gleichbreit, schwarz, fein und sparsam, nur das Schildchen und zwei Längslinien auf dem Halsschild und die Seiten der Brust dichter grau behaart. Lg. 9—12 mm. Selten. Genf, Waadt, Wallis, Jura, Bern, Basel, Schaffhausen, Zürich, St. Gallen (plumbea Bon., nigripes Kr.) **Ferrea** Schrank.

Gatt. **Phytoecia** Muls.

1. Augen nicht getheilt, die Flügeldecken an der Spitze abgestutzt. Subg. **Phytoecia** i. sp.

— Augen fast oder ganz getheilt, Flügeldecken an der Spitze abgerundet. Subg. **Opsilia** Muls.

*) Anm. Diese Var. nigriceps wurde bisher für O. euphorbiae gehalten, Herr Ganglbauer hat sie aber als Variation der erythrocephala bestimmt; O. euphorbiae, die in Ungarn zu Hause ist und die ich nicht kenne, ist 7 mm. lang und hat ganz verworren punktirte Flügeldecken.

Subgen. **Phytoecia** i. sp.

1. Flügeldecken mit gelber Aussenecke an der Wurzel; schwarz, Halsschild gelb, der Vorder- und Hinterrand, sowie zwei Punkte auf der Scheibe schwarz, Beine roth mit schwarzen Tarsen, Abdomen an den Seiten und an der Spitze roth. Lg. 9—15 mm. Selten. Waadt, Wallis, Jura. **Affinis** Panz.

— Flügeldecken ganz schwarz oder metallisch . . . 2

2. Ein Fleck auf dem Halsschild, die Spitze des Abdomens und ein Theil der Beine roth 3

— Halsschild einfärbig 4

3. Schwarz, ein kleiner, runder, nicht erhabener Fleck auf dem Halsschild, die äussere Hälfte der Schenkel, die Vorderschienen und ein Theil der Hinterschienen roth, Hüften beim ♂ gezähnt. Lg. 6,5—8 mm. Sehr selten. Chamouny. **Vulnerata** Muls.

— Schwarz, ein länglicher, kielförmiger, erhabener Fleck auf dem Halsschild und die Beine roth, die Basis der Schenkel und die Tarsen schwarz, Hüften des ♂ einfach. Lg. 5—6½ mm. (lineola F.) Selten. Schaffhausen. **Pustulata** Schrk.

4. Das letzte Abdominalsegment mit Ausnahme der Spitze roth; schwarz, durch anliegende Behaarung grau erscheinend, die Schenkel mit Ausnahme ihrer Wurzel roth, der Kopf, Halsschild, die Wurzel der Flügeldecken und die Brust abstehend weisslich behaart, oft auch die Mittellinie des Halsschildes und das Schildchen weiss behaart. Lg. 8—13 mm. (flavipes F., umbellatarum Waltl., femoralis Muls., murina Mars.) ♂ Hinterhüften mit einem zahnartigen Fortsatz. Sehr selten. Wallis. **Rufipes** Ol.

— Abdomen einfärbig 5

5. Mittel- und Hinterbeine zum Theil röthlichgelb, Kopf, Halsschild und Unterseite mit abstehender Behaarung, die Mittellinie des Halsschildes, Schildchen und Brust dicht gelblich tomentirt, Hinterschinen des ♂ einfach. Lg. 7½—11 mm. Selten, auf Wiesen, namentlich auf Euphorbia dulcis; Genf, Wallis, Basel, Schaffhausen, Zürich, Aarau. **Ephippium** F.

— Mittel- und Hinterbeine schwarz, Kopf und Halsschild abstehend behaart, Hinterhüften des ♂ mit einem Zahn 6

6. Vorderschienen und Spitze der Vorderschenkel roth 7

— Vorderschenkel und Schienen schwarz, oder höchstens die Vorderschienen an der Wurzel gelbroth, Vorderhüften beim ♂ und ♀ mit einem zahnartigen Höckerchen, Hinterhüften des ♂ gezähnt 8

7. Köper hell metallisch, blau oder grün, Unterseite weisslich abstehend behaart, letztes Abdominalsegment beim ♂ und ♀ mit breiter Längsfurche Lg. $6^1/_2$ bis 10 mm. (flavimana Panz.) Selten auf Sisymbrium Sophia. Genf, Waadt, Tessin, Macugnaga. **Rufimana** Schrk.

— Körper schwarz, die Mittellinie des Halsschildes, das Schildchen und die Seiten der Brust und die Unterseite weiss behaart, der Kopf etwas breiter als das Halsschild. Lg. 9—10 mm. Nicht selten, überall, bis 4000′ ü. M. ansteigend. **Cylindrica** L.

8. Ganz schwarz, unten ziemlich dicht, oben sparsam grau behaart, die Mittellinie des Halsschildes und das Schildchen weisslich behaart, Flügeldecken an der Spitze abgerundet, letzter Bauchring nicht eineingedrückt, erstes Glied der Hinterbeine so lang als die drei folgenden zusammen. Lg. $7^1/_2$—16 mm. Selten. Genf, Jura, Wallis, Basel, Schaffhausen. Die Larve lebt auf Pflaumen- und Birnbäumen. **Nigricornis** F.

— Vorderschienen zur Hälfte oder wenigstens deren Wurzel gelbroth, die Spitze der Flügeldecken schief nach innen abgestutzt, der letzte Bauchring mit einer Grube, das erste Glied der Hintertarsen kaum länger als die beiden folgenden zusammen, sonst vom vorigen nicht verschieden. Lg. 7—9 mm. (albilinea Meg.) Genf, Waadt, Tessin, Bündten, Schaffhausen, Dübendorf. **Solidaginis** Bach.

Fam. Chrysomelidae.

1. Kopf hinten nicht halsförmig eingeschnürt, Halsschild an den Seiten meist gerandet 2

— Kopf hinten halsförmig eingeschnürt, vorgestreckt, Halsschild an den Seiten nicht gerandet, Abdominalsegmente frei, Vorderhüften kegelförmig vorragend, Pygidium bedeckt 10

2. Fühler weit auseinandergerückt, dicht am inneren Theil des Vorderrandes die Augen eingelenkt . . 3

— Fühler auf der Stirn einander genähert 6

3. Die zwei letzten Abdominalsegmente mit einander verwachsen, Körper cylindrisch, das dritte Tarsenglied tief gespalten, zweilappig, Kopf senkrecht . . 4
— Alle Abdominalsegmente frei, Vorder- und Mittelhüften von einander entfernt, Pygidium bedeckt . 5
4. Vorderhüften aneinanderstehend, oder durch einen schmalen Fortsatz des Prosternums getrennt, mehr oder weniger zapfenförmig vorragend, Hinterhüften einander genähert, Pygidium bedeckt, Fühler mehr oder weniger gesägt; Stirn der Larve gewölbt, Larvensack dünn, zerbrechlich. 1. **Clythrini.**
— Vorderhüften durch ein flaches, meist ziemlich breites Prosternum getrennt, Mittelhüften weit auseinander stehend, Pygidium frei, Fühler fadenförmig; Stirn der Larve flach, Larvensack dick, fest. 2. **Cryptocephalini.**
5. Das dritte Tarsenglied tief gespalten, zweilappig, Vorderhüften kugelig, Kopf senkrecht, meist einlegbar, Klauen meist gezähnt. 3. **Eumolpini.**
— Das dritte Tarsenglied nur ausgerandet, Vorderhüften quer, Kopf mehr oder weniger vorgestreckt und weniger geneigt, Klauen meist einfach. 4. **Chrysomelini.**
6. Kopfschild und Mund ganz auf die Unterseite gewendet, Fühler hoch auf der Stirn, nahe dem Scheitel eingefügt 7
— Kopfschild senkrecht oder geneigt, in das Halsschild eingezogen 8
7. Halsschild schildförmig, den Kopf weit überragend, Körper flach und breit, ringsum von den Flügeldecken schildförmig überragt. 5. **Cassidini.**
— Halsschild den Scheitel des Kopfes nicht überragend, Körper schmal, Flügeldecken nicht viel breiter. 6. **Hispini.**
8. Hinterleib einfach, Hinterschenkel nicht verdickt, Gelenkhöhlen der Vorderhüften meist geschlossen, Vorderhüften meist aneinander stehend. 7. **Galerucini.**
— Hinterbeine, Springbeine mit verdickten Schenkeln, Gelenkhöhlen der Vorderhüften meist offen, Vorderhüften durch eine Leiste des Prosternums getrennt, meist nicht vorragend. 8. **Halticini.**
9. Das erste Abdominalsegment nicht besonders lang, Fühler und Beine mässig lang 10
— Das erste Abdominalsegment so lang als die vier folgenden zusammen, Fühler und Beine sehr lang. 9. **Donaciini.**

10. Vorderhüften durch eine schmale Liste des Prosternums getrennt. 10. **Sagrini.**
— Vorderhüften einander berührend. 11. **Criocerini.**

1. Sagrini.

Gatt. Orsodacna Latreille.

Fühler elfgliedrig, fadenförmig, vor den runden, vorspringenden Augen eingefügt, Kopf sammt den Augen so breit als das Halsschild, dieses ziemlich herzförmig, vorn gerundet erweitert, nach rückwärts stark verengt; Flügeldecken viel breiter als das Halsschild, doppelt so lang als breit, ziemlich walzenförmig, das erste Bauchsegment fast doppelt so lang als das zweite, Hüften der Vorderbeine durch eine schmale Hornleiste von einander getrennt. Schienen an der Spitze mit zwei grossen Enddornen und gespaltenen Klauen.

1. Oberseite des Körpers kahl, Halsschild herzförmig, zerstreut punktirt, Flügeldecken stärker und dichter punktirt, Fühler, Halsschild und Beine röthlichgelb, die Flügeldecken blass, die Brust und häufig auch der Bauch schwarz. Lg. 5—6 mm. Nicht selten, besonders auf Spiraea, durch die ganze Schweiz, auch in Grindelwald, Puschlav und selbst im Engadin. **Cerasi** F.
Var. b. Die Flügeldecken sind an den Rändern schwarz, das Halsschild bräunlich oder schwarz. v. **limbata** Ol.
Var. c. Schwarz, das Halsschild, der Vordertheil des Kopfes, Fühler und Beine gelb. v. **glabrata** Panz.
Var. d. Flügeldecken schwarzblau. v. **cantharoides** F.
Var. e. Käfer ganz schwarz, oder nur Fühler und Beine gelb.

— Oberseite dicht behaart und dicht punktirt. Lg. 3,5 bis 5,5 mm. **lineola** Panz.
Var. a. Schwarz, die Wurzel der Fühler und ein Schulterfleck gelblich, Beine pechbraun. Selten, Genf, Waadt. v. **humeralis** Latr.
Var. b., schwarz, unten feiner, oben länger grau behaart, dicht punktirt, die Wurzel der Fühler, Beine und Flügeldecken gelbbraun, die Spitzen der Schenkel und der Seitenrand der Flügeldecken öfters schwärzlich, Halsschild mit einer kurzen, glatten Mittellinie. Sehr selten. Dübendorf. v. **nigricollis** Ol.

Var. c. Kopf und Brust schwarz, das Halsschild und der Bauch röthlichgelb, Flügeldecken und Beine blass gelbbraun, Halsschild sehr dicht punktirt, häufig mit einer kurzen schwarzen Linie. Selten. Waadt, Genf. v. **nigriceps** Latr.

2. Donaciini.

1. Das dritte Tarsenglied gross, zweilappig, das Klauenglied klein. **Donacia.**
— Das dritte Tarsenglied klein, einfach, das Klauenglied stark verlängert. **Haemonia.**

Gatt. Donacia F.

1. Schienen bis zur Spitze schmal, selten die Vorderschienen an der Spitze nach innen schwach zahnartig erweitert, Augen gross, das erste Bauchsegment länger als die übrigen zusammen, Flügeldecken mehr oder weniger flach, ihre Naht einfach. Subg. **Donacia** i. sp.
— Wenigstens die Vorderschienen zur Spitze verdickt und nach aussen mehr oder weniger zahnförmig erweitert, Flügeldecken gewölbt, mit gerundeter Spitze, ihr Nahtrand abgeschrägt, das erste Bauchsegment so lang als die übrigen zusammen.
Subg. **Plateumaris** Thoms.

Sug. Donacia i. sp.

1. Oberseite kahl 2
— Oberseite dicht behaart, Hinterschenkel ungezähnt, die Spitze der Flügeldecken nicht erreichend. **4. Gruppe.**
2. Hinterschenkel gezähnt 3
— Hinterschenkel ungezähnt, die Spitze der Flügeldecken nicht erreichend. **3. Gruppe.**
3. Hinterschenkel die Spitze der Flügeldecken erreichend oder überragend, Flügeldecken mit flachem Rücken, nach hinten stark verengt mit scharf abgestutzter Spitze. **1. Gruppe.**
— Hinterschenkel die Spitze der Flügeldecken nicht erreichend. **2. Gruppe.**

1. Gruppe.

1. Flügeldecken grob punktirt-gestreift ohne deutliche Eindrücke, die Zwischenräume glatt oder sparsam gerunzelt, Hinterschenkel beim ♂ verdickt und gebogen mit zwei bis vier Zähnchen 2

— Flügeldecken feiner punktirt-gestreift mit einem deutlichen Eindruck vor der Mitte neben der Naht, die innern und äussern Zwischenräume dicht und stark querrunzlig, Halsschild stark punktirt, Hinterschenkel bei ♂ und ♀ mit einem Zahn, Oberseite erzfarben, mit breiter, purpurner Längsbinde. Lg. 6—7 mm. Häufig auf Typha latifolia. **Dentipes** F.

2. Halsschild unpunktirt, fein, lederartig gewirkt, Oberseite metallgrün, oft mit blauem Schimmer. Lg. 9 bis 11 mm. Häufig auf Nymphaea in der ebeneren Schweiz. **Crassipes** F.

— Halsschild stark punktirt 3

3. Halsschild überall dicht punktirt, Spitze der Flügeldecken schräg nach innen abgestutzt, Hinterschenkel beim ♀ mit zwei Zähnchen, von denen das vordere bisweilen undeutlich, Flügeldecken einfärbig goldgrün. Lg. 7—9 mm. Nicht selten, auf Nymphaea und Phragmites. Genf, Waadt, Neuenburgersee, Zürcher- und Bodensee. **Dentata** Hope.

— Halsschild in der Mitte ziemlich undicht punktirt, Spitze der Flügeldecken gerade abgestutzt, Hinterschenkel des ♀ mit einem bisweilen undeutlichen Zähnchen, Oberseite bläulichgrün mit goldglänzendem Saum. Lg. 6,5—8 mm. (cincta Redt.) Selten, auf Nymphaea. Genf, Neuenburg, Bodensee. **Bidens** Ol.

2. Gruppe:

1. Hinterschenkel bei ♂ und ♀ mit zwei kleinen Zähnchen, Zwischenräume der Flügeldecken sparsam querrunzlig, Oberseite grünlich oder bläulich erzfarben. Lg. 7—9 mm. Selten, auf Sparganium ramosum. Dübendorf. **Sparganii** Ahr.

— Hinterschenkel nur mit einem Zahn, Zwischenräume der Flügeldecken ganz dicht querrunzlig 2

2. Hinterschenkel mit einem sehr kleinen, oft undeutlichen Zähnchen, Stirn schwach gehöckert . . . 3

— Hinterschenkel mit einem starken, spitzigen Zahn . 5

3. Das dritte Fühlerglied kaum länger als das zweite, Flügeldecken mit zwei Eindrücken neben der Naht, Punktstreifen bis zur Spitze deutlich 4

— Das dritte Fühlerglied deutlich länger als das zweite, Flügeldecken mit vier deutlichen Eindrücken neben der Naht, die Punktstreifen gegen die Spitze sehr fein werdend, Unterseite weiss behaart, Oberseite deutlich erzfarben, jede Flügeldecke mit einer purpurrothen Längsbinde neben dem Seitenrand. Lg. 9—11 mm. Häufig auf Sparganium in der ebenern Schweiz. (Lemnae F.) **Limbata** Panz.

4. Vorderecken des Halsschildes als kleine Zähnchen seitlich vorspringend, Oberseite hell erzfarben, Hinterschenkel mit einem deutlichen Zähnchen. Lg. 5 bis 7 mm. (♀ brevicornis Kunze). Auf Carex-Arten, in der westlichen und nördlichen Schweiz. **Impressa** Payk.

— Vorderecken des Halsschildes stumpf, nicht vorragend, Oberseite dunkel erzfarben, Hinterschenkel mit einem undeutlichen, bisweilen kaum sichtbaren Zähnchen. Lg. 8 mm. Selten, Schaffhausen, Irchel, Genf, Päffikersee, Neuenburg, Basel. **Brevicornis** Ahr.

5. Flügeldecken mit vier sehr deutlichen Eindrücken neben der Naht und zwei neben dem Seitenrand, die Punktstreifen gegen die Spitze sehr fein werdend, das dritte Fühlerglied $1^1/_2$ Mal so lang als das zweite, Unterseite gelb behaart, Oberseite hellgrün, goldglänzend. Selten. Kopf und Halsschild bläulich. Lg. 9—11. (Sagittariae F.) Auf Sagittaria sagittifolia; Wallis, Zürich, Pfäffikersee, Schaffhausen, St. Gallen. **Bicolora** Zschach.

— Flügeldecken mit zwei bis drei ziemlich schwachen Eindrücken neben der Naht, Punktstreifen bis zur Spitze deutlich 6

6. Flügeldecken punktirt-gestreift, an der Basis und an der Spitze dicht verworren punktirt, das dritte Fühlerglied $1^1/_2$ Mal so lang als das zweite, Flügeldecken mit einem sehr flachen, langen Eindruck neben dem Seitenrand, an der Spitze abgestutzt, Oberseite dunkel erzfarben, Unterseite gelb behaart, ♂ fünftes Bauchsegment mit breitem Eindruck. Lg. 8 mm. (impressa Ahr.) Selten. Davos. **Obscura** Gyll.

— Flügeldecken bis zur Basis regelmässig punktirtgestreift 7

7. Flügeldecken hinten in eine abgerundete Spitze verlängert, die Zwischenräume der Punktstreifen dicht querrunzlig, Halsschild mit ziemlich stark vortretenden Vorderecken und ausserdem mit vier Höckern, zwei in der Nähe der Vorderecken und zwei glatte neben der Mittelrinne. ♂ fünftes Bauchsegment mit einem Ausschnitt und lang bewimpert. Oberseite grünlich oder kupferig. Lg. $7^1/_2$—10 mm. (reticulata Gyll.) Selten. Genf. **Appendiculata** Ahr.

— Flügeldecken hinten ohne Verlängerung und bis zur Basis regelmässig punktirt-gestreift; Langgestreckt, grüngolden, unten gelb behaart, Halsschild dicht und tief runzlig punktirt mit deutlichem Seitenhöcker und vorragenden Vorderecken. Lg. 7—9 mm.
♂ fünftes Bauchsegment abgestutzt und eingedrückt.
♀ fünftes Bauchsegment zugespitzt.
Auf Scirpus palustris und Carex-Arten nicht selten. Genf, Knonau. **Thalassina** Germ.

3. Gruppe.

Unterseite, Kopf und Schildchen dicht weisslich behaart, Flügeldecken überall deutlich gerunzelt, die Spitze der Flügeldecken meist verworren punktirt.

1. Die Runzeln der Flügeldecken gehen von den Punkten der Punktstreifen aus und strahlenförmig auseinander, Flügeldecken ohne Spuren von Eindrücken . 2

— Die Runzeln sind dicht und mehr oder weniger parallel, nicht von den Punkten ausgehend, letztere haben vielmehr scharfe Ränder, die Spitze der Flügeldecken abgestutzt und verworren punktirt, neben der Naht zwei schwache Eindrücke, Hinterschenkel viel kürzer als der Hinterleib, Stirn mit einem deutlichen Längseindruck jederseits neben dem Auge 3

2. Stirn mit einem deutlichen Längseindruck jederseits neben dem Auge, Hinterschenkel die Spitze des Hinterleibes erreichend; Körper langgestreckt, Oberseite grünlich erzfarben glänzend, Flügeldecken an der Spitze gerundet, die Punktstreifen bis zur Spitze deutlich. Lg. 9—10 mm. (Menyanthidis F.) Selten, auf Menyanthis trifoliata. Waadt am Seeufer, Siders, Basel, Zürich, Pfäffikersee, Schaffhausen, St. Gallen. **Clavipes** F.

— Stirn ohne Längseindruck neben den Augen, Hinterschenkel die Spitze des Hinterleibes nicht erreichend; Oberseite ziemlich glänzend, grünlich erzfarben, die Flügeldecken in der Mitte, d. h. die fünf ersten Zwischenräume kupferroth, Körper ziemlich kurz, Flügeldecken mit deutlich abgestutzter Spitze, die äusserste Spitze verworren punktirt. Lg. $5\frac{1}{2}$—7 mm. (simplex F.) Genf, Basel, Schaffhausen, Matt, Kappel. **Semicuprea** Panz.

3. Punktstreifen der Flügeldecken etwas unregelmässig, Oberseite ziemlich matt, mit schwachem Seidenglanz,

kupferfarben. Lg. 7—9 mm. (simplex F.) Selten, auf Caltha palustris. Genf, Bern, Basel, Schaffhausen, Katzen- und Pfäffikersee, St. Gallen. **Linearis** Hoppe.

— Punktstreifen der Flügeldecken bis gegen die Spitze regelmässig, Oberseite metallgrün mit Seidenglanz und gewöhnlich mit einer purpurrothen Längsbinde neben der Naht. Lg. 6—7 mm. Häufig auf Typha latifolia. (Typhae Ahr.) **Vulgaris** Zschach.

4. Gruppe.

1. Vorderschienen an der Spitze nach aussen zahnförmig vorspringend, das dritte Fühlerglied $1^1/_2$ Mal so lang als das zweite, Oberseite weisslich behaart, Beine röthlich. Lg. 7—10 mm.
♂ Letztes Bauchsegment schwach abgestutzt, mit Eindruck in der Mitte.
♀ Letztes Bauchsegment gerundet. (Hydrochaeridis F.) Auf Iris pseudacorus nicht selten. **Cinerea** Herbst.

— Vorderschienen an der Spitze schmal, nicht erweitert, das dritte Fühlerglied doppelt so lang als das zweite, Oberseite grau oder grünlich behaart. Lg. 7—9 mm. Sehr selten. Aarau. **Tomentosa** Ahr.

Subg. **Plateumaris** Thoms.

1. Halsschild kahl, nur die Vorderschienen nach aussen zahnförmig erweitert. **1. Gruppe.**

— Halsschild dicht behaart, alle Schienen an der Spitze erweitert. **2. Gruppe.**

1. Gruppe.

Flügeldecken mit zwei sehr schwachen Eindrücken neben der Naht, an der Spitze undeutlich abgestutzt, fast zusammen gerundet, grob punktirt-gestreift, Hinterschenkel mit einem grossen dreieckigen Zahn, Vorderschienen an der Spitze aussen zweitheilig, der untere Theil nach aussen erweitert.

1. Schwach gewölbt, oben dunkel erzfärbig, unten dicht silberweiss oder gelb behaart, Fühler und Beine roth, schwarz gefleckt, Halsschild fast viereckig, runzlig punktirt, die Vorderecken nicht vorragend, Fühler kurz, das dritte Glied wenig länger als das zweite. Lg. $6^1/_2$—9 mm. (sericea Ahr., Comari Soffr., geniculata Thoms.) Häufig auf Carex-Arten. **Discolor** Pz.

Varietäten:
a) Oben blau oder violett.
b) „ grün oder goldgrün. v. **Lacordairei** Perris.
c) „ erzfärbig.
d) „ gelblich oder röthlich kupferig.
e) „ Beine, oft auch die Fühler erzfärbig.

Schwach convex, oben blaugrün, unten silberweiss oder gelb behaart; Fühler und Beine erzfärbig, Halsschild länglich, mit Seidenglanz, die Vorderecken schwach vortretend. Flügeldecken rundlich abgestutzt, punktirt-gestreift. Die Zwischenräume querrunzlig, Hinterschenkel mit starkem Zahn, Fühler länglich, 3. Glied fast zwei mal so lang als das 2. Lg. 7 bis $9^1/_2$ mm. Häufig in der ebenern Schweiz. **Sericea** L.

♂ 5. Bauchsegment an der Spitze eingedrückt.

Var. a. Oben blau oder violett,
v. **festucae** F., **violacea** Hoppe.

Var. b. Oben goldgrün oder goldgelb, Flügel glänzend, v. **micans** Panz.

Var. c. Oben erzfärbig, oder kupferig-erzfärbig,
v. **armata** Pk., **discolor** Panz.

Var. d. Oben goldroth oder röthlich kupferig,
v. **nymphaeae** F., **aenea** Hoppe.

Var. e. Oben schwarz mit Erzschimmer,
v. **sericea** var. a. Suffr.

Var. f. Zwischenräume der Flügeldecken kaum querrunzlig, v. **violacea** Gyll.

Var. g. Die Basis der letzten Fühlerglieder röthlich.

2. Gruppe.

Flügeldecken ganz ohne Eindrücke, Schildchen dicht weiss behaart.

Flügeldecken ziemlich grob punktirt und stark querrunzlig 2

Flügeldecken fein gestreift-punktirt mit sehr fein gerunzelten Zwischenräumen, Halsschild in der Mitte ziemlich undicht punktirt, seitlich mit sehr schwachem Höcker vor der Mitte, etwas länger als bei affinis und nach hinten deutlich geradlinig verengt. Oberseite schwarz, die Schenkel besonders beim ♂ stark verdickt. Lg. 5—6 mm. Selten. Schaffhausen.

♂ Oben schwarz, grünlich oder bläulich schimmernd, Metasternum und 1. Bauchsegment breit eingedrückt, Hinterschenkel sehr dick, mit grossem, nicht sehr spitzigem Zahn, Flügeldecken fein punktirt-gestreift, Zwischenräume feiner querrunzlig.

♀ Oben erzfärbig, Hinterschenkel schlanker, schwach gezähnt, Flügeldecken punktirt-gestreift, stärker querrunzlig. **Rustica** Kunze.

Var. a. Halsschild und Flügeldecken bläulich. v. **planicollis** Kunze.

2. Halsschild seitlich vor der Mitte mit deutlichem, stumpfem Höcker, in der Mitte fein und undicht punktirt. Flügeldecken an der Spitze einzeln abgerundet. Oberseite schwarz. Lg. 8—10 mm. Auf Carex-Arten (nigra F.). Selten. Genf, Wallis. **Braccata** Scop.

— Halsschild mit sehr schwachem Seitenhöcker, überall sehr dicht runzlig punktirt, Oberseite metallisch glänzend, grünlich oder bläulich erzfarben, selten schwarzblau 3

3. Länglich, gewölbt, oben metallisch, unten dicht grau behaart, Halsschild oval viereckig, dicht punktirt mit schwacher Mittelfurche, die Vorderecken als kleines Zähnchen vorspringend. Lg. 6—8 mm. (discolor Hoppe, assimilis Schrank.)

♂ Oben schwarz, mit bläulichem Schimmer, Fühler und Beine rostroth, Zwischenräume der Flügeldecken lederartig gerunzelt, Hinterschenkel mit starkem Zahn.

♀ Kürzer, oben erzfärbig, Fühler und Beine rostroth, Schenkel erzfärbig, die hintern schwach gezähnt, Zwischenräume der Flügeldecken querrunzlig. **Consimilis** Schk.

Var. b. ♂ Oben purpurn, goldgrün, oder erzfärbig, Schenkel oft erzfärbig gefleckt.

Var. c. ♀ Oben goldgrün, oder bläulich schwarz. Nicht sehr häufig. Waadt, Schaffhausen.

— Länglich gewölbt, metallisch, unten dicht silberweiss behaart, die Fühler und der Bauch mit Ausnahme der Wurzel rostroth, Beine blassgelb, Halsschild viereckig, vor der Basis stark geschweift, fein punktirt, die Vorderecken nur mit stumpf aufgeworfenem Rand, Lg. 5—8 mm. (discolor Gyll.) Genf, Waadt, Pfäffikersee, Basel, Schaffhausen.

♂ Schwarz, Halsschild spärlich punktirt, Metasternum und 1. Bauchsegment breit eingedrückt, Hinterschenkel verdickt, mit grossem, spitzigem Zahn, Flügeldecken punktirt-gestreift, mit lederartig gerunzelten Zwischenräumen.

♀ Erzfärbig, Halsschild dicht und fein punktirt, Hinterschenkel schlanker, mit kleinem Zähnchen, Flügeldecken punktirt-gestreift mit querrunzligen Zwischenräumen. **Affinis** Kunze.

Var. a. ♂ Flügeldecken stark punktirt-gestreift, **pallipes** Kunze.

Var. b. ♂ Oben grün oder blaugrün.

Var. c. ♀ Oben blauschwarz.

Var. d. Fühlerglieder an der Spitze dunkel.

Gatt. **Haemonia** Latr.

1. Schwarz, Halsschild, Flügeldecken und Beine gelb, die Schenkel und die Spitze der Tarsenglieder schwarz, Halsschild länglich viereckig und länger als breit, mit swei schwachen Längslinien und schwachen Seitenhöckern, Flügeldecken tief punktirt-gestreift, die Punkte der Streifen schwärzlich, Flügeldecken an der Aussenecke der Spitze mit scharfem, ausgezogenem Zahn, Schenkel keulenförmig. Lg. 5—8 mm. (equiseti F.) Auf Potamogeton lucens, pectinatum und Myriophyllum. Stellenweise nicht selten. Genfer-, Zürcher-, Bodensee, bei Mammern und Stein, an der Glatt. **Appendiculata** Panz.

Aendert in der Earbe, indem die blasse Farbe sich ausdehnt.

— Schwarz, Halsschild, Flügeldecken und Beine gelb, Halsschild mit zwei schwarzen Linien, breiter als lang, mit deutlichen Seitenhöckern, Flügeldecken mit sehr kurzem Zahn an der Spitze, fein gestreift, Schenkel kaum keulenförmig. Lg. $4^1/_2$—6 mm. (Gyllenhali Lac., Sahlbergi Lac., Curtisi Lac., mutica F.) Jura, Mont Suchet (Mellet). *)

3. Criocerini.

1. Klauen gespalten oder gezähnt, Augen nicht oder schwach ausgerandet 2

— Klauen weder gespalten noch gezähnt, Augen tief ausgerandet 3

2. Gelenkhöhlen der Vorderhüften hinten offen, Halsschild deutlich breiter als lang, seitlich gezähnt. **Syneta** Esch.

*) Anm. Da diese Art dem salzigen Wasser angehört und am Meeresufer gefunden wird, so ist die Angabe des Hrn. Mellet, dass sie im Jura vorkomme, mit Vorsicht aufzunehmen.

— Gelenkhöhlen der Vorderhüften hinten geschlossen, Halsschild kaum breiter als lang, seitlich stumpf gezähnt. **Zeugophora** Kunze.
3. Klauen an der Basis verwachsen. **Lema** F.
— Klauen frei, Schildchen dreieckig. **Crioceris** Geoffr.

Gatt. **Syneta** Esch.

Braun, Fühler, Beine und der Seitenrand der Flügeldecken gelb; länglich, ziemlich grob punktirt mit 4 feinen Längslinien, von denen die dritte nur hinten sichtbar ist, fein grau behaart. Lg. 5—7 mm. Sehr selten, auf Birken; Bündtner Alpen. **Betulae** T.
Var. Flügeldecken theilweise oder ganz gelb.

Gatt. **Zeugophora** Kunze.

1. Seitenhöcker des Halsschildes gross und stumpf . 2
— Seitenhöcker des Halsschildes klein und spitzig; schwarz, die vier ersten Fühlerglieder, der Vordertheil des Kopfes, Halsschild und Beine gelbroth, die Hinterschenkel dunkler, Halsschild und Flügeldecken zerstreut und tief punktirt, mit grossen Schläfen. Lg. $2^1/_2$—$3^1/_2$ mm. Auf Pappeln häufig. **Flavicollis** Marsh.
2. Schwarz, die drei ersten Fühlerglieder, Kopf, Halsschild, Schildchen und Beine gelbroth; Kopf zwischen den Augen weitläufig, hinten dicht und fein punktirt, mit kaum einer Spur einer glatten Mittellinie, Halsschild wenig dicht, aber grob punktirt, nach vorn stark verengt. Lg. 3—4 mm. Ct. Zürich, Rheinthal. **Scutellaris** Suffr.
Var. a. Flügeldecken an den Schultern gelb.
Var. b. Scheitel schwarz, oft auch das Schildchen.
— Schwarz, die vier ersten Fühlerglieder, Kopf, Halsschild und Beine rothgelb, Halsschild dicht punktirt, Flügeldecken dicht und stark punktirt, Kopf dicht und ziemlich stark punktirt mit deutlicher, glatter Mittellinie, der umgeschlagene Rand der Flügeldecken mit starker Punktreihe. Lg. 3 mm. Auf Weiden, Pappeln und Haseln nicht selten. **Subspinosa** Lac.
Var. a. Seitenrand der Flügeldecken an den Schultern röthlich.
Var. b. Fühler ganz gelb.

Gatt. **Lema** Fabr.

1. Halsschild etwas hinter der Mitte eingeschnürt, stark und dicht punktirt, nur die Mitte glatt und etwas erhaben, Oberseite blau, Beine dunkel, Flügeldecken fein punktirt-gestreift. Lg. 4—5½ mm. (rugicollis Suffr., cyanella L.) Genf Waadt, Wallis, Basel, Katzensee, Wyl. **Puncticollis** Curt.
— Halsschild dicht vor der Basis eingeschnürt, mit einer mehr oder weniger regelmässigen Doppelreihe grösserer Punkte 2
2. Oberseite ganz blau oder schwarzblau 3
— Oberseite blau, Halsschild und Beine roth, die ganze Einschnürung des Halsschildes fein und dicht punktirt, Fühler gestreckt, das 3., 4. und 5. Glied fast doppelt so lang als breit. Lg. 3½—4½ mm. Häufig bis 3000′ ü. M. **Melanopa** L.
3. Beine schwarzblau 4
— Beine gelbroth, die Einschnürung des Halsschildes in der Mitte ebenso dicht punktirt wie an den Seiten. Lg. 3,3—3,5 mm. Ziemlich selten. Genf, Wallis, Burgdorf, Schaffhausen, Bündten. **Flavipes** Suffr.
4. Die Einschnürung des Halsschildes in der Mitte fast unpunktirt, an den Seiten grob runzlig punktirt; über die Mitte des Halsschildes verläuft eine Doppelreihe feiner Punkte, Flügeldecken grob punktirt-gestreift. Lg. 3,2—3,8 mm. (lichenis Weise.) Häufig überall bis 6000′ ü. M. **Cyanella** L.
Var. Flügeldecken schwarz, feiner punktirt. **Duftschmidi** Redt.
— Die Einschnürung des Halsschildes ist in der Mitte ebenso dicht punktirt wie an den Seiten, Halsschild zwischen den gröberen Punkten sehr fein (nur bei stärkerer Vergrösserung sichtbar) punktirt, Körper schlank, fast wie bei L. melanopa. Lg. 4—4,5 mm. (septentrionis Weise). **Erichsoni** Suffr.

Gatt. **Crioceris** Geoffroy.

1. Halsschild in der Mitte stark eingeschnürt, oben ziemlich glatt, mit einem Punktstreifen auf der Mitte, Kopf hinten halsförmig eingeschnürt, Hinterbrust nebst Episternen kahl und glatt oder mit zerstreuten Punkten, Flügeldecken nicht sehr grob gereiht punktirt 2

— Halsschild vor der Basis schwach oder gar nicht eingeschnürt, seine Scheibe sehr fein punktirt; Kopf hinten nicht halsförmig eingeschnürt, Hinterbrust nebst Episternen dicht punktirt, letztere behaart, Oberseite roth mit schwarzer Zeichnung oder bunt (asparagi) 4

2. Flügeldecken fein punktirt-gestreift, Beine ganz schwarz, wie der übrige Körper, mit Ausnahme von Flügeldecken und Halsschild, die gelbroth sind. Lg. 6 bis 8 mm. (merdigera F.) Häufig auf Lilium-Arten. **Lilii** Scop.

— Flügeldecken stärker punktirt, Beine wenigstens theilweise gelbroth 3

3. Flügeldecken mässig stark punktirt, schwarz, die Spitze des Hinterleibes und die Beine gelbroth, die Wurzel der Schenkel, die Knie und Tarsen schwarz, Stirn mit zwei Tuberkeln. Lg. 6—7½ mm. (brunnea F.) Auf Lilium martagon, Convallaria und Allium cepa. Nicht selten bis 4000′ ü. M. **Merdigera** L.

Var. a. Fühler theilweise roth, **rufipes** Herbst, **Suffriani** Schmid.

Var. b. Beine einfärbig roth.

Var. c. Kopf theilweise schwarz.

Var. d. Kopf schwarz, nur die Stirnhöcker roth, die hintere Hälfte des Halsschildes schwarz, **collaris** Lac.

— Flügeldecken sehr stark und tief punktirt, schwarz, die Oberseite und die Schienen gelb. Lg. 6—7 mm. (alpina Redt.) Sehr selten. Bündtner Alpen, Gadmen, St. Bernhard. Auf Lilium martagon. **Tibialis** Villa.

4. Halsschild vor der Basis schwach eingeschnürt, seine Scheibe sehr fein punktirt. Körper roth, Flügeldecken mit 12 schwarzen Flecken, die Brust und die Wurzel des Bauches, Knie und Tarsen schwarz, Flügeldecken punktirt-gestreift. Lg. 5—6½ mm. Häufig auf Spargel. **Duodecimpunctata** L.

Var. a. Flügeldecken nur mit 8 bis 10 schwarzen Punkten.

Var. b. Der Vordertheil des Kopfes, Unterseite und Beine schwarz.

Var. c. Hinterleib und Beine schwarz. v. **dodecastigma** Suffr.

— Halsschild nach vorn und hinten gleichmässig schwach verengt, deutlich punktirt, roth mit schwärzlicher Mitte, Flügeldecken schwarzblau oder grün, die

Spitze, der Seitenrand und drei mit demselben zusammenhängende Flecken gelblich weiss, Unterseite schwarz, Körper gestreckt. Lg. 5 mm. Häufig auf Spargeln. **Asparagi** L.

Var. a. Halsschild mit zusammenhängenden Flecken, Beine theilweise roth. v. **campestris** L. Payerne.

Var. b. Die Flecken der Flügeldecken bilden eine aussen etwas gebuchtete Längsbinde.

4. Clythrini.

Kopf geneigt, nicht zurückziehbar, an den Seiten hinter dem Mund in einen ohrförmigen Lappen erweitert, Halsschild quer, meist so breit als die Flügeldecken.

Gatt. Clythra Laich.

1. Hinterecken des Halsschildes rechtwinklig und etwas aufgebogen, Vorderhüften an einander stehend, Vorderecken des Kopfschildes spitzwinkling nach vorn gerichtet, Augen klein und rundlich. Vorderbeine des ♂ beträchtlich verlängert. Subg. **Labidostomis** Redt.
— Hinterecken des Halsschildes gerundet, Vorderecken des Kopfschildes meist rechtwinklig, oder gerundet 2
2. Vorderhüften durch einen schmalen Fortsatz des Prosternums getrennt, Fühler vom 4. Glied an gesägt, Körper gross, Halsschild kahl. Subg. **Clythra** i. sp.
— Vorderhüften an einander stehend 3
3. Halsschild behaart, Fühler vom 4. Glied an gesägt, Augen ausgerandet, länglich, Vordertarsen des ♂ stark verlängert. Subgen. **Lachnaia.**
— Halsschild kahl 4
4. Augen länglich, Fühler vom 4. Glied an gesägt, Vorderbeine des ♂ verlängert, mit stark gebogenen Schienen 5
— Augen rundlich, meist erst vom 5. Glied an gesägt 6
5. Das 1. Fühlerglied doppelt so breit als das 2. und 3., Kopf des ♂ kaum vergrössert. Subg. **Tituboea** Lac.
— Das 1. Fühlerglied wenig breiter als das 2. und 3., Kopf des ♂ deutlich vergrössert. Subg. **Macroleues** Lac.
6. Oberlippe kaum ausgerandet, Kopf des ♂ stark vergrössert 7
— Oberlippe deutlich ausgerandet, schmal oder unsicht-

bar, Kopfschild nicht vergrössert, schmal und ausgerandet. Subg. **Cyanyris** Redt.

7. Vorderecken des Kopfschildes gerundet, Oberlippe breit. Subg. **Coptocephala** Redt.

— Vorderecken des Kopfschildes beim ♀ spitzwinklig, beim ♂ zahnförmig vorgezogen, Oberlippe schmal. Subg. **Cheilotoma** Redt.

Subgatt. **Labidostomis** Lac.

Fühler vom 5. Glied an gesägt, Flügeldecken gelb.

1. Oberlippe schwarz, Halsschild kahl, seine Hinterecken ziemlich stumpf 2

— Oberlippe und Fühlerwurzel gelb, Halsschild behaart, Kopf, Halsschild und Unterseite blau oder grün, metallisch, Flügeldecken einfärbig gelb, Hinterecken des Halsschildes ziemlich scharf rechtwinklig, Kopfschild mit breitem Ausschnitt und stumpfem Zahn in der Mitte des Ausschnittes. Lg. 8 mm. Sehr selten. Tessin, Misox. **Cyanicornis** Germ.

2. Basis des Halsschildes stark zweibuchtig, der Mittellappen breit, deutlich nach hinten vortretend, Kopf, Halsschild, Unterseite und Fühler blau 3

— Basis des Halsschildes sehr schwach zweibuchtig, der Mittellappen kaum mehr als die Hinterecken nach hinten vortretend, Kopf, Halsschild und Unterseite grün oder bläulich glänzend, Fühler schwarz, Flügeldecken gelb, oft mit schwarzem Punkt auf der Schulter. Lg. 5—6 mm. Ziemlich häufig auf Wiesen und Weiden bis in die alpine Region, noch im Beversthal und bei Davos. **Longimana** L.

3. Fühler an der Basis gelb, Flügeldecken einfärbig, selten mit einem kleinen, schwarzen Punkt auf der Schulter. Lg. 9 mm. Selten. Genf, Lausanne und waadtländer Jura, Neuchatel, Mendrisio, Locarno. **Tridentata** L.

— Fühler ganz blau, die Basis nur auf der Unterseite gelb, Flügeldecken in der Regel nur mit einem schwarzen Punkt auf den Schultern 4

4. Halsschild ziemlich grob und dicht punktirt. Lg. 9 bis 10 mm. Mendrisio. **Humeralis** Schneider.

— Halsschild fein und undicht punktirt, Stirn bald mehr, bald weniger eingedrückt. Lg. 8 mm. (axillaris Lac.) Selten. Neuchatel, Sedrun, Misocco-Thal, Schaffhausen, Engadin. **Lucida** Germ.

Subg. **Macrolenes** Lac.

Schwarz, der Vordertheil des Kopfes, Halsschild, Flügeldecken und Beine gelbroth, an letzteren der Dorsalrand und die Tarsen schwarz, Fühler schwarz mit gelber Wurzel; Stirn breit und tief eingedrückt, Halsschild fast glatt, Flügeldecken fein punktirt, mit schwarzem Schulterpunkt. Lg. 4—7 mm. Selten. Genf, Neuchatel, Jura.
♂ Parallelseitig, die Vorderschenkel vor der Spitze mit zwei Zähnchen. **Ruficollis F.**

Subg. **Tituboea** Lacord.

Seitenrand der Flügeldecken wenig gekrümmt, innere Randlinie des Umschlags dicht hinter den Schultern stark auf die Unterseite der Flügeldecken gebogen, letztere mit je drei schwarzen Flecken, 1 . 2; Wurzel der Fühler und Halsschild gelb.
Beine ganz schwarz. Lg. 8½—13 mm. Wallis, Lugano, Mendrisio. **Sexmaculata T.**

Schenkel und Schienen (♂) oder Schienen (♀) rothgelb. Lg. 8—11 mm. Lugano. **Macropus Ill.**

Subg. **Lachnaia** Lac.

Halsschild mehr als doppelt so breit als lang, fein punktirt, Kopf, Halsschild und Unterseite blau, Flügeldecken gelb mit schwarzem Schulterpunkt und zwei Punkten in einer Querreihe hinter der Mitte. Lg. 9—12 mm. Ziemlich selten. Genf, Waadt, Wallis, Tessin, Basel, Zürich, Schaffhausen, Puschlav, St. Gallen. **Longipes F.**

Subg. **Clythra** i. sp.

Kopf, Halsschild und Unterseite schwarz, Flügeldecken gelb mit einem schwarzen Punkt auf der Schulter und einem Fleck hinter der Mitte.
Halsschild auf der Scheibe fein zerstreut, neben dem Seitenrand und seitlich an der Basis grob runzlig punktirt, der hintere Fleck der Flügeldecken reicht nicht bis zur Naht 2
Halsschild bis an den schmal gerandeten Seitenrand

unpunktirt, der hintere Fleck der Flügeldecken quer und oft bis an die Naht reichend. Lg. 9—10 mm. Tessin, Basel, Schaffhausen, St. Gallen. **Laeviuscula** Ratz.

2\. Der grob zerstreut punktirte Seitenrand des Halsschildes schmal und deutlich aufgebogen, die Hinterecken stärker gerundet, der hintere Fleck der Flügeldecken rundlich, kleiner als bei der folgenden Art, die Schienen länger und schlanker. Lg. 7—11 mm. Schaffhausen. **Appendicina** Lac.*)

— Der grob punktirte Seitenrand des Halsschildes breit und flach, Halsschild deutlicher punktirt, der hintere Fleck der Flügeldecken mehr quer. Lg. 10—11 mm. Häufig und bis 6000′ ü. M. ansteigend. **Quadripunctata** L.

Var. Körper etwas breiter, Halsschild deutlicher punktirt. v. **quadrisignata** M.

Subg. **Coptocephala** Redt.

1\. Schwarz oder dunkelblau, Oberlippe, Halsschild, Flügeldecken und Schienen gelb, an der Basis und hinter der Mitte der Flügeldecken eine schwarze Querbinde, die an der Naht öfter unterbrochen ist. Lg. 4—4½ mm. (4 maculata L.) Genf, Waadt, Wallis, Tessin, Bern, Basel, Schaffhausen, Engadin. **Unifasciata** Scop.

Var. Stirn mit zwei rothen Flecken. v. **maculiceps** Kr.

Var. Beine ganz gelbroth. v. **femoralis** Kr.

— Oberlippe und Beine schwarz 2

2\. Halsschild und Flügeldecken gelb, letztere an der Basis und hinter der Mitte mit schwarzer Querbinde, die in der Mitte unterbrochen ist. Lg. 5—7 mm. Genf, Waadt, Wallis, Tessin, Bern, Basel, Schaffhausen, Dübendorf, Davos.

Var. Grösser. v. **Küsteri** Kr.

Var. Die Binden mehr oder weniger unterbrochen oder in Punkte aufgelöst, eine auch ganz fehlend. **Scopolina** L.

— Flügeldecken an der Schultern und hinter der Mitte

*) Anm. Weise gibt an, bei appendicina sei das Halsschild kürzer und gewölbter; wenn das Thier von oben betrachtet wird, sei der Seitenrand nur auf der hintern Hälfte sichtbar, bei 4 punctata dagegen bis zu den Vorderecken. Appendicina ist wohl in der Schweiz ziemlich verbreitet, aber mit 4 punctata vermengt.

mit einem schwarzen Fleck, letzterer mehr oder weniger rundlich, Stirn mit Quereindruck. Lg. 4 bis 5 mm. (rubicunda Kr.) Selten. Wallis. **Tetradyma** Küst.

Subg. **Cheilotoma** Redt.

Blaugrün, glänzend, Mund, Fühlerbasis, Beine und Halsschild gelbroth, letzteres mit einem grossen blaugrünen Fleck auf der Mitte der Scheibe, die Wurzel der Schenkel und die Tarsen schwarz. Lg. 3—5 mm. (bucephala Schall.) Auf Rumex acetosella und Anthyllis vulneraria.
♂ Kopf gross, Kopfschild mit tiefem viereckigem Ausschnitt, die Oberkiefer dick, vorragend.
♀ Kopfschild quer vertieft, Halsschild nach vorn deutlich verschmälert. Selten. Genf, Basel, häufiger im Kanton Waadt. **Musciformis** Goeze.

Subg. **Gynandrophthalma** Lac. (Cyan. Redt.)

1. Körper einfärbig, lebhaft metallgrün oder blau, stark glänzend. Stirn quer eingedrückt, stark punktirt, Halsschild fein, die Flügeldecken dicht punktirt. Lg. 3,5—5 mm. Auf Cerealien. Genf, Domodossola. **Concolor** F.
— Oberseite mehrfarbig 2
2. Halsschild ganz gelb, kaum sichtbar punktirt, Flügeldecken blau, Beine gelb, Hinterschenkel mehr oder weniger schwarz 3
— Halsschild gelb mit dunklem Mittelfeld 5
3. Stirn mit breitem, tiefem Quereindruck, Flügeldecken grob punktirt, Beine stark. Lg. 4—5 mm. (Cyanea F.) Sehr häufig in den ebenern Theilen der Schweiz. **Salicina** Scop.
— Stirn flach, höchstens mit einem punktförmigen Eindruck 4
4. Stirn grob punktirt, mit deutlichem punktförmigem Eindruck, Halsschild bisweilen mit dunklem Punkte bis ganz schwarz, Flügeldecken dicht und flach punktirt, Beine wie das Halsschild düster rothgelb, die Mittel- und Hinterschenkel und Hinterschienen oder die ganzen Hinterbeine schwarz. Lg. $3^1/_2$—5 mm. Selten. Genf, St. Bernhard. **Diversipes** Ltz.
— Stirn fein und sparsam punktirt, nicht oder kaum punktförmig eingedrückt, nur die Hinterschenkel mehr

oder weniger schwarz. Flügeldecken mässig dicht punktirt. Lg. 3½—4 mm. Selten. Genf, Orsières, Schaffhausen. **Flavicollis** Charp.

5. Halsschild fast unpunktirt, Flügeldecken sparsam und flach punktirt, schwärzlichblau, Beine gelb mit schwarzen Schenkeln. Lg. 5—5½ mm. Ziemlich selten. Auf Haseln. Genf, Wallis, Jura, Basel, Matt, Schaffhausen, Bündten. **Aurita** L.

— Halsschild sparsam, Flügeldecken dichter und stärker punktirt, blau, Beine und Vorderhüften gelb. Lg. 3—3½ mm. Sehr häufig bis 4000′ ü. M., noch im Engadin. **Affinis** Hellw.

5. Cryptocephalini.

Das letzte Hinterleibssegment beim ♀ mit tiefer Grube.

— Schildchen deutlich, Augen flach 2

— Schildchen nicht sichtbar, Augen gewölbt, Halsschild mit schwach gewölbter Mittellinie und gerandeten, nicht scharfen Seiten, die Basis gerandet und gekerbt. Gatt. **Stylosomus** Suffr.

2. Halsschild mit stark herabgewölbter Mittellinie und scharfen Seitenrändern, die Basis nicht gerandet, am Hinterrand mit einer dichten Reihe kleiner Zähnchen besetzt, die unter den Flügeldecken verborgen sind. **Cryptocephalus** Geoffr.

— Halsschild mit schwach gewölbter, fast horizontaler Mittellinie und gerandeten, aber nicht scharfen Seiten, die Basis gerandet, ohne Zähnchen. **Pachybrachys** Sffr.

Gatt. **Cryptocephalus** Geoffr.

1. Prosternum zwischen den Vorderhüften bei ♂ und ♀ sehr schmal, kaum halb so breit als die Hüfte, hinten abgestutzt oder in einen kleinen Zapfen ausgezogen, ♂ mit besondern Auszeichnungen an den Beinen, Oberseite gelb, Flügeldecken verworren punktirt. **1. Gruppe.**

— Prosternum breit, wenig schmäler als die Hüfte, selten beim ♂ schmäler, dann aber die Körperform vom ♀ sehr verschieden (Loreyi) 2

2. Unterseite, Oberseite und Schildchen gelb, Prosternum hinten in zwei dornförmige Spitzen ausgezogen, Oberseite kahl. **2. Gruppe.**

— Unterseite schwarz oder metallisch, Halsschild und Schildchen schwarz oder blau oder grün metallisch, oder das Prosternum hinten gerade abgestutzt . . 3
3. Flügeldecken verworren punktirt, Unterseite dunkel 4
— Flügeldecken gestreift punktirt, Oberseite kahl . . 10
4. Prosternum hinten in zwei deutliche Spitzen ausgezogen, dieselben stehen bald nahe zusammen, bald weit auseinander, bald sind sie dornförmig und mehr oder weniger herabgebogen, bald horizontal nach hinten gerichtet, bald kürzer und etwas stumpf; Unterseite schwarz, Flügeldecken meist wenigstens an der Spitze gelb 5
— Prosternum hinten meist gerade abgestutzt, selten ausgerandet oder mit zwei schwachen höckerartigen Spitzen 6
5. Oberseite kahl, Halsschild oder Schildchen bisweilen gelb. **3. Gruppe.**
— Oberseite fei anliegend behaart, Halsschild und Schildchen dunkel. **4. Gruppe.**
6. Oberseite behaart 7
— Oberseite kahl 8
7. Oberseite kurz anliegend behaart. **5. Gruppe.**
— Oberseite lang abstehend behaart, Flügeldecken blau, beim ♀ mit gelber Spitze. **6. Gruppe.**
8. Flügeldecken gelb oder roth, meist mit schwarzen Flecken, Halsschild meist mit gelber Zeichnung auf der Scheibe, selten ganz schwarz, meist mit breitem Seitenrand, der hinten von oben sichtbar ist. **7. Gruppe.**
— Flügeldecken blau oder grün metallisch oder schwarz, bisweilen mit gelben Flecken 9
9. Oberseite blau oder grün metallisch, ohne gelbe Zeichnung, Halsschild mit breitem Seitenrand, der hinten von oben sichtbar ist. **8. Gruppe.**
— Oberseite schwarz (selten grün oder bläulich), auf dem Kopf stets, meist auch an den Rändern des Halsschildes und bisweilen an den Seiten und der Spitze die Flügeldecken gelb gezeichnet, Halsschild mit schmälerem Seitenrand, der meist von oben nicht sichtbar ist. **9. Gruppe.**
10. Augen gross, nach unten deutlich über die Vorderecken des Halsschildes hinausreichend 11
— Augen klein, nach unten nicht oder kaum über die Vorderecken des Halsschildes hinausreichend. **13. Gruppe.**

11. Prosternum hinten in zwei deutliche Spitzen ausgezogen, Unterseite, Halsschild und Schildchen schwarz. **10. Gruppe.**
— Prosternum hinten meist gerade abgestutzt, selten ausgerandet oder mit zwei schwachen höckerartigen Spitzen 12
12. Oberseite blau oder schwarzgrün mit Metallglanz, höchstens der Kopf und der Vorderrand des Halsschildes gelb gezeichnet, ausnahmsweise ein paar kleine Flecken auf den Flügeldecken, selten der ganze Seitenrand gelb, oder die Flügeldecken beim ♂ dunkel, beim ♀ gelb mit dunklem Saum. **11. Gruppe.**
— Oberseite schwarz oder gelb, meist gefleckt. **12. Gruppe.**

1. Gruppe.

Prosternum hinten in eine stumpfe Spitze ausgezogen, Schildchen gelb, Schienen mit gerinnter Hinterkante, kurz und breit, Hinterschenkel in der Mitte deutlich verdickt, Halsschild dicht und fein punktirt, Vorder- und Hinterecken etwas gerundet. Flügeldecken gröber und ziemlich sparsam punktirt; Oberseite meist einfärbig braungelb, seltener die Flügeldecken mit einem Längsstrich, Unterseite gelb mit dunkeln Flecken, Vordertarsen beim ♂ stark verbreitert. Lg. 3,5—4 mm. Selten. Südwestschweiz und Bündten, Engadin. **Pini** L.

2. Gruppe.

Flügeldecken verworren grob punktirt, Halsschild sehr dicht ziemlich grob punktirt, 2 Punkte auf dem Halsschild und 5 auf jeder Flügeldecke (2 . 2 . 1) schwarz, bisweilen fehlen einzelne dieser Punkte, selten alle. Lg. 5 mm. (5 punctatus Harrer, 8 maculatus Rossi, testaceus Villa.) Selten. Siders, Sitten. **Duodecimpunctatus** F.

3. Gruppe.

1. Flügeldecken wenigstens an der Spitze gelb . . . 2
— Ober- und Unterseite schwarzblau, Kopfschild und Beine gelb, Halsschild kurz und breit, sehr fein punktirt. Lg. 3,5—4 mm. (nitens L.) **Nitidus** L.
2. Halsschild roth, die Flügeldecken gelb, ein Punkt an der Schulter und einer hinter der Mitte schwarz, Flügeldecken an der Spitze nicht schwarz gesäumt,

Halsschild kaum punktirt, Beine schwarz. Lg. 3,5 bis 6 mm. Selten. Mendrisio. **Bimaculatus** Ol.

— Halsschild schwarz, mit oder ohne helle Zeichnung oder Flecken 3

3. Schildchen gelb 4

— Schildchen schwarz 6

4. Die Vorderecken des Halsschildes und dessen Seitenrand hinten weisslich 5

— Halsschild ganz schwarz, die Fühlerwurzel, 2 längliche Stirnflecken gelb, Flügeldecken zerstreut punktirt, gelb mit 2 schwarzen Querbinden, eine an der Wurzel, die andere hinter der Mitte schwarz, oder schwarz, eine schiefe Binde vor der Mitte und ein Fleck an der Spitze, sowie die Epipleuren roth. Lg. 3,5—5 mm. (fasciatus H. Schäff.) Selten. Wallis. **Sinuatus** Harold.

5. Schwarz mit gelblicher Fühlerwurzel und 2 Stirnflecken, Flügeldecken grob punktirt, schwarz, eine unterbrochene Querbinde vor der Mitte und die Spitze gelbroth, die Spitze nicht schwarz gesäumt. Lg. 5 bis 6 mm. Selten. Jura, Macugnaga. **Carynthiacus** Suffr.

Var. a. Die Binde der Flügeldecken ist in zwei kleine Flecken getheilt. Mit der Stammform v. **abietinus** Gaut.

— Schwarz mit gelblicher Fühlerwurzel und 2 Stirnflecken, Flügeldecken dicht punktirt, roth mit 4 schief gestellten schwarzen Flecken, Halsschild gewölbt, dicht punktirt. Lg. 4,5—5 mm. **Quadripunctatus** Suffr.

Var. a. Ein kleiner Fleck am Seitenrand des Halsschildes vor den Hinterecken weiss, Flügeldecken gelbroth und nur mit schwarzem Schulterfleck. Selten. Siders, Sitten. v. **Stierlini** Weise.

6. Halsschild mit hellem Seitenrand 7

— Halsschild ganz schwarz; zwei Stirnflecke und die Flügeldecken roth, letztere mit 5 schwarzen Flecken (2 . 2 . 1), beide Paare schräg, Halsschild vorn und an den Seiten dichter, in der Mitte fein zerstreut punktirt. Lg. 4,5—7 mm. (imperialis F.) Nicht selten und über die ebeneren Theile der Schweiz weit verbreitet. **Primarius** Harold.

7. Schwarz, die Mandibeln, zwei längliche Stirnflecken, die Fühlerwurzel und sechs Flecken auf dem Halsschild weiss, Flügeldecken roth, zwei Flecken an der Wurzel und eine Querbinde hinter der Mitte

schwarz. Lg. 6—7 mm. Sehr selten. Genf. (florentinus Ol.) **Tricolor** Rossi.

Var. a. Halsschild mit acht weissen Flecken. Genf.

— Dunkelgrün, Beine roth mit dunkeln Schenkeln, der Seitenrand des Halsschildes und der Flügeldecken und die Spitze der letzteren, sowie die Fühlerwurzel gelb, Halsschild fein zerstreut, die Flügeldecken grob zerstreut punktirt. Lg. 3,5—4 mm. Selten. Genf, Waadt, Jura, Neuchatel, Basel, Schaffhausen, Macugnaga. **Marginellus** Ol.

4. Gruppe.

Schwarz, glänzend, mit gelber Fühlerwurzel, die Flügeldecken und die Epipleuren roth, erstere nach hinten leicht verschmälert, an der Spitze einzeln abgerundet, sehr fein punktirt-gestreift, die Naht und drei Punkte (1. 2) schwarz. Lg. 5,5—8 mm. (Salicis F., sexmaculatus Ol.) Sehr selten. Genf, Wallis, Tessin. **Trimaculatus** Rossi.

♂ Fünftes Bauchsegment mit einem Grübchen.

Var. a. Flügeldecken etwas stärker punktirt, der Seitenrand hinten schwarz.

Var. b. Die hintern Punkte der Flügeldecken fliessen zu einer Querbinde zusammen.

5. Gruppe.

1. Schwarz mit blauem oder grünlichem Schimmer, deutlich behaart, die Flügeldecken gelbbraun mit drei schwarzen Flecken (2. 1), deren hinterer stets länglich, nie quer, Halsschild sehr dicht nadelrissig punktirt. Lg. 4 mm. **Rugicollis** Ol.

Var. Die schwarzen Flecken fliessen zu einer Längsbinde zusammen. Sehr selten. Wallis. v. **virgatus** Suffr.

— Schwarz, das Halsschild am Seitenrand schmal gelb gesäumt, fast kugelig, mit einem Grübchen jederseits in der Mitte, stark nadelrissig, Flügeldecken viereckig, drei schwache Längsrippen verlaufen von der Wurzel bis zur Mitte, die Zwischenräume sind dicht punktirt, matt. Lg. 5 mm. Aeusserst selten. Engadin. **Bischoffi** Tappes.

6. Gruppe.

1. Blau oder grünlich, behaart, Fühler schwarz mit gelber Wurzel, Stirn mit seichter Furche, unter den

Augen zwei weisse Flecken, Halsschild spärlich, Flügeldecken dicht punktirt. Lg. 5—6½ mm.
♂ Fühler plattgedrückt, nach aussen verschmälert, Beine blau, die Hinterschienen vor der Spitze mit einem rhombenförmigen Lappen, das 1. Bauchsegment in eine lange gekielte Spitze ausgezogen, ♀ die Spitze der Flügeldecken und die Beine gelbroth, Pygidium mit tiefer Rinne und an der Spitze mit starker Ausrandung. Auf crataegus. (Schäfferi Schrenk). Selten. Genf, Wallis, Waadtländer Jura, Schaffhausen. **Lobatus** F.

— Wie der vorige, die Fühler beim ♂ nach aussen weniger verschmälert und die Stirn ohne Rinne. Lg. 5½—7 mm.
♀ Beine blau, die Spitze der Flügeldecken gelb gefleckt mit braunem Saum, der Ausschnitt der Afterdecke ist schmal. Sehr selten, Engadin, Siders. **Cyanipes** Suffr.

7. Gruppe.

2. Vorderhüften des ♂ stark genähert, Basis der Vorderbrust abgestutzt mit einem kleinen Zähnchen jederseits; schwarz, Unterseite und Kopf spärlich behaart, schwarz, die Mandibeln und die Fühlerwurzel röthlich, Halsschild spärlich und fein punktirt mit breitem, aufgeworfenem Rand, Flügeldecken roth, stark, etwas runzlig punktirt mit einigen schwach vortretenden Linien. Lg. 8—9 mm.
♂ mit drei schwarzen Flecken (2 . 1), das vordere Paar schräg, Vorderschienen leicht zwei mal gebuchtet, die hintern gekrümmt und am Innenwinkel in eine Lamelle erweitert, Vordertarsen stark verbreitert.
♀ Die Naht der Flügeldecken, zwei Binden und ein querer Fleck an der Spitze schwarz. Nach Rouget in der Schweiz gefunden. **Loreyi** Sol.

— Vorderbrust bei ♂ und ♀ breit 2
2. Körper länglich, die Punkte der Flügeldecken hie und da etwas gereiht 3
— Körper kurz und gedrungen, Flügeldecken dicht und ganz verworren punktirt, gelb mit schwarzen Flecken oder Querbinden 4
3. Halsschild fein zerstreut punktirt, einfärbig, beim ♂ schwarz, beim ♀ roth, Flügeldecken roth, bisweilen ein Punkt auf der Schulter oder auch ein Fleck hin-

34

ter der Mitte schwarz. Lg. 5—5½ mm. Ziemlich selten, aber bis 4500′ ansteigend. Genf, Wallis, Jura, Basel, Lägern, Schaffhausen, St. Gallen, Bündten. **Coryli** L.

— Halsschild mit ziemlich starken, länglichen Punkten mässig dicht besetzt, schwarz, die Seiten, der Vorderrand und die Mittellinie gelb, Flügeldecken gelb, oft mit einem schwarzen Punkt auf den Schultern. Unterseite und Beine schwarz, oft mit einem gelben Fleck auf der Spitze der Schenkel. Lg. 5—5½ mm. Ziemlich selten in der Süd- und Westschweiz, auch in Schaffhausen. **Variegatus** F.

Var. Die weisse Mittellinie des Halsschildes fehlt oft; oft ist sie am Grunde verbreitert.

4\. Beine ganz schwarz, Halsschild mit einem flachen Eindruck neben den Hinterecken, der Vorder- und Seitenrand, sowie ein zweibuchtiger Fleck vor dem Schildchen gelb; Kopf schwarz, mit einem kleinen gelben Fleck vor den Augen, Flügeldecken gelbroth, die Schulterbeule und ein gerader Längsfleck hinter derselben hinter der Mitte schwarz. Lg. 5 mm. (variegatus Panz., Gyll., nec F.) In der Schweiz bis jetzt nicht nachgewiesen, aber sicher nicht fehlend. **Distinguendus** Schneid.

— Schenkel schwarz, mit einem gelben Fleck an der Spitze 5

5\. Seiten des Halsschildes bis zum schmal gerandeten Seitenrand gewölbt, Halsschild schwarz, die Seiten breit gelb mit einem schwarzen Punkt, ein zweibuchtiger Fleck vor dem Schildchen und ein Längsstrich in der Mitte des Vorderrandes gelb, Flügeldecken roth, ein runder Fleck hinter der Schulterbeule und ein ebensolcher hinter der Mitte näher der Naht schwarz, Schienen gelb. Lg. 5 mm. Selten, bis 5000′ ansteigend. Genf, Waadt, Wallis, Jura, Neuchatel, Glarus, Bündten, Engelberg. **Cordiger** L.

— Seiten des Halsschildes ziemlich breit abgesetzt und aufgebogen, die Schienen, der Seitenrand und die Epipleuren der Flügeldecken schwarz (wenigstens hinten), der Vorderrand und eine Mittellinie des Halsschildes gelb 6

6\. Die gelbe Mittelbinde des Halsschildes reicht bis zur Basis, ist hinten verbreitert und schliesst einen schwarzen Längsstrich ein, Halsschild fein punktirt,

Flügeldecken roth, ein Fleck hinter der Schulterbeule und ein Querfleck näher der Naht hinter der Mitte schwarz, die Epipleuren meist ganz schwarz. Lg. 5—5½ mm. (variabilis Schneider.) Selten und bis 3500′ ansteigend, auf Weiden. Genf, Wallis, Bern, Zürich, Schaffhausen, St. Gallen.

Octopunctatus Scop.

— Die gelbe Mittelbinde des Halsschildes reicht nicht bis zur Basis, Halsschild dichter punktirt, Flügeldecken roth, zwei breite Querbinden (die vordere an der Schulter in zwei Flecken aufgelöst, die hintere an der Naht seltener unterbrochen) und meist die Naht schwarz 7

7. Seitenrand und Epipleuren der Flügeldecken ganz schwarz, letztere roth mit drei grossen schwarzen Flecken (2 . 1), stark runzlig punktirt, Fühlerwurzel und Innenrand der Vorderschienen röthlich, Kopf und Schenkelspitze mit weissen Flecken. Lg. 4½ bis 6½ mm.

♂ Halsschild mit einer abgekürzten gelbrothen Mittellinie, die drei letzten Bauchsegmente verwachsen, das fünfte gross, in der Mitte ausgehöhlt, mit einer zweitheiligen Querrunzel, die beiderseits in einen gekrümmten Zahn ausläuft.

♀ Halsschild mit einem ankerförmigen gelben Fleck, Pygidium mit zwei Tuberkeln. Ziemlich häufig bis 5500′ ü. M. auf Weiden. **Sexpunctatus** L.

— Seitenrand und Epipleuren der Flügeldecken nur in der hintern Hälfte schwarz; schwarz, Fühlerbasis und Vorderschienen an der Innenseite schwarz, Kopf mit drei weissen Flecken, Halsschild mit drei rostgelben Binden, von denen die mittlere abgekürzt ist, Flügeldecken gelbroth, dicht punktirt mit drei schwarzen Flecken (2 . 1). Länge 4½—7 mm. (signatus Laich.) Auf Weiden.

♂ Fünftes Bauchsegment mit einem Eindruck. Genf, Wallis, Basel, Schaffhausen, Zürich. **Interruptus** Suffr.

8. Gruppe.

1. Halsschild mit deutlich und ziemlich flach abgesetztem Seitenrand, dicht und stark punktirt, Flügeldecken dicht und grob punktirt, Oberseite seidenglänzend, Vorderrand des Prosternums nicht aufgebogen 2

— Halsschild bis zum schmal gerandeten Seitenrand gewölbt, Oberseite blau 4

2. Die Seiten des Halsschildes von der Seite betrachtet fast gerade, erst kurz vor den Hinterecken plötzlich nach unten gebogen, das letzte Abdominalsegment des ♂ ohne Leiste, Prosternum hinten etwas ausgerandet 3

— Die Seiten des Halsschildes von der Seite betrachtet deutlich S-förmig geschweift, das letzte Abdominalsegment des ♂ mit einem Eindruck, der nach vorn von einer zweizähnigen Leiste begrenzt ist, Prosternum hinten gerade abgestutzt. Oberseite grün oder blau, selten kupferroth. Lg. 5—6 mm. Häufig auf Wiesen. **Sericeus** L.

3. Flügeldecken mit den Schulterbeulen kaum breiter als das Halsschild, Prosternum am Hinterrand ohne Höcker, Pygidium beim ♀ immer, beim ♂ oft mit einem deutlichen Längskiel an der Spitze, das letzte Abdominalsegment beim ♂ mit einem deutlichen Eindruck. Oberseite grün, selten mit bläulichem Schimmer oder kupferroth. Lg. 4—4½ mm. Häufig mit dem vorigen. **Hypochaeridis** L.

Var. ♂ Letztes Bauchsegment mit breitem Längseindruck, der sich gegen die Basis vertieft und von einer scharfen, glatten Querkante oder Falte (die Naht des 4. Ringes) begrenzt wird. (cristatus Duf.) v. **rugulipennis** Suffr.

— Flügeldecken mit den Schulterbeulen deutlich breiter als das Halsschild, Prosternum am Hinterrand mit zwei kleinen Höckern, Pygidium nur selten mit schwach angedeutetem Kiel, das letzte Bauchsegment des ♂ ohne Eindruck. Oberseite grün oder blau, selten kupferroth. Lg. 5—6 mm. Ziemlich häufig. **Aureolus** Suffr.

4. Vorderrand des Prosternums nicht aufgebogen, Halsschild deutlich punktirt, der äussere Spitzenwinkel der Flügeldecken ganz verrundet. Stirn dicht punktirt und behaart, Halsschild kurz und breit, Körper von der Form der Hypochaeridis. Lg. 4—4½ mm. Sehr häufig. **Violaceus** Laich.

— Vorderrand des Prosternums deutlich aufgebogen, Halsschild äusserst fein und sparsam punktirt, der äussere Spitzenwinkel der Flügeldecken gerundet, aber doch schwach angedeutet, Stirn sparsam punktirt und kaum behaart. Lg. 4—5 mm. Selten. Macugnaga. **Virens** Suff.

9. Gruppe.

1. Der Seitenrand der Flügeldecken über den Epipleuren scharfkantig, diese flach oder ausgehöhlt und mehr oder weniger punktirt 2

— Der Seitenrand der Flügeldecken über den Epipleuren schmal, aber wulstig gerandet, die Epipleuren gewölbt, unpunktirt, gelb; Oberseite schwarz, die Stirn und die Beine gelb mit schwarzem Vorderrande, die Hinterschenkel öfter mehr oder weniger schwarz. Lg. 3—3½ mm. Sehr häufig bis 6000' über Meer.
♂ kleiner, der Vorrderrand des Prosternums, der Vorder- und Seitenrand des Halsschildes gelb. **Flavipes** F.

Var. a. ♂ Die gelbe Linie am Vorderrand des Halsschildes fehlt. v. **nigrescens** Gredl.

Var. b. Stirn nur mit einem herzförmigen Fleck oder nur mit zwei gelben Linien. v. **dispar** Weise.

Var. c. Kopf wie bei var. b. Flügeldecken ganz schwarz. v. **signatifrons** Suffr.

2. Ober- und Unterseite blau oder grün metallisch, Beine gelb mit mehr oder weniger schwarzen Schenkeln. Lg. 3—3,5 mm. Selten, bis 5500' ü. M. Genf, Waadt, Neuchatel, Zürich, Gadmen, Engelberg, Engadin. **Nitidulus** Gyll.
♂ Vorderrand des Halsschildes mehr oder weniger gelb gezeichnet.

— Oberseite schwarz, die Flügeldecken meist mit gelber Zeichnung, in der Regel wenigstens die Epipleuren gelb, der Seitenrand und meist ein schmaler Fleck über den Epipleuren, oft auch die Spitze der Flügeldecken gelb 3

3. Schwarz, glänzend, die Fühlerwurzel gelb, Halsschild dicht und fein punktirt, Flügeldecken stark punktirt mit zwei rothen Flecken, der eine halbmondförmig am Rande hinter der Schulter, der andere quer vor der Spitze. Lg. 4—5½ mm. In der Schweiz noch nicht nachgewiesen, aber sicher nicht fehlend. **Quadriguttatus** Germ.

Var. Flügeldecken ganz schwarz. v. **maurus** Suff.

— Schwarz, glänzend, Vorderrand des Prosternums,

Fühlerwurzel, Mund und Untertheil der Stirn vor den Fühlern, Seitenrand und Vorderecken des Halsschildes und Vorderbeine gelbroth, Halsschild sehr glatt, Flügeldecken unregelmässig punktirt-gestreift, ein Fleck am Seitenrand hinter der Schulter und die Spitze der Flügeldecken gelbroth. Lg. 3½—4½ mm. Genf, Wallis, Engadin, Schaffhausen, Macugnaga.
Quadripustulatus Gyll.

Var. Die Vorderecken des Halsschildes gelb, der Fleck an der Spitze der Flügeldecken fehlt.
v. **rhaeticus** Stierlin (bisignatus Suffr.).

10. Gruppe.

Die zwei Spitzen am Hinterrand des Prosternums klein, stumpf und schwarz, Kopf, Halsschild, Unterseite und Beine schwarz.

1\. Halschild sehr fein punktirt, Epipleuren der Flügeldecken gelb, Flügeldecken mit drei schwarzen Punkten (einer auf der Schulterbeule, zwei hinter der Mitte) 2
— Halsschild unpunktirt, Epipleuren und der Rand jeder Flügeldecke ringsum schwarz 3
2\. Der abgesetzte Seitenrand des Halsschildes unpunktirt, an den herabgebogenen Halsschildecken plötzlich breiter, Flügeldecken gelbroth, der Rand an der Naht und an der Spitze gebräunt, die zwei hintern Flecke stehen fast in einer Querreihe. Lg. 5—6½ mm. (salicis F.) Selten. Genf, Mendrisio.
Trimaculatus Rossi.
— Der abgesetzte Seitenrand des Halsschildes punktirt, gleichbreit, die Hinterecken nicht herabgebogen, Flügeldecken gelb, der Rand an der Naht und ringsum bis zu den gelben Epipleuren schwarz, die zwei hintern Flecke stehen schräg. Lg. 5—6 mm. Nach Hornung in der Schweiz. (bistripunctatus Germ.)
Imperialis Laich.
3\. Flügeldecken roth, Forceps schlank, vorn verengt und in eine breite, dreieckige Spitze verlängert . 4
— Flügeldecken schwarz mit breit gelber Spitze, Forceps fast doppelt so stark als bei bipunctatus, vorn in drei Spitzen ausgezogen. Lg. 4—6 mm. (bipustulatus F.) Häufig, überall auf Wiesen. **Biguttatus** Scop.
4\. Die schwarze Färbung der Flügeldecken bleibt stets weit von der Spitze entfernt, ein Fleck auf der

Schulterbeule und ein rundlicher Fleck hinter der Mitte schwarz, bisweilen beide zu einem grossen Fleck ausgedehnt und nur ein kleiner Fleck an der Basis neben dem Schildchen und die breite Spitze roth (var. paradoxus Suffr.) Lg. $4\frac{1}{2}$—$5\frac{1}{2}$ mm. Häufig auf Wiesen. Genf, Waadt, Basel, Schaffhausen, St. Gallen. **Bipunctatus** L.

— Die schwarze Färbung der Flügeldecken ist der Spitze sehr genähert, eine Längsbinde von der Schulter bis nahe zur Spitze schwarz. Lg. 4—5 mm. (limbatus Laich., lineola F.) Seltener und besonders in den Alpenthälern, Rheinwald, Matt, Orsières, Macugnaga, doch auch bei Schaffhausen. **Sanguinolentus** Scop.
Var. Flügeldecken ganz schwarz. v. **clericus** Weise.

11. Gruppe.

Beine dunkel.

1. Flügeldecken bei ♂ und ♀ gleich gefärbt, blau oder blaugrün, die Zwischenräume ohne Querrunzeln, Kopfschild und Fühlerwurzel gelb 2

— Flügeldecken beim ♂ blau, beim ♀ gelb mit ringsum blauem Rande, grob punktirt-gestreift, Trochanteren und Stirn dunkel, Kopfschild und Fühlerwurzel gelb 3

2. Halsschild kaum punktirt, Stirn ohne gelbe Zeichnung, Flügeldecken ziemlich fein punktirt-gestreift, Trochanteren schwarz, selten gelb. Lg. 4—5 mm. (flavilabris Suffr., nec F.)
Var. ♀ Ein Punkt hinter der Schulterbeute und ein Fleck vor der Spitze gelb. Genf, Tessin, Jura, Zürich, Matt. v. **coerulescens** Sahlb.

— Stirn ohne gelbe Zeichnung, Trochanter meist gelb, Halsschild mit gerundeten Seiten und deutlichen, gleichen Punkten, Flügeldecken grob punktirt-gestreift. Lg. 2,8—3,2 mm. (flavilabris F., fulcratus Germ.) Selten. Ct. Waadt. **Parvulus** Müll.

3. Kopfschild gelb, Punktirung feiner, Pygidium weitläufiger punktirt; Flügeldecken beim ♂ ohne gelbe Flecken oder dieselben sind klein und unbestimmt. Lg. 4,3 mm. Genf, Waadt, Wallis, Tessin, Bremgarten. **Marginatus** F.

— Kopfschild schwarz, Punktirung stärker, Pygidium dicht punktirt. Flügeldecken beim ♂ hinten mit einem deutlichen gelben Fleck. Lg. 4—5 mm. Aigle. **Grohmanni** Suffr.

12. Gruppe.

1. Oberseite und Schildchen schwarz 2
— Oberseite und Schildchen gelb 7
2. Prosternum mit stumpf dreieckigem Kinnfortsatz, Schildchen zugespitzt, Körper langgestreckt, Flügeldecken ganz schwarz, die Punktstreifen fein, auf der Spitze verschwindend, Halsschild stark gewölbt, spiegelglatt, schwarz, Kopf und Fühler schwarz, das Kopfschild gelb, Beine gelb, die Hinterschenkel mehr oder weniger dunkel. Lg. 3—3½ mm. Nach Heer in der Schweiz. **Querceti** Suffr.
— Prosternum ohne Kinnfortsatz, Schildchen stumpf, Körper kurz und plump, Flügeldecken mit gelber Zeichnung 3
3. Halsschild stark gewölbt, fein oder nicht punktirt, die Seiten fein gerandet, schwarz glänzend, Flügeldecken gelb, die Naht und ein schwarzer Basalraum schwarz 4
— Halschild schwach gewölbt, jederseits mit einem Quereindruck, stark (an der Spitze dichter) punktirt, mehr oder weniger gelb, Kopfschild, Stirn und Beine gelb, die Hinterschenkel schwarz 6
4. Halsschild sehr fein und sparsam punktirt, in den Vorderecken stehen die Punkte dichter und trägt jeder ein kleines Häärchen, Beine schwarz, auf den Flügeldecken die Naht und eine vor der Spitze mit ihr zusammenhängende Längsbinde auf der Scheibe breit schwarz, die Punktstreifen auf der Längsbinde verworren. Lg. 3½—4 mm. Genf, Wallis, Waadt, Neuchatel, Basel, Schaffhausen, Zürich, Matt, Berneck. **Vittatus** F.
— Halsschild unpunktirt, Beine theilweise gelb . . . 5
5. Flügeldecken fein gereiht-punktirt mit sehr fein und zerstreut punktirten Zwischenräumen und vier rothgelben Flecken, einer an der Wurzel, einer hinter der Schulter, einer in der Mitte neben der Naht und ein an der Spitze, Beine gelb, die Hinterschenkel mehr oder weniger schwarz. Lg. 3—4½ mm.
♂ Ein breiter Vordersaum des Halsschildes gelb, ♀ nur die Stirn gelb. Selten. Genf. **Crassus** Ol.
— Hinterecken des Halsschildes rechtwinklig, die Vorderbeine gelb, auf den Flügeldecken zwei breite, schwarze Querbinden, die auf der Mitte der Scheibe durch einen Längsast zusammenhängen. Lg. 3½ bis 4 mm.

♂ Der Vorderrand des Halsschildes und seine Hinterecken gelb, ♀ schwarz. Selten. Genf, Schaffhausen. **Sexpustulatus** Rossi.

Var. a. ♀ Vorderrand des Halsschildes und dessen Hinterecke gelb.

Var. b. Die Flecken der Flügeldecken sind ausgebreiteter. v. **oneratus** Weise.

6. Körper langgestreckt, Epipleuren der Flügeldecken bis zur Rundung der Spitze sehr deutlich; Halsschild gelb, Flügeldecken gelb, ein schmaler Saum ringsum und zwei bis fünf Flecken auf jeder schwarz, die der Naht zunächst stehenden oft zu einem grossen Nahtfleck verbunden. Lg. 3½—4 mm. In der Schweiz noch nicht nachgewiesen. **Flavescens** Schn.

Var. Die ganzen Flügeldecken bis auf schmale Binden an der Basis schwarz und dann oft auch das Halsschild mit einem schwarzen Längsfleck jederseits. Selten. Genf, Waadt, Neuchatel, Bern, Lägern, Zürich, Schaffhausen. v. **frenatus** Laich.

— Körper ziemlich kurz, Epipleuren hinter dem ersten Bauchsegment undeutlich, Halsschild gelb mit zwei grossen, buchtigen Längsbinden, Flügeldecken gelb, ringsum schwarz gesäumt, jede mit fünf schwarzen Flecken. Lg. 3—3½ mm. Selten. Genf, Waadt, Zürich, Bern (10 punctatus L.) **Decemmaculatus** L.

Var. Halsschild und Flügeldecken schwarz und nur die Mitte des Halsschildes mehr oder weniger gelb. Häufiger als die Stammform. Auch im Wallis und bei Schaffhausen. v. **bothnicus** L.

7. Halsschild fein und dicht punktirt, Flügeldecken etwas unregelmässig punktirt-gestreift, mit zwei verwaschenen Querbinden, Beine gelbbraun, Unterseite schwarz, Seitenstücke der Mittelbrust gelb. Lg. 3½ bis 4½ mm. Wallis (signatus Ol.) **Mariae** Muls.

13. Gruppe.

1. Beine schwarz, Vorder- und Mittelschienen gelb gefleckt; schwarz glänzend, Halsschild sehr fein und sparsam punktirt mit aufgebogenen gelben Hinterecken, Flügeldecken tief punktirt-gestreift, die äussern Zwischenräume gewölbt, die Epipleuren, ein Fleck hinter der Schulter am Seitenrad und die Spitze gelb. Lg. 3—5 mm. Häufig auf Wiesen bis 5500'. **Moraei** L.

Var. Seitenfleck der Flügeldecken zur Querbinde erweitert. (cruciatus Mar., orgnatus Weise.)
v. **bivittatus** Gyll.

Var. Auf dem Halsschild hinter der Mitte eine gelbe Querbinde. v. **vittiger** Mars.

— Beine gelb, höchstens die Hinterschenkel dunkel . 2

2. Oberseite dunkelblau oder grün, Flügeldecken ziemlich fein punktirt-gestreift, Beine gelb mit dunkeln Hinterschenkeln, Halsschild unpunktirt, schwarz und nur die Vorderecken beim ♂ gelb, Stirn mit gelben Flecken. Lg. 2,5—3,5 mm. Sehr selten. Tiefenkasten. **Pallifrons** Gyll.

— Oberseite schwarz oder gelb 3

3. Halsschild fein längsgestrichelt, Beine gelb, Kopfschild und beim ♂ die Stirn gelb gefleckt, Flügeldecken stark punktirt-gestreift bis zur Spitze, Halsschild schwarz, der Vorder- und Seitenrand und oft drei Flecken vor dem Schildchen gelb, Flügeldecken gelb, der Seitenrand und eine Längsbinde auf der Scheibe schwarz. Lg. 2—2,3 mm. Selten, auf Sumpfwiesen. Genf, Waadt, Wallis, Tessin, Bern, Basel, Schaffhausen, Zürich, Neuchatel. **Bilineatus** L.

— Halsschild punktirt oder spiegelglatt 4

4. Halsschild sehr deutlich punktirt, Körper kurz und plump, Flügeldecken bis zur Spitze stark punktirt-gestreift 5

— Halsschild spiegelglatt, oder sehr fein und sparsam punktirt 6

5. Halsschild flach gewölbt, mit schmalem gelbem Vorder- und Seitenrand, die Punkte tief und gleich fein, die Epipleuren der Flügeldecken, der Seitenrand und zwei Flecken gelb, deren erster quer an der Wurzel, der zweite in der Mitte. Lg. 1,5—2,5 mm. (tesselatus Germ. Suffr.) Locarno, Schaffhausen.
♂ Kopf gelb, die Mittellinie und zwei Punkte gelb, ♀ Kopf schwarz. **Elegantulus** Gr.

Varirt durch grössere und kleinere Ausdehnung der Flecken, der mittlere Fleck der Flügeldecken fehlt oft.

— Halsschild hoch gewölbt, die Punkte flach, etwas narbig und ungleich, der Vorder- und Seitenrand schmal gelbgesäumt, auf den Flügeldecken die Naht breit und ein Fleck auf der Schulterbeule schwarz, Fühlerbasis und Beine gelb. Lg. 2—3½ mm.
♂ Kopf fast ganz gelb, erstes Glied der Vordertarsen

erweitert, ♀ Kopf unterhalb der Fühler und zwei Stirnflecken gelb. Genf, Waadt, Wallis, Tessin, Jura, Burgdorf, Basel, Schaffhausen, Zürich, St. Gallen. **Pygmaeus** F.

Var. Der Schulterfleck zu einer Binde verlängert. (amoenus Drap.) v. **vittula** Suffr.

6. Halsschild und Flügeldecken ganz schwarz, höchstens das Halsschild gelb gesäumt, Beine gelb, Punktstreifen der Flügeldecken hinter der Mitte feiner, Kopfschild in der Mitte gelb 7
— Halsschild oder Flügeldecken gelb gefleckt . . . 8
7. Prosternum am Vorderrande flach und gerade abgeschnitten, Schildchen hinten gerundet, Beine ganz gelb. Lg. 2½—3 mm. (geminus Gyll.) Ziemlich häufig bis 6000′ ü. M.
♂ Stirn mit zwei grossen, ♀ mit zwei kleinen Stirnflecken. (geminus Gyll.) **Ocellatus** Drap.
— Prosternum in einen zugespitzten Kinnfortsatz ausgezogen, Schildchen hinten zugespitzt, Beine gelb, Hinterschenkel schwarz, die vordern Schenkel oben mit schwarzer Linie. Lg. 2—2½ mm.
♂ Erstes Glied der Vordertarsen breit. Häufig bis 6000′ ü. M. **Labiatus** L.

Var. Die Ausrandung der Augen gelb gesäumt. v. **digrammus** Suffr.

8. Vorderschienen gerade, Flügeldecken wenigstens mit schwarzer Naht, die Punktstreifen nach hinten viel schwächer, Schildchen dunkel, Prosternum mit einem Kinnfortsatz 9
— Prosternum ohne Kinnfortsatz, Flügeldecken gelb oder schwarz mit gelber Spitze, Beine gelb . . . 10
9. Die Epimeren der Mittelbrust stets gelb, Flügeldecken schwarz, die Epipleuren und die vordere Hälfte des letzten Zwischenraumes gelb, Halsschild ganz gelbroth oder mit zwei schwarzen Punkten an der Basis. Lg. 2,8—3 mm. (gracilis F.) **Rufipes** Goeze.
— Die Epimeren der Mittelbrust und die Flügeldecken gelb, die Naht, ein Fleck auf der Schulterbeule und einer hinter der Mitte der Scheibe schwarz. Lg. 2½ bis 3 mm. Wallis. **Pusillus** F.

Var. b. Flügeldecken mit zwei schwarzen Querbinden, deren vordere schmal, die hintere breit, gemeinschaftlich.

Var. c. Die Episternen der Mittelbrust und die Flügeldecken schwarz, die Epipleuren, eine Randlinie und die Spitze gelb. v. **Marshami** Weise.

10. Halsschild schwarz, höchstens vorn und seitlich gelb gesäumt, Vorderschienen gerade, Körper länglich, Punktstreifen der Flügeldecken auf der Spitze fast verschwindend, Flügeldecken schwarz, mit breiter gelber Spitze, Kopf und beim ♂ der Vorderrand des Halsschildes und die Epipleuren der Flügeldecken gelb. Lg. 2—2½ mm. (biguttatus Schaller, Hübneri F., haemorrhoidalis Schneid.) **Chrysopus** Gmel.

— Halsschild und Schildchen gelb 11

11. Vorderschienen gerade, Streifen der Flügeldecken bis hinten gleich stark, Halsschild unpunktirt, Körper plump, Unterseite schwarz, Oberseite gelb mit feiner schwarzer Naht, bisweilen auch die Schulterbeule oder eine Längsbinde auf der Scheibe dunkel. Lg. 2—2,8 mm. (fulvus Weise.) Ziemlich selten. Genf, Waadt, Wallis, Tessin, Basel, Schaffhausen, Dübendorf. **Minutus** F. Suffr.

— Vorderschienen stark gekrümmt, Streifen der Flügeldecken hinten schwächer, Oberseite gelb, mit schwarzer Naht, Unterseite schwarz, Stirn gerinnt, Halsschild jederseits in der Mitte mit einem Quereindruck, sehr fein punktirt. Lg. 2½—3 mm. (brachialis Muls.) **Populi** Suffr.

Var. Schulterbeule und ein Längsstrich auf den Flügeldecken dunkler.

Anmerkung. Weise gibt (Naturg. der Ins. Deutschlands, 6. Bd.) keine dichotomische Bestimmungstabelle, sondern folgende Eintheilung der Cryptocephalen:

1. Reihe. Verwandte von Cr. coryli.

A. Flügeldecken verworren oder unregelmässig punktirt gestreift, Vorderhüften des ♂ einander genähert.

a. Vorderhüften des ♂ stark genähert. Basis der Vorderbrust in der Mitte abgestutzt oder leicht ausgerandet und dann mit einem kurzen Zähnchen jederseits. Homalopus Chevr.

1. Cr. Loreyi Sol.
In Tirol wahrscheinlich vorkommend, Cr. informis Suffr. und tricolor Rossi.

b. Vorderhüften des ♂ mässig genähert, in der Mitte des Hinterrandes zwei senkrecht gestellte Zähne, Schildchen weiss, die Ränder schwarz.

2. Cr. carynthiacus Suffr.
v. Stierlini Weise.
Verwandt: Cr. sinuatus Harold.
v. abietinus.
Cr. 4 punctatus Ol.
lusitanicus Suffr.
floribundus Suffr.

c. Vorderhüften des ♂ mässig genähert, Vorderbrust in der Mitte der Basis schwach halbkreisförmig ausgerandet.

3. Cr. coryli L.
v. temesiensis Suffr.

B. Flügeldecken verworren oder un-

regelmässig gestreift-punktirt, Vorderhüften bei ♂ und ♀ weit getrennt.
a) Körper schwarz, Halsschild roth mit schwarzen Flecken bis schwarz mit rother oder gelber Zeichnung.
4. Cr. cordiger L.
5. Cr. 8 punctatus Scop.
6. Cr. 6 punctatus L.
v. thoracicus Weise.
v. pictus Suffr.
v. separandus Suffr.
v. Gyllenhali Weise.
7. Cr. signatus Laich. (interruptus Suffr.
v. rabellus Weise.
8. Cr. variegatus F.
9. Cr. distinguendus Schneider. (variegatus Gyll.)
v. humeralis Sturm.
10. Cr. albolineatus Suffr.
v. Suffriani Suffr.
v. Bischoffi Tappes.
11. Cr. laevicollis Gbl.
v. viennensis Weise.
b. Körper schwarz, Halsschild einfärbig roth.
12. Cr. bimaculatus F.
v. bisbipustulatus Suffr.
Verwandt: Cr. infirmior Kr.
c. Körper schwarz mit blauem oder grünem Schimmer.
13. Cr. primarius Harold. (imper. F.)
v. rufolimbatus Suffr.
C. Flügeldecken ziemlich regelmässig punktirt-gestreift.
a) Epipleuren roth.
14. Cr. imperialis Laich. (bistripunctatus Germ.
15. Cr. trimaculatus Rossi (salicis F., 6 maculatus Ol.)
b) Epipleuren schwarz.
16. Cr. bipunctatus L.
v. sanguinolentus Scop. (lineola F.)
v. Thomsoni Weise.
17. Cr. biguttatus Scop. (bipustulatus F.)

2. Reihe. Verwandte von 14 maculatus.

18. Cr. 14 maculatus Schmid (coloratus Suffr.)
v. Pilleri Schrank.
v. coloratus F.
Verwandt sind: Cr. Tappesi Mars., coronatus Suff., St. Stschukini Fald., floralis Kryn., flavicollis F. Suffriani Dohm.
19. Reitteri Weise.
Aehnlich ist Cr. holophilus Gbl., rubi Ménétr., astracanicus Suffr.
Einen Uebergang zu den folgenden Arten, deren Flügeldecken eine Längsbinde besitzen, bilden:
Cr. gamma H.-Sch., ergenensis Mor., limbellus Suffr., sareptanus Mor., flexuosus Kryn.
20. Cr. bohemius Drap. (Böhmi Germ.)
21. Cr. apicalis Gebl. (flavoguttatus Suffr.
v. eburatus Weise.
Hieher Cr. lateralis Suffr.

3. Reihe. Verwandte von Cr. laetus.

22. Cr. laetus F.
v. salisburgensis Moll.
Hieher gehören noch folgende Arten: Cr. regalis Gebl., rugicollis Ol., balticus Suffr.

4. Reihe. Verwandte v. Cr. Schäff.

23. Cr. Schäfferi Schrk. (lobatus F.)
Hieher Cr. Wehnckei Weise.
24. Cr. cyanipes Suffr.
25. Cr. villosulus Suffr.

5. Reihe. Verwandte v. Cr. sericeus.

26. Cr. sericeus L.
var. pratorum Suffr.
var. coeruleus Ziegl.
var. intrusus Meg.
27. Cr. aureolus Suffr.
Hieher: Cr. globicollis Suffr.
28. Cr. hypochaeridis L.
var. cristatus Duf. (rugulipennis Suff.)
29. Cr. violaceus Laich (vir. Redt.)
v. violaceus Redt.
v. smaragdinus Suffr.
Mit dieser Art ist vielfach verwechselt worden. Cr. virens Suffr.

6. Reihe. Verwandte d. Cr. nitidus.

30. Cr. elongatus Germ.
Verwandt: Cr. tibialis Bris.
31. Cr. marginellus Ol.
v. inexpectus Fairm.
32. Cr. nitidulus F. (ochrost. Har.)
Hieher noch: tetraspilus Suffr. Ramburi Suffr.)
33. Cr. nitidus L.

34. Cr. punctiger Pk.
35. Cr. pallifrons Gyll.

7. Reihe. Verwandte v. parvulus.

36. Cr. janthinus Germ.
37. Cr. parvulus Müll. (flavilabris F., fulcratus Germ., nitens Rossi.
38. Cr. coerulescens Sahlbg. flavilabris Suffr.
v. flavilabris Thoms.
Verwandt Cr. concinnus Suffr.
39. Cr. marginatus F.
v. terminatus Germ.
Verwandt: palliatus Suff., Grohmanni Suffr.

8. Reihe. Verwandte d. 5 punctatus.

40. Cr. 5 punctatus Heer. (12 punctatus F.)
var. 8 maculatus Rossi.
var. stramineus Suffr.
var. 8 notatus Sch.
var. testaceus Vill.
Verwandt: Cr. cynara Suffr., curvilinea Ol.

9. Reihe. Verwandte d. Cr. pini.

41. Cr. pini L.
var. abietis Suffr.
Verwandt: Cr. Simoni Weise, podager Seidl, laevigatus Suff., sulphureus L., 10 punctatus L.

10. Reihe. Verwandte von Cr. 10 maculatus.

42. Cr. 10 maculatus L. (10 punctatus L.
var. solutus Weise.
var. scenicus
var. moestus Weise.
var. bothnicus L.
var. ornatus Herbst.
var. barbareae L.
43. Cr. frenatus Laich. (3 lineatus F.)
var. callifer Suff.
var. flavescens Schneid.
var. seminiger Weise.
var. Fabricii Weise.

11. Reihe. Verwandte von Cr. flavipes.

44. Cr. 4 guttatus Germ.
var. 4 guttatus, var. maurus Suffr.
Hieher: Cr. creticus Suff.
45. Cr. 4 pustulatus Gyll.
var. similis Suff.
var. rhaeticus Stierlin.
var. aethiops Weise.
46. Cr. flavipes F.
var. nigrescens Gradl.
var. dispar Weise.
var. signatifrons Suff.
47. Cr. turcicus Weise. (pistaciae Suff.

12. Reihe. Verwandte v. Cr. labiatus.

48. Cr. chrysopus Gml. (Hübneri F.)
Hieher: limbifer Seidl., Zwalinae Weise
49. Cr. frontalis Msh.
Hieher: scopularis Suff., mystaceus Suffr.
50. Cr. saliceti Zeb.
51. Cr. ocellatus Drap. (geminus Gyll.
Hieher: ochropezus Suffr.
52. Cr. querceti Suffr. (labiatus F.)
53. Cr. labiatus L.
var. exilis Steph.
var. digrammus Suffr.
var. ocularis Heyd.
54. Cr. exiguus Schneid. (Wasastjernae Gyll.

13. Reihe. Verwandte v. Cr. Moraei.

55. Cr. Moraei L.
var. bivittatus Gyll.
var. vittiger Mars.
var. bivittatus Gyll.
var. arquatus Weise.
Hieher: Cr. Mariae Muls., signatus Ol.
56 Cr. 6 pustulatus Rossi. (octoguttatus Schneid.)
var. oneratus Weise.
var. omissus Weise.
Hieher: Cr. crassus Ol., maculicollis Suff., stragula Rossi, anticus Suff., Koyi Suffr.
57. Cr. vittatus F.
var. negligens Weise.
Hieher: Cr. Rossii Suff.
58. Cr. bilineatus L.
var. moestus Weise.
var armeniacus Fald.
Hieher: Cr. celtibericus Suff.
59. Cr. elegantulus Gr. (tesselatus Germ.)
var. jucundus Fald.
60. Cr. strigosus Germ.

14. Reihe. Verwandte v. Cr. fulvus.

61. Cr. pygmaeus F.
var. amoenus Drap. = vittula Suff.
var. orientalis Weise.
62. Cr. connexus Ol.
var. subconnexus Weise.
var. arenarius Weise.

Hieher: Cr. signaticollis Suffr., blandulus Harold.

63. Cr. fulvus Goeze (minutus F.) var. fulvicollis Suffr.

Hieher: Cr. Fausti Weise.

64. Cr. macellus Suffr. (ochroleucus Suff.)

Hieher: Cr. politus Suff. u. Majetti Suff., alboscutellatus Suff.

65. Cr. planifrons Weise.

66. Cr. ochroleucus Fairm. (fallax Suffr.)

Hieher: Cr. luridicollis Suffr. und lineellus Suffr.

67. Cr. populi Suff. (brachialis Muls.)

68. 3r. pusillus F. (verticalis Boh., minutus Herbst.)
var. immaculatus Westhof.
var. Marshami Weise (marginellus Mars., gracilis Rd.)

69. Cr. rufipes Goeze (gracilis F.)
var. gracilis Sturm.

Gatt. **Pachybrachys** Suffr.

1\. Die gelben Flecken auf den Flügeldecken sind stark einzeln gewölbt, nirgends von Punkten durchsetzt, Mittelbrust stets schwarz, Schenkel schwarz, mit gelbem Spitzenfleck 2

— Die gelben Flecken der Flügeldecken sind nur schwach erhaben und die äussern zum Theil von Punkten durchsetzt 4

2\. Auf den Flügeldecken nur schmale, linienförmige, gelbe Zeichnungen im Umkreis jeder Flügeldecke, gelb, Pygidium schwarz, Kopfschild und Stirn beim ♂ mehr oder weniger gelb, beim ♀ schwarz, Halsschild mit schmalen gelben Zeichnungen. Lg. 2,3 bis 3 mm. Sehr selten. Genf, Randen bei Schaffhausen. **Fimbriolatus** Suffr.

— Die gelben Flecken der Flügeldecken sind kurz und breit, fleckenförmig, nur einige (längs der Basis und dem Seitenrand) linienförmig, Halsschild schwarz mit gelben Flecken 3

3\. Pygidium einfärbig schwarz, die gelbe Zeichnung längs dem Seitenrand der Flügeldecken stets ein bis zwei mal unterbrochen, die ganze Unterseite dichter punktirt und weniger glänzend, Vorderschenkel längs des Rückens mit einem schmalen schwarzen (aber ohne weissen) Fleck, bei den hintern Schenkeln ist der schwarze Fleck breiter und umschliesst bisweilen deutlich den weissen Spitzenfleck, Halsschild dichter und feiner punktirt als beim folgenden, der Seitenrand ist auch noch auf der Unterseite gelb. Lg. 3 bis 3,8 mm. (histrio Redt., Suffr.) Nicht selten auf Haseln und wilden Rosen. **Picus** Weise.

— Pygidium mit zwei gelben Flecken, die gelbe Zeichnung längs dem Seitenrand der Flügeldecken ist bald in der Mitte unterbrochen, bald nicht. Breiter als der vorige, an den wenigen, scharf begrenzten und stark erhabenen gelben Flecken der Flügeldecken leicht zu erkennen; die Vorderhüften und die grössere untere Hälfte an der Vorderseite der Vorderschenkel gelbweiss. Lg. 3—4½ mm. (bisignatus Redt., tauricus Suffr.) Auf Weiden und Eichen häufig. **Tesselatus** Ol.

Var. Körper ganz schwarz, die gelben Flecken der Flügeldecken klein, Schienen und Tarsen gelb, an den Hinterbeinen dunkler.

4. Körper ziemlich gedrungen, Episternen der Mittelbrust stets gelb gefleckt, Pygidium schwarz, die Schenkelkeule dunkel, die gelbe Zeichnung der Flügeldecken sparsam, Halsschild mit fünf schwarzen Flecken, Flügeldecken stark punktirt, die Punkte auf den hellen Stellen der vordern Hälfte dunkel, hinter der Mitte zu einigen auf dem Abfall zur Spitze verbundenen oder erloschenen Reihen geordnet, zwei bis vier an der Naht, zwei am Seitenrand. Lg. 3—4½ mm. Häufig auf Weiden. **Hieroglyphicus** Laich.

Var. Flügeldecken schwarz, mit zerstreuten gelben Punkten oder Stricheln, oder ganz schwarz mit gelbem Vorder- und Seitenrand; Kopf und Halsschild mitunter schwarz, die Hinterschienen dunkel. v. **tristis** Laich.

— Körper ziemlich gestreckt, die Episternen der Mittelbrust schwarz, selten mit kleinem gelbem Punkt, Pygidium schwarz, Schenkel mit gelber Oberkante. Lg. 3,8 mm. Auf Hippophaë rhamnoides selten. Genf, Wallis, Engadin, Engelberg, Chur. **Hippophaës** Suffr.

Gatt. **Stylosomus** Suffr.

Körper schwarz, die Beine dunkelgelb, Flügeldecken unregelmässig, nur gegen die Spitze etwas gereiht punktirt. Lg. 1½—2½ mm. Sehr selten. Val Entremont, Macugnaga. **Minutissimus** Germ.

6. Eumolpini.

Kopf bis an die Mandibeln in eine hochkantige Aushöhlung des Prosternums einlegbar, Vorderhüften kugelig.

1. Das Prosternum reicht über das Mesosternum hinweg bis zum Metasternum, vor jedem Auge eine kleine und auf dem Prosternum jederseits eine deutliche Fühlerfurche, in welche die Fühler ganz eingelegt werden können, Halsschild und Flügeldecken zusammen in einer Flucht gewölbt, Körper eiförmig, an Olibrus erinnernd. **Lamprosoma** Kirby.
— Das Prosternum reicht nicht bis ans Metasternum, Halsschild und Flügeldecken einzeln gewölbt . . 2
2. Prosternum jederseits innen neben jeder Vorderhüfte mit einer Fühlerfurche. Körper länglich, Oberseite metallisch oder behaart, Klauen einfach oder gezähnt. **Pachnephorus** Redt.
— Prosternum ohne Fühlerfurchen 3
3. Seitenrand des Halsschildes ungerandet, Halsschild viel schmäler als die Flügeldecken, Prosternum zwischen den Vorderhüften breiter als die Hüften, Klauen gespalten. **Adoxus** Kirby.
— Seiten des Halsschildes gerandet, Oberfläche metallisch glänzend, Klauen gezähnt 4
4. Körper kurz, behaart, kleine Thierchen, unter 6 mm. Länge. **Colaspidea** Lap.
— Körper länglich, unbehaart, Grösse über 8 mm. **Chrysochus** Redt.

Gatt. **Lamprosoma** Kirby (Oomorphus Curtis.).

Flügeldecken mit grösseren und kleineren Punkten sparsam reihenweise besetzt, Halsschild nur nach vorn verengt, fein punktirt, erzfarben, glänzend. Lg. 2,5—2,8 mm. Nicht selten. Waadt, Neuchâtel, Basel, Schaffhausen, Zürich, St. Gallen, Tessin. **Concolor** Sturm.

Gatt. **Pachnephorus** Redt.

Halsschild mit feinem Seitenrand.
1. Halsschild fein punktirt, die Zwischenräume der Flügeldecken verworren punktirt 2
— Halsschild nur in der Mitte fein, seitlich mit groben, quergestellten Punkten dicht besetzt, die Zwischenräume der Flügeldecken nur einreihig punktirt und sparsam mit länglichen, an der Spitze gespaltenen Schuppen besetzt, die Seiten der Hinterbrust dicht

35

beschuppt. Oberseite dunkel erzfarben. Lg. 3—3,5 mm. (aspericollis Fairm., rugaticollis Mill.) Sehr selten. Genf an der Arve häufig, Locarno, Pomy.
Villosus Duft. Weise.

2. Oberseite dicht mit weisslichen und braunen Schuppen etwas fleckig besetzt, Unterseite an den Seiten dicht weiss beschuppt, die Schuppen fast bis zur Wurzel gespalten. Lg. 2,5—2,8 mm. (sabulosus Gbl., arenarius Küst., villosus Redt.) Sehr selten. Simplon, Martigny, Basel. **Tesselatus** Dft.

— Oberseite und Unterseite dunkel erzfarben, ziemlich glänzend, sparsam, mit etwas schuppenförmigen, ungespaltenen Häärchen besetzt, die Seiten des Hinterleibs bisweilen dicht weiss behaart. Lg. 2,5—3 mm. Stellenweise häufig. Genf, Aargau, Burgdorf, Basel, Schaffhausen, Zürich, St. Bernhard. **Arenarius** F.

Gatt. **Adoxus** Kirby (Bromius Redt., Eumolpus Redt.).

Verlängt, schwarz, dünn weisslich behaart mit röthlicher Fühlerwurzel, Flügeldecken dicht und ziemlich fein punktirt mit Streifen grösserer Punkte, Kopf und Halsschild ebenso dicht und etwas feiner punktirt. Lg. 5—6 mm. Lebt auf dem Weinstock und auf Epilobium angustifolium. Nicht selten und noch im Engadin. **Obscurus** L.
Var. b. Schienen röthlich.
Var c. Flügeldecken braun, Schienen röthlich oder schwarz . . . . var. **epilobii** Weise.
Var. d. Flügeldecken braun, Schienen röthlich und die Streifen der Flügeldecken sind weniger deutlich
var. **vitis** F.

Gatt. **Chrysochus** Redt.

Klauen mit einem langen Zahn in der Mitte, das letzte Glied der Kiefertaster länger als das vorletzte, Halsschild stark gewölbt, Oberseite glänzend blau, sparsam punktirt. Lg. 8—10 mm. Selten. Auf Cynanchum vincetoxicum. Genf, Tessin, Misox, Macugnaga.
Pretiosus F.

Gatt. **Colaspidea** Lap.

Länglichoval, kupferig erzfärbig, fein weisslich behaart, unten grünlich; Fühlerwurzel und Beine gelbroth, die Schenkel nach aussen und oben erzfärbig, Halsschild breiter als lang, nach vorn und hinten verschmälert, dicht punktirt, Flügeldecken beim ♀ wenig, beim ♂ nicht verbreitert, innerhalb des Seitenrandes tief gefurcht, weniger dicht punktirt. Lg. 1½—3 mm. Tessin. (?) **Oblonga** Blanch.

7. Chrysomelini.

1. Metasternum sehr kurz, die Hinterhüften stehen den Mittelhüften eben so nahe als die Vorderhüften, Beine lang, alle Schenkel überragen die Seiten des breiten Körpers, Gelenkhöhlen der Vorderhüften nach hinten geschlossen. **Timarcha** Latr.

— Metasternum mehr oder weniger lang, Hinterhüften von den Mittelhüften weiter entfernt als die Vorderhüften, Beine kurz, die Seiten des Körpers nur dann überragend, wenn dieser sehr schmal ist (Phratora, Prasocuris), die Gelenkhöhlen der Vorderhüften nach hinten meist offen 2

2. Der innere Seitenrand der Flügeldecken an der Spitze kurz bewimpert, Endglied der Kiefertaster meist mehr oder weniger verdickt und abgestutzt . . . 3

— Seitenrand der Flügeldecken nicht bewimpert . . 4

3. Metasternum kürzer als das erste Abdominalsegment, Flügeldecken mit kaum vorragenden Schultern, oft gestreift punktirt, Körper meist kurz und gewölbt. **Chrysomela** Latr.

— Metasternum länger als das erste Abdominalsegment, Flügeldecken mit deutlich vortretenden Schultern, verworren punktirt. **Oreina** Redt.

4. Flügeldecken verworren punktirt 5

— Flügeldecken gestreift punktirt, Halsschild stets ohne gewulstete Seiten 9

5. Gelenkhöhlen der Vorderhüften hinten offen, die Vorderhüften der Mittelbrust anliegend 6

— Gelenkhöhlen der Vorderhüften geschlossen, die Vorderhüften nicht anliegend, Prosternum hinten ohne Fortsatz, Epipleuren bis zur Spitze breit und deutlich, Schienen an der Spitze erweitert. **Entomoscelis** Chevr.

6. Vorderbrust hinten mit einem Fortsatz, der in eine Aushöhlung der Mittelbrust passt, Schienen an der Spitze nicht oder schwach erweitert, Epipleuren der Flügeldecken bis zur Spitze breit und deutlich, Hinterecken des Halsschildes scharf rechtwinklig . . 7

— Vorderbrust nicht in einen Fortsatz verlängert, Schienen an der Spitze nach aussen stark, oft zahnförmig erweitert 8

7. Flügeldecken doppelt so breit als das Halsschild, Epipleuren nicht eingedrückt. **Lina** Redt.

— Flügeldecken nicht doppelt so breit als das Halsschild, Epipleuren tief eingedrückt mit sehr scharfem Seitenrand. **Plagiodera** Redt.

8. Epipleuren der Flügeldecken bis zur Spitze breit und deutlich, Basis des Halsschildes nicht oder äusserst fein gerandet, Vorderecken des Halsschildes ohne Borstenpunkt. **Colaphus** Redt.

— Epipleuren der Flügeldecken vom ersten Abdominalsegment an bedeutend verschmälert, vor der Spitze schwindend, Basis des Halsschildes deutlich gerandet, Vorderecken ohne Borstenpunkt. **Gastrophysa** Redt.

9. Hinterschienen vor der Spitze breit zahnförmig erweitert, Endglied der Kiefertaster dick und abgestutzt, Klauen meist gezähnt, Halsschild ziemlich so breit als die Flügeldecken. **Phytodecta** Kirby.

— Alle Schienen schmal und ungezähnt, Endglied der Kiefertaster schmal und mehr oder weniger zugespitzt 10

10. Halsschild höchstens $1^1/_2$ mal so breit als lang, nach vorn mässig oder schwach verengt, Körper mehr länglich und flach 11

— Halsschild doppelt so breit als lang und von der Basis an stark nach vorn verengt, Körper gewölbt, kurz und breit. **Phaedon** Latr.

11. Klauen an der Basis mit einem scharfen Zahn. **Phyllodecta** Kirby (**Phratora** Redt.).

— Klauen einfach 12

12. Halsschild quer, hinten nicht gerandet, Hinterschenkel den Flügeldeckenrand kaum überragend. **Hydrotassa** Thomson.

— Halsschild viereckig, hinten gerandet, Hinterschenkel den Flügeldeckenrand weit überragend. **Prasocuris** Latr.

Gatt. **Colaphus** Redt. (Colaspidema Casteln.).

Schienen an der Spitze stark, aber nicht zahnförmig erweitert, Halsschild doppelt so breit als lang, Schildchen gross, dreieckig, Flügeldecken in eine Spitze ausgezogen, undicht punktirt, die Punkte durch Risse verbunden, Oberseite bläulich oder grünlich erzfarben. Lg. 3,5—4 mm. Selten. Urnerboden bei 4200' ü. M., Matt. **Sophiae** Schell.

Gatt. **Gastrophysa** Redt. (Gastroidea Hope).

1. Oberseite erzgrün, metallisch, Stirn gefurcht, Schildchen doppelt so breit als lang, Kopf und Halsschild ziemlich fein und undicht, die Flügeldecken grob und dicht punktirt. Lg. 4—6 mm. (G. raphani Herbst.) Häufig in den Alpenthälern, seltener in den ebenern Theilen der Schweiz, Waadt, Schaffhausen. **Viridula** De Geer.

Var. Halsschild dichter und gröber punktirt. (Macugnaga, Saasthal.) v. **alpina** Ksw.

— Körper blau, Halsschild und Beine roth, Schildchen so breit als lang. Lg. 3—5 mm. Sehr häufig überall bis 3500' ü. M. **Polygoni** L.*)

Gatt. **Entomoscelis** Chevr.

Halsschild punktirt, ohne Eindrücke, Flügeldecken etwas dichter und stärker punktirt. Oberseite roth, ein Mittelfleck und ein Punkt jederseits auf dem Halsschild, und die Naht der Flügeldecken und eine Längsbinde schwarz, Unterseite und Beine schwarz, Lg. 7—9 mm. Stein im Kt. Schaffhausen. **Adonidis** F.

Gatt. **Timarcha** Latr.

1. Seiten des Halsschildes gerandet 2
— Seiten des Halsschildes nicht gerandet, Mittelbrust breit, hinten gerade abgestutzt, Flügeldecken an der Naht nicht verwachsen, Taster, Fühler und Beine braunroth 4
2. Halsschild vor der Mitte am breitesten, nach hinten stark verengt und meist ausgeschweift, Oberseite matt, fein punktirt, selten mit grössern Punkten bestreut, schwarz mit bläulichem Schimmer. Lg. 11 bis 18 mm. Ziemlich häufig. **Tenebricosa** F.

---

*) Anm. P. janthina ist von Dietrich als in der Schweiz vorkommend angegeben; es beruht dies aber offenbar auf einem Irrthum, da diese Art bisher nur in Spanien und Portugal gefunden wurde.

— Halsschild in der Mitte am breitesten, nach hinten mässig verengt, dicht und etwas ungleich punktirt, Flügeldecken mit groben und feinen Punkten dicht besetzt 3

3. Seiten des Halsschildes vor den Hinterecken geschweift, Flügeldecken deutlich grob gerunzelt, etwas glänzend, Oberseite ganz schwarz, Mesosternum beim ♂ ausgerandet, beim ♀ fast gerade. Lg. 10—13 mm. Selten. Dübendorf, Savoyer Alpen nächst Genf, Jura. **Pratensis** Dft.

— Seiten des Halsschildes bis zu den Hinterecken gerundet, Flügeldecken nicht gerunzelt, etwas matt, Oberseite schwarz mit bläulichem Schimmer, Mittelbrust dreieckig ausgerandet. Lg. 8—13 mm. (violaceonigra Weise.) Sehr häufig überall. **Coriaria** Laich.

4. Halsschild reichlich doppelt so breit als lang, nach vorn wenig mehr als nach hinten verengt, klein, die Seiten schwach gerundet, Oberseite mässig dicht punktirt. Lg. 5—10 mm. Selten. Im ganzen Jurazug von Schaffhausen bis Genf, ausserdem in Matt, Zürich, St. Gallen, Burgdorf. **Metallica** Laich.

— Halsschild knapp doppelt so breit als lang, nach vorn stärker, nach hinten gar nicht verengt, mit sehr schwach gerundeten Seiten. Oberseite dichter punktirt. Lg. 8—11 mm. (globosa H. Sch.) Selten. Gadmenthal. **Gibba** Hoppe.

Gatt. **Chrysomela** Latr.

1. Flügel fehlend oder verkümmert, zum Fliegen unbrauchbar 2

— Flügel vollkommen ausgebildet 3

2. Beine und Fühler blau oder schwarz. **1. Gruppe.**

— Beine und Fühler mehr oder weniger braun. **2. Gruppe.**

3. Körper flach gewölbt, länglich, Flügeldecken meist mit gelbem Seitenrand und mehr oder weniger regelmässigen, paarweise genäherten Punktreihen. **3. Gruppe.**

— Körper hoch gewölbt, mehr oder weniger kurz eiförmig 4

4. Jede Flügeldecke mit 9 ganz regelmässigen Reihen grösserer Punkte und einem abgekürzten neben dem Schildchen; nur selten sind die Reihen undeutlich, indem die Punkte der Zwischenräume ebenso grob werden, als die der Reihen oder indem die Reihen verschoben sind 5

— Flügeldecken ganz verworren punktirt oder die Punkte bilden hin und wieder kurze, unregelmässige Reihen 6
5. Flügeldecken mit gleichmässig entfernten Punktstreifen. **4. Gruppe.**
— Flügeldecken mit paarweise genäherten Punktstreifen. **5. Gruppe.**
6. Halsschild mit fast geraden Seiten, die von der Basis nach vorn stark convergiren. **6. Gruppe.**
— Halsschild mit gerundeten Seiten, die wenigstens an der Basis parallel oder auch etwas nach hinten gerundet eingezogen sind 7
7. Flügeldecken schwarz oder schwarzblau, mit breit roth oder gelb gesäumtem Seitenrand. **7. Gruppe.**
— Flügeldecken einfärbig oder mit metallischen Streifen auf der Scheibe 8
8. Flügeldecken rothbraun oder roth, öfter mit grünlichem Metallschimmer. **8. Gruppe.**
— Flügeldecken blau oder grün metallisch oder schwarz 9
9. Körper kurz eiförmig, Halsschild mehr als doppelt so breit als lang, nach vorn stark verengt. **9. Gruppe.**
— Körper langgestreckt, Halsschild doppelt so breit als lang, nach vorn wenig verengt. **10. Gruppe.**

1. Gruppe.

Kurz eiförmig, bläulich, die zwei ersten Fühlerglieder unten braun, Halsschild quer, der Seitenwulst nur auf der hintern Hälfte durch einen Eindruck begränzt, Scheibe fein punktirt, die höchste Wölbung liegt in der Mitte des Körpers. Lg. 8—12 mm. Selten. Nach Bremi in der Schweiz. **Coerulea** Ol.

2. Gruppe.

1. Die Seiten des Halsschildes nicht wulstig verdickt, höchstens durch einen ganz schwachen, flachen Eindruck an der Basis etwas abgesetzt, Halsschild fein und dicht, Flügeldecken gröber und sparsamer (stellenweise gereiht) punktirt, Oberseite rothbraun mit Messingglanz. Lg. 5—9 mm. Selten. Kt. Glarus. **Rufa** Dft.
— Seiten des Halsschildes deutlich wulstig verdickt und durch einen tiefen Eindruck abgesetzt, Flügeldecken gröber als bei rufa, stellenweise gereiht-punktirt . 2
2. Die Seiten des Halsschildes stark gerundet, hinten parallel, die Hinterecken stumpfwinklig, der Seiten-

wulst in der Mitte deutlich breiter als vorn und hinten, Halsschild fein und sparsam punktirt, Oberseite schwarzblau. Lg. 7—9 mm. (crassimargo Dft.) Sehr selten. Dübendorf, Matt. **Purpurescens** Germ.

— Seiten des Halsschildes schwach gerundet, von der Basis an nach vorn convergirend, die Hinterecken etwas spitzwinklig, der Seitenwulst in der Mitte nicht breiter als vorn und hinten; Halsschild dichter punktirt, Oberseite braun erzfarben, Körper etwas schmäler. Lg. 6—8 mm. Selten. Dübendorf, Zürich, St. Gallen, Pilatus. **Crassimargo** Germ.

3. Gruppe.

Flügeldecken mit gelbem Saum.

1. Der schwache Wulst hinten durch einen grob punktirten, flachen Eindruck, vorn nur durch grobe Punkte abgesetzt, Punktreihen der Flügeldecken deutlich und paarweise genähert, etwas ungleichmässig, die Zwischenräume feiner punktirt, Oberseite bräunlich erzfärbig, Seiten des Halsschildes nach vorn gerundet verengt, Flügeldecken beim ♂ glänzend, beim ♀ etwas matt. Lg. 4—5 mm. Ueber die ganze Schweiz verbreitet, nicht selten. **Marginata** L.

Var. b. Schwarz mit gelbem Seitenrand. — Mit der Stammform. Sehr selten. v. **solitaria** Weise.

Var. c. Kleiner, Flügeldecken viel feiner punktirt. Lg. 4—6 mm. Mt. Rosa, St. Bernhard. v. **glacialis** Weise.

— Seiten des Halsschildes gar nicht wulstig verdickt, hinten nur mit einzelnen groben Punkten besetzt, Punktreihen der Flügeldecken undeutlich, weil nicht gröber als die ebenfalls gereihten Punkte der Zwischenräume, Oberseite schwarzbraun oder blau. Lg. 3,5 bis 4 mm. (Schach. Ol.) Genf, Basel, Matt, Ragatz, Puschlav. **Analis** L.

Var. a. Oberseite schwärzlich blau mit gelbem Seitenrand. v. **comata** Herbst.

Var. b. Oberseite grün erzfärbig, bisweilen goldig, mit rothem Seitenrand. v. **prasina** Suffr.

4. Gruppe.

1. Die Seitenfurche des Halsschildes reicht bis vorn und geht oft bogenförmig in die Randung der Vor-

derrandes über, ist unpunktirt und scharf und tief überall, der Wulst gewölbt, gleichbreit, Vorderecken mit einem Borstenpunkt. Die Seiten des Halsschildes sind fast gerade, von der Basis an stark nach vorn convergirend, Scheibe und Seitenwulst unpunktirt, Flügeldecken mit groben Punktreihen, deren Punkte ziemlich undicht stehen. Oberseite grünlich erzfarben, selten bläulich. Lg. 5—8 mm. (austriaca Ol., lamina F., orichalcea Weise.) Selten. Genf, Lausanne, Pomy, Jura, Schaffhausen. **Bulgarensis** Schrank.

— Die Seitenfurche des Halsschildes ist nur hinten vorhanden, tief und stark punktirt, der Seitenwulst vorn nur durch starke Punkte abgesetzt, Vorderecken ohne Borstenpunkt, Halsschild nach vorn gerundet verengt, schwarz, Flügeldecken braunroth. Lg. 4 bis 5 mm. Selten. Jura. **Lurida** L.

5. Gruppe.

Vorderecken des Halsschildes meist mit einem Borstenpunkt.

1. Klauenglied an der Spitze zweizähnig, Seiten des Halsschildes bis vor die Mitte parallel, dann gerundet eingezogen, die Seitenfurchen nur durch grobe Punkte angedeutet, die Zwischenräume der Flügeldecken mit ebenso starken Punkten reihenweise besetzt als die Punktreihen, jede Flügeldecke mit ca. 13 regelmässigen Punktreihen; Oberseite goldgrün, stark glänzend, die Naht und eine Längsbinde auf jeder Flügeldecke violett. Lg. 3,8—5 mm. Häufig auf Wiesen bis in die alpine Region. **Fastuosa** Scop.

Var. b. Kopf und Halsschild grösstentheils goldgrün oder goldroth, Flügeldecken goldroth, die Naht und die Mittelbinde hellgrün oder bläulich. (speciosa L.) v. **galeopsidis** Schrank.

— Klauen einfach 2

2. Die Seitenfurche des Halsschildes vorn ebenso gebildet wie hinten, nur durch grobe Punkte angedeutet; Oberseite erzgrün, messingglänzend, mit blauen Längsstreifen, die Zwischenräume der Flügeldecken kaum punktirt, die neun Punktreihen daher sehr deutlich. Lg. 5—7 mm. Selten. Salève, Wallis, Basel. **Americana** L.

— Die Seitenfurche des Halsschildes auf der hintern Hälfte stark vertieft, auf der vordern nur durch

Punkte angedeutet, Oberseite einfärbig erzgrün oder blau 3

3. Die Punkte in den Punktreihen der Flügeldecken stehen ziemlich undicht, die Zwischenräume der Flügeldecken sparsam und sehr fein punktirt, die Seitenfurche hinten tief und punktirt 4

— Die Punkte in den Punktreihen der Flügeldecken stehen dicht, deren Zwischenräume sind dicht und stark punktirt 5

4. Halsschild fein und sparsam punktirt, oben grünlich mit Messingschimmer oder kupferig braun, mit tief eingestochenen, inwendig dunkelgefärbten Doppelreihen von Punkten, der Eindruck des Halsschildes vorn nur durch grobe Punkte ersetzt, hinten ist er ziemlich tief und geht nur allmählig sich verflachend in die Punkte über. Lg. 5—6 mm. (fucata F., gemellata Gyll.) Häufig auf Hypericum perforatum. **Hyperici** Forst.

Var. b. Oberseite schwarzblau. v. **ambigua** Weise.

Var. c. Oberseite ganz schwarz. v. **privigna** Weise.

— Halsschild fein, aber überall deutlich punktirt, Halsschild etwas gewölbter, der Eindruck hinten breiter und tiefer, nach vorn nicht verflacht, sondern plötzlich abgebrochen, die Punkte vor demselben stehen in einem deutlichen Eindruck und sind stärker. Flügeldecken glänzend, stärker, dichter und tiefer punktirt und die Punkte durch Runzeln verbunden. Kopf und Halsschild dunkel metallgrün, die Flügeldecken gewöhnlich etwas heller oder bräunlichkupferig, oder olivengrün. Lg. $4^1/_2$—6 mm. (gemellata Dft.) Auf Hypericum perforatum. Schaffhausen. **Quadrigemina** Suffr.*)

— Seitenfurche des Halsschildes hinten glatt, Oberseite stark glänzend, kupferroth, mit Messingschimmer, die Punktreihen wenig gröber punktirt als die Zwischenräume, so dass sie besonders zur Naht und gegen die Spitze nur undeutlich vortreten. Lg. 6 mm. (duplicata Zenk.) Genf, Zürich. Auf Hypericum quadrangulare. **Brunswicensis** Grav.

— Seitenfurche des Halsschildes hinten punktirt, Oberseite ziemlich matt, dunkelblau oder violett, die Punktreihen deutlich gröber als die Zwischenräume

*) Anm. Diese Art ist gewiss in der Schweiz weiter verbreitet, aber mit der vorigen zusammengeworfen.

und überall deutlich. Lg. 5—6 mm. Nicht selten. Genf, Wallis, Jura, Neuchatel, Rosenlaui, Schaffhausen. **Geminata** Payk.

Var. Kupferig, die Punktreihen der Flügeldecken gröber, spärlicher, die Zwischenräume fein gerunzelt. v. **cuprina** Dft.

6. Gruppe.

1. Vorderecken des Halsschildes mit einem Borstenpunkt; schwarz, deutlich lederartig gerunzelt und daher matt, Fühler und Beine blau oder violett, Halsschild mit fast geraden, selten ausgebuchteten oder gerundeten Seiten, nach vorn stark verschmälert, trapezförmig, die Ecken spitzig, Scheibe zerstreut und fein punktirt, an den Seiten mit etwas stärkeren Punkten. Seitenwulst schmal und flach mit rinnenartiger Vertiefung hinter der Mitte. Flügeldecken mit dreifacher Punktirung, die stärksten Punkte bilden neun einander paarig genäherte Reihen, die wenig deutlich vortreten, kleinere zwischen den Doppelreihen und noch feinere in den Doppelreihen. Lg. 7,5—9,5 mm. (Molluginis Suffr. = opaca Suffr.) Selten. Genf, Savoyer Alpen, Basel, Schaffhausen, Zürich, Zofingen. **Fuliginosa** Ol.

— Vorderecken des Halsschildes ohne Borstenpunkte, Seiten des Halsschildes etwas concav gebogen, Hinter- und Vorderecken spitzwinklig, Flügeldecken ziemlich grob und undicht punktirt, Körper sehr kurz und breit 2

2. Halsschild fein und dicht punktirt, ohne verdickten Wulst und durch keinen Eindruck abgesetzt, die Punkte der Flügeldecken vielfach zu regelmässigen Doppelreihen geordnet, Körper mässig hoch gewölbt, Oberseite einfarbig schwarzblau. Lg. 5—7 mm. (hottentota F.) Nicht selten. Genf, Jura, Waadt, Tessin, Basel, Schaffhausen, Zürich. **Haemoptera** L.

— Halsschild sehr fein und sparsam punktirt, die Seiten hinten durch einen tiefen Eindruck als verdickter Wulst abgesetzt, die Punkte der Flügeldecken verworren, nur hin und wieder kurze Reihen bildend, Körper hochgewölbt, schwarzblau, der Seitenrand der Flügeldecken breit rothgelb gesäumt. Lg. 6—9 mm. Selten. Im Tessin. **Rossia** Ill.

— Kopf und Halsschild fein punktirt, letzteres mit

schwachem, zerstreut punktirtem Seitenwulst, der hinten durch einen tiefen, aber sehr kurzen Eindruck abgesetzt ist, vorn viel schmäler als hinten, mit fast geradlinigen Seiten. Flügeldecken unregelmässig reihenweise punktirt mit einigen schwach erhabenen Linien, Körper schwarz, die Flügeldecken gelbbraun, die Schulterhöcker, die Naht und die Punkte der Flügeldecken dunkel gefärbt. Lg. 6—8 mm. Selten. Westschweiz. **Diluta** Germ.

7. Gruppe.

Körper hoch gewölbt.

1. Flügeldecken grob, viel gröber als das Halsschild punktirt, Oberseite schwarz oder schwarzblau, Flügeldecken rothgelb gesäumt, die Seitenfurche des Halsschildes ist hinten tief, vorn nur durch einige grobe Punkte angedeutet 2

— Flügeldecken fein, kaum gröber als das Halsschild punktirt, nur mit einigen gröberen Punkten bestreut, Halsschild jederseits mit einer hinten durch eine Seitenfalte scharf begränzte, vorn durch grobe Punkte angedeutete Seitenfurche abgesetzt, Oberseite schwarzbraun, etwas metallisch 3

2. Flügeldecken sehr grob punktirt, Halsschild nach hinten gar nicht verengt, die Punkte der Flügeldecken stehen auch auf der vorderen Hälfte sehr dicht und sind oft runzlig verbunden, beim ♂ die drei ersten Tarsenglieder stark verbreitert, Forceps zur Spitze nicht verbreitert. Lg. 7—8 mm. Ziemlich häufig überall auf Wegen und im Gras. **Sanguinolenta** L.

— Flügeldecken feiner punktirt, die Punkte ziemlich dichtstehend, Vorderecken des Halsschildes mit einem Borstenpunkt (dem jedoch die Borste meist fehlt), dieses auch nach hinten etwas verengt, Tarsen des ♂ etwas schwächer verbreitert, der Forceps gegen die Spitze ausgebuchtet. Lg. 6—7 mm. Seltener als der vorige. Genf, Tessin, Puschlav, Schaffhausen. **Marginalis** Duft.

3. Seitenfurche des Halsschildes hinten schmal, tief und scharf, Flügeldecken ziemlich fein und zerstreut punktirt, der Seitenrand und oft der ganze Basalrand breit roth, Vorderecken des Halsschildes ohne Borstenpunkt. Lg. 7—8 mm. Genf, Jura, Basel, Schaffhausen, Zürich, Kurfürsten, Calanda. **Limbata** F.

— Seitenfurche des Halsschildes hinten flach, breit und nur durch zusammenfliessende Punkte gebildet, Vorderecken der Halsschildes mit einem Borstenpunkt, Flügeldecken nicht sehr fein und ziemlich dicht punktirt, bisweilen die sparsamen gröberen Punkte so grob wie bei marginalis, nur der Seitenrand roth und zwar schmäler als bei marginalis. Lg. 7—8 mm. Selten, Genf, Neuchatel. **Carnifex** F.
Var. Der rothe Seitenrand ist äusserst schmal oder ganz fehlend, so dass die Flügeldecken ganz schwarz sind. Genf, St. Gallen. v. **aethiops** Ol.

8. Gruppe.

1. Basis des Halsschildes nur an den Hinterecken gerandet, Seitenwulst breiter als das Schildchen, von hinten bis vorn durch einen gleichmässigen Längseindruck gleichmässig abgesetzt, Flügeldecken ziemlich sparsam punktirt, die Zwischenräume der Punkte fein gewirkt, seidenglänzend, Ober- und Unterseite einfärbig rothbrau mit grünlichem Metallglanz. Lg. 5—7 mm. Häufig bis in die alpine Region. **Staphylea** L.
— Basis des Halsschildes überall fein gerandet, der Seitenwulst kaum breiter als das Schildchen, unregelmässig durch Punkte abgesetzt, Flügeldecken ziemlich dicht und stark punktirt, die Zwischenräume der Punkte spiegelglatt, gelblichbraun, Kopf, Halsschild und Unterseite metallisch grün. Lg. 5—6 mm. Nicht selten und bis in die Alpenregion. **Polita** L.

9. Gruppe.

1. Halsschild ohne Seitenfurche, Flügeldecken dicht und fein, das Halsschild sehr fein punktirt 2
— Halsschild wenigstens hinten mit tiefer Seitenfurche 3
2. Basis des Halsschildes fein gerandet, Seitenwulst gar nicht angedeutet, Oberseite schwarz, oft mit violettem Schimmer, Tarsen meist rothgelb, beim ♂ stark verbreitert. Lg. 5—9 mm. (violaceo nigra Deg.) Genf, Lugano, Basel, Schaffhausen, Zürich, St. Gallen, Grabs, Matt. **Göttingensis** L.
— Basis des Halsschildes ungerandet, Seitenwulst an der Basis durch einen flachen, gröber punktirten Eindruck angedeutet, Oberseite blau, grün oder erz-

farben, Flügeldecken dicht und stark, ganz verworren punktirt. Lg. 3,8—4 mm. Sehr häufig. **Varians** Schall.

Anmerkung. Weise giebt folgende Varietäten an:
a. Oberseite grün erzfärbig.
b. Oberseite erzfärbig kupferig, unten grün erzfärbig, Beine kupferig. v. **centaura** Herbst.
c. Oberseite schwarzblau oder kupferigblau. (Hyperici De Geer.) v. **pratensis** Weise.
d. Oberseite ganz schwarz. v. **aethiops** Weise.

3. Körper eiförmig, oben erz-olivenfärbig, Unterseite, Fühler und Beine gelbroth; Halsschild sehr fein punktirt, nach vorn gerundet verengt, Seitenwulst schmal, durch einen der ganzen Länge nach breiten, runzlig punktirten Eindruck abgesetzt, Flügeldecken grob zerstreut punktirt, die Punkte hie und da gereiht. Lg. 7—11 mm. Domodossola, Basel. **Banksii** F.

— Oval, oben bläulich schwarz, Fühlerwurzel und Schenkel in der Mitte roth, Halsschild dicht, runzlig punktirt, mit undeutlichem Seitenwulst und glatter Mittellinie, der Seitenwulst im hintern Drittheil von einem breiten, stark punktirten Eindruck abgesetzt, Flügeldecken ziemlich dicht punktirt, die grössern Punkte bilden unregelmässige Doppelreihen. Lg. 6 bis 10 mm. **Femoralis** Ol.

Var. stärker punktirt, die Seiten des Halsschildes stärker gerundet. (confusa Suffr.) Selten. Genf. v. **Tagonii** Harr.-Schäf.

10. Gruppe.

1. Halsschild ohne Seitenfurche und ohne Seitenwulst, nur mit gröberen Punkten neben den Seiten . . 2
— Halsschild mit Seitenfurche und deutlichem Seitenwulst 4
2. Flügeldecken grob und ziemlich dicht punktirt, die Punkte durch Runzeln verbunden, Halsschild nach hinten deutlich verengt; Oberseite goldgrün oder theilweise blau, Naht und Seitenrand der Flügeldecken kupferroth. Lg. 9—10 mm. Wallis, Genf, Mendrisio, Dübendorf, Matt. (fulgida Letzr.) **Graminis** L.

Var. Oberseite oder der ganze Körper goldroth oder kupferigroth. v. **fulgida** F.

— Flügeldecken ziemlich fein und sparsam punktirt, ohne Runzeln, glänzend 3

3. Länglich-oval, ziemlich gewölbt, goldgrün, stark glänzend, die zwei ersten Fühlerglieder meist schwach röthlich, Halsschild weniger gewölbt, weniger dicht, seitlich stark punktirt, die Zwischenräume der Punkte sehr fein punktirt, seitlich hinten fast parallel, vor der Mitte fast verschmälert, Flügeldecken ziemlich stark und etwas reihenweise punktirt, mit zwei schwach erhabenen Linien. Lg. 7—11 mm.
♂. Letztes Bauchsegment mit eingerücktem Längsgrübchen, hinten abgestutzt oder leicht zweimal gebuchtet und bewimpert. (fulminans Suffr., blanda Weise.) Waadt, Basel, Davos, Puschlav, Locarno, Rheinthal. **Menthastri** Suffr.
Var. b. Fein punktirt, Flügeldecken ohne erhabene Linien, Punkte des Halsschildes oft erloschen. v. **herbacea** Redt.
Var. c. Blaugrün mit blauem Kopf und Halsschild oder ganz blau. v. **rugicollis** Weidenbach.
Var. d. Goldgrün, oder rothgolden. (ignita Suffr., fulminans Suffr.) Anzeindaz. v. **resplendens** Suffr.

— Länglich-oval, gewölbt, glänzend blaugau; Halsschild weniger gewölbt, nach vorn allmählig verschmälert, ziemlich fein zerstreut punktirt, der Seitenwulst schwach, oft undeutlich, durch zahlreiche tiefe Punkte begränzt, mit glatter blauer Mittellinie und blauem Basal- und Seitenrand, Flügeldecken ziemlich dicht punktirt, die Punkte vorn gereiht, hinten verwirrt, die Zwischenräume fein punktirt, die Naht und ein unbestimmter Wisch über die Scheibe blau. Lg. 6 bis 9 mm.
♂. Letztes Tasterglied und die drei ersten Tarsenglieder erweitert, letztes Bauchsegment stark abgestutzt und zweimal gebuchtet. (violacea Panz.) Sehr häufig, auf Mentha. **Coerulans** Scriba.

4. Halsschild mit deutlichem, durch eine Furche begränztem Seitenwulst 5

5. Körperform bei ♂ und ♀ gleich und ziemlich parallelseitig, Halsschild nach hinten nicht verengt, die Seitenfurche schmal und tief, nach aussen scharf begränzt, Oberseite mässig fein, ziemlich dicht, auf den Flügeldecken gröber, hie und da gereiht-punktirt, unten dunkelblau, oben das Halsschild mit drei Binden, Flügeldecken goldroth, die Naht und drei Längsbinden der Flügeldecken blau. Lg. 6—11 mm. Nicht selten bis in die Voralpen. **Cerealis** L.

Var. b. Die Binde des Halsschildes und der Flügeldecken verwischt und undeutlich, oft ganz fehlend. (Megerlei F.) Selten. Wallis, Reculet, St. Bernhard, Tessin. v. **mixta** Suffr.

Var. c. Kleiner, kupferig oder bläulich kupferig oder schwarz.

— Körper beim ♂ parallelseitig, beim ♀ hinten bauchig erweitert, Halsschild beim ♂ nach hinten fast so stark als nach vorn verengt, die Seitenfurche breit und flach, grob punktirt, ohne scharfe Begränzung, Oberseite feiner und sparsam punktirt, blau. Lg. 6 bis 8 mm. Sehr selten. Tessin. **Asclepiadis** Vill.

Gatt. **Orina** Redt.

1. Endglied der dicken Maxillartaster breit, oft fast beilförmig, an oder dicht vor der Spitze am breitesten, die zwei ersten Fühlerglieder unterseits oder an der Spitze roth. 1 Gruppe 2

— Endglied der wenig dicken Maxillartaster wenig breit, Fühler einfärbig. 2. Gruppe 10

— Endglied der dünnen Maxillartaster schmal, kegelförmig, nach vorn verschmälert, Fühler einfärbig. Halsschild mit abgesetztem Seitenwulst, Zwischenräume der Flügeldecken spiegelglatt, Fühler schlank, das 5. bis 8. Glied fast doppelt so lang als breit. 3. Gruppe 11

2. Umschlag der Flügeldecken breit, Seitenwulst des Halsschildes breit und hochgewölbt, Flügeldecken ohne Längsbinde 3

— Umschlag der Flügeldecken schmal, Seitenwulst des Halsschildes flach oder wenig gewölbt 4

3. Halsschild lang, $1^1/_2$ mal so breit als lang, an der Basis kaum eingeschnürt, die Seiten bis zur Mitte fast parallel, davor gerundet convergirend, die Hinterecken etwas stumpfwinklig, die Seitenfurche bis vorn ziemlich tief, Oberseite fein und dicht punktirt, blau, grün oder schwarz. Lg. 9—12 mm. (luctuosa Ol.) Walliser und Waadtländer Alpen, Glarner Alpen, Kalfeuser Thal, Puschlav, auch auf der Schaarenwiese bei Schaffhausen, Macugnaga. **Tristis** F.

Var. a. Oberseite grün, blaugrün oder erzfärbig oder goldgrün. Nicht selten bei Macugnaga. v. **smaragdina** Weise.

Var. b. Oberseite kupferig oder goldroth, mit der Stammform. v. **cuprina** Weise.

Var. c. Kopf und Halsschild goldgrün, die Flügeldecken dunkel kupferig mit blauem Schimmer. Macugnaga. v. **auricollis** Stierlin.

— Halsschild doppelt so breit als lang, die Seiten hinten etwas ausgeschweift, so dass die Hinterecken scharf, bisweilen etwas spitz vortreten, die Seitenfurche nach vorn viel schwächer als hinten. Oberseite blau bis schwarzblau, dicht, Flügeldecken etwas gröber punktirt. Lg. 9—11 mm. Selten. Mt. Rosa, Macugnaga. **Rugulosa** Suffr.

4. Flügeldecken überall grob gerunzelt, Seitenwulst des Halsschildes der ganzen Länge nach durch einen sehr breiten, punktirten Eindruck abgesetzt und flachgedrückt, Oberseite dunkelblau bis schwarz. Lg. 7 bis 10 mm.. Selten. Unterengadin. **Intricata** Germ.

Var. a. Oben erzgrün. (aurulenta Suffr.) Unterengadin, Basel. v. **Anderschii** Dft.

— Flügeldecken wenigstens nach innen zu punktirt, nach aussen oft gerunzelt, Seitenwulst des Halsschildes durch einen in der Mitte mehr oder weniger unterbrochenen (d. h. in einen vordern und einen hintern getheilten) Längseindruck abgesetzt . . . 5

5. Die Zwischenräume der Punkte auf den Flügeldecken sind spiegelglatt (polirt nach Weise) . . 6

— Die Zwischenräume der Punkte auf den Flügeldecken sind fein gewirkt oder chagrinirt (geschuppt nach Weise), aber dies nur bei starker Vergrösserung sichtbar 8

6. Die vordere und die hintere Seitengrube des Halsschildes sehr flach, der Seitenwulst kaum gewölbt, Oberseite dunkel blaugrün oder heller oder dunkler blau. Lg. 7—10 mm. Schwarzwald. **Alpestris** Schum.

Var. a. Kurz oval, gewölbt, glänzend, grünerzfärbig oder goldgrün, die Scheibe des Halsschildes meist blau, Flügeldecken weniger dicht, ziemlich tief punktirt, kaum gerunzelt, die Naht und eine Längsbinde blau. Schwarzwald. v. **polymorpha** Kr.

— Nur die vordere Grube sehr flach, die hintere tiefer und der Seitenwulst hier deutlich gewölbt abgesetzt 7

7. Flügeldecken fein, doppelt punktirt (d. h. die Zwischenräume der gröberen Punkte sind mit kleinen Punk-

ten besetzt), auf dem Abfall zur Spitze neben der Naht flachgedrückt, Körper wenig gewölbt, Oberseite erzgrün bis blau. Lg 8—11 mm. (monticola Dft.) Leuk, Einfischthal, Kandersteg, Gemmi, Gadmenthal, Engelberg. **Bifrons** F.

— Flügeldecken mässig stark einfach punktirt, hinten fast buckelig gewölbt, Halsschild vor der Basis quer niedergedrückt, der Hinterrand des lezten Bauchsegmentes beim ♀ jederseits deutlich ausgerandet. Oberseite erzgrün oder blau, die Naht und eine Längsbinde jeder Flügeldecke schwarz, selten ganz schwarz. Lg. 9—11 mm. Sehr sehr. Engelberg, Allgäuer Alpen. **Variabilis** Weise.

8. Halsschild beinahe gleichmässig bis zum Seitenrand gewölbt, die vier Eindrücke sehr flach, nur durch Punkte undeutlich angedeutet, Flügeldecken des ♂ glänzend, des ♀ matt, Oberseite erzgrün oder blau, Flügeldecken dicht, mässig stark, die Zwischenräume der Punkte fein und sparsam punktirt. Lg. 7—10 mm. (nivalis Heer.) Selten, aber durch die ganze Alpenkette von den Glarner und Bündtner Alpen bis zum Mt. Blanc. **Viridis** Dft.

Var. a. Heller oder dunkler blau, selbst schwarz, die Epipleuren meist grün. v. **lugubris** Weise.

Var. b. Kupferig oder goldig kupferig. v. **ignita** Comolli.

— Halsschild mit deutlich abgesetztem oder gewölbtem Wulst, Flügeldecken bei ♂ und ♀ gleich glänzend 9

9. Körper flach, einer Lina ähnlich, die Eindrücke des flachen, fast kantigen Halsschildes zahlreich und grob punktirt, die vertiefte Mittellinie oder ein Längsflecken vor dem Schildchen oft blau, Flügeldecken mit weitläufigen, starken, meist unregelmässigen gereihten Punkten, gewöhnlich mit scharfer Naht und Seitenbinde. Lg. 8—10 mm. Leuk, Mt. Rosa, St. Bernhard, Gadmenthal, Saas, Simplon. **Vittigera** Suffr.

Var. a. dunkelblau, Flügeldecken mit schmalem, schwarzem Nahtrand und schwarzer Binde auf den Flügeldecken. v. **glacialis** Weise.

— Körper ziemlich flach, nach hinten etwas erweitert, gestreckt, Punkte der Flügeldecken dicht und kaum gereiht, Oberseite erzgrün, die Naht und eine Binde auf jeder Flügeldecke blau, Fühler kräftig, an der Wurzel röthlich, die sechs letzten Glieder dicker,

Halsschild quer, gewölbt, fein punktirt, vorn schmäler als hinten, seitlich leicht gerundet, Seitenwulst schmal, der Eindruck breit und stark runzlig punktirt, hinten tiefer, in der Mitte kaum unterbrochen; die Punktirung der Flügeldecken etwas runzlig, die Zwischenräume der Punkte fein punktirt. Lg. 9 bis 13 mm. In den Centralalpen nicht selten.
♂ Flügeldecken meist mit vier unregelmässigen, paarweise genäherten Punktreihen, letztes Bauchsegment eingedrückt, abgestutzt und jederseits tief gebuchtet.
♀ Flügeldecken nach aussen gerunzelt, letztes Bauchsegment gerundet mit undeutlicher Mittellinie. **Gloriosa** F.

Var. a. Langgestreckt, schmal, seitlich zusammengedrückt (auch die ♀), nicht hoch gewölbt, Halsschild fast doppelt so breit als lang, fein und zerstreut oder stärker und dann doppelt punktirt, die grösste Breite vor der Mitte, der Seiteneindruck ist in der Mitte schwach unterbrochen. v. **gloriosa** F.

Färbung α: erzgrün mit bläulicher Flügeldeckenbinde. Subvar. **virgo** Weise.

Färbung β: dunkler blau oder violett, Flügeldecken hie und da mit schwärzlicher Binde. Subvar. **nubila** Weise.

Var. b. Breiter, meist stark gewölbt, hinten stärker verbreitert, der Seiteneindruck des Halsschildes oft weniger tief, die Zwischenräume der Flügeldecken oft feiner aber deutlich punktirt. v. **pretiosa** Suffr.

Färbung α: Flügeldecken rothkupferig, die Naht und die Mittelbinde goldgrün. Subvar. **superba** Ol.

Färbung β: Flügeldecken dunkelblau oder violett, oft mit schwärzlicher Binde. Subvar. **venusta** Suffr.

Färbung γ: Flügeldecken schwarz, unten blau oder grünblau. Subvar. **nigrina** Suffr.

Färbung δ: Kopf und Halsschild grün oder blau, Flügeldecken schwarz mit blauem Schimmer (venusta Redt.) Subvar. **discolor** Weise.

Var. c. Weniger stark gewölbt, grün, Flügeldecken mit zwei goldrothen, hinten sich vereinigenden Binden, die Stirn, die Seitenwulste des Halsschildes, Metathorax und Bauch goldglänzend oder kupferig. v. **excellens** Weise.

Färbung Var. β: Die Binde der Flügeldecken kupferig.
Färbung Var. γ: Die Binde der Flügeldecken schwach, fast erloschen.

10. (2. Gruppe.) Oberseite metallisch blau oder grün, Halsschild mit kaum angedeutetem Seitenwulst, Körper nach hinten verbreitert, letztes Kiefertasterglied breit, Flügeldecken ziemlich dicht punktirt, gegen aussen gerunzelt. Lg. 7—8½ mm. Bündtner Alpen, Furka, Gadmenthal. (alcyonea Suffr., Kr.) **Virgulata** Germ.

Var. a. Punkte des Halsschildes gross, aber seicht, blatternnarbig.

Var. b. Grün oder erzfärbig, die Naht und eine Flügeldeckenbinde dunkler. v. **serena** Weise.

Var. c. Goldroth, die Naht und eine breite Flügeldeckenbinde grün oder blaugrün. v. **candens** Weise.

Var. d. Schwarzgrün mit violettem oder kupferigem Schimmer. v. **praefica** Weise.*)

— Oberseite nicht metallisch, roth oder pechbraun, der Kopf, die Unterseite mit Ausnahme des letzten Bauchsegmentes und die Beine schwarz, Halsschild kurz, vorn tief gebuchtet ausgerandet, wenig schmaler als die der Wurzel, seitlich gerundet; die Ecken etwas stumpf, ungleich punktirt, der Wulst breit, der Eindruck nicht tief, stark punktirt, Flügeldecken runzlig punktirt, die Zwischenräume gewölbt, glatt und sehr fein punktirt. Lg. 9—11 mm. (nigriceps Suffr., Peiroleri Bassy.) Macugnaga. **Melanocephala** Dft.

Var. β: Ganz schwarz. Engadin, St. Bernhard, Gadmenthal. v. **melancholica** Heer.

11. Flügeldecken mit geschuppten Zwischenräumen, länglich-oval, nach hinten stark verbreitert, wenig gewölbt, grün, mitunter bläulich oder erzfärbig, glänzend; die Naht meist blau, Halsschild breit viereckig mit fast parallelen, oft auch etwas gerundeten Seiten, ziemlich stark runzlig punktirt, der Seitenwulst dick von einem weiten und tiefen, im vordern ⅓ grubig erweiterten Eindruck abgesetzt, welcher mit seiner groben Punktirung auf die innere Hälfte des Wulstes übergeht und dieselbe etwas niederdrückt, Flügeldecken stark zerstreut-punktirt, die Zwischenräume

*) Anm. Der Speciosissima in jeder Beziehung ähnlich, aber schlanker, weniger gewölbt, nur am Bau des Halsschildes und der Form der Kiefertaster zu erkennen.

fein gerunzelt. Lg. 6—8½ mm. In den Walliser und Berner Alpen. **Elongata** Suffr.

— Flügeldecken mit polirten Zwischenräumen . . . 12

12. Fühler kurz, von den Gliedern 5—8 jedes nur wenig länger als breit, Halsschild und Flügeldecken kräftig punktirt; Körper oval, nach hinten wenig verbreitert, grün, selten bläulich, Halsschild seitlich gerundet, der Seitenwulst nicht dick, der Eindruck mässig, runzlig punktirt, die Flügeldecken dicht und stark punktirt. Lg. 5—6½ mm. (monticola Suffr., Kr.) Durch die ganze Alpenkette, nicht selten. **Frigida** Weise.

— Fühler schlank, Glied 5—8 fast doppelt so lang als breit 13

13. Länglichoval, nach hinten sehr wenig erweitert, gewölbt, grün erzfärbig, glänzend, der schmale Basalrand des Halsschildes, die Naht und eine breite Binde der Flügeldecken, Vorder- und Mittelbrust, die Seiten der Hinterbrust und des Bauches blau, Halsschild nicht dicht, zerstreut punktirt, seitlich hinten parallel oder vor den etwas zugespitzten Hinterecken leicht geschweift, nach vorn allmählig verengt, der Seitenwulst dick, innen stark punktirt und von einem tiefen Eindruck begränzt, Flügeldecken zerstreut runzlig nadelrissig punktirt. Lg. 8—11 mm. Häufig in den Alpen und Voralpen. **Cacaliae** Schrank.

♂. Analglied mit Eindruck, 1. Tarsenglied erweitert, Penis 3½ mm. lang, ziemlich flach, gleichmässig gebogen, bis zur Oeffnung allmählig gering verbreitert, hierauf mit stumpfen Ecken schnell verengt und endet in einer langen, vorn abgerundeten Spitze.

Var. a. Farbe mehr blaugrün, weniger glänzend. v. **coeruleolineata** Dft., Redt.

Var. b. Farbe dunkler blau, oder violett, wenig glänzend, einfärbig oder mit etwas dunklerer Flügeldeckenbinde. (tristis Dft., tussilaginis Suffr.) v. **Sumptuosa** Redt.

Var. c. Flügeldecken schmutzig grün, wenig glänzend mit schwacher Längsbinde oder ganz dunkel. v. **nubigena** Weise.

Var. d. Verlängter, glanzlos, grün erzfärbig, die Flügeldecken etwas stärker punktirt und mit schwacher, bläulicher Längsbinde. v. **macera** Weise.

Var. e. Kleiner, glänzender, ganz blau, Flügeldecken etwas stärker punktirt, verwischt gerunzelt.
v. **senecionis** Schummel.

Var. f. Ganz schwarzblau. v. **tristicula** Weise.

Var. g. Hellgrün, ins Erzfärbige übergehend.
v. **fraudulenta** Weise.

— Körper kurz und nach hinten verbreitert, gewölbt, hellgrün, erzfärbig oder goldgelb, der Hinterrand des Halsschildes, die Naht und eine Flügeldeckenbinde blau, Halsschild kurz, sehr fein punktirt, auf der hintern Hälfte seitlich parallel, vorn gerundet verschmälert, Seitenwulst dick, durch einen tiefen, stark punktirten Eindruck abgesetzt, der vor der Mitte etwas nach aussen gebogen ist, Flügeldecken dicht und ziemlich fein punktirt, die Zwischenräume polirt. Lg. 6½—10 mm. (gloriosa Dft., speciosa Germ.) ♂. Letztes Bauchsegment mit schwachem Eindruck, erstes Tarsenglied erweitert, nur 3 mm. lang, gleich breit, vorn gleichmässig in eine kurze, dreieckige Spitze verschmälert. **Speciosissima** Scop.

Die Farbe ändert ab:

a. Roth, selten der Saum des Halsschildes, häufiger Naht und Längsbinde der Flügeldecken mit blauem Kern. Selten.

b. Gesättigt grün, bisweilen messinggelb schimmernd, Längsbinde der Flügeldecken kaum sichtbar.
v. **viridescens** Suffr.

c. Bläulichgrün bis rein blau, Zeichnung violett.
v. **tristis** Ol. (Schummeli, Weise.)

d. Dunkelviolett (der Agelast. alni ähnlich), Zeichnung schwarz. v. **violacea** Letzn.

e. Dunkelbraun mit Messingschimmer. Engadin, St. Bernhard. v. **fusco-aenea** Schum.

f. Schwarz. (Bis jetzt nicht mit Sicherheit nachgewiesen.)

Häufig in den Schweizeralpen.*)

Var. b. Die gestreckteste und flachste Form, welche in den grössern Stücken mit cacaliae, in den kleinern mit elongata leicht zu verwechseln ist, von beiden

---

*) Anm. Sie ist der cacaliae sehr ähnlich, durchschnittlich kleiner, breiter und höher gewölbt, der Wulst des vorn breitern Halsschildes dicker, innen deutlich begränzt, die Flügeldecken nach hinten mehr erweitert, dichter, aber nicht nadelrissig punktirt.

aber durch viel dichtere Punktirung der Flügeldecken, von grünen Stücken der elongata ausserdem durch die stets angedeutete Längsbinde der Flügeldecken sich trennen lässt.

g. Das verhältnissmässig kleine Halsschild ist gewöhnlich nur in der Mitte der Scheide fein, nach den Rändern hin stark punktirt, selten sind die Punkte überall gleich stark und tief, ihre Zwischenräume zuweilen schwielig erhöht. Die Flügeldecken haben einen leichten Farbschimmer, sie verbreitern sich aus schmaler Basis meist bedeutend nach hinten und sind etwas feiner und dichter als die von speciosissima punktirt, zwischen den einzelnen Punkten oft mit Nadelrissen wie bei cacaliae. Die Oberseite oder der ganze Körper ist verschossen messinggelb, dunkelblau mit Messingschimmer, goldgrün oder grün, oder grünlich-blau, die Zeichnung blau. Im schweizerischen Hochgebirg nicht selten. (ex Weise.)
v. **troglodytes** Ksw.

Gatt. **Phytodecta** Kirby (Gonioctena Redt.).

— Halsschild nur in den Hinterecken mit einer borstentragenden Pore, alle Schienen vor der Spitze stark zahnartig verbreitert. (Phytodecta i. sp.) 2
— Halsschild in allen vier Ecken mit einer borstentragenden Pore. Vorderschienen an der Spitze nicht oder kaum zahnartig erweitert. (Spartiophila Chevr.) 5
2. Drittes Fühlerglied nicht oder kaum länger als das fünfte; zehntes Glied breiter als lang 3
— Drittes Fühlerglied fast doppelt so lang, als das fünfte; zehntes Glied mindestens so lang als breit 4
3. Oval, schwarz, Fühlerwurzel und Aftersegment roth, Halsschild seitlich ziemlich stark gerundet, die Vorderecken stumpf vortretend, Flügeldecken punktirtgestreift, Zwischenräume ziemlich dicht und deutlich punktirt. Halsschild und Flügeldecken sind roth, mehr oder weniger schwarz gefleckt, sehr veränderlich. Lg. $5^{1}/_{2}$—7 mm. Sehr häufig auf Weiden in der ebenern Schweiz und in den Flussthälern.
Viminalis L.

Varietäten:

a. Halsschild und Flügeldecken ganz roth, nur das Schildchen schwarz. v. **munda** Weise.

b. Halsschild schwarz, Flügeldecken einfärbig roth.
v. **bicolor** Kr.

c. Halsschild einfärbig roth oder mit einem Basalfleck, Flügeldecken mit 3—5 schwarzen Flecken.
v. **lopunctata** L.

d. Halsschild mit grossem, querem, schwarzem Fleck, die Punkte der Flügeldecken mehr oder weniger zusammenfliessend. v. **Baaderi** Panz.

e. Halsschild mit grossem, querem, schwarzem Fleck, der sich meist bis zur Spitze ausdehnt, Flügeldecken schwarz, mehr oder weniger roth gerandet.
v. **cincta** Weise.

f. Schwarz und nur die Fühlerwurzel und der Hinterrand des letzten Bauchsegmentes, mitunter auch zwei Punkte auf der Stirn oder die Vorderschienen roth. v. **calcarata** F.

— Oval, Oberseite roth, der Scheitel, ein 2—3lappiger Fleck auf dem Halsschild, das Schildchen und fünf Flecken der Flügeldecken schwarz, Unterseite schwarz, die Beine, die Ränder der Bauchsegmente und das Analsegment roth, Halsschild seitlich schwach gerundet, seine Vorderecken spitzig vortretend, Flügeldecken fein punktirt-gestreift, die Zwischenräume fein punktirt. Lg. 5½—7½ mm. Nicht selten. Genf, Kt. Bern, Basel, Aarau, Schaffhausen. **Rufipes** De Geer.

Var. a. Die zwei hintern Flecken der Flügeldecken fehlen. v. **sexpunctata** F.

— Kurzoval, flacher als die vorigen, schwarz, wenig glänzend, Fühler gelb, nach aussen dunkler, Schienen, Tarsen und der Rand des Aftergliedes gelb, Flügeldecken roth, ungefleckt, Halsschild seitlich wenig gerundet, Vorderecken stumpf, Halsschild-Scheibe zerstreut, Seiten dicht und stark punktirt, mit glatter Mittellinie, Flügeldecken innen fein, aussen grob punktirt-gestreift, die Zwischenräume vorn einreihig fein, hinten dichter und stärker punktirt. Lg. 4½ bis 6½ mm. (Chrys. tibialis, var. lurida Dft.-Redt.) Zürich, Schaffhausen, Genf. **Flavicornis** Suffr.

4. Schwarz, die Fühlerwurzel, Schienen (mit Ausnahme des Innenrandes) und der Rand des Aftergliedes gelb, viertes Fühlerglied länger als das fünfte, Halsschild roth, eine breite, hinter der Mitte rasch verbreiterte Mittelbinde schwarz, seitlich stark gerundet, Vorder-

ecken gerundet vorgezogen, auf der Scheibe ungleich zerstreut-punktirt, Flügeldecken roth, ungefleckt, innen fein, aussen ziemlich grob punktirt, die Zwischenräume ziemlich dicht zerstreut-punktirt. Lg. 6—7mm. (**triandria** Suffr., **tibialis** Dft., faun. austr.)

♂. Verlängt eiförmig, die Zwischenräume der Flügeldecken nadelrissig, Afterglied gewölbt, hinten breit ausgerandet.

♀. Eiförmig, Zwischenräume der Flügeldecken dicht gerunzelt mit Seidenglanz, Afterglied nicht gewölbt, hinten mit schmalem Eindruck und halbzirkelförmig ausgerandet. Nicht selten. Genf, Wallis, Basel, Schaffhausen, Zürich, St. Gallen. Auf Salix purpurea und triandria. **Linnaeana** Schrank.

Varietäten:

a. Flügeldecken mit 1, 2, 3, 4 oder 5 schwarzen Flecken. v. **decastigma** Kr., Suffr.

b. Flecken der Flügeldecken zusammenfliessend, zuletzt ganz schwarz mit rothem Rand. v. **orientalis** Weise.

c. Halsschild schwarz, Flügeldecken roth, ungefleckt. v. **Kraatzi** Westhof.

d. Halsschild schwarz, Flügeldecken mit schwarzen Flecken. v. **nigricollis** Westh.

e. Ganz schwarz und nur die Fühlerwurzel und der Rand des Analgliedes gelb. v. **satanas** Westh.

Verlängt eiförmig, etwas gewölbt, überall sehr fein lederartig gerunzelt, schwarz, Fühler dunkelbraun, ihre Wurzel, die Schienen mit Ausnahme des Innenrandes und der schmale Hinterrand des Aftergliedes gelb; 4. und 5. Fühlerglied gleich, Halsschild roth, ein grosser, vorn abgerundeter Fleck am Hinterrand, der oft an der Spitze ausgerandet ist, schwarz, auf der Scheibe dicht und fein punktirt, seitlich etwas gerundet, die Hinterecken etwas spitzig vortretend; Flügeldecken roth mit fünf schwarzen Flecken, stark punktirt-gestreift, die Zwischenräume zerstreut-punktirt. Lg. 4½—5½ mm. (affinis Suffr.) Häufig in den Alpen von 4000—7000'. **Nivosa** Suffr.

♂. Aftersegment schwach gewölbt, abgestutzt.

♀. Aftersegment etwas gerundet.

Varietäten:

a. Halsschild roth mit einem (oft in der Mitte getrennten) Basalfleck, Flügeldecken einfärbig roth. v. **rufula** Chr.

b. Halsschild schwarz, Flügeldecken mit ein bis fünf schwarzen Flecken (hie und da zusammenfliessend). v. **personata** Weise

c. Halsschild schwarz, Flügeldecken mit grossem, schwarzem, oder schwarzrothem Fleck an der Spitze. v. **Eppelsheimi** Weise.

d. Halsschild und Flügeldecken schwarz und nur die Epipleuren heller. v. **funesta** Weise.*)

5. Halsschild der Quere nach gewölbt mit fein punktirter Scheibe, Vorderschienen schwach zahnartig erweitert.

Oval, gelbroth, Halsschild nur an den Seiten grob punktirt, Flügeldecken stark punktirt-gestreift, die Zwischenräume sehr fein und zerstreut-punktirt, die Naht, die Brust und der Bauch dunkel. Lg. 3½ bis 5 mm. (litura Redt.) Häufig auf Spartium scoparium. **Olivacea** Forster.

Varietäten:

a. Ganz blass gelb-oder röthlich-gelb. v. **flavicans** F.

b. Röthlich gelb, zwei Stirnflecken, die Naht, eine Binde auf den Flügeldecken und der Hinterleib schwarz. v. **litura** F., Dft., Redt.

c. Schwarz, der Kopfrand, Halsschild, Seitenrand des Halsschildes, Fühlerwurzel und Schienen heller oder dunkler gelb. v. **nigricans** Weise.

— Halsschild der Quere nach wenig gewölbt, überall grob punktirt, Vorderschienen nicht zahnartig erweitert 6

6. Verlängt, gelbroth, vorletztes Fühlerglied deutlich länger als breit, Halsschild seitlich vor der Mitte gerundet erweitert, grob, an den Seiten dichter punktirt, Flügeldecken stark punktirt-gestreift mit zahlreichen schwarzen Flecken, die Streifen dicht punktirt, der Nahtwinkel nicht ausgezogen, der innere Rand der Epipleuren hinter der Mitte verschwindend. Lg. 5—6½ mm. Nicht selten, häufiger in den Alpen bis 5000′ ü. M., auf Sorbar acuparsa. **Quinquepunctata** F.

Varietäten:

a. Einfärbig röthlich-gelb. v. **unicolor** Weise.

b. Unterseite mehr oder weniger schwarz, Kopf

*) Anm. Kleiner als die vorige, weniger gewölbt, Fühler kürzer, bis zum vierten oder sechsten Glied rothgelb, Halsschild in der vordern Hälfte schmäler.

(oder wenigstens die Stirn) und Halsschild (mit hie und da zwei schwarzen Punkten) gelbroth, die Flecken der Flügeldecken zusammenfliessend.
v. **flavicollis** Dft., Suffr.

c. Unterseite mehr oder weniger schwarz, der Vorderkopf, das Halsschild theilweise oder ganz schwarz, die Flecken der Flügeldecken zusammenfliessend.
v. **Sorbi** Weise.

d. Schwarz, Mund, Fühlerwurzel, Stirn und meist auch die Beine gelb. v. **obscura** Weise.

— Länglich-oval, gelbroth, vorletztes Fühlerglied nicht länger als breit, Halsschild mit parallelen Seiten, nach vorn verschmälert, grob, seitlich dichter punktirt, Flügeldecken stark punktirt-gestreift, der Nahtwinkel meist zugespitzt, der innere Rand der Epipleuren bis zur Spitze erhaben. Lg. 5—7 mm. Häufig auf Weiden. **Pallida** L.*)

Varietäten:

a. Brust und Bauch und verschiedene Flecken der Flügeldecken dunkel. v. **decipiens** Weise.

b. Wie der vorige, ferner Halsschild mit zwei Flecken oder breit schwarz, Flecken der Flügeldecken zusammenfliessend. v. **borealis** Weise.

c. Schwarz, der Kopf ganz oder theilweise, Fühlerwurzel, Kinn und Tarsen gelb. v. **frontalis** Ol., Suffr.

Gatt. **Phyllodecta** Kirby (Phratora Redtenb.).

1. Fühlerglied 4—6 lang abstehend behaart, zweites Glied fast so lang oder länger als das dritte, Halsschild überall gerandet.
Verlängt, bräunlich erzfärbig, glänzend, Metasternum und erstes Bauchsegment kupferig, Stirnhöcker stark, durch eine hinten gabelig gespaltene Furche getrennt, Halsschild leicht quer, an der Basis mit undeutlichem Eindruck, Flügeldecken regelmässig punktirt-gestreift, Zwischenräume ziemlich dicht und sehr fein punktirt,

*) Anmerk. Diese Art, mit der vorigen oft verwechselt, ist kürzer, breiter, höher gewölbt, die Fühler weniger lang, die äussern Glieder breiter, das vorletzte kaum so lang als dick, das Halsschild nicht vor der Mitte, sondern kurz vor den etwas eingezogenen Hinterecken am breitesten, mehr parallel, die Flügeldecken nach hinten mehr erweitert, kräftiger punktirt-gestreift, die Punkte des 4.–7. Streifens bald hinter der Mitte in einander gewirrt, der Nahtwinkel fast immer in eine Spitze ausgezogen.

der achte etwas vortretend. Lg. 4—5 mm. Westschweiz, bei Genf und Basel nicht selten, selten dagegen in der Ostschweiz, Zürich, Schaffhausen, St. Gallen, Weissbad. **Vulgatissima** L.

♂. Hinterschienen etwas gekrümmt, erste stark verbreitert, die Farbe öfters mehr grünlich (aestiva Weise) oder dunkelblau bis schwarz (obscura Weise).

— Fühlerglied 4—6 ohne abstehende Haare, zweites Glied viel kürzer als das dritte, Halsschild an der Basis nicht gerandet 2

2. Klauenzahn sehr klein. Länglich, erfärbig grün oder blau, glänzend, Schienen und Tarsen gelb, Kopfschild von der Stirn durch einen tiefen Eindruck getrennt, diese mit schwacher Längsfurche, Halsschild leicht quer, gewölbt, an der Basis mit Quereindruck, Flügeldecken fast regelmässig gestreift-punktirt, Zwischenräume sehr fein punktirt, viertes Tarsenglied länger als die vorhergehenden. Lg. 5—6 mm. (tibialis Suffr.) Sehr häufig auf Weiden in der nördlichen und östlichen Schweiz, noch bei Engelberg, selten in der südlichen und westlichen Schweiz. **Viennensis** Schrank.

Var. Schienen bläulich erzfärbig, an der Wurzel kupferig. Tarsen braun, noch häufiger als die Stammform. v. **Cornelii** Weise.

— Klauenzahn sehr gross 3

3. Länglich-oval, erzfärbig glänzend, Kopfschild mit schwachem Eindruck, Fühler kurz, Halsschild quer, hinten fast parallel, vorn verengt, Flügeldecken ziemlich regelmässig punktirt-gestreift, die Zwischenräume spärlich fein punktirt. Lg. 4—5 mm. Sehr häufig auf Weiden. **Vitellinae** L.

♂. Erstes Tarsenglied wenig erweitert, schmaler als das dritte.

♀. Die zwei ersten Tarsenglieder klein, das dritte breit. Die Farbe ändert in blaugrün, blau bis schwarz.

Var. Grösser als die Stammform (Lg. 4½—5 mm.), bläulich erzfärbig, Halsschild etwas dichter punktirt, die Flügeldecken fein punktirt-gestreift. v. **major** Stl.

— Länglich-oval, blau, Fühler sehr lang und kräftig, Kopfschild vorn steil abfallend mit sehr vertiefter Spitze, Stirn mit breitem Eindruck, Halsschild quer, seitlich vor der Mitte gerundet erweitert, Flügeldecken unregelmässig punktirt-gestreift, die Punkte in den Streifen dicht gedrängt, die Zwischenräume eben, fein zerstreut-punktirt. Lg. 4—5 mm. In der Schweiz noch nicht nachgewiesen, aber doch sicher vorhanden. **Laticollis** Suffr.

♂. Erstes Tarsenglied mässig erweitert, viel schmaler als das dritte.

♀. Die zwei ersten Tarsenglieder klein, das dritte sehr breit.

Gatt. **Hydrothassa** Thomson.

1. Kopf senkrecht stehend, Augen nur zur Hälfte sichtbar. Halsschild stark quer, vorn stark verschmälert. Oval, schwarz erzfärbig, oder blau, glänzend, Kopf und Halsschild dicht und kräftig punktirt-gestreift, die Zwischenräume sehr fein punktirt, der Seitenrand gelbroth. Lg. 3—4 mm. Sehr häufig in der ebeneren Schweiz. **Aucta** F.

— Kopf schief geneigt, Augen fast frei, Halsschild vorn weniger verengt 2

2. Langgestreckt, glänzend schwarzgrün, die Flügeldecken heller, Halsschild etwas breiter als lang, an der Basis wenig breiter als vorn, seitlich wenig gerundet, weitläufig punktirt mit breitem, gelbem Seitensaum, Flügeldecken breiter als das Halsschild, ziemlich stark punktirt-gestreift mit breitem, gelbem Saum. Lg. $3\frac{1}{2}$—$4\frac{1}{2}$ mm. Selten. Auf Wasserpflanzen. Genf, Basel, Schaffhausen, Wallis. **Marginella** L.

— Oval, gewölbt, dunkel grünblau, glänzend, siebentes Glied mit dreieckigem Anhang, Halsschild quer, mit gebogenem gelbem Seitenrand, Flügeldecken stark punktirt-gestreift mit etwas gewölbten Zwischenräumen, einer vorn nach aussen gebogenen gelbrothen Längsbinde auf der Scheibe und gelbem Seitenrand. Lg. 4—5 mm. Selten. Auf caltha palustris. Genf. **Hannoverana** F.

Gatt. **Prasocuris** Latr. (Helodes Payk.).

1. Verlängt, dunkel erzfärbig, glänzend, der Seitenrand des Halsschildes und der Flügeldecken, sowie auf letztern eine Längsbinde in der Nähe der Naht, die Wurzel der Schenkel und die Schienen gelb, Fühlerglieder 8—10 mm. dick, das siebente mit einem

dreieckigen Anhang. Lg. 5—6 mm. Ziemlich häufig auf Wasserpflanzen. Genf, Jura, Basel, Schaffhausen, Dübendorf, St. Gallen, Waadt. **Phellandrii** L.

— Verlängt, heller oder dunkler blau, siebentes Fühlerglied schwach erweitert, Halsschild vorn kaum schmaler als hinten, seitlich gerundet, vor der Basis gebuchtet, ziemlich dicht punktirt, Flügeldecken ziemlich parallel und ziemlich fein punktirt-gestreift, die Zwischenräume fein punktirt und quer nadelrissig, Afterglied gelb gerandet. Lg. 4—5 mm. (beccabungae Ill.) Nicht selten auf Veronica beccabunga und Anagallis. Genf, Basel, Schaffhausen, Zürich. **Junci** Brahm.

Gatt. **Paedon** Latr.

1. Körper ungeflügelt, Prosternum zwischen den Hüften sehr breit, drittes Tarsenglied einfach (Sclerophaedon Motsch). Kurz-oval, fast halbkugelig, braun erzfärbig oder grünlich, Fühler und Beine pechbraun, Halsschild vorn stark verengt, seitlich gerundet, zerstreut punktirt, Flügeldecken stark punktirt-gestreift, die Punkte nicht dicht stehend. Lg. $3^1/_2$—4 mm. Sehr selten. Engelberg, Schwarzwald. (orbiculare Suffr.) **Carniolicus** Meg.

— Prosternum schmal, drittes Tarsenglied zweilappig (Phaedon i. sp.) 2

2. Der Seitenrand der Flügeldecken reicht nicht bis zur Spitze, der erste Punktstreifen neben der Naht hinten nicht furchenartig vertieft, Schulterbeulen fehlen ganz, Vorderrand des Halsschildes überall fein gerandet, Flügeldecken fein punktirt-gestreift, die Zwischenräume sehr fein und sparsam punktirt . . 3

— Der Seitenrand der Flügeldecken ist bis zur Spitze stark und hier mit dem fünften Streifen, der hinten furchenartig vertieft ist, verbunden. Flügel vorhanden 4

3. Der Seitenrand der Flügeldecken ist bis nahe zur Spitze deutlich, Flügel fehlen, Halsschild mit schwach gerundeten, fast geraden Seiten, mässig dicht punktirt, Oberseite erzfarben bis schwarzblau. Lg. 3,5 mm. In den Alpen, In der Schweiz noch nicht nachgewiesen, aber wohl nicht fehlend. (pyritosus Dft., nec. Rossi, hederae Kr., nec. Suffr., obscurus Weise.) **Segnis** Weise.

— Der Seitenrend der Flügeldecken hört schon hinter der Schulter auf. Flügel vorhanden, Flügeldecken ohne Schulterhöcker, Ende punktirt-gestreift, die Zwischenräume fein und sparsam punktirt, der neunte (äusserste) mit zwei ziemlich dichten, unregelmässigen Punktreihen, Oberseite metallisch erzfärbig. Lg. 3 bis 3½ mm. (graminicola Drap., orbicularis Redt.) Selten. Auf Cardamine amara oder Nasturtium officinale. Genf, Tessin, Jura, Basel, Schaffhausen, Sargans. **Pyritosus** Rossi.

4. Kopfschild durch eine stark vertiefte Bogenlinie von der Stirn abgegränzt, Fühler schwarz 5

— Kopfschild nur seitlich abgesetzt, in der Mitte ohne Unterbrechung in die Stirn übergehend 6

5. Flügeldecken ohne Schulterbeule und ohne Eindruck, die kleinste Art, Körper sehr kurz, hochgegewölbt, mit gerundetem Seitenrand. Oberseite erzfärbig, seltener blau. Halsschild nach vorn stark verengt, wenig gewölbt, fein, an den Seiten etwas stärker punktirt, die Punkte etwas länglich, die Zwischenräume sehr fein punktirt; Flügeldecken fein punktirt-gestreift, die Zwischenräume fein punktirt, der neunte mit einer feinen, undeutlichen Punktreihe. Lg. 2½—3 mm. (sabulicola Suffr.) Selten. Genf, Waadt, Aargau, Schaffhausen. **Laevigatus** Suffr.

— Flügeldecken mit deutlicher Schulterbeule, nach innen von einem deutlichen Eindruck begränzt. Meist dunkel grünblau, Kopfschild mit ziemlich starkem Eindruck, Halsschild auf der Scheibe ziemlich dicht, seitlich nicht stark punktirt, die Punkte rund, Flügeldecken fein gestreift, die Punkte gegen die Spitze verwirrt, der neunte Zwischenraum mit einer schwachen Reihe entfernt stehender Punkte. Lg. 3—4 mm. (betulae Küst., Suffr., cochleariae Panz., Gyll.) In Gräben und Teichen, auf Nasturtium und Cochlearia-Arten. Basel, Schaffhausen, Kt. Zürich, Urner Boden bei 4200′. **Armoraciae** L.

Var. a. Kleiner, oval, schwarz erzfärbig oder schwarz, manchmal bläulich. v. **salicinus** Heer.

Var. b. Schwarz, erzfärbig oder blau, die Flügeldecken grün erzfärbig oder grüngolden, oder kupferig. v. **concinnus** Suffr., Redt.

6. Körper etwas länglich, flach gewölbt, seitlich sehr schwach gerundet, Flügeldecken ziemlich kräftig

punktirt-gestreift mit schwach angedeuteten Schulterbeulen, die Zwischenräume fein punktirt mit einzelnen gröberen Punkten, das erste und zweite Fühlerglied unten gelb oder braun, Halsschild auf der Scheibe zerstreut, seitlich etwas dichter und stärker punktirt, die Punkte rund, der fünfte und sechste Streifen der Flügeldecken an der Basis vertieft. Lg. $3^{1}/_{2}$—4 mm. (grammicus Redt., galeopsis Letzr., omissus Sahlb., Kr.) Auf Cruciferen, besonders Nasturtium amphibium. Genf, Wallis, Basel, Schaffhausen, St. Gallen, Dübendorf. **Cochleariae** F.

Var. a. Oben heller oder dunkler grün erzfärbig. v. **neglectus** Sahlb., Kr.

Var. b. Oben schwarz. v. **hederae** Suffr.

Var c. Kurz-oval, Flügeldecken mit tiefern Streifen, die Zwischenräume leicht gewölbt, spärlicher und undeutlicher punktirt, glänzender. v. **grammica** Suffr.

— Körper kurz eiförmig mit stark gerundeten Seiten, Flügeldecken ohne Schulterbeulen, oben schwarz erzfärbig, die Flügeldecken kupferig, Fühler pechbraun, die Spitze der Schienen und die Tarsen röthlich, Fühler schwarz, die zwei ersten Glieder bisweilen unten röthlich, Halsschild kurz, gewölbt, ziemlich dicht punktirt, die Punkte etwas verlängt, die Zwischenräume äusserst fein punktirt, die Zwischenräume der Flügeldecken sehr fein punktirt und quer nadelrissig, der neunte Zwischenraum mit einer Reihe schwacher, entfernt stehender Punkte. Lg. 3 mm. Selten. Genf, Basel, Zürich. **Grammicus** Dft.

Gatt. **Plagiodera** Redtenbacher.

Oben blaugrün, glänzend, unten schwarz erzfärbig, Fühlerwurzel roth, Halsschild fein zerstreut punktirt, $2^{3}/_{4}$ mal so breit als lang, Flügeldecken verworren punktirt, mit einem schwachen, unpunktirten Längswulst neben dem Seitenrand. Lg. 3—4 mm. Gemein auf Weiden und Pappeln. **Armoraciae** L.

Gatt. **Lina** Redt. (Melasoma Steph., Weise.).

1. Metasternum mit einem deutlich gerandeten Fortsatz zwischen den Mittelhüften, die Ränder des Halsschildes nicht gewulstet. (Linaeidea Motsch.)

Oberseite goldgrün, kupferfarben, blau oder schwarz, Flügeldecken dicht verworren punktirt, nach hinten breiter, Halsschild klein, ohne Längseindrücke, dicht punktirt, seitlich dichter, Schulterbeule deutlich vortretend, die Rinne auf der hintern Kante der Schienen kaum über die Mitte hinausreichend, das dritte Tarsenglied nur ausgerandet. Lg. $4^1/_2$—$5^1/_2$ mm. Häufig auf Erlen. **Aenea** L.

— Der Fortsatz des Metasternums zwischen den Mittelhüften nicht gerandet, Halsschild mit gewulstetem Seitenrand (Microdera Steph.) 2

2. Schulterbeule der Flügeldecken deutlich, nach innen durch einen Eindruck begrenzt, das dritte Tarsenglied zweilappig 3

— Schulterbeule nicht vortretend 5

3. Die hintere Kante der Schienen kaum bis zur Mitte gerinnt, Seiten des Halsschildes gelb, Schienen erzfarbig, Schulterbeule der Flügeldecken klein, aber deutlich, Flügeldecken gelb, die Naht und zehn Flecken auf jeder Flügeldecke dunkel erzfarben, die oft mehr oder weniger zusammenfliessen. Lg. 5—7 mm. Auf Weiden. Waadt, Bex, Burgdorf, Wildegg. **Vigintipunctata** Scop.

— Die hintere Kante der Schienen bis zur Spitze gerinnt, Halsschild einfarbig, Schulterbeule durch einen deutlichen Eindruck begrenzt, Flügeldecken kupferig, erzfarbig oder grün 4

4. Der Eindruck neben der Schulterbeule ist klein und rundlich, Halsschild ohne Mittelfurche, Flügeldecken blau oder schwärzlich erzfarben, mit vier gewundenen, oft zusammenhängenden Querbinden. Lg. 4 bis $5^1/_2$ mm. Sehr selten. Lenzburg. **Lapponica** L.

— Der Eindruck neben der Schulterbeule ist länglich und stark, Halsschild mit feiner Mittelfurche, Oberseite kupferfarben oder blau. Lg. 7—9 mm. Selten. Auf Weiden. Canton Waadt. **Cuprea** F.

5. Oberseite blau oder erzfarbig, der Seitenrand des Halsschildes breit gelb, mit einem schwarzen Punkt, das dritte Tarsenglied nur ausgerandet 6

— Halsschild dunkel, Flügeldecken roth 7

6. Das dritte Fühlerglied $1^1/_2$ mal so lang als das vierte, Flügeldecken ziemlich grob und dicht punktirt, schwarzblau oder erzfarbig. Beine dunkel. Lg. 4 bis 5 mm. Selten auf Salix-Arten. (Escheri Heer).

Walliser-, Berner-, Bündner-, Appenzeller-Alpen, Canton Waadt. **Collaris** L.

Var. Prosternum und Beine gelb und nur die Kniee meist dunkel. v. **geniculata** Dft.

— Das dritte Fühlerglied mehr als doppelt so lang als das vierte. Flügeldecken etwas feiner und dichter punktirt, Halsschild viel kleiner, der Quere nach deutlich gewölbt, die Beine gelb mit dunklen Knieen und Tarsen. Lg. 4 mm. Im Rheinwald und am grossen St. Bernhard. Sehr selten. **Alpina** Zett.

7. Das dritte Tarsenglied ist zweilappig, Flügeldecken in den Schultern doppelt so breit als das Halsschild, dieses von der Basis an nach vorn ziemlich stark gerundet verengt, doppelt so breit als lang, mit schwachen, nach vorn convergirenden Längseindrücken. Lg. 9—12 mm. Sehr häufig überall auf Pappeln und Weiden. **Populi** L.

— Das dritte Tarsenglied nur ausgerandet, Flügeldecken in den Schultern 1½ mal so breit als das Halsschild 8

8. Halsschild von der Basis an nach vorn gerundet verengt, doppelt so breit als lang, die Längseindrücke mässig stark, nach vorn schwach convergirend, Seitenrand des Halsschildes mässig gerundet, Klauenglied an der Spitze jederseits nur mit einem kleinen Zähnchen. Lg. 6—9 mm. (tremulae Suffr.). Nicht häufig. Auf Weiden. In der ebenern Schweiz. **Saliceti** Weise.

— Halsschild bis gegen die Spitze mit geraden, parallelen Seiten, 1½ mal so breit als lang, mit starken, parallelen, nur vorn etwas eingebogenen Längseindrücken und starken Seitenwülsten, Klauenglied an der Spitze jederseits mit einem grossen Zahn. Lg. 6—9 mm. (longicollis Suffr.) Auf Pappeln. Viel seltener als der vorige und öfter mit ihm vermengt. Schaffhausen. **Tremulae** F.

8. Galerucini.

1. Fühler vom Vorderrand des Kopfschildes nicht weiter entfernt als die Augen, Oberseite (durch rauhe Punktirung oder Behaarung) mehr oder weniger matt . 2

— Fühler vom Vorderrand des Kopfschildes etwas weiter entfernt als die Augen, Oberseite glatt und glänzend 4

2. Hinterschienen rauh punktirt, glänzend, abstehend un-

dicht beborstet und bestachelt, Gelenkhöhlen der Vorderhüften hinten geschlossen, Oberseite rauh punktirt, unbehaart, Basis des Halsschildes nicht gerade. **Adimonia** Laich.

— Alle Schienen fein punktirt, matt, dicht und fein behaart, Gelenkhöhlen der Vorderhüften hinten in der Mitte offen, Halsschildbasis neben den Hinterecken mehr oder weniger abgeschrägt, Klauen gezähnt 3

3. Oberseite kahl, oder mit einzelnen Haaren besetzt, Flügeldecken nach hinten mehr oder weniger verbreitert. **Lochmaea** Weise.

— Oberseite dicht und fein behaart, Flügeldecken ziemlich gleichbreit. **Galeruca** Geoffr.

4. Flügeldecken ganz ohne abgegrenzte Epipleuren, Klauen am Grunde gezähnt, Halsschild ohne Eindruck. **Phyllobrotica** Redt.

— Epipleuren der Flügeldecken bis gegen die Spitze deutlich abgesetzt, Klauen am Grunde gezähnt, Halsschild ohne tiefe Grube 5

5. Vorderhüften durch eine schmale Liste des Prosternum getrennt. **Malacosoma** Rosenh.

— Vorderhüften aneinanderstehend 6

6. Vorderrand des Halsschildes ausgebuchtet, mit vorragenden Vorderecken, Hinterrand gerundet, Körper breit, Flügeldecken nach hinten verbreitert, Flügel vorhanden. **Agelastica** Redt.

— Vorderrand des Halsschildes gerade, ohne vorragende Vorderecken, Körper schmal, Flügel vorhanden, beim ♂ die Fühler länger, der Kopf und die Augen grösser. **Luperus** Geoffr.

Gatt. Adimonia Laich.

1. Mittelschienen fein und dicht punktirt, fein und dicht behaart, Klauen gezähnt 6

— Alle Schienen rauh punktirt. **Galeruca** Geoffr.

2. Schwarz, der Seitenrand und der halbe Basalrand der Flügeldecken deutlich aufgebogen. Metasternum an den Seiten unbehaart, mit deutlicher Mittelrinne. Halsschild mit ziemlich gerader Basis, nach vorn stark verengt, mit stark aufgebogenem Seitenrand, Flügeldecken dicht und grob punktirt, ohne erhabene

Längslinien. Lg. 5—9 mm. Häufig überall bis 6000' über Meer. **Tanaceti** L.

— Nur der Seitenrand der Flügeldecken aufgebogen, Metasternum an den Seiten wie die übrige Unterseite mit schimmernden Häärchen besetzt 3

3. Schienen zur Spitze stark und plötzlich (trompetenförmig) verbreitert, mit stark gebogenem Aussenrand. Nahtwinkel der Flügeldecken etwas gerundet, Seitenrand des Halsschildes nur schwach aufgebogen . . 4

— Schienen zur Spitze schwach und allmählig verbreitert 5

4. Flügeldecken mit starken Rippen, die durch punktirte Zwischenräume unterbrochen sind, Halsschild doppelt so breit als lang, Oberseite gelbbraun. Lg. 6—8 mm. Genf, Wallis, Tessin, Jura, Bergell. **Interrupta** Ol.

— Flügeldecken mit ununterbrochenen Rippen, Halsschild mehr als doppelt so breit als lang, Oberseite gelbbraun, die Rippen und oft die Scheibe des Halsschildes dunkler, seine Ecken etwas abgerundet. Lg. 6—9½ mm. Selten. Wallis. **Circumdata** Dft.

Var. Ganz schwarz oder pechbraun. v. **oelandica** Boh.

5. Seitenrand des Halsschildes stark aufgebogen, in der Mitte ausgebuchtet, Flügeldecken mit deutlichen Rippen, der Seitenrand um die Schultern breit herumreichend und von oben sichtbar, Oberseite gelbbraun oder braun. Lg. 6—9 mm. (dispar Joannis, rufescens Joann., pomonae Weise). Nicht selten. Genf, Wallis, Tessin, Basel, Schaffhausen, Zürich, St. Gallen. **Rustica** Schall.

— Seitenrand des Halsschildes nicht aufgebogen und nur sehr schwach ausgebuchtet, Flügeldecken ohne oder mit schwach angedeuteten Rippen, der Seitenrand schmal, an den Schultern von oben kaum sichtbar, Halsschild etwas mehr als doppelt so breit als lang, Oberseite gelbbraun. Halsschild am Vorderrand wenig schmäler als an der Basis, Hinterecken gerundet. Lg. 6—9 mm. (laticollis Weise). Mont Generoso, auf Aconit. **Villae** Comolli.

6. Flügeldecken flach, ganz ohne Rippen, Flügel fehlen, Oberseite roth, der Kopf schwarz. Lg. 3½—5 mm. (aptera Bon., haematidea Germ.) Piemont. **Melanocephala** Ponza.*)

---

*) Anm. Der in der Fauna aufgeführte Ad. littoralis ist nicht in der Schweiz zu Hause; diese Art gehört dem Süden Europa's an.

Gatt. **Lochmaea** Weise (Adimonia Laich.).

— Halsschild seitlich gerundet, die ganze Oberseite und die Beine roth, beim ♂ die Gruben des Halsschildes, zwei Längslinien jeder Flügeldecke und die Schultern schwarz. Lg. 3,5—3,8 mm. (crataegi Marsh. Weise). Genf, Chiasso, Jura, Aarau, Zürich, Schaffhausen. **Sanguinea** F.

Var. ♂ Schienen schwarz. v. **tibialis** Dft.

— Halsschild seitlich winklig erweitert, Körper länglicher und flacher, Halsschild oft schwarz gefleckt, beim ♂ das erste Tarsenglied deutlich erweitert, braungelb 2

2. Stirn dicht runzlig punktirt, Flügeldecken dicht und grob punktirt. Lg. 4 mm. Sehr gemein auf Weiden überall. **Capreae** L.

Var. Halsschild und Flügeldecken röthlich, Fühler und Beine grösstentheils schwarz. v. **scutellata** Chevr.

Var. Halsschild ganz schwarz. v. **pallidipennis** Joannis.

— Stirn sparsamer, Flügeldecken feiner und dichter punktirt. Oberseite gelb, die Naht der Flügeldecken oft dunkel, bisweilen fast ganz schwarz. Lg. 4—5 mm. Selten. Schaffhausen, Basel. **Suturalis** Thoms.

Gatt. **Agelastica** Redt.

1. Gelenkhöhlen der Vorderhüften hinten offen, Basis des Halsschildes gerandet, das vorletzte Glied der Maxillartaster stark verdickt. (Subg. **Agelastica** i. sp.)

Halsschild vorn viel schmäler als hinten, der Hinterrand stark gerundet, die Scheibe ohne Eindrücke, Unterseite ganz schwarz, Oberseite blau, grünlich oder violett. Lg. 5—6 mm. Sehr häufig auf Erlen. **Alni** L.

— Gelenkhöhlen der Vorderhüften hinten geschlossen, Basis des Halsschildes ungerandet, das vorletzte Glied der Maxillartaster kaum verdickt. (Subg. **Sermyla** Charp.

Halsschild vorn nicht schmäler als hinten, der Hinterrand in der Mitte gerade, auf der Scheibe zwei Gruben, Kopf, Halsschild und Unterseite gelb, die Flügeldecken grünlich oder bläulich erzfarben. Lg. 4—5 mm. Häufig auf Galium. Genf, Waadt, Wallis, Basel, Schaffhausen, Glarus, St. Gallen, Appenzell, Neuchatel. **Halensis** L.

Gatt. **Malacosoma** Chevr.

Schwarz, der Bauch, das sehr fein punktirte Halsschild und die fein punktirten Flügeldecken bräunlich-gelb, glänzend, das Prosternum zwischen den Hüften erhöht vortretend. Lg. 6—8½ mm. Häufig im Wallis. **Lusitanica** L.

Gatt. **Phyllobrotica** Red..

Basis des Halsschildes ungerandet, Kopf flach mit einer Längsrinne, schmäler als das Halsschild, hinter den Fühlern schwarz, Kopf, Halsschild und Flügeldecken gelb, jederseits ein grosser Fleck an der Basis und einer hinter der Mitte schwarz. Beine gelb. Lg. 5—6 mm. Selten. Genf, Waadt, Jura, Luzern, Pfäffiker-See, Zürichberg, Schaffhausen. **Quadrimaculata** L.

Gatt. **Galeruca** Geoffr., Galerucella Crotsch.

1. Kopf mit den Mandibeln vor den Augen so lang als hinter denselben, breit mit vortretenden Wangen, Vorderschenkel etwas verdickt, Seiten des Halsschildes in der Mitte erweitert, Halsschild und Flügeldecken fein und dicht punktirt, fein behaart, Halsschild nicht viel schmäler als die Flügeldecken. Oberseite gelblichgrau, drei Längsbinden auf dem Halsschild und die Schulterbeule der Flügeldecken schwarz. Lg. 4—5 mm. Nicht selten auf viburnum. Waadt, Wallis, Jura, St. Gallen, Schaffhausen, Zürich. **Viburni** Payk.

— Kopf mit den Mandibeln vor den Augen viel kürzer als hinter denselben, schmal mit ausgehöhlten Wangen 2

2. Epipleuren der Flügeldecken nach hinten verschmälert und vor der Spitze aufhörend, Seiten des Halsschildes in der Mitte erweitert, Halsschild mit zwei grob punktirten Gruben, in der Mitte glatt und oft unbehaart, Flügeldecken ziemlich grob, nicht sehr dicht punktirt, Kopf viel schmäler als das Halsschild, dieses halb so breit als die Flügeldecken 3

— Epipleuren der Flügeldecken bis nahe zur Spitze gleich breit und bis zum Nahtwinkel deutlich . . 5

3. Halsschild in der Mitte kahl, die Seiten hinter der winkligen Erweiterung buchtig verengt 4

— Halsschild ganz behaart, die Seiten hinter der Mitte geradlinig verengt, nur die Hinterecken selbst etwas vortretend. Flügeldecken mit rechtwinkligem Nahtwinkel, dicht behaart, Oberseite gelb, ein Fleck auf dem Halsschild und die Schulterbeule schwarz. Lg. 3,8—4,5 mm. Ziemlich selten, auf Weiden. Genf, Stabio, Locarno, Basel, Schaffhausen, Ct. Zürich, Zermatt. **Lineola** F.

Var. Flügeldecken mit einem verwaschenen Längsfleck auf der Scheibe.

4. Seitenrand der Flügeldecken vor der Spitze etwas ausgebuchtet, so dass der Nahtwinkel in eine Spitze ausgezogen erscheint, Mittelhüften deutlich getrennt, Oberseite braun mit hellerem Seitenrand, ziemlich sparsam behaart, Beine hell gefärbt, die Schenkel mitunter dunkler, Halsschild an der Basis gerandet. Lg. 4—5 mm. Auf Nymphaea alba. Genf, Wallis, Basel, Schaffhausen, Zürich. **Nymphaeae** L.

Var. Kleiner, Flügeldecken gerunzelt, mit gelblichen Rändern, der Nahtwinkel spitz aber weniger vorragend (sagittariae Joann. Rtt). Basel, Pfäffikersee. v. **aquatica** Fourc.

— Seitenrand der Flügeldecken nicht ausgebuchtet, der Nahtwinkel vollkommen gerundet, Mittelhüften fast aneinanderstehend. Oberseite gelbbraun, Flügeldecken ziemlich dicht grau behaart, ein Fleck auf der Stirn und einer auf dem Halsschild, Schildchen Brust und Bauch schwarz, Halsschild deutlich gerandet und jederseits gebuchtet, fast glatt, glänzend, Flügeldecken mit zwei oft undeutlichen erhabenen Längslinien. Lg. 4—5 mm. Auf Sumpfpflanzen, besonders Lysimachia vulgaris. Selten. Pfäffikersee. **Sagittariae** Gyll.

5. Augen gross, Nahtwinkel der Flügeldecken gerundet, Epipleuren schmal, das dritte Fühlerglied so lang als das vierte, Halsschild ohne glatten Wulst am Vorderrand, Flügeldecken dicht und ziemlich fein punktirt, Oberseite undicht behaart, etwas glänzend, gelb, zwei Flecken auf dem Kopf, drei auf dem Halsschild, eine Längsbinde auf den Flügeldecken und ein (oft fehlender) kurzer Strich neben dem Schildchen schwarz, Flügeldecken auf der Unterseite glänzend schwarz. Lg. 4—5 mm. (crataegi Först., calmariensis F.). Genf und Wallis häufig. **Xanthomelaena** Schrank.

— Augen klein, Nahtwinkel der Flügeldecken in eine

kleine Spitze ausgezogen, Epipleuren breit, das dritte Fühlerglied etwas länger als das vierte, am Vorderrand des Halsschildes ein breiter, glatter Wulst, Flügeldecken ziemlich grob und nicht sehr dicht punktirt, Oberseite dicht und fein behaart . . . 6

6. Schildchen und Fühler bis auf die Basis und Unterseite schwarz 7

— Schildchen gelbbraun, Fühler gelb mit dunklerer Spitze, Flügeldecken grob punktirt, Oberseite und das letzte Abdominalsegment gelblichbraun, bisweilen ein Mittelfleck des Halsschildes und die Schulterbeule, oder ein Längsfleck auf jeder Flügeldecke dunkler. Lg. 3 mm. (minima Weidenb.). Selten. Schaffhausen. **Tenella** L.

7. Flügeldecken feiner punktirt, die zwei letzten Abdominalsegmente und die ganze Oberseite (mit Ausnahme des Schildchens), selten ein Längsfleck auf den Flügeldecken schwarz. Lg. $3^1/_2$ mm. (tenella Redt.) Häufig auf Sumpfwiesen. Genf, Waadt, Schaffhausen, Zürich, Basel. **Pusilla** Dft.

— Flügeldecken grob punktirt, das letzte Abdominalsegment hell, Oberseite rothbraun, die Schulterbeule und meistens ein grosser Längsfleck über die Mitte der Flügeldecken schwarz. Lg. 3,8—4 mm. (lythri Gyll.) Sehr häufig auf Lythrum salicaria und auch auf Weiden. **Calmariensis** L.

Gatt. **Luperus** Geoffr.

1. Zweites Fühlerglied ungefähr so lang als das dritte, Halsschild vorn ungerandet, seine Eckborsten stehen in tiefliegenden Poren, die vordern ein Stück hinter den Vorderecken, Flügeldecken in der hintern Hälfte mit einzelnen abstehenden Häärchen. Calomicrus Steph. 2

— Zweites Fühlerglied viel kürzer als das dritte, Halsschild ringsum gerandet, seine Eckporen stehen auf kleinen Kegeln; Luperus i. sp. 3

2. Oberseite gelb, die Basalhälfte des Halsschildes, die Naht und der Seitenrand der Flügeldecken breit schwarz, Fühlerwurzel und Schienen grösstentheils gelb, Halsschild quer, sehr fein punktirt, mit zwei Eindrücken und einigen kleinen schwarzen Punkten. Lg. 3—4 mm. (circumfusus Marsh.) Ziemlich selten. Genf, Tessin, Waadt, Neuenburg, Jura, Basel, Schaffhausen, Zürich. **Nigrofasciatus** Göze.

— Kopf und Flügeldecken schwarz, Fühlerwurzel, Halsschild und Beine gelb, die Schenkel theilweise schwarz, Stirn fein behaart, ziemlich dicht und sehr fein punktirt, Flügeldecken mit feiner, ungleicher Punktirung und schwach gerunzelt. Lg. 2,8—4,5 mm. Häufig auf Nadelholz bis 5000′ ü. M. **Pinicola** Dft.

Var. Halsschild dunkel. v. **sylvestris** Weise.

3. Flügeldecken auf dem Abfall zur Spitze mit einzelnen abstehenden Häärchen, schwarz, Halsschild hinten fein aber deutlich, Flügeldecken dicht und stark punktirt, blau oder grün, mitunter die ganze Oberseite mit Erzglanz, Beine ganz schwarz. Lg. $3^1/_2$—5 mm. Selten. Am Matmarksee und im Val Entremont. **Nigripes** Kiesw.

— Flügeldecken kahl, nur am Seitenrand hinter der Mitte sparsam und äusserst fein bewimpert . . . 4

4. Beine einfärbig rothgelb. Flügeldecken innen fein und sparsam, nach aussen kaum punktirt. Oberseite bei beiden Geschlechtern ganz schwarz; ♂ Fühler von Körperlänge, Kopf nebst den Augen etwas schmäler als das Halsschild. Lg. 4—5 mm. (rufipes Dft., pallipes Bach.) Schaffhausen. **Xanthopoda** Schrank.

— Beine rothgelb, die Schenkel theilweise schwarz, Fühler beim ♂ länger als der Körper 5

5. Halsschild bei ♂ und ♀ schwarz, Hinterschenkel an der Basis schwarz; Flügeldecken überall fein und mässig dicht punktirt. Lg. 3,5—5 mm. St. Bernhard. ♂ Kopf nebst den Augen etwas breiter als das Halsschild. **Longicornis** F.

— Halsschild beim ♂ dunkelbraun oder schwarz, bei ♀ roth. Der Kopf mit den Augen so breit als das Halsschild, Flügeldecken überall deutlich punktirt, schwarz mit bläulichem Schimmer. Lg. 3,5 mm. (rufipes Göze, dispar Redt.) In der Schweiz nicht mit Sicherheit nachgewiesen. Monte Rosa? Engelberg, Schaffhausen. **Niger** Göze.

— Halsschild bei ♂ und ♀ gelb 6

6. Der Kopf mit den Augen so breit als das Halsschild, dieses bei ♂ und ♀ viel breiter als lang, Flügeldecken schwarz mit bläulichem Schimmer, Fühler beim ♂ wenig länger als der Körper, die einzelnen Glieder länger als das Halsschild. Lg. 4 mm. (coerulescens Dft., Garieli Aubé.) Häufig in den Alpen. **Viridipennis** Germ.

— Flügeldecken einfärbig schwarz 7

7. Fühler des ♂ viel länger als der Körper, Flügeldecken mit einfacher Punktirung, Beine gelb und nur die Wurzel der Schenkel gelb, die ersten drei Fühlerglieder gelb, Kopf mit den Augen breiter als das Halsschild, die einzelnen Fühlerglieder so lang als das Halsschild. Lg. 3,5—3,8 mm. Sehr häufig überall. **Flavipes** L.

— Fühler des ♂ kaum so lang als der Körper, Flügeldecken mit grössern oder kleinern Punkten, Halsschild seitlich schwach gerundet, die Vorderbeine und die Knie der Mittel- und Hinterbeine gelb, das erste Fühlerglied schwarz, das zweite und dritte gelb, die äussern schwarz. Lg. $4^1/_2$—5 mm. (Schweiz. Mittheil. VIII, p. 251.) Laufenburg, auf Weiden. **Rhenanus** Stierlin.

9. Halticini.

1. Hintertarsen vor der Spitze der Schienen in einer Abstutzung des Hinterrandes eingelenkt, zwischen dem ersten und zweiten Glied gekniet, das erste Glied stark verlängert, Fühler zehngliedrig, Flügeldecken regelmässig punktirt-gestreift, Gelenkhöhlen der Vorderhüften hinten geschlossen, Halsschild ohne Querfurchen und ohne Längsfalten. **Psylliodes** Latr.

— Hintertarsen an der Spitze der Schienen eingelenkt, Fühler elfgliedrig 2

2. Mittel- und Hinterschienen am Hinterrand vor der Spitze mit einer langen, bewimperten Ausrandung, die zwei ersten Bauchsegmente verwachsen. Flügeldecken wenigstens neben dem Seitenrand und gegen die Spitze punktirt-gestreift, Gelenkhöhlen der Vorderhüften hinten geschlossen. **Chaetocnema** Steph.

— Mittelschienen einfach, Hinterschienen vor der Spitze höchstens mit einer kleinen Ausrandung, alle Bauchsegmente frei 3

3. Körper etwas länglich 4

— Körper fast halbkugelig 11

4. Hinterschienen mit einfachem Enddorn, Kopf höchstens bis an die Augen in das Halsschild zurückziehbar, Augen rund, gewölbt 5

— Hinterschienen mit gabelförmig gespaltenem Enddorn, Kopf in das Halsschild eingezogen, Augen rinnenförmig, flach, Gelenkhöhlen der Vorderhüften hinten offen. **Dibolia** Latr.

5. Das erste Glied der Hintertarsen kürzer als die halbe Schiene, mit breiter, bürstenartig behaarter Sohle, Hintertarsen zwischen dem ersten und zweiten Glied nicht gekniet 6
— Das erste Glied der Hintertarsen so lang als die halbe Schiene, sehr schlank, fast stielrund, mit schmaler, lang behaarter Sohle, Hintertarsen zwischen dem ersten und zweiten Glied gekniet, Hinterrand der Hinterschienen fein gezähnelt, Gelenkhöhlen der Vorderhüften hinten offen, Flügeldecken verworren punktirt, Halsschild ohne Querfurchen und ohne Längsfalten. **Longitarsus** Latr.
6. Gelenkhöhlen der Vorderhüften hinten geschlossen, Flügeldecken punktirt-gestreift, Klauenglied einfach 7
— Gelenkhöhlen der Vorderhüften hinten offen, Flügeldecken meist verworren punktirt 9
7. Halsschild mit einem Längseindruck jederseits an der Basis 8
— Halsschild ohne Längseindruck, mit schwachem oder ohne Quereindruck. **Ochrosis** Foudr.
8. Halsschild mit einer deutlichen Querfurche vor der Basis, die beiderseits durch die Längseindrücke abgekürzt ist, Fühler dünn. **Crepidodera** Chevr.
— Halsschild ohne Querfurche zwischen den Längseindrücken. **Mantura** Steph.
9. Flügeldecken regelmässig punktirt-gestreift, Halsschild ohne Längs- und ohne Quereindrücke. **Batophila** Foudr.
— Flügeldecken verworren punktirt 10
10. Halsschild mit einer deutlichen Querfurche an der Basis. **Haltica** Geoffr.
— Halsschild ohne Quer- und Längsfurchen. **Aphthona** Chevr.
11. Gelenkhöhlen der Vorderhüften hinten geschlossen, Halsschild mit zwei Längsfalten an der Basis, Prosternum schmal, am Vorderrand tief ausgerandet, Fühler gegen die Spitze allmählig verdickt. **Hypnophila** Foudr.
— Gelenkhöhlen der Vorderhüften hinten offen, Halsschild ohne Längsfalten 12
12. Prosternum breit, mit erweitertem Kinnfortsatz, zwischen den Vorderhüften gewölbt, der Mund kann in das Prosternum zurückgezogen werden, Mesosternum sichtbar. **Apteropoda** Reich.
— Prosternum schmal, am Vorderrand tief ausgerandet, zwischen den Vorderhüften gefurcht 13

13. Mesosternum von einem Fortsatz des Metasternum bedeckt, der an das Prosternum stösst, Episternen der Hinterbrust nicht abgesetzt, Hinterrand des Halsschildes einfach gerundet, Oberlippe nicht gewimpert, Fühler mit drei grössern Endgliedern. **Mniophila** Steph.
— Mesosternum unbedeckt, Episternen der Hinterbrust deutlich abgesetzt, Hinterrand des Halsschildes beiderseits neben dem Schildchen ausgebuchtet, Oberlippe am Vorderrand dicht gewimpert 14
14. Schienen einfach, Kopfschild vorn nicht ausgeschnitten, Prosternum am Vorderrand ausgeschnitten. **Sphaeroderma** Steph.
— Schienen mit einer Rinne am Hinterrand, Kopfschild vorn tief ausgeschnitten, mit spitzen Vorderecken, Prosternum am Vorderrande ausgeschnitten. **Agropus** Fischer.

Gatt. **Psylliodes** Latr.

1. Kopf geneigt, vom Vorderrand des Halsschildes nicht bedeckt, Augen durch eine tiefe Furche von der Stirn getrennt, das erste Glied der Hintertarsen gerade . 2
— Kopf senkrecht, vom Vorderrand des Halsschildes ganz bedeckt, Augen nicht durch eine tiefe Furche von der Stirn getrennt, das erste Glied der Hintertarsen gekrümmt, Flügel rudimentär, Hinterschienen fast gerade, das zweite und dritte Fühlerglied gleich lang, zusammen kaum länger als das erste, Körper gestreckt, vorn und hinten verschmälert, Flügeldecken an der Spitze abgestutzt, mit stumpfem Nahtwinkel, Halsschild dicht und tief punktirt, wenig glänzend, oben erzfärbig. Lg. $2^1/_2$ mm. Selten auf Spergula arvensis. Genf. **Cucullata** Ill.
2. Ungeflügelt, Schulterbeule der Flügeldecken fehlend oder sehr schwach entwickelt 3
— Geflügelt, Schulterbeule der Flügeldecken deutlich vortretend 4
3. Schwarz, ohne wesentliche metallische Beimischung oder nur einer Spur derselben; kurz-oval, Vorderbrust abschüssig, der Mund an die Hüften anlegbar, Halsschild äusserst fein gewirkt und verloschen punktirt, Flügeldecken mit ziemlich tiefen und starken Punktstreifen. Lg. 2,5—3 mm. (alpina Redt., Foudras, All.) **Glabra** Dft.
— Braun bis schwarz, bei ausgefärbten Stücken deutlich metallischgrün, Hinterschienen kurz und breit,

der erste Leistenzahn undeutlich oder fehlend, hinter ihm eine sehr kleine Ausbuchtung, der zweite Zahn hat die Form eines kleinen Kreisabschnittes; ellyptisch, bläulichgrün, Fühler und Beine mit Ausnahme der Hinterschenkel hell rostroth, Halsschild dicht punktirt, Flügeldecken punktirt-gestreift mit deutlich punktirten Zwischenräumen. Lg. 2½—3½ In der Schweiz noch nicht nachgewiesen, aber in der Alpenkette weit verbreitet und darum kaum fehlend.
Gibbosa Allard.

— Hinterschienen schlank, fast gerade, vor der Spitze löffelförmig ausgehöhlt, die äussere und die abgekürzte Seitenwandleiste dicht und regelmässig kammförmig bedornt, Hinterschenkel mässig breit . . . 5

— Hinterschienen kurz, der Hinterrand stark gebogen, vor der Spitze meist rinnenförmig vertieft, mit sparsam, unregelmässig und kurz bedornten Seiten, Hinterschenkel sehr breit 17

5. Hintertarsen weit vor der Spitze der Schiene eingefügt 6

— Hintertarsen kurz vor der Spitze der Schiene eingefügt 16

6. Stirnlinien scharf und tief xförmig eingeschnitten, Stirnhöcker dreieckig, deutlich begrenzt, Stirn bis zum Scheitel lederartig gewirkt, unpunktirt, Flügeldecken stark punktirt-gestreift mit deutlich punktirten Zwischenräumen, Körper gestreckt, Oberseite erzgrün, die Spitze der Flügeldecken oft röthlich. Lg. 2,3—3 mm. Häufig auf Wiesen und Feldern. Genf, Schaffhausen, St. Gallen. **Attenuata** E. H.

— Stirnlinien zwischen den Augen und Stirnhöcker undeutlich oder fehlend 7

7. Seiten des Halsschildes gleichmässig gebogen, Oberlippe rothgelb, Kopf und Zwischenräume der Flügeldecken sehr fein punktirt, Körper länglich eiförmig, Oberseite blau, der Kopf wenigstens am Vorderrand roth. Lg. 3,5—4 mm. Häufig auf Cruciferen.
Chrysocephala L.

— Seitenrand des Halsschildes bei dem vordern Borstenpunkt winklig vortretend 8

8. Flügeldecken blau, grün oder erzfarben, Stirn ziemlich schmal; so lang oder länger als breit, der Randsaum der Augen über der Fühlerbasis nicht erweitert 9

— Flügeldecken gelb 15
9. Die Stirne am Innenrande der Augen reicht bis zur Fühlerbasis 10
— Die Stirne am Innenrande der Augen ist von der Grube, in welcher die Fühler stehen, durch eine Leiste getrennt 11
11. Die Punktstreifen der Flügeldecken nach hinten schwächer, Halsschild deutlich punktirt, Körper lang eiförmig, Oberseite stark gewölbt, dunkelgrün. Lg. $2^1/_2$—3 mm. Selten. Auf Iberis pinnata. Waadt. **Instabilis** Foudr.

— Die Punktstreifen der Flügeldecken nach hinten kaum schwächer, die Punkte gedrängt, Zwischenräume dicht punktirt, dunkelgrün oder blau. Lg. $3^1/_2$—4 mm. Basel. **Fusiformis** Ill.

10. Halsschild und Flügeldecken stark gewölbt . . . 12
— Halsschild und Flügeldecken schwach gewölbt . . 13
12. Körper oval, wenig gestreckt, Punkte in den Reihen der Flügeldecken stark, weitläufig gestellt; Oberseite schwarzblau bis grün. Beine röthlichgelb, Hinterschenkel schwarz. Lg. 2—3,8 mm. Häufig auf Wiesen und Reps. **Napi** F.

— Körper gestreckt, langoval, Vorderschenkel stets angedunkelt, Oberseite veilchenblau, auf Kopf und Halsschild blau, Punktstreifen der Flügeldecken mässig stark, gedrängt punktirt, Zwischenräume leicht gewölbt. Lg. 3 mm. Selten. Genf, Aarau. **Picipes** Redt.

13. Halsschild an der Basis wenig schmäler als die Flügeldecken, bis zum vordern Borstensporn deutlich verengt, Scheibe des Halsschildes dicht und fein, aber tief punktirt, dunkel broncegrün oder braun, Punktstreifen der Flügeldecken scharf ausgeprägt. Lg. 2,8—3,5 mm. (cupreonitens Först., testacea Foudr.) Selten. Waadt. **Obscura** Dft.

— Scheibe des Halsschildes verloschen punktirt, Beine braun 14
14. Die Punktreihen der Flügeldecken mässig stark, auf der hintern Hälfte nur wenig schwächer. Lg. 3—4 mm. Selten. St. Bernhard. **Thlaspis** Foudr.

— Die Punktreihen der Flügeldecken fein, auf der hintern Hälfte sehr schwach, Zwischenräume fein gewirkt und undeutlich punktirt, Fühlerwurzel und

der grösste Theil der Beine hell bräunlichgelb. Lg. $2^1/_2$—3 mm. Selten. Genf, Jura, Aarau.
Cuprea E. H.

15. Stirn punktirt, Hinterschenkel einfach, letztes Drittel der Hinterschienen auffallend breit, Kopf, Halsschild und Brust rothbraun, oft mit schwachem, grünem Metallschimmer, Kopf und Halsschild stark und dicht punktirt, die gelben Flügeldecken mit kräftigen Punktreihen. Lg. $3^1/_2$—4 mm. Selten. Ragaz. **Marcida** Ill.
— Kopf unpunktirt, fein lederartig gerunzelt, Halsschild ziemlich fein zerstreut-punktirt, Hinterschenkel auf der Unterseite winklig erweitert, Körper schwarz, nur das Halsschild und die Flügeldecken mit Ausnahme der schwarzen Naht gelb, Beine gelb, mit schwarzen Hinterschenkeln. Lg. 2—$2^1/_2$ mm. Häufig auf Solanum, Hyoscyamus, Belladonna. **Affinis** Payk.
16. Die Stirnlinien und Stirnhöcker schwach, zwischen der Furche am Innenrande der Augen und der Fühlerbasis eine glatte Fläche, Seiten des Halsschildes am vordern Borstenpunkt winklig gebogen, Halsschild stark, die Zwischenräume der Flügeldecken deutlich punktirt. Lg. $2^1/_2$—3 mm. In der Schweiz noch nicht nachgewiesen, aber weit in Mitteleuropa verbreitet und sicher in der Schweiz nicht fehlend.
Cupreata Dft.
17. Halsschild mit groben und feinen Punkten gemischt punktirt 18
— Halsschild einfach fein punktirt, an der Basis jederseits mit einem Längsgrübchen und am Vorderrand jederseits hinter dem Auge mit einer Randleiste . 19
18. Stirnlinien seicht, zwischen Fühlerbasis und Augen keine Grube, Halsschild reichlich doppelt so breit als lang, die Seiten am vordern Borstenpunkt winklig gebogen, der Seitenrand vorn bis zum Borstenpunkt verdickt, Oberseite blau. Lg. 3—$3^1/_2$ mm. Häufig auf Solanum dulcamara. Genf, Jura, Basel, Schaffhausen. **Dulcamarae** E. H.
— Stirnlinien tief, über der Fühlerbasis eine Grube, Halsschild kaum doppelt so breit als lang, die Seiten schwach und gleichmässig gebogen, der Seitenrand vorn nur kurz verdickt, Oberseite glänzend erzfarben, Flügeldecken stark punktirt-gestreift mit deutlich punktirten Zwischenräumen. Lg. 3—4 mm. Selten auf Hyoscyamus. Genf, Schaffhausen. **Hyoscyami** L.

Var. b. Oben mit leichtem Kupferglanz.
v. **cupronitens** Först.

Var. c. Oval, hinten verschmälert, oben blau oder violettblau, unten schwarz erzfärbig, die Fühlerwurzel, Kniee, Schienen und Tarsen dunkel rostroth, selten gelb, die Vorderschenkel pechbraun; Halsschild nach vorn stark zusammengedrückt und rundlich verengt, Flügeldecken meist weniger tief punktirt-gestreift. v. **chalcomera** Ill.

Var. d. Oberseite braun erzfärbig. v. **cardui** Weise.

19. Stirn breit, zwischen den Augen mit groben und feinen Punkten, rostroth, Brust und Bauch pechfarben, die Lippe, die Spitze der Fühler und der Rücken der Hinterschenkel dunkler, Augen länglich, Flügeldecken tief punktirt-gestreift. Lg. 2½—3 mm. Selten. Auf Solanum-Arten. Waadt, Schaffhausen. **Luteola** Müll.

— Stirn breit, unpunktirt, flach oder mit seichtem Längseindruck und kleinen Grübchen, Oberseite pechbraun mit Erzglanz oder rothbraun, die Spitzen der Fühler und die Beine rostroth, die Hinterschenkel theilweise dunkler, Augen rundlich. Lg. 2½—3 mm. (melanophthalma Dft., picea Foudr.) Selten auf Lythrum salicaria und Cirsium palustre. Waadt. **Picina** Marsh.

Gatt. **Chaetocnema** Steph.

1. Stirn mit deutlichem Längskiel. Subg. **Plectroscelis** Redt.

— Stirn flach und breit, ohne Kiel. Subg. **Chaetocnema** i. sp.

Subg. **Plectroscelis** Redt.

1. Flügeldecken gelb, ebenso Fühlerwurzel, Schienen und Tarsen, Halsschild und Kopf erzfärbig, Halsschild kurz, nach vorn wenig verschmälert, sehr fein punktirt, Flügeldecken stark punktirt-gestreift, die Schulterbeule, die Ränder und die Naht schwarz. Lg. 1½—2½ mm. Bündner Alpen. **Conducta** Motsch.

— Flügeldecken metallisch 2

2. Halsschild an der Basis in der Randlinie, auf jeder Seite des Schildchens mit 3—6 starken Punkten und einem Schrägeindruck jederseits 3

— Halsschild ohne stärkere Punkte an der Basis und ohne Eindrücke, Stirn mit etwa zehn Punkten neben den Augen, Halsschild gewölbt, dicht punktirt, Flügeldecken stark punktirt-gestreift, Oberseite braun erzfarben. Lg. 1,5—2 mm. Nicht häufig, auf Wiesen. **Tibialis** Ill.

3. Stirn mit einem Querstreifen von zahlreichen groben Punkten, Halsschild fein punktirt, Flügeldecken fein punktirt-gestreift. Oberseite blau, das Halsschild erzfarben, die Beine roth und nur die Hinterschenkel schwarz. Lg. 2 mm. Westschweiz auf Wiesen. **Semicoerulea** E. H.

— Stirn neben jedem Auge mit 3—6 Punkten, Beine roth mit schwarzen Schenkeln, Halsschild deutlich punktirt, Flügeldecken tief punktirt-gestreift. Oberseite erzfärbig. Lg. 1,2—1,5 mm. (dentipes E. H.) Sehr häufig auf Wiesen. **Concinna** Marsh.

Subg. **Chaetocnema** i. sp.

1. Flügeldecken regelmässig punktirt-gestreift . . . 2

— Flügeldecken nur an den Seiten und an der Spitze regelmässig punktirt-gestreift, sonst verworren punktirt 3

2. Körper schlank, fast ohne Schulterbeule und fast parallelseitig, Flügel rudimentär, Flügeldecken sehr tief punktirt-gestreift, mit schmalen, fast kielförmigen Zwischenräumen, die äussern Punktstreifen laufen über die Schulter fort bis zur Basis, Oberseite dunkel metallischgrün bis grünlichblau, Kopf und Halsschild dicht und fein punktirt. Lg. 2 mm. In den Alpen, von Krain bis in die Schweiz. **Angustula** Rosh.

— Körper eiförmig, Flügeldecken mit deutlichen Schulterbeulen, Flügel vorhanden, Halsschild dicht punktirt, die Punkte in den Streifen der Flügeldecken gleichmässig stark, die Zwischenräume gewölbt, Mitte der Hinterbrust und das erste Bauchsegment grob, Seiten der Hinterbrust und die übrigen Bauchsegmente fein punktirt, Oberseite erzfärbig. Lg. 1,5 bis 1,8 mm. Selten. Alpen, Schaffhausen. **Aerosa** Rosh.

3. Punkte der Flügeldecken aussen an der Seite und an der Spitze ganz verworren punktirt, Kopf hinter der Querlinie fein punktirt, Halsschild fein punktirt, Körper länglich-eiförmig 4

— Die Punkte der Flügeldecken aussen, an den Seiten und an der Spitze unregelmässige Doppelreihen bildend 5

4. Oberseite blau, die Fühlerwurzel an der Unterseite, Schienen und Tarsen gelb. Lg. $2^1/_2$ mm Selten. Basel, Jura, Schaffhausen. **Mannerheimi** Gyll.

— Oberseite schwärzlich erzfarben, die Taster und die ersten Fühlerglieder dunkel rostroth. Lg. 1,5—2 mm. Nicht selten, Basel, Jura, Schaffhausen, Mendrisio, Engadin, Nürenstorf. **Aridula** Gyll.

5. Kopf hinter der Querlinie feiner punktirt als vor derselben 6

— Kopf hinter der Querlinie ebenso grob als vor derselben 7

6. Köper sehr lang-oval, Oberseite dunkelblau, die Fühlerwurzel auf der Unterseite, Schienen und Tarsen gelb, Halsschild kurz, seitlich leicht gerundet, Flügeldecken punktirt-gestreift, die starken Punktreihen nur vorn neben der Naht verworren. Lg. 2—2,5 mm. In der Schweiz bis jetzt noch nicht nachgewiesen, aber sicher vorhanden, vorzugsweise in Gebirgsgegenden. **Subcoerulea** Kutsch.

— Körper kurz-oval, Halsschild nach vorn zusammengedrückt, dicht und fein punktirt, Flügeldecken punktirt-gestreift, vor der Mitte unregelmässig doppelreihig, Oberseite dunkel erzfärbig. Lg. 1,5—2 mm. In der Schweiz bis jetzt nicht nachgewiesen, aber gewiss vorhanden. In Süddeutschland weit verbreitet. **Arida** Foudr.

7. Körper länglich, blau, Flügeldecken glänzend, ohne Schulterbeule, stark gestreift, die ersten Streifen gegen die Wurzel unregelmässig doppelreihig, Fühlerwurzel, Schienen und Tarsen dunkelroth. Lg. 2 bis 2,5 mm. Auf Binsen. Jura, Zürich, Schaffhausen, Engadin. **Sahlbergi** Gyll.

— Körper kürzer, eiförmig, Flügeldecken mit kleiner Schulterbeule, Oberseite ziemlich fein punktirt, erzfarben, die Spitze der Fühler braun, die Vorderschenkel an der Oberseite, die hintern ganz erzfärbig, Flügeldecken punktirt-gestreift, die ersten Streifen vorn unregelmässig doppelreihig. Lg. 1,8 bis 2,8 mm. (aridella Payk.) Häufig auf Wiesen. **Hortensis** Fourcr.

Gatt. **Crepidodera** Chevr.

1. Flügeldecken unbehaart 2

— Flügeldecken deutlich behaart, Stirnhöcker linienförmig und nach hinten abgegrenzt. Subg. **Epitrix** Foudr.

2. Die Querrinne des Halsschildes scharf und mehr oder weniger tief, das Metasternum zwischen den

Mittelhüften weniger vorgezogen, das Mesosternum unbedeckt lassend 3

— Der Quereindruck des Halsschildes flach, Basis sehr fein gerandet, Metasternum zwischen den Mittelhüften weit vorgezogen, das Mesosternum bedeckend. Subg. **Hippuriphila** Foudr.

3. Die beiden Stirnhöcker rundlich, nach hinten nicht begrenzt, sondern mit einander und mit der Wölbung des Scheitels zusammenfliessend, Basis des Halsschildes in der Mitte sehr fein oder nicht gerandet, der durch die Eindrücke begrenzte Theil der Basis flach, Oberseite braun oder blau. Subg. **Crepidodera** i. sp.

— Die beiden Stirnhöcker schmal und fast querstehend, nach hinten durch eine Querlinie von der Wölbung des Scheitels abgegrenzt, Basis des Halsschildes grob gerandet 4

4. Der durch die (tiefen) Eindrücke des Halsschildes begrenzte Theil der Basis ist gewölbt, einen Querwulst bildend. Subg. **Derocrepis** Weise.

— Der durch die (schwächeren) Eindrücke des Halsschildes begrenzte Theil der Basis ist flach. Subg. **Chalcoides** Foudr.

Subg. **Crepidodera** i. sp.

1. Der Innenrand des Längsstrichelchens ist dicht an der Basis des Halsschildes ziemlich scharfkantig, etwas in die Höhe gehoben und mindestens so hoch als der Aussenrand 2

— Dieser Innenrand ist niedrig und verloschen, Farbe heller oder dunkler gelbbraun 10

2. Halsschild roth, Flügeldecken blau, grün oder schwarz 3

— Kopf und Halsschild blau oder schwarz 8

3. Flügeldecken sehr kräftig punktirt-gestreift, die Punkte meist gedrängt, Halsschild nach hinten deutlich verengt 4

— Flügeldecken fein punktirt-gestreift, Halsschild nach hinten fast nicht, nach vorn deutlich verengt . . 6

4. Der vierte und fünfte Streifen an der Basis stark vertieft, so dass die Schulterbeule stark hervortritt; der Kopf, die ersten vier Fühlerglieder und das Halsschild roth, die Schienen und Tarsen heller oder dunkler rothbraun, Halsschild undeutlich punktirt, nach hinten wenig verschmälert, Flügeldecken

fast parallel, blau. Lg. 4—4½ mm. Nicht selten und im ganzen Alpengebiet. **Peirolerii** Kutsch.

— Schulterbeulen nur schwach vortretend 5

5. Schwarz, glänzend, die ganzen Fühler, Kopf, Halsschild, Schienen und Tarsen rothgelb, Halsschild hinten stärker verschmälert, der Quereindruck tief; Flügeldecken blau, die Punkte der Streifen nicht dicht, gegen die Spitze verschwindend. Lg. 3—4 mm. Selten. Genfer, Walliser, Bündner Alpen, St. Gallen, Zürich. **Femorata** Gyll.

— Schwarz, glänzend, Kopf und Halsschild roth, die Fühlerwurzel und mitunter Schienen und Tarsen bläulich, Halsschild schwach und zerstreut punktirt, nach hinten verschmälert, seitlich nicht gerundet, mit tiefem Quereindruck, Flügeldecken hellblau, die Punkte der Streifen dicht, nach hinten schwächer. Lg. 3½—4 mm. Interlaken, Macugnaga. **Melanopus** Kutsch.

6. Kopf dunkel, ebenso die Schenkel, Fühler gelb, gegen die Spitze dunkler, kleiner als die vorigen und flacher, Halsschild kurz, spärlich punktirt, Flügeldecken schwarz, erzfärbig oder bläulich, die Punkte in den Streifen etwas entfernt stehend, nach hinten sehr fein. Lg. 2½—3,2 mm. Selten. Bad Leuk an der Gemmi. **Frigida** Weise.

— Kopf (mit Ausnahme des Mundes), Halsschild und Beine roth, nur selten die Hinterschenkel dunkel, die Fühler gelbroth, meist gegen die Spitze dunkler 7

7. Halsschild und Flügeldecken nach vorn stark verschmälert, Halsschild dicht und deutlich punktirt, seitlich wenig gerundet, der Quereindruck tief, Flügeldecken schwarz, die Epipleuren oder ein feiner Saum an den Spitzen zuweilen rothbraun, Flügeldecken fein punktirt, die Punkte nach hinten schwächer, aber bis zur Spitze deutlich. Lg. 3,2—4 mm. Engadin. 5500—6000′ ü. M., Saasthal, Gadmen, Simplon, Val Annivier, auch bei Basel. **Rhaetica** Kutsch.

— Körper kürzer als beim vorigen, schwarz, die Beine roth, die Hinterschenkel meist theilweise dunkler, Quereindruck des Halsschildes seichter, Flügeldecken mit erzfärbigem oder blauem Glanz, die Punkte in den Streifen der Flügeldecken stehen weniger gedrängt und verschwinden gegen die Spitze, Halsschild sehr fein, oft undeutlich punktirt. Lg. 2,8 bis

3,5 mm. Auf Calluna vulgaris. Selten. Engadin, Rothhorn, Macugnaga, Anzeindaz, Val Lucendro, Siders, Basel. **Melanostoma** Redt.

8. Halsschild mit tiefem Quereindruck 9

— Halsschild mit ziemlich flachem Quereindruck, sehr fein punktirt, oval, gewölbt, oben dunkelblau, glänzend, Fühler, Schienen und Tarsen pechbraun, Flügeldecken vorn stark punktirt, hinten glatt. Lg. 2,2—2,8 mm. Selten. Auf Weiden. **Nigrituta** Gyll.

9. Oberseite blau, Fühler, Schienen und Tarsen braunroth, Halsschild gewölbt, fein punktirt, hinten wenig verschmälert, der Quereindruck tief, Flügeldecken punktirt-gestreift, die Punkte in den Streifen gedrängt und stark, nach hinten schwächer, die Zwischenräume gewölbt. Lg. $3^1/_2$—4 mm. Auf Aconitum napellus und Veratrum album. Walliser Alpen. Auch bei Genf. **Cyanescens** Dft.

— Kleiner, Fühler kürzer und dicker, die Spitzen des ersten Gliedes und die folgenden bis zum siebenten einfärbig rothbraun, ebenso die Wurzel und Spitze der Schienen, Halsschild sehr fein punktirt, die weitläufig punktirten Streifen der Flügeldecken viel feiner als beim vorigen, vor der Spitze verschwindend, die Zwischenräume breit. Lg. 3 mm. Selten, auf Cirsium und Pastinaca alpina. Saas, Macugnaga. **Cyanipennis** Kutsch.

10. Flügeldecken mit unregelmässigen Doppelreihen von Punkten 11

— Flügeldecken mit regelmässigen, starken Punktreihen, die gegen die Spitze verschwinden, Halsschild sehr fein punktirt, die Seiten fein gerandet. Lg. 2,8 bis 3,8 mm. Häufig. **Ferruginea** Scop.

11. Halsschild vor der Mitte am breitesten, nach hinten fast eben so stark als nach vorn verengt, die Seiten dick gerandet, in der Mitte deutlich, im Quereindruck stark punktirt, die Punktreihen der Flügeldecken einander nahestehend und hinten ganz verworren. Lg. 3,5—4,5 mm. Häufig in Wassergräben, besonders auf Cirsium (impress. Redt.) **Transversa** Marsh.

— Halsschild in der Mitte am breitesten, nach hinten kaum verengt, überall gleichmässig sehr fein und verloschen punktirt, nur im Quereindrucke mit einer etwas unregelmässigen Reihe von groben Punkten, die Seiten feiner gerandet, die doppelten Punktreihen der Flügeldecken stehen weiter auseinander und sind bis hinten getrennt. Lg. 4—5 mm. Selten und mehr dem Süden angehörend. **Impressa F.**

Subg. **Derocrepis** Weise.

Länglich-eiförmig, gewölbt, glänzend, Kopf, Fühler, Halsschild, Beine roth, Brust und Bauch schwarz, Halsschild fast glatt, seitlich wenig gerundet, Flügeldecken blauschwarz oder grünlich, stark und regelmässig punktirt-gestreift. Lg. 2,8—3,5 mm. Sehr häufig. **Rufipes L.**

Var. Fühler gegen die Spitze, Halsschild und Hinterschenkel braunroth oder schwärzlich. v. **obscura** Weise.

Subg. **Chalcoides** Foudr.

1\. Flügeldecken gereiht-punktirt und die Zwischenräume mit einer ebenso starken Punktreihe, die Reihen neben der Naht verworren, Halsschild metallisch-grün, Flügeldecken blau. Lg. 3—3,5 mm. Selten. Basel, Schaffhausen, Bündten. **Nitidula L.**

— Flügeldecken punktirt-gestreift, die Zwischenräume äusserst fein punktirt 2

2\. Körper schmal, nur die vier ersten Fühlerglieder gelb, Beine gelb mit schwarzen Hinterschenkeln, Oberseite dunkel metallgrün, Halsschild kupferig, der Quereindruck ziemlich tief, mit deutlich doppelter Punktirung, seitlich etwas gerundet, Flügeldecken gedrängt punktirt-gestreift, die Zwischenräume schmal, sehr fein punktirt, die Farbe ist veränderlich, manchmal die Flügeldecken bläulich. Lg. 2,5—3,5 mm. Häufig auf Weiden. Basel, Schaffhausen. **Chloris** Foudr.

— Körper breiter, wenigstens die 5—7 ersten Fühlerglieder gelb 3

3\. Halsschild deutlich doppelt punktirt, mit wenig tiefer Querfurche 4

— Halsschild fein und einfach punktirt mit tiefer Querfurche, Fühler ganz gelb, oder die letzten vier Glieder dunkel, Beine gelb mit dunkeln Hinterschenkeln, Oberseite meist einfärbig goldiggrün, wobei das Halsschild nur wenig mehr von Messinggelb hat, als die Flügeldecken. Flügeldecken punktirt-gestreift mit breiten, sehr fein punktirten Zwischenräumen. Lg. 3—4,2 mm. Dergersheim. **Metallica** Dft.

Var. a. Flügeldecken oder die ganze Oberseite bläulichgrün oder blau. v. **sapphirina** Weise.

Var. b. Oberseite kupferroth oder trübgrün mit Kupferschimmer. v. **veruginea** Weise.

Var. c. Oberseite goldig feuerroth. v. **cuprea** Weise.

4\. Nur die fünf ersten Fühlerglieder gelb, Hinterschenkel nach hinten etwas verengt, goldglänzend, Flügeldecken blau, punktirt-gestreift mit sehr fein punktirten Zwischenräumen, Halsschild um die Hälfte breiter als lang, vor der Basis geschweift, wenig dicht, aber stark und tief punktirt, dazwischen feine Punkte. Lg. 2,5—3,5 mm. Gemein. **Aurata** Marsh.

Var. Flügeldecken heller oder dunkler grün oder braun erzfärbig. v. **pulchella** Steph.

— Fühler gelb oder zur Spitze allmählig braun . . 5

5\. Halsschild nach hinten kaum verengt, die grossen Punkte flach, der Quereindruck flach und gebogen, Hinterschenkel schwarz, Oberseite blau, Halsschild mitunter grünschimmernd, ungleich zerstreut-punktirt, vorn wenig gerundet, die Zwischenräume der Flügeldecken flach. Lg. 3—4½ mm. In ganz Mitteleuropa häufig; bei uns noch nicht nachgewiesen. **Cyanea** Marsh.

— Halsschild nach hinten etwas verengt, die grossen Punkte tief, Halsschild gelb, Fühler und Beine gelb, erstere gegen die Spitze meist etwas dunkler, Hinterschenkel öfter mit einem dunkeln Fleck, Flügeldecken grün erzfärbig, blau gerandet, Zwischenräume der Flügeldecken schmal, gewölbt. Lg. 2,2 bis 3,3 mm. Sehr häufig auf Weiden. **Helxines** L.

Var. a. Fühler und Beine dunkel. v. **picicornis** Weise.

Var. b. Oberseite braun oder röthlich kupferig oder grün. v. **fulvicornis** F.

Var. c. Oben ganz blau, der Kopf und Halsschild grünlich oder erzfärbig. v. **jucunda** Weise.

Subg. **Hippuriphila** Foudr.

Körper kurz und hochgewölbt, Oberseite kupferglänzend, die Spitze der Flügeldecken in grosser

Ausdehnung und die Beine rothgelb. Lg. 1,5—2 mm. Ziemlich häufig auf Equisetum arvense. **Modeeri** L.

Subg. Epithrix Foudr.

Halsschild stark und dicht punktirt, Fühler und Beine gelb, Hinterschenkel schwarz.

1. Halsschild breit, mit ziemlich schwachem Quereindruck, fast kahl, Oberseite schwarz, Epipleuren der Flügeldecken mit einer Punktreihe. Lg. 1,5 mm. Nicht selten auf Solanum dulcamara; Basel, Zürich.
2. Halsschild schmal, viel schmäler als die Flügeldecken, mit ganz schwachem Quereindruck, Epipleuren der Flügeldecken deutlich punktirt und behaart, Oberseite schwarz, mit gelbem Fleck auf der Spitze jeder Flügeldecke, der zuweilen fehlt, bisweilen auch ein Fleck auf der Basis jeder Flügeldecke gelb (v. 4 maculata Weise). Lg. 1,2—1,5 mm. Selten, auf Atropa belladonna. Neuchâtel, Jura, Schaffhausen. **Atropae** Foudr.

Gatt. Mantura Steph.

1. Flügeldecken verworren punktirt, bisweilen an der Basis mit einigen unregelmässigen Reihen, Halsschild ziemlich breit, jederseits an der Basis eine kleine Längsfalte, Stirn mit zwei Beulen. Subg. **Podagrica** Foudr.

— Flügeldecken punktirt-gestreift, Halsschild sehr breit, jederseits an der Basis mit einem vertieften Längsstrich, Stirn ohne Beulen, Fühler mit fünf breiteren Endgliedern. Subg. **Mantura** i. sp.

Subg. Podagrica Foudr.

Halsschild roth (selten schwarz), Flügeldecken blau (selten erzfarben).

1. Die Punkte der Flügeldecken bilden an der Basis einige Rei en 2

— Die Punk ə der Flügeldecken überall verworren, Halsschild sehr fein sparsam punktirt, die Längsfalten an seiner Basis sehr kurz, Beine gelb. Lg. 3,5—4 mm. Auf Althea rosea und officinalis nicht selten. Aarau, Schaffhausen, Zürich. **Fuscicornis** L.

2. Halsschild nach hinten kaum verengt, sehr fein und

sparsam punktirt, Beine schwarz. Lg. 2,5—3,5 mm. Häufig auf Malva sylvestris. Genf, Basel, Aarau, Zürich, Wallis, Jura, Matt. **Fuscipes** F.

Var. Halsschild schwarz. v. **Foudrasii** Weise.

— Halsschild nach hinten deutlich verengt, dicht und deutlich punktirt, Beine roth, Hinterschenkel schwarz, Körper gestreckter. Lg. 2,5—3 mm. In der Schweiz noch nicht nachgewiesen, aber sicher nicht fehlend. **Malvae** Ill.

Subg. **Mantura** i. sp. Balanomorpha Foudr.

Oberseite dunkel metallisch.

1. Querlinie der Stirn flach, Spitze der Flügeldecken roth 2

— Querlinie der Stirn tief, Oberseite einfärbig . . . 3

2. Halsschild ziemlich undicht punktirt, der Längsstrich jederseits auf der Basis reicht fast bis zur Mitte, Körper ziemlich lang und schmal, Oberseite dunkel erzgrün. Lg. 2,5 mm. Selten. Thun, Rosenlaui, Schaffhausen, Zürich. **Rustica** L.

— Halsschild dicht punktirt, der Längsstrich an der Basis jederseits ist kurz, der Körper kürzer, Oberseite broncefarben. Lg. 2 mm. Selten, auf Chrysanthemum. Genf, Jura, Dübendorf. **Chrysanthemi** E. H.

3. Halsschild dicht punktirt, um die Hälfte breiter als lang, die Längsstriche jederseits kurz, Oberseite schwarzblau. Lg. 2 mm. Selten. In den Alpen, Zürich. **Obtusata** Gyll.

— Körper breiter und stumpfer, Halsschild fast zweimal so breit als lang, mit gröbern und tiefen Punkten dicht besetzt, Oberseite blau mit Erzschimmer, Schienen und Tarsen rostroth, Vorderschenkel, Klauenglied und Wurzel des ersten Fühlergliedes pechbraun, Flügeldecken mit tiefen und groben Punktstreifen, deren erster an der Naht etwas unregelmässig und mit glatten, fast ebenen Zwischenräumen. Lg. 2,5 mm. Sehr selten. Zürich. **Ambigua** Kutsch.

Gatt. **Ochrosis** Foudr.

Flügeldecken bedeutend breiter als das Halsschild, punktirt-gestreift, auf der Spitze fast glatt, Oberseite gelb, Unterseite schwarz.

1. Halsschild doppelt so breit als lang, mit fast geraden Seiten, der Quereindruck in der Mitte undeutlich, seitlich etwas tiefer und grubenförmig (nach aussen scharfkantig begrenzt) endigend, Körper eiförmig, schwach gewölbt. Lg. 2 mm. (abdominalis Küster, nigriventris Bach). Selten; auf Solanum dulcamara; Schaffhausen, Zürich, St. Gallen. **Ventralis** Ill.

— Halsschild $1^1/_2$ mal so breit als lang, mit deutlich gerundeten Seiten, ganz ohne Quereindruck, Körper gedrungen und ziemlich stark gewölbt, die Naht der Flügeldecken oft dunkler. Lg. 1,5—2 mm. Auf Lythrum salicaria. Thun, Jura, Zürich, Schaffhausen. **Salicariae** Payk.

Gatt. **Batophila** Foudr.

1. Eiförmig, gewölbt, schwarz, glänzend, die Flügeldecken oft mit Erzglanz, Fühler und Beine roth, meist mit schwarzen Hinterschenkeln, die Stirn jederseits mit einigen undeutlichen Punkten, Halsschild quer, um $^1/_3$ breiter als lang, dicht und fein punktirt, Flügeldecken mit kaum vorragenden Schultern, in der Mitte am breitesten, Flügeldecken punktirt-gestreift. Lg. 1,5—2 mm. Häufig auf Rubus-Arten. **Rubi** Payk.

— Länglich, etwas flacher als die vorige, oben erzfärbig, Beine gelbroth; Stirn seitlich tief punktirt, die Punkte etwas gereiht, Halsschild kaum breiter als lang, vor der Mitte am breitesten, dicht punktirt, Flügeldecken mit vorragenden Schultern, an der Wurzel am breitesten, punktirt-gestreift. Lg. 1,5 bis 2 mm. Auf Rubus in den Alpen. **Aerata** Marsh.

Gatt. **Haltica** Geoffr.

1. Die Querfurche des Halsschildes ist beiderseits durch eine Längsfalte abgekürzt. Subg. **Hermaeophaga** Foudr.

— Die Querfurche des Halsschildes ist beiderseits nicht abgekürzt. Subg. **Graptodera** Chevr.

Subg. **Hermaeophaga** Foudr.

1. Kurz-oval, hochgewölbt, ungeflügelt, schwarz, oben bläulich, Fühlerbasis und Tarsen dunkelroth, Halsschild fast doppelt so breit als lang, an der Spitze

gerundet, die Vorderecken abgerundet, sehr fein und verloschen punktirt, ziemlich glatt, Flügeldecken ohne deutliche Schulterbeule, doppelt punktirt, mit einigen schlecht hervortretenden pariger Punktreihen an der Basis. Lg. 2,5—3,2 mm. Häufig auf Mercurialis annua und perennis. Genf, Waadt, Basel, Schaffhausen, Zürich, Rheinthal. **Mercurialis** F.

— Eiförmig, geflügelt, blau, weniger gewölbt als der vorige, Fühlerbasis dunkelroth, Halsschild 1½ mal so breit als lang, seine Vorderecken schief abgestutzt, Flügeldecken mit deutlicher Schulterbeule, die durch einen Eindruck abgesetzt ist, Flügeldecken fein doppelt punktirt. Lg. 2,8—3,5 mm. In der Schweiz noch nicht nachgewiesen, aber kaum fehlend, da er im Elsass vorkommt. **Cicatrix** Ill.

Subg. Graptodera Chevr.*)

1. Mandibeln dreizähnig, die Zähne nach unten allmählig an Länge abnehmend, der unterste Zahn bisweilen verkümmert, Stirnhöckerchen meist scharf begrenzt, grösser als die ringförmige Leiste um die Fühlerwurzel. Grössere Arten von 4—6 mm. Länge. 2

— Mandibeln vierzähnig, die beiden mittleren Zähne lang und gross, die beiden äussern weit davon entfernt, der innere von diesen breit, der äussere schmal. Stirnhöckerchen schlecht begrenzt, kaum so gross als die ringförmige Leiste um die Fühlerwurzel. Kleine Arten von 3,2—4,5 mm. 7

2. Halsschild schmal, an der Basis etwa halb so breit als die Flügeldecken an den Schultern, mit breit abgesetztem Seitenrand, welcher bei der Ansicht von oben bis zu den Vorderecken sichtbar ist, Stirnhöckerchen schmal, lanzettlich oder lang dreieckig, schief zu einander gestellt, Flügeldecken verloschen punktirt. Lg. 4,5—5,2 mm. (Hippophaës Aubé, consobrina Kutsch.) Häufig auf Hyppophaë rhamnoides. Genf, Waadt, Wallis, Aarau, Schaffhausen, Chur. **Tamaricis** Schrank.

— Halsschild an der Basis fast so breit als die Flügeldecken an den Schultern, mit schmal abgesetztem Seitenrand, welcher bei der Ansicht von oben in der

*) Anm. Da diese Gattung von Weise neu bearbeitet worden, so habe ich in die Tabelle einige Arten aufgenommen, die zwar in der Schweiz nicht nachgewiesen sind, aber in Deutschland und Oesterreich vorkommen.

vordern Hälfte, wenigstens in der Nähe der Vorderecken verdickt ist, Stirnhöckerchen dreieckig, gerade neben einander gestellt oder rundlich 3

3. Flügeldecken mit dem Halsschild in einer Flucht gewölbt, an der Basis wenig breiter als das Halsschild, mit einem sehr schwachen, gerundeten und kaum heraustretenden Schulterwinkel und undeutlicher Schulterbeule, hinter der Mitte am breitesten, drittes Fühlerglied wenig länger und schmäler als das zweite. Vorherrschend dunkelblau, fein punktirt, oft mit Spuren von Längsrippen auf den Flügeldecken. Lg. 4,5—6 mm. Auf Birken und Lythrum salicaria selten. Waadt, Bünzen, Simplon, Engadin. **Lythri** Aubé.

— Flügeldecken an der Basis merklich ansteigend und breiter als die Basis des Halsschildes, mit deutlichem Schulterwinkel und Schulterhöcker 4

4. Vorderecken des Halsschildes vor der Pore erweitert und verdickt, von den Augen abstehend 5

— Vorderecken des Halsschildes mit den Seiten in ziemlich gleichmässigem Bogen verengt, kaum erweitert oder verdickt, den Augen nahe 6

5. Vorderecken des Halsschildes vorgezogen, ziemlich spitzwinklig, grün bis grünlichblau, Flügeldecken kräftig punktirt, Schulterbeule deutlich. Lg. 4,5 bis 5 mm. (consobrina Foudr.) Selten, auf Weiden. Tarasp, Ragatz, Engadin. **Ampelophaga** Guér.

— Vorderecken des Halsschildes nicht vorgezogen, grün, Flügeldecken kräftig punktirt, mit seitlicher Längsfalte. Lg. 4—5,5 mm. (erucae Ol.) Auf jungen Eichen. Jura, Schaffhausen, Zürich, St. Gallen. **Quercetorum** Foudr.

6. Flügeldecken hinter dem ersten Viertel der Länge eingedrückt, der Raum davor etwas wulstig gewölbt, blaugrün oder grün, sehr plump gebaut, Flügeldecken fein punktirt. Lg. 5—6 mm. In der Schweiz noch nicht nachgewiesen; Sachsen, Odenwald, Böhmen. **Saliceti** Weise.

— Flügeldecken gleichmässig gewölbt, ziemlich kräftig punktirt, Schulterbeule hoch, innen nur von einem kurzen und schwachen Eindruck abgesetzt, grün bis blau, mässig gestreckt, vorn schmäler als hinten. Lg. 4,3—5 mm. Wallis Oesterreich, Berlin. **Fruticola** Weise.

7. Stirnlinie klammerförmig, ziemlich in gleicher Tiefe vom obern Augenrand bis zwischen die Stirnhöcker verlaufend, letztere oben flach, deutlich begrenzt, unten gewölbt; kurz eiförmig, dunkelblau oder grün; Flügeldecken mit ziemlich grossen aber flachen Punkten. Lg. 3,5—4,2 mm. In der Schweiz noch nicht nachgewiesen. In den südlichen Alpen von Spanien bis Griechenland, Tirol, Kärnthen, Bayern. **Carduorum** Guér.
— Stirnlinien undeutlich, Höckerchen flach, oben und an den Seiten durch zahlreiche verworrene Punkte schlecht begrenzt 8
8. Flügeldecken auf der vordern Hälfte des Rückens kräftig gereiht-punktirt und nebst dem Kopf und Halsschild dicht gewirkt, seidenartig glänzend, Naht vor der Spitze grubenartig vertieft; vorherrschend grün, ziemlich gestreckt. Lg. 3,5—4,2 mm. Häufig auf Kohl und andern Pflanzen. **Oleracea** L.
— Flügeldecken ohne Grube vor der Spitze, auf dem Rücken verworren und mehr oder weniger verloschen punktirt, nebst dem Halsschild wenig dicht und sehr zart gewirkt, glänzend 9
9. Flügeldecken mit ziemlich grossen, aber seichten Punkten, an den Schultern merklich heraustretend, dunkelblau, selten mit grünem Schimmer. Lg. 3,5 bis 4,2 mm. Norddeutschland. **Palustris** Weise.
— Flügeldecken mit kleinen, äusserst seichten Punkten, an den Schultern wenig heraustretend und die Basis des Halsschildes überragend, dunkelblau oder grün. Lg. 3—4 mm. Alpen, Vogesen. **Pusilla** Dft.

Gatt. **Apthona** Chevr.

1. Pygidium von den Flügeldecken nicht bedeckt. **Phyllotreta** Foudr.
— Pygidium von den Flügeldecken bedeckt. **Aphthona** Chevr.

Subg. **Phyllotreta** Foudr.

1. Flügeldecken einfärbig schwarz, grün oder blau . 2
— Flügeldecken gelb mit schwarzer Zeichnung oder schwarz mit gelber Zeichnung, Kopf und Halsschild schwarz oder dunkel metallischgrün, Epipleuren und ein Saum an der Naht und am Seitenrand der Flügeldecken schwarz 9

2. Der hintere Borstenpunkt des Halsschildes steht in einer kleinen Ausbuchtung des Seitenrandes dicht vor den Hinterecken, Prosternum zwischen den Vorderhüften stark verengt 3
— Der hintere Borstenpunkt steht im Hinterwinkel des Halsschildes, Prosternum zwischen den Vorderhüften mässig verengt, Basis der Fühler mehr oder weniger hell 5
3. Stirn zwischen den Augen gleichmässig zerstreut und verloschen punktirt, Flügeldecken ganz verworren und fein, Halsschild sehr fein punktirt, Fühler und Beine schwarz, Oberseite schwarzblau, kupferig. Lg. 1,8—2 mm. (lepidii E. H.) Häufig auf Cruciferen. **Nigripes** Panz.
— Stirn in der Mitte unpunktirt, neben den Augen mit einigen Punkten, Halsschild mit schwach gerundeten Seiten, fast eben so dicht punktirt, gewirkt und matt, als die Flügeldecken 4
4. Fühler schlank, das zweite und dritte Glied länger als breit, Stirn zwischen den Augen schmäler als der Querdurchmesser des Auges, Oberseite braun erzfärbig bis blaugrün, Fühler, Schienen und Tarsen schwarz. Lg. 2—2,5 mm. Häufig auf Cruciferen und Reseda lutea. **Procera** Redt.
Var. Die vier ersten Fühlerglieder und die Tarsen rothbraun. v. **rufitarsis** All.
— Fühler plumper, das zweite und dritte Glied kaum so lang als breit, beim ♂ das dritte Glied quer dreieckig, das vierte sehr gross, ziemlich beilförmig, das fünfte dick cylindrisch, Stirn zwischen den Augen breiter als der Querdurchmesser des Auges, Oberseite schwarz, erzfärbig oder kupferig. Lg. 2—2,5 mm. (antennata E. H.) Auf Reseda lutea stellenweise häufig. Genf, Neuchatel, Basel, Schaffhausen. v. **nodicornis** Marsh.
5. Fühler einfärbig schwarz, Körper schwarz, die Flügeldecken gewöhnlich mit grünlichem oder bläulichem Schimmer, äusserst dicht, fein runzlig punktirt, beim ♂ das dritte, vierte und fünfte Glied erweitert. Lg. 1,8—2,5 mm. (melaena Ill.) Häufig auf Cruciferen. **Consobrina** Curt.
— Die Wurzelglieder der Fühler röthlichgelb oder gelbbraun 6
6. Stirn nur auf einem vertieften Querstreifen zwischen den Augen punktirt, Oberseite schwarz. Lg. 1,5 bis

1,8 mm mm. Selten, auf feuchten Wiesen. Westschweiz. **Diademata** Foudr.

— Stirn und Scheitel punktirt, Stirnlinien besonders neben den Augen durch Punkte verbreitert und schlecht begrenzt, Scheitel nur in der Mitte punktirt, seitlich gewirkt, das zweite und dritte Fühlerglied röthlich, Beine grösstentheils schwarz 7

7. Flügeldecken kräftig, mässig dicht, mehr oder weniger gereiht-punktirt 8

— Flügeldecken fein, sehr dicht verworren punktirt, Oberseite schwarz mit blauem oder bronzefarbenem Schimmer. Lg. 1,5—2 mm. (punctulata Foudr.) Selten, auf Wiesen und Cruciferen. **Aerea** All.

8. Halsschild stark zusammengedrückt, der Quere nach gewölbt, deutlich feiner als die Flügeldecken punktirt, Oberseite schwarz. Lg. 1,8—2 mm. Häufig auf Kohl. **Atra** F.

— Halsschild schwach zusammengedrückt, der Quere nach (besonders hinten) schwach gewölbt, kaum feiner punktirt als die Flügeldecken, Oberseite metallisch blau oder grün. Lg. 1,8—2 mm. (poeciloceras Com., colorea Foudr.) Häufig in Gärten und an Wegen. Genf, Zürich, Schaffhausen, St. Gallen. **Obscurella** Ill.

9. Der schwarze Saum der Flügeldecken erweitert sich an der Basis nicht und lässt die Schulterbeule vollkommen frei; er ist schmäler als die gelbe Längsbinde, die sehr breit ist und ohne Ausbuchtung, Körper eiförmig mit gerundeten Seiten, gewölbt, Kopf und Halsschild schwarz. Lg. 2,5—3 mm. Selten, auf Cochlearia armoracia. **Armoraciae** E. H.

— Der schwarze Saum erweitert sich an der Basis und bedeckt mehr oder weniger die Schulterbeule . . 10

10. Die gelbe Längsbinde der Flügeldecken ist breiter als der schwarze Seitensaum, oder aussen stark ausgebuchtet, oder ganz getheilt 11

— Die gelbe Längsbinde der Flügeldecken ist schmal und ziemlich parallelseitig, aussen ohne tiefe Einbuchtung 15

11. Der schwarze Nahtsaum der Flügeldecken ist sehr breit, vorn kaum, hinten wenig verschmälert, die Punkte der Flügeldecken nur hie und da Reihen bildend, Körper etwas flach. Lg. 2 mm. (fallax All.) Häufig auf Cruciferen, überall bis 4000′.
Flexuosa Ill., Kutsch.

Var. Die gelbe Längsbinde ist in der Mitte unterbrochen. v. **fenestrata** Weise.

— Der schwarze Nahtsaum ist vorn und hinten deutlich verschmälert 12

12. Der schwarze Nahtsaum ist in der Mitte parallelseitig, vorn und hinten plötzlich (einen Winkel bildend) verschmälert, die gelbe Längsbinde ist nicht breiter als der schwarze Aussensaum, das Halsschild stark und ziemlich dicht punktirt, beim ♂ das vierte und fünfte Fühlerglied verbreitert. Lg. 1,5 mm. Selten, auf Wiesen. Zürich, Basel, Schaffhausen, Engadin. **Sinuata** Redt.

Var. Die gelbe Längsbinde ist in der Mitte ganz unterbrochen. v. **discedens** Weise.

Var. Die gelbe Längsbinde ist sehr breit, in der Mitte bogenförmig erweitert. v. **monticola** Weise.

— Der schwarze Nahtsaum mit gerundeten Seiten . . 13

13. Das fünfte Fühlerglied wenig länger als das sechste, Fühler mit Ausnahme der drei ersten Glieder und der grösste Theil der Beine schwarz, die Punkte der Flügeldecken ziemlich zerstreut, die gelbe Längsbinde schmal, bei der Einbuchtung sehr schmal oder ganz unterbrochen. Lg. 2,5 mm. Selten, auf Wasserpflanzen in der ebenern Schweiz. **Tetrastigma** Com.

Var. Die gelbe Binde ist breit, inwendig etwas gekrümmt, auswendig mit starker Ausbuchtung. v. **dilatata** Thoms.

— Das fünfte Fühlerglied fast doppelt so lang als das sechste, der grösste Theil der Fühler und Beine gelb, selten dunkel 14

14. Der vordere Theil der gelben Längsbinde sehr breit, dem Seitenrand sehr stark genähert, die Einbuchtung liegt etwas vor der Mitte und ist kurz und tief, Vorder- und Mittelbeine gelb, selten dunkler. Lg. 2 mm. (excisa Redt.) Auf Sisymbrium amphibium nicht selten. Basel. **Ochripes** Curt.

Var. Die gelbe Längsbinde ist ganz unterbrochen. v. **cruciata** Weise.

— Der vordere Theil der gelben Längsbinde bleibt vom Seitenrand weit entfernt. Die Längsbinde ist in der Mitte unterbrochen, das fünfte Fühlerglied lang, das sechste sehr kurz, das fünfte beim ♂ stark verbreitert; die Fühlerwurzel, Schienen und Tarsen, oft die ganzen Beine mit Ausnahme der Hinterschenkel gelb. Lg. 1,5—2 mm. (Brassicae Ill.) Häufig auf Kohl. Genf, Wallis, Basel, Aarau, Zürich, Schaffhausen, Matt. **Exclamationis** Thunbg.

Var. Die gelben Flecken sind erweitert und zusammenhängend. v. **vibex** Weise.

15. Seiten und Scheitel gleichmässig oder letzterer wenigstens in der Mitte punktirt, die gelbe Längsbinde nur hinten etwas zur Naht gekrümmt . . . 16

— Scheitel unpunktirt, die Stirn nur auf einem Querstrich über den Stirnhöckern punktirt, die gelbe Längsbinde an der Spitze und an der Basis deutlich der Naht genähert, Fühler und Wurzel der Schienen gelbroth. Lg. 2—2,8 mm. Ueber ganz Europa verbreitet und nirgends selten. ♂ viertes und fünftes Fühlerglied verdickt. **Undulata** Kutsch.

Var. Die gelbe Binde der Flügeldecken schmal, fast gerade. v. **bilineata** Weise.

16. Schwarz, die drei ersten Fühlerglieder, Schienen und Tarsen gelb, der Aussenrand der gelben Binde in der Mitte schwach eingebuchtet. Lg. 3—3,5 mm. Beim ♂ das vierte Fühlerglied verdickt. Häufig auf Cruciferen. **Nemorum** L.

— Schienen dunkel, der Aussenrand der gelben Binde gerade. Lg. 1,5—1,8 mm. Sehr häufig auf Cruciferen. **Vittula** Redt.

Subg. **Aphthona** Chevr.

1. Oberseite hell rostroth bis blassgelb 2

— Oberseite grün, blau, kupferig oder schwarz . . . 6

2. Die Stirnlinien laufen von den Augen zur Fühlerbasis und sind hinter den Stirnhöckern erloschen, diese daher undeutlich begrenzt, Schildchen fein punktirt, matt, gelb, Flügeldecken sehr dicht punktirt, die Naht dunkel, Bauch und Beine gelb. Lg. 2 mm. Selten. Schaffhausen. **Lutescens** Gyll.

— Die Stirnlinien sind scharf und laufen hinter den Stirnhöckern fort, Flügeldecken mässig dicht punktirt 3

3. Längskiel der Stirn breit dreieckig. Halsschild stark quer mit gerundeten Seiten, Schildchen glatt, glänzend, zuweilen dunkel, Hinterschenkel oft dunkel.

39

Lg. 3,3—3,5 mm. Ziemlich häufig auf Euphorbien. Genf, Tessin, Aarau, Zürich, Schaffhausen. **Cyparissiae** E. H.

— Längskiel der Stirn schmal, kommaförmig, Körper kleiner.

4. Flügeldecken an der Spitze einzeln abgerundet, Schultern schwach vorragend, Oberseite blassgelb, Kopf und Fühlerspitze dunkler, Brust und Bauch schwarz. Lg. 1,5—1,8 mm. In Mittel- und Süddeutschland weit verbreitet; in der Schweiz noch nicht nachgewiesen, aber wohl nicht fehlend. **Pallida** Bach.

— Flügeldecken an der Spitze breit und fast gemeinschaftlich abgerundet, Schultern deutlich vorragend 5

5. Halsschild auf der Basalhälfte feiner aber deutlich punktirt, Flügeldecken glänzend, auf der vorderen Hälfte deutlich gereiht-punktirt, Unterseite schwarz. Lg. 2 mm. Selten. Schaffhausen. **Abdominalis** Dft.

— Halsschild fast unpunktirt, Flügeldecken mit ziemlich parallelen Seiten, fein und dicht punktirt, vor der Spitze glatt, Oberseite gelb, Kopf, Brust und Bauch rostroth. Lg. 2 mm. Sehr selten; Wallis. **Flaviceps** All.

6. Stirn mit einem breiten, flachen, wulstigen Längskiel, Stirnhöcker durch eine feine Linie undeutlich getrennt, die Stirnlinien verschwinden hinten neben den Augen, diese flach; die innere Randleiste der Hinterschienen nur an der Spitze hoch ansteigend; Körper länglich und ziemlich flach, Halsschild 1½ bis 2 mal breiter als lang, ziemlich dicht und fein punktirt, oben blau, wenig glänzend, mässig gewölbt, unten schwärzlich, die ersten zwei bis drei Fühlerglieder röthlichgelb, die folgenden drei rothbraun, die äussern schwarz, Flügeldecken sehr dicht runzlig punktirt mit sehr fein punktirten Zwischenräumen der Punkte, die Beine gelb, die Spitze der Hinterschenkel schwarz. Lg. 2—3,5 mm. Häufig auf Iris pseudacorus. **Coerulae** Payk.

— Stirn mit einem schmalen, deutlich erhabenen Längskiel 7

7. Flügel vorhanden, Flügeldecken mit deutlich vortretenden Schultern und deutlicher Schulterbeule, viel breiter als das Halsschild, verworren oder in unregelmässigen Reihen punktirt 8

— Flügel fehlen oder sind rudimentär, Flügeldecken mit abgerundeten Schultern und ohne Schulterbeule 12

8. Die Stirnlinie läuft als tiefe Furche von den Augen zur Fühlerbasis, ist jedoch über und zwischen den undeutlichen Stirnhöckern erloschen; Oberseite metallisch grün, selten blau, Fühlerbasis und Beine mit Ausnahme der dunkeln Hinterschenkel gelb. Lg. 1—1,5 mm. (hilaris All., Redt., virescens Foudr.) Ziemlich häufig auf Euphorbien. **Euphorbiae** Schrank.
   Var. Oberseite grünblau, blau oder dunkelblau. v. **cyanescens** Weise.
— Die Stirnlinie läuft von den Augen hinter den Stirnhöckern fort bis zwischen diese und trennt sie deutlich, Oberseite schwarzblau oder schwarz 9
9. Vorder- und Mittelbeine ganz und der grösste Theil der Fühler gelb 10
— Vorder- und Mittelschenkel wenigstens zum Theil dunkel, Halsschild glatt oder äusserst fein punktirt, vorn neben der Naht eine abgekürzte, mehr oder weniger deutliche Punktreihe 11
10. Flügeldecken in der vordern Hälfte ziemlich stark in weitläufigen, etwas unregelmässigen Reihen punktirt mit ebenen Zwischenräumen, dunkel violett, Hinterschenkel braun. Lg. 1,5 mm. (atrocoerulea All.) Nicht selten, auf Euphorbia esula. **Cyanella** Redt.
— Flügeldecken fein punktirt mit etwas unebenen, gewölbten Zwischenräumen, schwarz, mit blauem oder grünem Schimmer, Hinterschenkel schwarz. Lg. 1,5 mm. (atrocoerulea Redt., nigella Kutsch., euphorbiae Foudr.) In den meisten Theilen von Europa und sicher auch in der Schweiz, obgleich bis jetzt nicht nachgewiesen. **Pygmaea** Kutsch.
11. Die abgekürzte Punktreihe neben der Naht ist schwach und undeutlich, die Naht dabei nicht emporgehoben, Vorder- und Mittelschenkel pechschwarz, ihre Spitze und die Schienen gelb. Lg. 1,8 mm. (euphorbiae All., cyanella Foudr.) Häufig auf Euphorbien. **Venustula** Kutsch.
— Die abgekürzte Punktreihe der Flügeldecken deutlich vertieft, die Naht daneben deutlich emporgehoben, Fühler und Beine pechbraun, ohne Knie, Tarsen und Fühlerbasis gelb, Halsschild fein, Flügeldecken fein und verworren punktirt, in der vordern Hälfte mitunter Spuren von Reihen. Lg. 2 mm. (violacea E. H., sublaevis Boh.) Häufig auf Iris pseudocorus und Euphorbia. **Pseudocori** Marsh.

12. Halsschild fast so lang als breit, sehr fein punktirt, Flügeldecken an der Spitze schnell verengt, beinahe gerundet abgestutzt, ebenso runzlig punktirt als das Halsschild, Körper länglich-eiförmig, mässig gewölbt, Oberseite metallisch grün oder blau, Fühler und Beine gelb, der Oberrand der Hinterschenkel dunkler. Lg. 1,5 mm. (campanulae Redt.) Selten, an höher gelegenen Orten stellenweise ziemlich häufig. Genf, Tessin, Thun, Zürich, Schaffhausen. **Herbigrada** Curtis.

Var. Halsschild glatt, fast spiegelblank. Mit der Stammform. v. **laevicollis** Weise.

— Halsschild $1\frac{1}{2}$—2 mal so breit als lang, Flügeldecken hinten allmählig gerundet verengt, Oberseite schwarz mit grünem oder blauem Schimmer. Fühler und Beine gelb, Hinterschenkel und oft auch die Basis der Mittel- und Vorderschenkel schwarz. Fühler kurz und dick, die mittleren Glieder kaum länger als breit, Körper länglich-oval, Flügeldecken dicht und ziemlich grob punktirt, an den Schultern ziemlich breiter als das Halsschild. Lg. 1,3 mm. (tantille Foudr.) Selten. Schaffhausen. **Atrovirens** Förster.

Gatt. **Longitarsus** Latr. (Thyamis Steph., Teinodactyla Chevr.*)

1. Oberseite einfärbig blau, metallischgrün, messingfarbig bis kupferig braun oder tiefschwarz . . . 2
— Oberseite schwarz, zuweilen metallisch angehaucht, mit hellen Flecken, ganz oder theilweise pechbraun, rothbraun, gelbbraun bis weisslichgelb 7
2. Stirn an den Seiten vertieft und dicht punktirt, ohne scharfe Rinne, Hinterbrust in der Mitte stark gerunzelt und lang behaart, Seitenstücke grob punktirt, Rücken der Hinterschienen mit deutlicher Innenrandleiste. Elliptisch, blau, grün, messingfarbig oder kupferig braun, Beine gelbbraun, Schenkel dunkel, Flügeldecken stark punktirt. Lg. 2,6—4 mm. Häufig auf Echium vulgare und Lycopsis in der ebenern Schweiz. **Echii** Koch.
— Stirn mit tiefer und scharfer Seitenrinne 3

*) Anm. Da in manchen Sammlungen noch Unsicherheit besteht in den Bestimmungen der Arten dieser schwierigen Gattung, so habe ich in diese Tabelle auch eine Anzahl von Arten aufgenommen, die bisher in der Schweiz nicht nachgewiesen sind, aber höchst wahrscheinlich nicht fehlen.

3. Hinterschienen kräftig, mit breitem Rücken, die äussere Leiste desselben unregelmässig bedornt, mit langen Wimperhaaren, der hintere, kammförmig bedornte Theil lang, an der Basis plötzlich ansteigend und höher als der davor liegende Theil. Oberseite blau, metallischgrün bis dunkel kupferig braun, Beine gelbbraun, die Hinterschenkel, selten auch die Vorderschenkel dunkel, Flügeldecken stark punktirt. Lg. 2,5—4 mm. Selten. Auf Symphytum tuberosum. Aarau. **Linnaei** Dft.

— Hinterschienen dünn mit sehr abschüssigem Rücken, der kammförmig gezähnte Theil am Aussenrande derselben von dem vordern Theile kaum abgesetzt 4

4. Körper länglich, Flügeldecken an der Spitze gerundet abgestutzt oder einzeln bis gemeinschaftlich abgerundet, wenigstens Fühlerbasis und Schienen röthlich gelbbraun. Die Stirnlinien sind gerade, laufen vom obern Augenrande zur Spitze des Nasenkieles und durchschneiden sich hier xförmig. Schwarz mit grünlichem Anfluge, Halsschild und Flügeldecken schwach punktirt, ersteres runzlig, letztere in Reihen. Lg. 1—1,8 mm. Auf Weiden, Thymus serpillum und Salvia häufig. **Obliteratus** Rosh.

— Stirnlinien gebogen, undeutlich oder fehlend . . . 5

5. Oberseite schwarz, äusserst fein und dicht gewirkt, ziemlich glänzend, Flügeldecken mässig dicht und fein punktirt, die Punkte hinter der Mitte abgeschwächt und auf einem Querstreifen an der Spitze oft erlöschend, Schultern schmal. Lg. 1,2—3 mm. Häufig auf Boragineen, auf Symphytum, Echium, Anchusa etc. Genf, Tessin, Basel, Dübendorf. **Anchusae** Payk.

— Oberseite rein schwarz oder mit kaum merklichem, metallischem Anflug, äusserst dicht und fein gewirkt und sehr fein, flach und verloschen punktirt, Fühlerbasis und Beine gelb, die Hinterschenkel und die Mitte der vier vordern dunkler, Flügeldecken hinten fast einzeln abgerundet, Schultern schwach vortretend. Lg. 1—1,8 mm. Häufig auf Wiesen und Buchen in der Westschweiz, seltener in der Nordschweiz, Basel, Schaffhausen, Zürich. **Parvulus** Payk.

— Flügeldecken deutlich und tief punktirt 6

6. Schultern abgerundet, ohne Spur einer Beule, oval, hochgewölbt, glänzend schwarz, Flügeldecken dicht

und sehr kräftig punktirt, für sich ein Oval bildend, vor der Mitte am breitesten. Lg. 1—2,5 mm. Lugano und im südlichen Tirol. **Pinguis** Weise.

— Flügeldecken in den Schultern heraustretend mit hoher, glatter Beule, vorn etwas runzlig; einfärbig schwarz, dicht punktirt mit ungefähr 16 unregelmässigen Punktreihen, Beine röthlichgelb, Hinterschenkel schwarz, mitunter auch die vordern angedunkelt. Lg. 2,3—3 mm. Auf feuchten Wiesen. **Niger** Koch, Redt.

7. Flügeldecken schwarz oder dunkel erzfarben, mit rothen oder gelben Flecken 8

— Flügeldecken pechschwarz, braun oder gelb, einfärbig oder mit dunkler Zeichnung 10

8. Körper kurz und breit, gewölbt, Flügeldecken tief schwarz, vor der Spitze eine gelblichrothe Makel, die sich in seltenen Fällen über den grössten Theil der Flügeldecken ausdehnt, Fühlerbasis, Vorderbeine und Hintertarsen gelbroth, Halsschild fein, Flügeldecken dicht punktirt, Hinterschienen mit kurzem Dorn. Lg. 1,8—2,5 mm. Häufig auf Sumpfwiesen in der Westschweiz, seltener im Norden, Basel, Zürich, Schaffhausen. **Holsaticus** L. Redt.

— Körper länglich eiförmig, nur mässig gewölbt . . 9

9. Flügeldecken fein punktirt, schwarz, ohne wesentlichen Metallschimmer, jede mit zwei hellen Flecken (einer an der Schulter, der andere vor der Spitze), die zuweilen der Länge nach zusammenfliessen, selten ganz oder theilweise verschwindend, Hinterbeine lang, die Hinterschienen gegen die Spitze etwas verbreitert, Fühlerbasis und Beine gelb, mit dunkeln Hinterschenkeln. Lg. 2—3,5 mm. (quadripustulata F.) Ziemlich häufig auf Cynoglossum. **Quadriguttatus** Pont.

— Flügeldecken vorn stark punktirt, mit olivengrünem Metallschimmer, ein Schrägfleck an der Spitze, selten auch ein Fleck an der Schulter gelbbraun, Fühlerbasis und Beine gelb, die Hinterschenkel oben dunkel. Lg. 2—3,5 mm. (analis Dft.) Selten im Gras. Genf, Tessin, Jorab, Thun, Ragaz. **Apicalis** Beck.

10. Körper pechschwarz, braun oder rothbraun, Schulter und Spitze der Flügeldecken zuweilen heller, Fühler kräftig 11

— Flügeldecken theilweise oder gänzlich röthlich gelbbraun, roth bis gelb 15

11. Spitzenrand der Flügeldecken sehr lang bewimpert, die letzten Häärchen über der Nahtecke länger als der halbe Metatarsus, Flügeldecken mit abgerundeten Schultern, vorn tief, hinten fast erloschen punktirt. Lg. 2—3 mm. Auf feuchten Wiesen. Basel, Schaffhausen. **Brunneus** Dft.

Var. Die Seiten der Flügeldecken weniger gerundet, die Schulterbeule gut entwickelt. v. **robustus** Weise.

— Der Spitzenrand kurz oder sehr kurz bewimpert . 12

12. Die Häärchen auf dem Spitzenrande der Flügeldecken nehmen nach der Spitze hin an Länge zu, die drei letzten an der Nahtecke sind fast so lang als 1/4 des Metatarsus. Rothbraun oder braun, Fühlerbasis und Beine heller, Hinterschenkel an der Spitze dunkler, Kopf gross, Halsschild viereckig, Schulterbeule fehlend. Lg. 1,8—2,5 mm. (gravidulus Kutsch., brunneus All.) Auf feuchten Wiesen, selten, auch in den Alpen. **Rubellus** Foudr.

— Diese Häärchen sind sehr kurz und fast von gleicher Länge 13

13. Halsschild und Flügeldecken, namentlich die letztern deutlich und tief punktirt, Zwischenräume der Punkte glatt, stark glänzend, pechbraun, erzglänzend, Halsschild und Schultern heller, Fühlerwurzel, Spitze der Flügeldecken und Beine gelbroth, Hinterschenkel dunkel, Halsschild fein, Flügeldecken dicht, etwas gereiht-punktirt, mit etwas vorragender Schulterbeule. Lg. 1,8—2,8 mm. Ganz Deutschland, in der Schweiz noch nicht nachgewiesen; auf feuchten Wiesen. **Fulgens** Kutsch.

— Zwischenräume der Punkte äusserst fein und in der Regel dicht gewirkt, seidenartig glänzend 14

14. Flügeldecken kräftig und in der vordern Hälfte gereiht-punktirt, die Zwischenräume meist grösser als die Punkte. Flügellos, rothbraun, Brust und Bauch schwarz, Fühler kurz, ihre Wurzel und die Beine rostroth, Hinterschenkel mitunter dunkler, Flügeldecken ohne Schulterbeule. Lg. 1,5—2,5 mm. Häufig überall bis 5000′, noch auf der Wengernalp. **Luridus** Scop.

Var. Ein Fleck an der Schulter und an der Spitze der Flügeldecken heller. v. **quadrisignatus** Dft.

— Flügeldecken dicht, fein und stellenweise runzlig punktirt, sonst dem vorigen ähnlich. Lg. 1,2—1,6

mm. Auf Turritis glabra in Berggegenden Mitteleuropas, in der Schweiz nicht nachgewiesen.
Minusculus Foudr.

16. Geflügelt, wenig gewölbt, schwarz, Fühlerbasis und Tarsen gelb, Stirnhöcker schmal, Halsschild zerstreutpunktirt, gelb, der ganze Seitenrand der Flügeldecken gelb. Lg. 1,8—2 mm. Westdeutschland. In der Schweiz nicht nachgewiesen. **Dorsalis** F.

— Flügeldecken hell, oft mit dunkler Zeichnung . . 16

16. Stirn ziemlich deutlich gewirkt, ohne scharfe Seitenrinnen, mit lanzettähnlichen Höckerchen, die aussen bis neben die Augen reichen und oben von einer geraden Rinne begrenzt sind 17

— Stirn mit deutlichen Seitenrinnen und undeutlichen Höckerchen. Bei einigen Arten sind letztere gut umgrenzt, aber breit, oval, aussen spitz und nur bis zur Seitenrinne reichend 20

17. Enddorn der Hinterschienen ziemlich lang, länger als der Querdurchmesser der Schienen vor der Spitze 18

— Enddorn der Hinterschienen kurz 19

18 Gestreckt, Flügeldecken in den Schultern mehr oder weniger vortretend, dicht und meist in Reihen punktirt, die Punkte scharf eingestochen, Hinterschenkel an der Spitze dunkel; hellgelb, Fühlerspitze, Kopf, Brust und Bauch dunkel, Halsschild quer. Lg. 1,5 bis 2 mm. Auf Lycopus europaeus, und Mentha Arten, in Deutschland, Mittel- und Südeuropa; in der Schweiz nicht nachgewiesen. **Lycopi** Foudr.

— Eiförmig, Flügeldecken in den Schultern schmal, nach hinten verbreitert, mässig fein, flach punktirt, Hinterschenkel einfärbig roth; blassgelb, Kopf und Unterseite rostroth, Fühlerspitze dunkel, Halsschild klein, quer, Flügeldecken der Naht entlang mit Punktreihen. Lg. 1,5—2 mm. (Teucrii All.) Auf Teucrium scorodonia, auf Kalkboden. Schaffhausen.
Membranaceus Foudr.

19. Flügeldecken in den Schultern mehr oder weniger vortretend, breiter als das Halsschild, gelb, selten mit dunkler Naht, stark punktirt, hinten schnell abfallend, Bauch schwarz, das letzte Segment und das Pygidium hell. Lg. 1,6—2,5 mm. Auf feuchten Wiesen; über ganz Deutschland und den grössten Theil von Europa verbreitet, aber einzeln. In der Schweiz nicht nachgewiesen. **Juncicola** Foudr.

Var. Kopf dunkler. v. **substriatus** Kutsch.

Var. Bauch ganz schwarz. v. **pratensis** Gyll.

— Flügeldecken meist mit dunkler Naht, fein gereiht-punktirt, hinten allmählig abfallend, Bauch schwarz. Lg. 1,8—2,2 mm. Auf feuchten Wiesen. Tessin, Basel Schaffhausen. **Abdominalis** All.

20. Hinterschienen schlank, gebogen, mit einer sehr deutlichen hohen und langen Leiste am innern Rande des Rückens und mit einem starken und langen Enddorn, Halsschild fast doppelt so breit als lang; grössere Arten 21

— Hinterschienen ohne Innenrandleiste, oder es ist von ihr nur der Anfang nahe der Basis vorhanden, aber niedrig und schwer zu bemerken 22

21. Punkte der Flügeldecken fein und äusserst flach, nur dann gut zu bemerken, wenn sie dunkel durchscheinen, Hinterbrust mit durchgehender Mittelrinne. ♂ Afterglied durch einen Längseindruck in der Mitte und einen Quereindruck am Hinterrande jederseits beulenförmig aufgetrieben. Rostroth, Halsschild und Flügeldecken strohgelb, Fühler und Hinterschenkel gegen die Spitze hin angedunkelt. Lg. 2,7—3,5 mm. Selten. Canton Waadt. (pallens Foudr., All.) **Foudrasi** Weise.

— Punkte der Flügeldecken narbig vertieft, Hinterbrust mit einer Grube zwischen den Hüften, Aftersegment des ♂ fast gleichmässig gewölbt; Körper breit oder länglich eiförmig, gewölbt, Flügeldecken ziemlich dicht punktirt, Enddorn der Hinterschienen sehr lang. Rostroth, Halsschild und Flügeldecken blassgelb, letztere an der Naht und am Seitenrand oft dunkler. Lg. 2,5—4 mm. Häufig auf Verbascum. **Verbasci** Panz.

Var. Flügeldecken mit zwei schwarzen Flecken am Rande. Genf, Neuchatel. v. **Sisymbrii** F.

— Flügeldecken kräftig, mässig dicht, gereiht-punktirt, in den Schultern schmal, etwas breiter als das Halsschild, mässig dicht, stark punktirt, Kopf, Unterseite und Hinterschenkel meist schwarz, Flügeldecken gelbbraun, die Naht und ein hinter der Schulter bogenförmiger Seitensaum schwarz, letzterer oft unterbrochen und selbst fehlend. Lg. 2—3 mm. Mittel- und Südeuropa, auf Kalkboden, auf Verbascum. Neuchatel. **Lateralis** Ill.

22. Flügeldecken mit einem mehr oder weniger breiten schwarzen Nahtsaum, welcher oft auf die Nahtkante beschränkt ist; letztere zuweilen nur braun . . . 23
— Flügeldecken durchaus einfärbig 33
23. Ausser dem Nahtsaum besitzen die Flügeldecken noch am Seitenrand schwarze oder dunkle Zeichnungen 24
— Nur die Naht dunkel 25
24. Der schwarze Nahtsaum der Flügeldecken setzt sich um die Spitze herum als dunkler Seitensaum fort. ♂ Hinterschienen gegen die Spitze erweitert, Afterglied mit Doppeleindruck und mit kleinem Kiel oder Tuberkel. Lg. 1,5—2 mm. Im Herbst auf Brachäckern, auf Echium und andern Pflanzen. Basel, Zürich, Schaffhausen, Sargans, Urnerboden bei 4200′. **Nasturtii** F.
— Der schwarze, erzglänzende Saum endet vor der Spitze, am Seitenrande sind die Epipleuren und ein unbestimmter Saum darüber, vor der Mitte, schwärzlich, Kopf und Halsschild erzfärbig, Schulterbeule stark. Lg. 1,8—3 mm. Selten. Genf, Schaffhausen. **Suturalis** Marsh.
25. Kopf und Halsschild dunkelroth bis schwarz, metallisch glänzend, Schultern wenig vorspringend. Lg. 1,8—3 mm. (fuscicollis Steph.) Häufig. **Atricillus** L.
— Halsschild ohne metallischen Schimmer 26
26. Hinterschienen mit gebogener Unterseite, vor der Spitze stark verdickt, Flügeldecken am Ende breit, einzeln abgerundet, Kopf rothbraun bis pechschwarz, die Naht der Flügeldecken nur gebräunt. Lg. 2 bis 3 mm. (femoralis Redt.) Alpen. In der Schweiz noch nicht nachgewiesen. **Longipennis** Kutsch.
— Hinterschienen gerade, schlank, nach der Spitze allmählig schwach verbreitert 27
27. Die beiden ersten Wimperhäärchen am Nahtwinkel der Flügeldecken auffallend lang. Flügeldecken gelb, kräftig punktirt, ihr schwarzer Nahtsaum vorn und hinten abgekürzt. Lg. 1,5—2,2 mm. (nigriceps Foudr.) Oesterreichische und Schweizer Alpen.) **Longiseta** Weise.
— Spitzenrand der Flügeldecken kurz bewimpert . . 28
28. Flügeldecken hinten allmählig verengt und etwas ausgezogen, auf dem Abfall zur Spitze eben so kräftig als an der Basis, meist runzlig punktirt, Stirnrinnen wenig vom Auge entfernt, Hinterschenkel und Hinterschienen schwarz. Lg. 2—3 mm. (atricapillus Dft.,

Foudr., atricillus Marsh.) Häufig auf Weiden in der Westschweiz, seltener in der Nordschweiz.
Melanocephalus De Geer.

— Flügeldecken hinten mehr oder weniger breit abgerundet mit verrundetem Nahtwinkel, schwächer als an der Basis punktirt, die Stirnrinnen entfernen sich nach unten beträchtlich vom Auge 29

29. Körper ziemlich breit eiförmig, gewölbt 30

— Körper gestreckt, mässig gewölbt 32

30. Flügeldecken fein und sehr flach verloschen punktirt, Kopf, Halsschild und ein breiter Nahtsaum der Flügeldecken bei ausgefärbten Stücken schwarz. Lg. 1,8 bis 2,8 mm. (melanocephalus Kiesenw., thoracicus All., Kutsch.) Häufig auf Wiesen. **Suturellus** Dft.

— Flügeldecken deutlich punktirt 31

31. Flügeldecken höchstens mit dunkler Nahtkante, ziemlich dicht narbig punktirt, Fühler wenig über die Mitte der Flügeldecken reichend, Halsschild klein, quer, dicht und fein runzlig punktirt, Schultern stark vorragend. Lg. 1,8—2,4 mm. (pratensis All.) Häufig auf Echium vulgare und Convolvulus sepium. **Curtus** All.

— Flügeldecken mit einem abgekürzten schwarzen Nahtsaum, dicht, fein, verhältnissmässig tief und scharf punktirt; pechbraun, Fühlerbasis, Halsschild, Flügeldecken und Beine gelb, Hinterschenkel dunkel, Halsschild stark quer, gewölbt, runzlig punktirt, Flügeldecken etwas breiter als das Halsschild. Lg. 1,8 bis 2,3 mm. (subquadratus All.) Berggegenden Mitteleuropas, in der Schweiz nicht nachgewiesen. **Viduus** All.

32. Hinterschenkel auf dem Rücken schwarz, Flügeldecken sehr fein, doch deutlich punktirt, Halsschild viereckig, gelbroth, Naht dunkel. Lg. 2—2,8 mm. (picipes All., atricapillus Redt.) Selten auf Senecio viscosus. Waadt. **Piciceps** Steph.

— Beine einfärbig, röthlich gelbbraun, Flügeldecken kaum deutlich punktirt. Lg. 1,8—2,5 mm. Nordwestliches Europa, in der Schweiz nicht nachgewiesen. **Gracilis** Kutsch.

33. Flügeldecken rostroth, gelb bis gelblichweiss, Fühler hellgelb, äusserst dünn, schlank und zart, die einzelnen Glieder vom vierten an wohl 6 mal so lang als breit, die fünf Endglieder nach der Spitze unmerklich erweitert. Lg. 1,6—2 mm. Ganz Deutschland, auf Symphytum officinale, in der Schweiz nicht nachgewiesen. **Aeruginosus** Foudr.

— Fühler normal, bald stärker, bald schwächer, die fünf Endglieder deutlich verbreitert, höchstens vier mal so lang als breit 34
34. Brust und Bauch, oder wenigstens die erstere schwarz 35
— Brust und Bauch röthlich, gelbbraun bis rostroth . 40
35. Halsschild stark querüber gewölbt, von oben gesehen quadratisch, wenig breiter als lang, Kopf hell rothbraun 36
— Halsschild kurz, viel breiter als lang, Kopf in der Regel dunkel 37
36. Hinterleib tiefschwarz, bei frischen Stücken wenigstens noch das Pygidium, Fühler einfärbig gelbbraun oder nur die drei letzten Glieder an der Spitze leicht gebräunt, Flügeldecken stark glänzend, kräftig punktirt, mit schwach heraustretenden Schultern, Hinterschenkel oben nahe der Spitze selten angedunkelt. Lg. 2—2,5 mm. (pratensis All., femoralis Foudr.) Deutschland, Frankreich, in der Schweiz nicht nachgewiesen. **Pulmonariae** Weise.
— Fühler nach der Spitze dunkel. Flügeldecken mässig glänzend, fein punktirt, in den Schultern stark heraustretend (geflügelte Form), Hinterschenkel meist auf dem Rücken schwarz. Halsschild viereckig, mehr oder weniger stark punktirt, oder gerunzelt, Flügeldecken fein punktirt, hinten fast gemeinschaftlich abgerundet, erstes Tarsenglied verlängert. Lg. 2,3—3 mm. (femoralis Marsh.) Auf Echium vulgare und Cynoglossum officinale. Berggegenden Mitteleuropas, besonders auf Kalkboden. Neuchatel. **Exoletus** L.
37. Enddorn der Hinterschienen länger als die grösste Breite der Schienen vor der Spitze. Kopf braun, Halsschild und Flügeldecken weisslich, zwischen der Punktirung äusserst fein gewirkt, fettig glänzend. Hinterschienen etwas gekrümmt. Lg. 1,6—2,2 mm. Auf Ballota niger und Marrubium vulgare. Neuchatel, St. Gallen, Engadin. **Ballotae** Marsh.
— Enddorn der Hinterschienen kurz, weniger lang als die Breite der Hinterschienen vor der Spitze . . 38
38. Flügeldecken röthlich gelbbraun, die Naht mitunter dunkler, mässig dicht, deutlich, meist gereiht-punktirt, hinten ziemlich schmal abgerundet. Fühler kurz, nach aussen dunkel, Stirnfurchen tief, Stirn ohne Höckerchen, Halsschild quer. Lg. 1,3—2 mm. (brunniceps All., lycopi Thoms.) Im Herbst auf trockenen Triften. Genf, Schaffhausen. **Tautulus** Foudr.

Var. Flügeldecken in den Schultern schmäler.
v. **minimus** Kutsch. Redt.

— Flügeldecken hellgelb oder blass gelbbraun, sehr fein, oft undeutlich punktirt, vor der Spitze ziemlich glatt, hinten ziemlich breit einzeln abgerundet, die Spitze des Hinterleibs gewöhnlich unbedeckt 39

39. Fühler lang, beim ♂ die Mitte der Flügeldecken wenig überragend. Blassgelb, die Fühler nach aussen, Stirn, Schildchen, Brust und Bauch pechbraun, Hinterschenkel mitunter etwas dunkel, Stirn mit tiefer Seitenfurche, ohne Höckerchen, Halsschild quer. Lg. 1,2—2,2 mm. (pusillus Gyll., Kutsch.) Auf Plantago lanceolata und media. Ziemlich häufig. **Pratensis** Panz.

Var. a. Grösser, gewölbter, Flügeldecken stärker punktirt (Reichei, All.). v. **medicaginis** All.

Var. b. Halsschild braun gefleckt oder ganz braun, Hinterschenkel dunkel. v. **collaris** Steph.

Var. c. Wie bei b, die Naht und der Hinterrand der Flügeldecken braun. v. **funereus** Rep.

40. Metatarsus kurz, wie bei den übrigen Arten von der Seite flach eingedrückt, aber nebst dem folgenden Tarsenglied mit viel grösserem Querdurchmesser. Flügeldecken in der Regel von einem matten Hauche bedeckt, Oberseite ockergelb, Halsschild quer, undeutlich punktirt, matt, Hinterschienen kurz. Lg. 2,5—3,5 mm. Ziemlich häufig im Gras, auf Senecio jacobaea und auf Fichten. Basel, Schaffhausen, Zürich. **Tabidus** F.

— Metatarsus und das folgende Tarsenglied schlank, Halsschild quer, Enddorn der Hinterschienen kurz . 41

41. Flügeldecken grob und dicht, an der Naht etwas gereiht-punktirt, Fühler kaum kürzer als der Leib, Halsschild stark punktirt, Kopf und Unterseite rostroth, Schultern abgerundet. Lg. 2—3 mm. (flavicornis All.) Häufig an sumpfigen Orten auf Eupatorium cannabinum. **Rubiginosus** Foudr.

— Flügeldecken fein punktirt 42

42. Halsschild und Flügeldecken sehr blass, letztere gelblich-weiss, Hinterschenkel mit tiefschwarzer Spitze. Halsschild quer, fast glatt, Flügeldecken sehr dicht und fein punktirt, Fühler und Tarsen gegen die Spitze dunkel. Lg. 2—3 mm. Häufig überall.
Ochroleucus Marsh.

— Hinterschenkel rostroth, selten an der Spitze angedunkelt 43
43. Flügeldecken auf dem Rücken etwas abgeflacht, in der Regel mit vorspringenden Schultern. Länglich-oval, Kopf und Unterseite rostroth, Lippe pechbraun, Fühler kürzer als der Leib, nach aussen kaum dunkler, Halsschild quer, punktirt, Flügeldecken ziemlich dicht, etwas gereiht-punktirt, hinten kurz bewimpert, Schultern etwas vortretend. Lg. 1,8—2,8 mm. Häufig auf Wiesen, auf Klee und Mentha rotundifolia. Schaffhausen. **Pellucidus** Foudr.
Var. Unterseite dunkler braun. v. **nigriventris** Weise.
— Flügeldecken ziemlich stark gewölbt, mit abgerundeten Schultern; Halsschild klein, um die Hälfte breiter als lang, Flügeldecken sehr hell bräunlichgelb, fein punktirt, glänzend, Kopf and Unterseite rostroth, Fühler lang, ihr letztes Glied an der Spitze dunkler, Halsschild quer, punktirt, Flügeldecken hinten kurz bewimpert. Lg. 1,5—2 mm. (laevis All.) Selten, an sumpfigen Orten auf Eupatorium cannabinum. Tessin, Bündten, Schaffhausen. **Succineus** Foudr.

Gatt. Dibolia Latr.

1. Die innere Kante der Hinterschienen steigt allmählig an und bildet am Ende allmählig einen scharfen Winkel. Metatarsus in der Basalhälfte sehr schlank, nackt, die obere Hälfte breit mit starker Filzsohle. Grössere Arten, die an Salvia leben 2
— Die innere Kante der Hinterschienen bildet am Ende einen plötzlich ansteigenden scharfen Zahn, Metatarsus aus mässig breiter Basis nach der Spitze wenig und allmählig verbreitert, die Filzsohle nur dicht an der Basis fehlend. Kleinere Arten 3
2. Nasenkiel breit, gleichmässig schwach gewölbt. Wulst in den Vorderecken des Halsschildes kurz und breit, dreieckig, die Poren weit nach innen gerückt, fast eben so weit vom Seiten- wie vom Vorderrand abstehend. Stirnporen dicht über den Fühlerwurzeln, diese weiter von einander als von den Poren entfernt. Oberseite dunkel broncefarben, Flügeldecken in Reihen punktirt, Zwischenräume dicht lederartig gewirkt, Vorderbeine gelbroth. Lg. 3—4,2 mm. Sehr selten. Schaffhausen. **Schillingi** Letz.
— Nasenkiel schmal, dachförmig, Wulst in den Vorder-

ecken des Halsschildes schmal, lang, Pore dicht neben dem Seitenrand, weit vom Vorderrand entfernt eingefügt, Stirnporen doppelt so weit von den Fühlerwurzeln entfernt, als diese unter sich. Oberseite metallisch, grün, bläulich oder braun; Flügeldecken verworren und stark punktirt, selten mit einzelnen Reihen, Zwischenräume schmal, fast glatt, der After roth gesäumt. Lg. 3—4,2 mm. Auf Salvia pratensis und andern Salvia-Arten. Selten. Schaffhausen, Tessin. **Femoralis** Redt.

3. Fühlerfurche lang, oben von einer hohen, geraden Leiste begrenzt, die vom obern Rande der Fühlergrube ausgeht und in eine tiefe, den untern Rand der Augen berührende Rinne abfällt 4
— Fühlerfurche kurz, oben von einem kaum abstehenden, bogenförmigen Rande begrenzt, der von der untern Ecke der Fühlergrube ausgeht und oben keine tiefe Randlinie besitzt 7
4. Körper auffallend schlank, Stirnporen durch eine gerade, scharfe Rinne verbunden, auf der die ähnliche Rinne zwischen den Höckerchen senkrecht steht, Halsschild verhältnissmässig lang, fein punktirt mit spitzen, etwas vorgezogenen Vorderecken. Flügeldecken beim ♀ dicht und sehr fein gewirkt. Lg. 2,5—3,5 mm. Auf Agrimonia eupatorium, auf Wiesen. Genf, Schaffhausen. **Timida** Ill.
— Körper an den Seiten gerundet, oval, Stirnporen frei oder undeutlich durch einen bogenförmigen Eindruck verbunden, Stirnhöcker durch eine Grube oder eine feine Linie schlecht getrennt 5
5. Stirnporen dicht neben dem Augenrande, Zwischenstreifen der Flügeldecken fein, gereiht oder verworren punktirt und sehr dicht und fein punktulirt. Tiefschwarz, Fühler, Schenkelspitzen und Schienen der vordern Beine, sowie alle Tarsen röthlich-gelbbraun, die neun Hauptreihen der Flügeldecken scharf hervortretend. Lg. 2,8—3,5 mm. Schaffhausen. **Försteri** Bach.
— Stirnporen wenigstens um ihren Durchmesser vom Augenrande entfernt, Zwischenstreifen der Flügeldecken punktirt und netzförmig gerunzelt 6
6. Wulst der Vorderecken des Halsschildes schmal, höchstens lang dreieckig, Flügeldecken erzfärbig, Nasenkiel breit, stumpf. Penis unten jederseits mit

einer sehr grossen, tiefen Grube. Lg. 2,5—3,5 mm. Selten. Genf, Basel, Schaffhausen. **Rugulosa** Letz.

— Nasenkiel schmal, scharf. Seiten des Penis auf der Unterseite flach oder leicht muldenförmig vertieft; Halsschild ziemlich dicht, grob punktirt, Mittelstreifen des Penis nur an der Basis vertieft, sonst eben, Flügeldecken gereiht, gegen die Spitze verloschen punktirt, mit fein punktirten Zwischenräumen, Halsschild gröber punktirt als die Flügeldecken, Oberseite erzfarben. Lg. 2,8—3,2 mm. Auf Cynoglossum officinale. Genf, Zürich, Schaffhausen. **Cynoglossi** Kutsch.

7. Erstes Fühlerglied dunkel, Nasenkiel vorn ausgerandet, Flügeldecken schwarz, wie das Halsschild kräftig punktirt. Lg. 2,2—2,8 mm. Selten, an sumpfigen Orten. Zürich, Schaffhausen. **Occultans** Koch.

— Erstes Fühlerglied hell, Nasenkiel vorn gerade, Oberseite erzfärbig, verloschen punktirt, Halsschild fein punktirt. Lg. 1,8—2,5 mm. Selten. Auf Adonis vernalis. Schaffhausen. **Cryptocephala** Koch.

Gatt. **Hypnophila** Foudr.

1. Halsschild nur nach vorn verengt, deutlich punktirt, Flügeldecken bis zur Spitze punktirt-gestreift, hinten etwas verworren punktirt, dunkel erzfärbig mit hellen Beinen, dunklern Schenkeln. Lg. 1,5—2 mm. Unter Moos. Wallis. **Obesa** Waltl.

— Halsschild nach vorn schwächer und auch etwas nach hinten verengt, flacher gewölbt, kaum punktirt, spiegelglatt, Flügeldecken nur bis zur Mitte gestreiftpunktirt, hinten glatt, Körper etwas länglicher. Lg. 1—1,5 mm. Sehr selten. Siders, Saas, Aeggischhorn, Jura. **Impuncticollis** Ill.

Gatt **Apteropoda** Redt.

1. Augenrinne seicht, Augen etwa um ihren Längsdurchmesser von einander getrennt, Stirn breit, ziemlich flach. Aussenrand der Hinterschienen äusserst fein gezähnelt. Lg. 2,5—3 mm. ♂ Mitte des letzten Bauchringes mit einer grossen, glatten, unebenen Grube, deren Seiten verdickt und länger behaart sind. Alpen Mittel-Europas, Pyrenäen. In der Schweiz wohl nicht fehlend, obwohl bis jetzt nicht nachgewiesen. **Splendida** All.

— Augenrinne tief, Augen kaum um die Hälfte ihres Längendurchmesssers von einander getrennt, Stirn schmal, ziemlich gewölbt, Aussenrand der Hinterschienen in der Regel deutlich gezähnelt 2

2. Körper gestreckt, lang ellyptisch, oben dunkel, mit grünlichem oder bräunlichem Bronzeschimmer, Enddorn der Hinterschienen lang und stark. Lg. 3,5 mm. Zürich. **Ovulum** Ill.

— Körper ziemlich halbkugelig, Enddorn der Hinterschienen kurz 3

3. Vorderecken des Halsschildes abgerundet; schwarz, mit schwachem, grünem oder blauem Metallschimmer. Lg. 2,7—3,5 mm. Genf, Cant. Bern, Jura, Schaffhausen. ♂ Untere Kante der Hinterschienen winklig gebogen. **Globosa** Ill.

— Vorderecken des Halsschildes spitz, vorgezogen. Grün, violett, blau, messingfarben. Lg. 2,5—3 mm. (graminis Hoffm.) Genf, Basel, Zürich, Schaffhausen, St. Gallen, Weissbad. **Orbiculata** Foudr.

Gatt. **Mniophila** Steph.

Körper kaum länger als breit, fast kugelig gewölbt, Flügeldecken fein gereiht punktirt, Oberseite glatt, glänzend, erzfarben, Fühler und Beine rothbraun. Lg. 1—1,3 mm. Selten, in Wäldern unter Moos. Genf, Vevey, Thun, Basel, Schaffhausen, Ct. Zürich. **Muscorum** Koch.

Gatt. **Sphaeroderma** Steph.

1. Halsschild sehr fein, an der Basis kaum dichter punktirt als vorn, Körper von fast kreisrundem Umriss; Halsschild doppelt so breit als lang, nach vorn stark verengt und zusammengedrückt, mit abgerundeten Vorderecken, die Stirnlinien tief, Flügeldecken ziemlich dicht und fein punktirt. Lg. 3—4 mm. (testaceum Redt., Foudr., Kutsch.) Häufig auf Disteln. **Rubidum** All.

— Kurz-oval, Stirnbinden schwach, Halsschild nach vorn weniger zusammengedrückt, $1^1/_2$ mal so breit als lang, seitlich weniger gerundet, die Vorderecken etwas spitzig, seine Scheibe fein punktirt. Lg. 3 mm. (testacea F., cardui Gyll., Redt., Kutsch., Seidlitz.) Häufig auf Disteln. **Testaceum** F.

Gatt. **Agropus** Fischer.

Länglich halbkugelig, röthlich gelbbraun, Halsschild und Flügeldecken ziemlich dicht und fein punktirt, die Punktirung aus grössern und kleinern Punkten bestehend, Halsschild mit einem schwachen, durch einen schwachen Eindruck abgesetzten Längswulst. Die Punkte der Flügeldecken ordnen sich zu Reihen, von denen je zwei einander genähert sind. Lg. 3,5 bis 4 mm. (hemisphaericus Dft., Redt.) An Clematis recta selten. Genf, Tessin, Schaffhausen, Matt.

Ahrensi Germ.

6. Hispini.

Gatt. **Hispa** L.

Oberseite schwarz. Halsschild, Flügeldecken und das erste Fühlerglied mit langen Stacheln besetzt, Flügeldecken zwischen den Stacheln grob punktirt. Lg. 3 mm. (H. aptera L.) Häufig auf Wiesen bis 4000′ ü. M. **Atra** L.

7. Cassidini.

Gatt. **Cassida** L.

1. Drittes Fühlerglied nur so lang oder unmerklich kürzer als das zweite; der Vorderrand der Vorderbrust fällt neben dem Auge plötzlich ab und bildet eine Ecke, Fühler in tiefe, neben dem Auge fortlaufende Furchen eingelegt. (Subg. Hypocassida Weise.)

   Oberseite schmutzig rostroth, Flügeldecken verworren punktirt, jede mit vier Längsrippen, Zähnchen am Basalrande der Flügeldecken von gleicher Grösse, Unterseite schwarz, Flügeldecken an der Wurzel breiter als das Halsschild, dieses mit abgerundeten Ecken. Lg. 4,5—6 mm. (ferruginea F.) Auf Convolvulus arvensis und Millefolium häufig. Genf, Waadt, Wallis, Neuchatel, Basel, Schaffhausen, Zürich.

   Subferruginea Schrank.

— Drittes Fühlerglied merklich länger als das zweite, Vorderrand der Vorderbrust neben den Augen abfallend 2

2. Klauen an der Basis in ein zahnartiges Anhängsel erweitert (Subg. Odontionycha) 3

— Klauen einfach 6

3. Seitenrand des Halsschildes verdickt, durch einen grob punktirten tiefen Eindruck emporgehoben und von der fein punktirten, kissenartig gewölbten Scheibe getrennt. Basalrand der Flügeldecken jederseits vor der Schulter grob gezähnelt und tief ausgerandet, so dass die Schulterecke vorgezogen erscheint, auf der Scheibe fein, seitlich grob punktirt; Oberseite braun (bei ganz frischen Stücken gelblichgrün), die Hinterecken des Halsschildes, ein Fleck vorn und einer vor dem Schildchen, eine zackige Nahtbinde der Flügeldecken, eine Längsbinde am Rande und ein bis vier Flecken schwarz. Lg. 4,5—6 mm. Selten, auf feuchten Wiesen und am Rande von Teichen. Genf (vittata F.). **Fastuosa** Schaller.

— Seitenrand des Halsschildes einfach, meist dünn, höchstens durch einen weiten Eindruck in die Höhe gehoben. Basalrand der Flügeldecken gleichmässig gebogen oder vor der Schulterbeule leicht ausgerandet und fein gezähnt, Fühlerfurche undeutlich . 4

4. Körper nach hinten allmählig verengt, leicht dreieckig, Flügeldecken verworren punktirt, ihr Basaldreieck deutlich abgesetzt und bildet eine abschüssige Fläche, die mit der Scheibe des Halsschildes in einer Flucht abfällt. Oberseite grün, Brust und Bauch schwarz, gelb gesäumt. Lg. 7—9 mm. (equestris F.) Häufig auf Labiaten. **Viridis** L.

— Körper hinten breit abgerundet, ellyptisch oder rund, Flügeldecken ohne deutlich abgesetzte dreieckige Fläche an der Basis 5

5. Flügeldecken sehr dicht, gleichmässig punktirt, ihr Seitendach abschüssig, blassgrün, Kopf und Brust schwarz, Halsschild mondförmig, die Ecken stumpfwinklig, beim ♂ ziemlich scharf, beim ♀ abgerundet, die Scheibe gewölbt, deutlich gewirkt und zerstreut punktirt, Flügeldecken an der Basis etwas ausgerandet, in den Schulterecken etwas vorgezogen. Lg. 4,5—5,2 mm. Selten. Zürich, Rheinthal, Calanda, Burgdorf. **Hemisphaerica** Herbst.

Var. Bauch schwarz, gelb gerandet. v. **nigriventris** v. Heyden.

— Flügeldecken gleichmässig gereiht-punktirt, ihr Seitendach ähnlich wie das des Halsschildes aufgebogen. Rothbraun, Kopf, Brust, Bauch (die Ränder ausgenommen) und die Schenkel schwarz, Halsschild mondförmig, dicht und fein punktirt, stumpfwinklig, der zweite und vierte Zwischenraum der Flügeldecken leicht gewölbt. Lg. 9—10,5 mm. (austriaca F., speciosa Brahm.) Selten. Auf Salvia pratensis. Genf, Basel, Schaffhausen. **Canaliculata** Laich.

6. Klauenglied klein, schmal, nicht ganz so lang als die Lappen des dritten Tarsengliedes, dessen Wimperkranz von den kleinen, wenig gespreizten Klauen nicht überragt wird. Kopfschild dreieckig, von tiefen und breiten Furchen begrenzt, mit einer vorn abgekürzten Mittelrinne (Subg. Mionycha Weise) . . . 7
— Klauenglied so lang oder länger als die Lappen des dritten Tarsengliedes, Klauen gross, gespreizt, den Wimperbesatz des dritten Gliedes überragend . . 9
7. Bauch grün oder gelb, Körper hinten höher gewölbt und steiler abfallend als vorn, Ecken des Halsschildes stumpfwinklig, blassgrün, Kopf und Brust schwarz, Halsschildecken stumpf, Flügeldecken gestreift-punktirt. Lg. 3—4,5 mm. (melanocephala Suffr.) Auf Centaurea scabiosa, Thymus, Atriplex. Genf, Waadt, Jura, Basel, Schaffhausen, Zürich, St. Gallen. **Margaritacea** Schall.
— Bauch wenigstens in der Mitte schwarz oder dunkler als am Rande 8
8. Ecken des Halsschildes breit abgerundet, Flügeldecken stark gestreift-punktirt, die Punktreihen so breit oder breiter als die Zwischenräume, gelbbraun, Kopf, Brust und Bauch schwarz, Flügeldecken undeutlich und schwach roth gesprenkelt. Im Leben ist das Halsschild silberweiss oder goldig grün, die Flügeldecken röthlich mit blauem Perlmutterglanz. Lg. 5—7 mm. Auf Silene Behen und inflata (lucida Suffr., ornata Seidl.) Genf, Jura, Wallis, Aarau, Zürich, Schaffhausen. **Azurea** F.

Var. Schenkel an der Wurzel schwarz. v. **ornata** Creutz.
— Ecken des Halsschildes stumpfwinklig, die Seiten abgerundet, Punktstreifen der Flügeldecken viel schmäler als die Zwischenräume; fast halbkugelig, bräunlichgelb, glänzend, Kopf, Brust und Bauch schwarz, letzterer breit gelb gerandet, Halsschild mondförmig, fein punktirt, Flügeldecken sehr schwach roth gesprenkelt, dicht punktirt-gestreift. Lg. 4,8 bis 5,5 mm. (subreticulata Suffr.)

Anfangs ist die Oberseite hell bräunlichgelb, dann

wird die Naht, besonders hinter dem Schildchen und ein Längsschatten über der achten Punktreihe und zuletzt der ganze Rücken kirschroth; ein unregelmässiger Längsfleck vor der Basis bis hinter die Mitte und ein Querfleck vor der Spitze gelb, im Leben grün metallisch glänzend. Im ganzen Alpenzuge, auch im Süden. Gadmenthal, Rheinthal.
Splendidula Suffr.

9. Seitendach der Flügeldecken mehr oder weniger flach ausgebreitet, die Wölbung der Flügeldecken nicht gleichmässig fortsetzend, Brust so hoch als der Rand der Flügeldecken, letztere an der Basis oft gezähnt (Cassida i. sp.) 10
— Seitendach der Flügeldecken steil abfallend, Brust niedrig, nicht so hoch wie der Seitenrand der Flügeldecken, letztere an der Basis meist ungezähnt (Cassidula) 22
10. Der Basalzahn des Halsschildes bildet die Ecken desselben, Basalrand der Flügeldecken gänzlich gezähnt 13
11. Beine einfärbig schwarz (bei ganz frischen Exemplaren zuweilen die Schienen röthlich), Halsschild vor den Ecken verschmälert, ohne Fensterfleck, Oberseite grün oder rothbraun, die Flügeldecken schwarz gefleckt. Lg. 6—8,5 mm. Häufig überall. **Murraea** L.
— Beine gelb oder grün 12
12. Flügeldecken mit starken Längsrippen und einigen schwarzen Strichen, Seiten des Halsschildes vor den Hinterecken beim ♂ stark und geradlinig, beim ♀ sehr schwach und leicht gerundet erweitert, Flügeldecken gestreift-punktirt. Lg. 6,5—8 mm. (signata Herbst.) Auf Artemisia compestris, selten.
Lineola Creutzer.
— Flügeldecken ohne schwarze Zeichnung, vor der Schulter tief ausgerandet und stark gezähnelt, Halsschild vor der Basis mehr oder weniger gerundet erweitert; Flügeldecken mässig gewölbt, kräftig gereiht-punktirt, der zweite und vierte Zwischenstreif deutlich, breit, etwas gewölbt, Basalrand gleichmässig gezähnelt, jederseits leicht ausgerandet. Seiten des Halsschildes vor der Basis in eine Ecke erweitert, welche beim ♂ breiter als beim ♀ abgerundet ist. Grün, unten schwarz, Fühlerwurzel, Beine und Bauchrand gelb. Lg. 5—7 mm. Auf Tanacetum vulgare. Selten. Schaffhausen. **Denticollis** Suffr.

13. Flügeldecken regelmässig punktirt-gestreift, Kopf fast ohne Ausnahme gelb 14
— Flügeldecken verworren punktirt, oder die Punkte theilweise gereiht 16
14. Mittelhüften weit getrennt, die Randleiste des Mesosternum zwischen den Hüften länger als eine der schrägen Seitenleisten vor den Mittelhüften. Basalrand der Flügeldecken schwarz, deutlich gezähnt, die Leiste des Seitenrandes in der Mitte verdickt. Oberseite blassbraun, Unterseite schwarz, die Schenkel meist dunkel, Flügeldecken stark punktirt-gestreift, Zwischenräume schmal, fein schwarz gesprenkelt. Lg. 5—7 mm. (affinis F.) Häufig. **Nebulosa L.**
— Mittelhüften nahe aneinander stehend, Basalrand der Flügeldecken gleichfärbig, undeutlich gezähnt, die Leiste des Seitenrandes überall von gleicher Stärke 15
15. Kopf glatt oder sehr sparsam und fein punktirt, Brust und Bauch grösstentheils schwarz, Zwischenstreifen der Flügeldecken schmal, nicht ganz regelmässig. Oben bräunlichgelb, unten schwarz, der Bauch gelb gesäumt. Lg. 4,5—6 mm. (obsoleta Ill.) Häufig. **Flaveola** Thunbg.
Var. Flügeldecken dunkler braun oder schwarz. v. **dorsalis** Dbr.
16. Flügeldecken grün, auf dem Streifen an der Naht bis zur ersten Rippe jederseits einfärbig braun, häufig bis zur Spitze braun gefleckt, ausserdem gewöhnlich noch mit braunem Punkt in der Mitte, dicht über den beiden äusseren, groben Punktreihen. Lg. 5 bis 8,5 mm. Nicht selten. (lyriophora Kirby.) **Vibex L.**
Var. Beine ganz gelb. v. **pannonia** Suffr.
— Die dunkle Färbung des ersten Streifens neben der Naht geht höchstens bis zur Mitte der Flügeldecken, die hintere Hälfte dieses Streifens ist mit der Scheibe der Flügeldecken gleichfärbig 17
17. Stirn schmal, Körper ziemlich flach, Flügeldecken ohne Rippen, Schenkel meist schwarz 18
— Stirn breit, Körper gewölbt, Schenkel meist gelb . 19
18. Basis der Flügeldecken vor der Schulter fast gerade, undeutlich gezähnelt; grün (oder gelblich), Stirn dicht punktirt und fein gerunzelt, die Hinterecken etwas spitzig, Flügeldecken hinten breit abgerundet, unregelmässig gereiht-punktirt, ein dreieckiger

Fleck an der Basis braunroth, hinten mit einem gemeinschaftlichen schwarzen Fleck endigend. Lg. 6 bis 8 mm. Ziemlich häufig, besonders auf Disteln und bis 4000′ ansteigend. (viridis F., alpina Brand.)
Rubiginosa Müller.

— Basis der Flügeldecken neben der Schulter tief ausgerandet, Halsschild kurz und sehr breit, seine Ecken stumpf, hell rostroth, ein breiter Saum am Hinterrand dunkelroth, auf den Flügeldecken ein gemeinschaftlicher, blutrother, leierförmiger Fleck in der Schildchengegend, unregelmässig gereiht-punktirt, der zweite Zwischenraum an der Basis gewölbt. Lg. 6—7 mm. Auf Lappa-Arten, ziemlich selten in der nördlichen und westlichen Schweiz.
Thoracica Panz.

19. Basis der Flügeldecken in tiefem Bogen ausgerandet, die Schulterecken spitzwinklig vorgezogen, weit vor dem Schildchen liegend; Seiten der Flügeldecken bis zur Mitte etwas erweitert, Oberseite grün, Flügeldecken an der Basis neben dem Schildchen mit zwei blutrothen Flecken, ziemlich dicht, unregelmässig gereiht-punktirt, Beine nebst Trochanteren gelb, der zweite Zwischenraum an der Basis und der vierte hinten stark erhaben. Lg. 5,5—6 mm. Selten. Wallis, Rheinthal, Schaffhausen. **Stigmatica** Suffr.

— Basis der Flügeldecken sanft ausgerandet, Schulterecken stumpf 20

20. Kurz-oval, schwach gewölbt, der zweite Zwischenraum der Flügeldecken wenig erhöht, nahe der Basis meist undeutlich, so dass der wenig vertiefte rothe (braune) Saum im Basaleindruck jederseits eine Fläche bildet; grün, unten schwarz, Beine und Bauchrand gelb, Schenkel an der Wurzel dunkler, Stirn breit, Halsschild fast halbkeisförmig, dicht punktirt mit etwas spitzigen Ecken, Flügeldecken an der Wurzel gezähnelt, kaum ausgerandet, mit kurzem, dreieckigem rothem Fleck in der Schildchengegend, dicht punktirt, die Punkte hie und da gereiht, der zweite und vierte Zwischenraum etwas vortretend, der Rand von Halsschild und Flügeldecken ziemlich abwärts gebogen Lg. 6—7 mm. (prasina Herbst, languida Corn.) Auf Tanacetum vulgare. Genf, Waadt, Tessin, Zürich, Schaffhausen. **Sanguinosa** Suffr.

— Der zweite Zwischenraum der Flügeldecken vor der

Mitte rippenförmig, der vertiefte Raum im Basaldreieck jederseits dadurch in zwei Gruben getheilt, eine kleine an der Schulter, eine grössere langgestreckte neben dem Schildchen 21

21. Breit eiförmig, Ecken des Halsschildes spitz, Basaldreieck der Flügeldecken mit vier rothen Flecken; grün, Unterseite schwarz, Beine und Bauchrand gelb, Flügeldeckenbasis leicht gekerbt, kaum ausgerandet, etwas unregelmässig gereiht-punktirt, die abwechselnden Zwischenräume erhaben, Seitenrand ziemlich flach. Lg. 5—6 mm. (chloris Suffr., Redt.) Auf Achillea millefolium. Zürich, Schaffhausen. **Prasina Ill.**

— Eiförmig, Ecken des Halsschildes stumpfwinklig, Scheibe der Flügeldecken grösstentheils roth, etwas unregelmässig gestreift-punktirt, die abwechselnden Zwischenräume erhaben, Seiten weniger flach. Lg. 4,5—5,5 mm. Nicht sehr selten in der ebeneren Schweiz. **Sanguinolenta Müller.**

22. Geflügelt, oben kahl, Halsschild fast glatt oder mässig dicht punktirt, wenigstens die dritte und vierte Punktreihe der Flügeldecken durch überzählige Punkte mehr oder weniger gestört 23

— Ungeflügelt, Halsschild stark und äusserst dicht runzlig punktirt, Flügeldecken ohne merklichen Schulterhöcker, zerstreut mit abstehenden schuppenartigen Häärchen besetzt, mit zehn regelmässigen Reihen gedrängter, grosser Nabelpunkte, deren Zwischenräume schmal und von gleicher Breite sind, Oberseite matt grün, Unterseite einfärbig gelbbraun. Lg. 4,5—5 mm. Genf, Gadmenthal, Schaffhausen. **Pusilla Waltl.**

23. Kopfschild von tiefen Rinnen begrenzt, die sich schon ein Stück vor der Fühlerwurzel zu einer Mittelrinne vereinigen, welche zwischen den Fühlern hindurch bis auf den Scheitel läuft. Oval, stark gewölbt, blassgelb, unten schwarz, Beine und Bauchrand gelb, Schenkel bis über die Mitte schwarz, Halsschildecken stumpf gerundet, Flügeldeckenbasis nicht gekerbt, Schultern vortretend gestreift-punktirt, der zweite Zwischenraum etwas gewölbt, der dritte punktirt. Lg. 3,5—5 mm. Nicht selten in der ebenern Schweiz. **Nobilis L.**

Var. Flügeldecken mit röthlicher Mittelbinde oder ganz röthlich. **v. rosea Ill.**

— Stirnlinien erst an der Fühlerwurzel zusammenstossend, Beine einfärbig gelb, Kopf schwarz, Stirn länger als breit, dicht punktirt, ziemlich eben mit scharfen Stirnlinien. Blassgrün, Halsschildecken etwas stumpf, Flügeldecken an der Basis abgestutzt mit vorragenden Schultern, fein punktirt-gestreift, der zweite Zwischenraum breit, der dritte punktirt. Lg. 5—6,5 mm. (oblonga Ill., Redt., Suffr.) Auf Urtica dioica, selten. Schaffhausen, Basel. **Oblonga** Villers.

Fam. Coccinellidae.

Uebersicht der Gattungen.

1. Mandibeln mit mehr als zwei Zähnen, zwei an der Spitze und zwei oder mehrere am Innenrand (Pflanzenfresser) 2
— Mandibeln einfach oder nur an der Spitze gespalten (Blattlausfresser) 4
2. Körper ungeflügelt. **Cynegetis** Redt.
— Körper geflügelt 3
3. Jede Klaue in zwei spitze Zähne gespalten, ausserdem noch am Grunde zahnartig erweitert. **Epilachna** Redt.
— Klauen einfach, am Grunde eingeschnitten und zahnartig erweitert. **Subcoccinella** Huber.
4. Das Kopfschild ist an den Seiten in einen gerundeten Lappen erweitert, welcher tief in die Augen hineinläuft und die Fühlerwurzel vollkommen bedeckt. **(IV Chilocorini)** F.
— Kopfschild an den Seiten nicht lappenartig erweitert und bedeckt die Fühlerwurzel nur unvollkommen . 7
5. Schenkellinie ein Halbkreis oder Winkel, Oberseite gewirkt. **Exochomus** Redt.
— Schenkellinie ein Viertelskreis 6
6. Körper kahl, glänzend, nur das Halsschild nach den Seiten zu mit sparsamen, feinen Häärchen, nach den Aussenecken hin beinahe ausgerandet und mit doppelter Randlinie versehen. Schienen am Aussenrand eckig erweitert. **Chilocorus** Leach.
— Körper behaart, Basis des Halsschildes von einer feinen Randlinie umsäumt, Schienen einfach. **Platynaspis** Redt.

7. Fühler kurz, höchstens so lang als der Längsdurchmesser eines Auges 8
— Fühler länger, fast doppelt so lang 9
8. Oberseite kahl, Epipleuren der Flügeldecken mit tiefen Gruben zur Aufnahme der Spitzen von den Mittel- und Hinterschenkeln, Fühler elfgliedrig, Trochanteren der Vorderbeine erweitert und für die Bergung der Schienenspitze löffelförmig ausgehöhlt (V. Hyperaspini). **Hyperaspis** Redt.
— Oberseite behaart, Epipleuren eben oder nur mit schwachen Vertiefungen zur Aufnahme der Schenkelspitzen (VII. Scymnini). Fühler elfgliedrig, Halsschild hinten am breitesten und ungefähr so breit als die Basis der Flügeldecken, mit einer deutlichen Randlinie vor der Basis, Klauenzahn spitz. **Scymnus** Kug.
9. Die Fühler reichen bis zur Basis des Halsschildes, Körper ziemlich lang behaart, Augen grob facettirt, Flügeldecken mit doppelter Punktirung (VI. Rhizobiini) 10
— Die Fühler reichen nicht bis zur Basis des Halsschildes, Oberseite kahl, einfach punktirt, Augen fein facettirt 11
10. Die starken Punkte der Flügeldecken bilden deutliche, wenn auch oft etwas unregelmässige Reihen, Augen zum grössten Theil frei, auf dem äussersten Rande des Halsschildes keine vertiefte Längslinie, Basis des Halsschildes ungerandet. **Coccidula** Kug.
— Die starken Punkte der Flügeldecken sind durchaus unregelmässig, Augen zum grössten Theil bedeckt. Auf dem Seitenrand des Halsschildes eine vertiefte, mit einer weitläufigen Punktreihe besetzte Längslinie. Basis des Halsschildes gerandet. **Rhizobius** Stephens.
11. Die Linie, welche die Hinterbrust vorn umsäumt, läuft nicht bis zur Spitze des zwischen die Mittelhüften vorgezogenen schmalen Lappens, sondern lässt an der Spitze desselben einen mehr oder weniger breiten Raum frei. Halsschild an der Basis wenig ausgerandet und kaum breiter als an der Spitze, die grösste Breite in oder vor der Mitte (I. Hippodamiini) 12
— Auf dem Lappen der Hinterbrust, der zwischen die Mittelhüften vorgezogen ist, läuft eine Linie dicht

am Vorderrande hin, oder er ist nicht gerandet, Halsschild mit der grössten Breite hinter der Mitte, oft am Grunde 15

12. Klauen einfach, ungezähnt. **Anisosticta** Dup.

— Klauen gezähnt 13

13. Erstes Tarsenglied des ♂ an den vordern Beinen stark erweitert 14

— Erstes Tarsenglied des ♂ nicht erweitert. **Hippodamia** Muls.

14. Drittes Fühlerglied des ♂ schlank. **Adonia** Muls.

— Drittes Fühlerglied des ♂ nach innen stark dreieckig ausgezogen. **Semiadalia** Crotsch.

15. Basis der Flügeldecken vor der Schulterbeule in der Regel gerundet und weiter vorgezogen als an den Schulterecken, Epipleuren eben oder nur mit schmalem, geneigtem Aussenrande, vor der Spitze gewöhnlich erlöschend (II. Coccinellini) 16

— Basis der Flügeldecken vor der Schulterbeule mit einem leichten, einspringenden Winkel, hierauf schräg nach aussen vorgezogen, so dass die Schulterecken am weitesten vorstehen, Epipleuren stark geneigt, gewöhnlich bis zur Spitze deutlich (III. Synonychini), Gatt. Chilomenes Chevr. und Ithione. In der Schweiz nicht vorhanden.

16. Klauen einfach **Bulaea** Muls.

— Klauen gezähnt oder mit einem zahnartigen Anhängsel am Grunde 17

17. Schildchen klein, schwer sichtbar. **Micraspis** Redt.

— Schildchen deutlich sichtbar 18

18. Fühlerkeule derb, die vorletzten Glieder breiter als lang, am Vorderrande gerade abgeschnitten . . . 19

— Fühlerkeule lose gegliedert, die vorletzten Glieder länger als breit, oder kürzer, dann aber mit weit über die Basis des folgenden Gliedes vortretender Ecke am Innenrande und schief abgestutzter Spitze 21

19. Prosternum gewölbt, ohne Kiellinien, Schenkellinien des ersten Bauchringes vollständig, ein fast regelmässiges Kreissegment. **Adalia** Muls.

— Prosternum wenigstens zwischen den Hüften flach gedrückt oder schwach rinnenförmig vertieft mit zwei Kiellinien, die Schenkellinie ist gespalten; vor dem Kiele, welcher vor dem Hinterrande des Segmentes nach aussen läuft, zweigt sich unter einem scharfen

Winkel ein anderer Kiel ab, der geradlinig oder nach innen gekrümmt zum Vorderrande zieht. Hiedurch wird der innere, oft nur allein ausgeprägte Theil der Schenkellinie V-förmig. **Coccinella L.**

21. Die obere Randlinie der Naht biegt sich vor der Spitze nach innen, so dass ein flacher Ausschnitt entsteht, welcher gewöhnlich mit kurzen, gelblichen Häärchen bürstenartig besetzt ist. **Anatis Muls.**

— Die obere Randlinie der Naht verläuft gerade, Kopf grösstentheils in das Halsschild zurückziehbar, so dass die Augen ganz oder zum grössten Theil von dem darüber wenig ausgeschnittenen, durchscheinenden Vorderrande des Halsschildes bedeckt sind . . 22

22. Klauen an der Wurzel schlank. **Mysia Muls.**

— Klauen an der Wurzel breit. **Halyzia Muls.**

Gatt. Epilachna Redt.

1. Seiten des Halsschildes hinten ziemlich parallel, vorn schnell gerundet verengt, Flügeldecken ohne schwarzen Nahtpunkt an der Wurzel; gelbroth, Flügeldecken mit zwölf grossen schwarzen Flecken. Lg. 7—9 mm. Genf, Schaffhausen. **Chrysomelina F.**

— Seiten des Halsschildes stark und gleichmässig gerundet; gelbroth, Flügeldecken mit schwarzem Scutellarfleck, im Ganzen mit elf Punkten. Lg. 6—8 mm. (undecimmaculata F.) Auf Bryonia divisa, in Hecken. Genf, Waadt, Wallis, Basel. **Argus** Fourc.

Gatt. Subcoccinella Huber.

1. Geflügelt, Körper an den Seiten gleichmässig gerundet, nach hinten kaum mehr als nach vorn verengt, Hinterleibssegmente dicht und fein punktirt, der von der Schenkellinie eingeschlossene Raum grob punktirt, dazwischen fein gekörnt. Gelbroth oder braunroth, ein (selten fehlender) Fleck in der Mitte des Halsschildes und 24 Punkte auf den Flügeldecken schwarz (3, 4, 3, 2). Lg. 3—4 mm. Gemein. **24 punctata** L.

Var. a. Die Punkte fehlen mehr oder weniger, mitunter ganz. v. **saponariae** Huber.

Var. b. Körper röthlichgelb, Halsschild mit 1—3 Punkten oder ganz dunkel, Flügeldecken mit einigen

Punkten am Grunde oder in der Mitte, vor der Spitze oder an den Seiten. v. **4notata** F.

Var. c. Die Punkte vergrössern sich und fliessen endlich mehr oder weniger zusammen. v. **25punctata** Rossi.

Var. d. Flügeldecken schwarz mit wenigen rothen Flecken. v. **haemorrhoidalis** F.

Gatt. **Cynegetis** Redt.

Ungeflügelt, Körper von der Mitte nach hinten schnell, wenig stark gerundet verengt, Flügeldecken ohne Schulterbeule, Bauch weitläufig fein punktirt, der von der Schenkellinie eingeschlossene Raum nicht oder sparsam punktirt, sehr fein gekörnelt. Oberseite matt, gelbbraun, Kopf und Unterseite mit Ausnahme der Beine, bisweilen ein Fleck auf der Mitte des Halsschildes schwarz. Lg. 3,5—4,5 mm. Basel, Schaffhausen, Zürich, St. Gallen, Bündten. **Impunctata** L.

Var. Flügeldecken mit mehr oder weniger scharf begrenzten, manchmal fein verbundenen schwarzen Flecken. v. **palustris** Redt.

Gatt. **Hippodamia** Muls.

1. Beine schwarz, Schienen ganz oder fast ganz und die Tarsen röthlichgelb, Halsschild $1^3/_4$ mal so breit als lang mit fast geradem Vorderrand, schwarz, an den Seiten meist doppelt so breit als am Vorderrand, gelb gesäumt, mit einem schwarzen Punkt in der Mitte des Seitenrandes (oft mit der Scheibe verbunden). Flügeldecken gelb oder ziegelroth mit 13 schwarzen Punkten (1, 2, 1, 1, 1, $^1/_2$). Lg. 4,5—7 mm. Häufig auf Wasserpflanzen, selbst noch im Engadin. **13 punctata** L.

Var. a. Flügeldecken mit 4, 7 oder 9, 10, 11 oder 12 Punkten. v. **11 maculata** Karrer.

Var. b. Die hintern Punkte sind in Form eines dicken C verbunden. v. **Gyllenhali** Weise.

Var. c. Die Punkte noch mehr zusammenfliessend, so dass sie einen Sattel bilden. v. **sellata** Weise.

— Füsse ganz schwarz oder die Spitze der Schienen und die Tarsen schwarzbraun. Halsschild mehr als dop-

pelt so breit als lang, der Vorderrand deutlich ausgeschnitten; schwarz, Vorder- und Seitenrand ziemlich gleich breit gelb gesäumt. Flügeldecken ziegelroth, am Grunde gelblich, mit 13 schwarzen Punkten (1, 2, 2, 1, ½); von diesen ½ + 3, 4—5 zusammengeflossen, zwei sehr klein. Lg. 5,5—7 mm. Waadt, Wallis, Dübendorf, St. Moritz, Puschlav.
Septemmaculata De Geer.

Gatt. **Adonia** Muls.

1. Halsschild an der Basis gerandet, schwarz, ein schmaler Vorder- und Seitensaum, eine hinten abgekürzte Mittellinie und ein Punkt jederseits auf der Scheibe, mit dem Vorderrandsaum öfter verbunden, weissgelb. Flügeldecken roth, neben dem Schildchen weisslich, mit dreizehn schwarzen Punkten (1, 2, 2, 1, ½). Lg. 3,5—5 mm. (mutabilis Scriba, laeta F.) Sehr häufig.
Variegata Goeze.

Var. Flügeldecken ohne schwarze Punkte oder nur mit dem gemeinschaftlichen am Schildchen.
v. **immaculata** Gmel.

Var. Flügeldecken mit 3—5 Punkten (meist auf der hintern Hälfte). v. **5 maculata** F.

Var. Flügeldecken mit sieben Punkten, einer am Schildchen und drei auf der hintern Hälfte jederseits (Schaffh.) v. **constellata** Laich.

Var. Flügeldecken mit neun Punkten. v. **carpini** Fourc.

Die Punkte fliessen oft zusammen.

Gatt. **Anisosticta** Duponch.

Lang-oval, Halsschild mit breit abgesetztem Seitenrand, Oberseite weisslichgelb, gelb oder bräunlichgelb, drei Punkte jederseits auf dem Halsschild und 19 Punkte auf den Flügeldecken schwarz. Lg. 3—4. mm. In Sumpfgegenden häufig. **Novemdecimpunctata** L.

Gatt. **Semiadalia** Crotsch.

1. Flügeldecken rothgelb mit schwarzen Punkten . . 2
— Flügeldecken schwarz mit einem breiten, nach hinten verschmälerten rothen Saum an den Vorderecken, der Seitenrand des Halsschildes weisslich,

Fühler, Vorderschienen und Tarsen rothgelb, Oberseite dicht und fein punktirt. Lg. 3,5 mm. Selten. Mt. Rosa. **Rufocincta** Muls.

2. Kopf gelb mit schwarzem Scheitel (♂) und schwarzem Kopfschild (♀), Halsschild schwarz, der Vorderrand, beim ♂ drei Spitzen nach hinten aussendend und der Seitenrand bis $^2/_3$ nach hinten gelb gesäumt. Flügeldecken gelbroth mit elf schwarzen Punkten, erster gross auf der Schulter, zweiter klein am Seitenrand in $^1/_3$ der Länge, dritter gross an der Naht in der Mitte, vierter klein, am Seitenrand bei $^2/_3$ der Länge, fünfter klein vor der Spitze, $^1/_2$ am Schildchen birnförmig. Lg. 4,5—5,5 mm. (inquinata Muls.) In allen Schweizer Alpen. **Notata** Laich.

Var. Alle Punkte gross, dritter und vierter zusammenfliessend. Mt. Rosa. v. **elongata** Weise.

— Kopf gelb (♂), oder schwarz mit zwei rothgelben Punkten (♀). Halsschild schwarz, ein dreieckiger Fleck in den Vorderecken (♀), oder ein viereckiger Fleck in denselben, welcher einen Saum um den Vorderrand, in der Mitte in eine Spitze verlängert, aussendet (♂), weissgelb. Flügeldecken gesättigt ziegelroth mit elf schwarzen Punkten, einer auf der Schulter, zwei halbkreisförmig, klein, auf dem Seitenrande vor $^1/_3$ der Länge, auch von unten sichtbar, 3., 4. und 5. in einem Dreieck hinter der Mitte, 4. am Seitenrande, 3. und 5. an der Naht, 5. klein, der Nahtfleck hinten verbreitert. Lg. 5—7 mm. Häufig auf Wiesen und Obstbäumen. **Undecimnotata** Schneider.

Var. a Flügeldecken mit drei Punkten (1, $^1/_2$ oder 3, $^1/_2$) oder mit fünf Punkten (1, 3, $^1/_2$ oder 2, 3, $^1/_2$ oder 3, 4, $^1/_2$). v. **graminis** Weise.

Var. b. Flügeldecken mit sechs oder sieben Punkten (1, 3, 4, $^1/_2$ oder 1, 2, 3, $^1/_2$ oder 1, 2, 4, $^1/_2$) v. **cardui** Brahm.

Var. c. Flügeldecken mit neun Punkten (1, 2, 3, 4, $^1/_2$ oder 1, 3, 4, 5, $^1/_2$). v. **novempunctata** Fourc.

Gatt. Adalia Muls.

1. Körper länglich-oval, an der ganzen Basis gerandet, Oberseite heller oder dunkler graugelb, Ränder der Flügeldecken meist heller, gelbroth, Halsschild mit

vier hellbräunlichen bis schwarzen Punkten, die meist in ein M zusammenfliessen, oft ist die ganze Scheibe angedunkelt. Lg. 3,5—5 mm. Auf Nadelholz, häufig, auch auf Disteln. (M. nigrum Heer).
Obliterata L.

Var. a. Flügeldecken mit ein oder zwei dunkeln Längslinien auf der Scheibe, oder mit einem schiefen, länglichen Fleck vor der Spitze. Schaffhausen.
v. **livida** De Geer.

Var. b. Flügeldecken mehr oder weniger zahlreich, unregelmässig schwarz gesprenkelt, oder mit 6—8 regelmässig scharf begrenzten Flecken, 2—3 in einer gebogenen Querreihe vor der Mitte und eine längliche vor der Spitze. Schaffhausen. v. **6 notata** Thunbg.

Var. c. Flügeldecken braun bis schwarz, ihre Basis und ein Längsfleck hinter der Mitte, öfter auch noch ein punktförmiger Fleck nach aussen vor diesem, gelb. Zürich. v. **fenestrata** Weise.

Var. d. Flügeldecken fast ganz dunkel gefärbt.
v. **fumata** Weise.

— Körper gerundet, Halsschild an der Basis nur in den Aussenecken gerandet 2

2. Klauen kurz, ihr Zahn sehr klein, schwer sichtbar. Oberseite gelb, Halsschild mit drei den Vorderrand fast oder ganz berührenden schwarzen Längslinien, von denen die mittlere in der Mitte, die beiden andern am Grunde am breitesten sind und oft so zusammenfliessen, dass die Scheibe schwarz ist, mit zwei länglichen Flecken vor dem Schildchen, Flügeldecken mit schwarzem Nahtsaum, der am Schildchen, in der Mitte und vor der Spitze breiter ist und mit 12 schwarzen Punkten (1, 3, 2). Lg. 3,5 bis 4,5 mm. Auf Fichten. Genf, Wallis, Jura, Schaffhausen, Chur. **Bothnica** Payk.

Var. a. Flügeldecken ganz oder fast ganz gelb.
v. **destituta** Weise.

Var. b. Flügeldecken mit schwarzem Nahtsaum und 2—10 deutlichen Punkten. Chur. v. **decas** Beck.

Var. c. Flügeldecken wie bei b, die schwarzen Flecken bilden durch Zusammenfliessen eine oder zwei Kreuzformen. Wallis. v. **crucifera** Weise.

Var. d. Punkte unter sich mit der Naht verbunden; Flügeldecken schwarz mit fünf grossen Flecken, erster länglich, am Aussenrand unter der Schulterbeule, nach hinten verbreitert und in zwei Aeste getheilt, die zweite rund, an der Naht vor der Mitte, die dritte und vierte in einer Querreihe hinter der Mitte, die fünfte an der Spitze. v. **reticulum** Weise.

— Klauen lang, ihr Zahn deutlich 3

3. Basis der Tarsen schmal, Halsschild nur in den Vorderecken, nicht bis zu den Hinterecken weisslich gesäumt. Etwas breiter, aber kaum länger als bipunctata; schwarz, Halsschild mit einem schmalen, weissen Saum in den Vorderecken, zuweilen auch am Vorderrand; Flügeldecken mit einem mondförmigen gelbrothen Schulterfleck und einem Fleck vor der Spitze. Lg. 3,5—4 mm. Auf Nesseln. Nicht selten in allen Schweizeralpen. **Alpina** Vill.

Var. a. Der Schulterfleck dehnt sich zu einer Querbinde aus, die häufigste Form in den Walliser und Berner Alpen. v. **pedemontana** Weise.

Var. b. Der hintere Fleck ist in zwei Flecken aufgelöst. St. Bernhard. v. **tirolensis** Weise.

— Basis der Tarsen breit, Halsschild am ganzen Seitenrand weisslich gesäumt, nur selten und bei den dunkelsten Formen den Hinterrand nicht ganz erreichend, der helle Seitensaum des Halsschildes ohne Punkte, gleichbreit oder in der Mitte verbreitert. Halsschild schwarz, die Seiten breit, der Vorderrand nur schmal weisslich gesäumt, oft auch eine kurze Mittellinie vorn und zwei Flecken vor dem Schildchen weiss. Flügeldecken roth mit zwei schwarzen Punkten, einen auf der Mitte jeder Scheibe. Lg. 3,5—5,5 mm. Sehr gemein. **Bipunctata** L.

Var. a. Flügeldecken mit vier Punkten in einer Querreihe, die oft zusammenfliessen. Schaffhausen. v. **Herbsti** Weise.

Var. Flügeldecken mit drei Punkten in einer Querreihe auf jeder Flügeldecke, die oft zusammenfliessen. v. **unifasciata** F.

Var. c. Flügeldecken mit vier, sechs oder acht Punkten. Schaffhausen, Siders. v. **perforata** Marsh.

Var. d. Flügeldecken mit zwei schwarzen Querbinden, deren Enden sich oft verbinden und so einen gelben runden Fleck einschliessen. Schaffhausen. v. **annulata** L.

Var. e. Wie die vorigen, beide Binden verbreitern sich so, dass die hintere Hälfte der Flügeldecken schwarz erscheint mit je drei rothen Flecken. Wallis.
v. **pantherina** L.

Var. f. Flügeldecken auf der vordern Hälfte roth, am Schildchen drei dunkle Striche, in der hintern Hälfte der Flügeldecken schwarz mit einem rothen Flecken an der Naht hinter der Mitte.
v. **semirubra** Weise.

Var. g. Flügeldecken schwarz mit grossem Schulterfleck und zwei rothen Flecken hinter der Mitte. Schaffhausen. v. **6 pustulata** L.

Var. h. Flügeldecken wie beim vorigen, der rothe Fleck vor der Spitze verschwindet. Schaffhausen.
v. **4 maculata** Scop.

Var. i. Flügeldecken wie beim vorigen, der rothe Fleck am Seitenrand hinter der Mitte verschwindet.
v. **Simoni** Weise.

Var. k. Flügeldecken schwarz mit rothem Randsaum bis zur Spitze. v. **marginata** Rossi.

Var. l. Flügeldecken nur mit Schulterfleck, sonst schwarz. v. **sublunata** Weise.

Var. m. Flügeldecken ganz schwarz oder der Schulterfleck ist kaum angedeutet. Schaffhausen.
v. **lugubris** Weise.

Gatt. **Coccinella** L.

1. Mittelbrust mit geradem Vorderrand. Subg. **Coccinella** L.
— Mittelbrust mit einer kleinen dreieckigen Ausrandung. Subg. **Harmonia** Muls.

Subg. **Coccinella** L.

1. Flügeldecken roth oder gelb mit schwarzer Zeichnung 2
— Flügeldecken schwarz mit gelben Flecken; Kopf beim ♂ fast ganz gelb, beim ♀ mit zwei gelben Punkten, Halsschild mit viereckigem gelbem Fleck in den Vorderecken, der nach hinten zwei Spitzen aussendet, wovon die äussere am Seitenrand fast bis zu den Hinterecken reicht, mit schmalem Saum am Vorderrand nebst kurzer Mittellinie. Flügeldecken mit 14 gelben Flecken (2, 2, 2, 1). Erster Fleck

rechteckig am Schulterrand, 2., 3. und 5. halbkreisförmig, zwei am Grunde, drei und fünf am Seitenrand, vier und sechs rund, ersterer vor, letzterer hinter der Mitte an der Naht, siebenter mondförmig, hinten ausgerandet, vor der Spitze. Lg. 3–4 mm. Gemein überall. **Quattuordecimpustulata** L.

Var. a. Die Flecken der Flügeldecken fliessen mehr oder weniger zusammen. Schaffhausen. v. **effusa** Weise.

Var. b. Flügeldecken weissgelb mit einigen kleinen schwarzen Flecken (den helleren Stücken von Adalia bothnica ähnlich, aber grösser). v. **nigropicta** Weise.

2. Halsschild schwarz, ein Fleck in den Vorderecken weiss 3

— Halsschild fast ganz weisslichgelb, oder wenigstens ein ganzer Seitensaum, Flügeldecken oft mit erhabener Querfalte an der Spitze; Halsschild gelblichweiss, ein Punkt vor dem Schildchen, davor vier Punkte in einem Halbkreis, oft verbunden und ein (oft fehlender) Punkt am Seitenrande schwarz; Flügeldecken gelbbraun oder röthlichgelb mit zwölf schwarzen Punkten, einer an der Schulter, 2, 3, 4 in Querreihe in der Mitte, 5, 5 in Querreihe vor der Spitze. Lg. 3,5–5 mm. Sehr häufig. (variabilis F.) **Decempunctata** L.

Die erhabene Querfalte an der Spitze ist oft schwächer oder fehlt ganz.

Var. a. Oberseite einfärbig weissgelb oder nur das Halsschild mit einigen Pünktchen. Wallis, Schaffhausen. v. **lutea** Rossi.

Var. b. Flügeldecken mit zwei bis vier Punkten, selten auch mit zwei scharfen Strichen am Schildchen, Halsschild mit vier, fünf oder sieben Punkten. v. **4 punctata** L.

Var. c. Flügeldecken mit sechs Punkten, mit oder ohne Schildchenstriche. Schaffhausen. v. **sexpunctata** L. Normalfärbung.

Var. d. Flügeldecken mit 12 bis 13 Punkten. v. **14 punctata** Müller.

Die Punkte der Flügeldecken vergrössern sich einzeln oder insgesammt zu Flecken und fliessen zusammen. Hiedurch entstehen zwei Reihen von hübsch gezeichneten, aber im Ganzen sparsam auftretenden Uebergangsformen zu den zwei Varietäten e und f.

Var. e. Flügeldecken schwarz mit acht grossen, hellen Flecken, einer umschliesst theilweise den schwarzen Schulterpunkt, zwei und drei sind hinter der Mitte, vier an der Spitze. Schaffhausen. v. **humeralis** Schaller.

Var. f. Flügeldecken schwarz, jede mit fünf grossen Flecken, zwei an der Basis, drei und vier dicht hinter der Mitte, der fünfte an der Spitze.
v. **10 pustulata** L.

Var. g. Flügeldecken schwarz, mit grossem gelbrothem Schulterfleck, der fast bis zum Schildchen reicht, Halsschild schwarz mit schmalem, weisslichem Seiten- und meist auch Vorderrand. Schaffhausen.
v. **Scribae** Weise.

Var. h. Wie die vorigen, Flügeldecken einfärbig dunkel mit mondförmigem Schulterfleck.
v. **bimaculosa** Herbst.

Var. i. Flügeldecken schwarz mit kleinem mondförmigem Fleck hinter der Schulter.
v. **bimaculata** Pontropp.

Var. k. Flügeldecken einfärbig schwarz (von v. areata durch den bis in die Hinterecken reichenden weissen Seitensaum des Halsschildes zu unterscheiden).
v. **nigrina** Weise.

3. Epimeren der Mittelbrust weissgelb, Flügeldecken mit einem schwarzen Fleck oder Binde unmittelbar hinter der Spitze des Schildchens, die Basis zu beiden Seiten desselben weisslich 4

— Epimeren der Mittelbrust schwarz, hinter dem Schildchen kein schwarzer Fleck oder aber ein schwarzer Nahtsaum, welcher das Schildchen einschliesst. Halsschild schwarz mit einem dreieckigen weissen Fleck in den Vorderecken, Flügeldecken gelbbraun, eine breite, gemeinschaftliche, wellige Querbinde in $^1/_3$ der Länge, die nach der Basis drei kurze, breite Aeste aussendet und sich hinten mit einem grossen, queren Fleck jederseits in $^2/_3$ der Länge verbindet, schwarz. Lg. 3,5—4,5 mm. Auf Schirmblumen und Teucrium scorodonia. Genf, Burgdorf, Basel, Schaffhausen, Zürich. **Hieroglyphica** L.

Var. a. Flügeldecken einfärbig gelbbraun oder nur am Schildchen dunkler. v. **brunnea** Weise.

Var. b. Flügeldecken gelbbraun, eine gebogene Längsbinde über die Schulter vor der Mitte und ein länglicher Schildchenfleck schwarz. Die Schulterbinde oft in Flecken aufgelöst. v. **lineolata** Marsh.

Var. c. Flügeldecken mit Schildchenfleck, Schulterbinde und 1—2 Flecken in $^{2}/_{3}$ der Länge, letztere vereinigen sich nach und nach mit einem unregelmässigen Querfleck, dessen innere Hälfte bedeutend grösser ist als die äussere und sich zuletzt mit dem Schulterfleck vereinigt. v. **sinuata** Naëzen.

Var. d. Die Schulterbinde vereinigt sich mondförmig mit dem Schildchenfleck, aber nicht mit dem hintern Querfleck. v. **flexuosa** F.

Normalfärbig.

Var. e. Flügeldecken schwarz mit 10 gelben Flecken, ein und drei am Seitenrand, zwei und vier an der Nath, fünf in der Spitze. Schaffhausen.
v. **margine-maculata** Brahm.

Var f. Flügeldecken schwarz und nur ein gelber Fleck in der Mitte des Seitenrandes und die gelben Epipleuren, oder Spuren von den andern Flecken.
v. **areata** Panz.

4. Flügeldecken bis zum Seitenrand gleichmässig gewölbt, dieser selbst nur schmal 5

— Flügeldecken über dem Seitenrand mit einer Längsvertiefung, zwischen dieser und dem Seitenrand mit einem deutlichen Längswulst 6

5. Flügeldecken mit sieben oder neun Punkten, der C. 7 punctata täuschend ähnlich, etwas länglicher, der weisse Fleck in den Vorderecken reicht auf der Unterseite des Halsschildes nach hinten bis über die Mitte (bei jener nur bis zu $^{1}/_{3}$), und Punkt zwei und drei der Flügeldecken sind stets quer, gewöhnlich auch grösser, durch die fehlende Längswulst am Seitenrand sicher zu unterscheiden. Lg. 5,5 bis 8 mm. Diese Normalform kommt in der Schweiz nicht vor, wohl aber **Distincta** Fald.

Var. a. Flügeldecken mit sieben Punkten, welche ganz die Stellung wie bei 7 punctata haben (labilis Muls.) v. **magnifica** Redt.

— Halsschild schwarz, ein dreieckiger Fleck in den Vorderecken, der auf der Unterseite breit (fleckenförmig) bleibt, und beim ♂ der Vorderrand weissgelb. Flügeldecken rothgelb, eine breite Binde von einer Schulter zur andern hinter dem Schildchen und zwei Querbinden auf jeder einzelnen schwarz.

Lg. 4—5,5 mm. Sehr selten. Oberengadin und Stürviser Alp in Bündten. **Trifasciata** L.

6. Körper mehr oder weniger länglich. Oval, Halsschild schwarz, ein länglicher, fast dreieckiger Fleck in den Vorderecken, der auf der Ober- und Unterseite gleich ist, weisslichgelb, Flügeldecke gelbroth, mit 11 schwarzen Punkten (1, 2, 2, 1/2), von denen zwei und vier am Seitenrand etwas weiter vorn stehen, als drei und fünf an der Naht. Lg. 3,5 bis 5 mm. Genf, Lausanne. **Undecimpunctata** L.

Var. a. Flügeldecken einfärbig roth. v. **pura** Weise.

Var. b. Flügeldecken mit drei bis fünf Punkten (5, 1/2 oder 3, 1/2 oder 3, 5, 1/2 oder 1, 5, 1/2). v. **3 punctata** L.

Var. c. Flügeldecken mit sieben Punkten (3, 4, 5, 1/2 oder 2, 3, 5, 1/2 oder 2, 4, 5, 1/2). v. **vicina** Weise.

Var. d. Flügeldecken mit neun Punkten (2, 3, 4, 5, 1/2 oder 1, 2, 3, 4, 1/2 oder 1, 2, 3, 4, 1/2). v. **9 punctata** L. Normalfärbung.

Var. e. 2 + 3 oder 4 + 5 fliessen zu Schrägbinden zusammen. v. **brevifasciata** Weise.

— Körper gerundet, mitunter fast kreisrund 7

7. Der weisse Fleck des Halsschildes nimmt auf der Unterseite nur den schmalen Raum in den Vorderecken ein.

Halsschild schwarz, ein quadratischer Fleck in den Vorderecken, welcher sich in der Regel bald hinter den Ecken vom Seitenrand entfernt und auf der Unterseite nur als schmaler Saum in den Vorderecken sichtbar bleibt, weisslich, Flügeldecken ziegelroth, ein Fleck beiderseits am Schildchen weisslich und sieben Punkte schwarz. Lg. 5,5—8 mm. Sehr gemein. **Septempunctata** L.

Var. a. Flügeldecken ohne deutliche Punkte. v. **lucida** Weise.

Var. b. Flügeldecken mit drei Punkten (2, 1/2 oder 3, 1/2). v. **floricola** Weise.

Var. c. Flügeldecken mit fünf Punkten. v. **atomaria** Weise.

Var. d. Flügeldecken mit neun Punkten (ein Punkt auf dem Schulterhöcker tritt dazu). v. **zapluta** Weise.

Var. e. Flügeldecken mit elf Punkten. v. **maculosa** Weise.

Var. f. Einige Punkte der Flügeldecken fliessen zu einer unregelmässigen Binde zusammen.
v. **divaricata** Ol.

Var. g. Alle Punkte mehr oder weniger stark verbunden. v. **confusa** Wiedmann.

Var. h. Flügeldecken schwarz mit einem weisslichen Fleck neben dem Schildchen. v. **anthrax** Weise.

— Wie die vorigen, aber kleiner, der weisse Fleck in den Vorderecken des Halsschildes entfernt sich erst kurz vor der Mitte vom Seitenrand und ist auf der Unterseite als breiter Fleck sichtbar. Flügeldecken mit fünf Punkten (1, 1, ½). Lg. 3,5—4 mm. Häufig.
Quinquepunctata L.

Var. a. Flügeldecken nur mit drei Punkten.
v. **Rossii** Weise.

Normalfärbung.

Var. b. Flügeldecken mit sieben Punkten, der überschüssige Punkt ist im ⅓ am Seitenrand.
v. **simulatrix** Weise.

Var. c. Flügeldecken mit sieben Punkten, der überschüssige Punkt ist an der Naht. v. **jucunda** Weise.

Var d. Flügeldecken mit neun Punkten.
v. **multipunctata** Weise.

Var. e. Punkt 1 und ½ (an der Naht) verbunden.
v. **arcuata** Weise.

Subg. **Harmonia** Muls.

1. Die ganze Vorderbrust, sowie die Seitenstücke der Mittel- und Hinterbrust weissgelb. Körper breit und flach, Vorderbrust gewölbt, ohne Kiellinien, Halsschild weisslichgelb mit elf schwarzen Punkten, sieben in einer Querreihe vor dem Hinterrand und vier in einer Reihe davor, die äussern zuweilen fehlend. Flügeldecken gelbroth mit sechszehn schwarzen Punkten (1, 3, 3, 1), wovon jedoch hier nur 2 und 5 am Seitenrand sichtbar sind. Lg. 5—6,5 mm. Ziemlich selten. Genf, Wallis, Basel, Schaffhausen, Neuchatel, Ragaz (margine-punctata Schaller).
Quadripunctata Pontropp.

Var. Flügeldecken ohne Punkte. v. **sordida** Weise.

Var. b. Flügeldecken ausser den beiden deutlichen Punkten am Seitenrand nur mit verwaschenen Punkten oder mit 12 oder 14 Punkten, auch die Punkte des Halsschildes zusammenfliessend. v. **16 punctata** F.

Var. c. Die Punkte der Flügeldecken mehr oder weniger zu scharfen Binden vereinigt.
v. **abieticola** Weise.

— Vorderbrust oder die Seitenstücke der Hinterbrust rothgelb oder schwärzlich, Halsschild weisslichgelb, mit sieben oft zusammenfliessenden Punkten, einer vor dem Schildchen, vier in einem Halbkreis davor und je ein amer Seitenrand. Flügeldecken weissgelb, gelbbraun oder fleischfarben, mit 16 Flecken (2, 2, 1, 3), von denen 1 und 2 am Grunde verbunden, 3 und 4 am Seitenrand vor der Mitte, 5 quer, an der Naht hinter der Mitte, 6, 7 und 8 in einer schrägen Querreihe stehend. Lg. 3,5—5 mm. (conglobota L.) Häufig. **18 punctata** Scop.

Var. a. Halsschild und Flügeldecken ohne Punkte.
v. **Vandalitiae** Weise.

Var. b. Halsschild normal gefärbt, Punkt fünf mit der Naht und Punkt sechs mit sieben verbunden.
v. **gemella** Herbst.

Normalfärbung.

Var. c. Flügeldecken schwarz, mit einem oder mehreren hellen Flecken. v. **dubia** Weise.

Var. d. Flügeldecken einfärbig schwarz nebst den Epipleuren, Halsschild normal gefärbt, oder schwarz, der Vorder- und Seitensaum und eine oft vor dem Schildchen gegabelte Mittellinie weiss, im Seitensaum ein grosser schwarzer Fleck, oder nur ein schwarzer Seitensaum. v. **impustulata** L.

Gatt. **Micraspis** Redt.

Oberseite gelb oder weissgelb, Halsschild mit sechs Punkten, vier im Halbkreis, zwei an den Seiten, Flügeldecken mit schwarz gesäumter Naht und 16 Punkten (1, 2, 2, 2, 1), von denen vier und sechs am Seitenrand länglich. Bauch schwarz. Lg. 2,5 bis 3 mm. Selten mit Var. a. **Sedecimpunctata** L.

Var. Punkt 4 + 6 oder 2 + 4 + 6 verbunden. Sehr häufig. v. **12 punctata** L.

Gatt. **Anatis** Muls.

Halsschild schwarz, ein schmaler Vorsaum, ein breiter Seitensaum, der auf der hintern Hälfte sich von den

Seiten entfernt und einen schwarzen Punkt einschliesst, welcher öfter mit der schwarzen Scheibe oder dem Seitenrand verbunden ist, sowie ein Doppelfleck vor dem Schildchen weissgelb. Flügeldecken gelbroth, am Umkreis schmal schwarz gesäumt, mit 20 schwarzen Flecken, die von einem hellen Kreis umgeben sind: 2, 4, 3, 1, Fleck 3 und 4 am Seitenrand oft verbunden, vor der Spitze oft eine Schwiele. Lg. 8—9 mm. Ziemlich häufig auf Salvia und auch auf Nadelholz in der ebenern Schweiz. **Ocellata** L.

Var. a. Flügeldecken gelblich mit helleren Flecken, die keinen schwarzen Punkt haben. Schaffhausen. v. **bicolor** Weise.

Var. b. Flügeldecken gelbroth mit zwei schwarzen Punkten, einer an der Schulter und einer am Aussenrand, oder in der Mitte oder vor der Spitze. Mit der Stammform. Schaffhausen. v. **biocellata** Weise.

Var. c. Flügeldecken mit sechs Flecken. Mit der Stammform. v. **Böberi** Cederjh.

Var. d. Flügeldecken mit acht oder zwölf Flecken. Mit der Stammform. v. **tricolor** Weise.

Var. e. Flügeldecken mit achtzehn Flecken. Mit der Stammform. v. **15 punctata** De Geer.

Gatt. **Mysia** Muls.

Oberseite rothgelb, Halsschild an den Seiten breit weisslich gesäumt, vor dem Schildchen zwei wenig deutliche helle Flecken, die Scheibe öfter dunkel, Flügeldecken mit hellen, gelben Flecken: einen rundlichen am Schildchen, zwei längliche im ersten Drittheil an der Naht, ein längerer in ²/₃ und eine Längsbinde über die ganze Decke in der äussern Hälfte. Lg. 6—8 mm. Auf Nadelholz, nicht selten. **Oblongoguttata** L.

Gatt. **Halyzia** Muls.

1. Vorderbrust mit zwei Kiellinien 2
— Vorderbrust ohne Kiellinien 6
2. Vorderrand der Mittelbrust gerade. Rothbraun, Halsschild mit schmalem, blassem Seitensaum, der an den Hinterecken zu einem Flecken erweitert ist, Flügeldecken mit zwölf weissgelben Tropfen (1, 2, 2, 1), einer am Schildchen, zwei am Seitenrand hinter

der Schulterbeule, drei etwas weiter hinten an der Naht, vor der Spitze zuweilen eine stark erhabene Querfalte. Lg. 3–4 mm. (bissexguttata F.) Nicht selten. Genf, Wallis, Neuenburg, Schaffhausen, Engadin. **Duodecimguttata** Poda.

— Vorderrand der Mittelbrust mit einem meist tiefen, gerundeten Ausschnitt 3

3. Unterseite ganz oder theilweise schwarz, Flügeldecken mit schwarzen Punkten oder Binden, Halsschild schwarz, ein breiter, in drei Spitzen verlängerter Saum am Vorderrand und ein schmaler Saum am Seitenrand weiss; Flügeldecken gelblichweiss mit 14 schwarzen Flecken (1, 2, 3, 1). Hier sind drei und drei (der andern Seite) zu einem gemeinsamen viereckigen Fleck auf der Naht vor der Mitte, 5 + 6 + 6 + 5 zu einer gemeinsamen ankerförmigen Binde und 7 + 7 zu einer gemeinsamen Querbinde vor der Spitze verbunden; die Naht ist oft schwarz gesäumt. Lg. 3,5—4,5 mm. Sehr häufig auf Laub- und Nadelholz. **Conglobota** L.

Var. a. Oberseite gelblichweiss, sechs Punkte des Halsschildes und 14 schwarze Flecken der Flügeldecken schwarz. v. **tessulata** Scop.

Var. b. Auf dem Halsschild nur vier Punkte, auf den Flügeldecken fehlen einzelne. Selten. v. **parumpunctata** Sajo.

Var. c. Die Flecken der Flügeldecken fliessen mehr und mehr zusammen (Leopardina Weise). v. **conglomerata** F.

Var. d. Flügeldecken schwarz, jede mit sieben kleinen, gelbweissen Flecken, drei am Seitenrand, durch den gelben Saum verbunden, drei an der Naht und einer auf der Scheibe. Selten. v. **fimbriata** Sulz.

3. Unterseite heller oder dunkler röthlichgelb, Oberseite rothgelb mit hellen Tropfen 4

4. Flügeldecken mit 10 weissgelben Flecken, rothgelb, Halsschild mit schmalem gelbem Vorder- und Seitensaum, letzterer an der Basis in einen länglichen, nach innen und vorn ziehenden Fleck verlängert und mit einer schmalen, vor dem Schildchen erweiterten Mittellinie (diese Zeichnung gewöhnlich etwas verwaschen); Flügeldecken mit zehn grossen, rundlichen weissgelben Tropfen (2, 2, 1). Lg. 5—5½ mm. Nicht selten in der ebenern Schweiz, auf Weiden. **Decemguttata** L.

Var. Die Tropfen heben sich kaum von den Grundfarben ab. Selten. Schaffhausen. v. **imperfecta** Muls.

— Flügeldecken mit 14 weissgelben Flecken 5

5. Am Grunde der Flügeldecken stehen zwei helle Flecken. Rothgelb, Halsschild mit breitem, weissem Seitensaum, der in der Mitte des Innenrandes breit und tief ausgerandet ist, und oft mit einem zweitheiligen weissen Flecken vor dem Schildchen, Flügeldecken mit 14 weisslichen Tropfen (2, 2, 2, 1), in der Regel auch ein Seitensaum weisslich. Lg. 5—6,5 mm. (bisseptemguttata Schall.) Genf, Wallis, Tessin, Schaffhausen. **Quindecimguttata** F.

— Am Grunde der Flügeldecken steht nur ein heller Fleck. Rothbraun, ein schmaler Saum am Vorder- und Seitenrand des Halsschildes, der an den Hinterecken zu einem grossen Fleck erweitert ist, eine wenig deutliche Mittellinie desselben, auf den Flügeldecken 14 deutliche Tropfen und ein schmaler Seitensaum weissgelb (1, 3, 2, 1), der letzte Tropfen hängt oft mit dem weissen Seitensaum zusammen. Lg. 4,5 bis 5,5 mm. Häufig. **Quattuordecimguttata** L.

Var. a. Tropfen der Flügeldecken mit einer dunkeln oder schwarzen Linie umgeben. Selten; mit der Stammform. Schaffhausen. v. **ocelligera** Weise.

6. Flügeldecken mit einem breiten, flach ausgebreiteten und durchscheinenden Seitenrand, Augen vom Halsschild vollständig bedeckt. Röthlichgelb, Halsschild an den Seiten breit, aber mit schlechter Begrenzung weisslich gesäumt, der Saum in der Mitte verengt, oft eine hinten verbreiterte helle Mittellinie deutlich. Flügeldecken mit 16 gelblichweissen Flecken: einer am Schildchen (2, 2, 2), der innere Fleck stets weiter hinten als der äussere, einer in der Spitze. Lg. 5—7 mm. Selten. Auf Erlen, Tannen und Nussbäumen. Genf, Tessin, Freiburg, Waadt, Basel, Schaffhausen, Zürich, Ragaz, Matt, Bündten. **Sedecimguttata** L.

— Seitenrand der Flügeldecken schmal, Augen nicht ganz bedeckt 7

7. Oberseite citrongelb mit schwarzen Punkten. Halsschild mit einem schwarzen Punkt vor dem Schildchen und vier im Halbkreis davor. Auf den Flügeldecken 22 Punkte (3, 4, 1, 2, 1), Punkt vier auf dem Seitenrand. Bauch und Schenkel schwarz. Lg. 3—4,5 mm. Sehr häufig. **Vigintiduopunctata** L.

— Oberseite roth mit gelblichen Flecken 8

8\. Fühler schlank, Glied acht länger als breit, Schenkellinien kaum die Mitte des ersten Segmentes erreichend. Halsschild an den Seiten schmal weisslich gesäumt, ein oft fehlender Doppelfleck in der Mitte des Vorderrandes und zwei längliche Flecken vor dem Schildchen weisslich. Flügeldecken mit 18—20 hellen Flecken (2, 1, 3, 2, 1), einer mondförmig am Schulterrand, zwei winklig, am Schildchen, drei auf der Mitte der Scheibe in $^1/_3$ der Länge, zwischen eins und drei oft ein punktförmiger Fleck, vier, fünf und sechs etwas hinter der Mitte, sieben und acht vor der Spitze, neun in derselben. Lg. 3,5 bis 5 mm. Ziemlich selten, auf Fichten. Genf, Basel, Schaffhausen, Dübendorf, Ragaz, Puschlav. **Octodecimguttata** L.

Var. Einige Flecken der Flügeldecken verbunden. Selten. Mit der Stammform. v. **silvicola** Weise.

— Fühler dicker, achtes Glied höchstens so lang als breit. Schenkellinie fast den Hinterrand des Segmentes erreichend. Rothgelb oder rothbraun; drei längliche Flecken (einer in der Mitte des Vorderrandes und zwei vor dem Schildchen), sowie ein breiter, in der Mitte weit und tief ausgeschnittener Seitensaum des Halsschildes weisslich; Flügeldecken mit 20 gelblichen oder weissen Flecken, zwei am Schildchen, zwei an der Schulter, drei in einer Querreihe hinter der Mitte und zwei und einer hinten. Lg. 5—6 mm. Selten. Auf Wachholder und Weiden. Genf, Wallis, Bündten. **Vigintiguttata** L.

Var. a. Flügeldecken schwarzbraun oder schwarz, Flecken weiss. v. **tigrina** L.

Var. b. Der fünfte und sechste Fleck verbunden. Flügeldecken braun oder schwarz. v. **Linnei** Weise.

Gatt. **Chilocorus** Leach.

1\. Der Zwischenraum der doppelten Randlinie in den Hinterecken des Halsschildes breit. Schwarz, der Bauch und ein grosser rundlicher Fleck etwas vor der Mitte jeder Flügeldecke roth (**renipustulatus** Scrib.) Lg. 4—5 mm. Nicht selten in der ebenern Schweiz. **Similis** Rossi.

— Der Zwischenraum der Randlinie schmal. Schwarz, schwarzbraun oder braun, eine Querreihe von drei kleinen Punkten auf jeder Flügeldecke vor der Mitte, die beiden innern oft verbunden, roth. Lg. 3—4 mm. Genf, Basel, Schaffhausen, Zürich, Siders, St. Gallen. **Bipustulatus** L.

Gatt. **Exochomus** Redt.

1. Basis des Halsschildes an den Hinterecken jederseits deutlich ausgebuchtet. Länger als breit, Vorder- und Seitenrand des Halsschildes oft düster röthlich gesäumt, Flügeldecken mit einem mondförmigen Fleck an der Schulter und einem queren hinter der Mitte an der Nath. Unterseite schwarz, die vordere Hälfte vom Umschlag der Flügeldecken und der Bauch roth. Lg. 3—5 mm. Ziemlich häufig auf Pappeln und Weiden, bis 4000′ über Meer. **Quadripustulatus** L.

   Var. Der hintere Fleck fehlt. Selten. Schaffhausen, Zernetz. v. **bilunulatus** Weise.

— Basis des Halsschildes kaum deutlich ausgebuchtet jederseits; der Kopf und die Epimeren der Mittelbrust beim ♂ roth, beim ♀ schwarz, Halsschild mit breitem, gelbrothem Seitensaum. Unterseite schwarz, der Bauch theilweise und die Beine röthlich. Lg. 4 bis 4,5 mm. (auritus Scriba). Selten. Auf Nadelholz. Genf. **Nigromaculatus** G.

Gatt. **Platynaspis** Redtenbacher.

Körper schwarz, ein dreieckiger, nicht den Hinterrand erreichender Fleck des Halsschildes (beim ♂ auch der Kopf) und oft Kinn und Schienen gelb, auf jeder Flügeldecke zwei runde Flecken roth, der eine gross, vor der Mitte, der andere klein, vor der Spitze, Oberseite anliegend grau behaart. Lg. 2,5—3 mm. Sehr häufig auf Wiesen und Nadelholz (villosa Fourc.). **Luteorubra** Goeze.

Gatt. **Hyperaspis** Redt.

1. Länglich, schwarz, ein breiter, in der Mitte etwas erweiterter, meist scharf begrenzter Saum an den Seiten des Halsschildes, sowie ein Fleck an der Spitze der Flügeldecken, nahe dem Seitenrande rothgelb. Lg. 2,5 mm. (algirica Crotsch., pseudopustulata Muls.).

♂ Kopf mit Ausnahme eines Querstriches, Vordersaum des Halsschildes und öfter ein dreieckiger Fleck in der Schulterecke der Flügeldecken gelb, Beine röthlich, Hinterschenkel, selten ein Theil der mittlern und vördern schwarz.
♀ Beine bis auf Vorderschienen und Tarsen schwarz. Genf, Wallis, Tessin, Bündten, Schaffhausen, Zürich.
Reppensis Herbst.

— Fast so breit als lang, schwarz, Halsschild mit breitem, von der Mitte nach hinten verschmälertem röthlichem Seitensaum, welcher meist nicht ganz die Basis erreicht; jede Flügeldecke mit einem kleinen runden Fleck hinter der Mitte, näher dem Seitenrand als der Nath. Dieser Fleck steht viel weiter vorn als beim vorigen. Lg. 2—3,5 mm.
♂ Kopf und ein schmaler Vordersaum des Halsschildes gelb. Genf, Waadt, Tessin, Schaffhausen.
Campestris Herbst.

Var. Flügeldecken einfärbig. Selten. Zernetz.
v. **concolor** Suffr.

Gatt. **Coccidula** Kugel.

1. Innerer und äusserer Theil der Schenkellinie gleich flach. Oberseite gelbroth. Flügeldecken mit fünf schwarzen Flecken, ein gemeinschaftlicher am Schildchen und zwei auf jeder Seite, einer am Seitenrand vor der Mitte, der andere an der Naht hinter der Mitte. Lg. 2,5—3 mm. Häufig auf Wasserpflanzen.
Scutellata Herbst.

Var. a. Es fehlt der gemeinschaftliche Fleck am Schildchen, hie und da auch der am Seitenrand. Selten. Mit der Stammform. v. **subrufa** Weise.

Var. b. Die Flecken sind mehr oder weniger zusammengeflossen. v. **arquata** Weise.

— Innerer Theil der Schenkellinie viel flacher als der äussere. Oberseite einfärbig roth, fein grau behaart, mitunter die Spur eines Fleckens jederseits hinter dem Schildchen. Lg. 2,5—3 mm. Sehr häufig auf Wasserpflanzen. **Rufa** Herbst.

Gatt. **Rhizobius** Stephens.

1. Gewölbt, nach hinten deutlich verengt. Halsschild fast geradlinig nach vorn verschmälert. Vorderbrust

mit zwei convergirenden Kiellinien, die vor dem Vorderrand zusammenstossen. Heller oder dunkler gelbbraun, Oberseite hellgrau, etwas abstehend behaart. Halsschild vor dem Schildchen zuweilen angedunkelt oder schwarz, Flügeldecken einfärbig oder mit einem oder mehreren dunklen Längsflecken auf der Scheibe und jederseits hinter dem Schildchen, sowie einem dunklen, gemeinschaftlichen Querstriche in $^{2}/_{3}$ auf der Naht, welcher oft mit den Flecken verbunden ist. Unterseite hellbraun bis schwarz. Lg. 2,5—3 mm. Nicht selten. **Litura** F.

Var. a. Jede Flügeldecke mit einem grossen, schwarzen Fleck auf der Scheibe. v. **chrysomeloides** Herbst.

Var. b. Flügeldecken mit einem mehr oder weniger grossen, gemeinschaftlichen schwarzen Fleck auf der Naht. Wallis. v. **discimacula** Cost.

— Weniger gewölbt, hinten breit abgerundet, Halsschild von der Mitte an nach vorn stark gerundet verengt, Kiellinien der Vorderbrust parallel, vorn im Bogen vereint. Hellbraun, grau behaart, Halsschild oft vor dem Schildchen dunkel oder mit schwarzer Scheibe und Basis, auf den Flügeldecken meist nur zwei, meist zu einer Längsbinde vereinigte dunkle Striche. Unterseite braun, die vordern Bauchsegmente in der Mitte schwarz. Lg. 3—3,3 mm. Unter Kiefernrinde. Wallis. **Subdepressus** Seidlitz.

Gatt. Scymnus Kugelan.

1. Die Schenkellinie ist ein vollständiger Halbkreis, der äussere Theil läuft bis an die Basis des ersten Segmentes zurück 2

— Die Schenkellinie ist ein unvollkommener Halbkreis oder Viertelkreis, der äussere Theil läuft zum Seiten- oder Hinterrand, oder verliert sich, ohne einen der Ränder zu erreichen 11

2. Das Prosternum fällt dicht vor den Vorderhüften ab, so dass der sehr kurze Vordertheil der Brust und der Mund an die Hüften anstossen. Breit oval, mässig gewölbt, schwarz, Seiten des Halsschildes und zwei gemeinschaftliche hufeisenförmige Linien, oft nur hinten ausgeprägt, die Vorderbrust und die Beine weissgelb. Spitze der Flügeldecken röthlich gesäumt. Lg. 1,2—1,5 mm. Selten. Basel. **Arcuatus** Rossi.

— Das Prosternum läuft in einer Ebene bis zum Vorderrand 3

3. Das Prosternum ohne Kiellinien; breit oval, gewölbt, schwarz, Mundtheile, Fühler, Schienen und Tarsen gelbbraun, Flügeldecken fein punktirt, Schenkellinie flach, kaum die Mitte des Segmentes erreichend. Lg. 1,1—1,5 mm. Genf, Waadt, Jura, Tessin, Basel, Schaffhausen, Zürich. **Minimus** Rossi.

— Prosternum mit zwei Kiellinien 4

4. Schenkellinie klein, ihr innerer Theil viel flacher als der äussere, welcher vom Seitenrand sehr weit entfernt bleibt und mit ihm kaum convergirt . . 5

— Schenkellinie mässig gross, ihr innerer und äusserer Theil entweder gleich stark gerundet, oder der äussere flacher, dieser convergirt ziemlich stark mit dem Seitenrand 6

5. Körper gestreckt, einfärbig schwarz, Halsschild und Bauch fein gewirkt, matt, undeutlich fein punktirt. Lg. 1—1,5 mm. Genf, Tessin, Waadt, Schaffhausen, Engadin. **Ater** Kugel.

— Körper gerundet, röthlich gelbbraun, oder theilweise schwarz, Halsschild und Bauch sehr fein gewirkt, deutlich punktirt, ersteres nicht doppelt so breit als lang, Halsschild flach, nach vorn stark verengt, nur an den Vorderecken abwärts gewölbt, zuweilen vor dem Schildchen dunkel, Flügeldecken doppelt so stark als das Halsschild punktirt, die Punkte gross, ihre Zwischenräume breit; Beine hell, Unterseite braun bis schwarz, nach der Spitze hin heller. Lg. 1,2—1,8 mm. In der Schweiz noch nicht nachgewiesen. **Testaceus** Motsch.

Var. Kopf, Halsschild und Unterseite schwarz, Beine bräunlich bis schwarz, Flügeldecken dunkelroth, ein dreieckiger Querfleck am Schildchen und die Naht schwarz. Sehr selten. Aeggischhorn im Wallis. v. **scutellaris** Muls.

6. Flügel einfärbig schwarz, höchstens an der Spitze schwach und schmal hell gesäumt. Rund, hoch gewölbt, Kopf und in der Regel die Vorderecken (♀) oder die Seiten des Halsschildes rothgelb, Flügeldecken meist mit schmalem, röthlichem Spitzensaum, Beine gelbroth oder die Schenkel dunkler. Lg. 1,3 bis 2 mm. Genf, Basel, Zürich, Schaffhausen. **Capitatus** F.

— Flügeldecken schwarz mit heller Zeichnung oder roth bis gelbbraun, einfärbig oder mit hellen Flecken . 7
7. Flügeldecken schwarz, mit breit rothgelber Spitze . 8
— Flügeldecken schwarz mit rothen Flecken oder röthlicher Scheibenbinde 9
8. Bauch rothgelb, mitunter das erste Segment dunkel. Breit-oval, schwarz, Kopf und Halsschild mit Ausnahme eines halbkreisförmigen Fleckens vor dem Schildchen, der gelbe Fleck an der Spitze der Flügeldecken verlängert sich am Seitenrand weiter nach vorn als an der Naht, Hinterrand des fünften Bauchringes beim ♂ gerade. Lg. 2,5—3 mm. (analis F.) Häufig auf Sträuchern und Wiesen. **Ferrugatus** Moll.
— Wenigstens die drei vordern Bauchringe schwarz. Oval, halb so gross als der vorige, schwarz, Kopf und Halsschild, mit Ausnahme eines Fleckens vor dem Schildchen (der sich oft sehr ausdehnt) und Beine rothgelb. Flügeldecken mit gemeinschaftlichem rothgelbem Spitzenfleck, welcher $^1/_6$ bis $^1/_2$ der Länge einnimmt und vorn ziemlich scharf durch eine gerade Querlinie begrenzt ist. Beim ♂ das letzte Bauchsegment ausgerandet. Lg. 1,5—2,3 mm. Nicht häufig. Zürich, Basel, Schaffhausen, Tessin. **Haemorrhoidalis** Herbst.
9. Oberseite wolkig behaart, Körper einfärbig dunkel gelbbraun (dem abietis ähnlich). Länglichoval, hoch gewölbt, hellbraun mit helleren Beinen, Brust und Bauch dunkler. Halsschild gleichmässig fein, Flügeldecken weitläufiger, ziemlich stark und dazwischen sehr fein punktirt, das Halsschild, das vordere $^1/_4$ und die hintere Hälfte der Flügeldecken mit ziemlich langen, weisslichen Haaren besetzt; ein breiter Querstreifen vor der Mitte beinahe kahl, die behaarten Stellen bilden Binden, fast wie bei manchen Byrrhus-Arten. Lg. 2—2,5 mm. Auf Fichten in den Gebirgen Mittel-Europas. In der Schweiz noch nicht nachgewiesen. **Impexus** Muls.
— Oberseite gleichmässig behaart 10
10. Flügeldecken kräftig punktirt. Oval, schwach gegewölbt, schwarz, etwas matt, Flügeldecken rothgelb, die Basis, ein Nahtsaum und ein gelber Seitensaum, letzterer bis $^2/_3$ nach hinten reichend, schwärzlich, Punktirung der Flügeldecken einfach oder doppelt. Zuweilen sind die Vorderecken des Halsschildes

röthlich. Frische Stücke sind einfärbig rothgelb, oder Kopf und Scheibe des Halsschildes dunkel. Lg. 1,5 bis 2,3 mm. (Discoideus Ill). Häufig in der ebenern Schweiz, in Wäldern. **Suturalis** Thunbg.

Var. Flügeldecken schwarz, mit einem düster röthlichen Längsfleck auf der Scheibe jeder einzelnen. v. **limbatus** Steph.

— Flügeldecken sehr fein punktirt; breit-oval, schwarz, Kopf, Seitenränder des Halsschildes (beim ♂ breiter als beim ♀), zwei Schrägbinden auf jeder Flügeldecke, die vordere, grössere, vom Schulterhöcker bis fast zur Naht reichend, die andern in ²/₃ der Länge und oft auch der Spitzenrand roth oder trüb rothgelb, schlecht begrenzt, die Beine lebhafter rothgelb. Lg. 1,5—2,5 mm. (transversepustulatus Muls., fasciatus Fourc.) Selten. Genf, Wallis, Zürich. **Subvillosus** Goeze.

Var. a. Die hellen Binden verbreitern sich, oder fliessen zusammen, so dass nur ein Querfleck an der Wurzel und einer vor der Spitze bleibt. v. **juniperi** Motsch.

Var. b. Die dunkle Zeichnung verschwindet fast oder ganz, zuweilen wird auch das Halsschild röthlichgelb. Häufig. v. **pubescens** Panz.

11. Vorderbrust mit zwei Kiellienen 12
— Vorderbrust ohne Kiellinien 17
12. Körper nebst den Beinen einfärbig, die Schenkellinie bleibt ein Stück vom Hinterrande entfernt . 13
12. Körper nicht einfärbig, wenigstens die Schienen oder auch Theile des Halsschildes oder die Flügeldecken anders gefärbt 14
13. Körper schwarz, Klauen kräftig, ihr Zahn reicht ziemlich so weit nach vorn als die Klaue selbst. Ziemlich breit-oval, jedoch an den Seiten schwach gerundet, einfärbig schwarz, mitunter bläulich schimmernd, nur Fühler und Tarsen braun, Flügeldecken dicht punktirt, mässig glänzend, Schenkellinie bald bis zum Hinterrand, bald nur bis zur Mitte reichend. Lg. 2—2,8 mm. Genf, Wallis, Jura, Schaffhausen, Zürich. **Nigrinus** Kugel.
— Körper gelb- oder röthlichbraun, Klauen schlank, ihr Zahn kurz. Oval, die Seiten fast parallel, stark gewölbt, Flügeldecken dicht punktirt, gleichmässig

behaart, nur wenig glänzend. Lg. 2,5—3 mm. Auf Tannen. Genf, Wallis, Waadt, Basel, Schaffhausen, Zürich, Neuchatel, Engelberg. **Abietis** Payk.

14\. Flügeldecken einfärbig schwarz, Beine ganz oder nur Schienen und Tarsen röthlich, Körper kurz-oval, seitlich gerundet; beim ♂ sind Kopf und Halsschild rothgelb, letzteres mit einem halbkreisförmigen Fleck vor dem Schildchen, Flügeldecken mässig dicht punktirt, glänzend. Lg. 1,8—2,3 mm. (pygmaeus Fourc.) Basel, Schaffhausen, Zürich, Lugano. **Rubromaculatus** Goeze.

— Flügeldecken schwarz mit rothen Flecken, oder röthlich bis braun mit schwarzer Zeichnung 15

15\. Körper meist länglich-oval, beim ♀ breit-oval, Vorder- und Mittelbeine rothgelb, wenigstens beim ♂, Flügeldecken mit einem, selten den Aussenrand und Umschlag erreichenden, meist länglichen rothgelben Fleck, welcher dicht hinter dem Schulterhöcker schief nach hinten gegen die Naht läuft, Kopf beim ♂, oft auch die Vorderecken des Halsschildes, die Beine mit Ausnahme der Hinterschenkel gelb oder rothgelb. Beim ♀ sind alle Schenkel schwärzlich. Lg. 2—3 mm. Häufig im Gras. **Frontalis** F.

Var. a. Jede Flügeldecke mit zwei rothen Flecken, dem normalen (oft vergrössert) und einem ovalen vor der Spitze. v. **quadripustulatus** Herbst.

Var. b. Wie die vorige, die Flecken der Flügeldecken zu einer Längsbinde zusammenfliessend. v. **Suffriani** Weise.

Var. c. Flügeldecken einfärbig schwarz. ♂ Kopf, Vordersaum des Halsschildes und ein grosser dreieckiger Fleck in den Vorderecken rothgelb. Beine rothgelb, die Schenkel dunkler. v. **immaculatus** Suffr.

— Körper breit-oval 16

16\. Mässig gross, nur die Vorderbeine hell, Epipleuren der Flügeldecken schwarz. Schwarz, jede Flügeldecke mit einem runden, rothgelben Fleck hinter dem Schulterhöcker, Beine beim ♂ rothgelb, Mittel- und Hinterschenkel schwarz, Kopf mit Ausnahme des Mundes und Halsschildes schwarz, selten der Kopf theilweise und ein Saum in den Vorderecken des Halsschildes röthlich, ♀ alle Schienen und Sekenkel theilweise schwarz. Lg. 2—3 mm. Genf, Waadt, Schaffhausen, Zürich. **Apetzi** Muls.

Var. a. Der Schulterfleck gross, dreieckig, beim ♂ oft nur die Hinterschenkel dunkel. v. **Incertus** Muls.

— In der Regel bedeutend kleiner als der vorige, Epipleuren der Flügeldecken und Beine rothgelb, nur die Hinterschenkel dunkel. Schwarz, Flügeldecken mit rothgelbem Schulterfleck, der sich schief nach hinten zur Naht zieht. ♂ Kopf, ein grosser dreieckiger Fleck am Seitenrand des Halsschildes und Beine rothgelb, Hinterschenkel selten dunkel. ♀ Mund mit einem schmalen Saum in den Vorderecken des Halsschildes röthlich, Schenkel theilweise oder ganz dunkel. Lg. 1,8—2,2 mm. (marginalis Rossi.) Selten. Genf, Waadt, Tessin, Schaffhausen, Basel. **Interruptus** Goeze.

Die rothe Färbung der Flügeldecken dehnt sich oft aus, so dass nur Spuren der schwarzen Färbung bleiben.

17. Körper länglich, flach, jede Flügeldecke mit einer hellen Längsbinde auf der Scheibe vor den Schultern bis zu ²/₃ der Länge, oft auch der Spitzenrand und die Beine röthlichgelb. Halsschild länger und schmäler als bei den vorigen Arten, fein und dicht, die Flügeldecken gröber, flacher, oft mehr oder weniger runzlig punktirt, Schenkellinie sehr flach, bis ²/₃ oder ⁴/₅ nach hinten reichend, aussen meist gerade. Lg. 1,3—1,8 mm. Selten. Zürich, Schaffhausen, Genf. **Redtenbacheri** Muls.

— Körper breit-oval, gewölbt 18

18. Flügeldecken schwarz bis hellbraun, jede mit zwei helleren, röthlichen bis gelben schiefen Querflecken, der Spitzenrand, die Beine ganz oder theilweise und die Spitze des Bauches gelb. Flügeldecken dicht und fein punktirt, Schenkellinie sehr flach, den Hinterrand nicht erreichend. Lg. 1,5—2 mm. (quadrilunatus Ill.) Häufig an Epheu. Genf, Wallis, Waadt, Jura, Tessin, Schaffhausen, Zürich. **Pulchellus** Herbst.

— Flügeldecken schwarz bis hellbraun, jede mit einem runden, rothen Flecken in der Mitte, auch der Mund, der Spitzenrand der Flügeldecken, Schienen und Tarsen röthlichgelb, mitunter sind die Schenkel theilweise, die vier vordern oft ganz rothgelb. Schenkellinie sehr flach, der äussere Theil kurz, gerade oder nach vorn gebogen. Oval, mässig gewölbt. Lg. 1,5 bis 2 mm. (biverrucatus Panz., bipustulatus Muls.) Sehr selten. Genf, Wallis, Pomy. **Bipunctatus** Kugelan.

Addenda zur Fauna Coleoptera Helvetica.

Gatt. **Hypocaelus** Esch.

Bei pag. 25, hinter Nematodes.

Fühler elfgliedrig, das erste Glied gross, das zweite klein, knopfförmig, die folgenden dreieckig, stumpf gesägt, ziemlich gleich gross. Halsschild so lang als breit, am Grunde am breitesten, nach vorn allmählig verengt, die Scheibe kissenartig gewölbt, die dornartig vorragenden Hinterecken die Schultern umfassend; Vorderbrust vorn abgestutzt, nach hinten verschmälert, stumpfspitzig, Fühlerrinne schwach an den umgeschlagenen Vorderecken des Halsschildes, Schenkel flach gedrückt, Tarsen dünn, ihr erstes Glied so lang als die drei folgenden zusammen.

H. procerulus Mannerh.

Schwarz, fein grau behaart, Flügeldecken fein gestreift, die Streifen nach hinten vertieft mit einigen groben Punkten, Fühler, Schienen und Füsse röthlich. Lg. 4—5 mm. Sehr selten. Am Weissenstein im Ct. Solothurn (Guillebeau).

Gatt. **Prionocyphon** Redt.

Bei pag. 62, hinter Cyphon.

Röthlichgelb, rundlich, gewölbt, glänzend, mit abstehender Behaarung, Halsschild fein, Flügeldecken stärker und nicht sehr dicht punktirt, mit angedeutetem Nahtstreif; erstes Fühlerglied nach vorn in ein Läppchen erweitert. Lg. 2,5—4 mm. (serraticornis Gyll.) Sehr selten. Genf, Mendrisio, Freiburg, Schaffhausen. **Serricornis** Müller.

Melandrya canaliculata F.

Zu pag. 168.

Schwarz, glänzend, die Spitze der Fühler und die Tarsen röthlichgelb, Halsschild mit Mittelfurche und einem langen, bis über die Mitte reichenden Eindruck jederseits, Flügeldecken hinten gefurcht, auf der vordern Hälfte undeutlich gestreift. Lg. 10—15 mm. (dubia Schall.) Sehr selten. Freiburg.

Zu pag. 160.

Bei Agnathus decoratus Fundort: Laupen im Ct. Bern.

Zu pag. 183.

Mordella perlata Sulz.

(8 punctata Schrank.), pag. 123.

Augen vom Vorderrand des Halsschildes durch ziemlich breite Schläfen getrennt, Pygidium lang, pfrimförmig, Epipleuren der Flügeldecken halb so breit als die Episternen der Hinterbrust, Flügeldecken doppelt so lang als breit, nach hinten stark verengt, der stärkere Ast der Klauen kammartig gezähnelt, Fühler vom fünften Glied an deutlich gesägt. Oberseite schwarz, auf den Flügeldecken mehrere kleine weissbehaarte Flecken. Lg. 6—9 mm. Sehr selten. Neueneck, Ct. Bern (Guillebeau).

Mordella aurofasciata Comolli (vittata Gemm.).

Zu pag. 184.

Endglied der Maxillartaster deutlich beilförmig, Pygidium scharf zugespitzt, Oberseite schwarz, auf den Flügeldecken eine schräg von den Schultern zur Naht ziehende Binde und ein Fleck hinten neben der Naht röthlich, mit goldglänzender Behaarung. Lg. 3,3—3,8 mm. Sehr selten. Uztenstorf, Ct. Bern (Guillebeau).

Anaspis impressa Guillebeau.

(Schweiz. Mitth. VIII.)

Zu pag. 181, bei Anaspis pulicaria.

Kleiner als A. pulicaria, das Halsschild kürzer, ♂ 2., 3. und 4. Bauchsegment mit einem Eindruck in der Mitte, dessen Ränder behaart sind, das 5. Glied mit tiefer Längsfurche, an der Spitze ausgerandet, die Ränder der Furche sind länger behaart als die Ränder des Eindrucks auf dem 2.—4. Bauchsegment. Schwarz, Mund, Fühlerwurzel, die ganzen Vorderbeine, die Mittel- und Hinterbeine theilweise und die Sporen gelb, Fühler allmählig verdickt ohne deutliche Keule. Lg. 2,5 mm. Sehr selten. Siders.

Zur Notiz.

Alphabetisches Register der Familien, sowie Druckfehlerverzeichniss folgen im nächsten Heft.

Fauna coleopterorum helvetica.

Die Käfer-Fauna der Schweiz

nach der analytischen Methode

bearbeitet von

Dr. G. Stierlin.

II. Theil.

Schaffhausen
Buchdruckerei von Bolli & Böcherer
1898.

Alphabetisches Verzeichniss der Familien und Gattungen.

Druckfehler.

Seite 3 Zeile 10 v. o. unbeweglich statt unweglich.
„ 16 „ 12 v. o. integerrimus Ratzb.
„ 24 „ 8 v. u. melasoides statt melasioides.
„ 29 „ 6 v. o. alten statt allen.
„ 44 „ 9 v. u. 2 $^{1}/_{4}$ statt 2 $^{1}/_{7}$.
„ 49 „ 5 v. u. punktirt statt pnnktirt.
„ 50 „ 12 v. u. v. aeneus Ol. statt nitens Ol.
„ 51 „ 9 v. o. fehlt der.
„ 57 „ 19 v. u. Tarsen statt Tarsus.
„ 57 „ 12 v. u. Maxillartaster statt -tasten.
„ 58 „ 1 v. o. Eucinetini statt Eucynetini.
„ 58 „ 9 v. u 2. Fühlerglied länger als das 3.
„ 59 vor Gatt. Dascillus einschieben „Dascillini".
„ 59 vor Gatt. Helodes einschieben „Eucinetini".
„ 60 Zeile 2 v. o. Bonvouloiri statt Bonovulari.
„ 64 „ 19 und 23 v. o. den statt der?
„ 67 „ 5 v. o. Malachiini statt Malachini.
„ 68 vor Gatt. Homalisus einschieben „Lycini".
„ 69 b. 1. Eros soll das Wort Flügeldecken ganz wegfallen.
„ 71 Zeile 17 v. o. „Telephorini" statt „Centharinini".
„ 82 „ 28 v. o. das 2. Fühlerglied kürzer als das 3., statt länger.
„ 82 „ 29 v. o. das 2. Fühlerglied länger als das 3., statt kürzer.
„ 109 „ 13 v. o. die statt der.
„ 118 „ 9 v. u. Episernus statt Episanus.
„ 118 „ 21 v. o. Stirn durch die Einlenkung der Fühler verengt, statt kaum verengt.
„ 118 „ 25 v. o. Stirn durch die Einlenkung der Fühler kaum verengt statt stark verengt.
„ 121 „ 17 v. o. Sitodrepa statt Sirtodrepa.
„ 121 „ 23 v. o. Hadrobregmus statt Hadrobreganus.
„ 135 „ 4 v. u. nitidus statt nididus.
„ 155 „ 14 v. o. Flügeldecken soll heissen Fühler.
„ 166 „ 5 v. o. dubius statt dibia.
„ 167 „ 11 v. o. gelbbraun statt gelbbrau.
„ 171 „ 16 v. o. ihre Spitze hell statt schwarz.
„ 172 „ 14 v. u. Anthicus Payk.
„ 186 „ 15 v. o. Thalsohle statt Tahlsohle.
„ 191 „ 18 v. o. scabriusculus statt scabriculus.
„ 214 „ 13 v. o. obschon statt abschon.
„ 234 „ 2 v. o. dick statt dickt.
„ 240 „ 1 v. u. Tylodrusus statt Pylodrusus.
„ 254 „ 5 v. u. lang statt lnag.
„ 256 „ 10 v. u. mal statt Mal.
„ 260 „ 24 v. u. Varietäten statt Variatäten.

Seite 265 Zeile 5 v. u. Flügeldecken statt Flüdel.
" 266 " 18 v. o. der statt das.
" 267 " 7 v. u. 8 statt 3.
" 284 " 13 v. o. ähnlich statt änlich.
" 286 " 24 v. u. Fühlerfurche statt Fühler.
" 300 " 1 v. u. am statt im.
" 301 " 7 v. u. Erirrhinus statt Erirhinus, ebenso Zeile 2 v. u. und Seite 302 Zeile 4 v. o.
" 319 " 4 v. o. Cryptorhynch statt Crypthorhc.
" 324 " 12 v. u. ohne Höcker.
" 335 " 9 v. u. „Scanicus Payk." statt „Papt."
" 336 " 18 v. o. quinquepunctatus statt quactatus.
" 343 " 25 v. o. soll die Weisezahl 30 in **26** umgewandelt werden.
" 346 Gatt. Gymnetron ist beizufügen „Schönh."
" 348 Zeile 4 v. u. 1 1/2 statt 1²/₂.
" 350 " 12 v. o. 1³/₄—2³/₄ mm.
" 353 " 4 v. o. Scrophulariae statt Srcophulariae.
" 355 " 6 v. u. Schenkel statt Sehenkel.
" 364 " 16 v. u. exiguus statt oxiguus.
" 367 " 20 v. o. Chaerophyll statt Charophyll.
" 372 " 10 v. u. Sium statt Linm.
" 373 " 23 v. u. Camelina statt camelina.
" 374 " 2 v. o. erythrorhynch statt erythorchynch.
" 374 " 9 v. o. posthumus statt postumus.
" 379 " 9 v. u. armoracia statt armyrocia.
" 381 " 18 v. o. Sitten statt Seiten?
" 382 " 24 v. u. Alauda statt Alanda.
" 393 " 8 v. o. ziemlich statt ciemlich.
" 394 " 18 v. o. undeutlich statt deutlich.
" 399 " 1 v. u. Lg. 1 1/2 statt 6 mm.
" 407 " 7 v. u. Gyllenhali statt Gyllenhalii.
" 411 " 1 v. o. sepium statt sepiun.
" 414 " 16 v. u. eingeschnürt statt einpeschnürt.
" 418 " 7 v. u. ohne Scutellarstreif statt -fleck.
" 424 " 20 v. o. Sheppardi statt Scheppardi.
" 428 " 16 v. o. soll die Weisezahl **8** statt 7 stehen.
" 429 " 5 v. u. **3.** statt **5.**
" 434 " 20 v. u. **Flügeldecken** statt Fühler.
" 440 " 6 v. u. schwammigen statt schwammiger.
" 445 Subg. Taphrorychus" statt „Subg. Taphrorychys".
" 447 Zeile 10 v. u. so lang als.
" 452 " 12 v. u. länger statt lünger.
" 460 " 12 v. o. 8 bis **12** statt 22 mm.
" 461 " 13 v. o. hiero statt hicro.
" 464 " 10 v. o. **Fühler** statt Halsschild.
" 471 " 11 v. u. **der** statt den.
" 472 " 12 v. o. Judolia statt Julodia.
" 479 " 9 v. u. **laevis** F. statt Carvis F.
" 485 " 17 v. o. testacea statt testacia.
" 489 " 1 v. o. Vorderhüfte statt Verderhüfte.
" 489 " 4 v. o. Dorcadion statt Dorcaddon.
" 493 " 8 v. u. Lg. 13—19 statt bis **13**.
" 495 " 14 v. o. Lusitanus statt Lasitanus.
" 505 " 2 v. u. **der** statt die.
" 505 " 4 v. u. soll die Weisezahl **9** statt 10 stehen.
" 507 " 1 v. o. Leiste statt Liste.

Seite 519 Zeile 6 v. o. **Payerne** als Fundort zum Text, anstatt nach dem Varietätsnamen.
" 522 " 7 v. u. den statt der.
" 523 " 16 v. o. Cyaniris Redt.
" 525 " 18 v. o. fein statt fei.
" 538 " 2 v. o. **arquatus** statt orgnatus.
" 542 Spalte 2 Zeile 10 v. o. scapularis scopularis.
" 542 Zeile 10 v. o. mystacatus Suff. statt mystaceus.
" 543 2. Spalte Zeile 5 v. o. **Cr.** statt 3r.
" 547 Zeile 6 v. u. Entomoscelis statt Eutomoscelis.
" 549 " 4 v. u. **G** anstatt P.
" 554 " 12 v. u. ist die Leitezifter **5** einzufügen.
" 559 " 21 v. o. **blaugrün** statt blaugrau.
" 562 " 12 v. o. sehr **selten** statt sehr.
" 566 " 18 v. o. soll vor „nur 3 mm. l." **Penis** eingeschaltet werden.
" 567 " 6 v. o. Scheibe statt Scheide.
" 568 " 5 v. o. **10** punctata statt lopunitata.
" 570 " 8 v. u. Sorbus aucuparia statt rbar acuparsa.
" 573 " 1 v. u. Fühlerglieder 8—10 dick.
" 574 " 13 v. o. Phaedon statt Paedon.
" 579 " 21 v. u. Leiste statt Liste.
" 579 " 7 v. u. muss **Galeruca** gestrichen werden und gehört die Leitezahl **2** hin.
" 587 " 3 v. u. Apteropeda statt Apteropoda.
" 588 " 15 v. o. **Argopus** statt Agropus.
" 590 " 19 v. u. **auch** statt auf.
" 594 " 8 v. o. vor derselben **punktirt.**
" 597 " 9 v. o. nigritula statt nigrituta.
" 599 " 7 v. o. aeruginosa statt veruginea.
" 600 " 9 v. o. fehlt der Artname **pubesceus** F.
" 609 " 14 v. u. Oberseite statt Ouverseite.
" 610 " 9 v. u. Coerulea statt Coerulac.
" 611 " 2 v. u. pseudacorus statt pseudocorus.
" 611 " 1 v. u. Pseudacori statt Pseudocori.
" 612 " 21 v. o. tantilla statt tantille.
" 613 " 2 v. o. derselben statt desselben.
" 614 " 6 v. u. Jorat statt Jorab.
" 624 " 10 v. u. Apteropeda statt Apteropoda.

FSC
www.fsc.org

Druck:
Customized Business Services GmbH
im Auftrag der KNV-Gruppe
Ferdinand-Jühlke-Str. 7
99095 Erfurt